地球物理测井学

第一卷 测井解释【理论方法】

李 宁 王克文 刘 鹏 等编著

石油工业出版社

内 容 提 要

全书简要介绍了测井解释评价的发展历史、研究内容和发展趋势，详细介绍了测井解释理论模型及测井响应方程、储层测井识别方法原理、储层参数测井定量计算方法、直井解释方法原理、水平井解释方法原理、多井解释方法原理。

本书主要用作高等院校测井及相关专业在校大学生和研究生教材，也可供从事测井解释与评价的人员参考。

图书在版编目（CIP）数据

地球物理测井学 . 第一卷 . 测井解释 . 理论方法 / 李宁等编著 . -- 北京：石油工业出版社，2025.1

ISBN 978-7-5183-1548-2

Ⅰ. P631.8

中国国家版本馆 CIP 数据核字第 20245C9M37 号

责任编辑：葛智军
责任校对：郭京平
装帧设计：李 欣 周 彦

出版发行：石油工业出版社
（北京安定门外安华里 2 区 1 号　100011）
网　　址：www.petropub.com
编辑部：（010）64523693　图书营销中心：（010）64523633
经　　销：全国新华书店
印　　刷：北京中石油彩色印刷有限责任公司

2025 年 1 月第 1 版　2025 年 1 月第 1 次印刷
787×1092 毫米　开本：1/16　印张：22
字数：522 千字

定价：170.00 元

ISBN 978-7-5183-1548-2

（如出现印装质量问题，我社图书营销中心负责调换）

版权所有，翻印必究

《地球物理测井学》

编委会

主　编：李　宁

副主编：焦方正　何江川　江同文　卢　涛　李国欣　窦立荣
　　　　　雷　平　金明权　吴柏志

委　员：（按姓氏笔画排序）

王　兵　王才志　王克文　王泽丹　王贵文　王雪松
石玉江　田中元　刘向君　江如意　汤　彬　苏学斌
李　军　李安宗　李俊军　杨立强　肖立志　肖承文
宋　永　张　锋　陈　宝　陈　锋　武宏亮　范宜仁
尚　捷　周　军　庞奇伟　胡启月　胡英杰　袁　超
高　杰　郭海敏　赫志兵　谭茂金

《测井解释：理论方法》
编 写 组

组　长：李　宁

副组长：王克文　刘　鹏

成　员：（按姓氏笔画排序）

　　　　田　瀚　冯　周　刘忠华　李雨生　李潮流　武宏亮

　　　　范华军

审　稿：王敬农　谭茂金

序

经过中国测井界学人的共同努力，总计14卷26个分册的《地球物理测井学》终于问世了！这不仅是对推动测井学科进步做出的重大贡献，更是对测井先哲未竟事业和治学精神的赓续与弘扬。

地球物理测井是石油工业十大学科之一，被誉为洞察地下油气藏的"眼睛"。地球物理测井诞生于1927年。1939年，翁文波院士在中国大陆首次成功测井，开创了我国的测井事业，成为中国测井第一人。但长期以来，由于地球物理测井一直被称为"测井技术"，应有的学术地位没有得到充分体现，因而大大影响了测井学科的高质量发展。令人尊敬的测井前辈谭廷栋先生是喊出"测井学"的第一人。谭先生一生投身测井，60岁后更是为测井学正名而大声疾呼。这里之所以用"正名"而不用"倡导"或其他，是因为谭先生从来就认为测井是一门"学"，而不只是一门"技术"。他多次提到，"Reservoir Geophysics"（矿场地球物理学）一词中有"学"，在20世纪50年代翻译时出了问题，才变成了现在这个"技术"的叫法。谭先生还多次由衷感激地提到中国石油勘探开发研究院秦同洛教授，说他在国家科委确定石油工业十大学科的会议上能仗义执言："如果集声电核于一身的测井都不是学，石油上还有哪个敢说自己是学？"测井入选石油工业十大学科后，谭先生更是逢人便说、遇会便讲此中原委，且声情并茂、手舞足蹈，令与会者为之动容。于是，在他的亲自带领下，经过测井界同仁一起努力，1998年第一部《测井学》终于问世了，这是测井发展史上的一个重要里程碑。从1939年到1998年，历经60年姗姗来迟的这部《测井学》了却了谭先生最大的一桩心愿。两年后，他安详地阖上了双眼……当时参加先生追悼会的超过了300人，除了在京院所和有关司局的领导外，各大油田测井公司的主要负责同志差不多都到了。大家共同追思这位杰出的地球物理测井学家。我代表谭先生培养的所有硕士、博士毕业生题挽联一副："测井学先哲英灵永存，悼我师晚辈再写春秋。"

作为翁文波院士和谭廷栋先生的学生，我不仅忠实地继承了导师的遗志，尽全力推动测井学的发展，而且还努力从中国测井行业战略发展的高度出发，大力倡导"学科大发展，方有大作为"的理念。我认为，只有从国家、人民群众和专业人士这三个层面的需求出发撰写出版三类图书，即大百科全书、科普图书和专业著作，才能全方位确立、展现并提升测井学科的学术地位。于是，我从 2015 年起，用 6 年时间牵头遴选编撰测井条目，使地球物理测井第一次以一个完整学科定位写入《中国大百科全书》；从 2020 年起，我用 3 年时间组织编写出版了大型科普丛书《走进石油（第二版）》之测井分册《洞察地下油气藏：石油地球物理测井》，同时走进中国科技馆大讲堂，以《万米特深地球物理测井：一项极具挑战的"反向探月"工程》为题，向全国观众普及测井知识；从 2021 年起，我领衔担任主编，带领全国测井界知名专家学者精心编著这部《地球物理测井学》，旨在进一步提升测井学科的影响力。

令人骄傲和兴奋的是，在中国石油、中国石化、中国海油、延长石油、相关高校和科研院所各路专家学者的通力合作下，《地球物理测井学》如期面世了！这套书系统阐述了 90 多年来测井学科发展的理论技术成果，系统总结了各类测井方法在油气勘探开发实践中的应用效果。正如中国石油勘探开发研究院窦立荣院长所说："此次李宁院士领衔主编的《地球物理测井学》不仅保留和传承了 1998 年版《测井学》专著的经典内容，更重要的是立足当前非常规油气和深地深海等复杂油气藏测井理论技术挑战，融入了 30 年来我国测井领域取得的最新理论技术成果和海外推广应用的成功案例，必将为推动我国测井学科发展、技术进步和行业壮大产生重大而深远的影响。"

这套书的第一大特点是论述系统全面、内容丰富详实，涵盖了从测井解释、测井软件、测井装备、电法测井、声波测井、核测井、核磁共振测井、工程测井、油气井射孔、生产测井、测井岩石物理、测井地质应用、测井人工智能到测井简史等测井学科的各个分支。正因如此，我国测井界百余位知名教授、长江学者和现场技术专家都参与其中。著作内容的系统、全面还体现在首次将测井简史作为测井学不可或缺的一部分，分两册单独成卷。我国自主研制的渗透率测井仪原型机于 2024 年 3 月 3 日在华北油田任 91 井测试成功，即将在深地塔科 1 井实施世界首次万米特深井渗透率测井作业，一举实现从 0 到 1 的重大技术突破，为百年地球物理测井史再添辉煌一笔。

这套书的第二大特点是突出学术性，尤其强调对学科基础理论的阐述，特别是首次引入了中国学者导出的理论公式和提出的方法原理，不但丰富发展了测井基本理论，而且有助于推动建立中国在国际地球物理学界的地位和声望。例如，一直以来石油院校教材中测井饱和度计算的经典内容是美国学者阿奇提出的经验公式，以及翻译照搬苏联教材中的分层各向均匀体积模型，而在这套书中介绍的饱和度一般形式（通解方程），则是由中国学者针对复杂岩性给出的非均质各向异性模型导出，并详细证明了以往教材中的那些公式都是一般形式在给定条件下的特例（均为通解方程的特解）；又如，过去测井数据处理的主要方法和工业软件都是国外引进的，而现在《测井软件》一卷的核心内容则是中国学者提出的广义测井曲线理论和中国科研团队研发的目前装机量最大、年处理井数最多的大型国产测井工业处理软件 CIFLog。

这套书的第三大特点是首次把每一测井分支领域的理论方法、技术系列和现场应用以卷为单位有机统一起来。根据统一的顶层设计，每卷的第一分册论述该卷所涉及的测井细分领域的理论基础，用作高校教材，其读者主要是在校大学生和研究生等；第二分册论述该细分领域的技术方法，其读者主要是工程师和做毕业论文的研究生及博士后研究人员等；第三或第四分册提供该细分领域理论技术的典型应用实例，其读者主要是现场工程技术人员和现场实习的高校毕业生等。以第一卷《测井解释》为例，它的第一至第四分册分别为《测井解释：理论方法》《测井解释：储层评价》《测井解释：国内实例》《测井解释：国外实例》。作为一个分支领域的理论基础，每卷的第一分册相对独立和完备，应在较长时间内保持稳定；而它之后的各分册则应经常再版更新，及时补充最新的技术进展和最新的现场应用成果。

这套书的第四大特点是首创用微信扫描书中测井图件的二维码，就能在 CIFLog 测井软件中立即打开这幅测井图件并对其进行修改和二次处理。通过这一功能，学生可以看到处理相应井的方法、公式和参数，观摩学习并掌握要领；老师可以更方便地备课；现场工程技术人员可以参考所用方法，方便改写添加自己的处理公式和参数，从而大大缩短调整处理方案的时间，节省精力。同时，利用 CIFLog 智能助手，可以通过输入一段描述文字，快速推荐书中的相关案例图件。

总之，《地球物理测井学》定位明确，编写起点高，是目前国内地球物理测井领域最具理论性、系统性、创新性和权威性的一部著作。即便从国际测井发展史上来看，能集中如此多的行业专家学者精心编著这样大体量的学科专著也是绝无仅有的。2024 年，这套书入选国家出版基金资助项目，这在中国测井界也是第一次。衷心希望广大读者能够从中获益。

最后，特别感谢中国石油天然气集团有限公司原副总经理焦方正教授、中国石油科技管理部两任总经理匡立春教授和江同文教授在这套书出版立项过程中给予的鼎力支持。特别感谢中国石油勘探开发研究院各位领导、专家给予的全力协助与配合。

中国工程院院士

2024 年 12 月　于北京海淀

《地球物理测井学》分卷册目录

卷次	分册名	卷次	分册名
第一卷	测井解释：理论方法	第六卷	核测井（上册）
第一卷	测井解释：储层评价	第六卷	核测井（下册）
第一卷	测井解释：国内实例	第七卷	核磁共振测井
第一卷	测井解释：国外实例	第八卷	工程测井
第二卷	测井软件（上册）	第九卷	油气井射孔（上册）
第二卷	测井软件（中册）	第九卷	油气井射孔（下册）
第二卷	测井软件（下册）	第十卷	生产测井（上册）
第三卷	测井装备（上册）	第十卷	生产测井（下册）
第三卷	测井装备（下册）	第十一卷	测井岩石物理
第四卷	电法测井（上册）	第十二卷	测井地质应用
第四卷	电法测井（下册）	第十三卷	测井人工智能
第五卷	声波测井（上册）	第十四卷	测井简史：国内油气
第五卷	声波测井（下册）	第十四卷	测井简史：固体矿产

前　言

地球物理测井解释是以测井仪器采集的储层电、声、放射性及核磁共振等数据为基础，并综合地质、测试、岩心分析等资料，通过处理分析，对地下储层进行定性评价和参数定量计算的测井学分支，在整个地球物理测井学中占据重要位置。为了满足测井教学、科研与生产需要，国内先后出版了一系列著作。1982 年雍世和、洪有密编写了《测井资料综合解释与数字处理》，1992 年张超谟、高楚桥等编写了《测井资料综合解释》，1996 年雍世和、张超谟编写了《测井数据处理与综合解释》。特别是在 1998 年，谭廷栋主编了我国第一部《测井学》，其中测井解释占有极为重要的分量。此外，中国石油、中国石化、中国海油、延长石油及相关高校先后组织编写了不同地区、不同类型储层解释评价方法及应用方面的多部专著。这些著作对推动我国测井解释评价技术发展发挥了重要作用。此次编写的《地球物理测井学》第一卷《测井解释》在借鉴前人研究成果的基础上，既系统阐述测井解释的经典理论方法，又特别立足当前非常规油气和深地深海等复杂地质工程条件下的测井挑战，融入近年来测井解释的最新理论技术成果和国内外推广应用的成功案例。

《测井解释》包含理论方法、储层评价、国内实例和国外实例 4 个分册。其中，理论方法分册介绍非均质复杂储层测井解释的基本理论和主要方法；储层评价分册介绍碎屑岩、碳酸盐岩、火山岩及非常规等不同类型储层的测井解释方法与技术；国内实例分册介绍松辽、渤海湾、四川、塔里木和鄂尔多斯等国内主要盆地储层测井解释评价典型实例；国外实例分册介绍中国石油中东、中亚—俄罗斯、非洲、美洲和亚太等海外合作区块不同类型油气藏测井解释评价典型实例。

本书为理论方法分册，共七章。第一章介绍测井解释评价的发展历史、研究内容和发展趋势，由李宁和王克文编写；第二章介绍均匀各向同性和非均匀各向异性模型与测井响应方程，由李宁著；第三章系统总结岩性识别、储集空间分类、流体类型及储层有效性判别等测井定性评价理论方法，由李宁、王克文、武宏亮和田瀚等编写；第四章系统介绍矿物含量、地层水电阻率、孔隙度、饱和度、渗透率等测井定量计算方法，由李宁、王克文、刘鹏、武宏亮、田瀚、刘忠华、李雨生、范华军等编写；第五章介绍直井数据处理及油气解释理论方法，由武宏亮、冯周和田瀚等编写；第六章介绍水平井测井响应特征、交互式地层建模及油气层测井解释方法，由李潮流等负责编写；第七章介绍多井数据标准化、地层对比及油藏综合描述方法原理，由田瀚、冯周和刘鹏等负责编写。李宁和王克文负责全书统稿。

在本书编写过程中，中国石油勘探开发研究院原野在实现测井图件扫码功能方面做了大量工作，中国石油勘探开发研究院冯庆付、重庆科技大学赖富强等对相关章节内容编写提供了协助，中国地质大学（北京）谭茂金教授、中国石油集团测井有限公司王敬农教授等专家学者提出了宝贵的修改意见与建议。在此一并向给予帮助与支持的所有人员表示衷心感谢！

由于测井解释评价研究的理论性、实践性很强，限于笔者水平，书中难免存在不足，敬请读者批评指正。

目 录

第一章 绪论 ··· 1
第一节 测井发展概述 ·· 1
第二节 测井解释主要内容 ··· 6
第三节 测井解释发展方向 ··· 8

第二章 测井解释理论模型及响应方程 ······································· 11
第一节 分层均匀各向同性模型及测井响应方程 ························· 11
第二节 非均匀各向异性模型及通解方程 ·································· 23

第三章 储层测井识别方法 ·· 38
第一节 岩性识别 ··· 38
第二节 储集空间分类 ··· 57
第三节 流体类型判别 ··· 72
第四节 有效性判别 ·· 88

第四章 储层参数测井计算方法 ··· 119
第一节 矿物含量 ·· 119
第二节 地层水电阻率 ·· 133
第三节 孔隙度 ·· 142
第四节 饱和度 ·· 153
第五节 渗透率 ·· 167
第六节 烃源岩参数 ··· 181
第七节 岩石力学参数 ·· 192
第八节 储层下限 ·· 199
第九节 产气量 ·· 202

第五章 直井测井解释 ··· 213
第一节 测井曲线预处理 ··· 213

第二节	交会图技术	221
第三节	油气层解释基本原理	223
第四节	油气层的定性解释	233
第五节	油气层的定量解释	240

第六章　水平井测井解释　275

第一节	水平井井筒环境与测井响应	275
第二节	随钻电磁波正演	284
第三节	交互式地层建模	290
第四节	油气层测井解释	293

第七章　多井解释方法原理　309

第一节	工区关键井研究	309
第二节	多井数据标准化	311
第三节	多井地层对比	314
第四节	储层参数空间分布预测	321

参考文献　328

二维码目录

二维码使用说明

图 3-3-1	74
图 3-3-2	75
图 3-4-8	98
图 4-7-1	193
图 4-7-2	197

第一章 绪 论

  地球物理测井是一门理论性、实践性很强的交叉学科，涉及测井理论、测井装备、处理软件、解释评价等多个方面。地球物理测井解释理论方法的可靠性、先进性是决定地球物理测井在油气勘探开发及其他矿产资源勘查领域实际应用效果的关键。因此，地球物理测井解释理论方法一直以来都是测井学科重点研究方向之一。本章首先介绍了测井解释评价发展阶段的划分以及不同阶段国内外的主要研究成果，然后简要介绍了勘探测井、生产测井和工程测井三大测井方向，并重点介绍了勘探测井中测井解释评价的研究内容；最后结合当前测井装备发展及油气勘探形势，分析了测井解释评价的发展趋势。

第一节 测井发展概述

  1927年斯伦贝谢（Schlumberger）兄弟在法国Pechelbronn油田488m深的井中，测出了世界上第一条测井曲线（图1-1-1），改变了石油工程师必须依靠从钻孔中取出的岩心样本或岩屑才能评价地下岩石的历史，测井技术由此诞生。1939年，我国著名地球物理学家翁文波在四川石油沟1号井中测量记录了井下的自然电位和视电阻率，并据此划分了气层，标志着我国测井事业的开端。1927年至今，测井仪器从最早的单电极测量逐步演化成目前集成化的测井系列，从最初的电阻率测井发展到利用电、声、核、光、磁等各种物理原理，采集储层多种物理属性的多测井系列。

  根据井下测量仪器、地面采集系统等硬件水平，通常将测井发展历程划分为半自动测井、全自动测井、数字测井、数控测井和成像测井5个阶段，有时也将半自动测井和全自动测井合称为模拟测井（谭廷栋，1996；《测井学》编写组，1998；吴铭德，2004）。测井技术的发展历程除了可以根据测井硬件装备水平进行划分之外，还可根据测井评价的关键地质参数划分为孔隙度测井、饱和度测井、渗透率测井三个阶段。关于测井发展历程的这一划分主要有以下三个方面的考虑：

  一是充分体现不同时期勘探开发对测井技术的核心需求。孔隙度、饱和度和渗透率分别反映了地层储集性好坏、含油气多少以及油气开采难易程度，是三个重要的储层参数，也是测井评价的核心。在不同的勘探开发历史时期，由于勘探对象复杂程度不同，测井储层评价的重点存在差异。在油气勘探开发初期，均质砂岩是主要的勘探对象，孔隙度评价是核心，可称为孔隙度测井阶段，测井仪器主要包括常规测井（模拟+数字）、重复式地层测试。随着勘探的深入，分层各向同性的泥质砂岩、复杂孔隙结构碳酸盐岩等成为重要勘探对象，电性影响因素复杂，饱和度评价是核心，可称为饱和度测井阶段，仪器装备除数控常规测井、模块式地层测试外，还包括电成像（水基）、一维核磁共振、

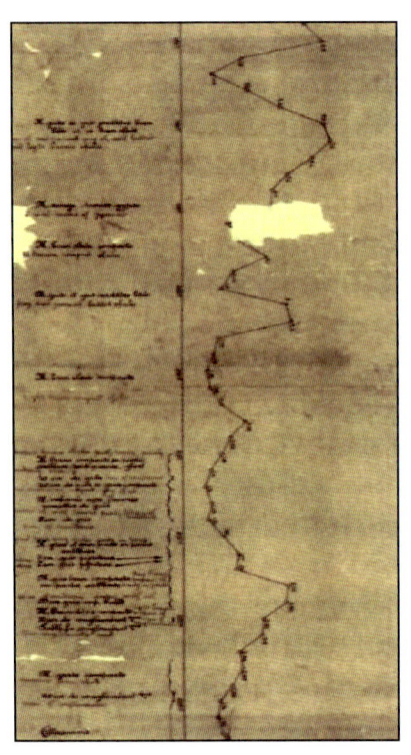

图1-1-1 世界上第一条测井曲线

（该测井数据由亨利·道尔手工记录，据Rider et al，2011）

阵列声波、元素测井及以导向为主的随钻测井系列。随着油气勘探开发向低孔低渗、深层致密及非常规储层发展，油气能否开采及开采的难易程度是需要重点考虑的因素，因此储层渗透率是测井评价的核心，可称为渗透率测井阶段，测井装备既包括阵列化的常规测井、智能化的地层测试、水基/油基电成像、多维核磁共振、远探测声波、元素扫描等测井新技术，也包括正在研发的井下直接测量储层渗透率的渗透率测井和井场近原位渗透率测量新技术。因此，将测井技术分为孔隙度测井、饱和度测井和渗透率测井三个阶段体现了不同油气勘探开发历史时期对测井需求的差异。

二是充分体现不同阶段理论方法研究的难度差异。孔隙度、饱和度和渗透率三个储层参数的影响因素、定量计算难度存在差异。孔隙度的测井响应具有体积加权特性，其主要受岩石骨架参数的影响，解释评价的难度较低；饱和度参数尽管其本身具有体积加权特性，但用于饱和度评价的电法测井影响因素较多，通常不具有简单的加权特性，因此，饱和度测井定量评价的难度较大；渗透率属于矢量，本身不具有体积加权特性，且影响渗透率的因素多、规律复杂，渗透率精确计算面临巨大挑战。因此，将测井解释评价划分为孔隙度测井、饱和度测井和渗透率测井三个阶段体现了测井解释评价从易到难的发展历程。

三是充分体现测井装备对测井解释评价的支撑作用。在模拟和数字测井阶段，形成了密度、中子、声波等常规测井，为储层孔隙度计算提供了可靠的测井数据；在数字、数控及成像测井阶段，双侧向、阵列侧向、高分辨率感应等电法测井以及二维核磁共振等测井新技术形成，为电法、非电法饱和度评价提供了重要支持。目前，针对渗透率评价的测井装备系列还未形成，是下一代测井技术发展的重要方向。因此，将测井解释评价划分为孔隙度测井、饱和度测井和渗透率测井三个阶段体现了测井装备的总体发展水平及其对解释评价的重要支撑作用。

下面简要介绍测井解释评价三个发展阶段国内外的主要研究成果。

一、孔隙度测井

在孔隙度测井阶段，测井解释评价的对象主要为均质砂岩储层。由于储层岩性单一、孔渗条件好，呈现均匀各向同性，再加之储层含油气饱和度通常较高，因此储层孔隙发育状况是影响电性的主要因素，孔隙度是这一时期测井评价的重点。从测井仪器发展的角度来看，该时期主要对应模拟测井和数字测井两个阶段，主流测井仪器是3700常规测井系列和重复式地层测试器。

20世纪50—60年代，孔隙度测井技术逐渐形成：1950年发明了地层密度测井；1956年闪烁晶体测量技术被应用于核测井；1964年中子、密度和声波三孔隙度测井系列形成，实现了储层孔隙度测井定量计算（吴铭德，2004）。在孔隙度测量装备发展的同时，孔隙度定量计算理论也发展迅速，如Wyllie等（1956）建立了饱含水岩石纵波速度与孔隙度的经验关系，即著名的"威利时间平均公式"，简称"威利公式"。

为了进一步提高孔隙度定量计算精度，在孔隙度测井中后期，研究形成了岩性、流体等校正方法。譬如，为了提高中子孔隙度计算精度，形成了中子孔隙度含气校正方法（Gaymard et al.，1968）。三孔隙度测井技术的形成和孔隙度定量评价理论发展对提高测井储层定量评价精度具有重要意义。

需要指出的是，虽然这一时期油气勘探开发的主要对象是纯砂岩储层，但在孔隙度测井中后期，泥质砂岩及矿物相对复杂的储层开始出现。相对于纯砂岩储层，泥质砂岩及矿物相对复杂储层测井资解释的复杂性明显增加，为了方便资料处理及定量计算，特别是方程求解，各种巧妙的图表、列线图被提出，交会图、直方图分析技术得以形成，如Pickett（1963）提出了用于岩性识别的纵横波时差交会图，Burke等（1969）提出了利用M-N交会分析岩性的技术，Kowalchuk等（1974）利用中子、密度直方图研究了加拿大艾伯塔上白垩统页岩特征等。

国内测井技术起步较晚，在孔隙度测井阶段初期，测井解释主要侧重于利用简单的测井曲线进行地层对比、油气层划分。如20世纪50年代初，利用梯度视电阻率曲线、自然电位曲线、自然伽马、井径和井内流体电阻率等曲线，划分油水层，识别泥质层，估算孔隙度，划分渗透层；50年代中期，国内各油田先后开展横向测井解释方法研究，根据左右枝电阻率的差异（注：左枝电阻率表示侵入带地层电阻率，右枝电阻率表示地层真电阻率）进行油气定性解释。在孔隙度测井阶段中后期，"四性"关系及孔隙度定量计算成为国内测井储层评价的重要研究内容。

二、饱和度测井

在饱和度测井阶段，泥质砂岩、碳酸盐岩储层是油气勘探开发的重要目标。泥质砂岩属于分层均匀地层模型，而碳酸盐岩孔隙结构复杂、非均质性强，属于各向异性地层模型。显然，相对于各向同性均质砂岩储层，泥质砂岩、碳酸盐岩储层的非均质性显著增加。储层非均质性的增加给电性规律研究及饱和度定量计算带来了严峻挑战，因此，尽管这一时期孔隙度准确计算仍然是测井解释的重要内容之一，但饱和度定量计算成为地球物理测井解释理论方法研究的重点。从测井仪器发展的角度看，该时期主要对应数控测井、成像测井早期阶段。主流测井仪器是5700常规测井系列、模块式地层测试器以及微电阻率扫描成像等早期成像测井仪器。

对饱和度测井解释评价具有重要意义的事件是，1941年壳牌（美国）公司石油测井工程师阿奇（Archie）在美国达拉斯石油工程与矿业学会上宣读了论文《The electrical resisitvity log as an aid in determining some reservoir characteristics》，提出了著名的阿奇公式，1942年在《Petroleum Technology》正式发表。阿奇公式首次建立了测井仪器测量参数与地质参数间的定量关系，为测井储层定量评价奠定了理论基础。由于在阿奇公式提出初期孔隙度测井技术还未形成，无法利用测井资料计算储层孔隙度，因此，当时在使用阿奇公式计算含水饱和度时假设地层孔隙度为常数。

泥质的导电特性与泥质的矿物类型、分布形式及地层水矿化度等有关，对岩石电性的影响规律非常复杂，因此，泥质砂岩导电机理是这一时期的研究重点。在实验及理论研究基础之上，提出了一系列泥质砂岩饱和度解释模型，这些模型可以分为三大类：泥质等效体积模型、阳离子交换模型和有效介质模型。泥质等效体积模型主要有泥质砂岩二元导电模型（Leendert De Witte，1955）、层状泥质砂岩导电模型（Poupon et al.，1954）、Simandoux公式（Simandoux，1963）以及印度尼西亚公式（Leveaux et al.，1971）等；阳离子交换模型主要有Waxman-Smits（简记为W-S）模型（Waxman et al.，1968）、D-W模型（Clavier et al.，1984）以及Silva-Bassiouni（简记为S-B）模型（Silva et al.，1986）等；有效介质等效模型大都基于Hanai-Bruggerman方程，主要有Bussian(1983)和Berg(1996)提出的有效介质饱和度计算模型。泥质砂岩饱和度模型的发展是测井与表面电化学、物理学等基础学科有机结合的成果。

碳酸盐岩具有基质孔隙、溶蚀孔洞和裂缝等多重储集空间，孔隙类型多，结构复杂，非均质性强，电性影响因素及规律复杂，饱和度定量评价面临巨大挑战。因此，复杂孔隙结构储层电性规律及饱和度定量计算方法是这一时期的另一研究重点。Aguilera（1976）提出了针对裂缝性碳酸盐岩储层的含水饱和度定量评价方法。Aguilera等（2003）对上述双孔隙度模型进行了改进并在2004年进一步提出了基质、孔洞和裂缝三孔隙度模型。Fleury等（2004）则主要通过实验研究了碳酸盐岩岩心中微孔隙对导电性的影响，并提出了微孔、中孔和大孔三孔隙模型。

在饱和度测井阶段国内测井解释理论方法发展迅速。李宁（1989a）从非均匀各向异性地层及其网络导电理论出发，通过完整的数学推导，给出了电阻率与孔隙度、电阻率与含水饱和度之间的一般关系式，常用的阿奇方程、W-S方程和D-W方程等均为该一般关系式的特例。之后，通过全直径岩电实验，进一步提出了基质孔隙型、基质—孔洞型、基质—裂缝型及基质—裂缝—孔洞型储层饱和度模型的截短形式，对非均质碳酸盐岩、火山岩及裂缝性砂岩储层饱和度定量计算具有重要意义。以饱和度一般关系式为基础，李宁等（2022）提出了不同类型天然气水合物饱和度计算公式，不但对天然气水合物储量的精确计算具有重要意义，而且对水合物类型判断及开采方式确定也具有指导意义。

此外，国内很多学者针对特定储层类型提出了相应的饱和度计算公式，如曾文冲（1991）在系统分析低电阻储层的形成原因和黏土作用的基础之上提出了双孔隙模型双水模型；莫修文（1998）在分析低电阻率储层形成机理、电性影响因素基础之上，提出了三孔隙度模型；刘瑞林等（2008）针对塔河油田海相碳酸盐岩储层提出了基于三孔隙度的自洽饱和度模型等。这些理论研究成果充分体现了这一时期我国测井解释评价的理论进步，对提高储层测井定量评价水平发挥了重要作用。

三、渗透率测井

储层渗透率决定油气的动用程度，其计算结果直接影响油气可采储量评价和后期开发方案制定，是油气勘探开发十分重要的储层参数之一。由于测井资料的丰富性和深度连续性，利用测井资料进行渗透率间接计算是储层渗透率评价的重要途径。然而，由于确定渗透率参数本身的理论、实验难度和尚未形成能用于井下连续测量渗透率的装备系列，目前渗透率测井评价的精度还比较低，不能满足油气高效勘探开发的技术需求。特别是，近年来，超深、致密及非常规储层逐渐成为油气勘探开发的重要领域，对渗透率测井计算精度提出了更高的要求。从测井仪器发展的角度看，渗透率测井始于后成像测井阶段，并且是下一代测井技术发展的重要方向。

尽管在孔隙度测井阶段和饱和度测井阶段，渗透率不是测井解释理论方法研究的重点，但作为重要的储层参数之一，根据当时的测井技术条件，提出了相应的渗透率测井评价模型。这些渗透率计算模型总体上可以分为三大类：基于孔渗关系的渗透率评价、基于核磁共振测井的渗透率评价和基于斯通利波测量的渗透率评价。

在孔隙度测井阶段和饱和度测井阶段，通过孔隙度—渗透率关系研究，提出了渗透率测井计算公式。如 Kozeny 等较早导出了孔隙度—渗透率关系方程（即 KC 方程）；Timur（1968）较早提出了利用孔隙度、束缚水饱和度计算渗透率的公式；Herron 等（1987）开展了砂岩储层渗透率实验研究，发现当渗透率取对数后与孔隙度之间具有很好的线性关系等；Dziuba（1996）在实验研究基础上，提出了利用 r_{90}（压汞曲线上汞饱和度 90% 对应的孔隙半径）和束缚水饱和度计算碳酸盐岩储层渗透率方法等。在国内，谭廷栋（1987）、赵良孝（1991）、司马立强等（2017）等先后提出了不同类型碳酸盐岩储层的渗透率计算公式。

由于渗透率与储层孔隙结构密切相关，而核磁共振测井能够提供储层孔隙尺寸及分布等孔隙结构信息，因此，核磁共振渗透率评价是渗透率测井评价的重要方法。核磁共振测井渗透率评价主要有基于 T_2 平均值和截止值两大类渗透率计算模型。T_2 平均值模型中最具代表性的是 SDR 渗透率公式，之后国内外很多学者都基于该模型提出了改进的渗透率计算公式（Chi et al.，2016，2018）。核磁共振截止值渗透率模型中最具代表性的是 Coates-Timur 渗透率公式，该公式中只有一个核磁共振 T_2 截止值。为了准确描述复杂孔隙空间流体的渗流特性，双截止值、多截止值以及基于孔隙连通因子的核磁共振渗透率模型相继提出（Songhua Chen et al.，2008；范宜仁等，2018）。

尽管基于孔渗关系的渗透率评价和基于核磁共振测井的渗透率评价采用了不同的测井资料，但这两类方法本质上是基于孔隙度和孔隙结构特征的渗透率间接评价。理论和实验研究表明，当斯通利波穿过渗透性地层时，孔隙中流体的流动会导致斯通利波衰减，并同时发生频散，这种衰减、频散与地层的渗透率及裂缝发育情况直接相关，因此斯通利波是渗透率测井评价的有效方法。Williams 等（1984）最早提出了利用斯通利波评价渗透率。李宁（1989c）通过全波测量实验研究了不同模式波首波的相位关系，首次发现斯通利波首波相位与纵波首波相位相同，而与横波首波相位相反，并且其相位满足余弦函数关系，从而为斯通利波首波幅度准确提取以及进一步的储层评价奠定了基础。Winkler 等（1989）利用实验证实斯通利波与渗透率有较好的相关性。Tang 等（1996）提出简化的 Biot-Rosenbaum 模型，并利用实际斯通利波相对于模拟信号的频移和时滞来反演渗透率。

之后众多学者开展了基于斯通利波幅度衰减、频移或时滞进行渗透率计算的方法研究，由于这些方法需要在波场分离基础之上，利用简化的 Biot-Rosenbaum 模型进行反演计算，且涉及井眼及岩性界面的校正，处理过程较复杂。Li Ning 等（2019）开展了井下真实碳酸盐岩岩心激波管实验及其理论分析，研究了不同宽度水平裂缝对斯通利波的影响。李宁等（2021）进一步通过实验研究了不同裂缝条件下斯通利波幅度衰减特征及定量规律，包括裂缝宽度、倾角、延伸长度及填充物等不同因素对斯通利波幅度衰减的影响，并提出了斯通利波渗透率计算的新方法。

第二节　测井解释主要内容

地下储层在岩性组成、孔隙结构和流体分布上本身具有很强的非均质性，而不同测井曲线又是不同地球物理探测方法在复杂井筒环境多因素影响下的综合响应，因此如何利用测井信息对储层作出准确的解释与评价是地球物理测井学研究的重要内容。地球物理测井解释是以测井理论方法为基础，综合测井、地质、岩心等资料，将测井信息还原为地质信息的过程。测井解释与油气勘探开发实践结合紧密，最能体现测井作为"洞察地下油气藏的眼睛"所发挥的重要作用。

地球物理测井贯穿油气勘探开发全过程。根据所处的井筒环境及解释评价重点的不同，地球物理测井可以分为勘探测井、生产测井和工程测井三个不同方向。勘探测井是指钻井后，应用地球物理方法沿钻井剖面对地层进行的观测，其主要目的在于发现和评价油气层的储集性质及生产能力。生产测井指完井及其后整个生产过程中，对井下流体流动状态、井身结构技术状况和油层性质变化情况进行的监测，其主要目的是了解油气层的生产状况及开发动态。工程测井主要为钻完井、压裂等工程技术提供所需的地层信息，评价固井质量、套管完好性及压裂等井下作业效果等。

地球物理测井上述三个方向的研究目标、研究内容及基本理论等存在差异，本分册主要介绍勘探测井方向解释评价基本理论和方法，工程测井、生产测井解释评价理论方法在《地球物理测井学》其他卷介绍。

勘探测井的主要目的是识别储层、评价油气，既包括在勘探新区的找油找气，也包括勘探成熟区的多井油藏评价、开发期已动用油气藏的含油气饱和度、相对渗透率等评价。随着非常规储层逐渐成为油气勘探开发的重要对象，水平井被广泛使用，而水平井测井解释评价思路与传统的垂直井具有很大差异，因此，水平井解释评价也是近年测井解释重要研究内容。表1-2-1列举了勘探测井中测井解释主要研究内容。

表1-2-1　勘探测井中测井解释主要研究内容

方向	研究内容
储层识别	矿物类型识别、沉积相与沉积微相识别、储集空间识别及储层类型划分、储层流体性质判别、储层有效性判别等
储层参数计算	孔隙度、饱和度和渗透率计算；矿物含量、泥质含量、地层水电阻率计算；总有机碳含量、岩石力学参数、储层下限计算等
多井油藏评价	深度匹配与刻度；地层对比，储层纵横向变化规律研究；地质构造、断层和沉积相以及生储盖层评价；储集体形态、储集参数空间分布及油气藏和油气水空间分布规律研究等
水平井测井评价	校正方法研究，测井仪器与地层的接触关系分析，目的层位置及地层走向刻画，地质导向、油藏精细描述等

一、储层识别

储层识别是单井裸眼井测井数据处理与解释首要任务，其主要目的是对本井进行初步解释与油气分析，划分岩性与储层，确定油、气、水层及油水分界面，初步估算油气层的产能，为随后的完井与射孔决策提供重要依据。储层识别的主要研究内容包括矿物类型识别、沉积相与沉积微相识别、储集空间识别及储层类型划分、储层流体性质判别、储层有效性判别等。需要指出的是，不同类型储层识别的研究重点不一样，如对非均质碳酸盐岩而言，其研究重点是储集空间识别及储层类型划分、储层流体性质判别、储层有效性判别等；对页岩油等非常规储层，储层定性识别的研究重点是矿物类型识别、储层流体性质判别等。

二、储层参数计算

储层参数计算是在储层识别基础上对储层定量评价，其主要目的是为储量计算、开发方案制定等提供可靠的地质参数。孔隙度、饱和度和渗透率是三个重要的储层参数，如何提高这三个参数的计算精度是测井定量评价研究的核心。为了提高孔隙度、渗透率、饱和度的测井计算精度，需要首先对储层矿物含量、泥质含量、地层水电阻率等进行精确计算，因此它们也是测井储层参数计算的重要内容。

随着油气勘探开发的不断发展，非常规储层逐渐成为重要的评价对象。非常规储层本身的特点以及钻测井、求产方式均与常规储层存在很大差异，其测井评价的内容也不一样，由常规储层的"四性"（岩性、物性、电性、含油气性）关系拓展为"七性"（岩性、物性、电性、含油气性、脆性、生烃特性和地应力各向异性）和"三品质"（烃源岩品质、储层品质、工程品质）评价。对非常规储层而言，除孔隙度、渗透率、饱和度之外，脆性、地应力、孔隙压力、各向异性等反映储层工程品质的参数，以及总有机碳含量、有效厚度和排烃效率等表征烃源岩品质的参数，也是测井定量评价的研究内容。此外，地质、油藏、工程所需的其他参数也是测井定量评价的研究内容。

三、多井油藏评价

多井油藏评价是以地球物理测井为核心，结合地质学、地震学以及油藏工程等学科基本理论，充分利用地质、地震、测井、试油等信息，研究油气田构造、油气藏类型、储集体形态，确定储层参数空间分布，实现对油气藏的精细描述，对油藏数值模拟、油田开发方案优化及滚动勘探具有重要意义。多井油藏评价是提升测井信息利用率、提高地层认识能力的重要途径。

多井油藏评价可以分为静态评价和动态评价两个方面。静态评价主要内容有：测井、地质（岩心、录井）、地震等资料间的相互深度匹配与刻度；地层和油气层的对比，研究地层的岩性、储集性、含油气性等在纵、横向的变化规律；研究地区地质构造、断层和沉积相，以及生、储、盖层；研究地下储集体几何形态与储集参数的空间分布；研究油气藏和油气水分布规律；计算油气储量，为制定油田开发方案提供可靠的基础地质参数。动态评价主要内容有：研究油气田开发过程中油气藏基本参数的变化规律，计算相对渗透率、油气饱和度，确定产液剖面、注入剖面等。

四、水平井测井评价

水平井具有比直井更高的储层钻遇率，近年来在国内外油气勘探开发中被广泛使用，特别是在非常规储层中的应用更为广泛。水平井中测井仪器与地层的接触关系及测井响应特征发生了很大变化，传统直井的测井解释评价方法难以适用。在水平井中，地层模型及钻井液侵入不再与仪器轴对称，直井的校正方法不再适用，因此，水平井评价的首要任务是建立适用于水平井的校正方法，包括侵入校正、井眼校正以及围岩校正等。另外，在不同钻测状态下，水平井评价的重点不一样：在钻井进靶之前，重点是基于随钻测井资料准确预测目的层位置及地层走向，指导钻井中靶—入靶以及之后的地质导向；完钻后，重点是描述井眼与地层空间位置关系、优化完井方案进而评价水平井段有效储层钻遇率等；在多井综合解释阶段，重点是根据直井和水平井单井解释结果和相互关系对油藏进行精细描述，为进一步研究剩余油分布、设计调整井等提供基础数据。

第三节 测井解释发展方向

随着油气勘探领域向低孔低渗、非常规、深层超深层等领域延伸，勘探对象的复杂性、隐蔽性进一步增加，储层"薄、小、低、深"的特征更加显著。面对复杂勘探对象，常规测井的精度、分辨率难以满足生产需求，亟须研发具有更高测量精度、更高分辨率、更深测量范围的探测及评价技术。为了适应油气勘探对象和测井采集装备的变化，测井解释评价需加强以下五个方面的研究。

一、以斯通利波为核心的渗透率测井评价

斯通利波的衰减与孔隙空间流体流动直接相关，是评价储层渗透率的有效方法。但斯通利波属于低频模式波，在井下有限井眼空间高精度激励困难，目前专门针对渗透率评价的测井方法尚未形成。此外，在斯通利波渗透率定量评价方面，类似于孔隙度计算的"威利时间公式"或类似饱和度计算的阿奇公式还未建立。因此，加强斯通利波渗透率评价基础理论和方法研究，构建以斯通利波为核心的渗透率测井评价技术体系，是渗透率测井阶段的研究重点，也是新一代测井技术的重要发展方向。李宁等（2021）深入开展了斯通利波实验方法研究，形成了真实全直径岩心斯通利波高精度测量方法，明确了不同裂缝条件下斯通利波幅度衰减规律，并在此基础上形成了斯通利波衰减定量表征及测井数据处理方法。为了建立斯通利波渗透率测井评价的完整技术体系，还需进一步开展以下几个方面的研究：（1）由于岩心实验条件与真实地层条件存在差异，需要研究如何将室内实验评价模型通过井眼条件刻度、校正用于井筒斯通利波渗透率定量评价；（2）斯通利波渗透率评价模型中参数的变化规律及测井条件下的确定方法。

需要指出的是，不同的测井方法反映了储层不同的属性及特征。鉴于渗透率影响因素的复杂性，为了提高复杂储层测井渗透率评价精度，需充分利用多种测井信息对储层岩性、物性、孔隙结构、流体性质等进行综合评价。因此，新一代渗透率测井是以渗透率评价为核心的系列测井技术，除斯通利波渗透率测井之外，需同步发展其他测井及测试技术，如阵列化的常规测井、高精度成像测井（如核磁共振、电成像和元素测井等）、

智能化的地层测试器和高精度的井场近原位岩心分析技术等。这些新的测井、测试及岩心分析技术，能够提供更多、更准确的地层信息，可为复杂储层渗透率测井精确评价提供重要支撑。

二、以远探测声波为核心的井外缝洞识别与评价

远探测声波测井作为当前唯一能够探测井外数十米缝洞体的测井方法，对测井学科从"一孔之见"走向"一孔远见"起到了关键作用。这种方法研发的最初目的是在直井外的碳酸盐岩致密储层中寻找储集石油或天然气的裂缝或溶蚀孔洞。随着油气勘探开发向深层、超深层、非常规方向发展，远探测方法不仅仅局限于在碳酸盐岩储层中寻找缝洞体，在非常规储层和水平井测井条件"找油找气"也可发挥巨大作用。致密砂岩和非常规储层中通常存在尺度较大的断层和尺度较小的天然裂缝，这类储层与国内碳酸盐岩储层相比，岩石模量较小、孔隙度较高，导致反射波能量衰减严重，因此，如何在这类储层中提取裂缝或断层对应的弱反射信号并清晰成像将是未来研究方向之一。"十四五"以来，水平井钻井数量激增。在水平井中实施远探测测量时，其观测系统将变得和地震观测系统非常接近，这预示着在水平井中远探测声波不但可对井外裂缝成像，而且可以对水平井外的多套地层剖面特别是储层边界成像成。因此，远探测的未来发展方向主要有以下三点：（1）致密砂岩、非常规等储层中识别井外裂缝或断层；（2）在水平井测量环境下同时对井外储层边界和储层内裂缝实施成像；（3）在页岩油气等非常规储层中评价压裂效果。

三、以高精度成像为核心的复杂储层测井精细解释

成像测井的出现是测井技术的重大革新，其提供的资料垂直分辨率、井眼覆盖率、信息丰富程度远远优于常规测井。目前已经形成了微电阻率扫描成像、核磁共振成像、声波扫描成像、元素能谱等测井及解释评价技术。非均质、非常规等复杂储层成像测井资料的影响因素更多、测量结果与地层参数之间的对应关系更复杂，因此资料处理及解释评价显得尤为重要。在电阻率成像测井方面，近年来，虽然形成了高清晰全井眼图像合成、图像特征参数提取与储层评价等技术，但非常规储层薄纹层测井精细评价与定量表征、油基钻井液电成像处理及评价方法研究需要进一步加强；在核磁共振成像方面，需要加强低信噪比核磁共振反演方法、复杂孔隙结构评价、多流体组分识别及定量评价方法等研究。

四、以井场岩心测量为基础的非常规储层测井评价

非常规油气的概念比较广，目前中国非常规油气勘探开发的最主要领域包括致密油、致密气、页岩油和页岩气四类（刘国强，2022）。与常规储层测井评价的重点"四性"关系（岩性、物性、含油气性、电性）不同，非常规储层测井评价包含的内容更多，即"七性"（岩性、物性、电性、含油气性、脆性、生烃特性和地应力各向异性）和"三品质"（烃源岩品质、储层品质、工程品质）评价。虽然近年来，通过配套岩石物理实验研究，形成了非常规储层"七性"及"三品质"评价技术及方法，但很多评价技术具有区域性，普适性差，换句话说，对非常规储层测井影响因素及规律的认识还不够

深入。由于我国非常规储层的岩性、孔隙结构复杂，流体类型及赋存状态多样，因此仅仅依靠传统或者借鉴国外的理论方法，不能满足非常规油气高效勘探开发的技术需求，需要在非常规岩石物理实验方法、技术创新基础上，开展非常规储层"七性"关系、"三品质"测井评价理论方法研究，建立适用于非常规储层的测井评价技术体系。岩石物理实验是测井评价研究的基础。移动式全直径岩心实验为解决页岩油等非常规储层岩性、物性及流体性质等测井评价难题提供了新的技术手段。因此，加强以井场岩心近原位精确测量为基础的测井评价方法研究是非常规储层测井评价发展的重要方向。

五、水平井测井解释

当地层厚度较大时，水平井在储层中钻遇率很高，井眼与地层之间的接触关系容易判断。而页岩油气等非常规储层通常具有薄互层结构，井眼通常在储层与非储层中往返，准确判断井眼与地层的接触关系面临很大的挑战。因此，水平井测井解释评价首先需要深入研究井眼轨迹与地层几何关系的判断方法及精细地层建模技术。此外，水平井与直井的最大差异在于，直井中地层是以井眼为中心旋转对称的，而水平井在井眼垂直方向地层不具有对称性，井眼、钻井液侵入及围岩对测井曲线的影响将呈现出与直井不同的特征，因此加强水平井测井不同类型曲线影响因素、校正方法研究对水平井解释十分重要。另外，水平井和分段压裂是实现非常规储层增产的关键技术，如何利用测井资料评价地应力、岩石脆性和可压裂特性等进而为酸化压裂提供技术支撑，是水平井测井解释评价的重要研究内容。

第二章 测井解释理论模型及响应方程

测井曲线反映的是仪器探测范围内储层的平均响应，因此，尽管储层在微观尺度上不同位置的孔隙特征、流体分布等可能各不相同，为了便于测井响应特性分析与储层参数定量计算，可在一定条件下、一定尺度范围内对地层进行等效，这种按照某种方式对实际地层进行简化与抽象的模型称为测井解释理论模型。

随着油气勘探开发技术的发展，测井解释评价的对象发生了很大的变化，储层岩石的矿物类型、孔隙结构特征、非均质与各向异性等呈现出很大差异。为了适应不同的勘探对象，测井解释理论模型经历了从简单到复杂的发展：各向同性模型、分层均匀各向同性模型及非均匀各向异性模型。上述理论模型，在不同类型储层岩石物理特性研究、测井响应方程建立及测井定量评价等方面发挥了重要作用。

第一节 分层均匀各向同性模型及测井响应方程

地下岩石是经过沉积、成岩等漫长地质作用演化形成的。根据沉积学的基本原理，沉积岩是按先后顺序一层层依次沉积形成的，正常情况下，老地层在下，新地层在上。因此，地下储层总体上具有分层特征，特别是沉积岩类储层。

分层均匀各向同性模型是将地层岩石抽象为几个组分的并行组合，且在每个组分内是完全均匀的。当层状介质中的层数无限增加、每层的厚度无限减小时，层状介质就过渡为连续介质。绝大多数沉积岩，其岩性的横向延伸方向（水平）变化较纵向沉积方向（垂直）变化缓慢，当层厚较大时，可以抽象为分层均匀各向同性模型。

对分层均匀各向同性模型的理解可以进一步从宏观和微观两个角度展开。宏观分层均匀各向同性模型是针对不同时期沉积环境形成地层的抽象，主要用于地震、测井等大尺度分析；微观分层均匀各向同性模型是对骨架、孔隙和流体等岩石组成的抽象，主要用于岩石物理微观机理研究。目前各种解释评价模型，如导电模型、速度模型等，大多是基于微观分层均匀各向同性模型提出的，因此本书重点讨论微观分层均匀各向同性模型。

一、分层均匀各向同性模型

1. 纯地层分层各向同性模型

测井解释评价中纯地层指的是不含泥质、导电矿物等其他导电组分，均质性好的地层，如物性好的砂岩地层、孔隙型碳酸盐岩地层等。为了便于分析，这些地层可以抽象为由骨架和孔隙两部分组成（图2-1-1），在该类模型中，孔隙可以含有一种或多种流体。

当孔隙含有一种流体时，将其等效为一种均匀的导电介质非常易于理解；当含有多种流体时，虽然不同流体的导电性质不一样，但如果假设孔隙中不同位置流体的分布（或者说不同流体的饱和度）相同，仍然可以将其等效为一种导电相。必须认识到，这种抽象是非常理想化的，由于储层岩石矿物组成、孔隙结构的复杂性，多相流条件下，孔隙空间流体分布复杂，不同位置的流体性质一般是不一样的。

大家熟知的阿奇饱和度模型可以利用纯地层分层均匀各向同性模型描述：岩石骨架不导电，导电性来自孔隙中的地层水。当地层完全饱含水时，电性与地层水本身的导电性（矿化度）、地层水含量（孔隙度）有关；当含油气时，部分孔隙空间被非导电的油或气占据，电性与地层水本身的导电性（矿化度）、地层水含量（孔隙度、饱和度）有关。由于油气不导电，在分析电阻率变化规律时可将其与骨架等效看待。

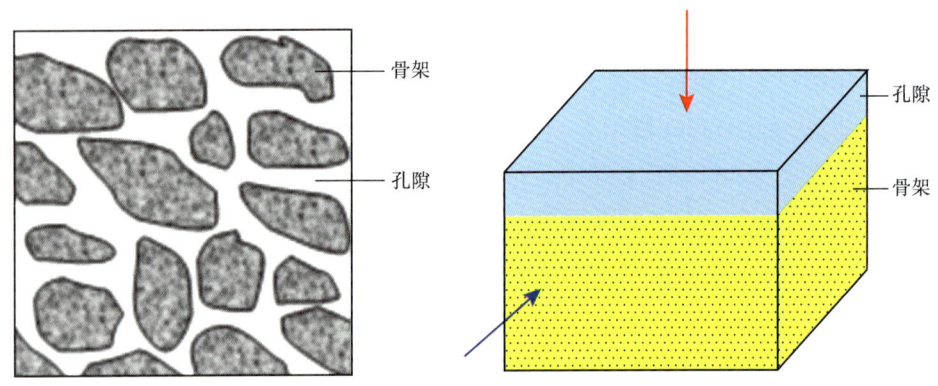

图 2-1-1 纯地层及等效的分层各向同性模型

2. 含泥质地层及分层各向同性模型

根据地层的沉积原理，除特高渗透率砂岩或者沉积环境十分稳定的砂岩—粉砂岩以外，一般储集油气的砂岩及其他岩性地层都含有一定数量的泥质，因此，泥质砂岩是一类重要的储层，是测井评价重要研究对象。泥质对岩石物理特性的影响一直以来都是测井岩石物理研究的重要内容，20 世纪 50—60 年代，学者提出了不同的泥质砂岩导电理论。

测井解释中所说的泥质通常指黏土矿物、细粉砂及黏土所含水的混合物。黏土矿物的颗粒很细，其直径一般小于 0.01mm，主要类型有伊利石、蒙脱石、高岭石和绿泥石。细粉砂的主要矿物成分是石英，也可能含有长石、方解石或其他矿物，颗粒直径一般在 0.01~0.05mm 之间（雍世和等，2002）。

泥质在孔隙中具有不同的分布形式，通常有分散状、结构状、层状三种。泥质对岩石物理特性的影响与其分布形式有关。结构状泥质（图 2-1-2a）是指泥质呈颗粒或者结核状分布在砂岩中，取代了部分岩石颗粒，但不改变粒间孔隙度。分散状泥质（图 2-1-2b）是指泥质分布在砂岩颗粒表面，泥质体积占据了孔隙体积的一部分。分散状泥质存在于孔隙的内表面，对储层岩石微观孔隙结构和导电特性等影响较大。从分散状泥质分布的空间范围来看，其主要存在于单个或者数个相连的孔隙内，延伸的范围相对于宏观储层而言很小，因此分散状泥质属于微观层次的概念。层状泥质（图 2-1-2c）是指泥质呈条带状分布在砂岩中，取代了部分砂粒和有效孔隙。层状泥质取代砂粒和有效孔隙的数目较大，延伸的空间范围较广，对储层岩石局部物理特性影响显著。

由于泥质的导电性与地层水的导电性存在很大的差异，故可将泥质作为一种单独的导电组分进行考虑，即可将泥质砂岩近似为由骨架、泥质和孔隙三部分组成（图 2-1-2d）。因此，在纯砂岩地层模型基础上进一步提出了泥质砂岩解释模型，其基本假设是地层水和泥质是两个不同的导电单元，而泥质砂岩整体的导电性由这两部分共同决定。

在测井技术的发展过程中，针对泥质砂岩提出了一系列导电模型，这些模型总体上可以分为泥质体积模型、阳离子交换模型和有效介质模型三大类。泥质体积模型有 Poupon 公式、Simandoux 公式等；阳离子交换模型有 Waxman-Smits 公式、Clavier 公式等；有效介质模型有 Berge 模型等。

尽管泥质体积模型、阳离子交换模型在计算泥质导电性的具体细节上存在差异，但总体上均是将岩石整体的导电性看作地层水和泥质并联导电，即从抽象的地层模型本身而言均可归结为三组分分层各向同性模型。

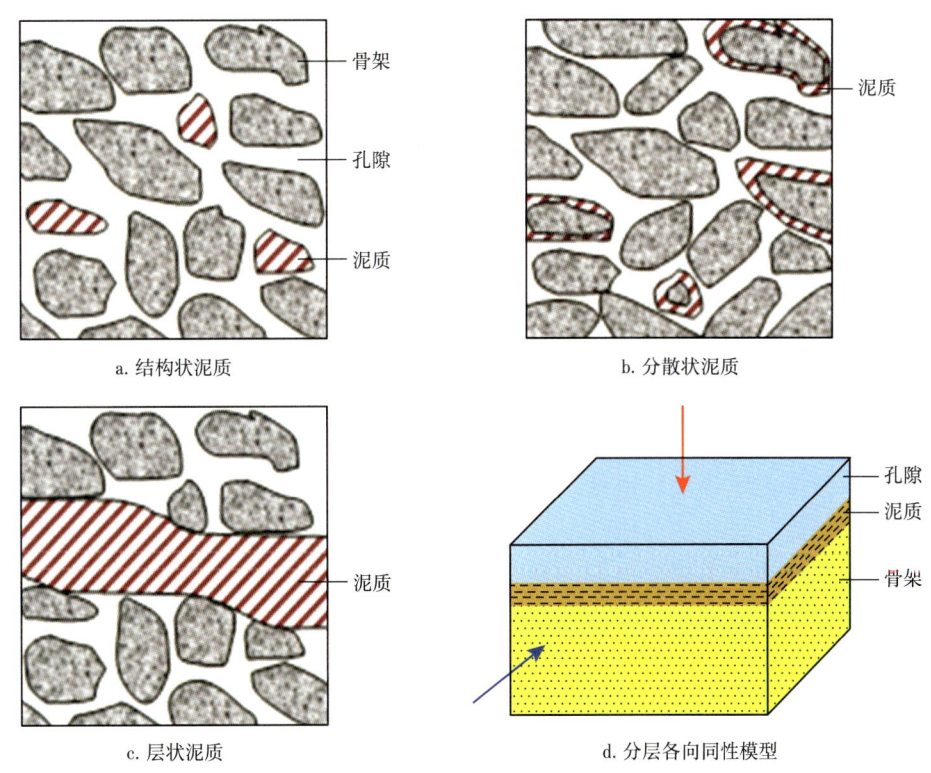

图 2-1-2　含泥质地层及等效的分层各向同性模型

裂缝性储层中，如含裂缝碎屑岩、含裂缝碳酸盐岩等，裂缝对储层电性的影响非常明显，其导电性与基质孔隙存在很大的差异。因此，在分析含裂缝储层的电性特征时，通常将岩石抽象为骨架、基质孔隙和裂缝三种不同组分，其中骨架不导电，裂缝与基质孔隙并联导电即为岩石整体的导电性。

无论是泥质砂岩还是裂缝性储层，将其等效为两种导电组分的分层各向同性模型，这是一种抽象的处理方法。在储层物性较好、孔隙结构简单的情况下，该模型可取得较好的应用效果；当孔隙结构复杂时，将所有基质孔隙中的地层水抽象为一种导电单元显得过于简单，此时需要考虑储层不同孔隙中导电性的差异，采用更为复杂的地层模型。

3. 复杂孔隙结构及分层各向同性模型

低孔低渗储层是重要的油气勘探开发目标，这类储层物性差、孔隙结构和流体分布复杂，测井响应关系复杂，给测井定性评价、饱和度等储层参数定量计算带来极大挑战。

对于低孔低渗碎屑岩储层而言，岩石导电以大孔隙（粒间孔、溶孔等）和微孔隙（晶间孔、胶结物溶孔、杂基和岩屑内的微孔隙等）中的流体为主，也就是说，针对这类复杂孔隙结构储层，岩石孔隙空间可以抽象为并行的两部分：微孔隙和大孔隙（图 2-1-3）。微孔隙中充满束缚水，大孔隙中为油气和可流动的自由水。岩石的孔隙结构决定了岩石的导电路径，假如不考虑泥质的附加导电作用，则微孔隙和大孔隙中地层水的导电性质相同，只是导电路径不同，因此岩石的导电性可看作微孔隙网络和大孔隙网络并联导电的结果。其中，自由水是指在正常地层压力条件下可以自由流动和产出的地层水；微孔隙水是赋存于微小孔隙空间的地层水，在正常压力下无法流动和产出。

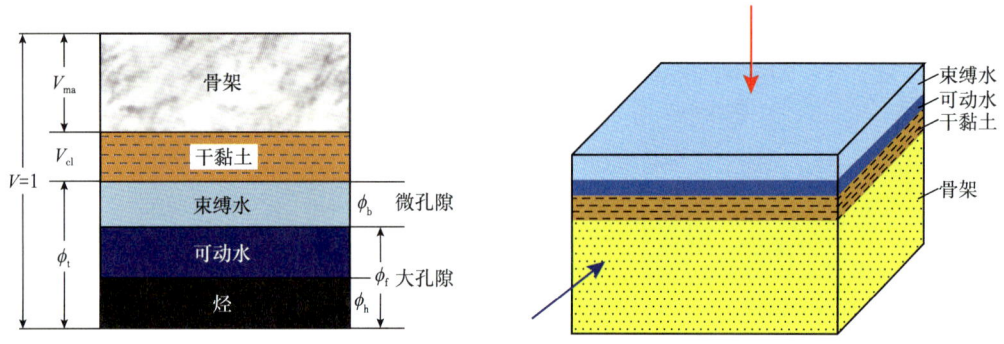

图 2-1-3　复杂孔隙结构及等效分层各向同性模型

如果进一步考虑黏土的导电性，则岩石可以抽象为骨架、黏土、自由水和微孔隙水四部分组成。此时，岩石的导电性由三部分并联而成：自由水、微孔隙水以及黏土束缚水。自由水、微孔隙水的概念与上文相同，黏土束缚水则指由于黏土阳离子交换吸附作用而形成的一部分导电性极特殊的水。在渗流特性上，微孔隙水与黏土束缚水一致，均无法产出；在导电性上，自由水与微孔隙水是一致的，但与黏土束缚水的导电性不同。莫修文（1998）提出了"三水模型"，即岩石总导电性为自由水、微孔隙水、黏土水这三部分的并联。随着岩石导电性研究的深入，提出了岩石综合导电模型，其中有代表性的是 CRMM（Conductive Rock Matric Model，岩石骨架导电模型）、GCRMM（Generalized Conductive Rock Matric Model，广义岩石骨架导电模型）等。GCRMM 认为除自由水、黏土吸附水之外，毛管束缚水和导电矿物也是骨架导电成因。

二、测井响应方程

现代电法测井、声波测井和放射性测井是确定储层特性参数的三种最重要的地球物理方法。表征测井响应与地层特性参数之间关系的方程称为测井响应方程，它们来自理论模型或实际资料统计，数量众多。由于地质条件的复杂性，这些方程的应用各有局限性和误差，因此，建立一个理论标准来检验和评价它们十分必要。下面首先给出这些响应方程的一般形式，然后基于一个基本事实导出一般形式存在的必要条件，从而建立了检验和评价理论标准（李宁，1989b）。作为实际应用，依据这一标准对几个颇有影响的声波测井响应方程以及一个电法测井响应方程进行检验和评价，并且在此基础上找到了最优方程，评价结论与找出的新方程都得到了已有实验结果的验证，这对理论本身无疑是一个有力的支持。

1. 测井响应方程的一般形式

若地层岩石模型由 n 种介质（包括孔隙中的流体介质）构成，对某种电法或声波测井的响应为 v，且当模型完全由 n 种介质中的第 k 种（$k=1,2,\cdots,n$）介质构成时，测井响应为 v_k（常数），则一类电法或声波测井响应方程可表示为：

$$G(v)=\sum_{k=1}^{n_1} m_k(\varphi_k,\varTheta_k)G(v_k),\quad n_1\leqslant n \qquad (2\text{-}1\text{-}1)$$

这里 φ_k 是第 k 种介质的体积与岩石总体积之比；$\varTheta_k=\{\theta_{k1},\theta_{k2},\cdots\}$ 是除 φ_k 外其他所有影响 v 的因素的集合；$G(v)$、$G(v_k)$ 是 v、v_k 的连续单调函数，一般有：

$$[G(v),G(v_k)]\in\{(v,v_k),(v^\tau,v_k^\tau),(\log_a v,\log_a v_k),\cdots\}$$

如果令

$$(v,v_k)\in\{(v,v_k),(v^{-1},v_k^{-1}),(C,C_k),(C^{-1},C_k^{-1}),[t_p,(t_p)_k],\cdots\}$$

则式（2-1-1）分别表征声波速度测井响应 v、声波时差测井响应 v^{-1}、电导率响应 C、电阻率测井响应 C^{-1}、电磁波测井响应 t_p 等。

若地层岩石模型由 n 种化合物（包括孔隙中的流体化合物）构成，对某种放射性测井的响应为 u，且当模型完全由 n 种化合物中的第 k 种（$k=1,2,\cdots,n$）化合物构成时，测井响应为 u_k（常数），则一类放射性测井响应方程可表示为：

$$F(u)=\sum_{k=1}^{n_1} m_k(\varphi_k,\varTheta_k)F(u_k),\quad n_1\leqslant n \qquad (2\text{-}1\text{-}2)$$

这里 φ_k 是第 k 种化合物的体积与岩石总体积之比；$\varTheta_k=\{\theta_{k1},\theta_{k2},\cdots\}$ 是除 φ_k 外其他所有影响 u 的因素的集合；$F(u)$ 和 $F(u_k)$ 是 u、u_k 的连续单调函数，一般有：

$$[F(u),F(u_k)]\in\{(u,u_k),\cdots\}$$

如果令

$$(u,u_k)\in\{[\mathrm{GR},(\mathrm{GR})_k],[\mathrm{Th},(\mathrm{Th})_k],(\mathrm{K},\mathrm{K}_k),[\rho_\mathrm{e},(\rho_\mathrm{e})_k],\\ (U,U_k),(H,H_k),[\mathrm{C/O},(\mathrm{C/O})_k],(\varSigma,\varSigma_k),\cdots\}$$

则式（2-1-2）分别表征自然伽马测井响应 GR（API）、自然伽马能谱测井响应 Th 和 K（钍和钾的含量）、地层密度测井响应 ρ_e（电子密度）；岩性密度测井响应 U（体积光电截面）、超热中子（或热中子）测井响应 HI（含氢指数）、碳氧比测井响应 C/O、中子寿命测井响应 $\varSigma$（宏观俘获截面）等。

令

$$(x, x_k) \in \{[G(v), G(v_k)], [F(u), F(u_k)]\}$$

则式（2-1-1）、式（2-1-2）可合并为：

$$x = \sum_{k=1}^{n_1} m_k(\varphi_k, \Theta_k) x_k, \quad n_1 \leqslant n \quad (2\text{-}1\text{-}3)$$

式（2-1-3）是一类测井响应方程的一般形式。值得注意的是，不论式（2-1-3）代表的响应方程的来源如何，一个基本事实是：

$$\min_{1 \leqslant k \leqslant n}\{v_k\} \leqslant v \leqslant \max_{1 \leqslant k \leqslant n}\{v_k\}$$

$$\min_{1 \leqslant k \leqslant n}\{u_k\} \leqslant u \leqslant \max_{1 \leqslant k \leqslant n}\{u_k\}$$

即

$$\min_{1 \leqslant k \leqslant n}\{x_k\} \leqslant x \leqslant \max_{1 \leqslant k \leqslant n}\{x_k\} \quad (2\text{-}1\text{-}4)$$

以声波速度测井响应 v 为例，当取 $(x, x_k) = [G(v), G(v_k)] = (v, v_k)$ 时，式（2-1-4）表述为：岩石的声速 v 不小于构成该岩石的 n 种介质中声速最低的那种介质的声速 $\min_{1 \leqslant k \leqslant n}\{v_k\}$，不大于声速最高的那种介质的声速 $\max_{1 \leqslant k \leqslant n}\{v_k\}$。

2. 响应方程存在的必要条件

定理 在式（2-1-4）的约束下，若 $n_1 = n$，则式（2-1-3）存在的必要条件是：

（Ⅰ）$0 \leqslant m_k(\varphi_k, \Theta_k) \leqslant 1$，$k=1, 2, \cdots, n$；

（Ⅱ）$\sum_{k=1}^{n} m_k(\varphi_k, \Theta_k) = 1$。

证 用数学归纳法，x_k（$k=1, 2, \cdots, n$）可视为数轴上的 n 个互异点，令

$$x_1 < x_2 < \cdots < x_{k-1} < x_k < x_{k+1} < \cdots < x_{n-1} < x_n \quad (2\text{-}1\text{-}5)$$

$k=1$ 时，由式（2-1-3）、式（2-1-4）可知，定理显然成立；$k=2$ 时，由式（2-1-4）、式（2-1-5）有：

$$x_1 \leqslant x \leqslant x_2$$

注意到 x 是内分点，则

$$x = \frac{1}{1+\lambda_1} x_1 + \frac{\lambda_1}{1+\lambda_1} x_2, \quad 0 \leqslant \lambda_1 < +\infty$$

由于 x_1、x_2 是常数，故 λ 是 φ、Θ 的函数，于是令

$$m_1(\varphi_1, \Theta_1) = \frac{1}{1+\lambda_1}, \quad m_2(\varphi_2, \Theta_2) = \frac{\lambda_1}{1+\lambda_1}$$

则

$$x = \sum_{k=1}^{2} m_k(\varphi_k, \Theta_k) x_k$$

又因为 $0 \leqslant \lambda_1 < +\infty$，所以

$$0 \leqslant m_1(\varphi_1, \Theta_1) \leqslant 1, \quad 0 \leqslant m_2(\varphi_2, \Theta_2) \leqslant 1$$

且

$$\sum_{k=1}^{2} m_k(\varphi_k, \Theta_k) = \frac{1}{1+\lambda_1} + \frac{\lambda_1}{1+\lambda_1} = 1$$

定理亦成立。

设 $k=n-1$ 时有

$$x = \sum_{k=1}^{n-1} l_k(\varphi_k, \Theta_k) x_k$$

其中

$$0 \leqslant l_k(\varphi_k, \Theta_k) \leqslant 1, \quad k = 1, 2, \cdots, n-1$$

且

$$\sum_{k=1}^{n-1} l_k(\varphi_k, \Theta_k) = 1$$

那么当 $k=n$ 时，由于式（2-1-4）、式（2-1-5）的存在，必有

$$\sum_{k=1}^{n-1} l_k(\varphi_k, \Theta_k), \ x_k \leqslant x \leqslant x_n$$

仍由内分点公式得：

$$x = \frac{1}{1+\lambda_{n-1}} \left[\sum_{k=1}^{n-1} l_k(\varphi_k, \Theta_k) x_k \right] + \frac{\lambda_{n-1}}{1+\lambda_{n-1}} x_n, \quad 0 \leqslant \lambda_{n-1} < +\infty$$

令

$$m_k(\varphi_k, \Theta_k) = \frac{l_k(\varphi_k, \Theta_k)}{1+\lambda_{n-1}}, \quad k = 1, 2, \cdots, n-1$$

$$m_n(\varphi_n, \Theta_n) = \frac{\lambda_{n-1}}{1+\lambda_{n-1}}$$

则
$$x = \sum_{k=1}^{n} m_k(\varphi_k, \Theta_k) x_k$$

由于 $0 \leqslant \lambda_{n-1} < +\infty$，且有 $k=n-1$ 时的假定 $0 \leqslant l_k(\varphi_k, \Theta_k) \leqslant 1$（$k=1$，2，$\cdots$，$n-1$）和 $\sum_{k=1}^{n-1} l_k(\varphi_k, \Theta_k) = 1$，所以

$$0 \leqslant m_k(\varphi_k, \Theta_k) \leqslant 1, \quad k=1,2,\cdots,n \tag{2-1-6}$$

且

$$\sum_{k=1}^{n} m_k(\varphi_k, \Theta_k) = m_n(\varphi_n, \Theta_n) + \sum_{k=1}^{n-1} m_k(\varphi_k, \Theta_k)$$
$$= \frac{\lambda_{n-1}}{1+\lambda_{n-1}} + \frac{1}{1+\lambda_{n-1}} \sum_{k=1}^{n-1} l_k(\varphi_k, \Theta_k)$$
$$= \frac{\lambda_{n-1}}{1+\lambda_{n-1}} + \frac{1}{1+\lambda_{n-1}} = 1$$

定理得证。

注意，必要条件的意义在于：任何一个对实际应用有效而又具备式（2-1-3）形式的测井响应方程当 $n_1=n$ 时必然满足条件（Ⅰ）（Ⅱ）；相反，任何一个具备式（2-1-3）形式同时又满足条件（Ⅰ）（Ⅱ）的方程，不一定对实际应用有效。

另外，根据 φ_k 的定义，显然

$$0 \leqslant \varphi_k \leqslant 1, \quad k=1,2,\cdots,n$$

且

$$\sum_{k=1}^{n} \varphi_k = 1$$

那么

$$\varphi_i\big|_{\varphi_k=1} = 0, \quad i=1,2,\cdots,k-1,k+1,\cdots,n$$

于是 $m_k(\varphi_k, \Theta_k)$ 还有两个自然端点条件为：

（Ⅲ）$m_k(0, \Theta_k)=0$；
（Ⅳ）$m_k(1, \Theta_k)=1$，且 $m_i(\varphi_i, \Theta_i)\big|_{\varphi_k=1}=0$，$i=1$，2，$\cdots$，$k-1$，$k+1$，$\cdots$，$n$。

3. 响应方程的第Ⅱ类误差

定义 在式（2-1-3）中，若 $n_1 < n$，则该式关于它的导出模型存在第Ⅱ类误差。第Ⅱ类误差属于系统误差。

上述定义的意义在于：若地层岩石模型由 n 种介质（或化合物）构成，而导出的响

应方程中只反映了 n_1（$<n$）种介质（或化合物）的影响，则说明响应方程相对它的导出模型存在第Ⅱ类误差。

很显然，来自理论推导的响应方程导出模型为理论岩石模型（诸如体积导电模型等），因而这些方程相对其模型来说可以不具有第Ⅱ类误差（只要 $n_1=n$，如 Wyllie 公式），但理论模型与实际地层之间还存在着一定差距，这种差距造成的非第Ⅱ类误差是这些响应方程总误差的一个重要来源（这个问题超出了本书讨论的范围）；而来自统计的响应方程就不同了，它们所依据的模型即实际地层（或实验岩心），因而总有 $n_1<n$，这样第Ⅱ类误差在这些方程的总误差中就起重要作用。下面关于第Ⅱ类误差的讨论，对这些方程特别适用。

4. 检验和评价响应方程的理论标准

对于任何一个能够表示为式（2-1-3）形式的测井响应方程，在自变量的指定取值区间（或点）上：

（1）若 $n_1=n$，且满足条件（Ⅰ）（Ⅱ），则原方程在区间（或点）上不存在第Ⅱ类误差。

（2）若 $n_1=n$，但条件（Ⅰ）（Ⅱ）中有一个不满足，则原方程在该区间（或点）上是错误的。

（3）若 $n_1<n$，则原方程在该区间（或点）上具有第Ⅱ类误差，这时可根据

$$\sum_{k=1}^{n_1} m_k(\varphi_k, \Theta_k), \quad n_1<n$$

偏离 1 的程度来确定使该方程具有最大第Ⅱ类误差时有关变量的取值点，从而避免在这些点及其附近区间上使用这个方程。

5. 对几个重要声波测井响应方程的评价及其与实验结果的比较

继 Wyllie 等（1956）根据体积模型首次提出用纵波速度 v 计算岩石孔隙度 ϕ 的线性关系后，近几年来依据实验结果得到的几个重要的非线性 ϕ-v 方程分别是 Raymer 等（1980）给出的

$$v = \phi v_f + (1-\phi)^\beta v_{ma}, \beta = \begin{cases} 2, & \text{砂岩} \\ 2.2, & \text{碳酸盐岩} \end{cases} \quad (2\text{-}1\text{-}7)$$

$$v = \sqrt{\frac{\rho_{ma}}{\rho}} (1-\phi)^{1.9} v_{ma}, \text{砂岩} \quad (2\text{-}1\text{-}8)$$

和 Raiga-Clemenceau 等（1986）给出的

$$v = (1-\phi)^\beta v_{ma}, \beta = \begin{cases} 1.60, & \text{石英} \\ 1.76, & \text{方解石} \\ 2.00, & \text{白云石} \end{cases} \quad (2\text{-}1\text{-}9)$$

以及另外一个与速度平方有关的方程：

$$v^2 = \frac{\rho_\mathrm{f}}{\rho}\phi v_\mathrm{f}^2 + \frac{\rho_\mathrm{ma}}{\rho}(1-\phi)^\beta v_\mathrm{ma}^2, \beta = \begin{cases} 2, & 砂岩 \\ 2.2, & 碳酸盐岩 \end{cases} \quad (2\text{-}1\text{-}10)$$

式中：ρ 代表岩石密度；ρ_f、ρ_ma 分别代表流体与岩石骨架的密度；β 是一个只与岩性有关的参数；v_f 和 v_ma 分别代表流体与岩石骨架的纵波速度。

以最复杂的式（2-1-10）为例，观察一下用前面得到的理论标准评价这类方程的具体步骤。

由于式（2-1-10）是经验方程，必有 $n_1 < n$，且当 $n_1 = 2$，即方程中只考虑了两种介质的影响：单一流体 [相对体积 ϕ（即孔隙度，因流体充满孔隙）、纵波速度 v_f、密度 ρ_f] 和单一矿物构成的岩石骨架（相对体积 $1-\phi$、纵波速度 v_ma、密度 ρ_ma）。由于 $v_\mathrm{ma} > v_\mathrm{f}$，令

$$(x, x_1, x_2) = (v^2, v_\mathrm{f}^2, v_\mathrm{ma}^2)$$
$$(\varphi_1, \varphi_2) = (\phi, 1-\phi)$$
$$(\Theta_1, \Theta_2) = (\{\rho_\mathrm{f}, 0, 0, \cdots\}, \{\rho_\mathrm{ma}, \beta, 0, \cdots\})$$

则式（2-1-10）与式（2-1-3）有相同的形式，这时

$$m_1(\varphi_1, \Theta_1) + m_2(\varphi_2, \Theta_2) = m_1(\phi, \rho_\mathrm{f}) + m_2(1-\phi, \rho_\mathrm{ma}, \beta)$$
$$= \frac{\rho_\mathrm{f}}{\rho}\phi + \frac{\rho_\mathrm{ma}}{\rho}(1-\phi)^\beta$$

根据 ρ 的定义，显然

$$\rho = \phi\rho_\mathrm{f} + (1-\phi)\rho_\mathrm{ma}$$

因此

$$m_1(\varphi_1, \Theta_1) + m_2(\varphi_2, \Theta_2) = \frac{\phi\rho_\mathrm{f} + (1-\phi)^\beta \rho_\mathrm{ma}}{\phi\rho_\mathrm{f} + (1-\phi)\rho_\mathrm{ma}}$$

若记

$$f(\phi) = \sum_{k=1}^{2} m_k(\varphi_k, \Theta_k) = m_1(\varphi_1, \Theta_1) + m_2(\varphi_2, \Theta_2) \quad (2\text{-}1\text{-}11)$$

则容易验证 $f(\phi)$ 满足条件（Ⅰ）（Ⅲ）（Ⅳ），但

$$f(\phi) = \frac{\phi\rho_\mathrm{f} + (1-\phi)^\beta \rho_\mathrm{ma}}{\phi\rho_\mathrm{f} + (1-\phi)\rho_\mathrm{ma}} \rightarrow f(\phi) = \begin{cases} =1, & 当\phi = 0 或 1 \\ <1, & 当 0<\phi<1 \end{cases}$$

即条件（Ⅱ）在 $0 < \phi < 1$ 上不满足，式（2-1-10）在此区间上存在第Ⅱ类误差，令

$$f'(\phi) = \frac{[\rho_\mathrm{f} - \beta(1-\phi)^{\beta-1}\rho_\mathrm{ma}][\phi\rho_\mathrm{f} + (1-\phi)\rho_\mathrm{ma}] - [\phi\rho_\mathrm{f} + (1-\phi)^\beta \rho_\mathrm{ma}](\rho_\mathrm{f} - \rho_\mathrm{ma})}{[\phi\rho_\mathrm{f} + (1-\phi)\rho_\mathrm{ma}]^2} = 0$$

则满足方程

$$[(\beta-1)\rho_{ma}+\rho_f](1-\phi)^\beta+\beta\rho_f\phi(1-\phi)^{\beta-1}-\rho_f=0 \quad (2-1-12)$$

的 ϕ ［只取（0,1）内的实根］使 $f(\phi)$ 在 $0<\phi<1$ 上达到极小，即对于这个 ϕ，$m_1(\varphi_1,\Theta_1)+m_2(\varphi_2,\Theta_2)$ 偏离 1 最远，从而利用式（2-1-10）计算出来的孔隙度值在这一点上的第Ⅱ类误差最大。特别是，当 $\beta=2$（对砂岩）时，式（2-1-12）变为：

$$(\rho_{ma}-\rho_f)\phi^2-2\rho_{ma}\phi+\rho_{ma}=0$$

那么 ϕ 在（0,1）内有一个根，它是

$$\phi=\frac{\rho_{ma}-\sqrt{\rho_f\rho_{ma}}}{\rho_{ma}-\rho_f}=\frac{2.65-\sqrt{1\times 2.65}}{2.65-1}=0.62$$

这说明了 $f(0.62)$ 偏离 1 最远，从而得知当利用式（2-1-10）计算砂岩地层孔隙度时，计算结果的第Ⅱ类误差在（0，0.62）区间上单调增大，在 0.62 这点上达到最大，在（0.62，1）区间上单调减小。

用同样的方法可以对式（2-1-7）至式（2-1-9）进行评价，它们具有最大第Ⅱ类误差的 ϕ 值点以及在该点上计算的孔隙度与实验值的相对误差 δ_ϕ（对砂岩地层）见表 2-1-1。仿照式（2-1-11），分别定义式（2-1-7）至式（2-1-9）的 $f(\phi)$，则它们在 [0,1] 区间上的变化情况如图 2-1-2 中细实线所示。

表 2-1-1　砂岩地层 ϕ 值最大误差点及与实验值的相对误差 δ_ϕ

方程类型	式（2-1-7）	式（2-1-8）	式（2-1-9）	式（2-1-10）	式（2-1-13）
ϕ 值最大误差点	0.50	1.00	1.00	0.62	0.50
与实验值的相对误差 δ_ϕ	0.28	当 $\phi>0.50$ 后该式无意义	当 $\phi>0.53$ 后该式无意义	1.00	0.16

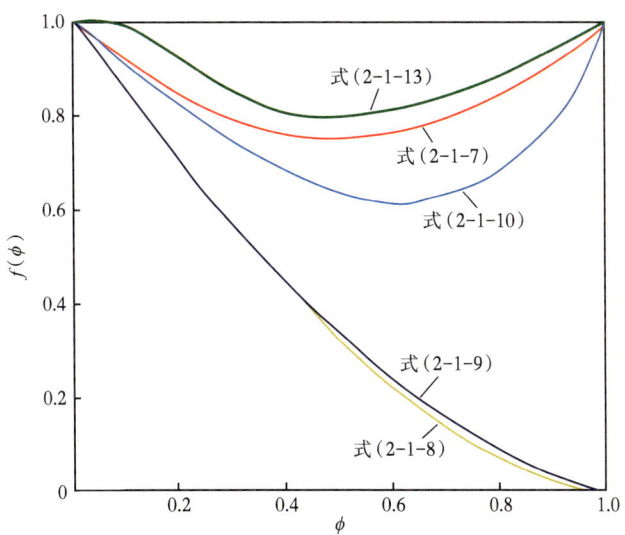

图 2-1-4　式（2-1-7）至式（2-1-10）及式（2-1-13）的 $f(\phi)$ 曲线（对砂岩地层）

将式（2-1-7）至式（2-1-10）所计算的曲线与实测曲线一同绘制在图 2-1-5 上。图 2-1-5 中虚线为砂岩 ϕ-v 关系实测曲线，四条细实线分别为式（2-1-7）至式（2-1-10）的计算结果。

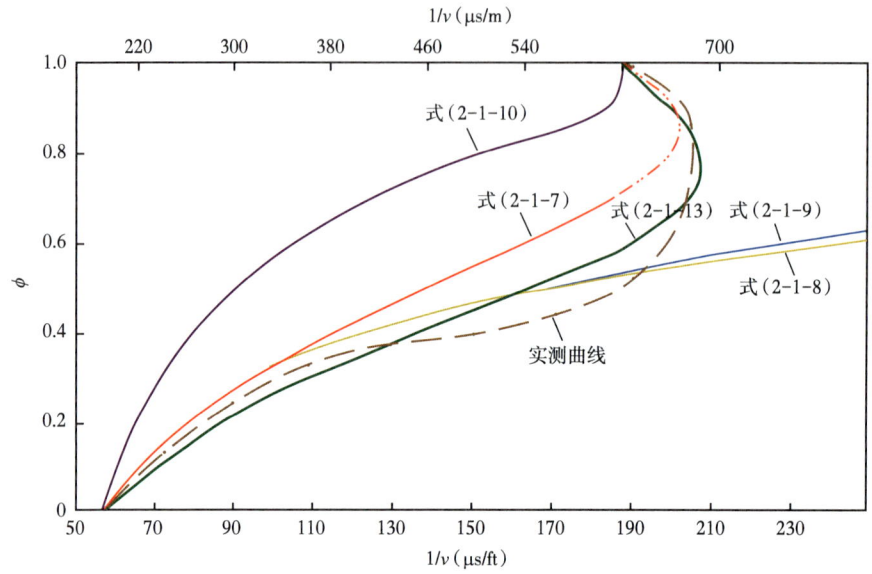

图 2-1-5　式（2-1-7）至式（2-1-10）和式（2-1-13）关于实验曲线的逼近程度（对砂岩地层）
（1ft =0.3048m）

对比图 2-1-4、图 2-1-5 看到，与实验结果吻合越好的方程，其 $f(\phi)$ 曲线在 [0，1] 区间上越接近 $f(\phi)=1$ 的直线（注意，反命题不总成立），这与上面理论分析的结果一致。在只考虑骨架和单一流体两种介质，且 v_f、v_{ma} 以一次方项出现的情况下，图 2-1-5 实验曲线的一个最佳逼近为：

$$v = \phi^{0.59} v_f + (1-\phi)^{2.87} v_{ma} \qquad (2-1-13)$$

这里 v_f=1615.4m/s（5300ft/s），v_{ma}=5486.4m/s（18000ft/s），对砂岩地层适用。这条最优曲线用粗实线清晰地显示在图 2-1-5 中，它的 $f(\phi)$ 曲线以粗实线显示在图 2-1-4 中，显然这个 $f(\phi)$ 接近 1 的程度最好，ϕ 的最大误差点是 0.5 左右，与实验点的最大相对误差为 16%（表 2-1-1）。

由以上讨论得知，在对比两个不同经验方程的优劣时，应该首先考察它们各自的 $f(\phi)$ 在 [0，1] 区间上与 $f(\phi)=1$ 直线的偏差程度（这就好比在判断一个级数是否收敛时，应该首先根据级数收敛的必要条件，考察该级数的一般项是否趋于 0 的道理一样），因为已经知道与实际情况符合越好的方程其 $f(\phi)$ 在 [0，1] 区间上接近 1 的程度越好。需要指出的是，两个被比较的方程一般应该具有相同的形式，比如式（2-1-8）与式（2-1-9）的形式相同（都只出现一种介质的声速 v_{ma} 且同为一次项），而式（2-1-7）与式（2-1-13）的形式相同（都只出现两种介质的声速 v_f 和 v_{ma}，且均为一次项）。因此，比较式（2-1-8）与式（2-1-9）的 $f(\phi)$ 曲线（图 2-1-4）发现式（2-1-9）略优于式（2-1-8）；比较式（2-1-7）与式（2-1-13）的 $f(\phi)$ 曲线（图 2-1-5）发现式（2-1-13）优于式（2-1-7）——这两点结论的正确性可以从图 2-1-5 上直观看到。当两个被比较方程形式不尽相同时，比如式（2-1-9）与式（2-1-10），不宜根据 $f(\phi)$ 曲线进行优劣判断。

作为一个附加例子，再对电法测井中十分重要的 Simandoux 方程进行评价。Simandoux 方程表示为：

$$C = w_{sh}C_{sh} + S_w^d \phi^b C_w, \quad b,d > 1 \quad (2\text{-}1\text{-}14)$$

式中：C 为岩石电导率。

式（2-1-14）来源于人造岩心实验，岩心由砂粒、黏土、水和油四种介质（$n=4$）构成，而方程中只出现了两种介质（$n_1=2$）：黏土（相对体积为 w_{sh}，电导率为 C_{sh}）和水（相对体积为 $S_w\phi$，电导率为 C_w，其中 ϕ 为孔隙度）（$C_w > C_{sh}$）。令：

$$(x, x_1, x_2) = (C, C_{sh}, C_w)$$

$$(\varphi_1, \varphi_2) = (w_{sh}, S_w\phi)$$

$$(\Theta_1, \Theta_2) = (\{0,0,\cdots\}, \{b,d,0,\cdots\})$$

则式（2-1-14）与式（2-1-3）有相同的形式，这时

$$m_1(\varphi_1, \Theta_1) + m_2(\varphi_2, \Theta_2) = m_1(\omega_{sh}) + m_2(S_w\phi; b,d) = S_w^d \phi^b + \omega_{sh}$$

由于 $n_1 < n$，故方程存在第Ⅱ类误差。

设砂粒和油的相对体积分别为 $w_{sd}(=\varphi_3)$ 和 $S_o\phi = (1-S_w)\phi(=\varphi_4)$（$S_o$ 为含油饱和度），那么由于 $0 \leqslant \varphi_k \leqslant 1$，$k=1,2,3,4$，且

$$\sum_{k=1}^{4} \varphi_k = w_{sh} + S_w\phi + w_{sd} + (1-S_w)\phi = \phi + w_{sh} + w_{sd} = 1$$

所以

$$m_1(\varphi_1, \Theta_1) + m_2(\varphi_2, \Theta_2) = S_w^d \phi^b + w_{sh} < 1, \quad b,d > 1$$

对于给定岩心，w_{sh}、ϕ、b、d 均为常数，因此只有当 $S_w=1$ 时，$S_w^d \phi^b + w_{sh}$ 最接近 1，式（2-1-14）的第Ⅱ类误差最小；相反，当 $S_w=0$（$S_o=1$）时，第Ⅱ类误差最大。

第二节　非均匀各向异性模型及通解方程

一、非均匀各向异性模型

定量计算地层的孔隙度和含油饱和度是测井解释的基本任务，是地球物理测井研究

的重要内容。自从1942年阿奇第一次提出利用电阻率计算地层孔隙度和含油饱和度的公式后，多年来这方面的研究始终没有间断。其中几个重要研究成果分别是：Winsauer公式（1952）、Simandoux公式（1961）、Waxman-Smits公式（1968）、Fertl公式（1971）和Clavier公式（1984）等。这些研究成果不仅在当时有着重要意义，而且对后来的研究工作也有很大影响。一个显而易见的事实是，各种所谓的泥质砂岩解释方程都没有突破它们的局限。

显而易见，这些研究都是基于均匀单向异性的砂泥岩地层模型进行的。客观分析前人的工作，可发现它们有以下缺陷：

（1）通过实验建立起来的简单经验方程不足以揭示 R_0-ϕ、R_t-S_o 关系的本质。

（2）利用简单的并联导电模型来解释实验规律，使人们在一开始就把复杂的问题过于理想化，从而人为阻塞了通往深入认识事物内部的途径。

（3）实际应用表明，已有的 R_0-ϕ、R_t-S_o 方程在很多情况下已不再适用。特别是，由于复杂储层往往表现为基质和次生孔隙两重非均质性，因此这些公式在分析计算诸如低电阻率、低孔低渗和复杂岩性等储层的孔隙度和含油饱和度时，会发生很大偏差，或者根本不适用。

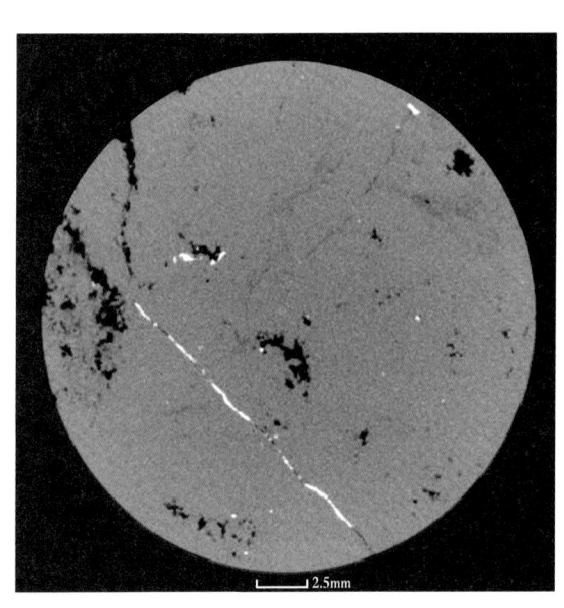

图 2-2-1 缝洞储层岩心 CT 图像

碳酸盐岩和火山岩是我国油气勘探开发的重要对象。由于我国碳酸盐岩油气藏地质条件复杂，形成于多旋回叠合盆地，地质年代老，演化历史长，后期改造强烈，碳酸盐岩储层类型多、非均质性强。而火山岩是地下高温的熔融岩浆侵入地层或喷出地表经冷凝、堆积、固结而成的岩石，由于其特殊的形成机理，火成岩储层的储集空间种类繁多，孔隙结构复杂，次生作用影响强烈，从微观到宏观都表现出强烈的非均质性，孔、洞、缝交织在一起，储层性能呈现出很大的差异性和突变性。相对于碎屑岩储层而言，碳酸盐岩、火成岩储层最显著的特点就是孔隙类型多样、孔隙结构复杂、非均质性强（图 2-2-1）。很显然，对诸如此类复杂储层，分层均匀各向同性模型无法准确刻画其岩石物理特征。

为了准确描述碳酸盐岩等非均质储层的孔隙特征，提高测井岩石物理特性分析精度，提出了非均匀各向异性模型（李宁，1989a）（图2-2-2）。基于非均匀各向异性模型，导出了电阻率—孔隙度、电阻率—含油（气）饱和度关系的一般形式——两个对称的表达式，并给予了实验证明。同时，需要指出的是，阿奇公式、Winsauer公式和D-W公式都是一般形式在一定条件下的特例。在一般情况下，通过岩心数据进行优化截短，可以得到适合不同地区或地层的最优方程（李宁，1989a）。

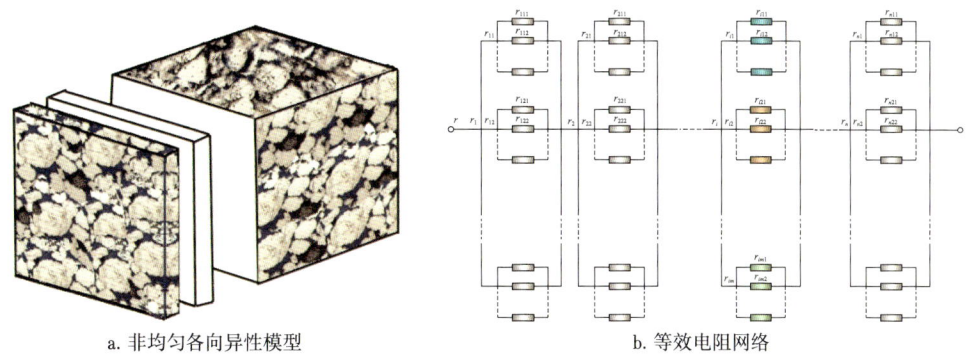

a. 非均匀各向异性模型　　　　　b. 等效电阻网络

图 2-2-2　非均匀各向异性模型及等效电阻网络

二、广义通解方程

无论是经典的阿奇公式，还是在阿奇公式基础上提出的 W-S 模型、D-W 模型、双孔隙度模型、三水模型等都是基于均匀地层或者分层均匀地层模型提出的，将它们统称为传统的饱和度计算模型。基于非均匀各向异性模型，李宁（1989a）导出了储层完全含水电阻率 R_0 与孔隙度 ϕ、含油（气）电阻率 R_t 与含油（气）饱和度 S_w 之间关系的一般形式，该一般形式也称广义通解方程。岩心实验证明了广义通解方程的正确性，且进一步分析表明，阿奇公式、W-S 模型、D-W 模型等都是广义通解方程在一定条件下的特例。

1. 理论推导

如图 2-2-2 所示，从岩石中任取一长为 l、端面面积为 S 的立方体。用平行于端面的平面将此立方体分割成 N 个平方薄片，每片的厚度记为 l_i（$i=1,2,\cdots,N$），要求 l_i 足够小，使得每个被切割的颗粒在薄片上均能视为截面形状保持不变的曲边柱体（孔隙也视为一种颗粒）。设在 i 个薄片上分布着 p 种介质，它们的电阻率各不相同，分别为 R_j（$j=1,2,\cdots,p$）。又设第 j 种介质在第 i 个薄片上有 M 个面积为 S_{ijk}（$k=1,2,\cdots,M$）、长度为 l_i 的颗粒柱体，每个柱体的电阻为 r_{ijk}。那么，第 j 种介质在第 i 个薄片上的等效电阻 r_{ij} 则为 M 个电阻值为 r_{ijk} 的小电阻的并联（图 2-2-2b），因此等效电阻 r_{ij} 可表示为：

$$\frac{1}{r_{ij}} = \sum_{k=1}^{M} \frac{1}{r_{ijk}} = \sum_{k=1}^{M} \frac{1}{\frac{R_j l_i}{S_{ijk}}} = \frac{1}{R_j l_i} \sum_{k=1}^{M} S_{ijk} = \frac{S_{ij}}{R_j l_i} \quad (2\text{-}2\text{-}1)$$

$$S_{ij} = \sum_{k=1}^{M} S_{ijk}$$

式中：S_{ij} 为第 j 种介质在第 i 个薄片上所有颗粒柱体截面面积之和。

第 i 个薄片的等效电阻 r_i 应该为 p 个阻值为 r_{ij} 的电阻的并联，根据式（2-2-1）有：

$$\frac{1}{r_i} = \sum_{j=1}^{p} \frac{1}{r_{ij}} = \sum_{j=1}^{p} \frac{S_{ij}}{R_j l_i} \quad (2\text{-}2\text{-}2)$$

式（2-2-2）可变形为：

$$r_i = \frac{1}{\sum_{j=1}^{p} \frac{S_{ij}}{R_j l_i}} \quad (2\text{-}2\text{-}3)$$

整个立方体的等效电阻 r 显然是 N 个薄片电阻 r_i 的串联（图 2-2-2），因此有：

$$r = \sum_{i=1}^{N} r_i = \sum_{t=1}^{N}\left(\sum_{j=1}^{p} \frac{S_{ij}}{R_j l_i}\right)^{-1} \quad (2\text{-}2\text{-}4)$$

假设立方体的等效电阻率为 R，由于 $r = R\dfrac{l}{S}$，因此根据式（2-2-4）有：

$$R = \frac{rS}{l} = \sum_{i=1}^{N}\left[\frac{l_i}{l}\left(\sum_{j=1}^{p}\frac{V_{ij}}{R_j}\right)^{-1}\right] = \sum_{i=1}^{N}\left[q_i\left(\sum_{j=1}^{p}\frac{V_{ij}}{R_j}\right)^{-1}\right] \quad (2\text{-}2\text{-}5)$$

式中：V_{ij} 为第 j 种介质在第 i 个薄片上所占的相对体积，即 $V_{ij}=(S_{ij}l_i)/(Sl_i)=S_{ij}/S$；$q_i$ 为第 i 个薄片的相对长度，即 $q_i=l_i/l$，且满足：

$$\sum_{i=1}^{N} q_i = \frac{1}{l}\sum_{i=1}^{N} l_i = 1 \quad (2\text{-}2\text{-}6)$$

式（2-2-5）建立了岩石电阻率与构成该岩石各种介质电阻率、相对体积之间的函数关系。值得注意的是，式（2-2-5）导出过程中没有附加任何条件，因此它对各种岩石均适用。但是，l_i、V_{ij} 是两个不易测量的物理量，所以需在一些给定条件下对式（2-2-5）进行化简，以便得到电阻率 R 与可观测物理量，如孔隙度 ϕ 和含水饱和度 S_w 之间的函数关系。

由于 $R_j(j=1, 2, \cdots, p)$ 各不相同，不妨假定：

$$R_1 < R_2 < \cdots < R_j < \cdots < R_p \quad (2\text{-}2\text{-}7)$$

如果

$$R_1 \ll R_2 \quad (2\text{-}2\text{-}8)$$

考虑到 $0 \leqslant V_{ij} \leqslant 1$，则式（2-2-5）可化简为：

$$R = R_1 \sum_{i=1}^{N} \frac{q_i}{V_{i1}} \quad (2\text{-}2\text{-}9)$$

如果 N 个 q_i 全相等：

$$q_1 = q_2 = \cdots = q_i = \cdots = q_N \quad (2\text{-}2\text{-}10)$$

则有 $l_i = l_1$，$V_{i1} = V_{11} = V_1$（$i=1, 2, \cdots, N$），那么式（2-2-9）可变为：

$$R = \frac{R_1}{V_1} \qquad (2\text{-}2\text{-}11)$$

式中：V_1 为第 1 种介质在立方体中所占的相对体积。

如果 N 个 q_i 不全相等，则某些 q_i 项可以合并。为此，设不相等的 q_i 项共有 $N'(N' < N)$ 个，将它们的下标改写为 $1, 2, \cdots, N'$，余下的 $N-N'$ 项的下标改写为 $N'+1, N'+2, \cdots, N$，它们分别与前 N' 项中的某些项相同。设与 $q_r(r=1, 2, \cdots, N')$ 项相同的项共有 n_r 个，则式（2-2-9）可写为：

$$R = R_1 \sum_{r=1}^{N'} \frac{n_r q_r}{V_{r1}} = R_1 \sum_{r=1}^{N'} \frac{a_r}{V_{r1}} \qquad (2\text{-}2\text{-}12)$$

其中，$0 < a_r = n_r q_r \leq 1$，且满足：

$$\sum_{r=1}^{N'} a_r = \sum_{r=1}^{N'} n_r q_r = 1 \qquad (2\text{-}2\text{-}13)$$

根据式（2-2-9）、式（2-2-11）、式（2-2-12），可以对测井条件下的情况进行讨论。

1）完全含水地层

一般情况下，地层水电阻率 R_w 比任何一种构成该地层岩石的矿物的电阻率都低得多，因此测井条件下式（2-2-8）成立。下面分三种情况进行详细讨论。

（1）如果岩石中孔隙的分布完全均匀，此时 $R=R_0, R_1=R_w, V_1=V_w=\phi$，则根据式（2-2-11）有：

$$R_0 = \frac{R_w}{\phi} \qquad (2\text{-}2\text{-}14)$$

即

$$F = \frac{1}{\phi} \qquad (2\text{-}2\text{-}15)$$

（2）如果岩石中孔隙的分布是分区均匀的，此时 $R=R_0, R_1=R_w, V_{r1}=V_{rw}=\phi_{rw}$（$r=1, 2, \cdots, N'$），则根据式（2-2-12）有：

$$R_0 = R_w \sum_{r=1}^{N'} \frac{a_r}{\phi_{rw}} = R_w \left(\frac{a_1}{\phi_{1w}} + \frac{a_2}{\phi_{2w}} + \cdots + \frac{a_{N'}}{\phi_{N'w}} \right) \qquad (2\text{-}2\text{-}16)$$

即

$$F = \sum_{r=1}^{N'} \frac{a_r}{\phi_{rw}} = \frac{a_1}{\phi_{1w}} + \frac{a_2}{\phi_{2w}} + \cdots + \frac{a_{N'}}{\phi_{N'w}} \qquad (2\text{-}2\text{-}17)$$

式中：$\phi_{rw}(r=1, 2, \cdots, N')$ 是第 r 个组合薄片上的孔隙度，即第 r 个组合薄片上地层水的相对体积 V_{rw}。

根据 ϕ 和 ϕ_{rw} 的定义，它们之间满足三个约束关系：

①当 $0 \leqslant \phi \leqslant 1$ 时，$0 \leqslant \phi_{rw} \leqslant 1$；
②当 $\phi=0$ 时，$\phi_{rw}=0$；
③当 $\phi=1$ 时，$\phi_{rw}=1$。

可以证明，若取：

$$\beta_{rk}>0, \quad \sum_{k=1}^{t_r} c_{rk}=1 \qquad (2\text{-}2\text{-}18)$$

则凸组合❶：

$$\phi_{rw}=\sum_{k=1}^{t_r} c_{rk}\phi^{\beta_{rk}} \qquad (2\text{-}2\text{-}19)$$

是满足①至③的表征 ϕ 与 ϕ_{rw} 关系的函数。因此，式（2-2-17）可改写为：

$$\begin{aligned}
F &= \sum_{r=1}^{N'}\left(a_r \Big/ \sum_{k=1}^{t_r} c_{rk}\phi^{\beta_{rk}}\right) \\
&= \frac{a_1}{c_{11}\phi^{\beta_{11}}+c_{12}\phi^{\beta_{12}}+\cdots+c_{1t_1}\phi^{\beta_{1t_1}}} + \frac{a_2}{c_{21}\phi^{\beta_{21}}+c_{22}\phi^{\beta_{22}}+\cdots+c_{2t_2}\phi^{\beta_{2t_2}}} \\
&\quad +\cdots+\frac{a_{N'}}{c_{N'1}\phi^{\beta_{N'1}}+c_{N'2}\phi^{\beta_{N'2}}+\cdots+c_{N't_{N'}}\phi^{\beta_{N't_{N'}}}}
\end{aligned} \qquad (2\text{-}2\text{-}20)$$

（3）如果孔隙在岩石中的分布非均匀，那么根据式（2-2-9）并重复前述步骤②，有

$$\begin{aligned}
F &= \sum_{i=1}^{N}\left(q_i \Big/ \sum_{k=1}^{t_i} c_{ik}\phi^{\beta_{ik}}\right) \\
&= \frac{q_1}{c_{11}\phi^{\beta_{11}}+c_{12}\phi^{\beta_{12}}+\cdots+c_{1t_1}\phi^{\beta_{1t_1}}} + \frac{q_2}{c_{21}\phi^{\beta_{21}}+c_{22}\phi^{\beta_{22}}+\cdots+c_{2t_2}\phi^{\beta_{2t_2}}} \\
&\quad +\cdots+\frac{q_N}{c_{N1}\phi^{\beta_{N1}}+c_{N2}\phi^{\beta_{N2}}+\cdots+c_{Nt_N}\phi^{\beta_{Nt_N}}}
\end{aligned} \qquad (2\text{-}2\text{-}21)$$

式（2-2-21）给出了储层完全含水电阻率 R_0 与孔隙度 ϕ 之间关系的一般形式，式（2-2-20）和式（2-2-15）分别为它的两个特例。出现在式（2-2-20）和式（2-2-21）中的参数所构成的矩阵可表示为：

$$\boldsymbol{a}=[a_r]_{N'\times 1}=\begin{bmatrix}a_1\\a_2\\\vdots\\a_{N'}\end{bmatrix}, \quad \boldsymbol{q}=[q_i]_{N\times 1}=\begin{bmatrix}q_1\\q_2\\\vdots\\q_N\end{bmatrix}$$

---

❶ 凸组合是一种特殊的线性组合，指的是数据点或函数的加权平均，权重系数满足非负性且总和为 1。

$$\boldsymbol{c} = [c_{ik}]_{N \times t} = \begin{bmatrix} c_{11} & c_{12} & \cdots \\ c_{21} & c_{22} & \cdots \\ \vdots & \vdots & \\ c_{N1} & c_{N2} & \cdots \end{bmatrix}, \quad t = \max_{1 \leq i \leq N}\{t_i\}$$

$$\boldsymbol{\beta} = [\beta_{ik}]_{N \times t} = \begin{bmatrix} \beta_{11} & \beta_{12} & \cdots \\ \beta_{21} & \beta_{22} & \cdots \\ \vdots & \vdots & \\ \beta_{N1} & \beta_{N2} & \cdots \end{bmatrix}, \quad t = \max_{1 \leq i \leq N}\{t_i\}$$

参数矩阵 $\boldsymbol{a}$、$\boldsymbol{c}$、$\boldsymbol{\beta}$ 均可由实验确定。

当

$$\boldsymbol{a} = \begin{bmatrix} 1 \\ 0 \\ \vdots \\ 0 \end{bmatrix}, \quad \boldsymbol{c} = \begin{bmatrix} 1 & 0 & \cdots \\ 0 & 0 & \cdots \\ \vdots & \vdots & \\ 0 & 0 & \cdots \end{bmatrix}, \quad \boldsymbol{\beta} = \begin{bmatrix} \beta_{11} & 0 & \cdots \\ 0 & 0 & \cdots \\ \vdots & \vdots & \\ 0 & 0 & \cdots \end{bmatrix}$$

时，式（2-2-20）化简为与阿奇公式相同的形式：

$$F = \frac{1}{\phi^{\beta_{11}}}$$

当

$$\boldsymbol{a} = \begin{bmatrix} 0.62 \\ 0 \\ \vdots \\ 0 \end{bmatrix}, \quad \boldsymbol{c} = \begin{bmatrix} 1 & 0 & \cdots \\ 0 & 0 & \cdots \\ \vdots & \vdots & \\ 0 & 0 & \cdots \end{bmatrix}, \quad \boldsymbol{\beta} = \begin{bmatrix} 2.15 & 0 & \cdots \\ 0 & 0 & \cdots \\ \vdots & \vdots & \\ 0 & 0 & \cdots \end{bmatrix}$$

时，式（2-2-20）化简为 Winsauer 孔隙度方程：

$$F = \frac{0.62}{\phi^{2.15}}$$

2）含油（气）地层

当孔隙空间被油（气）、水共同占据时，由于油（气）的电阻率比地层水电阻率高得多，因此式（2-2-8）仍成立。下面分三种情况进行详细讨论。

（1）如果岩石中孔隙的分布完全均匀且油气在孔隙中的分布亦完全均匀，此时 $R=R_t$，$R_1=R_w$，$V_1=V_w$，则根据式（2-2-11）有：

$$R_t = \frac{R_w}{V_w}$$

将式（2-2-15）代入上式，可得：

$$R_\mathrm{t} = \frac{R_0}{V_\mathrm{w}/\phi} = \frac{R_0}{S_\mathrm{w}}$$

根据电阻增大率 I 的定义，可得：

$$I = \frac{R_\mathrm{t}}{R_0} = \frac{1}{S_\mathrm{w}} \qquad (2\text{-}2\text{-}22)$$

式中：S_w 为含水饱和度，$S_\mathrm{w}=V_\mathrm{w}/\phi$。

（2）如果岩石中孔隙分布均匀，而油（气）在孔隙中分布是分区均匀的，此时 $R=R_\mathrm{t}$，$R_1=R_\mathrm{w}$，$V_{r1}=V_{r\mathrm{w}}$，根据式（2-2-12），并将 a_r 改写为 b_r 有：

$$R_\mathrm{t} = R_\mathrm{w} \sum_{r=1}^{N'} \frac{b_r}{V_{r\mathrm{w}}} \qquad (2\text{-}2\text{-}23)$$

将式（2-2-15）代入式（2-2-23），可得：

$$R_t = R_0 \sum_{r=1}^{N'} \frac{b_r}{V_{r\mathrm{w}}/\phi} = R_0 \sum_{r=1}^{N'} \frac{b_r}{S_{r\mathrm{w}}} = R_0 \left(\frac{b_1}{S_{1\mathrm{w}}} + \frac{b_2}{S_{2\mathrm{w}}} + \ldots + \frac{b_{N'}}{S_{N'\mathrm{w}}} \right) \qquad (2\text{-}2\text{-}24)$$

根据电阻增大率 I 的定义，由式（2-2-24）可得：

$$I = \sum_{r=1}^{N'} \frac{b_r}{S_{r\mathrm{w}}} = \frac{b_1}{S_{1\mathrm{w}}} + \frac{b_2}{S_{2\mathrm{w}}} + \cdots + \frac{b_{N'}}{S_{N'\mathrm{w}}} \qquad (2\text{-}2\text{-}25)$$

式中：$S_{r\mathrm{w}}$（$r=1, 2, \cdots, N'$）为第 r 个组合薄片上的含水饱和度。

根据 S_w 和 $S_{r\mathrm{w}}$ 的定义，它们之间同样有三个约束关系：
①当 $0 \leqslant S_\mathrm{w} \leqslant 1$ 时，$0 \leqslant S_{r\mathrm{w}} \leqslant 1$；
②当 $S_\mathrm{w}=0$ 时，$S_{r\mathrm{w}}=0$；
③当 $S_\mathrm{w}=1$ 时，$S_{r\mathrm{w}}=1$。

可以证明，如果取：

$$\theta_{rk}>0, \quad \sum_{k=1}^{l_r} h_{rk} = 1 \qquad (2\text{-}2\text{-}26)$$

则凸组合

$$S_{r\mathrm{w}} = \sum_{k=1}^{l_r} h_{rk} S_\mathrm{w}^{\theta_{rk}} \qquad (2\text{-}2\text{-}27)$$

是满足①至③三个约束、可表征 S_w 与 S_{rw} 关系的函数。因此，式（2-2-25）可改写为：

$$I = \sum_{r=1}^{N'}\left(b_r \bigg/ \sum_{k=1}^{l_r} h_{rk}S_w^{\theta_{rk}}\right)$$

$$= \frac{b_1}{h_{11}S_w^{\theta_{11}} + h_{12}S_w^{\theta_{12}} + \cdots + h_{1l_1}S_w^{\theta_{1l_1}}} + \frac{b_2}{h_{21}S_w^{\theta_{21}} + h_{22}S_w^{\theta_{22}} + \cdots + h_{2l_2}S_w^{\theta_{2l_2}}}$$

$$+ \cdots + \frac{b_{N'}}{h_{N'1}S_w^{\theta_{N'1}} + h_{N'2}S_w^{\theta_{N'2}} + \cdots + h_{N'l_{N'}}S_w^{\theta_{N'l_{N'}}}} \tag{2-2-28}$$

（3）如果岩石中孔隙分布均匀但油气在孔隙中分布是非均匀的，根据式（2-2-9），重复前面的步骤（2）有：

$$I = \sum_{i=1}^{N}\left(q_i \bigg/ \sum_{k=1}^{l_i} h_{ik}S_w^{\theta_{ik}}\right)$$

$$= \frac{q_1}{h_{11}S_w^{\theta_{11}} + h_{12}S_w^{\theta_{12}} + \cdots + h_{1l_1}S_w^{\theta_{1l_1}}} + \frac{q_2}{h_{21}S_w^{\theta_{21}} + h_{22}S_w^{\theta_{22}} + \cdots + h_{2l_2}S_w^{\theta_{2l_2}}}$$

$$+ \cdots + \frac{q_N}{h_{N1}S_w^{\theta_{N1}} + h_{N2}S_w^{\theta_{N2}} + \cdots + h_{Nl_N}S_w^{\theta_{Nl_N}}} \tag{2-2-29}$$

式（2-2-29）给出了储层含油气电阻率与含油（气）饱和度关系的一般形式，式（2-2-22）和式（2-2-28）分别为它的两个特例。出现在式（2-2-28）和式（2-2-29）中的参数所构成的矩阵可表示为：

$$\boldsymbol{b} = [b_r]_{N'\times 1} = \begin{bmatrix} b_1 \\ b_2 \\ \vdots \\ b_{N'} \end{bmatrix}, \quad \boldsymbol{q} = [p_i]_{N\times 1} = \begin{bmatrix} q_1 \\ q_2 \\ \vdots \\ q_N \end{bmatrix}$$

$$\boldsymbol{h} = [h_{ik}]_{N\times l} = \begin{bmatrix} h_{11} & h_{12} & \cdots \\ h_{21} & h_{22} & \cdots \\ \vdots & \vdots & \\ h_{N1} & h_{N2} & \cdots \end{bmatrix}, \quad l = \max_{1\leq i\leq N}\{l_i\}$$

$$\boldsymbol{\theta} = [\theta_{ik}]_{N\times l} = \begin{bmatrix} \theta_{11} & \theta_{12} & \cdots \\ \theta_{21} & \theta_{22} & \cdots \\ \vdots & \vdots & \\ \theta_{N1} & \theta_{N2} & \cdots \end{bmatrix}, \quad l = \max_{1\leq i\leq N}\{l_i\}$$

参数矩阵 $\boldsymbol{b}$、$\boldsymbol{q}$、$\boldsymbol{h}$、$\boldsymbol{\theta}$ 均可由实验确定。

当

$$\boldsymbol{b} = \begin{bmatrix} 1 \\ 0 \\ \vdots \\ 0 \end{bmatrix}, \quad \boldsymbol{h} = \begin{bmatrix} 1 & 0 & \cdots \\ 0 & 0 & \cdots \\ \vdots & \vdots & \\ 0 & 0 & \cdots \end{bmatrix}, \quad \boldsymbol{\theta} = \begin{bmatrix} \theta_{11} & 0 & \cdots \\ 0 & 0 & \cdots \\ \vdots & \vdots & \\ 0 & 0 & \cdots \end{bmatrix}$$

时，式（2-2-29）化简为与阿奇公式相同的形式：

$$I = \frac{1}{S_w^{\theta_{11}}}$$

当

$$\boldsymbol{b} = \begin{bmatrix} b_1 \\ 0 \\ \vdots \\ 0 \end{bmatrix}, \quad \boldsymbol{h} = \begin{bmatrix} h_{11} & h_{12} & 0 & \cdots \\ 0 & 0 & 0 & \cdots \\ \vdots & \vdots & \vdots & \\ 0 & 0 & 0 & \cdots \end{bmatrix}, \quad \boldsymbol{\theta} = \begin{bmatrix} \theta_{11} & \theta_{11}-1 & 0 & \cdots \\ 0 & 0 & 0 & \cdots \\ \vdots & \vdots & \vdots & \\ 0 & 0 & 0 & \cdots \end{bmatrix}$$

时，式（2-2-29）可化简为与 W-S 公式相同的形式：

$$I = \frac{b_1}{h_{11}S_w^{\theta_{11}} + h_{12}S_w^{\theta_{11}-1}}$$

当

$$\boldsymbol{b} = \begin{bmatrix} b_1 \\ 0 \\ \vdots \\ 0 \end{bmatrix}, \quad \boldsymbol{h} = \begin{bmatrix} h_{11} & h_{12} & h_{13} & 0 & \cdots \\ 0 & 0 & 0 & 0 & \cdots \\ \vdots & \vdots & \vdots & \vdots & \\ 0 & 0 & 0 & 0 & \cdots \end{bmatrix}, \quad \boldsymbol{\theta} = \begin{bmatrix} 2 & 1 & 0 & \cdots \\ 0 & 0 & 0 & \cdots \\ \vdots & \vdots & \vdots & \\ 0 & 0 & 0 & \cdots \end{bmatrix}$$

时，式（2-2-29）可化简为与 D-W 公式相同的形式：

$$I = \frac{b_1}{h_{11}S_w^2 + h_{12}S_w + h_{13}}$$

除此之外，迄今见到的各种 I-S_w 方程的函数形式均可由式（2-2-29）化简得到。

2. 实验验证

为了用实验验证上述广义通解方程的正确性，只需验证式（2-2-22）和式（2-2-29）的正确性即可。由于式（2-2-22）成立的条件是"孔隙在岩石中分布完全均匀且油（气）在孔隙中的分布也完全均匀"，因此在验证式（2-2-22）时需要找到孔隙分布十分均匀的岩心，并在实验过程中设法使油（气）在孔隙中均匀分布。为此，选择了如图 2-2-3 所示的均匀各向同性的岩心，岩心的基本参数及实验条件见表 2-2-1。实验过程中，首先将岩心在真空加压状态下充分饱和 NaCl 溶液，然后用高压泵注入气体进行驱替，不断改变岩心的含水饱和度，测量含水饱和度不断变化过程中岩心的电阻率。

图 2-2-3 实验用岩心

表 2-2-1 岩心参数及实验条件

岩性	长度（cm）	直径（cm）	孔隙度	渗透率（mD）	矿化度（mg/L）	温度（℃）
白云岩	4.20	2.50	0.0172	0.36	5000	18

通过实验数据处理分析，可得到 I 与 S_w 的关系为：

$$I = \frac{0.9}{S_w^{1.1}} \qquad (2\text{-}2\text{-}30)$$

式（2-2-30）与理论公式（2-2-22）非常接近（完全一致是非常困难的，因为孔隙和孔隙中盐水、气体分布不可能绝对均匀），从而检验了式（2-2-22）的正确性。

为了检验式（2-2-29）的正确性，选用不同粗细的人工砂岩岩心进行实验。人工砂岩岩心是在过筛的纯石英砂中加入蒙脱石，然后用化学剂黏结、再经加压和热烘制作而成。采用人工岩心进行实验的优点是岩心的粒径、黏土含量等参数已知。实验过程与前面真实白云岩岩心一致。表 2-2-2 是对粒径为 35 目（粗砂）人工砂岩岩心实验数据的分析结果，详细列出了对式（2-2-29）采取不同截短方式时，拟合的 I-S_w 曲线与实验点的重合情况。重合越好，则非线性相关系数越接近 1，且 F 检验值越大，相关置信度越高。通过分析表 2-2-2，可以看出：

（1）随着式（2-2-29）中保留的单项式数目的增加，式（2-2-29）逼近实验点的程度急骤增加。当项数 $N \geq 3$ 后，与实验点重合得非常好了。这一事实充分说明式（2-2-29）所揭示的 I-S_w 关系的正确性。

（2）在待定参数 p、h、θ 等的个数相同的情况下，不同的截取方式将导致不同的逼近效果，这取决于岩心的孔隙结构、粒径、黏土含量等因素。

（3）只有当 F 检查值大于 10000 以后，逼近公式才能较好地与实验结果相吻合，因此只有 2 个待定参数的 Archie、Winsauer 形式对实验数据的拟合精度较低。

在碳酸盐岩、火山岩等非均质复杂储层中，通用饱和度公式（2-2-29）对 I-S_w 实验关系的拟合较阿奇公式等精度更高，特别是在低含水饱和度（高含油气饱和度）下，式（2-2-29）的优势更为明显（李宁，1989b；李宁，1993；李宁等，2005；李宁等，2009）。因此，利用式（2-2-29）可以极大提高非均质储层油气饱和度测井定量评价精度。

需要说明的是，当验证了式（2-2-29）的正确性后，在实际使用中并不希望式（2-2-29）截取的项数越多越好，而是希望在保证足够精度的前提下待定参数尽量少，以便于实际应用。如何确定广义通解方程［式（2-2-29）］的最优截短形式以及截短形式中主要参数的物理意义，将在下面详细讨论。

表 2-2-2　粒径为 35 目、黏土含量 15% 岩心实验结果分析

截取方式	$I = \dfrac{p_1}{h_{11}S_w^{\theta_{11}}}$	$I = \dfrac{p_1}{h_{11}S_w^{\theta_{11}}} + \dfrac{p_2}{h_{21}S_w^{\theta_{21}}}$	$I = \dfrac{p_1}{h_{11}S_w^{\theta_{11}}} + \dfrac{p_2}{h_{21}S_w^{\theta_{21}}} + \dfrac{p_3}{h_{31}S_w^{\theta_{31}}}$
非线性相关系数	0.98483	0.99897	0.99981
F 检验值	1364	20397	112171
截取方式	$I = \dfrac{p_1}{h_{11}S_w^{\theta_{11}} + h_{12}S_w^{\theta_{12}}}$	$I = \dfrac{p_1}{h_{11}S_w^{\theta_{11}} + h_{12}S_w^{\theta_{12}}} + \dfrac{p_2}{h_{21}S_w^{\theta_{21}} + h_{22}S_w^{\theta_{22}}}$	$I = \dfrac{p_1}{h_{11}S_w^{\theta_{11}} + h_{12}S_w^{\theta_{12}}} + \dfrac{p_2}{h_{21}S_w^{\theta_{21}} + h_{22}S_w^{\theta_{22}}} + \dfrac{p_3}{h_{31}S_w^{\theta_{31}} + h_{32}S_w^{\theta_{32}}}$
非线性相关系数	0.98483	0.99696	0.99814
F 检验值	1364	6889	11275
截取方式	$I = \dfrac{p_1}{h_{11}S_w^{\theta_{11}} + h_{12}S_w^{\theta_{12}} + h_{13}S_w^{\theta_{13}}}$	$I = \dfrac{p_1}{h_{11}S_w^{\theta_{11}} + h_{12}S_w^{\theta_{12}} + h_{13}S_w^{\theta_{13}}} + \dfrac{p_2}{h_{21}S_w^{\theta_{21}} + h_{22}S_w^{\theta_{22}} + h_{23}S_w^{\theta_{23}}}$	
非线性相关系数	0.98491	0.99766	
F 检验值	1371	8960	

注：I 为电阻增大率；S_w 为含水饱和度；p_1、p_2、p_3、h_{11}、h_{12}、h_{13}、h_{21}、h_{22}、h_{23}、h_{31}、h_{32}、θ_{11}、θ_{12}、θ_{13}、θ_{21}、θ_{22}、θ_{23}、θ_{31}、θ_{32} 为待定参数，其取值与岩心特性、流体性质及广义通解方程的截短形式等有关；非线性相关系数反映了不同截短方式下拟合曲线与实验数据的重合性；F 检验值反映了拟合曲线与实验数据重合的相关置信度，拟合曲线与实验数据重合性越好，非线性相关系数越接近 1，F 检验值越大。

三、通解方程理论内涵

通解方程式（2-2-29）给出了非均质复杂储层电阻率与含水饱和度关系的通用表达式，由于其包含的项数、待定参数多，在实际应用中需针对具体情况本着适度、够用的原则截取其中满足精度要求的最短形式，也称为最佳形式。这一过程与泰勒逼近类似，根据不同精度要求依次保留泰勒级数中的一次、二次或多次项。

根据饱和度通用方程（2-2-29），按照不同的截短方式，可以得到如式（2-2-31）

所示的饱和度模型列表，称之为饱和度模型"周期表"。该表的截短规律如下：每一行从左到右分母中的项数逐渐增加，且先增加常数项，再增加与含水饱和度有关的形式如$h_n S_w^n$；每一列从上到下等式右端的求和项数逐渐增多，仍然是先增加常数项，再增加与含水饱和度有关的形式，如$\dfrac{p}{S_w^\theta}$。

$$I = \dfrac{p_1}{S_w^{\theta_{11}}}, \quad I = \dfrac{p_1}{h_{11}S_w^{\theta_{11}} + h_{12}}, \quad I = \dfrac{p_1}{h_{11}S_w^{\theta_{11}} + h_{12}S_w^{\theta_{12}}}, \quad I = \dfrac{p_1}{h_{11}S_w^{\theta_{11}} + h_{12}S_w^{\theta_{12}} + h_{13}}$$

$$I = \dfrac{p_1}{S_w^{\theta_{11}}} + p_2, \quad I = \cdots, \quad I = \cdots, \quad I = \cdots$$

$$I = \dfrac{p_1}{S_w^{\theta_{11}}} + \dfrac{p_2}{S_w^{\theta_{21}}}, \quad I = \cdots, \quad I = \cdots, \quad I = \cdots$$

$$I = \dfrac{p_1}{S_w^{\theta_{11}}} + \dfrac{p_2}{S_w^{\theta_{21}}} + p_3, \quad I = \cdots, \quad I = \cdots, \quad I = \cdots \tag{2-2-31}$$

1. 常见饱和度模型在周期表中的位置

饱和度模型"周期表"［式（2-2-31）］给出了影响因素从单一到复杂的饱和度模型结构特征，常见饱和度计算模型均可在"周期表"相应位置找到对应的公式。饱和度模型"周期表"的左上角代表均匀各向同性纯地层饱和度模型，即经典的阿奇公式。当周期表式（2-2-31）左上角公式中参数p_1取值为1时，即为阿奇公式。

Poupon 等（1954）提出了层状泥质砂岩导电模型，认为泥岩和砂岩薄层的电导率是严格相加的，而且泥质的附加导电性与含水饱和度无关。根据电阻增大率的定义及 Poupon 等（1954）的假设，其饱和度模型的形式为：

$$I = \dfrac{p_1}{h_1 S_w^{\theta_1} + h_2} \tag{2-2-32}$$

式中：常数h_2体现了泥质的附加导电性，且与含水饱和度无关。

式（2-2-32）与"周期表"中第一行第二列的公式对应。

Waxman 和 Smits（1968，1974）在 Hill 和 Winsauer 的研究基础之上提出了考虑黏土阳离子交换能力的饱和度解释模型（W–S 模型）。根据电阻增大率的定义，基于 W–S 泥质阳离子交换导电模型，泥质砂岩饱和度计算模型可以化为如下形式：

$$I = \dfrac{p_1}{h_1 S_w^{\theta_1} + h_2 S_w} \tag{2-2-33}$$

式中：分母中的第一项代表传统阿奇公式，而第二项代表泥质对电性的影响。

式（2-2-32）与式（2-2-33）的差异在于，泥质对电性的影响是否与含水饱和度有关。式（2-2-33）与"周期表"中第一行第三列的公式对应。

溶蚀孔洞是碳酸盐岩、火山岩储层常见的孔隙类型，孔洞对电性的影响与孔洞的连通特性有关。当孔洞未被裂缝连通，呈孤立状存在时，其对电性的影响表现为串联特性。李宁等（2005）通过实验研究了大庆深层火山岩储层的电阻率特征，测量样品来自5口深层气井的9块全直径岩样。对岩心电阻率实验数据定量分析表明，I-S_w实验关系存在以下两种形式：

$$I = \frac{p_1}{h_{11}S_w^{\theta_{11}}} + p_2 \tag{2-2-34}$$

$$I = \frac{p_1}{S_w^{\theta_{11}}} + \frac{p_2}{S_w^{\theta_{12}}} \tag{2-2-35}$$

上述两个式子分别与饱和度模型"周期表"中左边第一列第二个、第三个截短形式具有相同的结构。式（2-2-34）与式（2-2-35）的差异在于对电性的影响是否与含水饱和度有关，这与孔洞在储层中分布及连通特性有关。

2. 饱和度模型截短形式周期变化的理论内涵

为了利用"周期表"对复杂储层饱和度模型进行精确预测，需要进一步理解不同截短形式的内涵及其在"周期表"中的分布规律。研究表明，对于同一组岩电实验数据，存在不同的饱和度截短形式均可达到理想的拟合精度，这说明饱和度模型优选不仅要考虑拟合的精度，而且需要考虑模型的物理意义。因此，开展主要影响因素分析及对应的饱和度模型截短形式研究对复杂储层饱和度模型优化确定具有重要意义。

储层岩石是一种典型的多孔介质，所有影响骨架或孔隙流体导电性的因素均对储层岩石宏观电性有影响，如导电矿物、泥质类型与含量、润湿性、矿化度、孔隙类型与结构特征等。尽管不同因素对储层岩石电性影响的微观物理机理存在差异，但某一因素对宏观电性的影响总可以抽象为并联、串联或者串并联结合。

关于岩石电性的影响因素及规律，目前的研究普遍认为：水湿储层电阻率指数低的原因在于水湿储层岩石表面存在润湿水膜，该水膜为电流提供了与孔隙流体并联的电流通道，因此，润湿水膜对储层岩石电性的影响表现为并联特性（Wang et al.，2007）；无论是等效体积模型还是阳离子交换模型，泥质对岩石电性的影响表现为"附加导电"，即呈现并联导电特性（Poupon et al.，1954；Hill et al.，1956；Waxman et al.，1968）；当岩石骨架中含有磁铁矿、黄铁矿等导电矿物时，除孔隙水导电外，还存在骨架附加导电（Givens，1987）。

根据形成地质背景的不同，孔隙可以分为基质、次生孔洞和裂缝等不同孔隙类型。不同类型孔隙的尺寸、形状及空间连通性不同，对岩石电性的影响存在很大差异。理论及实验研究表明，孤立孔洞对电性的影响呈现串联特性，而裂缝对电性的影响呈现并联特性（Wang et al.，2020）。

假设储层中存在两种不同的孔隙系统，其孔隙度分别为 ϕ_1 和 ϕ_2，且每个孔隙系统均满足阿奇公式，则饱含水时两个孔隙系统的电阻率分别为：

$$R_{01} = \frac{R_w}{\phi_1^{m_1}}, \quad R_{02} = \frac{R_w}{\phi_2^{m_2}} \tag{2-2-36}$$

式中：R_w 为地层水电阻率，$\Omega \cdot m$；R_{01}、R_{02} 分别为两个孔隙系统饱含水时的电阻率，$\Omega \cdot m$；m_1、m_2 分别为两个孔隙系统的胶结指数。

含油气时两个孔隙系统的电阻率为：

$$R_{t1} = \frac{R_w}{\phi_1^{m_1} S_w^{n_1}}, \quad R_{t2} = \frac{R_w}{\phi_2^{m_2} S_w^{n_2}} \qquad (2\text{-}2\text{-}37)$$

式中：R_{t1}、R_{t2} 分别为两个孔隙系统含油气时的电阻率，$\Omega \cdot m$；n_1、n_2 分别为对应的饱和度指数。

若两个孔隙系统的导电特性呈现并联特性，由式（2-2-36）、式（2-2-37）可以得到储层岩石电阻增大率 I 的表达式为：

$$I = \frac{R_t}{R_0} = \frac{\phi_1^{m_1} + \phi_2^{m_2}}{\phi_1^{m_1} S_w^{n_1} + \phi_2^{m_2} S_w^{n_2}} = \frac{1}{p_1 S_w^{n_1} + p_2 S_w^{n_2}} \qquad (2\text{-}2\text{-}38)$$

式中：p_1、p_2 为待定常数，且满足 $p_1 + p_2 = 1$。

同理，若两组分的导电特性呈现串联特性，由式（2-2-36）、式（2-2-37）可以得到储层岩石电阻增大率 I 的表达式为：

$$I = \frac{R_t}{R_0} = \frac{1}{\phi_1^{m_1} + \phi_2^{m_2}} \left(\frac{\phi_2^{m_2}}{S_w^{n_1}} + \frac{\phi_1^{m_1}}{S_w^{n_2}} \right) = \frac{p_1}{S_w^{n_1}} + \frac{p_2}{S_w^{n_2}} \qquad (2\text{-}2\text{-}39)$$

式中：p_1、p_2 为待定常数，同样满足 $p_1 + p_2 = 1$。

仔细分析式（2-2-38）、式（2-2-39），并结合常见饱和度模型在"周期表"中的分布规律分析，可以得到以下几点认识：

（1）当存在对电性影响呈现并联特性的影响因素时，饱和度模型的形式为在原模型分母上增加一项；当存在对电性影响呈现串联特性的影响因素时，饱和度模型的形式为在原模型右端增加一项。

（2）增加项的具体形式与影响因素本身特性有关：当某因素对电性的影响与含水饱和度无关时，则为常数；当某因素对电性的影响与含水饱和度有关时，则为 $p_i S_w^{n_i}$ 的形式，其中 p_i、n_i 的取值与影响因素本身特性及其在岩石中所占比重有关。

（3）若某一影响因素对储层岩石电性的影响呈现并联特性，则饱和度模型的截短形式应在"周期表"的横向上进行选择，如泥质砂岩、含裂缝储层的饱和度计算模型等；若对储层岩石电性的影响呈现串联导电特性，则饱和度模型在"周期表"的纵向上进行选择，即饱和度模型的差异体现在等式右端求和的项数上，如孔洞型碳酸盐岩、火山岩饱和度计算模型。

第三章 储层测井识别方法

测井解释本质上是根据测井响应对地质对象进行推理和还原的过程，在这一过程中，既有定性的分析也有定量的计算，因此，测井解释总体上可以分为储层测井定性识别和定量评价两大内容。储层测井定性识别是测井定量评价的重要内容。岩性识别是储层测井定性评价的基础，因此，本章首先简介不同岩性测井响应特征、交会图法等传统岩性识别方法，以及基于电成像、元素测井等测井新技术的岩性识别原理；接着介绍储集空间的主要类型、利用测井资料进行储集空间识别的方法原理；然后介绍油气藏快速判别方法以及测井新技术在储层流体性质识别中的应用；最后介绍利用常规测井、成像测井、核磁共振测井及远探测声波测井进行储层有效性判断的基本原理。不同类型储层测井识别方法的详细介绍请见《地球物理测井学》第一卷《测井解释：储层评价》分册。

第一节 岩性识别

岩性体现了岩石在成分、结构以及胶结情况等方面的特征。岩性准确识别是测井解释评价中骨架参数选取、解释方法和解释程序优选、解释标准确定等的基础。具有不同岩性的地层，其密度、光电截面、放射性等物理性质方面是不同的，因而测井响应具有显著差异。本节首先简介不同岩性的测井响应特征，然后介绍利用测井资料进行岩性识别的方法原理。

一、不同岩性测井响应

自然电位、自然伽马、光电吸收截面指数 P_e 和孔隙度等常规测井是划分岩性主要的测井方法，除此之外，电成像、地层元素等测井新技术近年来也被广泛应用于复杂及非常规储层岩性识别。

1. 自然电位测井

自然电位测井测量的是因钻井液和地层水矿化度的不同在井壁附近产生的自然电场，自然电场主要来自扩散电动势和扩散吸附电动势，而扩散吸附电动势的产生与泥质的阳离子交换作用有关，因此可以利用自然电位曲线判断岩性、识别渗透层等。

一般在砂泥岩剖面中，当地层水电导率 C_w 大于钻井液滤液电导率 C_{mf} 时（即淡水钻井液），以泥岩为基线，自然电位曲线在渗透性纯砂岩井段出现最大的负异常，含泥质砂岩地层具有较低的负异常，泥质含量越多，负异常幅度越低。当地层水电导率 C_w 小于钻井液滤液电导率 C_{mf} 时（即盐水钻井液），自然电位曲线在渗透性纯砂岩井段出现正异常。利用自然电位曲线可划分出泥岩类（泥岩、页岩等）、砂岩、泥质砂岩。相对于砂岩而言，不同类型的碳酸盐岩、火山岩储层的自然电位幅度偏低。

2. 自然伽马测井

自然伽马测井测量的是地层自然存在的放射性核在衰变过程中放出的伽马射线强度。岩石自然放射性取决于所含放射性核素的种类和数量，而所含放射性核素的种类和数量与岩性及其形成的地质背景有关，因此，自然伽马测井被广泛用于岩性识别和地层对比。一般在常见的岩性剖面中，火成岩放射性最强，其次是变质岩，沉积岩放射性较弱。

不同沉积岩放射性的强弱也不一样，一般的规律是随着泥质含量的增加，放射性增强。在砂泥岩剖面中，砂岩放射性最低，粉砂岩、泥质砂岩的放射性居中，泥岩、页岩最高；在碳酸盐岩剖面中，纯的石灰岩、白云岩的自然伽马最低，泥灰岩、泥质石灰岩、泥质白云岩居中，泥岩、页岩最高；在膏盐剖面中，硬石膏、石膏、岩盐自然伽马最低，砂岩较高，泥岩最高。

3. 自然伽马能谱

自然伽马测井只能反映地层总的放射性，而自然伽马能谱测井除地层总放射性外，还可以测量铀、钍、钾等不同放射性元素的含量。不同岩石矿物成分不同，其放射性核素铀、钍、钾的含量也不一样，因此可以利用自然伽马能谱测井进行岩性识别。膨润土和凝灰岩、含有机质的黏土岩和高含铀的砂岩自然伽马总强度都高，利用自然伽马测井难以区别，然而，膨润土和凝灰岩中铀、钍含量高而钾含量低；含有机质的黏土岩铀、钍和钾含量都较高，高含铀的砂岩铀含量高，而钍和钾含量都低，因此根据不同放射性原子核含量的差异，利用自然伽马能谱测井可以对上述岩性进行区分。

利用自然伽马能谱测井可以划分岩浆岩岩性。岩浆由熔融状态的岩浆体凝固而成，在深层形成的叫深成岩，在浅层或地表形成的是火山岩，区别这些岩性的主要依据是：（1）不同岩石铀、钍、钾含量范围不同，如深成岩中的花岗岩铀、钍、钾含量都很高，而纯橄榄岩这些元素的含量比花岗岩低2~3个数量级；（2）岩石的主要化学成分与铀、钍、钾含量相关，如SiO_2含量与钾含量有很强的相关性，钍和铀的含量从酸性岩石到超基性岩石逐渐减少；（3）不同岩石的铀、钍、钾比值不同。

4. 声波测井

不同地层具有不同的声学特性，可据此进行岩性识别、地层划分。在砂泥岩剖面中，砂岩声速较大，泥岩的声波速度小。胶结物的类型和含量也是影响声波速度的重要因素，通常钙质胶结比泥质胶结具有更高的声波速度，因此，随着钙质含量的增多，声波时差降低；随着泥质含量的增大，声波时差增大。在碳酸盐岩剖面中，致密石灰岩和白云岩的声波时差很低，随着泥质含量的增大，时差会略微增大。

此外，不同岩性的岩石，纵横波时差比（DTR）不一样，如砂岩的时差比一般在1.58~2.05，石灰岩是1.9，因此可以利用声波全波列测井资料计算纵横波时差比，进而进行岩性识别。常见矿物与岩石的纵横波时差比见表3-1-1（丁次乾，2007）。

除上述介绍的几种常规测井资料以外，密度测井、中子测井和电阻率测井等常规测井资料也可用于岩性定性识别，表3-1-2给出了不同岩性的测井响应特征。此外，电成像、元素等测井新技术在岩性识别中也具有重要作用，具体方法原理在本节第二部分详细介绍。

表 3-1-1　常见矿物与岩石的纵横波时差比

矿物及岩石	DTR	矿物及岩石	DTR
石英	1.487	黏土	1.936
方解石	1.931	石英岩	1.67~1.78
白云石	1.800	砂岩	1.58~2.05
石灰岩	1.67~2.08	石膏	2.49
白云岩	1.77~2.15		

这里需要着重指出的是，能够反映岩性的测井方法很多，但不同测井方法反映岩性的能力不一样，即使是相同的测井方法在不同地区岩性的辨别能力也不一样。因此，为了提高岩性识别的准确性，除了了解不同岩性测井响应的一般规律外，还需要注意以下几点：（1）掌握区域的岩性特点，如基本岩性特征、特殊岩性特征、层系和岩性组合特征及标准层等；（2）通过钻井取心和岩屑录井资料与测井资料进行对比分析，对测井岩性识别结果进行准确标定，总结利用测井资料划分岩性的区域规律。

二、测井岩性识别方法

1.测井交会图法

交会图是表示测井曲线之间或测井曲线与其他参数之间关系的图件，在测井资料预处理及解释评价中广泛使用。尽管任意两组曲线均可制作交会图，但不同曲线组合反映的地层特性以及规律性的强弱存在差异。用于地层岩性识别的交会图主要有岩性—孔隙度交会图、M-N 交会图以及其他交会图等，下面分别介绍。

1）岩性—孔隙度交会图

岩性—孔隙度测井交会图是岩性定性识别的重要方法。密度、中子和声波时差三孔隙度测井同时受岩石骨架、孔隙度和流体类型的影响，因此，当孔隙度和流体的影响可以消除时，任意两个孔隙度的组合（如中子—密度、中子—声波时差、声波时差—密度交会图）都可以用于岩性识别。此外，岩石光电吸收截面指数与岩石的平均原子序数有关，而平均原子序数与岩性有关，因此密度—岩石光电吸收截面指数交会图版也是岩性识别的重要方法。

图 3-1-1 给出了补偿中子—密度测井交会图版。需要指出的是，岩性—孔隙度测井交会图版都是针对饱含水纯地层制作的，井内为淡水或盐水钻井液。图 3-1-1 中纵坐标是体积密度 ρ_b（或按纯石灰岩刻度的密度测井视石灰岩孔隙度 ϕ_D），横坐标是按纯石灰岩刻度的补偿中子测井视石灰岩孔隙度 ϕ_{CNL}，钻井液为淡水，钻井液密度 ρ_f 为 1.0g/cm³。图版图中有三条按单矿物制作的纯岩性线，下端点是孔隙度为 0 的骨架点，每条纯岩性线上均有孔隙度刻度。

图 3-1-1 中三条单矿物纯岩石线分别是纯石灰岩线、纯白云岩线和纯砂岩线，这三条纯岩石线的绘制原理为：对每一种含水纯岩石，依次给出一定孔隙度值 ϕ，按 $\rho_b=\phi\rho_f+(1-\phi)\rho_{ma}$ 可计算其体积密度 ρ_b，或用求得的体积密度 ρ_b，按 $\phi_D=(\rho_{ma}-\rho_b)/(\rho_{ma}-\rho_f)$ 计算出密度测井视石灰岩孔隙度 ϕ_D，再按补偿中子响应与岩石孔隙度的实验关系（图 3-1-2）确定 ϕ_{CNL}，由此便给出各条含水纯岩石线。流体密度 ρ_f 为 1.0g/cm³，当 ρ_{ma}=2.65g/cm³

表 3-1-2 不同岩性的测井响应特性（据丁次乾等，2007）

岩性	声波时差（μs/m）	密度（g/m³）	中子孔隙度（%）	中子伽马	自然伽马	自然电位	光电吸收截面指数 P_e (b/e)	体积光电吸收截面 U (b/cm³)	微电极	电阻率	井径
泥岩	>300	2.2~2.65	高值	低值	高值	基值	3.42	9.04	低、平值	低值	大于钻头直径
煤	350~450	1.3~1.5	$\phi_{SNP}>40$ $\phi_{CNL}>70$	低值	低值	异常不明显或很大的正异常（无烟煤）	无烟煤 0.161 烟煤 0.18	0.28 0.26	高值或低值	高值无烟煤最低	接近钻头直径
砂岩	250~380	2.1~2.5	中等	中等	低值	明显异常	1.81	4.78	中等，明显正差异	低到中等	略小于钻头直径
生物灰岩	200~300	比砂岩略高	较低	较高	比砂岩低	明显异常			较高，明显正差异	较高	略小于钻头直径
石灰岩	165~250	2.4~2.7	低值	高值	比砂岩低	大段异常	5.08	13.77	锯齿状	高值	小于或等于钻头直径
白云岩	155~250	2.5~2.85	低值	高值	比砂岩低	大段异常	3.14	8.99	高值锯齿状	高值	小于或等于钻头直径
硬石膏	约164	约3.0	≈0	高值	最低	基值	5.05	14.95	高值	高值	接近钻头直径
石膏	约171	约2.3	约50	低值	最低	基值	3.42	8.11	高值	高值	接近钻头直径
岩盐	约220	约2.1	≈0	高值	最低、钾盐最高	基值	4.17	8.64	极低	高值	大于钻头直径

注：ϕ_{SNP} 为井壁型中子测井孔隙度，ϕ_{CNL} 为补偿中子测井孔隙度。

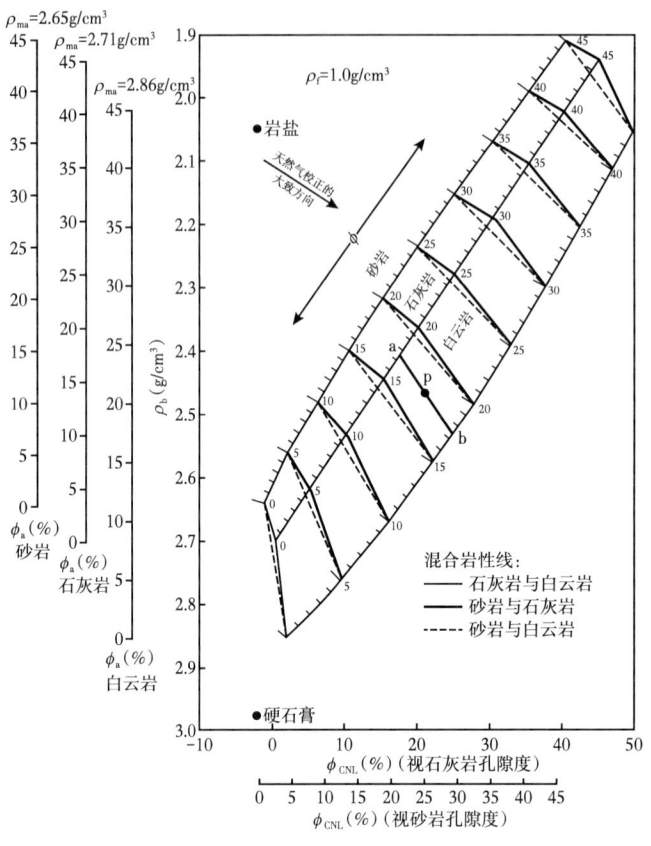

图 3-1-1 补偿中子—密度测井交会图（阿特拉斯公司 2435 型 CNL 仪）

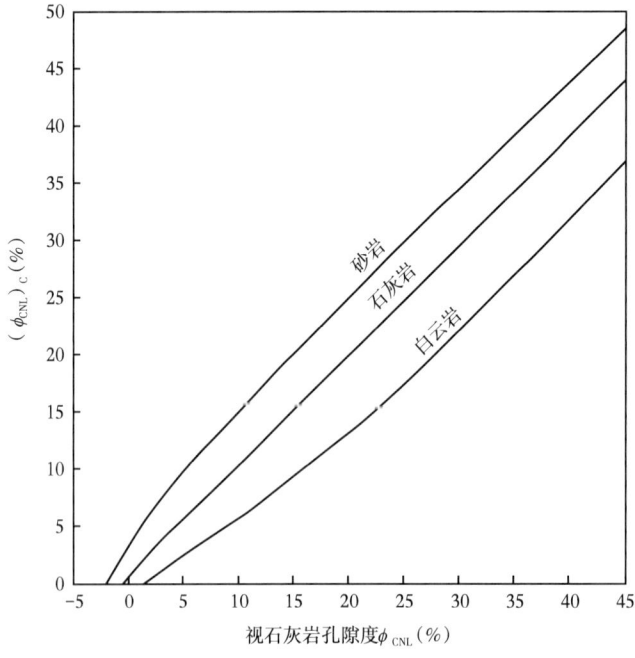

图 3-1-2 补偿中子响应与孔隙度的关系（Atlas 公司 2435 型 CNL 仪）

时得到含水纯砂岩线，当 $\rho_{ma}=2.71\text{g/cm}^3$ 时得到纯石灰岩线，当 $\rho_{ma}=2.87\text{g/cm}^3$ 时得到纯白云岩线。由于 ϕ_{CNL} 是对含水纯石灰岩刻度的，故只有纯石灰岩线是一条直线，而其他纯岩性线都略有弯曲。

图 3-1-2 横坐标为视石灰岩孔隙度，纵坐标给出了纯砂岩、纯石灰岩和纯白云岩的孔隙度 ϕ，利用该图根据单矿物岩石 ϕ_{CNL} 值可求得该岩石 ϕ 的值。

图 3-1-3 为补偿中子—声波交会图版，图 3-1-4 为声波—密度交会图版，图 3-1-5 为密度—岩石光电吸收截面指数交会图版，它们的制作原理和使用方法与补偿中子—密度测井交会图版类似。

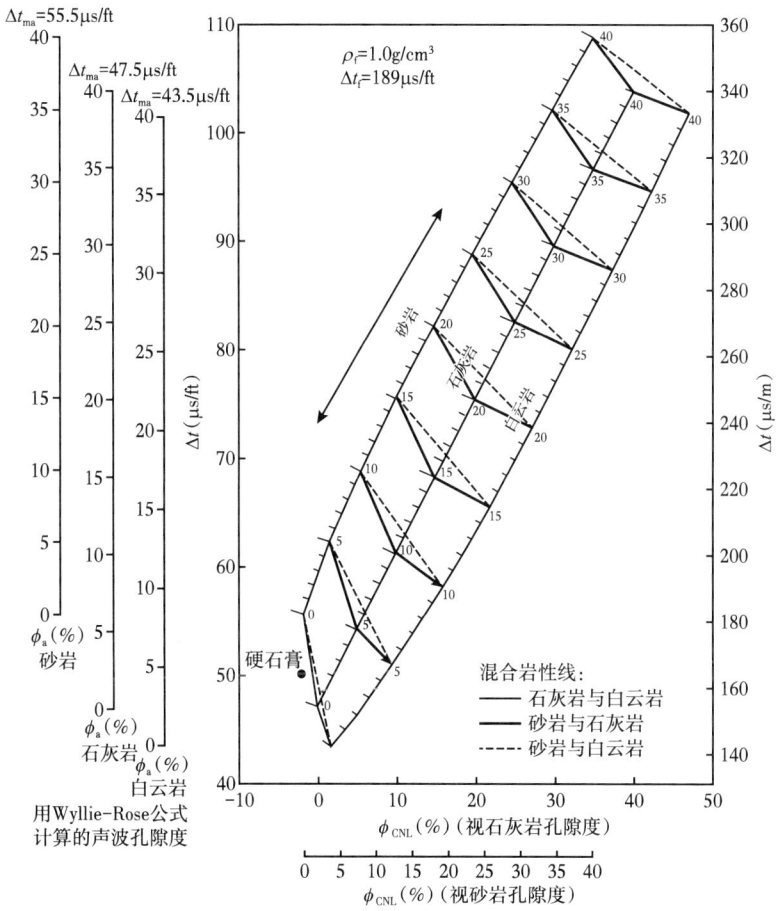

图 3-1-3　补偿中子—声波测井交会图图版（淡水钻井液）

当用岩性—孔隙度测井交会图版进行岩性评价时，首先要对测井值作环境影响校正，然后再用图版解释。如果岩石骨架由一种单矿物组成，则由交会点位置便可以直接确定岩石性质和孔隙度值；如岩石骨架由两种矿物组成，则根据交会点的位置，用线性比例的算法，即可求出地层孔隙度和这两种矿物的相对含量（百分比），这种解释方法称为双矿物法。

相对来说，用中子—密度交会图版确定常见岩石的岩性和孔隙度最好，它对各种常见岩性都有较高的分辨力（各纯岩性线之间距离较大），而且还可用作油气校正；其次

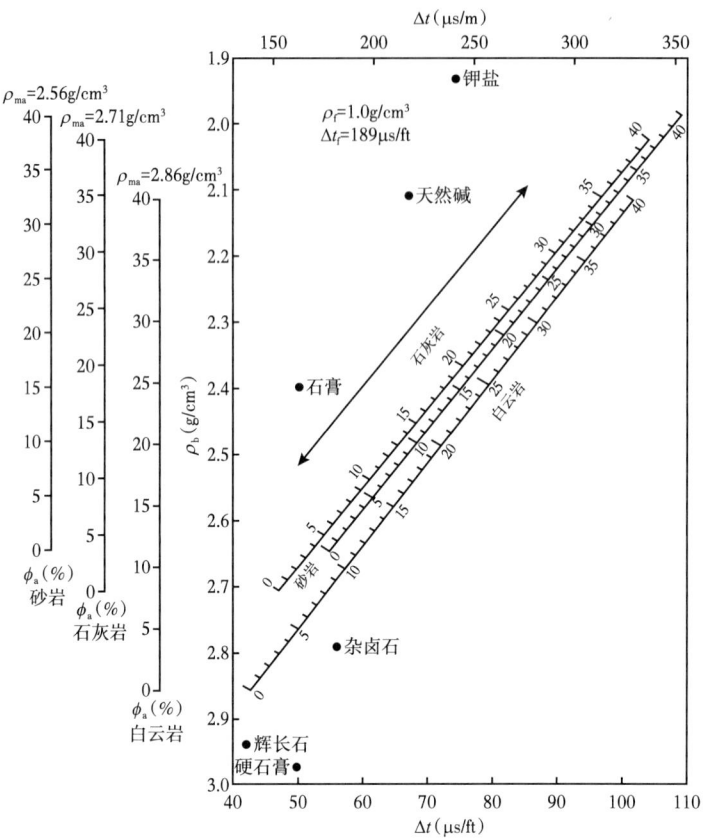

图 3-1-4 声波—密度测井交会图图版

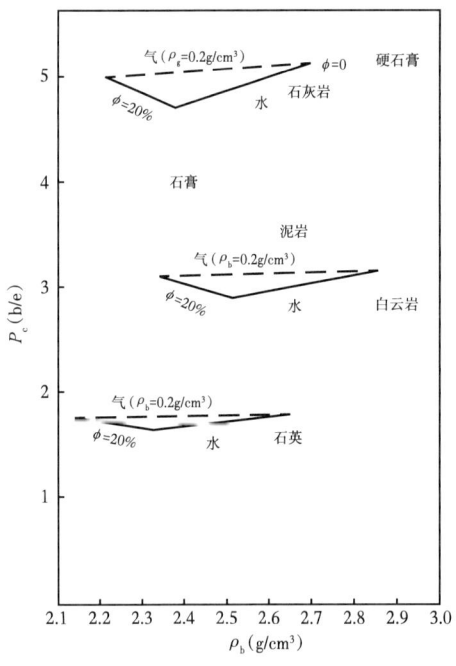

图 3-1-5 密度 ρ_b—光电吸收截面指数交会图版

是中子—声波交会图版，对常见岩性的分辨力也较强，特别是对砂岩—石灰岩的分辨力还略优于中子—密度交会图图版，但因声波测井要受地层压实程度等影响，又不能用作油气校正，故声波—中子交会图的应用不及中子—密度交会图广泛。声波—密度交会图版中各常见岩石线间的距离均较近，故对常见岩石的分辨力最差，但它对岩盐、石膏和硬石膏等蒸发岩类的分辨力较强，用在膏盐剖面判断岩性较好。

在使用上述交会图版时，常常发现由于地层中泥质、天然气、次生孔隙以及井眼扩径等的影响而使交会点发生有规律的偏离。天然气使 ρ_b 和 ϕ_N 均降低、声波时差 Δt 增大。泥质使交会点往泥岩点（由邻近泥岩的测井值确定）偏离。缝洞孔隙使 ρ_b 减小，使 ϕ_N 增大，但 Δt 基本上不受缝洞孔的影响。井眼扩大使 ρ_b 明显减小，使 ϕ_N 明显增加，还使地层界面附近的 Δt 值不稳定。因此，在用上述岩性—孔隙度测井交会图版确定地层岩性和孔隙度时，应先对测井值进行适当的井眼、泥质、油气等影响校正。当然也可以利用交会点有规律的偏离现象，来识别地层的含气性等。

岩性密度测井可同时测量地层体积密度和有效光电吸收截面指数，该指数与地层中各种元素的原子序数有关，因此可以用作地层岩性的指示参数。由于孔隙度和地层流体性质的变化对光电吸收截面指数 P_e 几乎没有影响，因此，在岩性复杂而且存在轻烃的条件下，光电吸收截面指数对岩性识别更有效。由于 P_e 受井内重晶石的影响很大，因此该方法只能用于不含重晶石的钻井液。

表 3-1-3 列举了常见矿物的光电吸收截面指数 P_e 值；图 3-1-5 为密度—光电吸收截面指数（ρ_b-P_e）交会图版（淡水钻井液），对于常见岩性及岩盐、硬石膏等均有良好的分辨能力，能很好地用来确定岩性和孔隙度。P_e 值与其他测井资料组合可以区别黏土矿物的成分，如 P_e 值与自然伽马交会、P_e 值与钍、钾或钍钾比值交会等。

表 3-1-3 常见矿物的 P_e 值（据王文祥，1982）

矿物名称	P_e（b/e）	矿物名称	P_e（b/e）
石英	1.81	方解石	5.08
白云石	3.14	硬石膏	5.05
岩盐	4.65	菱铁矿	14.70
黄铁矿	17.00	重晶石	267.00
高岭石	1.80	绿泥石	6.30
伊利石	3.45	蒙脱石	2.30

2）M-N 交会图

三孔隙度测井是地层岩性识别的重要方法，在能够完整描述岩石特征的前提下，该方法能够提供准确的岩性识别结果。然而，对于复杂地层，其岩性的详细准确信息往往必须依赖岩心分析才能确定；在此类复杂情况下，传统的二维交会图分析方法效果不佳，难以适用。

M-N 交会图是一种更准确地确定地层岩性的方法，在该交会图中，无论孔隙度大小，每种岩石矿物都由唯一点表示，即使在最复杂的岩性中，该技术也能提供可靠的分析结果。

如图 3-1-6a 所示的 ρ_b 和 Δt 的交会图中，矿物 A 覆盖了整个孔隙度范围。骨架点（Δt_{ma}，ρ_{ma}）表示孔隙度为 0 的情况，流体点（Δt_f，ρ_f）表示地层中孔隙度为 100% 的情况，用斜率 M 来描述矿物 A，得到：

$$M = \frac{\Delta t_f - \Delta t_{ma}}{\rho_{ma} - \rho_f} \times 0.01 \qquad (3-1-1)$$

图 3-1-6b 显示了矿物 A 的类似处理，使用 ϕ_N 和 ρ_b 交会图来计算孔隙度。将此斜率定义为 N，得到：

$$N = \frac{\phi_{Nf} - \phi_{Nma}}{\rho_{ma} - \rho_f} \tag{3-1-2}$$

在由矿物 A 组成的地层中，获得的测井数据（Δt、ρ_b 和 ϕ_N）将落在图 3-1-6a 和图 3-1-6b 中骨架和流体点的连线上。因此，就测井数据而言，斜率 M 和 N 由下式给出：

$$M = \frac{\Delta t_f - \Delta t}{\rho_b - \rho_f} \times 0.01 \tag{3-1-3}$$

$$N = \frac{\phi_{Nf} - \phi_N}{\rho_b - \rho_f} \tag{3-1-4}$$

图 3-1-6 以及式（3-1-3）中引入了因子 0.01，目的是使 M 值在大小上与 N 保持在同一数量级。M 和 N 仅取决于流体和骨架特性，与孔隙度无关。对于矿物 A，孔隙度响应在基质点和流体点之间线性关系表明图 3-1-6a 和图 3-1-6b 是严格准确的。

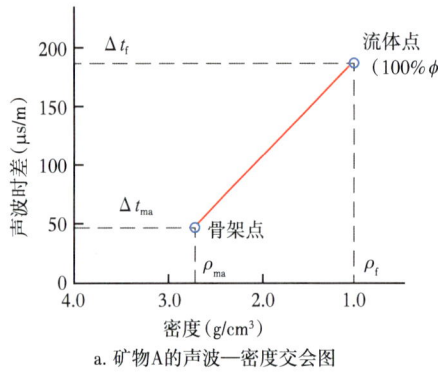
a. 矿物A的声波—密度交会图

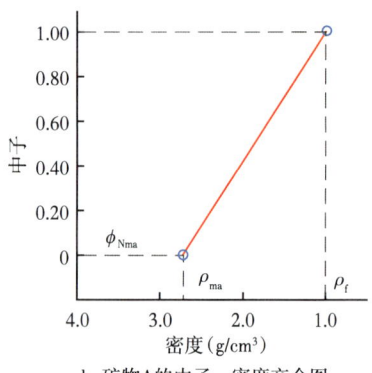
b. 矿物A的中子—密度交会图

图 3-1-6 $M-N$ 交会图中参数的确定方法

因为孔隙度的变化已通过骨架上和流体之间的线性变化加以考虑，所以，不同孔隙度下，矿物 M、N 的数值与孔隙度无关（Burke et al.，1969）。

在流体参数一定的情况下，可以计算各单矿物的 M、N 值，把单矿物岩石的 M、N 画在以 M 为纵坐标、以 N 为横坐标的交会图上，就构成 $M-N$ 交会理论图版。

3）其他交会图

岩性—孔隙度交会图、$M-N$ 交会图是地层岩性识别的主要交会图，除此之外，在实际应用中，研究形成了进行岩性识别的其他交会图方法。如成大伟等（2016）发现姬塬地区自然伽马（GR）、中子孔隙度（CNL）和声波时差（AC）测井对不同岩性的响应较为灵敏，电阻率测井次之，进而提出了利用自然伽马、中子孔隙度测井交会图进行岩性识别的方法。如图 3-1-7 所示，该地区利用中子孔隙度—自然伽马交会图能够对砂岩、粉砂岩、泥页岩、凝灰岩等不同岩性进行区别。对多口井的应用结果表明，同一地区在测井曲线标准化之后上述方法可以使用，但不同地区的岩性划分标准存在差异。赵健等（2003）以松辽盆地徐家围子断陷升平气田深层白垩系营城组火山岩为对象，优选出密度测井、自然伽马测井、声波测井、电阻率、钍铀等测井数据进行交会，编制出测井曲线交会图版，并以此为依据识别出该区的火山岩岩性。

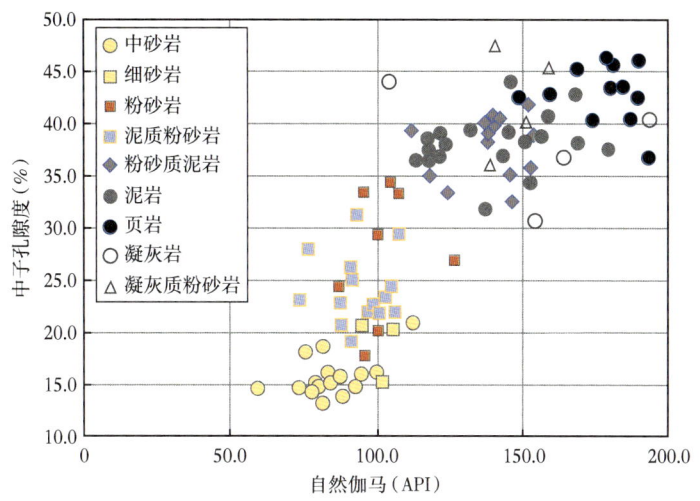

图 3-1-7 中子孔隙度—自然伽马交会图

2. 多参数岩性判别法

交会图识别岩性本质上是利用了不同岩性在两种测井曲线上不同的响应特征，然而对于复杂的岩性组合或者说岩性分类较细、不同岩性分类在两种曲线上的差异很小时，则应该考虑选用多种测井资料建立岩性判别模型、构建岩性指示曲线等进行岩性识别。

岩性判别模型的建立，遵循的基本思路是：首先，确定研究区域的岩性分类；然后，基于不同岩性的测井响应特征，通过主成分或其他分析技术优选对不同岩性区分度高的测井曲线；最后，建立岩性判别模型。如叶涛等（2019）通过对研究区大量取心资料、壁心资料以及薄片资料的岩电分析，优选出对岩性响应敏感的自然伽马、补偿中子、密度、声波时差以及原状地层电阻率等 5 条曲线，利用贝叶斯（Bayes）判别法，构建了不同岩性的定量解释模型；马浩星（2023）研究了苏里格地区致密砂岩岩性精细评价方法，以自然伽马、声波、密度、补偿中子作为自变量，建立了煤、泥岩、细砂岩、中砂岩与粗砂岩等不同岩性 Fisher 判别模型。

3. 电成像测井岩性识别

电成像测井采用阵列扫描或旋转扫描方式，将测量的地层电阻率变化转换成为伪色度图像。通过电成像测井图像可以直观看到地层的岩性、几何界面的变化。由于成像测井具有高分辨率、高井眼覆盖率和可视性等特点，目前在岩性、岩相识别，井旁地质构造、孔洞、裂缝分析方面得到广泛应用。利用电成像测井识别岩性主要有两种思路：一是利用电成像图像提取与岩性有关的一个或者多个特征参数，可称为电成像特征参数法；二是直接建立不同岩性地层电成像图像的特征，可称为电成像特征图像法。

1）电成像特征参数法

电成像特征参数法的核心是如何通过电成像提取与岩性有关的一个或者多个特征参数。由于不同地层、不同岩性电成像图像的特征存在很大差异，因此用于岩性识别的特征参数也存在差异。李茂兵等（2010）提取电成像图像中的均值、方差、分形维数、包络和非均质性 5 条特征曲线，分别利用相关性和神经网络两种方法进行岩性自动识别；罗兴平等（2018）通过图像灰度转化，构建灰度共生矩阵，计算样本的对比度、相关度、熵、均匀度和能量 5 个特征，利用贝叶斯判别分析法对岩性进行自动判别。

罗兴平等（2018）提出一种基于电成像测井（FMI）的岩性自动识别方法：首先依据岩心刻度测井建立砂砾岩典型岩性样本库；通过图像处理技术将 FMI 测井的 RGB 彩色图像转化为灰度图像（因直接利用三原色差异识别岩性困难，见图 3-1-8）；利用灰度共生矩阵分析图像中相隔特定距离像素的灰度空间相关性，提取对比度、相关度、熵、均匀度和能量 5 个特征参数表征纹理特征；最终以这些特征值为输入，采用贝叶斯判别分析法构建岩性判别函数，实现泥岩、砂岩、细砾岩等岩性的自动分类。该方法通过量化图像纹理克服了人为主观性，显著提升了复杂砂砾岩岩性识别的准确性与效率。

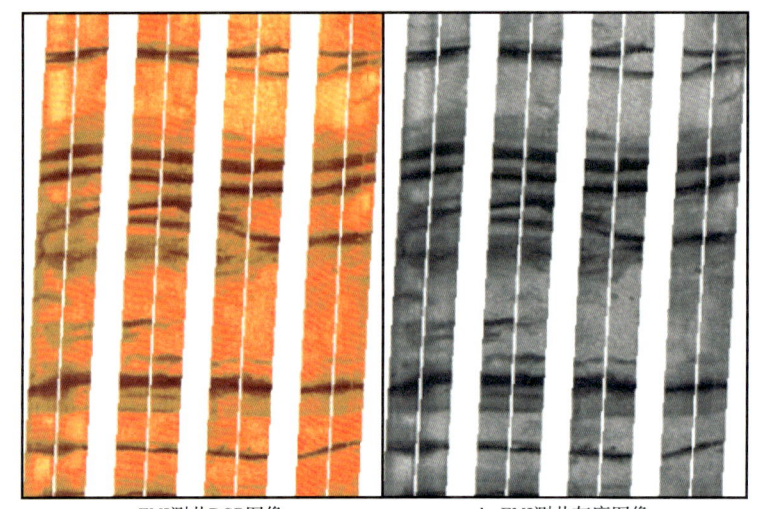

a. FMI 测井 RGB 图像　　　　b. FMI 测井灰度图像

图 3-1-8　FMI 测井 RGB 图像与灰度图像对比

FMI 测井图像中相隔某距离的两个像素之间会存在一定的灰度关系，即图像空间灰度存在相关性。灰度共生矩阵就是由图像中两个不同位置像素点特定相关条件下的联合概率密度函数来定义，它反映了图像方向、相邻间隔和变化幅度的综合信息，是分析图像的局部模式和排列规则的基础。因此，利用灰度共生矩阵可以研究图像的相关性、提取图像特性。为了更好地利用灰度共生矩阵描述纹理特征，罗兴平等（2018）选择对比度、相关度、熵、均匀度和能量等特征参数表征灰度共生矩阵。

对比度反映成像图像的清晰度和纹理沟纹深浅的程度。成像纹理沟纹越深，其对比度越大，视觉效果越清晰；反之对比度越小，沟纹浅，效果模糊。对比度 C 的计算公式为：

$$C = \sum_i \sum_j (i-j)^2 \boldsymbol{P}(i,j) \tag{3-1-5}$$

式中：i 和 j 为图像坐标；$\boldsymbol{P}$ 为灰度共生矩阵。

相关度度量空间灰度共生矩阵元素在行或列方向的相似程度。当矩阵元素值均匀相等时，相关度大；反之则相关度小。如果成像图像有水平方向的纹理，则水平方向灰度共生矩阵的相关度大于其他方向灰度共生矩阵的相关度。相关度 R 的计算公式为：

$$R = \frac{\sum_i\sum_j(i-\bar{x})(j-\bar{y})\boldsymbol{P}(i,j)}{\sigma_x\sigma_y} \tag{3-1-6}$$

其中

$$\bar{x} = \sum_i i \sum_j \boldsymbol{P}(i,j) \tag{3-1-7}$$

$$\bar{y} = \sum_j j \sum_i \boldsymbol{P}(i,j) \tag{3-1-8}$$

$$\sigma_x^2 = \sum_i (i-\bar{x})^2 \sum_j \boldsymbol{P}(i,j) \tag{3-1-9}$$

$$\sigma_y^2 = \sum_j (j-\bar{j})^2 \sum_i \boldsymbol{P}(i,j) \tag{3-1-10}$$

熵表示成像图像中纹理的非均匀程度或复杂程度。灰度共生矩阵中元素分散分布时，熵值较大。熵 S 的计算公式为：

$$S = -\sum_i\sum_j \boldsymbol{P}(i,j)\lg \boldsymbol{P}(i,j) \tag{3-1-11}$$

均匀度反映成像图像纹理的粗糙度。粗纹理的均匀度大，细纹理的均匀度小。均匀度 H 的计算公式为：

$$H = \sum_i\sum_j \frac{1}{1+(i-j)^2}\boldsymbol{P}(i,j) \tag{3-1-12}$$

能量是灰度共生矩阵元素值的平方和，反映成像图像灰度分布均匀程度和纹理粗细度。如果灰度共生矩阵的所有值均相等，则能量小；反之则能量大。能量大反映均一和规则的纹理模式。能量 E 的计算公式为：

$$E = \sum_i\sum_j \boldsymbol{P}(i,j)^2 \tag{3-1-13}$$

在利用 FMI 测井图像建立岩性样本库时，由于动态图像中颜色与电阻率不具有一一对应关系，因此，通常利用 FMI 测井的静态图像建立不同岩性样本库。针对砂砾岩岩性特征参数值存在部分重叠、岩性不易识别的问题，罗兴平等（2018）采用贝叶斯判别分析法识别各岩性。基于岩性样本库，利用贝叶斯判别分析法，由对比度、相关度、熵、均匀度和能量等特征参数建立了多元判别函数。具体形式如下：

泥岩判别值为
$$y_m = 15.091C + 27803.210R + 7641.364S \\ - 4617.259H - 18.652E - 22012.723$$
（3-1-14）

砂岩判别值为
$$y_s = 15.581C + 27660.210R + 6644.831S \\ - 4744.070H - 15.790E - 21535.470$$
（3-1-15）

细砾岩判别值为
$$y_{gc} = 16.382C + 28251.080R + 7749.452S \\ - 4782.937H - 19.658E - 22619.059$$
（3-1-16）

中小砾岩判别值为
$$y_{sc} = 16.245C + 28083.804R + 7706.825S \\ - 4708.212H - 19.439E - 22412.647$$
（3-1-17）

中大砾岩判别值为
$$y_{bc} = 16.242C + 28097.856R + 7391.055S \\ - 4783.855H - 18.293E - 22326.490$$
（3-1-18）

实际运用中，利用FMI测井静态图像，计算各特征值，并将特征值代入岩性多元判别函数中（如上述式子），即可得到每一种岩性的判别式得分，得分最大者所归属的类即为待判样品的岩性。

2）电成像特征图像法

通过对电阻率成像测井资料进行高分辨率处理，能够得到壁附近地层电阻率随深度变化的图像。利用电阻率测井图像可以在碎屑岩地层、碳酸盐岩等地层中识别多种不同的岩性（吴文胜等，2000；吴煜宇等，2013）。火山岩储层一般埋藏较深，岩石类型多样，岩性复杂。从成分上看，从基性玄武岩、中性安山岩到酸性流纹岩均见产气层，因此，如何准确识别火山岩岩性，进而建立非均质火山岩定量解释模型，是火山岩测井解释面临关键技术难题。下面以火山岩为例，介绍电成像特征图像进行岩性识别的基本方法。

对火山岩而言，即使岩石化学成分相同，但如果成因、结构不同，其岩石类型和名称也会不同，因此仅用反映成分特征的常规测井曲线很难将这类岩石区分开。另一方面，在火山岩岩性细分时可以按结构命名，如具有角砾结构的火山角砾岩等，而识别岩石结构特征最好的方法是采用电阻率成像测井资料。因此，以取心资料为基础，结合区域地质资料刻度成像测井资料，采用动、静态加强方法，建立不同岩性典型成像模式图，对火山岩岩性精确识别具有重要意义。

火山岩结构是指岩石的结晶程度、颗粒大小、形态特征以及这些物质彼此间的相互关系。目前，通过标本、岩心图像和镜下鉴定可识别出16种结构：斑状结构、霏细结构、球粒结构、交织结构、显微球粒结构、少斑结构、间粒结构、熔结结构、火山碎屑结构（凝灰结构、角砾结构）、隐爆角砾结构、沉火山碎屑结构、细晶结构、显微柿状结构、暗化结构、脱玻化结构。利用电成像能识别其中6种结构：熔岩结构（斑状结构、交织结构、少斑结构）、熔结结构、凝灰结构、角砾结构、隐爆角砾结构、沉火山碎屑结构。

熔岩结构是指岩石在宏观上不具有粒度特征的斑状结构、交织结构、少斑结构。这三种结构在图像上难以区分，故合称为熔岩结构。图像整体由特高阻、高阻亮色或低阻暗色组成，多具流纹构造和块状构造，当组成岩石的矿物颗粒成分或岩屑、晶屑较大时，会在图像上产生斑点效应，如图 3-1-9 所示。

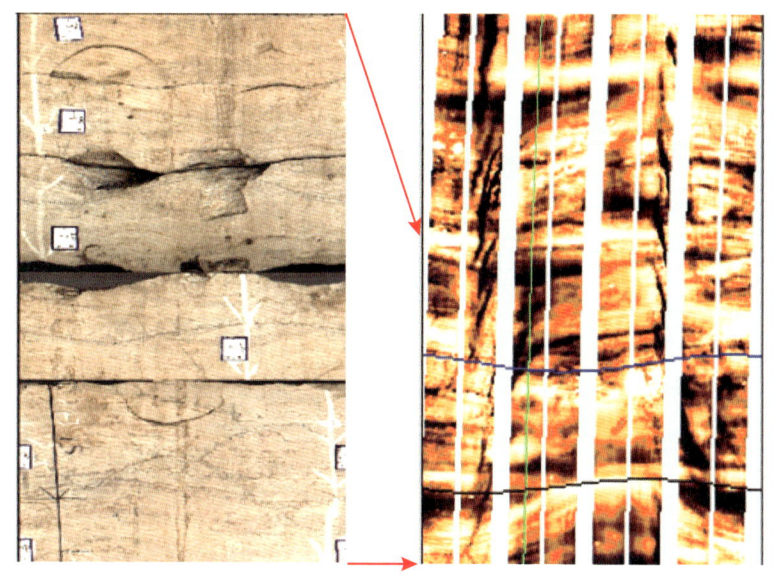

图 3-1-9　熔岩结构岩心及成像测井图像特征

熔结结构图像由高阻亮色岩屑与晶屑、中低阻橙色火山灰流和黑色低阻条纹椭圆形斑点组成。高阻亮色岩屑、晶屑大小不均，平均在 5~10cm 之间，排列具方向性，压扁拉长特征明显。中低阻橙色火山灰流具成层特征，岩屑、晶屑分布其间。黑色低阻条纹为裂缝，裂缝切割岩石，说明形成于岩石之后，椭圆形斑点为气孔和未充满的杏仁构造。图 3-1-10 为熔结结构和杏仁构造成像测井图像和岩心照片。

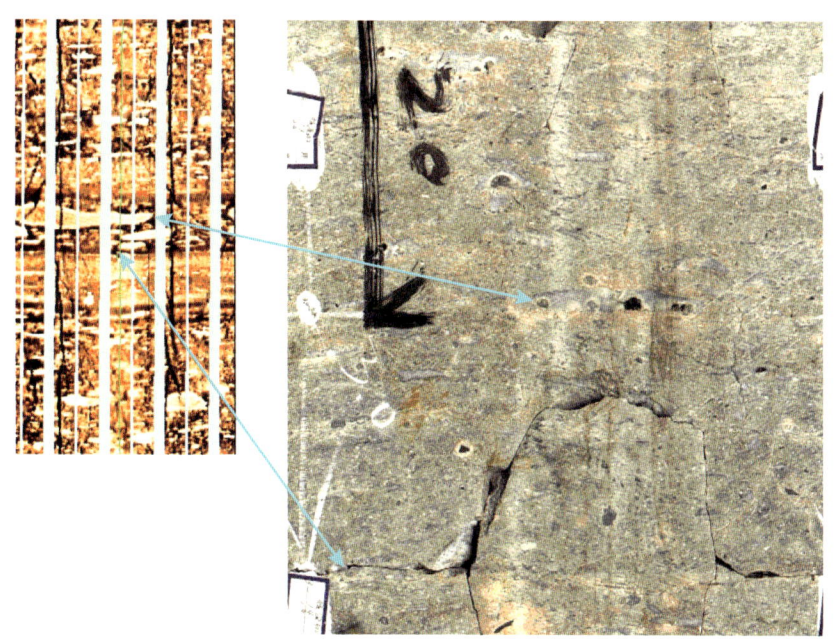

图 3-1-10　熔结结构和杏仁构造

火山碎屑结构含凝灰结构、角砾结构，岩石图像宏观上具有粒度特征，高阻亮色不规则角砾与中低阻暗色凝灰交织组成。高阻亮色角砾大小不均，主体粒径为 10~50mm，颗粒间相互支撑，混杂堆积，棱角清晰，不具磨圆特征。碎屑粒度小于 2.0mm 且含量达到 50% 以上为凝灰结构。图 3-1-11 为火山角砾结构成像测井及岩心图像。

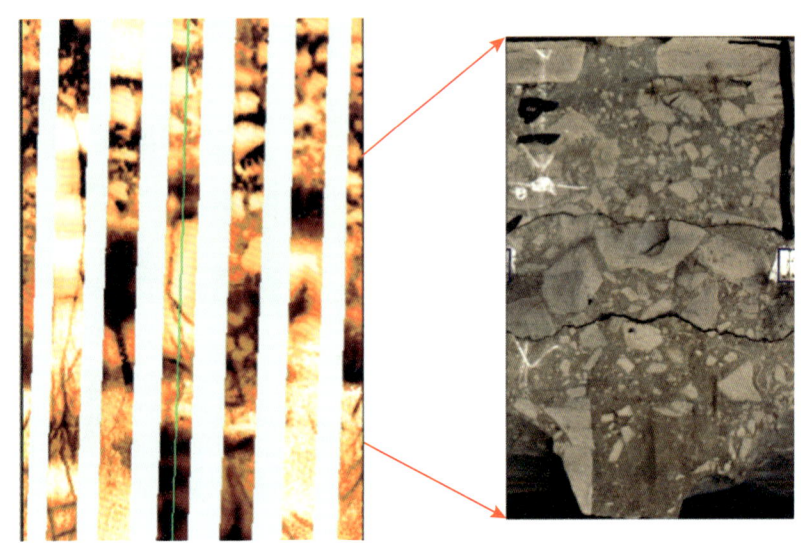

图 3-1-11　火山角砾结构成像测井图像

隐爆角砾结构图像由高阻亮色角砾、中低阻橙色基质、亮色高阻条纹和暗色椭圆形斑点组成。高阻亮色角砾平均粒径在 10~20mm 之间。中低阻橙色基质颜色不均，电阻率差异较大。亮色条纹为岩浆侵入条带，但与周围基质差异较小。椭圆形斑点为气孔。图 3-1-12 为隐爆角砾结构标准测井图像及岩心照片。

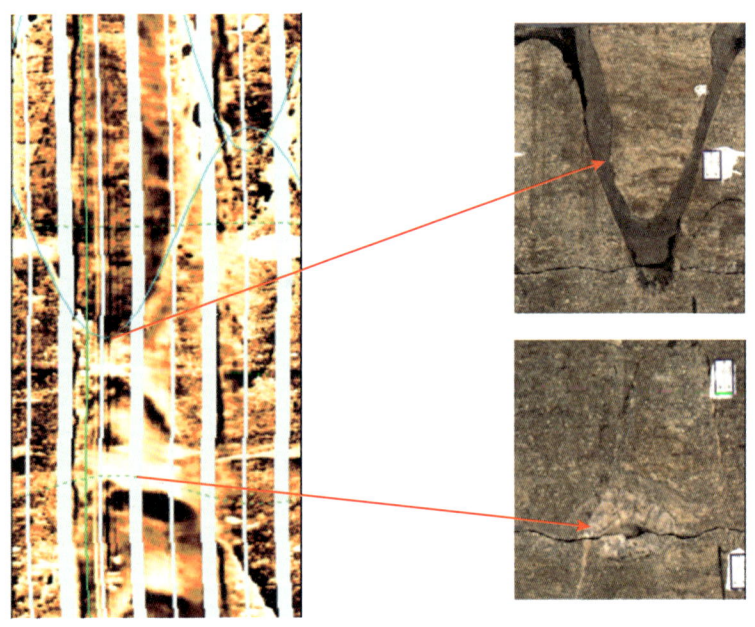

图 3-1-12　隐爆角砾结构标准测井图像

沉火山碎屑结构在静态图像上为条带状高、低阻不等厚互层，在动态图像上高阻部分多具沉积岩的水平、平行层理特征。图 3-1-13 为沉火山碎屑结构成像测井图像与岩心照片。

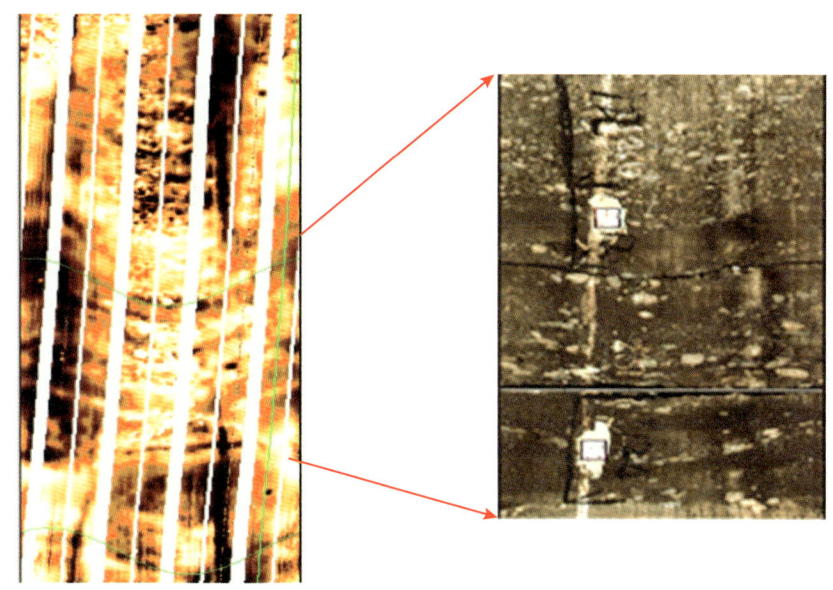

图 3-1-13　沉火山碎屑结构成像测井图像

4. 地层元素测井方法

存在于地壳中的元素种类多种多样，有 100 多种，各元素总量分布极不均匀，根据苏联学者 1976 年的资料，地壳中分布最广的有 8 种，占地壳物质总量的 98%，它们分别是：氧（47.29%）、硅（28.09%）、铝（8.25%）、铁（5.07%）、钙（3.68%）、镁（2.12%）、钠（2.87%）、钾（2.63%），其中氧、硅、铝元素总量为地壳总质量的 83.63%，如图 3-1-14 所示。

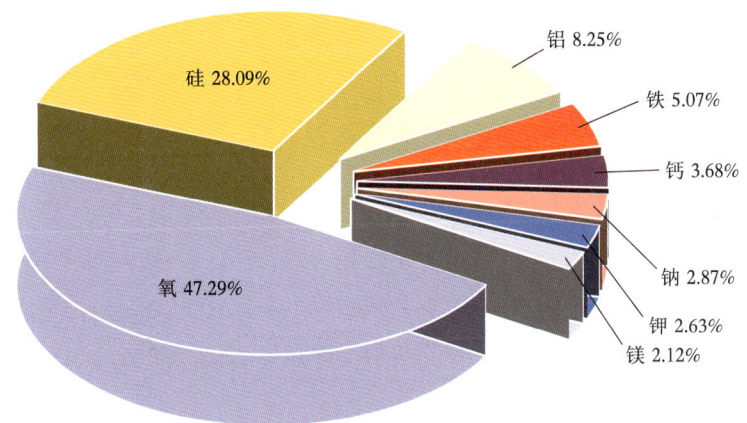

图 3-1-14　组成岩石的最主要元素丰度

相应地，地壳中存在数千种矿物，每一种矿物都具有各自的特点。岩石是由多种矿物组合体构成的，如碎屑岩中主要有 8 种矿物：石英、碳酸盐岩、云母、绿泥石、玉髓、长石、黏土矿物和氧化铁，且这 8 种矿物的累计含量就达到 97.5% 以上。这些矿物在沉积岩中的分布相对较多，组成沉积矿物的化学成分相对稳定，因此构成沉积岩的元素也就相对集中。当矿物的化学成分比较稳定时，矿物中元素含量基本保持不变，这是利用地层元素转换成矿物的前提条件，也是选定矿物指示元素的前提条件。矿物指示元素是指能够表征该矿物特征的极少数元素，这些元素可作为该矿物的代表。

由于硅主要富集在砂岩、硅质岩等沉积岩中，与石英关系密切，因此选取硅作为石英矿物的指示元素；钙主要富集在无机或有机成因的碳酸盐岩石中，与方解石（$CaCO_3$）和白云石（$CaCO_3 \cdot MgCO_3$）密切相关，故选取钙作为石灰岩的指示元素；白云质岩石中同时富集了钙和镁，选取钙和镁作为白云岩的指示元素；铁与黄铁矿（FeS）、赤铁矿（Fe_2O_3）和菱铁矿（$FeCO_3$）相联系，铁在沉积物中的含量随着沉积物粒度的变细而增加，在泥岩沉积物中它的含量随着碳酸盐物质的富集而减少；利用硫和钙可以计算石膏的含量，因此可以选取硫和钙作为石膏的指示元素。因此，只要精确测量到这些表征矿物的元素含量，便可以准确鉴别地层主要矿物含量，进而准确判断地层的岩性。

地层元素测井可同时测量非弹性散射与俘获伽马射线，利用氧化物闭合模型，通过剥谱分析和综合处理可以得到地层的矿物含量，进而对复杂储层的敏感性矿物进行识别。地层元素测井（ECS）测量的主要元素包括硅（Si）、钙（Ca）、铁（Fe）、硫（S）、钛（Ti）、钆（Gd）等（表3-1-4），这些地层元素的含量对地层对比、区域沉积环境研究及岩性识别具有重要作用。目前，商业化应用的地层元素测井仪器主要有斯伦贝谢公司的元素俘获能谱测井（Elemental Capture Spectroscopy，ECS）与高分辨率岩性扫描成像测井（Litho Scanner）、哈里伯顿公司的地层元素测井仪（GEM）、贝克休斯公司的地层岩性测井（FLEX）等。

表 3-1-4　元素俘获谱测井中所探测的元素及其主要性质

元素名称	元素符号	原子序数	相对原子质量	常见化合价	主要矿物
铝	Al	13	26.98	+3	黏土
硅	Si	14	28.09	+2、+4	黏土、花岗岩、石英、砂岩
硫	S	16	32.07	+2、+4、+6	辰砂、方铅矿、闪锌矿、辉锑矿
氯	Cl	17	35.45	+1、+3、+5、+7	石盐、盐矿
钙	Ca	20	40.08	+2	石灰岩、白云岩
钛	Ti	22	47.87	+2、+3、+4	钛铁矿、金红石、含钛磁铁矿、硝石、铁矿石
铬	Cr	24	52.00	+2、+3、+6	亚铬酸盐
铁	Fe	26	558.5	+2、+3	铁矿石
钆	Gd	64	157.3	+3	硅铍钆矿、独居石

ECS是斯伦贝谢公司元素俘获谱测井的简称，该仪器利用快中子与地层中的原子核发生非弹性散射碰撞及热中子俘获的原理，通过解谱并利用氧化物闭合模型得到地层中主要造岩元素硅（Si）、钙（Ca）、铁（Fe）、铝（Al）、硫（S）、钛（Ti）和钆（Gd）的相对含量，再利用实验室建立的地层元素和岩石矿物含量分析程序建立 SpectroLith 模型（针对沉积岩），实现元素与矿物百分含量之间的转换，再利用岩石核物理参数模型化算法得到岩石的各种核参数，如密度骨架、中子骨架、岩石俘获截面等。ECS 为非均质火山岩储层测井综合评价提供了有效手段。

根据目前国际通用的火成岩 TAS（Total Alkali Silica）分类，即所谓的硅—碱分类法：按 SiO_2 的含量 $w(SiO_2)$ 可将火山岩分为超基性、基性、中性、酸性；按 Na_2O+K_2O 的含量 $w(Na_2O+K_2O)$ 进行碱性系列划分。ECS 元素俘获谱测井可以得到地层连续的元素含量，如硅、钾和钠元素等，这就为应用测井曲线进行 TAS 分类提供了资料基础。需要注意的是，在钻井液矿化度和地层水矿化度低、井眼状况好时，利用 ECS 元素俘获谱可得到可靠的地层钾、钠以及地层硅元素的质量分数；在高矿化度的井眼和地层流体情况下，钾、钠元素的含量难以准确测量。

对大庆深层 15 口有 ECS 资料的井进行分析，并对各种成分火山岩岩性出现的频率进行统计，结果发现出现频率最高的基本岩性大致有 7 类，即玄武岩、粗安岩、英安岩、流纹岩、流纹质凝灰岩、熔结凝灰岩和火山角砾岩。将 ECS 资料分析得到的样本点投影到 TAS 图版上，得到如图 3-1-15 的分布。从图中可以看出，基性玄武岩（图中左部红色点）、中性粗安岩（图中中部粉红色点）在 TAS 图上有明显的分界，很容易识别；但酸性大类中的流纹岩、流纹质凝灰岩、熔结凝灰岩和火山角砾岩的点子在 TAS 图上却相互重叠（图中右部 4 种颜色点），难以区分，这就要用到下面介绍的基于元素俘获能谱和成像结构刻度的三维岩性识别方法。

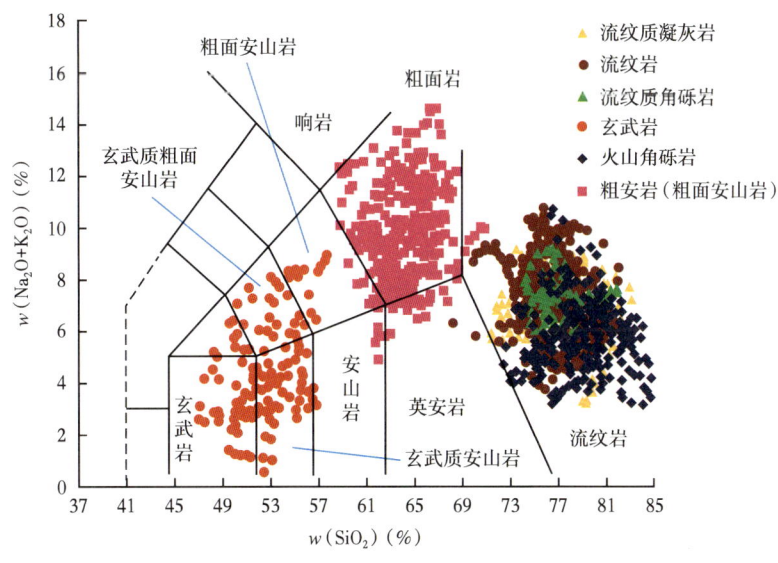

图 3-1-15 TAS 图岩性分类

5. 三维岩性识别方法

在复杂储层中，单独采用 TAS 图版法岩性识别面临挑战。通过研究，提出了以 TAS

图版为基础,结合成像测井等其他测井技术在三维空间进行岩性识别的方法。在利用二维 TAS 图划分岩性大类的基础上,增加第三维由成像测井拾取的岩石结构信息,在立体空间进行岩性识别。

火山岩岩性很多以岩石结构命名,如火山角砾岩即具有角砾结构的火山岩。根据前面介绍的成像测井火山岩典型结构特征,可以有效识别火山岩岩石结构。以大庆深层火山岩为例,从 FMI 图上截取了几百个典型火山岩结构图片,建立了结构图像数据库,其中最典型的 4 种结构如图 3-1-16 所示。

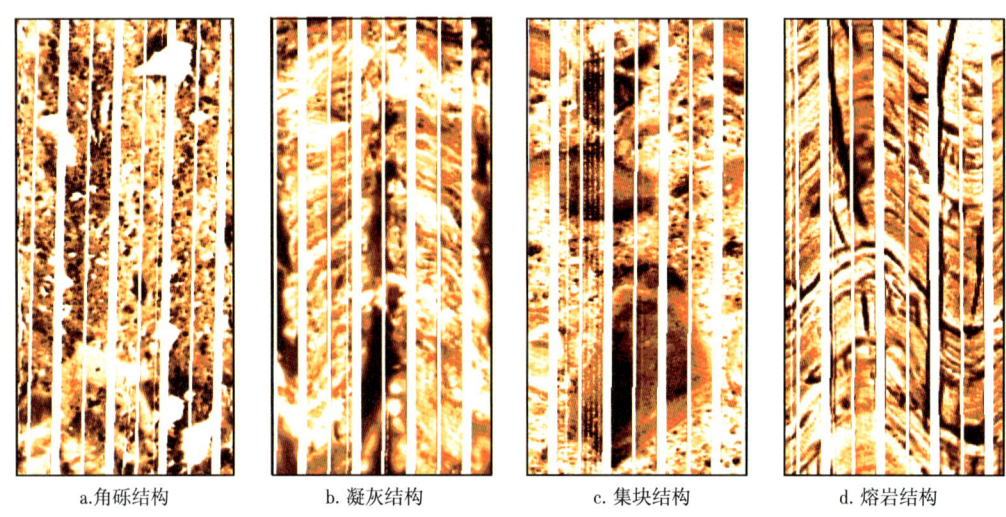

a. 角砾结构　　b. 凝灰结构　　c. 集块结构　　d. 熔岩结构

图 3-1-16　大庆深层火山岩典型结构特征

基于元素俘获能谱和成像结构刻度的三维岩性识别的基本思路是:在二维 TAS 图(图 3-1-15)上增加一个 Z 坐标(图 3-1-17a),并用图 3-1-16 的火山岩结构图像对其进行刻度,如图 3-1-17b、c 所示,就可以比较准确地对火山岩大类进行细化。

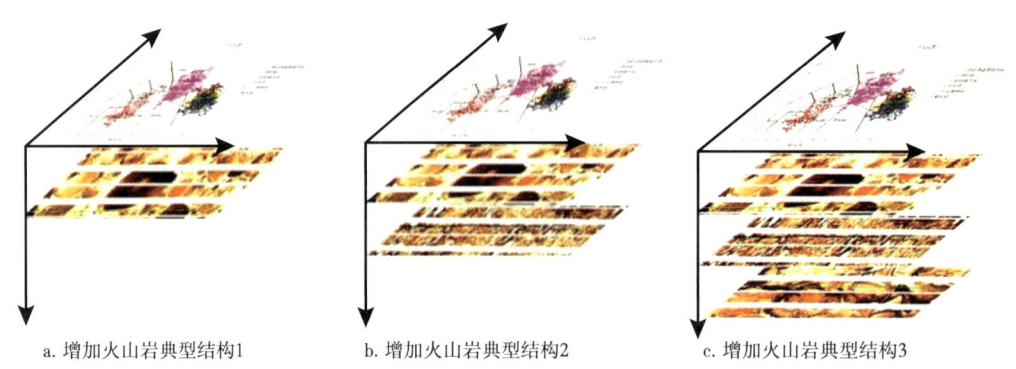

a. 增加火山岩典型结构1　　b. 增加火山岩典型结构2　　c. 增加火山岩典型结构3

图 3-1-17　三维 TAS 岩性分类基本思路

图 3-1-17 的实质是利用火山岩结构把 TAS 图上酸性大类中相互重叠的流纹岩、流纹质凝灰岩、熔结凝灰岩和火山角砾岩在三维空间上拉开距离,使之达到图 3-1-18c 的视觉效果:从 TAS 图的正面看过去,酸性大类中的流纹岩、流纹质凝灰岩、熔结凝灰岩和火山角砾岩相互重叠,不能区分;将经过火山岩结构图像刻度后的三维 TAS 图旋转一

个角度（图 3-1-18b），酸性大类中原来重叠的几种岩性开始拉开距离；再将三维 TAS 图进一步旋转到如图 3-1-18c 所示的角度，酸性大类中重叠的岩性完全分开了。

这一过程的实质是通过增加一维空间将多因素影响单一化。这样就建立了基于元素俘获能谱和成像结构刻度的空间三维岩性识别技术，即利用 ECS 资料和 FMI 图像进行识别火山岩岩性的新方法。

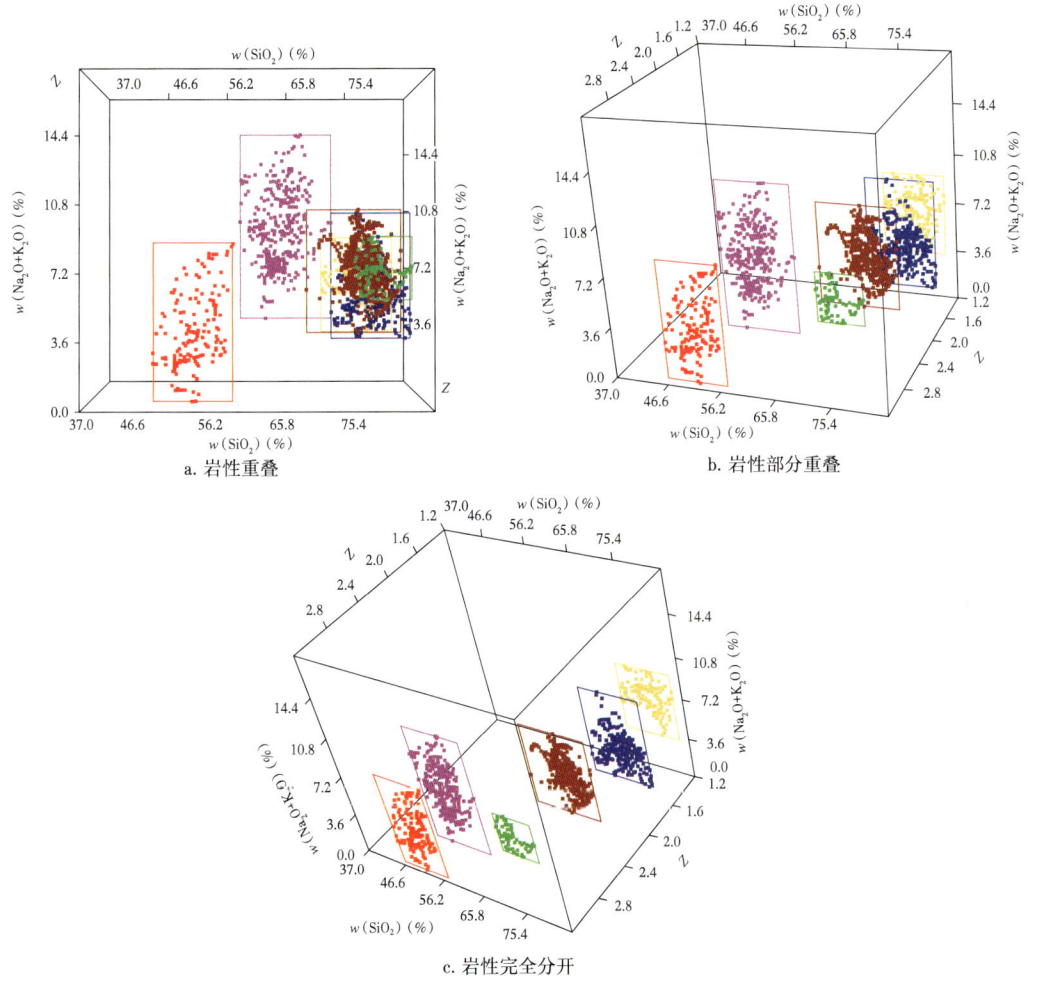

图 3-1-18　三维 TAS 岩性分类的实现

第二节　储集空间分类

储集空间是岩石内储存流体的空隙，也称孔隙，是储层形成的必备要素。储集空间类型及发育情况不仅影响储层的储集性能，而且对储层的地球物理测井响应具有重要影响，因此储集空间评价是储层测井评价的重要内容之一。本节首先介绍碎屑岩储层、碳酸盐岩储层等典型储层储集空间的主要类型，然后介绍不同类型储层空间的测井响应特征。

一、储集空间类型

储集空间有不同的分类方法：按照尺寸、形状可以分为孔隙、孔洞、洞穴和裂缝等；按照成因可以分为原生孔隙、次生孔隙。不同类型储层储集空间类型和特征既具有相似性，也具有差异性。下面重点介绍砂岩和碳酸盐岩这两类典型储层孔隙空间类型。

1. 砂岩储层主要孔隙类型

砂岩储层孔隙类型按成因可以分为原生和次生两大类，根据岩石组构可对储集空间进一步细分。原生孔隙是岩石沉积过程中形成的孔隙，没有遭受过溶蚀或胶结等成岩作用，主要有粒间孔隙、基质内微孔隙、矿物节理缝、纹理及层理缝等。次生孔隙是岩石经成岩作用改造后形成的孔隙，最主要的是溶蚀孔隙，还有少数交代作用和胶结作用形成的晶间孔隙。次生孔隙除少数具有原沉积物的组构特征外，绝大部分为非组构型孔隙。

（1）原生残余粒间孔：颗粒之间相互支撑形成粒间孔隙，未被充填也没有受到溶蚀，是较理想的一类储集空间。

（2）次生溶蚀孔隙：溶蚀孔隙是由黏土杂基、凝灰质等可溶组分溶解形成。溶解性比较差的硅酸盐和其他矿物，早期可被易溶矿物交代，然后被溶解，产生次生溶蚀孔隙。可溶组分可以是碎屑颗粒、自生矿物胶结物或者交代矿物。高岭石晶间孔也是一种重要的次生孔隙类型。

（3）微裂缝：在砂岩储层中，由构造应力和收缩作用形成微裂缝，它对储层的孔隙度影响小，但由于能起到沟通作用并且沿裂缝发生溶蚀，对储层渗透率有较大的贡献，可以改善储层物性。

随着油气勘探的发展，致密砂岩已经成为国内外重要的油气勘探对象。相对于常规砂岩储层而言，致密砂岩储层物性差，孔隙类型多，结构更为复杂。图3-2-1是塔里木盆地巴什基奇克组储层储集空间类型。巴什基奇克组经历的构造期次多，深埋导致成岩演化程度较高，储层致密化严重，储层孔隙类型多样，极不规则，大小相差悬殊，孔径分布不均匀，孔喉类型多样但均较细小，孔隙连通性差，主要的储集空间类型包括原生粒间孔、粒内溶孔、黏土微孔隙以及微裂缝。铸体薄片及扫描电镜观察表明，由于特殊的成岩背景而保留的原生粒间孔隙，一般呈弧面三角形或者不规则多边形状（图3-2-1a、b），长石和岩屑溶蚀形成的粒内、粒间孔隙也是储层重要的储集空间，镜下可见到众多的长石和岩屑溶蚀形成的粒内孔隙（图3-2-1b），甚至可溶蚀形成铸模孔（图3-2-1c）。黏土矿物（伊利石和伊/蒙混层）晶间孔数目较多（图3-2-1d），但其孔径及喉道半径较小，对储层储集和渗流性能意义不大。而由破裂作用而形成的微裂缝能一定程度上增加储层储集空间和改善其渗流性能。

2. 碳酸盐岩储层主要孔隙类型

碳酸盐岩储层孔隙类型按成因也分为原生和次生两类，其中原生孔隙主要有粒间孔、粒内孔、粒（晶）间微孔隙、层理缝、生物格架孔等类型；次生孔隙主要包括粒间溶孔、粒内溶孔、晶间溶孔、晶内溶孔、溶缝、溶洞孔隙等类型。次生孔隙的发育程度对碳酸盐岩储层的物性具有显著影响。在测井评价中，通常根据孔隙尺寸和形态将碳酸盐岩储集空间分为孔隙、洞穴、裂缝三大类（中国石油勘探与生产分公司，2009）。

a. Keshen2-1-5井，6714.35m

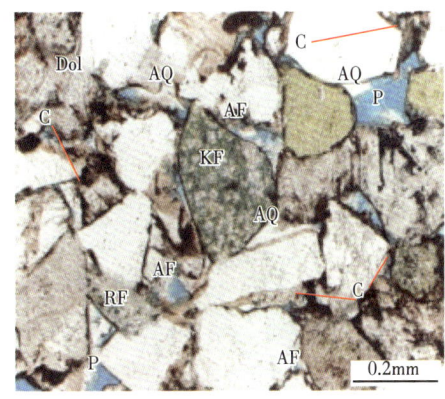
b. Keshen2-2-8井，6723.86m

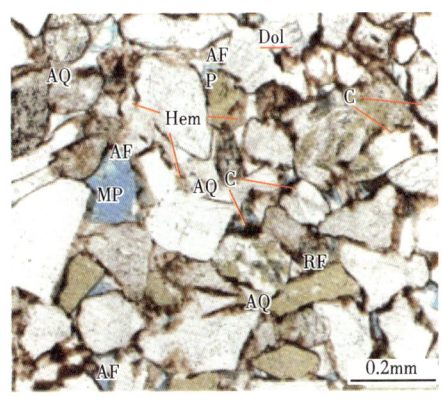
c. Keshen2-1-5井，6739.26m

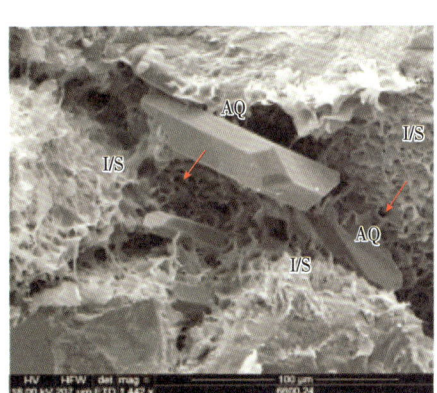
d. Keshen208井，6600.24m

图 3-2-1　巴什基奇克组储层储集空间类型（据赖锦等，2015）

1）孔隙

孔隙通常指直径小于 2mm 的空隙。根据成因，碳酸盐岩孔隙大致分为以下几种类型：

（1）粒间孔：多存在于粒屑灰岩，特征与砂岩相似，不同之处是，易受成岩后生作用的影响，常具有较高的孔隙度。在较大的生物壳体、碎片或其他颗粒遮蔽之下形成的遮蔽孔隙，也属粒间孔隙。颗粒间未胶结的原生孔隙，呈不规则楔形，常分布在颗粒云岩及鲕粒灰岩中，连通性较好，可形成工业油气产层。

（2）晶间孔：碳酸盐晶体之间形成的孔隙，主要由重结晶作用形成，因而孔隙往往比较规则。如鄂尔多斯盆地奥陶系中组合储集空间类型主要为白云石晶间孔。碳酸盐岩储层岩石中的白云石晶体通常具有较好的自形度，多由半自形—自形白云石晶粒构成，晶粒支架构成的晶间孔多为多面体或三角形几何形态，孔壁平直光滑，孔径大小一般为 10~50μm，面孔率为 1%~5%，少数可达 10% 以上（图 3-2-2）。

（3）粒内孔：即颗粒内部的孔隙，是沉积前颗粒在生长过程中形成的，主要有生物体腔孔隙、鲕内孔隙两种。生物体腔孔隙为生物体内未被灰泥充填或部分充填而保留下来的空间，多存在于生物灰岩中，孔隙度很高，但必须与粒间或其他孔隙连通才有效；鲕内孔隙是原始鲕的核心形成气泡所致。

图 3-2-2 白云岩晶间孔特征

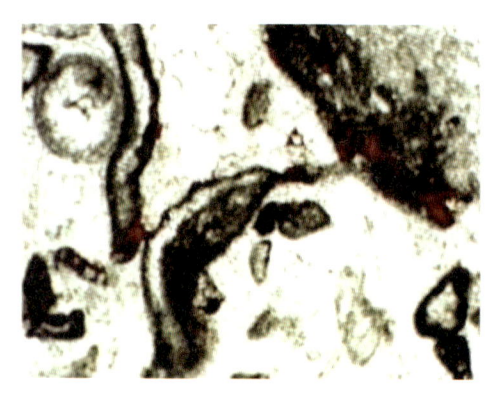

图 3-2-3 粒内溶孔特征

（4）生物骨架孔隙：由生物造礁活动而形成的骨架空间。这种空间在没有或局部充填的情况下，往往形成大量孔隙。

（5）角砾孔隙：由断裂作用形成角砾状破裂而造成孔隙。其成因不一，所形成的角砾孔隙形状和大小均各不相同，差异很大。

（6）粒内溶孔或溶模孔：因选择性溶解作用而部分被溶解掉所形成的孔隙，称粒内溶孔；整个颗粒被溶掉而保留原颗粒形态的孔隙称溶模孔。粒内溶孔是鲕滩储层主要孔隙空间，由鲕粒内选择性溶蚀而成，鲕粒原生结构已被破坏，多以负鲕或残余鲕形式出现，连通性好，可形成工业油气产层。图 3-2-3 是典型粒内溶孔薄片图像。

（7）粒间溶孔：胶结物或杂基被溶解而形成，主要出现在亮晶颗粒灰岩、鲕粒、砂屑云岩的颗粒中，是铸体薄片中出现频率最高的一种储集空间类型，孔径大小一般为 0.1~1.5mm，连通性好，可形成工业油气产层。图 3-2-4 是典型粒间溶孔特征。粒间溶孔是礁滩型储层主要孔隙空间类型，在四川龙岗地区（寒武系龙王庙组、震旦系灯影组）及塔里木盆地塔中地区广泛分布。

（8）晶间溶孔：在晶间孔的基础上经过淡水溶蚀扩大或碳酸盐等矿物发生选择性溶解所致。在镜下，常见白云石晶体被溶蚀成港湾状，孔隙形态呈不规则状，孔径大小一般为 30~200μm，分布不均，且大小悬殊。图 3-2-5 是典型的晶间溶孔特征。晶间溶孔发育程度取决于岩石结构及其被溶蚀的强度，通常细晶白云岩较泥晶和粗晶白云岩的晶间溶孔更为发育。

2）洞穴

洞穴指直径大于 2mm 的空隙，根据直径的大小可进一步分为小洞、中洞和大洞，其中直径在 2~5mm 之间的为小洞，直径在 5~10mm 之间的为中洞，直径大于 10mm 的为大洞。

图 3-2-4　粒间溶孔特征

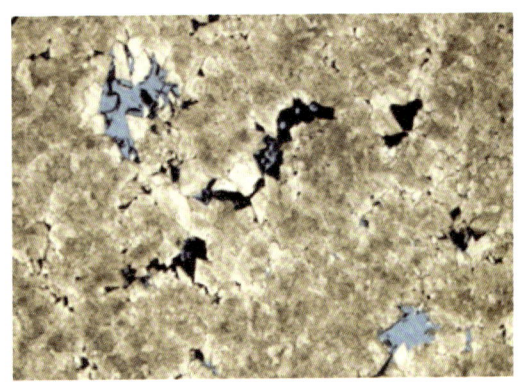
图 3-2-5　晶间溶孔特征

孔洞是由各种溶蚀现象进一步扩大或与不整合面淋滤溶解有关的岩溶带形成的空隙。孔径小于 5mm 为溶孔，图 3-2-6 是典型的溶孔特征。溶蚀孔、缝继续溶蚀扩大，孔径大于 5mm 则为溶洞，图 3-2-7 是典型的溶洞特征。根据溶蚀方向不同，溶洞可分为孔隙型溶洞和裂缝型溶洞。孔隙型溶洞是溶蚀的孔隙继续溶蚀扩大而成，由于溶洞之间无明显的孔隙空间沟通，因而连通较差。裂缝型溶洞是沿裂缝局部溶蚀扩大形成的，呈串珠状分布，连通性较好。

图 3-2-6　溶孔特征

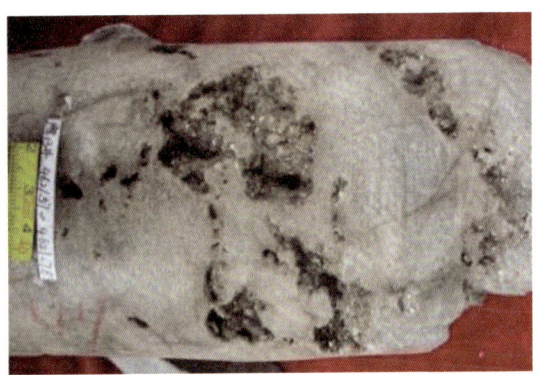
图 3-2-7　溶洞特征

3）裂缝

裂缝是指岩石因失去内聚力而发生的各种破裂或断裂面，是碳酸盐岩储层重要的地质特征。裂缝不仅控制着溶孔、溶洞的发育情况，而且可沟通孔、洞、缝，形成良好的渗流通道，对油气运移和产能都有重要影响。裂缝的分类方法很多，如可以从成因、产状、充填情况和张开度大小等不同角度对裂缝进行分类。

从成因上，裂缝可以分为构造缝、溶蚀缝和成岩缝等。构造缝与区域构造活动及断裂活动有关。溶蚀缝主要与古岩溶作用有关，宽度较大，可达 0.2~5.0mm。成岩缝主要为缝合线，是压溶作用的产物。缝合线形成于埋藏早中期，在泥晶灰岩、含泥质条带或条纹的泥晶灰岩以及生屑灰岩中最发育，通常沿缝合线还可发生白云石化及扩溶现象。

从产状上，裂缝可分为高角度裂缝、斜交裂缝和低角度裂缝。高角度裂缝倾角大于 75°，低角度裂缝倾角小于 15°，斜交裂缝倾角介于上述两类裂缝之间。

根据张开度的大小，裂缝可以分为微裂缝、中等裂缝和粗大裂缝，其中微裂缝张开度小于 0.15mm，粗大裂缝张开度大于 2mm，中等裂缝张开度介于上述二者。图 3-2-8 是镜下薄片典型微裂缝及岩心网状裂缝。

与碎屑岩储层相比较，碳酸盐岩储层具有储集空间类型多、尺寸变化大、空间分布复杂性和非均匀性强等特点。表 3-2-1 是碳酸盐岩与砂岩储集特征的对比表。由该表可知，碳酸盐岩储层在孔隙的类型、成因、分布、变化等各方面都比碎屑岩储层更为复杂多样。两者的主要差别有以下几点：

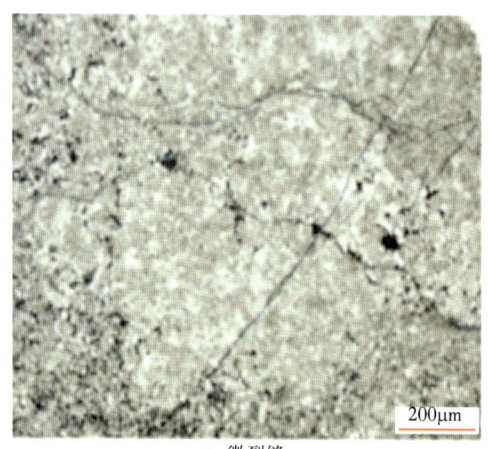
a. 微裂缝

b. 网状裂缝

图 3-2-8　微裂缝及岩心网状裂缝特征

（1）碳酸盐岩储集空间大小和形状有很大变化，其原始孔隙度很大而最终孔隙度一般很小。原生储集空间与岩石类型、结构、构造、灰泥成分及生物发育程度等有重要关系，而次生孔隙（如裂缝）则受沉积后生作用（压实作用、压溶作用等）及构造作用的控制，并可超越岩性和颗粒的限制，即使在相当于页岩的微晶灰岩中也能发育次生孔隙（如裂缝）而使其具有渗透性。因而碳酸盐岩的储集空间较砂岩复杂得多。

（2）碳酸盐岩储集空间的分布与岩石结构的关系可有很大变化，可由完全依属关系（如粒间孔隙、晶间孔隙和生物骨架孔隙等），直到毫无关系（如溶孔、溶洞、裂缝等）。因此，碳酸盐岩不但可形成相对较薄的层状油藏，也可形成巨厚的、油藏高度达几百米的块状油气藏。

（3）碳酸盐岩储集空间类型多样，且后生作用复杂，有孔隙型、溶洞型及裂缝型，三者一般都不是孤立存在的，而是密切相关的。岩石从沉积时起，经历成岩作用、后生作用等对储集空间的改造，具有晶粒—粒间孔隙的岩石可形成溶洞或裂缝，裂缝可形成溶洞等，可使原有的孔隙空间系统被改造得面目全非。实践表明，未经次生改造而只具原生孔隙的碳酸盐岩，很难成为良好的储层。但它经过构造作用产生裂缝，通过地下水淋滤、溶蚀和成分交代等作用，使有效孔隙度和渗透性得到改善，形成孔、洞与缝的复合孔隙空间系统，才能成为良好的储层。

（4）碳酸盐岩的孔隙度大小主要反映了孔隙的容积性质，一般与渗透率无明显相关关系，这是因为碳酸盐岩孔隙空间的形状和分布变化很大，渗透率与孔隙度之间的相关性较差。

表 3-2-1 砂岩和碳酸盐岩孔隙的比较（据雍世和等，2007）

比较项目	砂岩	碳酸盐岩
沉积物原始孔隙度	一般为 25%~40%	一般为 40%~70%
岩石最终孔隙度	一般为原始孔隙度的一半或更多，数值多为 15%~30%	常常只是原始孔隙度的很小一部分或近于零，储层一般为 5%~15%
原始孔隙类型	几乎只有粒间孔隙	粒间孔隙居多，但粒内孔隙和其他孔隙也重要
最终孔隙类型	几乎只有原生的粒间孔隙	成岩作用后变化很大
孔隙大小	孔隙直径和孔道大小基本上与颗粒大小和分选作用有关	孔隙直径和孔道大小一般与沉积颗粒大小和分选作用关系很小
孔隙形状	受颗粒形状强烈影响	变化极大
孔隙大小、形状和分布的均匀性	在均匀岩石内一般完全是均匀的	可变的，即使在单一类型的岩石内，也可从十分均匀到完全不均匀
成岩作用的影响	很小，由于压实和胶结作用，原始孔隙度略有减小	很大，可使孔隙形成、消失或完全变形，胶结和溶解作用有重要影响
裂缝作用的影响	对储层特点没有重大影响	如果有裂缝，对储层特点有重大影响
目估孔隙性和渗透性	半定量的目估一般比较容易	一般需要对孔隙度、渗透率和毛管压力进行实验测量
储层评价对岩心分析的要求	岩心长 1in（2.54cm），直径要能反映骨架孔隙度	孔隙性储层可作岩心分析，但对有大孔的岩石，即使直径 3in（7.62cm）的岩心也不够
渗透率与孔隙度的关系	相关性好，一般决定于孔隙大小和分选程度	变化很大，一般与颗粒大小和分选程度无关

3. 页岩油储层

非常规油气已成为中国油气增储上产最重要的主体资源之一。由于非常规油气涉及面较广，且随着勘探开发研究的不断深入，其内涵也在不断变化，这里仅讨论页岩油这一类重要非常规储层的孔隙特征。

页岩油是典型的源储一体、滞留聚集，储层孔隙空间以微米—纳米级基质孔、页理缝为主，其中，基质孔包括原生粒间孔、有机孔、有机缝和黏土矿物晶间孔等。与碎屑岩、碳酸盐岩等常规储层不同，有机质孔隙是页岩储层特殊的孔隙类型（据孙龙德等，2023）。以松辽盆地青一段为例，根据场发射扫描电镜分析结果，储层的孔隙类型可进一步分为残余粒间孔、颗粒溶孔、有机质孔、页理缝和黏土矿物晶间孔 5 种类型

（图 2-2-9），其孔径依次减小。进一步分析不同矿物纹层的孔隙占比和孔径大小表明，长英质纹层以残余粒间孔、溶蚀微孔为主，等效孔径主体为 100~600nm，而有机质孔占比一般小于 10% 且以小于 100nm 孔为主。除基质孔外，页岩页理缝极其发育，受页理控制的纳米级孔缝体系大大改善了储层物性特征，但对这些微米—纳米级孔隙结构及孔隙空间准确评价的难度极大。

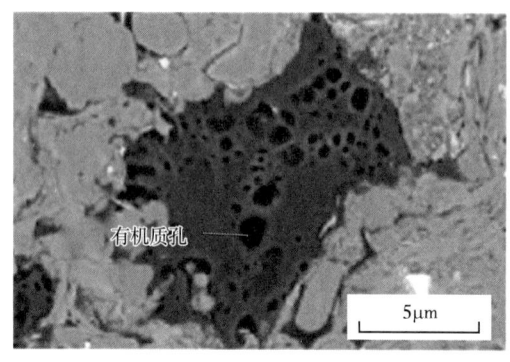
a. 有机质孔

b. 黏土晶间孔

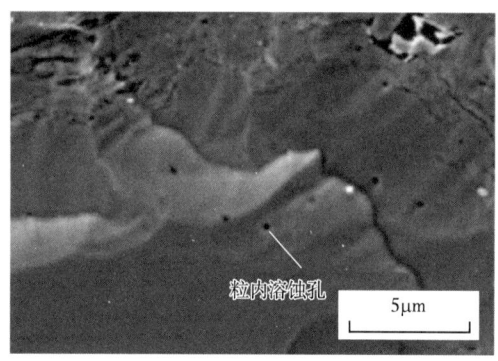
c. 粒间溶蚀孔

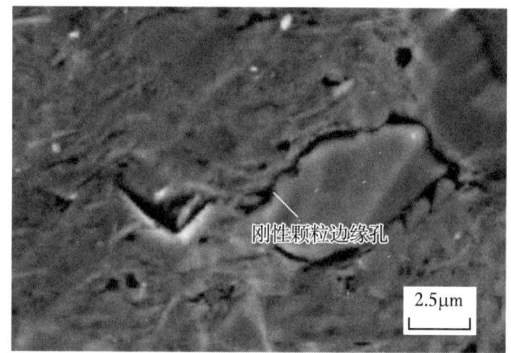
d. 颗粒边缘孔

图 3-2-9 松辽盆地青山口组页岩孔隙类型

二、不同储集空间的测井响应

1. 孔喉的测井响应

在分析储层的孔隙特征时，常常提到孔与喉的概念。孔指的是孔隙空间中相对较大的部分，也称孔隙体；喉指的是孔隙与孔隙之间相互连接通道，也称喉道。在一般情况下，孔喉在测井曲线上的响应是易于识别的，因为通常它们具有以下的特征：

（1）曲线形态表现为圆滑的"U"形，如电阻率呈"U"形降低，这与裂缝发育段的尖刺电阻率起伏形成强烈的反差；

（2）测井数值表现为"三高两低"，即时差、电磁波传播时间、中子孔隙度高，电阻率和岩石体积密度低。

需要指出的是，由于碳酸盐岩储层孔、喉多受到次生改造的作用，其大小、形状、分布变化大，势必给测井响应带来一定的影响，故上述特征会发生程度不同的变化。岩心分析资料与实际测井曲线对比表明，孔喉分布越均匀，形状越趋于球形，孔径小而均匀，那么上述典型特征越明显；反之各种测井响应将呈现与上述特征不一样的变化。

孔隙型储层的常规测井三孔隙度曲线通常显示具有较高的孔隙度，具有低自然伽马、较低电阻率值特征，三孔隙度曲线形态变化具有一致性。尽管全井眼井壁电阻率扫描成像测井仪可以准确获得井下地层的结构、岩性、裂缝及断裂等特征，但由于孔喉尺寸相对较小，因此通常情况下电成像对孔隙特征的反映较差。然而，当孔隙发育或者孔隙尺寸较大时，成像测井对孔喉也具有一定的分辨能力。如图3-2-10所示，成像测井静态图为浅褐—亮黄色，动态图像上显示细小暗色斑点发育，且近似呈层状分布，偶可见孤立溶孔引起的暗斑或裂缝引起的暗色正弦曲线。

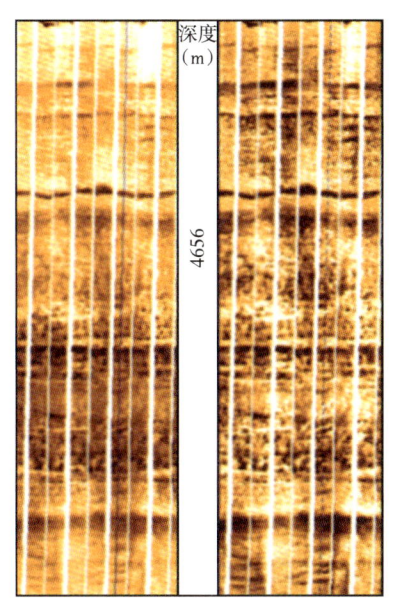

图3-2-10　孔隙型储层成像测井及岩心特征

2. 裂缝的测井响应

裂缝对地层电性、声波和放射性等物理参数测量均有影响，因此利用上述参数的测井响应特征可以评价地层裂缝发育特征。

1）电阻率测井

侧向、感应、微电阻率及电成像测井对裂缝均有响应。裂缝在电阻率测井曲线/图像上的响应特征与裂缝参数（倾角、宽度、长度等）、充填物（胶结物、钻井液滤液、地层流体等）以及钻井液侵入深度等因素有关。

由地层、井眼及裂缝网络组成的导电系统的俯视图（从井口向井底方向观看）如图3-2-11所示。这里假定裂缝与井轴

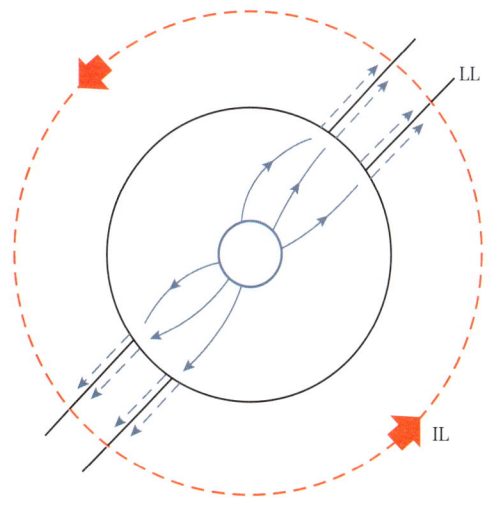

图3-2-11　垂直裂缝系统导电示意图
LL—侧向测井电流方向；IL—感应测井电流方向

大致平行（高角度裂缝），且裂缝内充填有导电流体。在这种情况下，由于感应测井的测量电路与裂缝部分是串联的，而这串联的很小一部分电阻可以忽略不计，所以感应测井基本上不受垂直裂缝的影响。电极型仪器将强烈地受垂直裂缝的影响，这是因为这样的裂缝实际上提供了低阻通道（并联）。所以在垂直裂缝发育的情况下，侧向测井的电阻率比感应测井的电阻率低。又因为垂直裂缝的有效导电截面在径向上不变，而孔隙的导电截面在径向上是逐渐增大的，所以在浅侧向探测范围内，裂缝与孔隙的有效导电截面之比远比深侧向要大。在 $R_{mf} \approx R_w$ 时，常观察到 R_{LLD} 与 R_{LLS} 的比值为1.5~2；在 $R_{mf} < R_w$ 时，会有 R_{LLS} 远小于 R_{LLD}；在 R_{mf} 大于原状地层混合流体的电阻率时，R_{LLS} 与 R_{LLD} 的幅度差很小，有时甚至出现 $R_{LLS} > R_{LLD}$（雍世和等，2002）。

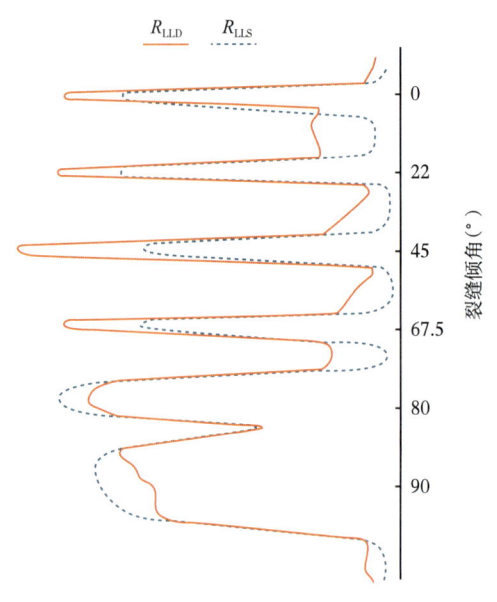

图 3-2-12 裂缝倾斜角度与双侧向电阻率关系实验曲线（四川）

感应测井强烈地受水平裂缝的影响，因为水平裂缝实际上与感应测井的电流并联，与裂缝周围的电阻率相比，裂缝电阻率是很低的。水平裂缝使侧向测井的电流聚焦作用加强，测量的电阻率降低。

为了考察裂缝倾角对电阻率测井的影响规律，四川石油管理局开展了不同裂缝倾角下电阻率实验研究，实验测量结果（图 3-2-12）表明：当裂缝倾斜角度为45°时，双侧向测井的测量结果呈最大负差异（深侧向电阻率小于浅侧向电阻率称负差异）；当裂缝角度为90°时，为最大正差异（深侧向电阻率大于浅侧向电阻率称正差异）。

图 3-2-13 是柴达木盆地某井裂缝性基岩双侧向测井识别实例。可以看出，该井5020~5045m 裂缝发育，其中上部裂缝发育程度更高，裂缝倾角上部为20°~60°，下部为60°~80°。从深浅侧向测井可以看出，上部低角度裂缝呈现负差异，下部高角度裂缝呈现正差异。上部裂缝发育程度大于下部，导致上部负差异幅度远大于下部正差异幅度。在部分裂缝不发育层段，深浅侧向基本重合。裂缝引起的双侧向响应与图 3-2-12 所示的理论研究结果一致。

微电阻率测井（微球形聚焦测井、邻近侧向测井等）为极板型仪器，只有当极板紧贴裂缝时才能反映出裂缝。裂缝方向上往往因扩径而形成椭圆井眼，这大大增加了微电阻率测井探测裂缝的机会。微电阻率测井的探测深度浅，只要出现裂缝其导电性将呈现明显变化，所以裂缝对微电阻率测井的影响非常显著。此外，由于微电阻率测井贴井壁测量，而地层通常具有非均质性，因此其测井响应具有明显的方向性。

2）电成像

电成像测井凭借高分辨率图像优势已成为井壁裂缝识别的主要手段。电成像测井识别裂缝的基本原理是：当测量电极经过裂缝所在区域，由于裂缝被容易导电的液体或高阻物质充填使其电阻率比周围基岩更低或更高，在电成像图像上呈现出暗黑色或亮色的线状特征。

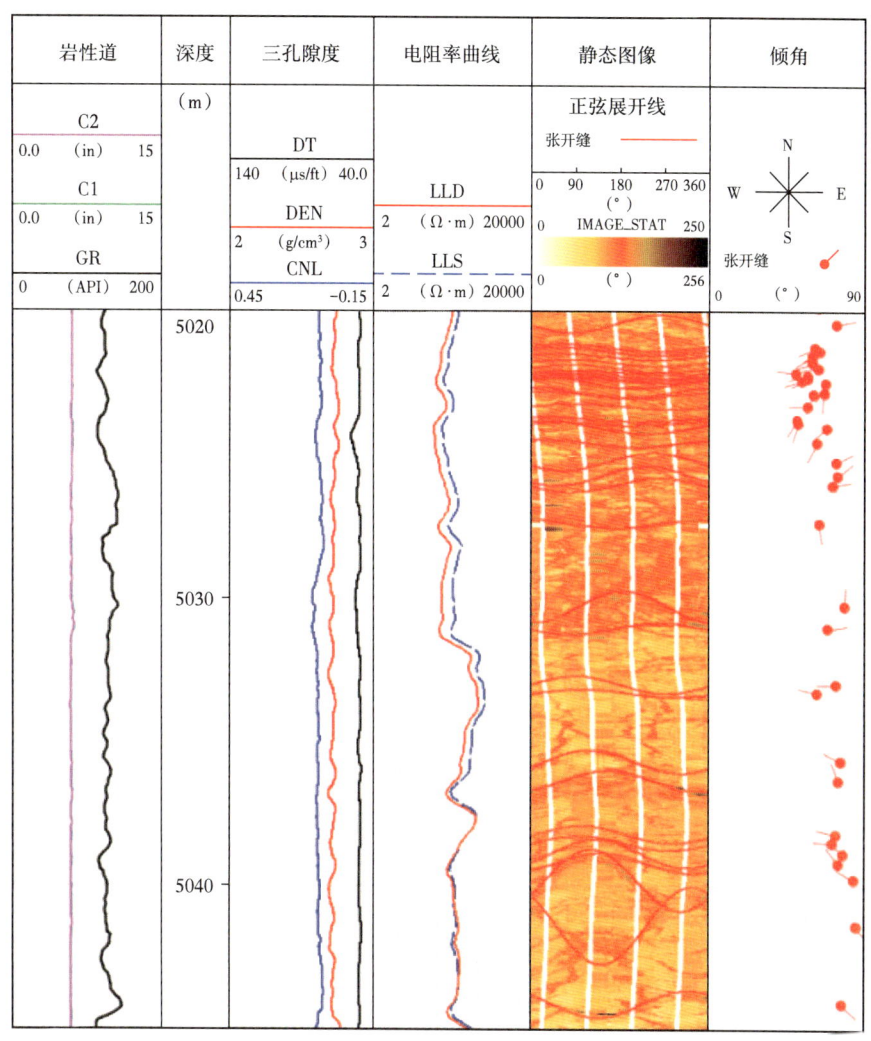

图 3-2-13 不同倾角裂缝对双侧向测井的影响

电成像测井图像识别的裂缝主要分为天然裂缝和诱导缝。天然裂缝一般由多期构造运动形成，受到沉降、皱褶作用和溶蚀影响，裂缝面通常不太规则，并且缝宽变化较大；而诱导缝是由钻井影响和原地层被钻开导致地层应力释放在井壁诱导产生的裂缝，因此诱导缝排列整齐，规律性强，缝宽变化不大，径向延伸小。

（1）天然裂缝。

按导电性划分，天然裂缝分为高导缝和高阻缝。高导缝一般为未充填其他物质的开启裂缝，在钻进过程中被钻井液侵入，电阻率比围岩小，成像图上呈暗色或黑色；而高阻缝一般是由于构造应力产生后充填胶结了其他矿物，在成像图上显示为浅色或亮黄色正弦线条。

按形状划分，天然裂缝分为高角度缝、斜交缝、低角度缝、水平缝、不规则网状缝五种类型，在成像图上表现出裂缝倾角大小不同的正弦线，同样也有黑色和浅色之分。网状不规则缝一般出现在碳酸盐岩中，因强烈的溶蚀作用所致。不同形状的高导缝见图 3-2-14。

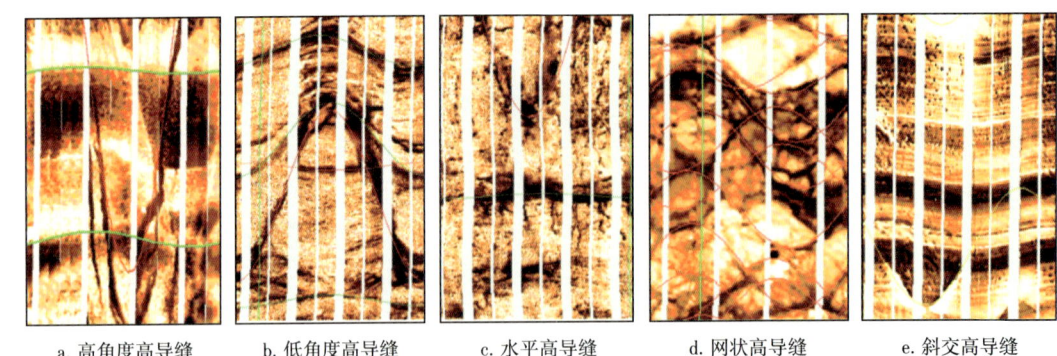

a. 高角度高导缝　　b. 低角度高导缝　　c. 水平高导缝　　d. 网状高导缝　　e. 斜交高导缝

图 3-2-14　天然裂缝的电成像图像显示特征

（2）诱导缝。

诱导缝一般分为雁状缝、压裂缝、应力释放缝。雁状缝是钻具震动导致的裂缝，缝宽很细微且延伸较短，呈雁状或羽毛状，如图 3-2-15a 所示；压裂缝是由高密度钻井液或不平衡的地应力导致的裂缝，径向延伸较短，但是张开度较大，纵向延伸较远，成像图像上呈 180°方位差对称排列的两条暗色竖线，如图 3-2-15b 所示；应力释放缝一般出现在致密的碳酸盐岩中，由没得到释放的古构造应力和现代构造应力释放产生，应力释放缝在井壁图像上清晰可辨，是一组接近平行、缝面规则的高角度裂缝，如图 3-2-14c 所示。

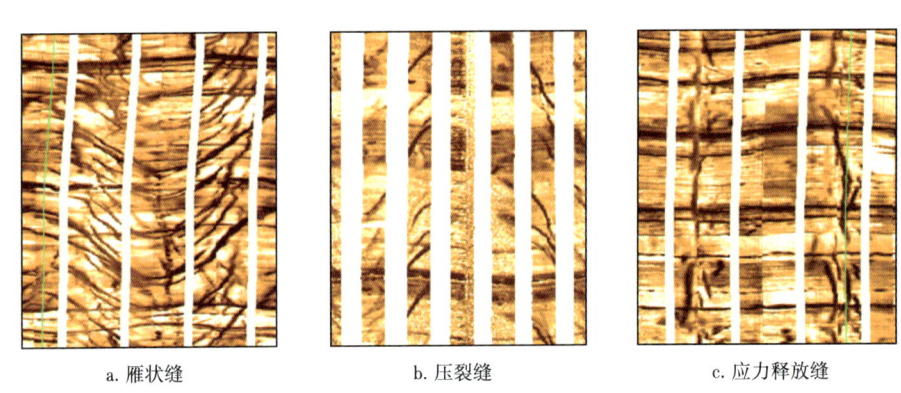

a. 雁状缝　　　　　　　b. 压裂缝　　　　　　　c. 应力释放缝

图 3-2-15　诱导缝的电成像图像显示特征

3）声波测井

（1）声波时差。

理论上讲，如果声波的最短传播路径没有经过裂缝，那么纵波的传播时差就不受影响，即纵波时差不能反映出垂直裂缝，更确切地说，不能反映出与井轴平行的裂缝。但是，实际裂缝系统是较复杂的，因绕射与反射将会使纵波幅度产生很大的衰减，以致不能检测到首波甚至以后的几个波峰，导致所谓的周波跳跃，即视声波时差增大。老式仪器一般能测出增大的时差值。新型的仪器能对周波跳跃进行检测并进行自动校正处理，这样就反映不出周波跳跃。

另一方面，横波时差比纵波时差更易受裂缝的影响，将横波时差与纵波时差进行对比，如果纵波时差不变而横波时差增大，就有可能是裂缝带。

（2）声波幅度。

当仪器通过裂缝带时，声波幅度一般下降。声波能量的传输系数是裂缝相对于声波传播方向的视倾角的函数。声波跨过裂缝时的能量传输在很大程度上取决于声波在裂缝界面处的模式转换系数，这是因为声波穿过裂缝时，必须在裂缝的第一界面处再转换回来。很明显，裂缝的倾斜是一个很重要的因素，裂缝倾斜角与幅度衰减的实验结果见图3-2-16。

由图3-2-16可见，裂缝倾角为35°~80°时，纵波幅度衰减很大，而横波幅度则严重地受低角度裂缝的影响。

图3-2-17是用纵波和横波幅度识别裂缝类型的一个实例。采用单发单收声幅测井仪记录岩石纵波与横波首波幅度。在A_1、A_2层，横波幅度无衰减，纵波幅度有衰减，反映有垂直裂缝；在B_1、B_2层，横波幅度有衰减，纵波幅度无衰减，反映有水平裂缝。

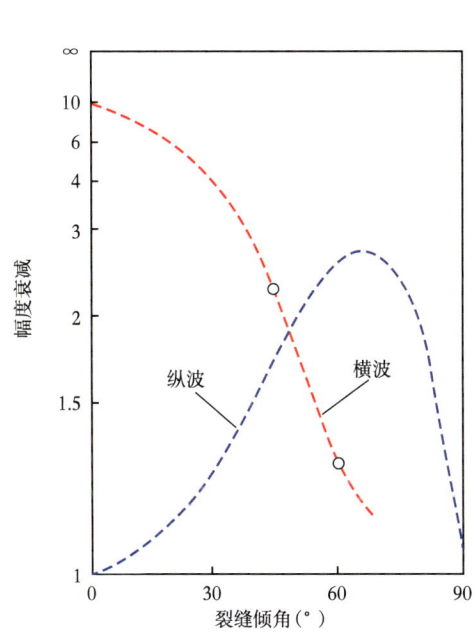

图3-2-16 裂缝倾角与声波幅度衰减关系

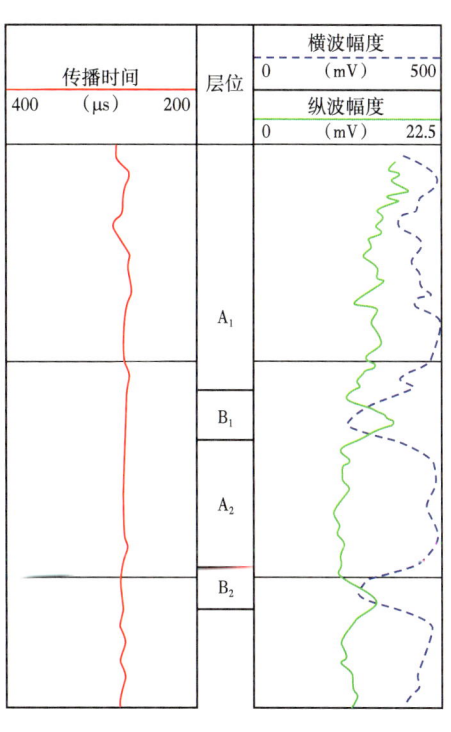

图3-2-17 纵波和横波在水平裂缝和垂直裂缝处的衰减情况

（3）斯通利波。

研究表明，斯通利波的能量（幅度）对裂缝十分灵敏，尤其当有流体在裂缝中流动，如钻井液滤液在裂缝中渗流时，会出现明显的幅度衰减。斯通利波实质上是一种管波，它在井筒中的传播类似于一个活塞的运动，会造成井壁在径向上的膨胀和收缩。如果有张开裂缝与井壁连通，斯通利波传播过程中将使井眼中的流体沿裂缝流动，从而消耗声场能量，斯通利波幅度衰减，其幅度衰减的程度与裂缝的张开度、倾角等因素有关。因此斯通利波幅度衰减是探测裂缝的一种有效方法。图3-2-18展示了斯通利波经过含裂缝储层时的幅度变化特征。

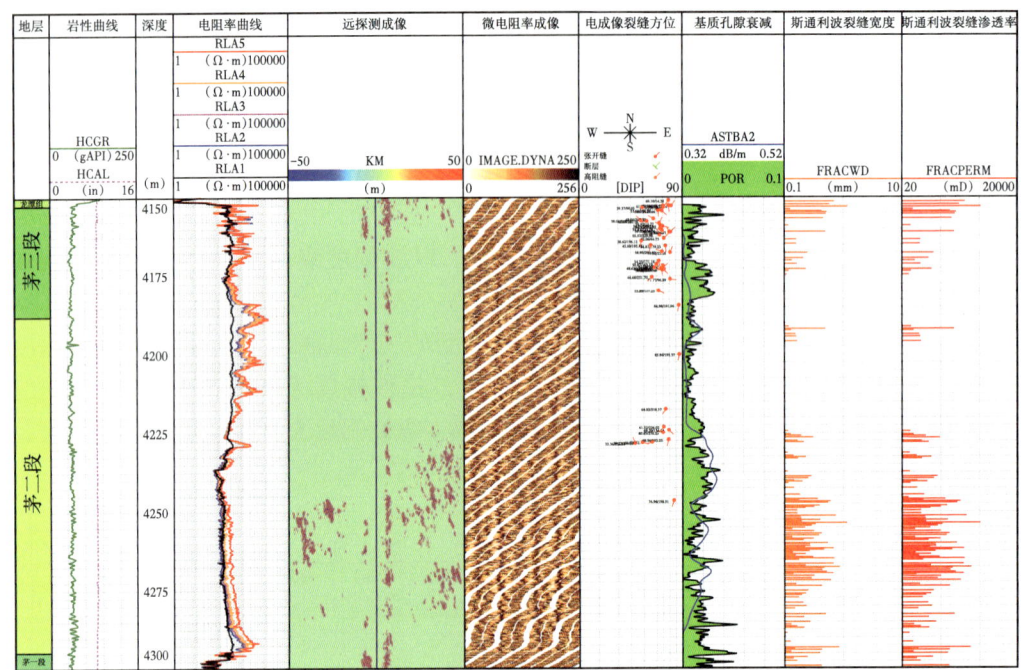

图 3-2-18 裂缝层段斯通利波幅度特征

利用斯通利波识别裂缝具有以下几个方面的优点：

①在快速地层中，斯通利波幅度比纵波、横波幅度均要高得多，这非常有利于斯通利波的提取及衰减幅度计算；

②斯通利波主要受井眼流体的影响，对岩性的变化不灵敏，因此，斯通利波反射信号最强的地方指示是一条张开裂缝的可能性最大，而不是层界面；

③由于斯通利波速度变化不大，所以对测量反射信号的处理比较容易。

如果能根据其他裸眼井资料的分析排除孔洞、硬度的变化及跨过地层界面等因素，那么就可以根据斯通利波的衰减来准确识别裂缝。

4）放射性测井

（1）自然伽马测井。

在某些地区，由于在裂缝层段地下水的活动性相对较强，地下水中溶解的铀元素被离析，并沉积在裂缝周围的壁上，造成铀元素富集。常规自然伽马测井与自然伽马能谱在裂缝带处显示出铀含量的增加。另外，在地下水活动不大的地区，裂缝性储层的自然伽马测井通常显示为低值。

（2）地层密度测井。

由于密度测井仪为极板型仪器，所以在两次测井中仪器探测的井壁方位可能不同。当密度仪探测器正好与张开裂缝相接触时，可能产生明显的低密度值。在使用重晶石钻井液的情况下，如井壁规则，则裂缝段的密度校正曲线将显示出比正常情况下更高的校正值（图 3-2-19），且密度值往往较低。但是，由于致密地层密度大，仪器的计数率低，统计涨落误差大，密度测井曲线的重复性差，而且密度仪器常受极板压力和井壁不规则的影响，这些因素都会影响用密度测井判断裂缝的效果。

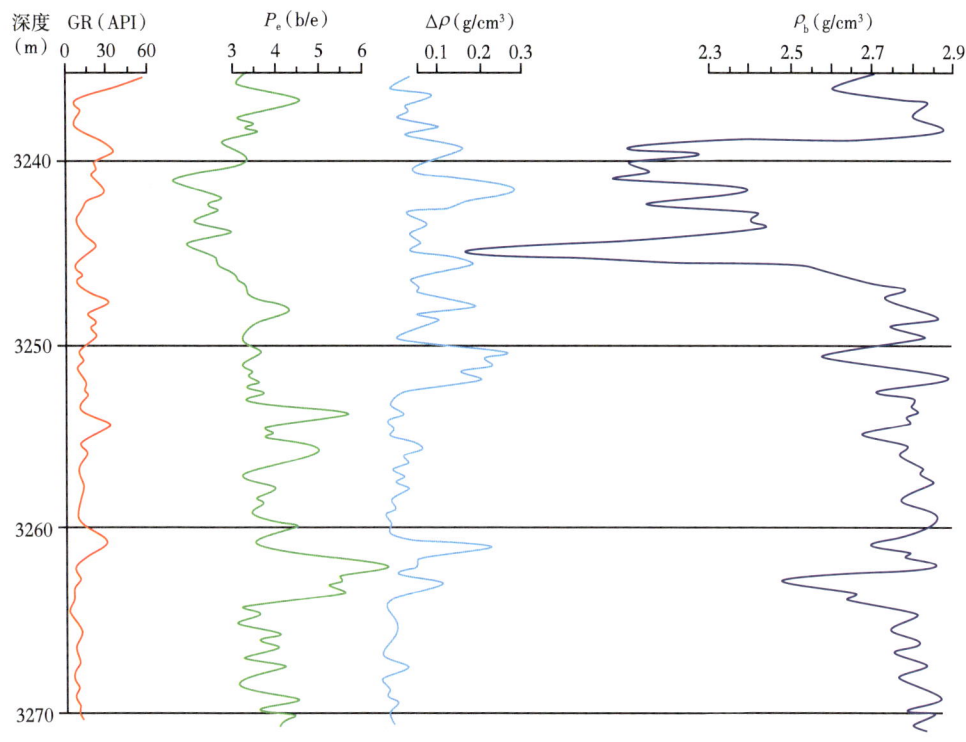

图 3-2-19 用密度、P_e 识别裂缝实例（使用重晶石钻井液）（任丘）

（3）光电吸收截面。

光电吸收截面 P_e 对孔隙度的变化不灵敏，在使用普通钻井液的情况下，P_e 值不能反映裂缝。然而，重晶石的 P_e 值极高，所以，如果使用重晶石钻井液，那么就可以探测钻井液侵入的裂缝。这一特性在估计裂缝孔隙度时是很有用的。

图 3-2-19 是用密度、P_e 识别裂缝的实例。在裂缝层段，钻井液侵入裂缝，重晶石的影响使 P_e 值明显增高，而密度值明显降低；密度校正值 $\Delta\rho$ 明显升高，为张开裂缝特征。

3. 洞穴的测井响应

1）双侧向测井

侧向测井电阻率一般不反映洞穴，但若洞穴与裂缝连通，则会造成电阻率明显降低。

2）声波时差

通常洞穴一般不会造成纵波时差增高，只有当井壁附近有分布十分均匀的小洞时，才能使时差增高。

3）中子孔隙度

凡在中子测井的探测范围内有洞穴存在，都将对中子孔隙度有贡献，尤其当洞中被高矿化度水充满时，将更为突出。

4）补偿密度

当密度测井仪极板正好靠在井壁附近具有洞穴的那一方，且在仪器探测范围内，则密度值下降，尤其当洞穴中充满天然气时，将更为剧烈；反之，如极板靠在洞穴的对面一侧，则密度测井不能反映洞穴。

5）成像测井

孔洞是油气重要的储集空间，尤其在碳酸盐岩和火成岩中，按其成因和大小分为溶孔、溶洞两大类。

溶孔在成像图上显示为较小的黑色斑点，一般是由碳酸盐岩沉积物遭受白云岩化作用，体积缩小形成的晶间孔，再经过溶蚀作用形成，见图 3-2-20a。

溶洞在成像图上显示为较大的黑色团块，除了与岩层的溶解度有关，还与裂缝、缝合线、层理等相关，具体分为孔成洞、缝成洞、层面与裂缝相交洞、层间洞等类型。

孔成洞：由粒间孔和晶间孔发育的碳酸盐岩受地下水溶蚀扩大形成，图像上呈星点状或蜂窝状分布，一般出现在白云岩或厚层泥晶灰岩中，见图 3-2-20a 顶部。

缝成洞：在泥晶灰岩或豹斑灰岩中，地下水沿高导裂缝流动时，进行选择性溶蚀而形成，见图 3-2-20b。

层面与裂缝相交洞：薄层石灰岩层理发育，在层理面与裂缝相交处，岩层与地下流体的接触面加大，岩层更易受溶解成洞，见图 3-2-20c 中显示的黑色串珠状溶洞。

层间洞：地下水流经岩层层间裂缝或者顺着层的缝合线，由于选择溶蚀将形成层间洞，在成像图像上呈黑色团块沿层分布，大小不一，形状不规则，受岩性和周围裂缝控制，见图 3-2-20d。

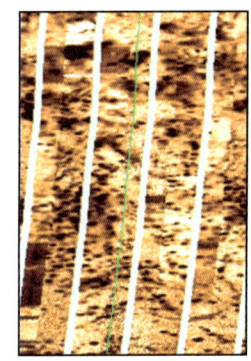 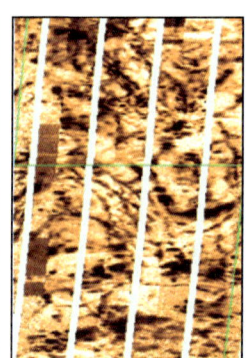  

a. 溶孔　　　　b. 低角度高导缝成洞　　　　c. 裂缝与层面相交洞　　　　d. 层间洞

图 3-2-20　孔洞的电成像图像显示特征

第三节　流体类型判别

储层流体类型判别是测井定性评价中最关键的内容，但同时面临的挑战也最大。尽管流体性质识别基本的指导思想是从测井曲线的差异中去除岩性、物性的影响，凸显不同流体类型、不同流体饱和度下的测井特征，但不同储层类型、流体对不同测井曲线的敏感性、影响幅度等均存在差异，因此，具体的流体识别方法和技术必然存在差异。测井解释评价技术经过多年的发展，已经形成了低孔低渗储层、低阻储层、火山岩储层、碳酸盐岩储层、非常规储层等测井流体性质判别方法。本节主要介绍储层流体性质识别的一般性原理，这些方法在不同储层中的具体应用将在《测井解释：储层评价》分册详细介绍。

一、气层的测井响应及快速识别

油气和水在导电性上呈现显著差异，因此通常可以据此划分出水层和油气层，但油层和气层都呈现高电阻率特征，利用电阻率测井资料难以判别。当地层含气时，三孔隙度测井会呈现出一些显著的特征，利用这些特征可以进行气层的直观判断。

1. 天然气对测井的影响

1）声波测井

声波在不同孔隙流体中的传播速度不一样，在油中的传播速度略小于在水中的传播速度，在气体中的传播速度远小于在油或水中的传播速度。因此，当地层孔隙度相同时，若地层孔隙中含气，则声波传播速度降低、时差增大，或出现周波跳跃。在未压实的疏松地层中，上述特征更为明显。

2）密度测井

由于天然气密度明显低于油、水的密度，因此，当孔隙度相同时，若地层中含气，密度测井曲线降低。

3）中子测井

中子测井的基本原理是通过地层含氢指数来确定地层的孔隙度。由于天然气的含氢指数远小于地层水和原油的含氢指数，因此，当地层孔隙度相同时，若地层孔隙中含气，中子测井的读数降低。天然气对中子孔隙度的影响，可理解为除孔隙中流体含氢指数变化外，"挖掉"了影响中子减速能力的骨架（骨架对氢核也具有较强的减速能力），这就是挖掘效应。

含气地层由于挖掘效应的影响，中子孔隙度通常要比密度、声波测井孔隙度小几个孔隙度单位。当储层孔隙度比较大时，这一差异更为明显。

4）中子伽马测井

天然气使中子伽马读数明显高于岩性与孔隙度相同的油水层，这也是气层的主要特点之一。需要指出的是，由于中子、密度测井探测深度较浅，受钻井液滤液侵入影响较大，因此，当钻井液滤液侵入严重时，孔隙度测井曲线上可能看不到异常显示，这时需结合深、中、浅电阻率进行分析。

5）电阻率测井

由于天然气的电阻率高于地层水的电阻率，因此当地层含气时电阻率呈现高值，这是利用电阻率识别气和水层的基本原理。随着含气饱和度的增大，电阻率增加的幅度增大。此外，由于原油与天然气的电阻率均为高值，因此根据电阻率特性难以区分油和气。

2. 孔隙度曲线重叠识别气层

基于天然气对密度、中子和声波测井的影响不同，可以利用三种孔隙度测井曲线或两种孔隙度测井曲线按孔隙度刻度重叠在一起进行气层识别。

图 3-3-1 是四川盆地宣探 1 井飞仙关组碳酸盐岩储层声波—中子孔隙度交会进行气层识别的典型例子。图中第 6 道 PORA 为声波孔隙度；PORN 为中子孔隙度。在 5620m 上下两个层段岩性接近，井眼稳定无扩径现象。该层段下部 5622~5636m 声波孔隙度与中子孔隙度一致性很好，但上部 5605~5620m 层段声波孔隙度远大于中子孔隙度，孔隙

度差异平均为 6%。另外，从双侧向测井资料看，下部深浅电阻率基本重合，但上部深侧向电阻率大于浅侧向电阻率，且差异从下到上有增大的趋势。上述特征是气层的典型标志，实际试气结果为日产气 $108.6 \times 10^4 \text{m}^3$。

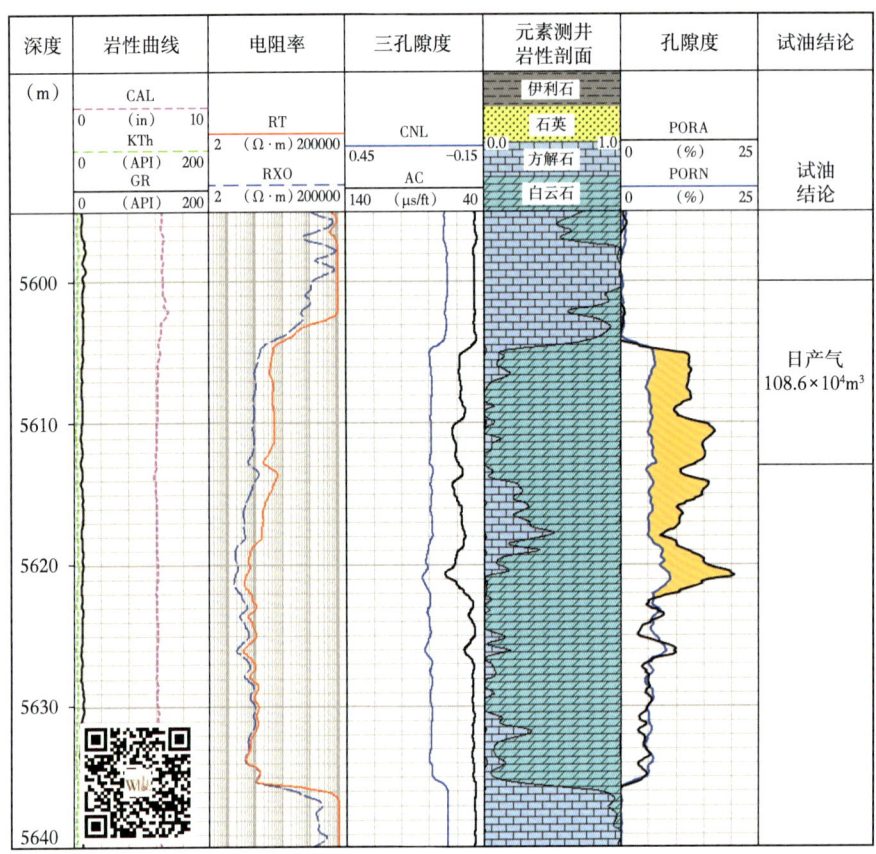

图 3-3-1 四川盆地宣探 1 井中子—声波孔隙度重叠识别气层

类似地，中子—密度孔隙度重叠在气层处呈明显的镜像反射图像；有时直接采用声波与中子伽马重叠显示气层，要求声速向左增大，中子伽马向右增大，并使之在水层或油层基本重合，这样在气层处两者将出现明显的幅度差。

3. 三孔隙度组合方法

储层含气时，中子孔隙度降低，密度孔隙度增大，声波时差有所增大。当孔隙度较大时，声波时差会产生所谓的周波跳跃。应用上述岩石物理特征，对三孔隙度曲线进行适当组合，可增强三孔隙度对气层的识别能力。常用的算术组合、几何组合分别如下：

$$FLG1 = \phi_s + \phi_D - 2\phi_N$$

$$FLG2 = \phi_s \phi_D / 2\phi_N$$

储层含气时，算术组合 FLG1 大于 0，几何组合 FLG2 大于 1.0。

图 3-3-2 是四川盆地宣探 1 井飞仙关组碳酸盐岩储层三孔隙度组合法识别气层典型实例。在 5604~5616m 井段，FLG1 和 FLG2 均大于 20，解释为纯气层；在 5616~5636m

上部，FLG1 和 FLG2 明显大于 0，下部数值很小，解释为气水同层。实际试气结果为：上部日产气 $108.6×10^4m^3$，与解释结果吻合。

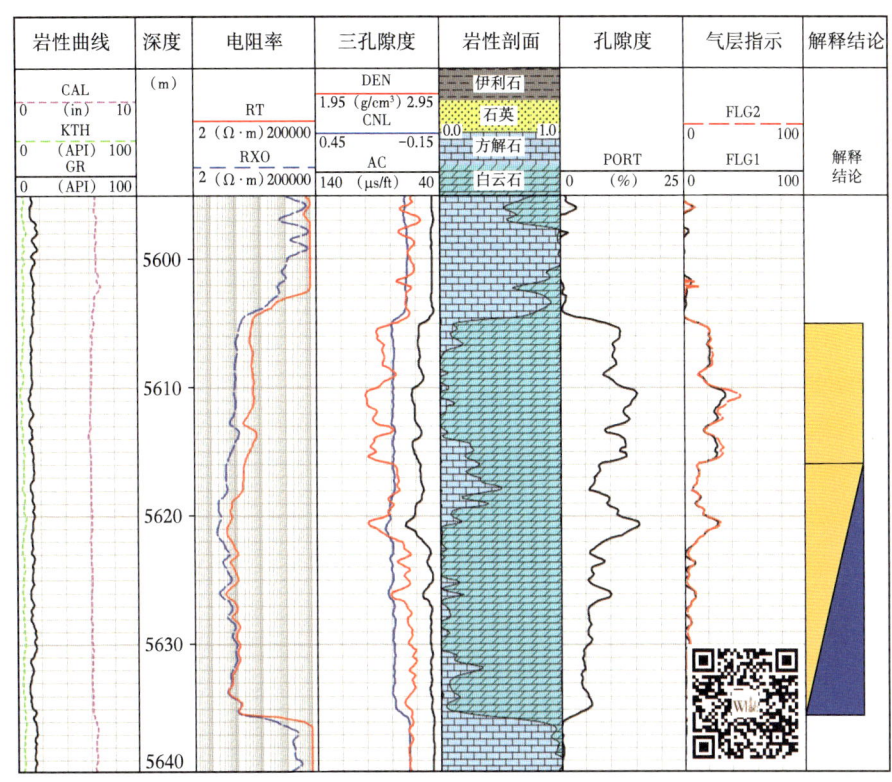

图 3-3-2　四川盆地宣探 1 井三孔隙度组合法识别气层

二、重叠法评价地层含油气性

重叠法是指采用统一量纲、统一横向比例尺和统一绘图基线绘出原始测井曲线或计算参数曲线，然后将这些曲线重叠，按曲线幅度差来进行地层评价的方法。重叠法分线性刻度和对数刻度两类。其中对数刻度重叠图是通过制作对数比例尺来评价地层含油性的方法，目前已很少使用，下面只介绍线性刻度的曲线重叠法（《测井学》编写组，1998）。

1. 双孔隙度重叠显示含油性

岩石电阻率大小主要取决于连通孔隙中地层水的多少。对纯岩石利用阿奇公式和深探测电阻率 R_t 可以计算出地层的含水孔隙度 ϕ_w，即：

$$\phi_w = \sqrt[m]{\frac{aR_w}{R_t}} \quad (3-3-1)$$

将式（3-3-1）计算的含水孔隙度 ϕ_w 与孔隙度测井计算的地层有效孔隙度 ϕ 重叠。在水层，$\phi=\phi_w$；在油气层，$\phi_w \ll \phi$。由此可见，双孔隙度重叠时，曲线幅度差 $(\phi-\phi_w)$ 反映了地层的含油气孔隙度 ϕ_h，可据此划分油气层和水层。在定性解释中，通常取 $S_w < 50\%$ 划分油气层，这相当于 $\phi > 2\phi_w$。

2. 三孔隙度重叠显示可动油气和残余油气

利用深探测电阻率 R_t 和冲洗带电阻率 R_{xo} 按阿奇公式或其他饱和度方程得出的 S_w 和 S_{xo}，可计算地层含水孔隙度 ϕ_w 和冲洗带含水孔隙度 ϕ_{xo}：

$$\phi_w = \phi S_w, \quad \phi_{xo} = \phi S_{xo}$$

由 ϕ、ϕ_{xo}、ϕ_w 三孔隙度曲线重叠，可有效地显示地层的含油性、残余油气和可动油气：

含油气孔隙度 $\quad\quad\quad\quad\quad\quad \phi_h = \phi - \phi_w$

残余油气孔隙度 $\quad\quad\quad\quad\quad \phi_{hr} = \phi - \phi_{xo}$

可动油气孔隙度 $\quad\quad\quad\quad\quad \phi_{hm} = \phi_{xo} - \phi_w$

因此，ϕ 与 ϕ_{xo} 的幅度差代表残余油气，ϕ_{xo} 与 ϕ_w 幅度差代表可动油气。

需要指出的是，采用孔隙度曲线重叠，要求解释井段内钻井液滤液侵入不太深，地层水电阻率基本不变，岩性稳定，有纯水层。这样重叠幅度差的物理意义明确，应用效果较好。

曲线重叠法识别油气层是碎屑岩储层油气层识别常用的方法，这些方法在火山岩储层仍然是行之有效的方法。这些方法有的普遍适用于油气层的识别，有的仅适用于天然气的识别。中子—密度曲线重叠、密度孔隙度—核磁共振孔隙度重叠等方法适用于天然气层的识别，R_{wa} 与 R_w、R_t 与 R_{oa} 等曲线重叠适用于油气层的识别。

3. 视地层水电阻率和钻井液滤液电阻率重叠

根据阿奇公式分别由下式得出视地层水电阻率（R_{wa}）和视钻井液滤液电阻率（R_{mfa}），则有：

$$R_{wa} = \frac{R_t}{F} = \frac{R_t \phi^m}{a}, \quad R_{mfa} = \frac{R_{xo}}{F} = \frac{R_{xo} \phi^m}{a} \tag{3-3-2}$$

应用上述两条曲线重叠除了可以判断油、气、水层外，还可了解钻井液侵入性质。对于水层 $R_{wa} \approx R_w$；油气层 R_{wa} 远大于（3~5）R_w。同理，$R_{mfa} \approx R_{mf}$ 时为水层，R_{mfa} 远大于 R_{mf} 时说明冲洗带含有残余油气。

应用这种方法要注意钻井液侵入的性质，因为淡水钻井液侵入很深时，会使电阻率曲线偏高，即使是水层也可能有较高的显示。因此，对于淡水钻井液钻的井，重叠有以下三种情况：

（1）$R_{mfa} \approx R_{wa} \approx R_w$，说明侵入很浅，此时水层划分是正确的。

（2）$R_{mfa} > R_{mf}$，说明冲洗带可能含有残余油气。这时，如果 $R_{wa} > R_w$，则进一步证实为油气层。

（3）$R_{mfa} \approx R_{mf}$，且 $R_w < R_{wa} < R_{wf}$，说明钻井液侵入很深，井壁附近地层冲洗严重，使 R_{mfa} 接近 R_{mf}，这时对根据 R_{wa} 划分的可能油气层需要进一步研究。因为 $R_{wa} < R_{wa} < R_{wf}$，R_{wa} 的增高也可能是淡水钻井液侵入很深造成的。

三、交会法油气识别

交会图法是指用测井数据或根据测井数据的计算参数作交会图,并根据交会图中数据分布特征进行地层评价的方法。利用交会图法可以展示不同流体性质下测井或计算参数的差异,也可利用区域已试油资料,反过来利用交会图进行流体性质识别。根据使用的测井数据或参数的不同,可进行流体性质识别的交会图有多种(《测井学》编写组,1998)。

1. 电阻率—孔隙度交会图

将阿奇公式 $F = \dfrac{R_0}{R_w} = \dfrac{a}{\phi^m}$ 和 $I = \dfrac{R_t}{R_0} = \dfrac{b}{S_w^n}$ 合并得:

$$R_t = \frac{abR_w}{S_w^n \phi^m} \tag{3-3-3}$$

两边取对数:

$$\lg R_t = -m \lg \phi + \lg \frac{abR_w}{S_w^n} \tag{3-3-4}$$

令

$$y = \lg R_t, \quad x = \lg \phi$$

则有:

$$y = -mx + \lg \frac{abR_w}{S_w^n} \tag{3-3-5}$$

由式(3-3-4)可知,双对数坐标中 R_t 和 ϕ 之间关系是一组斜率为 $-m$、截距为 $\lg(abR_w/S_w^n)$ 的直线。对于岩性稳定(岩电参数 a、b、m、n 不变)、地层水电阻率 R_w 相同的解释井段,直线的截距仅随 S_w 而变。这样便可获得一组平行直线。可利用这组直线来定性判断油(气)、水层,确定油水界线。

根据上述原理制成 R_t-ϕ 双对数坐标交会图(图 3-3-3)。利用该交会图可以实现:(1)根据数据点(ϕ, R_t)在交会图上的位置定性判断油气层和水层;(2)对已被试油或试气结果证实的资料点,可确定油水界限和油水分区分布规律。

图 3-3-3 是某油田的应用实例。由试油资料点知,含油饱和度界限可定在 55% 左右,上部资料点为油层,下部资料点为水层,左侧为低孔低渗地层,右侧为高孔高渗地层。很明显,储层岩性、物性及孔隙结构越单一,积累的实际资料点越多,交会图中油水分布规律越明显。

图 3-3-4 是某区块电阻率—孔隙度交会图,它是阿奇公式的直接图版化,图中 S_o 为含油饱和度。从图中可以看出,大部分储层电阻率均低于 20Ω·m,表现出低电阻率特征。试油结果证实的油层和水层的分布规律非常明显,无论是油层还是水层,其电阻率均随孔隙度的增大而降低,但增大现象产生原因存在差异:低阻储层孔隙度增大反映的是不动水体积的增加,而水层孔隙度的增大则反映了储层可动水饱和度的增加。

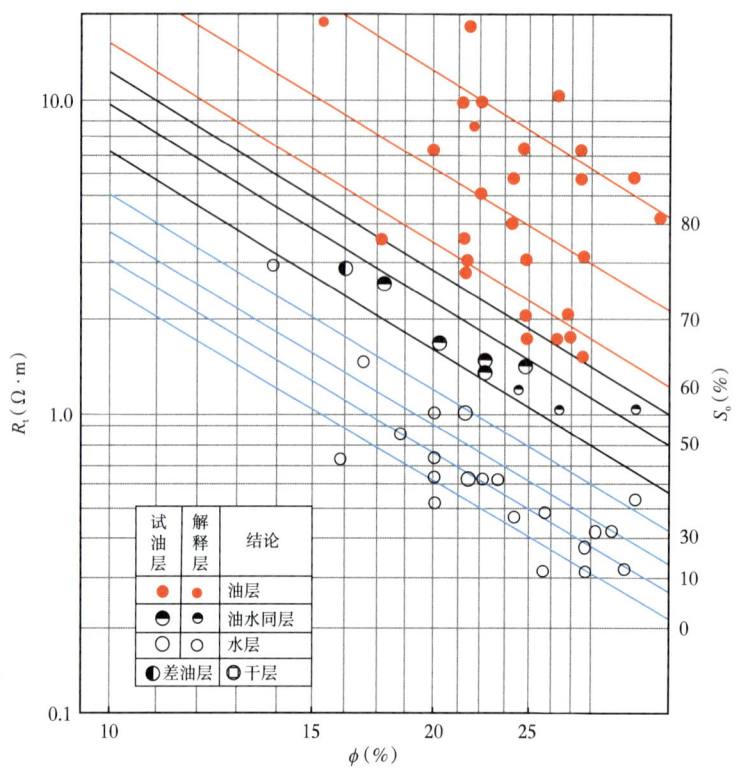

图 3-3-3 电阻率—孔隙度交会图（据《测井学》编写组，1998）

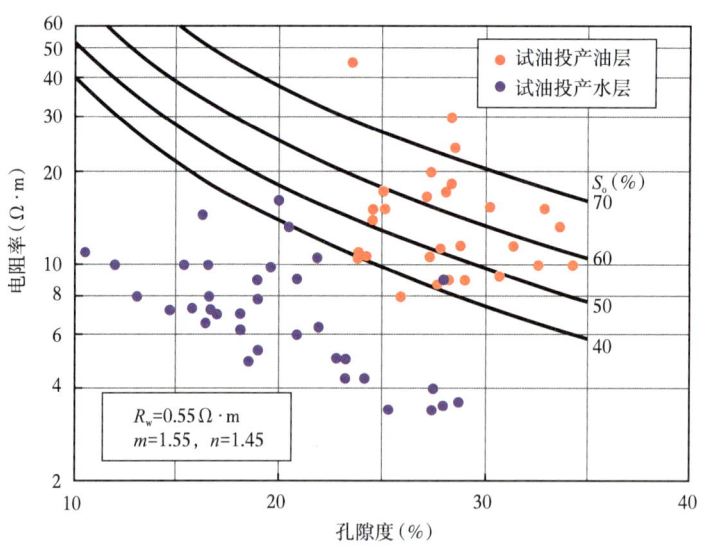

图 3-3-4 低阻油气层电阻率—孔隙度交会图（据中国石油勘探与生产分公司，2009a）

上面的 R_t-ϕ 交会图只是电阻率—孔隙度交会图中最常用的一种。在电阻率—孔隙度交会图中，孔隙度可以采用三孔隙度中的某一种，也可直接采用三孔隙度的测井数值，如 R_t-Δt、R_t-DEN 等。此外，交会图中的电阻率除深侧向电阻率外，也可采用深浅侧向电阻率比值或者电阻增大率等。

正如上面的理论推导，电阻率—孔隙度交会图能够用于流体性质分析的前提是，假设相同孔隙度下，流体性质的差异（或者说饱和度的差异）将导致电阻率显著变化。对于碎屑岩储层，电阻率与饱和度之间的关系相对简单，因此，电阻率—孔隙度交会图是碎屑岩储层常用的油气层识别手段。对于火山岩储层，特别是中基性的火山岩储层，岩性、孔隙类型和孔隙结构的变化对电阻率的影响较大，电阻率—孔隙度交会图的适用性变差。因此，火山岩储层要有效地应用此种交会图需要分岩性建立电阻率—孔隙度交会图。对于碳酸盐岩储层，由于孔洞、裂缝的存在使得电阻率与饱和度之间的关系变得非常复杂，因此在碳酸盐岩储层中若要使用电阻率—孔隙度交会图进行流体性质识别，也需针对不同孔隙类型储层建立图版。当储层裂缝发育时，这种方法的应用效果通常较差，需要结合其他方法综合判断。

2. 中子—密度（声波）交会图

天然气的密度、声波传播速度和含氢指数均远小于油和水，所以当地层孔隙中存在天然气时，引起声波孔隙度、密度孔隙度增大，中子孔隙度降低。因此，当把中子孔隙度与密度孔隙度在水层段重合时，在气层段两种孔隙度将呈现明显的差异；同样，把中子孔隙度与声波孔隙度在水层段重合时，在气层段两种孔隙度将呈现明显的差异。根据上述差异可以识别气层，该方法与前面介绍的气层直观识别中的孔隙度组合方法在原理上是一致的，只不过这里是通过交会图的方式展现它们之间的差异。

图 3-3-5 为准噶尔盆地 L3-4 井石炭系火山岩井段中子—密度交会图。图中数据点显示出不同的岩石物理特征。圈定区域内的采样点中子测井值、密度测井值明显减小，显示为气层。将这些数据点投射到测井曲线图上，可有效识别天然气层。该井段试气，获得了高产天然气。

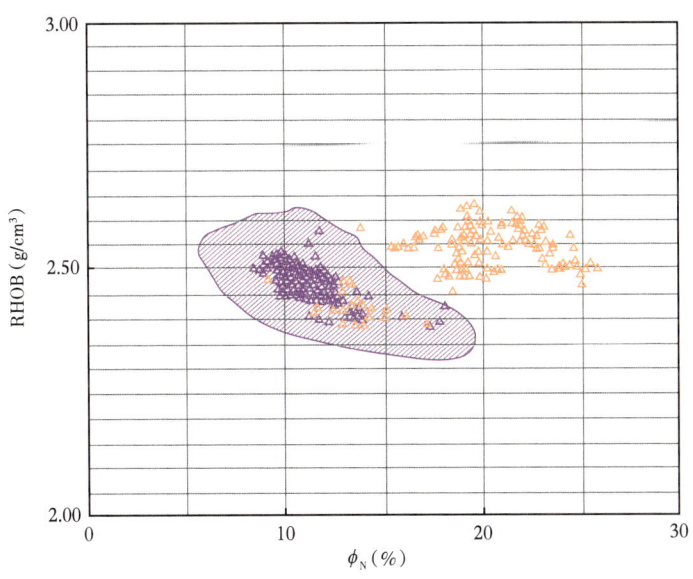

图 3-3-5　准噶尔盆地 L3-4 井火山岩井段中子—密度交会图
（据中国石油勘探与生产分公司，2009b）

3. 密度孔隙度与核磁共振孔隙度差值与电阻率交会图

如果地层含气，由于天然气密度较油水小，视密度孔隙度（ϕ_D）将增大。而气体的存在对核磁共振测井的影响正好相反，这是因为气体的含氢指数较低且在较短的等待时间内气体未能完全极化，导致核磁共振测井会过低估计地层的总孔隙度，因此，可以应用密度孔隙度与核磁共振孔隙度交会法来判别气层。结合常规测井资料建立如图 3-3-6 所示的火山岩气水层解释图版，图中横坐标为密度孔隙度与核磁共振孔隙度之差，纵坐标为深侧向电阻率与孔隙度 m 次方的乘积。利用该图版可以识别出气层、气水同层和水层。

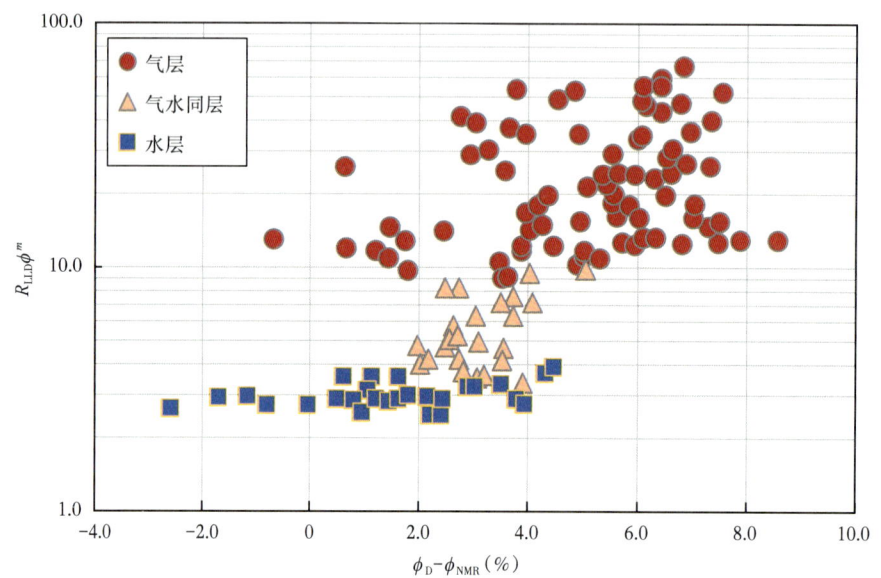

图 3-3-6　深层火成岩核磁共振与常规综合流体识别图版

四、声波测井气层识别方法

对于孔隙度较低的储层，流体对测井响应贡献小，电阻率和孔隙度测井受岩石骨架影响较大。阵列声波测井可以获取地层骨架及流体声波速度信息，计算得到纵横波速度比、岩石弹性参数等，进一步通过敏感性分析，提取与流体有关的参数，用于流体性质判别。

1. 纵横波速度比

流体中不传播横波，地层中横波传播路径为骨架，故横波对地层储集空间中流体类型不敏感。孔隙内流体类型对纵波传播速度有较大的影响，一般油的纵波速度小于地层水的速度，天然气的纵波速度更小。如果孔隙内的介质为天然气，纵波的能量将出现较大衰减，时差将显著增大。

Picket 等（1963）的研究和实验结果表明，石灰岩的纵横波速度比为 1.90，白云岩的纵横波速度比为 1.8，而含气砂岩纵横波速度比在 1.60 左右。对于含水砂岩，纵横波速度比随孔隙度的增加而增加。黄凯等（1998）总结了准噶尔盆地 4 个地区 25 口井 600 块砂砾岩样品的高温、高压实验资料，得到了如下结论：饱和水样品的纵横波速度比在 1.70~1.97 之间变化，泊松比在 0.25~0.32 之间变化；饱和油样品纵横波速度比在 1.60~1.78 之间变化，泊松比在 0.21~0.27 之间变化。饱和水样品纵横波速度比大于饱和油样品 0.1~0.19，泊松比大于饱和油样品 0.03~0.06。对于气层，纵波时差明显增大，横波时差与水层差别不大，纵横波速度比明显减小，泊松比有一定程度的降低。

图 3-3-7 为松辽盆地徐家围子地区白垩系营城组酸性火山岩 R_t—v_p/v_s 气层识别图。从整体效果看，v_p/v_s 对气层有一定的反映，气层的 v_p/v_s 整体低于水层，结合电阻率测井值，可以对区块火山岩储层的流体性质进行有效识别。需要说明的是，该图为区块的特征，若对于一口井或一个单层，由于岩性、孔隙结构类型相对单一，v_p/v_s 识别气层的效果会更明显一些。

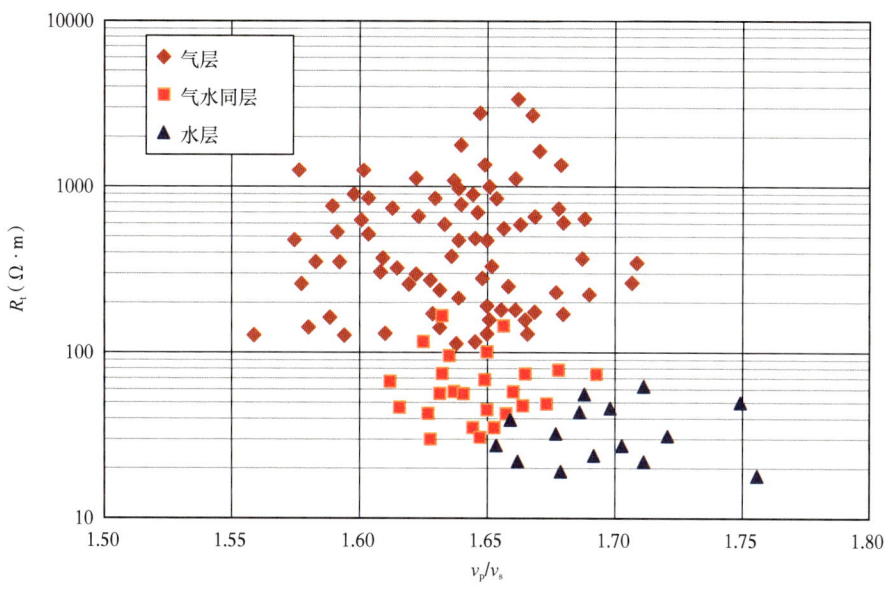

图 3-3-7　纵横波速度比与电阻率交会图

2. 弹性参数法

岩石弹性参数主要有拉梅系数 λ、泊松比 σ、杨氏模量 E、剪切模量 μ、体积模量 K、体积压缩系数（C_b、C_{ma}）、Biot 弹性系数 α 等。利用地层的纵波时差 Δt_c、横波时差 Δt_s、密度及自然伽马等测井资料可得到弹性参数。

定义弹性参数对流体的敏感程度参数 $A_{g/w}$：

$$A_{g/w} = \left| \frac{x_w - x_g}{x_g} \right| \times 100\% \qquad (3\text{-}3\text{-}6)$$

式中：x_w 表示岩心饱和水时的弹性参数值；x_g 表示岩心饱和气时的弹性参数值。

参数 $A_{g/w}$ 的数值越大，弹性参数对含气层的敏感程度越高，用于气层识别的效果越明显。

基于鄂尔多斯盆地古隆起东侧马家沟组不同孔隙度碳酸盐岩岩心干燥、饱和水状态下弹性参数实验结果，分析了该地区岩石弹性参数及组合参数对流体的敏感性，结果见表 3-3-1。可以看出，该地区储层流体敏感程度最高的弹性参数是体积模量与剪切模量的差值，其次是拉梅系数与密度的乘积、体积模量与密度的乘积。因此，在气层识别时，可以选用上述敏感度较高、岩石物理意义明确的弹性参数。

表 3-3-1 不同孔隙度岩石弹性参数干样和饱和样弹性参数及对油气的敏感程度（据刘国强等，2019）

参数名称		密度 ρ (g·cm^{-3})	纵波速度 v_p (m·s^{-1})	横波速度 v_s (m·s^{-1})	纵横波速度比 v_p/v_s	纵波阻抗 Z_p (m·s^{-1}·g·cm^{-3})	横波阻抗 Z_s (m·s^{-1}·g·cm^{-3})	泊松比 σ	拉梅常数 λ (GPa)	剪切模量 μ (GPa)	体积模量 K (GPa)	体积压缩系数 C_b (GPa^{-1})	杨氏模量 E (GPa)	组合参数				
														$\lambda\rho$ (g·cm^{-3}·GPa)	$\mu\rho$ (g·cm^{-3}·GPa)	$K-\mu$ (GPa)	$\lambda\rho-2\mu\rho$ (g·cm^{-3}·GPa)	$K\rho$ (g·cm^{-3}·GPa)
$\phi=2.44\%$	干样	2.76	5000	3100	1.61	13808	8559	0.19	16.0	26.5	33.7	0.03	63.0	44.1	73.2	7.14	102.4	93.0
	饱和样	2.79	6273	3567	1.76	17489	9946	0.26	38.7	35.5	62.4	0.02	89.5	108	99	16.7	89.8	174
	$A_{g/w}$	1%	25%	15%	9%	27%	16%	39%	142%	34%	85%	46%	42%	145%	35%	277%	12%	87%
$\phi=5.4\%$	干样	2.69	5817	3600	1.62	15650	9687	0.19	21.3	34.9	44.5	0.02	83.0	57.2	93.8	9.65	130.4	119.8
	饱和样	2.76	6204	3728	1.66	17110	10280	0.22	29.5	38.3	55.1	0.02	93.3	81.4	105.7	16.7	130	151.8
	$A_{g/w}$	2.5%	6.5%	3.5%	3%	9%	6%	15%	39%	10%	24%	19%	13%	42%	13%	73%	0.3%	27%
$\phi=9.36\%$	干样	2.58	4451	2861	1.56	11489	7386	0.15	8.87	21.1	23.0	0.04	48.5	22.9	54.5	1.83	86.2	59.3
	饱和样	2.69	5484	3181	1.72	14730	8545	0.25	26.4	27.2	44.5	0.02	67.8	71	73	17.4	75.1	119.6
	$A_{g/w}$	4%	23%	11%	11%	28%	16%	67%	198%	29%	94%	48%	40%	210%	34%	851%	13%	102%
$\phi=12.8\%$	干样	2.49	4579	3014	1.52	11413	7513	0.12	7.0	22.6	22.1	0.05	50.6	17.4	56.4	0.58	95.5	55.0
	饱和样	2.63	5242	3231	1.62	13779	8493	0.19	17.4	27.4	35.6	0.03	65.5	45.6	72.1	8.2	98.6	93.7
	$A_{g/w}$	5%	14%	7%	7%	21%	13%	65%	149%	21%	62%	38%	29%	163%	28%	1309%	3%	70%

图 3-3-8 是鄂尔多斯盆地古隆起东侧马家沟组中组合 17 口井 26 个具有试气结果层段 K-μ 与 $\lambda\rho$、K-μ 与 $K\rho$ 交会图。从交会图中可以看出，气层、水层、干层区别明显：一般气层 K-μ < 5.5GPa，$\lambda\rho$ < 20g·cm^{-3}·GPa，$K\rho$ < 28g·cm^{-3}·GPa，水层（K-μ）> 6GPa，$\lambda\rho$ > 22g·cm^{-3}·GPa，$K\rho$ > 30g·cm^{-3}·GPa；干层的界限值则位于气层与水层之间。

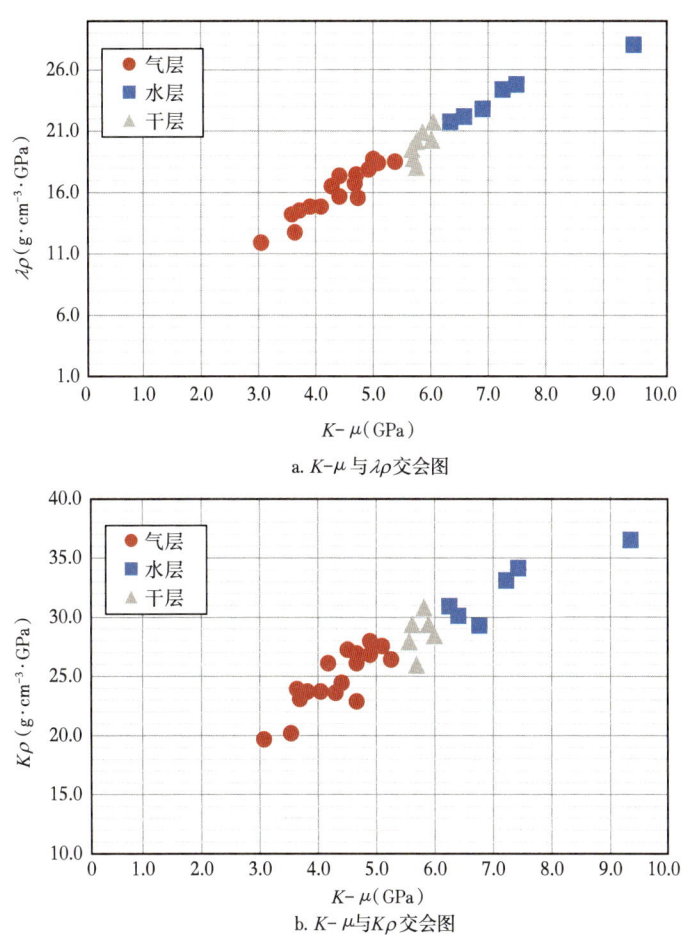

图 3-3-8　马家沟组中组合白云岩储层弹性参数交会图（据刘国强等，2019）

五、地层水电阻率谱油气识别

高分辨率微电阻率成像测井记录了非常丰富的井壁地层与残余油气信息，对井壁附件的孔隙特征与残余油气敏感，因此，可以利用经浅侧向电阻率刻度后的电成像测井资料，通过计算视地层水电阻率谱来反映油气的信息。

电成像视地层水电阻率谱的计算方法类似于电成像孔隙度谱计算。对给定的处理窗口，计算出视地层水电阻率的分布可以反映地层中流体的导电性：在水层，由于地层水浸润，电阻率的数值相对于油层低，因此电成像图像颜色较油层暗，在视地层水电阻率分布图上其主峰向左偏离；对于油层，尽管钻井时驱离了一部分孔隙中含有的原油，但仍残留一部分油气信息，因此地层电阻率值较大，所以视地层水电阻率分布主峰值向右偏离（图 3-3-9）。

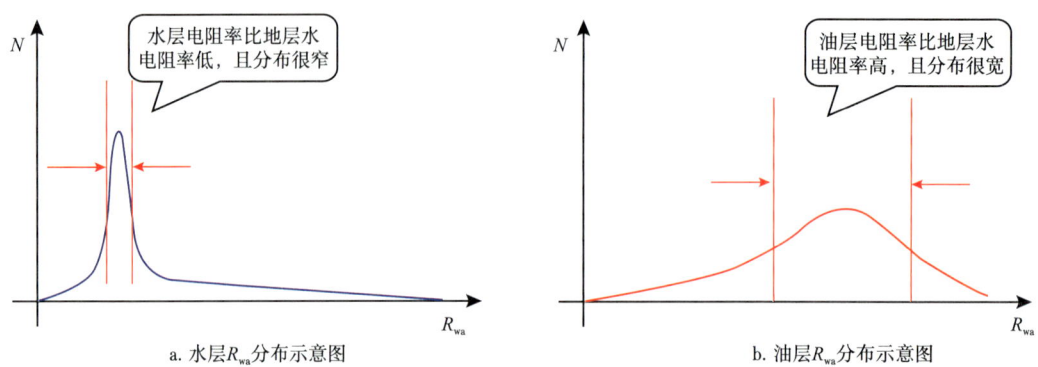

图 3-3-9　油水层 R_{wa} 分布示意图

电成像测井第 i 个纽扣电极视地层水电阻率 R_{wai} 定义为：

$$R_{wai} = \phi_i / C_i = \phi_{ext}(R_{xo}C_i)^{1/m} / C_i \qquad (3\text{-}3\text{-}7)$$

式中：C_i 为电成像电极电导率，S/m；ϕ_i 为计算的电导率像素的孔隙度，%；ϕ_{ext} 为常规测井计算的总孔隙度，%；R_{xo} 为冲洗带电阻率，$\Omega \cdot m$；m 为胶结指数，采用三孔隙度模型计算。

根据式（3-3-7）可计算电成像测井每个纽扣电极对应的视地层水电阻率值。在一个处理窗口内，对所有纽扣电极计算结果进行统计，得到视地层水电阻率分布谱。进一步将式（3-3-7）变形为：

$$R_{wai} = \phi_{ext} R_{xo}^{\frac{1}{m}} \cdot C_i^{\frac{1}{m}-1} \qquad (3\text{-}3\text{-}8)$$

由式（3-3-8）可知，决定视地层水电阻率分布谱主峰位置的主要是 $\phi_{ext} R_{xo}^{\frac{1}{m}}$，而 $C_i^{\frac{1}{m}-1}$ 主要决定视地层水电阻率分布谱主峰分布的宽窄。因此，视地层水电阻率谱的宽度及主峰位置是储层流体识别的关键参数。为了定量评价油气层段与水层段的差别，引入均值描述视地层水电阻率分布谱中主峰偏离基线的程度，引入方差（二阶矩）描述视地层水电阻率分布谱的宽窄（分散性）。

视地层水电阻率均值定义为：

$$\bar{R}_{wa} = 3.3 \times \sum_{i=1}^{n} R_{wai} P_{R_{wai}} / \sum_{i=1}^{n} P_{R_{wai}} \qquad (3\text{-}3\text{-}9)$$

视地层水电阻率方差定义为：

$$\sigma_{R_{wa}} = 3.3 \times \sqrt{\frac{\sum_{i=1}^{n} P_{R_{wai}} (R_{wai} - \bar{R}_{wa})^2}{\sum_{i=1}^{n} P_{R_{wai}}}} \qquad (3\text{-}3\text{-}10)$$

式中：R_{wai}是据式（3-3-7）计算的视地层水电阻率，$\Omega \cdot m$；$P_{R_{wai}}$是相应视地层水电阻率的频数（纽扣电极数）；n为一个处理窗口内纽扣电极的总数。

根据上述视地层水电阻率谱识别流体的方法原理，利用塔里木盆地新垦—哈拉哈塘地区25口井52个试油层资料建立了视地层水流体识别图版与评价标准（图3-3-10）：水层的视地层水电阻率均值小于$20\Omega \cdot m$，方差值小于$8mS^{-1}$；油气层的视地层水电阻率均值大于20S/m，方差大于8S/m，据此建立了识别评价标准（表3-3-2）（刘国强等，2019）。

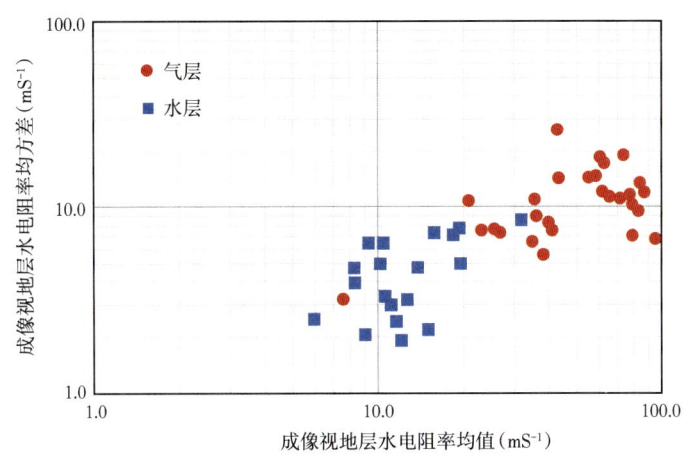

图3-3-10 新垦—哈拉哈塘地区电成像视地层水电阻率谱流体识别图版

表3-3-2 新垦—哈拉哈塘地区电成像视地层水电阻率谱判别标准

流体性质识别指标	成像R_{wa}均值（$\Omega \cdot m$）	成像R_{wa}均方根差（mS^{-1}）	备注
油气层	＞20.0	＞8.0	（1）统计条件：孔隙度下限为1.0%；（2）排除部分含泥井段、异常高阻井段
水层	＜20.0	＜8.0	

六、核磁共振测井流体类型识别

核磁共振测井测量的是地层孔隙流体中氢核的弛豫信息。由于油、气、水中氢核的极化时间、扩散系数等物理性质存在显著差异（表3-3-3），它们在孔隙中的弛豫特性（主要是弛豫时间）表现出不同的分布特征。因此，通过优化核磁共振测井的采集参数设计，可以利用这些弛豫信息的差异来识别孔隙流体的性质。下面分别介绍一维核磁共振测井和二维核磁共振测井资料进行流体识别的基本原理。

表3-3-3 储层流体的核磁共振特性

流体类型	T_1（ms）	T_2（ms）	T_1/T_2	HI	η（$mPa \cdot s$）	D_0（$10^{-5} cm^2/s$）
油	3000~4000	300~1000	4	1	0.2~1000	0.0015~7.6
气	4000~5000	30~60	80	0.2~0.4	0.011~0.014（甲烷）	80~100
盐水	1~500	1~500	2	1	0.2~0.8	1.8~7

1. 一维核磁共振流体类型识别

利用一维核磁共振资料进行流体性质识别的方法主要有差谱法（DSM）、移谱法（SSM）、时域法（TDA）及扩散法（DIFAN）等。

不同流体的极化率或纵向弛豫时间不同，天然气、轻质油的 T_1 值通常比水的 T_1 长得多。利用不同流体 T_1 的差异，用双 T_W 观测方式进行核磁共振数据采集，可以利用差谱法（DSM）进行流体性质识别。差谱法（DSM）识别流体的原理如图 3-3-11 所示：当采用长 T_W 测量时，油气水均完全极化（图 3-3-11a），各自的幅度均达到最大；当采用短 T_W 测量时，水的纵向弛豫时间短，极化完全，其幅度达到最大，而油气的纵向弛豫时间长，未完全极化，幅度降低（图 3-3-11b）；利用长 T_W 测量减去短 T_W 测量结果，就可获得油气信号（图 3-3-11c）。

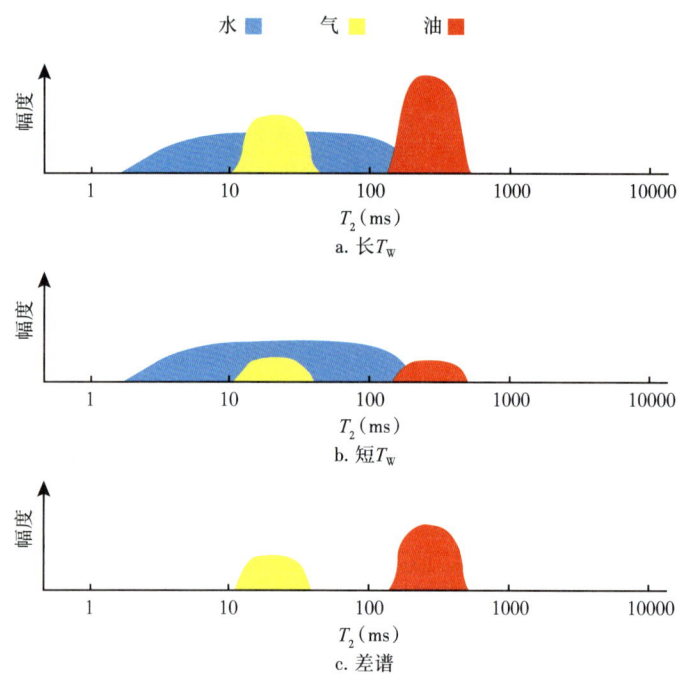

图 3-3-11　差谱法油气识别的原理图

时间域分析（TDA）是差谱分析方法的延伸和改进。TDA 是在时间域内而不是在 T_2 域内进行运算，并根据流体核磁共振响应特征的差异进行定量分析。该方法较 DSM 方法有两个方面的优势：一是 TDA 方法中两个回波串之间的差是在时间域内计算的，然后将回波串的差进行反演得到 T_2 分布，这个方法较 DSM 方法更准确，噪声较少；二是时间域分析方法能够为没有完全极化的烃和含氢指数的影响提供更准确的校正。

根据核磁共振横向弛豫理论，由于流体扩散系数的差异，在 CPMG 采集中回波间隔一定时，若岩石中饱和不同扩散系数的流体，T_2 分布是不同的。由于扩散的影响，当回波间隔增大时，相应的 T_2 分布会不同程度地向左移。气体的扩散系数最大，饱和气时 T_2 分布前移最大；水和轻质油的扩散系数次之，其 T_2 分布左移较小。因此，选择合适的长短两个回波间隔 T_E（T_{EL} 和 T_{ES}），通过比较长短回波间隔下测量 T_2 谱的变化，可以进行流体性质识别，这就是移谱分析法（SSM）。图 3-3-12 是移谱法油气识别的原理图。理论上讲,移谱法对识别气层和高黏度的油层比较有利,而对轻质油,因其扩散系数与水差异较小,效果不太明显。

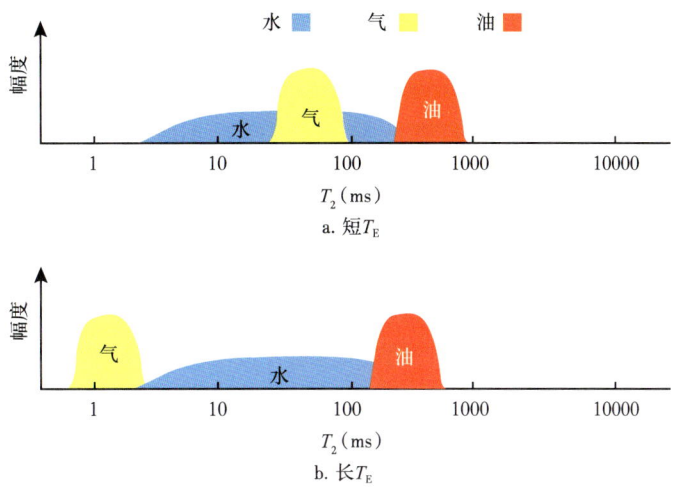

图 3-3-12　移谱法油气识别的原理图

2. 二维核磁共振流体性质识别

当地层孔隙中气、水同时存在时,T_2 谱信号存在一定程度的重叠,单独利用横向弛豫 T_2 谱不能准确区分这些信号是来自气还是来自水,一维核磁共振流体性质识别方法在实际应用中存在局限性。二维核磁共振测井除了可以获得横向弛豫时间 T_2 以外,还可以获得纵向弛豫时间 T_1、流体的扩散系数 D。目前二维核磁共振测井有 T_2-D、T_2-T_1、T_2-G 等不同方法,但在实际中应用较多的是 T_2-D 和 T_2-T_1 两种方法。根据油、气、水的不同扩散系数,建立了二维核磁共振(T_2,D)解释模型,如图 3-3-13 所示。

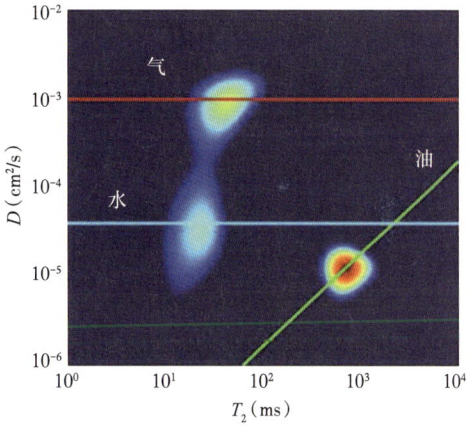

图 3-3-13　T_2-D 二维核磁共振中油气水分布

自由水通常在 $D=1.5\times10^{-5}\text{cm}^2/\text{s}$ 附近,T_2 谱峰位置根据孔隙大小和流动程度的不同而不同。另外,受到信噪比的影响,该中心会上下移动,但移动范围不大。

油的扩散系数远小于水,且其大小与其黏度有关。油的横向弛豫时间 T_2 也与其黏度有关,因此在 T_2-D 图中油的信号通常分布在图 3-3-13 中斜线附近,中心点受信噪比的影响也会略有移动。如果油的品质很好,极有可能它的 T_2 数值也很高而与水的信号重叠,那么此时采用 T_2-D 二维核磁共振进行流体识别也存在困难。

对于气来说,其扩散系数远大于水的扩散系数,具体数值与温度、压力及成分有关。一般情况下,其扩散系数数值为 $10^{-3}\text{cm}^2/\text{s}$ 数量级。

除 T_2-D 二维核磁共振外,T_1-T_2 二维核磁共振在流体性质识别中也具有广泛应用。通常情况下,油、气、水等流体在没有外部束缚的自然状态下,其 T_1/T_2 值为 1;在地层条件下，油、气、水赋存于地层孔隙内，受地层孔隙空间约束，测量的 T_1 和 T_2 值主要受孔隙结构影响，同时也受流体本身性质影响。在孔隙半径相对较大的孔隙空间内（T_2 值一般大于 100ms），油水 T_1/T_2 值变化范围相对不大，为 1~2；但当孔喉半径变小，为微米甚至纳米级的尺度，孔隙流体受到的约束作用很强，流体 T_1/T_2 数值增大。此外，T_1/T_2 受黏度的影响很大。岩心实验表明，在非常规油气储层，沥青、干酪根、有机孔非可动油、可动油等不同组分在 T_1-T_2 图上的位置有明显不同，如图 3-3-14 所示。因此，T_1-T_2 二维核磁共振是页岩油、致密油等非常规油气流体评价的有效手段。

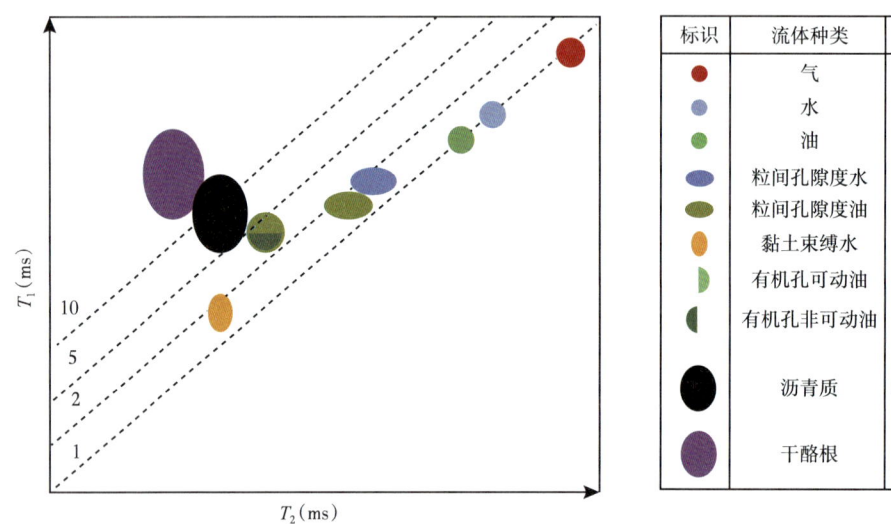

图 3-3-14　T_1-T_2 二维核磁共振流体识别图（据 Ravinath Kausik et al.，2015）

第四节　有效性判别

有效储层是指在现有经济技术条件下能够达到工业产能的储层。从有效储层的定义可以看出，首先，储层有效性与所处勘探开发阶段及经济技术水平有关，即使在相同的时期，不同油田、不同类型储层有效性的判断标准可能也不一样；其次，有效性是一个以产能为核心，并以当前技术能力为条件的动态概念。因此，产能是储层有效性评价的根本依据。除技术因素外，决定储层产能的客观要素主要在于其储集能力与渗透性能。换言之，所有影响储层储集性和渗透性的因素都会影响储层有效性，均是有效性评价需要考虑的内容。由此可见，储层有效性评价涉及的内容非常多，相关的方法技术也非常多。

不同类型储层，其产能的影响因素不一样，因而不同类型储层有效性判断的内容、标准以及采用的技术手段均存在很大的差异。此外，即使是同一储层，不同的研究人员分析的视角也不一样，譬如，同是碳酸盐岩储层，有的研究人员侧重于从沉积相、矿物类型及岩性等角度分析有效储层的特点，而有的研究人员则从储集类型、缝洞发育情况等角度进行研究。在有限的篇幅内要把不同地区、不同类型储层有效性评价的所有方法论述清楚并不现实，因此本节着重介绍储层有效性测井评价主要的技术方法。

一、三孔隙度模型判断储层有效性

碳酸盐岩、火山岩等非均质复杂储层是油气勘探的重要对象。相对于传统的均质碎屑岩储层而言,非均质复杂储层孔隙类型多、结构复杂,除原生粒间孔隙之外,还存在次生裂缝和孔洞。对该类储层,如何准确刻画孔隙的类型、评价孔隙连通性是储层有效性评价的关键。

1. 基本概念

碳酸盐岩储层的孔隙空间按孔隙尺度和形态可分为基质孔隙和溶蚀缝洞。基质孔隙主要由晶体间孔隙和颗粒间孔隙组成,溶蚀缝洞孔隙主要由构造应力产生的裂缝、岩溶产生的溶蚀孔洞和溶蚀裂缝组成。基质孔隙与裂缝、溶蚀缝洞的主要差别在于孔隙尺度、在岩石中的分布方式、对岩石物理性质的影响及测量方法等方面。基质孔隙的尺度很小,在岩石中分布均匀;裂缝、溶蚀缝洞的尺度可在较大的尺度范围内变化(微米级至米级),且在岩石中分布不均匀。在实验测量方面,基质孔隙的测量类似于砂岩,但裂缝、溶蚀缝洞的测量则不同;在电性方面,裂缝、溶蚀缝洞导电机理与基质孔隙就有显著差别;在声传播特性方面,声波测井的时差仅能反映岩石的基质孔隙。为了便于研究,通常不区分孔隙的细微差异,仅把孔隙分为基质孔隙和裂缝,这样简化的孔隙度模型称为双孔隙度模型,如图3-4-1所示。图中V_{ϕ_m}为基质孔隙空间的体积,V_f为裂缝孔隙空间的体积,V为岩石的总体积,V_b为去掉裂缝孔隙空间后的岩石体积。岩石骨架的体积为V_{ma}。岩石的基质孔隙度定义为基质孔隙空间体积V_{ϕ_m}与不含裂缝的骨架体积V_b之比。

三孔隙度模型是对双孔隙度模型的进一步发展,模型由四个部分组成,即无孔隙的岩石骨架体积、骨架中的孔隙体积、连通的缝洞体积和不连通的缝洞体积。其中无孔隙的岩石骨架体积与岩石骨架孔隙体积构成岩石骨架系统与双孔隙模型的整个岩石骨架体积相同,而连通的缝洞体积V_2与非连通的缝洞体积V_{nc}与双孔隙度模型的次生孔隙相对应。这样就构成了与双孔隙度模型既有差别又有联系的三孔隙度模型。三孔隙度模型中孔隙体积由三部分构成:连通的缝洞体积V_2、非连通的缝洞体积V_{nc}及总孔隙空间减去前两者之后的骨架孔隙体积,如图3-4-2所示。

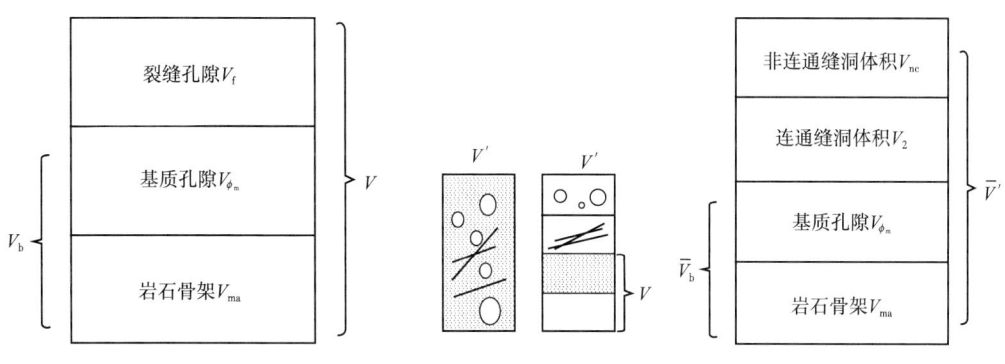

图3-4-1 双孔隙度模型示意图　　图3-4-2 岩石三孔隙度模型示意图

在三孔隙度模型中,连通的缝洞体积V_2通常指的是储层张开缝、溶蚀缝、已连通的溶蚀孔洞的体积;非连通的缝洞体积是如石灰岩中的微小孔隙的燧石颗粒、化石碎屑、部分溶蚀的鲕粒孔及后期阻断的溶蚀缝洞等所占的空间体积；连通的缝洞体积和非连通的缝洞体积在电性上是非均匀的。骨架孔隙体积则是电性、声传播特性均匀的孔隙空间，由总孔隙度减去连通孔隙度和非连通孔隙度后的孔隙度。

在图 3-4-2 中，$\overline{V}'$ 为模型系统的总体积，$\overline{V}_b$ 为从总体积中除去非连通缝洞和连通缝洞的体积后剩余部分体积。定义岩石骨架孔隙度：

$$\phi_m = \frac{V_{\phi_m}}{\overline{V}'} \tag{3-4-1}$$

式中：ϕ_m 是骨架体系中的基质孔隙空间与组合系统的总体之比，称为骨架孔隙度。

定义基质孔隙度：

$$\phi_b = \frac{V_{\phi_m}}{\overline{V}_b} \tag{3-4-2}$$

式中：ϕ_b 是不考虑溶洞与裂缝等次生孔隙时的岩石骨架体系中的基质孔隙体积与"骨架系统"的总体积之比，称为基质孔隙度。

利用上述定义可以导出 ϕ_m 与 ϕ_b 的关系，由式（3-4-1）、式（3-4-2）得：

$$V_{\phi_m} = \overline{V}_b \phi_b \tag{3-4-3}$$

$$V_{\phi_m} = \overline{V}' \phi_m \tag{3-4-4}$$

$$V_{\phi_m} = \overline{V}_b \phi_b = \left(\overline{V}' - V_{nc} - V_2 \right) \phi_b \tag{3-4-5}$$

$$\phi_m = \left(\frac{\overline{V}'}{\overline{V}'} - \frac{V_{nc}}{\overline{V}'} - \frac{V_2}{\overline{V}'} \right) \phi_b \tag{3-4-6}$$

即

$$\phi_m = \left(1 - \phi_{nc} - \phi_c \right) \phi_b \tag{3-4-7}$$

式中：ϕ_c 称为连通缝洞孔隙度，表示连通缝洞所占岩石体积的大小；ϕ_{nc} 为非连通缝洞孔隙度，表示与连通缝洞导电性质不同的缝洞所占岩石体积的大小。

在三孔隙度模型中，总孔隙度为：

$$\phi = \phi_m + \phi_{nc} + \phi_c \tag{3-4-8}$$

式（3-4-7）、式（3-4-8）给出了三孔隙度模型中孔隙度间的约束关系。若已知 ϕ_b、ϕ、ϕ_c，就可以计算出三孔隙度模型孔隙度的 ϕ_{nc} 与 ϕ_m：

$$\phi_{nc} = \left(\phi - \phi_c - \phi_b + \phi_2 \phi_b \right) / \left(1 - \phi_b \right) \tag{3-4-9}$$

$$\phi_m = \phi - \phi_{nc} - \phi_c \tag{3-4-10}$$

上面引入的三孔隙度模型参数与双孔隙度模型参数的对应关系见表3-4-1。

表3-4-1　三孔隙度模型参数与双孔隙度模型参数对应表

三孔隙度模型		双孔隙度模型	
总孔隙度	ϕ	总孔隙度	ϕ_T
骨架孔隙度	$\phi_m=\phi_b(1-\phi_c-\phi_{nc})$	基质孔隙度	$\phi_B=\phi_b(1-\phi_f)$
非连通孔隙度	$\phi_{nc}=\phi-\phi_c-\phi_m$	洞穴孔隙度	$\phi_V=\phi_T-\phi_B-\phi_f$
连通孔隙度	ϕ_c	裂缝孔隙度	ϕ_f
非连通孔+骨架孔	$\phi_{nc}+\phi_m$	孔洞孔隙度	$\phi_{BV}=\phi_B+\phi_V$

三孔隙度模型中各孔隙度可以利用常规测井资料计算。利用密度测井可计算地层总孔隙度。常规声波测井测量的是纵波在地层中的传播速度（时差），由于纵波主要沿岩石骨架传播，一般不能反映地层中溶蚀孔洞（溶蚀孔洞、裂缝）对传播速度的影响，只能反映基质孔隙度，因此 ϕ_b 与声波测井孔隙度相联系。

碳酸盐岩的某些颗粒成分，由于在成岩期间及成岩后，受到淡水溶蚀，产生次生孔隙，如石灰岩中的贝壳碎屑、鲕粒或其他可以溶解的颗粒，形成大量印模孔隙。这些由颗粒溶解产生的孔隙，其几何形状特征比粒间孔隙的尺度大，同时导致总孔隙度增大。只有部分颗粒溶蚀而形成的孔隙空间，会导致岩石内部形成非连通的孤立导电颗粒（孤立孔）。在塔中地区奥陶系石灰岩中具有微小孔隙的燧石颗粒、化石碎屑、孤立的黄铁矿、部分溶蚀的鲕粒及后期阻断的溶蚀缝洞等是非连通孔隙的例子。Swanson（1985）指出，含有孤立导电颗粒的岩石导电性可用一个等效电阻与基岩电阻的串联电路模型来描述。换言之，组合三孔隙度系统的电阻率大于基质孔隙与连通缝洞孔隙系统的电阻率是由地层中串联了 ϕ_{nc} 体积的"非连通缝洞"所致。

2. 等效电阻率方程

岩石中存在连通的溶蚀缝洞时，电阻率测井值比没有连通缝洞时低。采用等效连通缝洞的导电性与其他导电成分的并联模型来描述。其基本思路是，对于存在溶蚀缝洞的地层，深侧向电阻率LLD与浅侧向电阻率LLS测量值不同，是由于深侧向测井时相对于浅侧向测井在导电通道中进一步串联了 ϕ_{nc} 和并联了 ϕ_c 体积的导电性引起的。这样就可以得到关于计算 ϕ_c 和 ϕ_{nc} 的另一个约束方程。对于低孔隙度碳酸盐岩地层，电流流动的导电通道与流体渗流的通道直接相关，因此，用这种方法算出的孔隙度称为"连通缝洞孔隙度"及"非连通缝洞孔隙度"，以区别于原来的裂缝孔隙度。

深浅侧向测井值呈"正差异"时储层等效测量模式如图3-4-3a所示。深侧向测井时，发射电极发出的"电流线"穿过了比浅侧向测井"电流线"更多的地层，深侧向测井探测的岩石范围更大，因而深侧向测井测量的地层电阻率值是在浅侧向测量地层的导电性基础上，进一步通过地层中不同类型孔隙成分（连通缝洞、非连通缝洞）导电性"复合"的结果。这种复合也就是所谓"嵌套"。如何复合，复合的次序怎样，则是由测量对象特征决定的（Liu R et al., 2009）。此处，测量对象特征的一个简化描述是地层中连通缝洞的等效产状平面与发射电极发出的电流面夹角的大小。

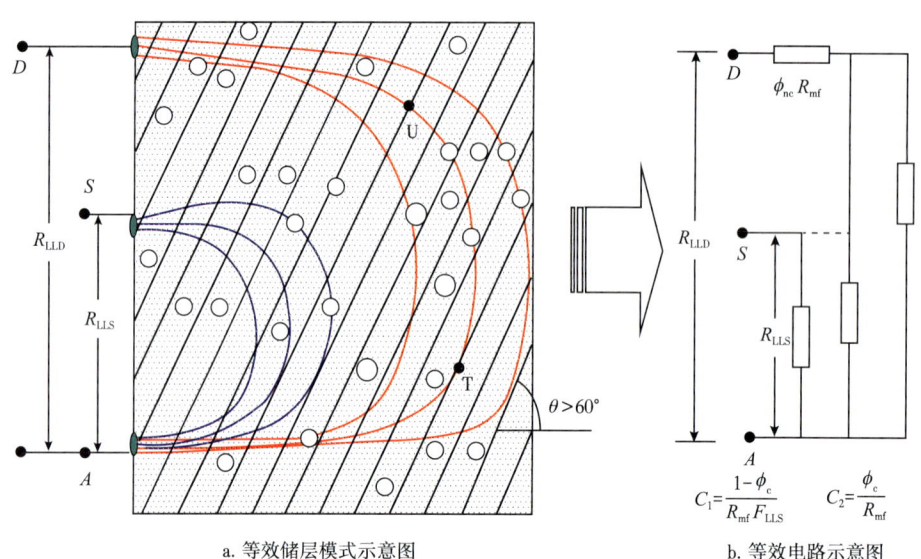

a. 等效储层模式示意图 b. 等效电路示意图

图 3-4-3 双侧向电阻率测井值"正差异"

已有研究（Sibbit et al., 1985）表明, 双侧向的正差异是由地层中等效的高倾角裂缝产生的。在物理图像上, 对于高倾角裂缝, 深侧向测井时发射电极发出的电流在穿入地层深处后, 为了到达接收电极, 必须逐步偏离初始的发射方向。如图中的 T 点, 在此空间点, 其电流几乎是平行于等效的裂缝面传导, 此时地层中的连通缝洞成分是主要电流传导通道。电流近平行于裂缝面通过地层, 可简化为裂缝导电与其他导电成分的并联。电流进一步传导到 U 点, 其电流线几乎与裂缝面垂直, 此时电流在地层中的传导, 非连通孔隙成分的导电性起重要作用, 这正是等效的串联机制。因此, 对于地层发育有高倾角导电缝洞和非连通缝洞的情况, 根据深侧向测井时电流的传导特征, 可将深侧向测量的地层导电性抽象为: 在浅侧向测量结果基础上, 进一步与地层中不同孔隙成分先后"复合"的结果。具体"复合"时, 根据测量过程, 就有了串并联"次序"的概念。对于正差异, "次序"为先与连通缝洞孔隙并联, 再与非连通孔隙串联, 即：

$$\begin{cases} R_{LLD} = \phi_{nc} R_{mf} + (1-\phi_{nc}) R_{f0} \\ \dfrac{1}{R_{f0}} = \dfrac{\phi_c}{R_{mf}} + \dfrac{1-\phi_c}{R_{mf} F_{LLS}}, \quad F_{LLS} = \dfrac{R_{LLS}}{R_w} \end{cases} \quad (3-4-11)$$

深浅侧向测量电阻率等效电路如图 3-4-3b 所示。C_1 是深侧向测井仪在测量浅侧向测量地层的导电性时, 因深侧向穿过连通缝洞孔隙而产生的等效导电特性。值得指出的是, 这样的等效电路, 只是为了直观理解, 并不代表双侧向测井时实际物理过程。

深浅侧向测井值呈"负差异"时的测量模式如图 3-4-4 所示。同样, 深侧向测井时, 发射电极发出的电流线比浅侧向测井时发射电极发出的电流线穿过了更多的岩石地层。在负差异条件下, 等效的裂缝面与仪器发出的电流面的夹角低于 60°（理想条件）。与前面正差异的讨论类似, 深侧向测井值是在浅侧向测量的地层的导电性的基础上, 通过与地层中不同孔隙成分（连通孔隙与非连通孔隙）的导电性进一步"复合"的结果。

所不同的是，此时的测量条件发生了变化，岩石中等效连通缝洞面与深侧向测井仪发出的"电流面"的夹角较小。

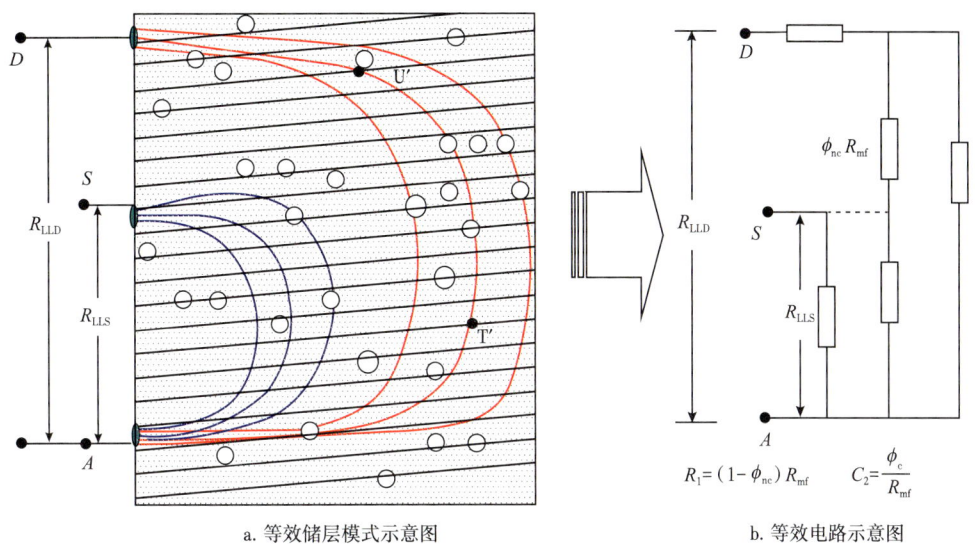

图 3-4-4 双侧向电阻率测井值"负差异"

直观上理解，对于等效的低倾角裂缝，深侧向测井时发射电极发出的电流在穿入地层深处后，为了到达接收电极必须偏离初始的电流发射方向，如图 3-4-4 中的 T′ 点。在此位置点，电流线几乎垂直于等效的裂缝面，地层的导电性主要由非连通的孔隙成分起作用（等效为串联）；随着电流在地层中进一步传导，到达图中 U′ 点时，其传导电流线又几乎与等效的裂缝面平行，等效的裂缝面（连通缝洞）的导电性对仪器的传导电流起主要作用（等效为并联）。因此，深测向测量地层的导电性是在浅侧向测量结果基础上，复合地层中不同孔隙成分的结果，其等效电路如图 3-4-4b 所示。复合的次序为，先与非连通孔隙成分串联，再与连通孔隙成分并联，即：

$$\begin{cases} \dfrac{1}{R_{LLD}} = \dfrac{\phi_c}{R_{mf}} + \dfrac{1-\phi_c}{R_{f0}} \\ R_{f0} = R_{mf}\phi_{nc} + (1-\phi_{nc})R_{mf}F_{LLS} \end{cases} \quad (3\text{-}4\text{-}12)$$

利用式（3-4-9）、式（3-4-10）、式（3-4-11）或式（3-4-12），结合常规测井资料及其优化计算结果，就可计算出地层的连通缝洞孔隙度、非连通孔隙度、骨架孔隙度等参数。

3. 有效性评价

当地层中连通缝洞或非连通缝洞发育时，储集空间的连通性会呈现显著差异。地层胶结指数是地层导电通道弯曲程度的度量，与地层孔隙空间分布密切相关。针对双侧向为正差异的情形，利用地层中导电通道等效电阻的串并联关系，可推导出阿奇公式中的地层因素：

$$F_t = \phi_{nc} + \dfrac{1-\phi_{nc}}{\phi_c + (1-\phi_c)/F} \quad (3\text{-}4\text{-}13)$$

式中：F 为岩石骨架系统的地层因素；F_t 为组合系统的地层因素；ϕ_c 为组合系统中的连通缝洞孔隙度；ϕ_{nc} 为组合系统中的非连通缝洞孔隙度。

进而利用阿奇公式，可得到连通缝洞孔隙度、非连通孔隙度、总孔隙度、基质孔隙度与地层胶结指数间的关系：

$$\phi^{-m} = \phi_{nc} + \frac{1-\phi_{nc}}{\phi_c + (1-\phi_c)/\phi_b^{-m_b}} \qquad (3-4-14)$$

式中：ϕ 为总孔隙度；ϕ_b 为岩石基质孔隙度；m 为组合系统的胶结指数；m_b 为基质孔隙部分的胶结指数，通常取 2.0。

对于双侧向为负差异的情况，通过相似推导可得到胶结指数与不同孔隙度的关系：

$$\phi^m = \phi_c + \frac{1-\phi_c}{\phi_{nc} + (1-\phi_{nc})\phi_b^{-m_b}} \qquad (3-4-15)$$

如果已知连通缝洞孔隙度、非连通孔隙度、总孔隙度、基质孔隙度，即可计算地层的胶结指数 m。胶结指数 m 综合反映了地层的导电通道类型、大小等信息。根据胶结指数 m 值及连通缝洞孔隙度可进一步研究储层的有效性。此外，也可以根据计算的连通缝洞孔隙度、非连通孔隙度、总孔隙度、基质孔隙度值划分储层的类型。

图 3-4-5 展示了 ZG17 井利用三孔隙度进行储层有效性评价的应用实例。ZG17 井 6436.0~6448.0m 井段主要为"基质孔+连通缝洞"类型储层。从成像资料上可以看

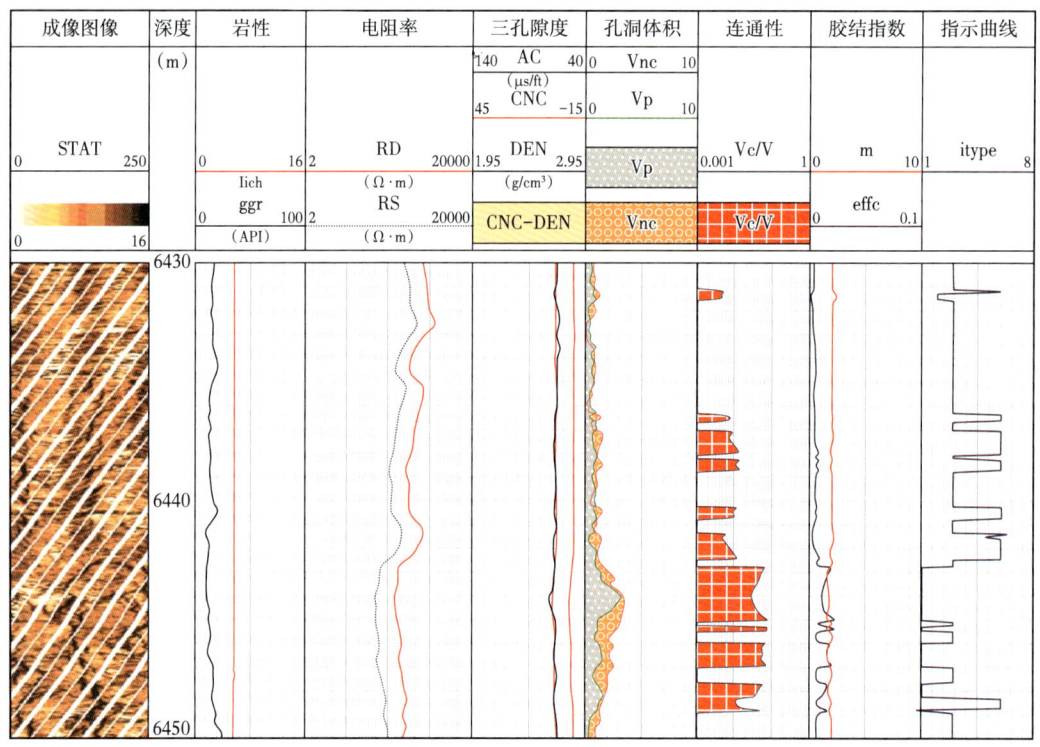

图 3-4-5　ZG17 井三孔隙度模型有效性评价实例

出,该段内溶蚀缝较为发育。该井段双侧向测井值相对于纯基质型储层段有所降低,且呈正差异。三孔隙度测井曲线均有不同程度的响应,其中密度测井值降低,其平均值为 2.682g/cm³;补偿中子与声波时差均增大,统计平均值分别为 -0.003 和 51.13μs/ft。统计分析表明,该段内的连通缝洞孔隙度为 0.0288%,占总孔隙度的比例为 2.4%。可见该井段平行于深侧向电流线的连通缝洞孔隙度占比较大,渗透性好。计算的胶结指数 m 平均值为 1.876。该井 6438~6448m 段酸压,用 6mm 油嘴求产,日产油 53.3m³,日产气 264290m³。测试结论为高产油气层。

二、电成像测井储层有效性判断

1. 孔隙度分布谱概念

全井眼地层微电阻率成像测井(FMI)分辨率高,对不同岩性中的次生构造(如裂缝、溶缝、溶孔、溶洞、泥纹、泥质或方解石充填缝等)反映明显。一般来说,非均质储层通常具有原生、次生双孔隙介质特性,不同储层原生孔隙和次生孔隙所占比例不同。由于次生孔隙的孔径通常比原生孔隙大,渗透性要好得多,因此原生孔隙和次生孔隙的分布特征影响储层的有效性。对于总孔隙度相同的两套地层,显然次生孔隙发育的地层要好于原生孔隙发育的地层。

成像测井仪器采用纽扣电极系测量,在周向和深度上的采样间隔为 0.1in(0.254cm),分辨率为 0.2in。成像测井资料反映了井壁附近地层的层理、裂缝、溶蚀孔洞等地质现象,在储层有效性评价中广泛使用。利用成像测井资料计算地层孔隙度分布的原理如图 3-4-6 所示。通常选取一个图像窗口,用相应的计算方法计算窗口中每个成像测井像素点的孔隙度大小,统计其分布可以了解该窗口对应地层中孔隙度大小的分布情况。若成像测井资料上原生孔隙所占的像素数目大于次生孔隙所占的像素数目,统计的分布如图 3-4-7a 所示;若原生孔隙所占的像素数目小于次生孔隙所占的像素数目,统计分布如图 3-4-7b 所示。

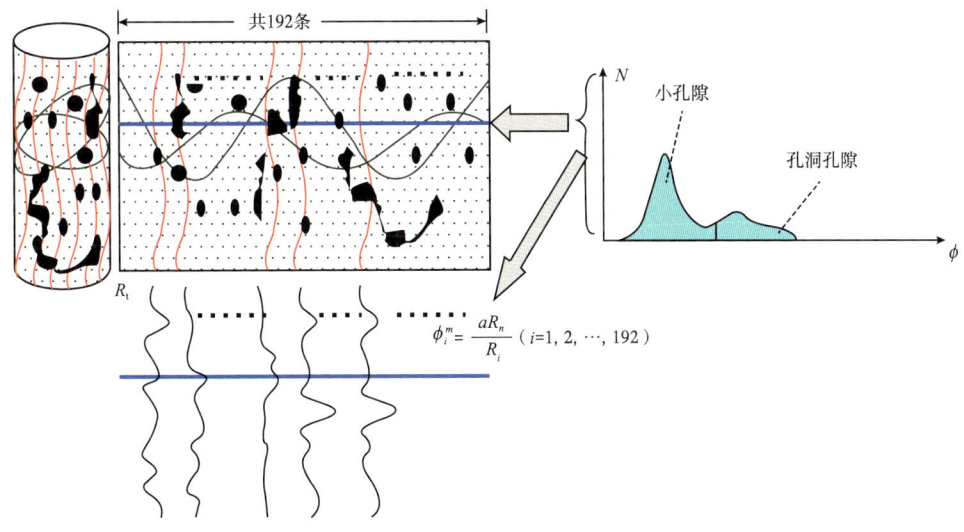

图 3-4-6 FMI 测井资料计算孔隙度分布示意图

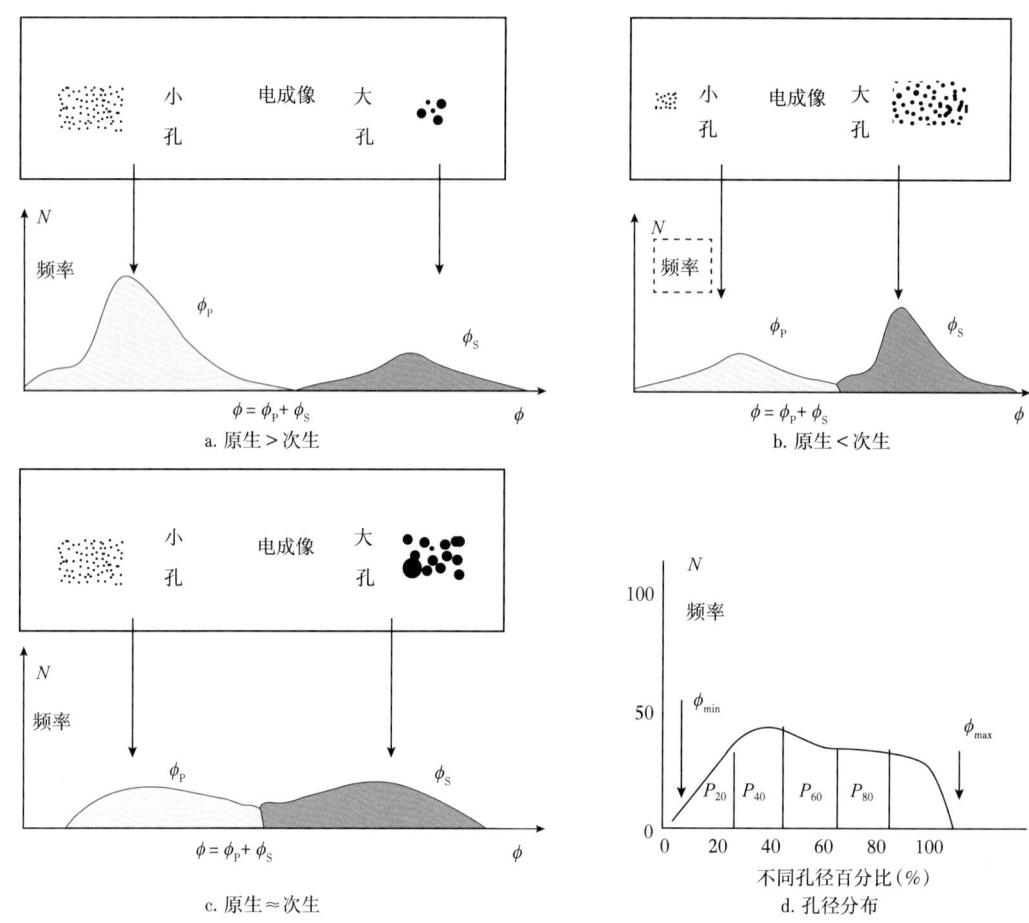

图 3-4-7　孔隙分布直方图与孔隙大小的关系示意图

ϕ_P 和 ϕ_S 分别为原生孔隙度和次生孔隙度；P_{20}、P_{40}、P_{60}、P_{80} 分别代表孔径为 20μm、40μm、60μm、和 80μm 的孔隙频率；ϕ_{min}、ϕ_{max} 分别代表最小孔径孔隙度和最大孔径孔隙度

由图 3-4-7 可以看出，当地层中主要发育原生孔隙时，孔隙度分布谱峰向左偏；当地层中主要发育次生孔隙时，孔隙度分布谱峰向右偏。在地层中孔隙成分的多少不同，其分布状况是不同的。当地层中孔隙变化较大时，可以看到双峰。当地层中不同孔径的孔隙分布较均匀，即各孔径段的孔隙在地层中都有分布时，直方图上的峰值就较低，且比较宽。随着次生孔隙在总孔隙中比重的增加，右边峰的高度将逐渐增高。孔隙度分布图上不同位置孔隙度分布的高低主要取决于不同孔径孔隙在地层中所占比例大小。孔隙度分布谱峰的宽窄表示不同孔径的孔隙在地层中的分布是否均匀。若地层孔隙大小均匀，则分布较窄，反之较宽。

对于大孔隙发育的地层，溶蚀缝洞处的局部电导率值要较其他地方大得多，因而计算的像素孔隙度值较大。若某个像素点计算的孔隙度值较大，表明该像素值所在井壁位置为次生溶孔或溶蚀裂缝；反之，若某个像素点计算的孔隙度值较小，则表明该像素点处次生溶孔不发育。因此，成像测井孔隙度谱表征了井壁孔隙度大小的分布情况，为溶蚀孔洞、裂缝发育程度及储层有效性评价提供了可靠依据。

2. 孔隙度分布谱计算方法

一般而言，在不考虑泥质和导电矿物等影响的前提下，高渗透储层电阻率相对较低，成像图颜色深，为暗线、暗斑或暗块组合特征，斑块的外包络线与孔洞缝的结构特征一致。低渗区电阻率相对较高，成像图颜色浅，为亮块状特征，因此可以通过电成像电阻率的高低表征储层有效性。

电成像测井评价储层有效性的关键是要计算出孔隙度谱，即将成像测井的电导率图像转换为孔隙度图像，其转换桥梁为阿奇公式。计算成像测井孔隙度分布的公式如下：

$$S_w^n = abR_{mf} / \phi^m R_t \quad (3\text{-}4\text{-}16)$$

电成像测井的探测深度较浅，经浅电阻率刻度后的数值基本只反映井壁附近冲洗带的电导率图像。故应满足冲洗带的阿奇公式：

$$S_{xo}^n = abR_{mf} / \phi^m R_{xo} \quad (3\text{-}4\text{-}17)$$

近似假定 $S_{xo}=1$，$b=1$，$n=2$，上式变为：

$$\phi^m = aR_{mf} / S_{xo} R_{xo} \quad (3\text{-}4\text{-}18)$$

由式（3-4-18）可以得到某个电极纽扣电导率转换为孔隙度的公式：

$$\phi_i = \left[\left(aR_{mf} / S_{xo}^n \right) C_i \right]^{1/m} = \left[\left(aR_{mf} / S_{xo}^n R_{xo} \right) R_{xo} C_i \right]^{1/m} = \left(\phi^m R_{xo} C_i \right)^{1/m} \quad (3\text{-}4\text{-}19)$$

式中：ϕ_i 为计算的电导率像素的孔隙度；a 为岩性系数；R_{mf} 为钻井液滤液电阻率，$\Omega \cdot m$；R_{xo} 为冲洗带电阻率，$\Omega \cdot m$；S_{xo} 为冲洗带含水饱和度；n 为饱和度指数；m 为胶结指数；C_i 为电成像电极电导率，S。

在实际孔隙度谱处理过程中，首先选取一个图像窗口，常取 1.2in（3.048cm），用式（3-4-19）计算每个成像测井像素点的孔隙度大小，再统计该窗口内不同区间的孔隙度贡献份额（即频数），可获得孔隙度分布谱。图 3-4-8 为成像资料孔隙度分布计算结果图，其中第七道为计算的孔隙度分布谱。

3. 有效性识别方法

FMI 仪器井周向有 4 对电极，每个极板上有 12 个纽扣电极，纵向上两排排列，一个深度点有 192 个纽扣电极测量结果。为了便于统计计算，将连续 50 个深度点作为一个数据单元进行计算。

在电成像孔隙度谱计算基础上，引入均值表示孔隙度分布谱中主峰偏离基线的程度，用方差（二阶矩）表示孔隙度分布谱的谱形变化（分散性），用孔隙度分布比表示电成像像素孔隙度中大于某一孔隙度值 ϕ_c 像素占所有像素的份额。某深度点孔隙度分布谱均值可用式（3-4-20）计算，孔隙度分布谱方差用式（3-4-21）计算，孔隙度分布比可以用式（3-4-22）计算。

$$\bar{\phi} = \sum_{i=1}^{n} \phi_i P_{\phi_i} / \sum_{i=1}^{n} P_{\phi_i} \quad (3\text{-}4\text{-}20)$$

$$\sigma_{\phi}=\sqrt{\frac{\sum_{i=1}^{n}P_{\phi_i}\left(\phi_i-\overline{\phi}\right)^2}{\sum_{i=1}^{n}P_{\phi_i}}} \qquad (3-4-21)$$

$$K=\sum_{i=\phi_c}^{n}P_{\phi_i}\Big/\sum_{i=0}^{n}P_{\phi_i} \qquad (3-4-22)$$

式中：$\overline{\phi}$ 是电成像像素的孔隙度均值；ϕ_i 是据式（3-4-19）计算的电成像像素的孔隙度；ϕ_c 是某一固定的像素孔隙度值，不同的碳酸盐岩储层其取值不同，数值一般在 50%~200% 之间（如西南油气田碳酸盐岩储层取值为 100%）；P_{ϕ_i} 是相应孔隙度的频数；σ_{ϕ} 是孔隙度分布谱方差；$\sum_{i=10}^{n}P_{\phi_i}$ 是像素孔隙度 $\phi_i > \phi_c$ 的频数；n 是孔隙度份额，采用千分孔隙度，取值范围为 0~1000；K 为孔隙度分布比。

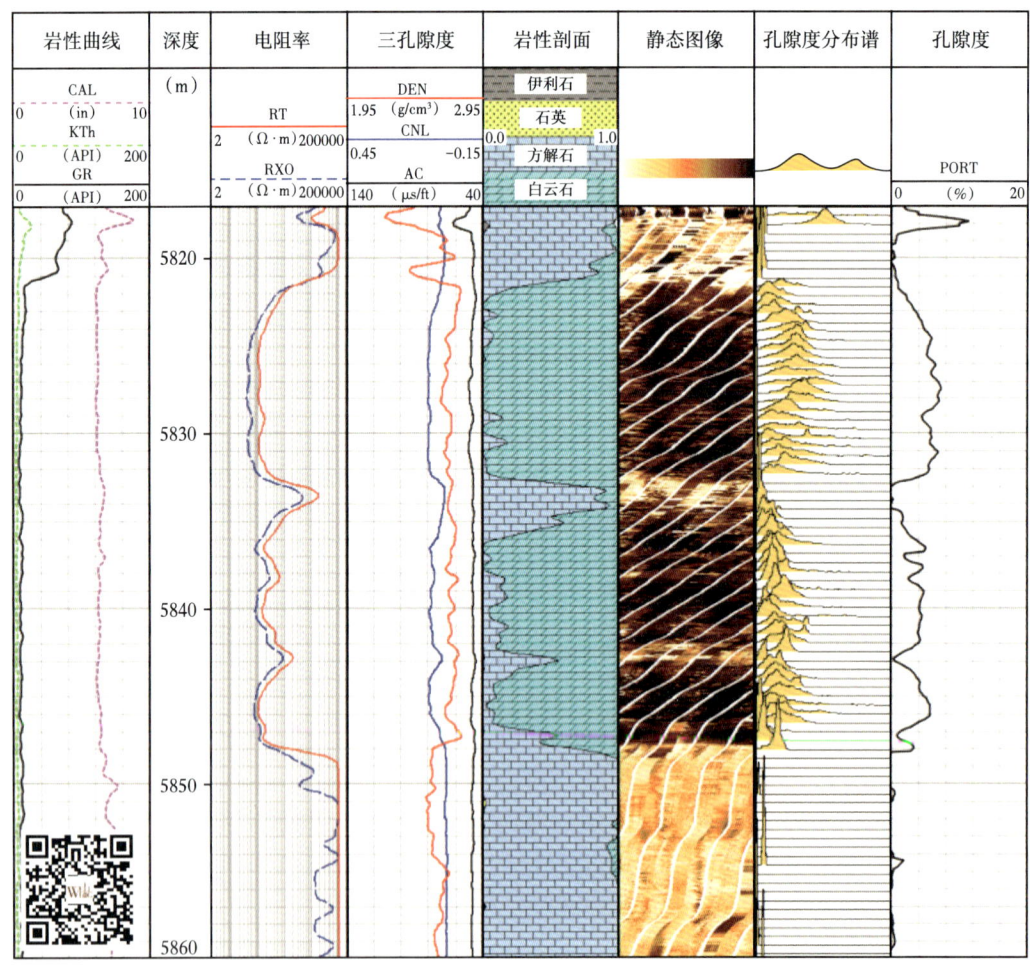

图 3-4-8 电成像测井孔隙度分布谱计算

在孔隙度谱分布参数计算基础上，提出利用孔隙度谱均值与方差构建二维平面进行 4 区间分类、储层有效性评价的方法，如图 3-4-9 所示。其中，横坐标表示孔隙度谱均值，纵坐标表示孔隙度谱形变化的方差。

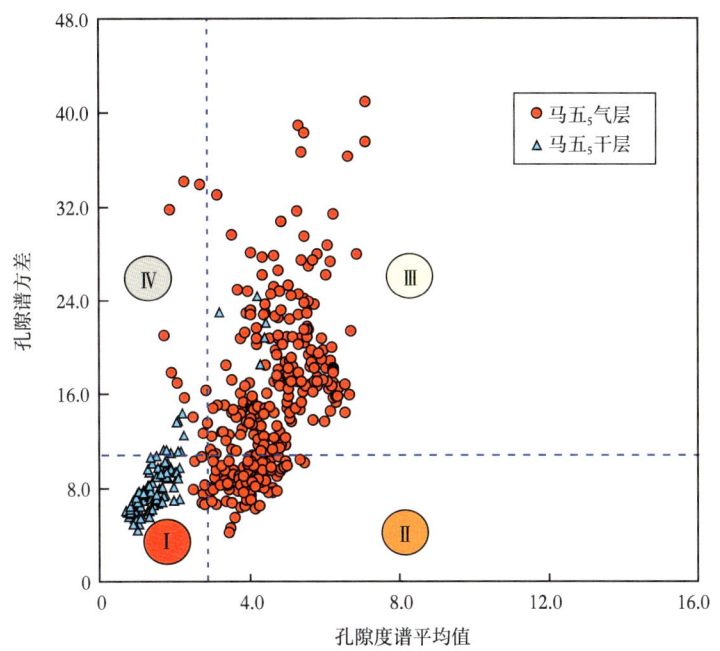

图 3-4-9 孔隙谱储层有效性识别图版

如果样本点落在Ⅰ区，表明该储层段孔隙度成分较小或无大孔隙沟通、谱形变化小，储层大多为干层，即使采取酸化、压裂措施，效果也不明显；如果样本点落在Ⅱ区，表明该储层段有大的孔隙成分但连通性不好，因此建议进行酸化措施，沟通不同的孔隙空间；如果样本点落在Ⅲ区，表明该储层段不仅有大的孔隙度成分，而且连通效果也比较好，即使不采取酸化压裂措施，也能形成有效的自然产能；如果样本点落在Ⅳ区，表明虽然该储层段总孔隙度较小，但含有大的孔隙成分存在，在采取压裂措施的情况下，可以改善储层的连通性，形成有效产层。

为了提高储层有效性测井评价精度，进一步在孔隙度谱平均值与方差构建的二维平面上增加孔隙分布比作为第三维信息，可从孔隙度谱主峰偏离基线的程度、谱形变化和孔隙分布比三个角度对孔隙谱进行全方位定量刻画。图 3-4-10 是三维空间储层有效性识别，黑点为有效储层样本点，方框表示储层为干层的样本点。与以往进行储层有效性识别的直接或者间接技术方法相比，上述方法具有两个特点：（1）立足现有成熟的测井系列，在技术上易于实现；（2）提出的三参数储层有效性识别技术是将电成像测井计算

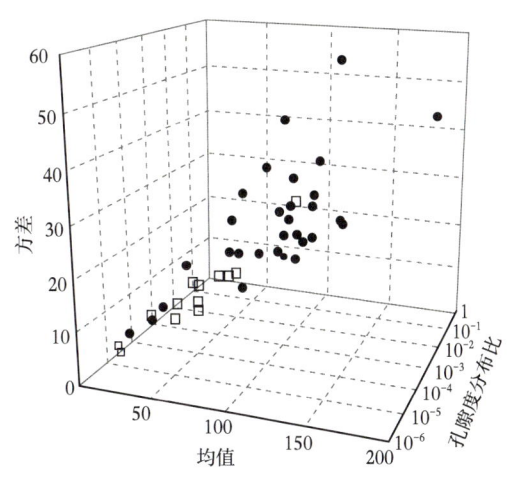

图 3-4-10 三维空间储层有效性识别

获得的孔隙度谱信息进行深入挖掘，定量计算出了能够表征孔隙谱谱形变化的均值和方差参数，并与孔隙度分布比信息有机结合在一起，共同实现储层有效性识别。

三、核磁共振测井储层有效性判断

孔隙度、孔隙结构是影响储层有效性的重要因素，在现有的测井方法中，核磁共振测井无疑是孔隙结构评价最好的选择。因此，在岩心、测试资料分析基础之上，建立储层有效性与核磁共振孔隙结构参数之间的关系，是储层有效性评价的重要方法。

根据核磁共振测井响应机理及毛管压力理论，T_2 谱与毛管压力曲线之间存在一定的转换关系，可直接将 T_2 数据转换为伪毛管压力数据。在伪毛管压力曲线计算基础上，可进一步计算孔喉半径、孔喉均值、分选系数等参数，从而通过核磁共振测井孔隙结构参数评价储层有效性。

实验数据表明，大孔、中孔、小孔进汞饱和度与伪毛管压力曲线间的转换关系是不同的，需要采用分段刻度，但考虑到分辨率、实用性等因素，又不能将其分得过细。对于高孔渗储层，采用分段差分面积法将 T_2 谱幅度换算为进汞饱和度增量取得较好的应用效果。对于低孔渗储层，这种转换方法误差较大，而相似对比法则可以较好地解决这一问题。综合分段差分面积法和相似对比法各自的优点，形成新的转换方法，即给定一个孔隙度门槛值 ϕ_0，当核磁共振有效孔隙度 $\phi > \phi_0$ 时，采用分段差分面积法；反之，采用相似对比法。

下面结合四川盆地龙王庙组岩心核磁共振、压汞实验数据，介绍确定 T_2 谱与压汞毛管压力之间转换系数的方法。

横向转换系数 c 定义为压汞毛管压力 p_c 与核磁共振 T_2 值之间的转化系数，其转换关系式如下：

$$p_c = c \frac{1}{T_2} \quad (3-4-23)$$

式中：p_c 为进汞压力，MPa；c 为横向转换系数，MPa·ms。

纵向转换系数 D 定义为压汞进汞饱和度与核磁共振 T_2 谱面积（核磁共振区间孔隙度）之间比值。根据核磁共振 T_2 截止值概念，采用分段刻度的方法，可进一步把纵向转换系数 D 分为小孔径部分转换系数 D_1 和大孔径部分转换系数 D_2，计算公式如下：

$$D_1 = \sum_{j=M_1}^{N_i} S_{\text{HgCore}}(j) / \sum_{i=1}^{M} A_{m,i} \quad (3-4-24)$$

$$D_2 = \sum_{j=1}^{N_1} S_{\text{HgCore}}(j) / \sum_{i=M}^{N} A_{m,i} \quad (3-4-25)$$

式中：D_1 为纵向小孔径部分转换系数；D_2 为纵向大孔径部分转换系数；$S_{\text{HgCore}}(j)$ 为压汞曲线第 j 个分量的累计进汞饱和度；N 为核磁共振总分量个数；N_1 为压汞曲线总分量个数；$A_{m,i}$ 为 T_2 谱经横向刻度转换后的伪毛管压力曲线第 i 个分量的幅度；M、M_1 分别为孔径尺寸分界点处对应的核磁共振总分量个数和压汞分量数。

图 3-4-11 为某岩心样品 T_2 谱与压汞毛管压力曲线纵横向转换系数求取示意图。当给定任意一个 c 值，可利用累计 T_2 谱转换得到的伪毛管压力曲线与岩心毛管压力曲线求 c 的最优解：若利用分段等面积法，则是求两曲线所夹面积（阴影部分面积）最小；若利用相似对比法，则是求两条曲线相关系数最大。采用相应的数值计算方法可得到 c 的最优解，并同时得到对应 D_1、D_2 的最优解。

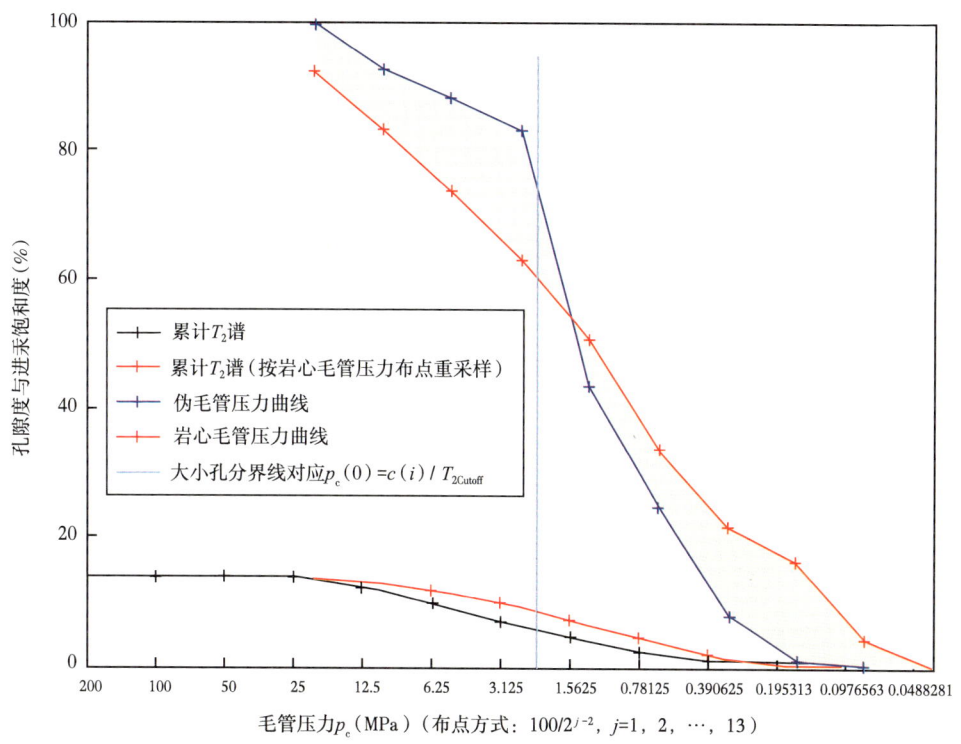

图 3-4-11　纵横向转换系数求解过程（固定 $c=100$）

根据获得的伪毛管压力曲线，可以进一步计算孔隙结构参数，如最大孔喉半径 r_{max}、排驱压力 p_{th}、孔喉加权均值 r_{avg}、饱和度中值压力 p_{50}、饱和度中值半径 R_{50} 等，相应的计算公式如下：

$$r_{max} = \frac{r(i)\Delta S_{Hg}(i) + r(i-1)\Delta S_{Hg}(i-1)}{S_{Hg}(i) + \Delta S_{Hg}(i-1)} \quad (3\text{-}4\text{-}26)$$

$$p_{th} = \frac{0.735}{r_{max}} \quad (3\text{-}4\text{-}27)$$

$$r_{avg} = \frac{\sum_{i=1}^{13} r(i)\Delta S_{Hg}(i)}{\sum_{i=1}^{13} \Delta S_{Hg}(i)} \quad (3\text{-}4\text{-}28)$$

$$p_{50} = \frac{p_c(i+1) - p_c(i)}{S_{Hg}(i+1) - S_{Hg}(i)} \left[50 - S_{Hg}(i) \right] + p_c(i) \quad (3-4-29)$$

$$R_{50} = \frac{0.735}{p_{50}} \quad (3-4-30)$$

式中：$\Delta S_{Hg}(i)$ 为伪毛管压力曲线第 i 个分量的进汞饱和度，%；$S_{Hg}(i)$ 为伪毛管压力曲线第 i 个分量的累计进汞饱和度，%；$r(i)$ 是第 i 个孔喉半径，μm；$p_c(i)$ 为第 i 个分量的毛管压力。

利用上述方法可将核磁共振测井 T_2 谱转化为伪毛管压力曲线，并同时计算排驱压力、饱和度中值压力、饱和度中值半径、最大孔喉半径、孔喉加权均值等孔隙结构特征参数。孔隙结构是影响有效性的重要因素。图 3-4-12 为西南油气田龙王庙组已试气井测试产量与核磁共振测井计算孔喉半径加权均值关系图，从图中可以看出，两者之间具有很好的正相关性，即孔喉半径加权均值越大，测试产量越高。根据龙王庙组工业气井产量下限标准（日产气 $2 \times 10^4 m^3$），可以确定孔喉半径加权均值大于 0.04μm 为有效储层下限。图 3-4-13 为 MXH 井龙王庙组核磁共振测井孔隙结构评价成果图。从图中可以看出，深度段 4601~4610m，核磁共振有效孔隙度为 4.4%，测井计算孔喉半径加权均值为 0.3μm，最大孔喉半径为 5.4μm，符合有效储层解释标准，对该井段酸压试气，日产气 $7.27 \times 10^4 m^3$，测试结论为气层。

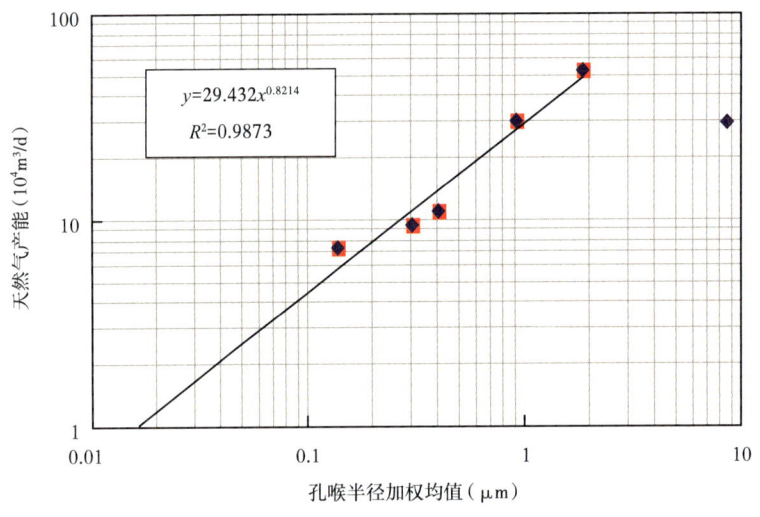

图 3-4-12 孔喉半径加权均值与产能之间关系

四、斯通利波储层有效性判断

对于非均质缝洞储层而言，如何准确评价裂缝的发育情况及有效性是储层测井评价的关键。微电阻率成像测井通常用于观察井壁表面裂缝发育情况，进而计算裂缝宽度、倾角等信息，但微电阻率成像测井难以确定裂缝的径向延伸情况和填充情况（当裂缝被低阻物质填充时，电成像图像上也显示为暗色），难以评价裂缝的有效性。

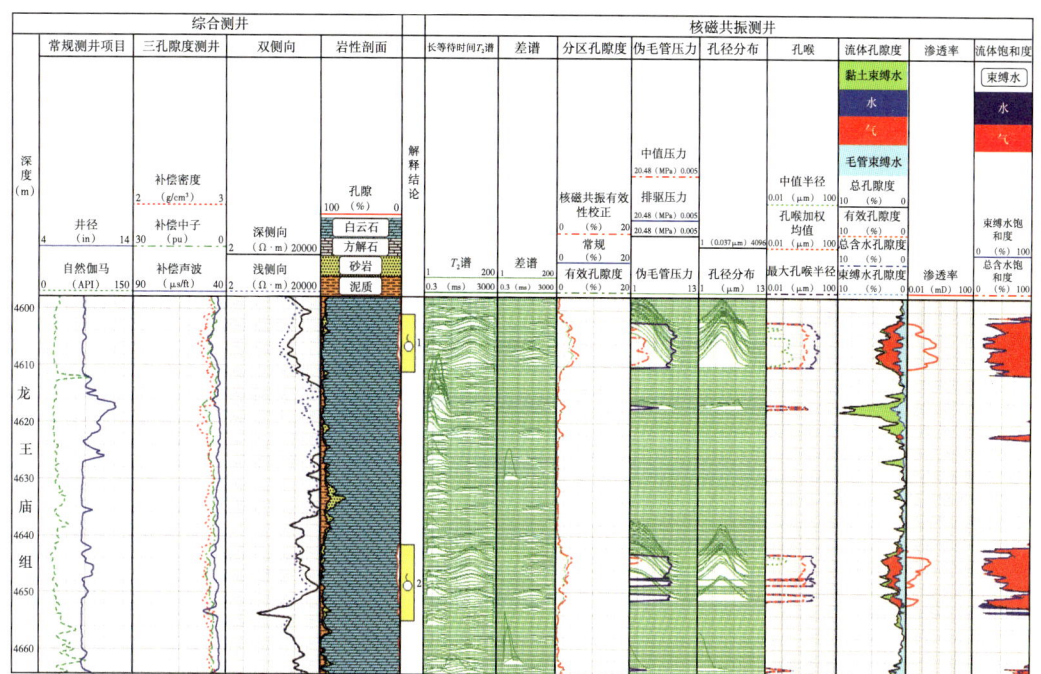

图 3-4-13 MXH 井核磁共振测井储层有效性评价

斯通利波是沿井筒表面滑行传播的面波。当井筒中钻井液与裂缝和溶蚀孔洞连通时，斯通利波将导致钻井液向储层流动，从而产生能量衰减，体现在波形上则表现为时间延迟和频率偏移等现象（唐晓明等，2004）。因此，在溶蚀缝洞发育的井段，若观测到斯通利波能量衰减值较高，就能指示溶蚀缝洞具有较好的连通性和渗透性。

斯通利波在尺度较大的裂缝位置还会产生反射现象，由于反射波信号与直达波信号相比到时较晚，在变密度波形图中将出现"人"字形图形特征。利用这一特征可以识别宏观裂缝，并定性评价裂缝有效性。更精确的定量评价还需要通过进一步计算斯通利波反射系数等来实现。

1. 归一化的斯通利波能量衰减

为了更好地反应地层的渗透性，首先进行斯通利波能量值的归一化，以消除非地层因素的影响。通常将某井段斯通利波能量作直方图统计分析，选取最大值作为斯通利波能量的基值，将目的层段的斯通利波能量值除以基值，得到归一化后的斯通利波能量值。通过归一化处理后的能量值基本上消除了测井仪器或者测量方式不同造成的能量差异。

斯通利波能量衰减的计算：

$$AST = (1-AMPST/AMPSTM) \times 100\% - (1-AMPST/AMPSTM) \times 100\% \times V_{sh}$$

式中：AST 为归一化和岩性校正的斯通利波能量衰减；AMPST 为斯通利波能量；AMPSTM 为致密层斯通利波能量（设为可变参数，隐含值 1000）；V_{sh} 为泥质含量，小数。

$$ASTC = AST - [67.683\ln(CAL-BIT) + 476.33]$$

式中：ASTC 为井眼校正后的斯通利波能量衰减（校正图版如图 3-4-14 所示）；AST 为致密层井眼增大时的斯通利波能量衰减；CAL 为井径；BIT 为钻头尺寸；CAL 为致密层

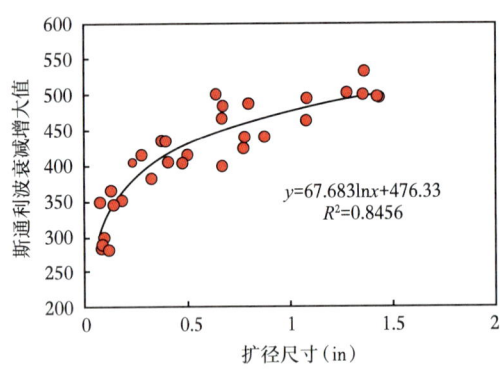

图 3-4-14 斯通利波能量衰减井眼校正图版

井眼增大时的井径值。

通过能量值的归一化处理，同时作井眼校正，可以消除非地层因素的影响，这样处理后的斯通利波能量衰减量就可以评价储层有效性。

根据已获工业气、低产以及微气井的斯通利波能量衰减分布情况，微气井的斯通利波能量衰减主要分布在 0~10% 之间，工业气井的斯通利波能量衰减在 10% 以上，高产井在 20% 以上，如图 3-4-15 所示。因此，可建立基于斯通利波能量衰减的储层有效性评价准则：

（1）Ⅰ类渗透层：ASTC ≥ 20%。

（2）Ⅱ类渗透层：10% ≤ ASTC < 20%。

（3）Ⅲ类渗透层：ASTC < 10%。

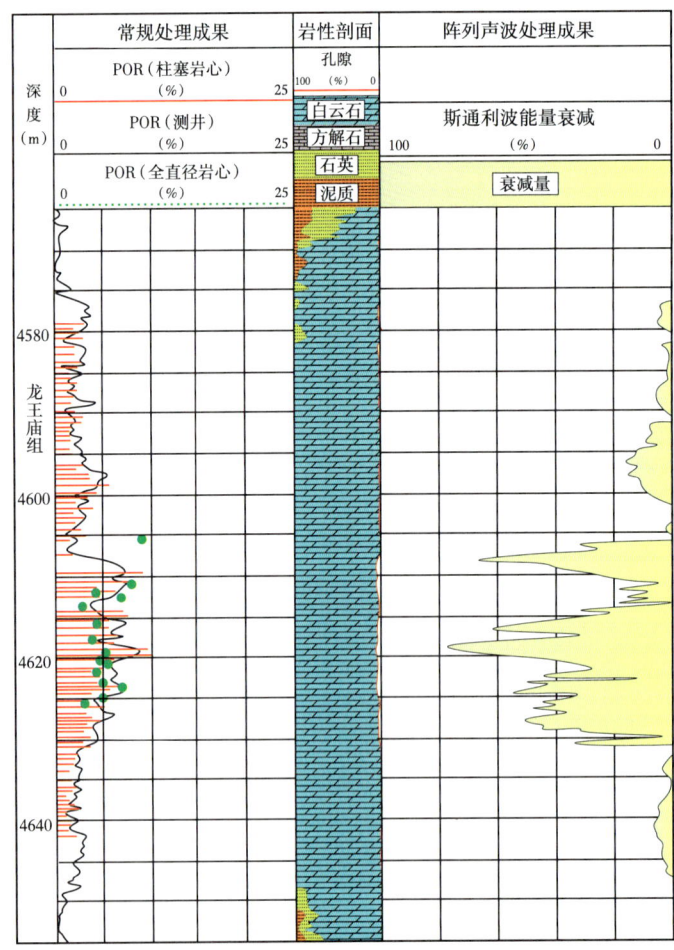

图 3-4-15 斯通利波能量衰减评价储层渗透性

2. 斯通利波相对幅度

除归一化的斯通利波幅度之外，反射系数、透射系数也可以反映裂缝的有效性。李宁等（2021）通过实验研究了不同裂缝条件下斯通利波相对幅度（经过裂缝后的斯通利波幅度与经过裂缝前斯通利波幅度的比值）的变化规律。

图 3-4-16 中蓝色虚线代表裂缝中心所在位置，从图中可观察到，斯通利波经过裂缝之后幅度明显降低。本书将斯通利波幅度定义为斯通利波峰峰值，即斯通利波波包峰值和谷值的差值。图 3-4-16 中 15 道波形对应的斯通利波幅度如图 3-4-17 所示。图 3-4-17 中横坐标代表测量探头与岩心顶端的距离，纵坐标代表斯通利波幅度。红色虚线代表裂缝中心所在位置，其左侧区域的数据点为探头位于裂缝上部（即经过裂缝前）不同位置的斯通利波幅度，其右侧区域的数据点为探头位于裂缝下部（即经过裂缝后）不同位置的斯通利波幅度。图 3-4-17 表明，斯通利波幅度并非到达裂缝才开始衰减，在到达裂缝之前、经过裂缝之后的一定范围内均存在衰减，即裂缝对斯通利波的影响并非局限于裂缝所在位置，而是存在于裂缝附近一段区域内。因此，可以根据斯通利波的传播特征，采用相对幅度定量描述斯通利波经过裂缝前后的衰减，并根据衰减的大小判断裂缝的张开度、倾角、填充程度及延伸长度，进而进行储层有效性判断。

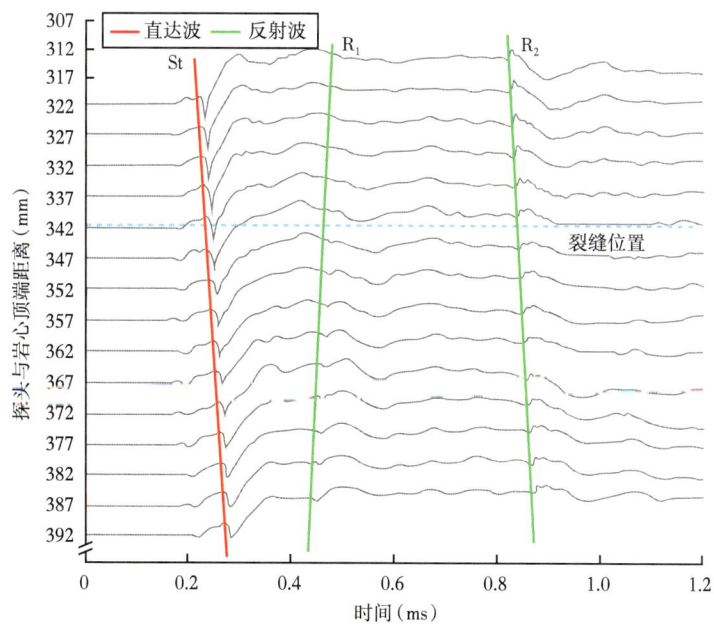

图 3-4-16 水平裂缝模型斯通利波实验测量波形

3. 斯通利波时间延迟和频率偏移

尽管在对储层渗透率定量计算基础上进行有效性判断是最为可靠的，但考虑到斯通利波渗透率定量计算过程的复杂性，可以在计算渗透率之前，通过对比实测斯通利波与理论模拟斯通利波来定性判断裂缝及储层有效性。模拟实际测井环境中斯通利波的传播，需主要考虑地层弹性性质和井径变化等与渗透率无关的影响因素。而实际斯通利波测井资料中既包含上述非渗透性影响，又包含渗透性影响。因此理论模拟与实际测量斯通利波之间的差异就能反映储层渗透性。

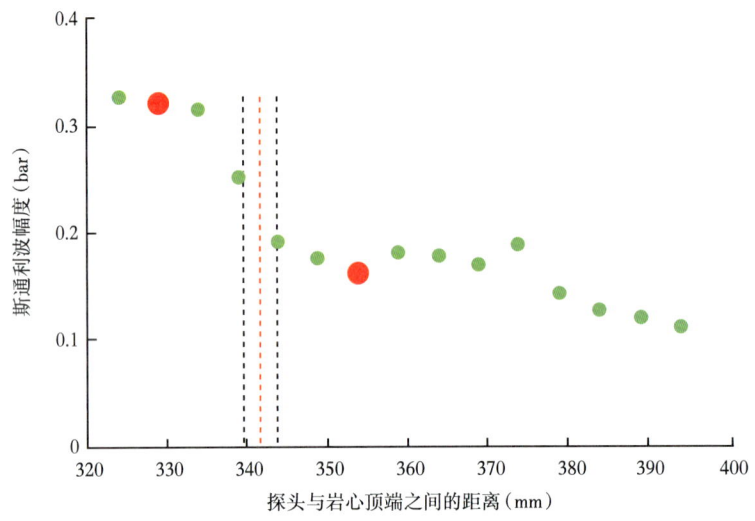

图 3-4-17　斯通利波经过裂缝后的幅度衰减

对于理论和实测斯通利波振幅谱，其中心频率和关联变量可以用下式来计算：

$$\begin{cases} f_c = \int fW(f)\mathrm{d}f / \int W(f)\mathrm{d}f \\ \sigma^2 = \int (f-f_c)W(f)\mathrm{d}f / \int W(f)\mathrm{d}f \end{cases} \quad (3\text{-}4\text{-}31)$$

而对一列斯通利波的时间域波形，其中心时间可用下式计算：

$$T_c = \int t[W(t)]^2 \mathrm{d}t / \int [W(t)]^2 \mathrm{d}t \quad (3\text{-}4\text{-}32)$$

根据上述公式，可以获得实测波形和模拟波形之间的频移和时间延迟：

$$\begin{cases} \Delta f_c = f_c^{\mathrm{syn}} - f_c^{\mathrm{msd}} \\ \Delta T_c = T_c^{\mathrm{syn}} - T_c^{\mathrm{msd}} \end{cases} \quad (3\text{-}4\text{-}33)$$

式中：f_c 为中心频率；W 表示测量得到的波形；f 为频率；σ^2 表示方差；t 为时间；T_c 为中心时间；f_c^{syn} 为理论模拟得到的中心频率；f_c^{msd} 为实际测量波形的中心频率；Δf_c 表示频移；T_c^{syn} 表示理论模拟得到的中心时间；T_c^{msd} 表示实际测量波形的中心时间；ΔT_c 表示时滞。

由于地层渗透性会使声波传播能量衰减增大、传播速度减小，而在斯通利波的正演模拟过程中只考虑了地层的弹性，没有涉及地层的渗透性。因此，频移和时滞这两个参数之间的相关性或对应性可以用来判断地层的渗透性。例如，若某一深度区域同时存在频移和走时滞后现象，那么就可初步判定该物理现象与地层渗透率有关，地层应为渗透性地层。

五、横波频散储层有效性判断

以斯伦贝谢测井服务公司的阵列声波测井仪（Sonic Scanner）为例，Sonic Scanner 包含 13 个相邻间距 0.5ft 的接收装置，每个接收装置又包含 8 个周向分步的接收器，共有

104个接收器。Sonic Scanner偶极横波测量波形频率分布范围大致为0.5~9kHz，涵盖了低频单极子、高频单极子以及四分量偶极等多种测量模式，四分量偶极横波波形可用于开展频散特征分析，进而判断地层各向异性及其产生原因，比如应力诱导和井旁裂缝等。

1. 基本原理

在复杂碳酸盐岩地层中，裂缝发育程度是判别储层有效性及产能的重要指标，通常利用双侧向测井曲线来定性识别裂缝，进一步利用微电阻率成像测井资料对裂缝发育程度和裂缝产值进行精细分析，但由于微电阻率成像测井探测深度较浅，无法确定裂缝在地层中延伸状况，因此难以判断裂缝的有效性。阵列声波测井可以通过反演快慢横波速度差来确定地层各向异性程度，其探测深度大约为一个横波波长（1m）；综合分析快、慢横波频散特征和微电阻率成像，还能判断各向异性是否由天然裂缝引起，进而明确裂缝在地层中延伸状况即裂缝有效性。

横波各向异性主要有两种成因，一种是由地层中成组定向发育的中高角度裂缝引起的，此时快横波频散曲线（图3-4-18红线）与慢横波频散曲线（图3-4-18蓝线）完全分离并平行分布；另一种是由于最大水平主应力和最小水平主应力存在较大差异引起的，此时快、慢横波频散曲线交叉。

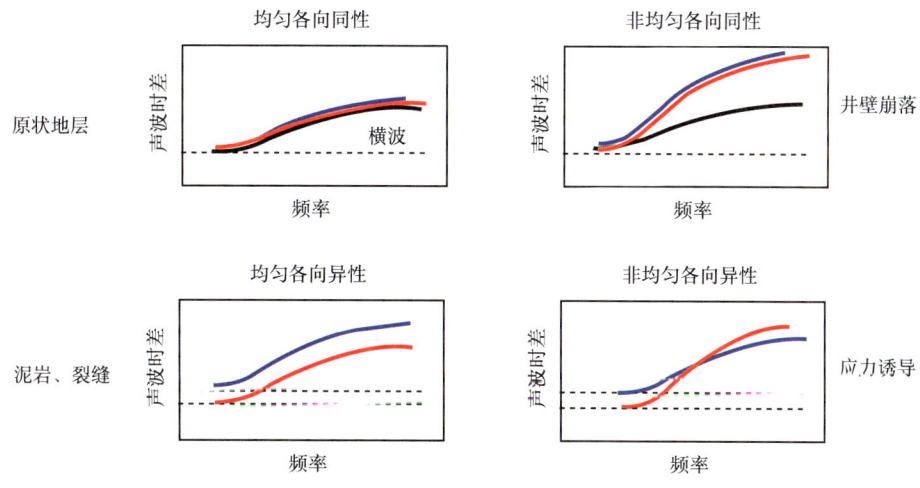

图3-4-18 声波频散分析

此外，钻井时采用的钻井液密度大小是影响声波各向异性的关键因素。当钻井液密度较大时，可能导致井旁储层在最大水平主应力方向上产生诱导缝；当钻井液密度较小时，可能导致井旁储层在最小水平主应力方向上产生井眼垮塌，甚至出现椭圆井眼。诱导缝和椭圆井眼也会引起横波各向异性响应，值得注意的是，这种横波各向异性不是反映储层固有特征的各向异性，需加以区分。

2. 评价方法

结合阵列声波和微电阻率电成像测井资料，建立裂缝有效性识别图版，如图3-4-19所示，基于横波频散特征图将测井响应特征分为9类。

（1）如果过井裂缝为张开缝，那么在横波频散特征图上就应该能看到快（红色）、慢（蓝色）横波平行分开，横波各向异性值高；在微电阻率成像测井图像上将观察到的裂缝以溶蚀缝和高导缝为主。

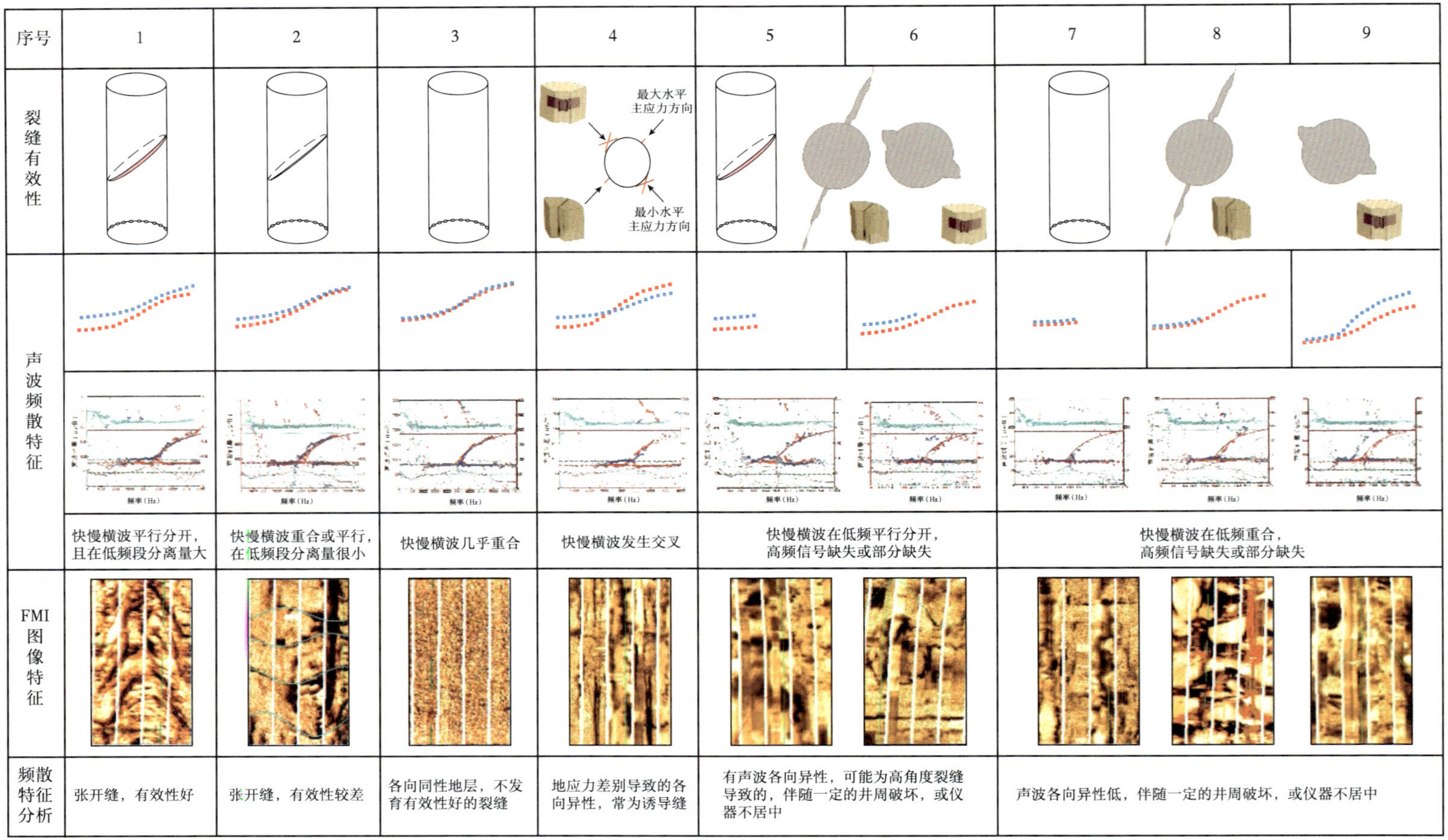

序号	1	2	3	4	5	6	7	8	9
裂缝有效性	(图示)	(图示)	(图示)	(图示)	(图示)	(图示)	(图示)	(图示)	(图示)
声波频散特征	(图示)	(图示)	(图示)	(图示)	(图示)	(图示)	(图示)	(图示)	(图示)
	快慢横波平行分开，且在低频段分离量大	快慢横波重合或平行，在低频段分离量很小	快慢横波几乎重合	快慢横波发生交叉	快慢横波在低频缺失，高频信号缺失部分缺失	快慢横波在低频平行分开，可能为高角度裂缝		快慢横波在低频重合，高频信号缺失或部分缺失	
FMI图像特征	(图示)	(图示)	(图示)	(图示)	(图示)	(图示)	(图示)	(图示)	(图示)
频散特征分析	张开缝，有效性好	张开缝，有效性较差	各向同性地层，不发育有效性好的裂缝	地应力差别导致的各向异性，常为诱导缝	有声波各向异性，伴随一定的井周破坏，或仪器不居中		声波各向异性低	快慢横波低频重合，高频信号缺失或部分缺失	伴随一定的井周破坏，或仪器不居中

图3-4-19 电成像结合横波频散判断裂缝有效性图版

（2）如果过井裂缝有效性一般，那么在横波频散特征图上就应该能看到快、慢横波重合或平行，两者分离量较小，横波各向异性值低；在微电阻率成像测井图像上将观察到少量裂缝，以不连续高导缝为主。

（3）如果没有穿过井孔的裂缝，或者过井裂缝为无效缝，那么在横波频散特征图上就应该能看到快、慢横波几乎重合，横波各向异性值低；在微电阻率成像测井图像上显示无裂缝，或只能观察到少量高导缝。

（4）如果地层本身在水平方向上存在应力差，但由于钻井液密度过高导致井壁产生钻井诱导缝，那么在横波频散特征图上就应该能看到快、慢横波交叉，横波各向异性值高；在微电阻率成像测井图像上应该能看到钻井诱导缝。

（5）如果地层中有天然裂缝穿过井孔，且裂缝密度较高，那么在横波频散特征图上应该能看到快、慢横波在低频部分平行分开，在高频部分信号衰减严重，横波各向异性值高；在微电阻率成像测井图像上能观察到裂缝。

（6）如果地层有天然裂缝穿过井孔，且地层本身在水平方向上存在应力差，且由于钻井液密度过低，导致井壁崩落，甚至形成椭圆井眼，那么在横波频散特征图上应该能看到快、慢横波在低频部分平行分开，高频部分慢横波信号衰减，或快、慢横波均衰减严重，横波各向异性值高；在微电阻率成像测井图像上应该能观察到裂缝和井壁破坏。

（7）（8）（9）情况较为类似，如果没有裂缝穿过井孔，或者裂缝有效性差，地层本身在水平方向上存在应力差，并且井壁发生崩落甚至形成椭圆井眼，那么在横波频散特征图上就应该能看到快、慢横波在低频部分几乎重合，在高频部分或者是慢横波信号衰减严重，横波各向异性值低；在微电阻率成像测井图像上应该观测不到明显裂缝。

在四川盆地磨溪地区 MXI 井灯二段顶部，利用偶极横波测井方法探测到地层横波各向异性，横波频散特征图上可以看到快、慢横波平行分离，说明各向异性是由裂缝导致的。而微电阻率成像图上也观察到了高导缝发育，从而印证了 MXI 井灯二段顶部裂缝的存在，且这些裂缝是有效的，如图 3-4-20 所示。该种声波频散类型对应于图 3-4-19 中的第 1 种类型。MXI 井灯二段酸压后试油产气 $11.67\times10^4 m^3/d$，产水 $28.8m^3/d$。需要说明的是，该层段酸压可能沟通了下部的水层，测试层段应为气层。

六、远探测声波储层有效性判断

在实际生产中，碳酸盐岩等复杂岩性储层具有强烈的非均质性和各向异性，井周储层物性不好，导致一批井的常规测井响应显示井筒附近储层较差，但经酸化压裂测试后却获得高产油气流，上述矛盾时有发生。因此，如何准确识别井旁隐蔽缝洞体是碳酸盐岩等复杂岩性储层有效性评价的关键。现有常规和微电阻率成像测井仅能够准确评价井周 1~2m 范围内储层发育情况。探测范围更远、成像精度更高的技术方法和测量手段一直是测井界的不懈追求。声波测井仪器在井内激发高频声波信号（1~20kHz），声能量主要沿着井壁传播产生折射纵、横波和多种类型的面波（斯通利波、伪瑞利波和弯曲波等）。加大声源辐射功率可使更多能量透过井壁进入地层深处，当其遇到裂缝、洞穴或储层边界等波阻抗与地层存在差异的地质构造时，将以反射波形式回传到井孔被接收换能器记录。采用数字信号处理方法，从接收记录中提取这部分反射波，并对其进行偏移成像，可获得井外反射体的位置、方位和形态等参数，这是远探测声波测井的基本原理。实际测量证明，远探测声波测井的径向探测范围可覆盖3~50m，分辨率1m左右，大大拓展了测井技术的探测范围。

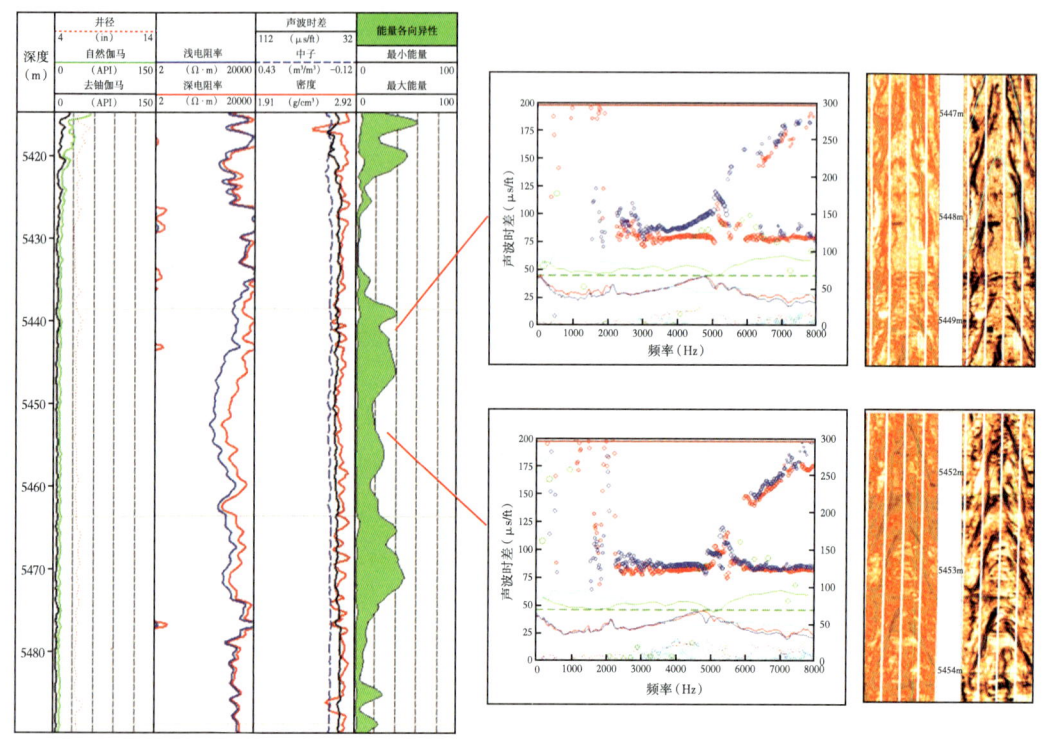

图 3-4-20　MXI井灯二段横波频散分析图及电成像图

斯伦贝谢公司的Hornby于1989年最早提出远探测方法，利用f-k滤波等方法从声波测井数据中提取出代表井旁裂缝的反射纵波信号。1998年，Esmersoy等以斯伦贝谢阵列声波测井仪器DSI为初始版本，通过增加声源—接收器距离等方式，研制了世界上第一台专门用于井外地质体探测的单极纵波远探测仪器（BARS）。1999年，Yamamoto等针对BARS采集的远探测数据，提出利用反褶积对多道波形聚焦处理的方法，达到增强反射波振幅的目的，实现了碳酸盐岩地层中裂缝的成像。2002年，Li等通过分析XMAC仪器（美国贝克休斯公司的远探测仪器）采集的远探测波形数据，提出将垂直地震剖面（VSP）数据处理方法引入纵波远探测处理流程中的研究思路，取得了良好成效。

20世纪末，中国学者开始远探测声波测井方法研究和仪器研制工作。2005年中国石油大港油田测井公司柴细元团队在楚泽涵教授的指导下研制成功国内第一支专门用于井外反射体探测的下井仪。通过加大源距、增加发射功率和阵列接收等方式首次在井下获得清晰的反射波信号，这是中国声波测井发展的一个重要里程碑。2006年，在李宁的组织带领下，中国石油勘探开发研究院测井遥感所与物探技术研究所合作攻关，首次提出井下反射波叠前逆时偏移成像方法。2009年6月，塔里木油田勘探开发研究院测井中心肖承文团队依据该方法成功在轮东2井6720m深度处距井壁8~22m发现了缝洞体，并经酸化压裂后的导流曲线所证实，该井试油获高产工业油气流。进一步在哈得24、新垦6等30余口重点井开展规模应用，基本解决了井壁外30m范围内的裂缝、断层和溶蚀孔洞的探测问题。2009年后，在中国石油测井攻关项目的进一步推动下，利用远探测声波识别发现井外隐蔽储层的应用研究迅速在国内外展开。

1. 基本原理

远探测声波测井成像测井技术的测量原理与二维地震方法相似，测量的主要目的是用反射波对地层反射体进行成像。当仪器上的声源被激发时，产生的声波可以按照传播方向分为两类：一类是直接沿井传播的波，包括滑行纵波、滑行横波、导波以及斯通利波，这即为常见的井中模式波；另一类是声源辐射到井外的能量，它在地层中被地质构造界面反射回到井中并被仪器的接收器所接收，这些波在声波测井中称为反射波，它们的振幅比起井中模式波来说通常要小得多。所以，在明确远探测声波测井方法原理之后，还需利用数字信号处理方法从实际测井资料中提取代表井外缝洞体的反射波并对其进行偏移成像。

远探测声波测井仪器主要由发射声系、隔声体、接收声系以及电子短节构成。在井下采用单极子源和单极子接收器的远探测技术称为单极纵波远探测技术，这是远探测声波测井技术方法发展的开端。然而，由于单极子源辐射声场的轴对称性，最初研制的远探测仪器不具备对井外裂缝的方位分辨能力。为了解决这一问题，国内外学者提出两种技术方案：（1）Pistre等和乔文孝等提出将单极接收器更换为沿着仪器环向分布的多个圆管或片状接收器，用于接收来自井外不同方位的反射纵波信号；（2）唐晓明等和魏周拓等在已成功研制的正交偶极阵列声波测井仪器基础上，利用偶极子源的偏振特征发展横波远探测方法，并系统研究了偶极子源激励横波的指向性特征，首次提出一套基于偶极四分量反射波数据的井外反射体方位确定方法。2014年，苏远大等设计了两口距离4m的直井，在一口井中实施偶极横波远探测测井，成功探测到另一口井的位置和方位信息，验证了偶极横波远探测方法可行性。当前，单极纵波远探测和偶极横波远探测是远探测声波测井的两个主要发展方向，以下分别讨论。

1）单极纵波远探测

单极子源通常采用如图3-4-21a所示的圆管结构的压电振子，其在沿径向膨胀和收缩的振动过程中始终保持圆管状的对称外形不变，在水平方向的辐射指向性基本为一圆面，如图3-4-21b所示。单极子源主要向井外地层中均匀辐射纵波能量，当这些能量触碰到裂缝等声阻抗不连续界面时，将产生反射纵波反传回井孔，单极子接收器也将接收来自井外各个方位的综合反射信息。因此，基于这种方法原理设计的单极纵波远探测技术及装备不具备对井外反射体的方位分辨能力。

2）偶极横波远探测

偶极子声源通常采用如图3-4-22a所示的片状结构压电振子，$X+$ 和 $X-$ 方向的压电振子在振动过程中始终保持为同一方向，导致其在水平方向的辐射指向性基本为一旋转90°的"8"形（图3-4-22b），$Y+$ 和 $Y-$ 方向的压电振子组合振动后对应的辐射指向性则为"8"形。因此，偶极子源 X 分量发射、偶极子接收器 X 分量接收波形通常称为 XX 波形，同理可获得 XY、YY 和 YX 波形，这四组波形统一称为偶极四分量波形。因为偶极子源不再是向地层中均匀辐射声波能量，基于这种原理设计的偶极横波远探测技术及装备对井外反射体具备了一定的方位分辨能力。

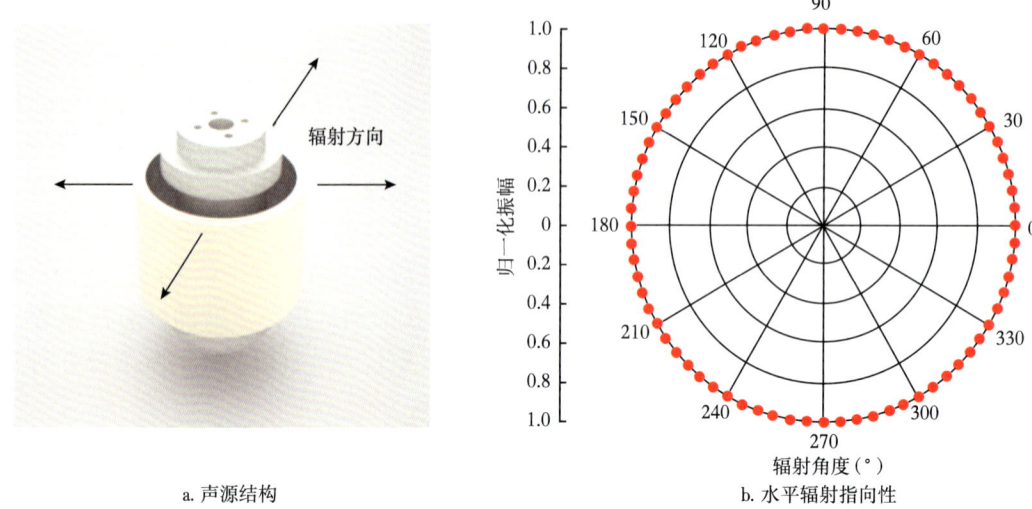

图 3-4-21　单极子声源结构及辐射指向图

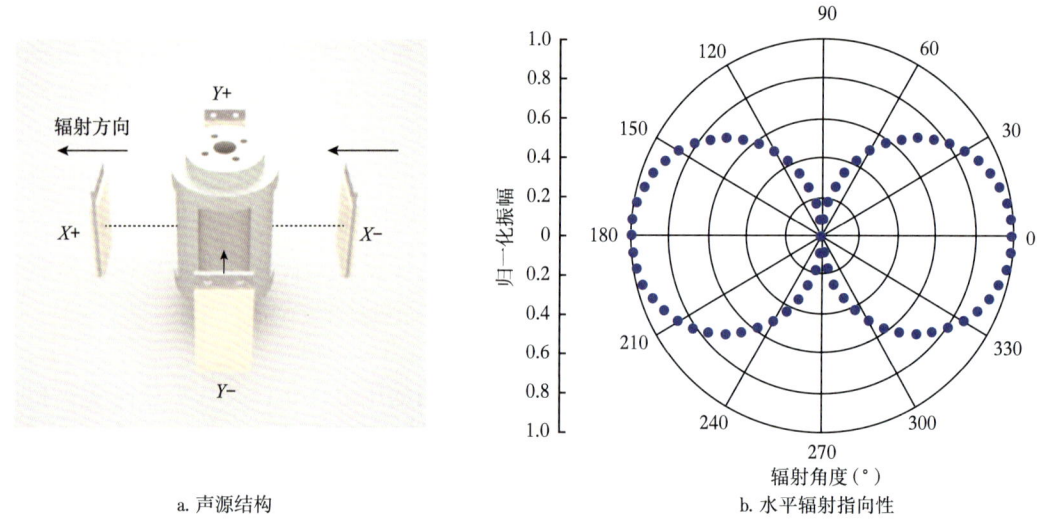

图 3-4-22　偶极子声源结构及辐射指向图

唐晓明等国内外学者系统研究了偶极子源激励横波的辐射声场特征，指出水平偏振横波（SH）具有较宽的辐射覆盖面积和较高的反射灵敏度，可用于确定井外反射体方位。如图 3-4-23 所示，当井外存在一反射体时，偶极子源 X 或 Y 激励的声波能量在辐射平面内可分解为垂直偏振横波（SV）和水平偏振横波（SH）。SV 横波在反射体位置产生反射和透射两种现象，其中反射波又包括 SV-SV 波和 SV 与纵波的转换波（SV-P）；SH 横波不发生模式转换，反射波仅包含 SH-SH 波，特别当反射体为一充填流体的裂缝时，依据 Zoeppritz 方程，SH 横波反射系数达到最大值 1，即发生全反射现象。上述反射波在辐射平面内又可合成为偶极四分量波形，反传回井孔被偶极子接收器接收，这便是基于四分量偶极横波反射波确定井外反射体方位的理论基础。

2. 处理方法

远探测声波测井处理方法的最终目的是获得不同方位的反射波偏移成像剖面。以横波远探测方法为例,图 3-4-24 展示了偶极横波远探测处理方法流程,主要包括四个部分:波形预处理、反射波提取、SH 横波方位切片以及偏移成像。

1) 波形预处理

波形预处理主要包括去增益、频率滤波。测井仪器在测井过程中随所接收到的信号强弱进行自动增益控制。因此,在进行数据资料处理之前,需要先还原真实的波形,去除增益控制。另外,测井过程中记录的数据中包含无用噪声,接收器除了接收到有用的波以外,还有沿井眼或井壁传播的其他类型的波。这些信息的存在增加了数据处理的难度和误差,采用带通滤波器对干扰信号进行滤除。

2) 反射波提取

在远探测声波测井处理方法中,反射波提取是远探测处理解释的基础和关键,提取精度将直接影响后续反射体成像质量。前人首先将研究目标聚焦在如何压制井孔模式波方面,提出了 Radon 变换和多尺度相关等一系列信号处理方法来滤除井孔直达波信号。该类研究均取得一定成效,然而,也忽视了复杂井孔和地质条件下产生的多类型噪声对反射波形的影响,比如反射波在地层中传播时产生的能量耗散和多次波干扰等。通过对国内油田远探测声波测井实测资料分析,对远探测波形中存在的噪声进行了定义:代表井外裂缝、洞穴等地质构造的有效反射波为唯一有效信号,而波形中其他信号均为噪声,需予以去除。需要指出的是,对有效反射波和噪声之间相干性的定义主要包含三个特点:(1)噪声和有效反射波所在频率范围大致相同,并在时域难以区分;(2)噪声不是随机出现,而是在某种井孔或地层环境下产生的;(3)具有重复性,在所有

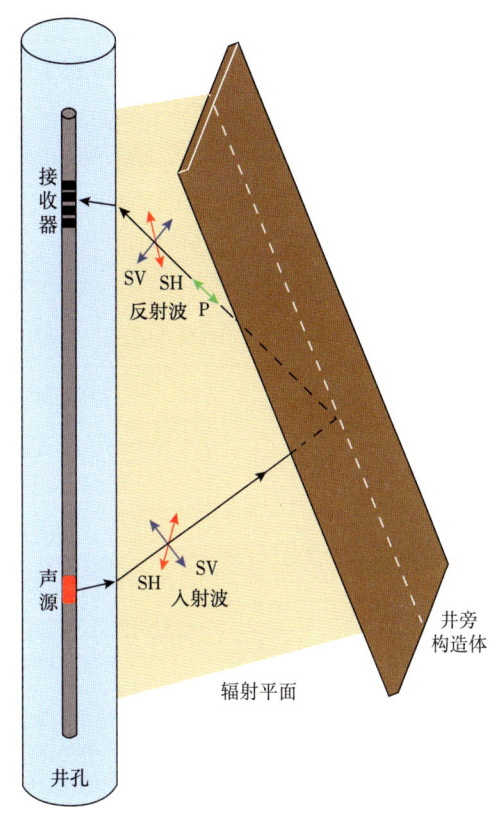

图 3-4-23 远探测声波测井技术方法原理示意图

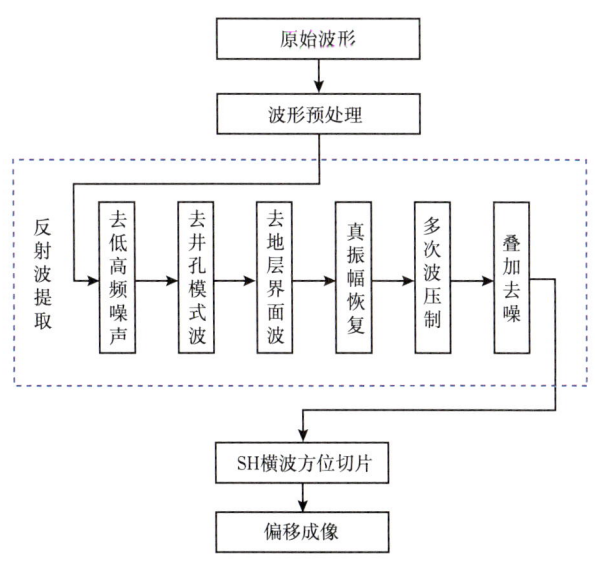

图 3-4-24 偶极横波远探测处理方法流程图

接收器的接收波形中出现，动校正、叠加等方法无法去除。根据上述定义，将偶极横波直达波、地层界面波、多次波归为相干噪声，而将低频高频噪声、坏道、其他随机噪声归为不相干噪声。

在此基础上，将噪声分为两大类：相干噪声和非相干噪声。前者主要包括岩性界面波和多次波，后者包括低频—高频噪声和坏道。通过深入探讨噪声的产生机理、响应特征以及针对性判识方法，提出了一套井外缝洞体反射波分步提取方法，比如针对岩性界面波的倾斜中值滤波方法以及针对坏道噪声的匹配追踪射线束合成方法（表3-4-2）。

表 3-4-2 反射波波场特征及噪声机理分析

噪声	主要类型	典型特征	测井资料响应特征	处理方法
相干	井孔模式波	到达时间近"垂直"，振幅远高于反射波	到时基本不随深度变化	f-k 滤波、Radon 变换
	坏道	随机分布于全时间段井况较差时出现频率高	扩径、双井径曲线差异大	坏道识别与恢复高斯射线束插值
	地层界面反射波	传播时间长，覆盖面积大，无方位差异	GR 变换幅度大	倾斜中值滤波
不相干	低高频电路噪声 低频斯通利波	电路噪声随机出现在全时间段，斯通利波持续时间长，振幅受偏心程度影响	横波频谱中出现低频大幅度信号（<1.5kHz）	数字带通滤波
	多次波	有效反射波拖尾信号，持续时间长	直达波拖尾现象明显	预测反褶积
	其他不相干噪声	散点噪声、块状噪声	散点噪声、块状噪声	优化叠加去噪技术

3）SH 横波方位切片

反射波提取的下一步工作是利用四分量偶极反射波波形计算不同方位的有效反射波信号。国内外学者的研究结果表明，井内接收到的有效反射波信号主要为 SH 波（偏振方向总是在水平面的偶极横波），这是因为当偶极横波辐射到井外地层中后会分裂为 SH 波和 SV 波，其中 SH 能量的方位分布范围更广；SH 波和 SV 波遭遇地层中裂缝或洞穴等反射体时，SH 横波的反射系数更大。因此，如何获取不同方位的有效反射波信号变成了一个如何获取不同方位的 SH 波的问题。第一步是根据 AZ 方位曲线，将四分量反射波归位到大地坐标；第二步工作便是计算多个方位的 SH 波。该部分的主要功能是：通过计算实现仪器方位校正，并提取任意方位的横波反射波二维切片。通过对比信号的相对强弱，定性分析反射体的最强方位。

4）偶极横波偏移成像

在有效提取反射波信号的基础上，选取合适的偏移算法对井旁地质构造准确成像是远探测技术的另一项关键工作。为了准确获取反射体空间位置，成像算法一方面需具备较高成像精度，同时为了适应生产需求，还需具备较高的计算效率。考虑到远探测方法利用高频弹性波探测裂缝，其成像方法可部分借鉴地震成像方法，但又存在其特殊性，比如地震观测系统具有长偏移距且高覆盖次数的特征，而测井观测系统仅利用孔径较短的几个接收器，并且直井条件下地层速度垂向快速变化，这与地震偏移算法预设的水平层状速度模型相悖。测井观测系统又具有"放炮"时间短（1 m可放7炮）、声源频率高等优势。因此综合考虑测井观测系统的优势和劣势，国内外学者发展了射线偏移和波动偏移两类偏移算法。

Kirchhoff偏移是一种广泛应用的射线类偏移方法，其物理基础是声波传播的高频近似渐进理论。走时场计算对井外反射体的空间位置定位尤为关键，通常由程函方程和运动学射线追踪方程求得。考虑到声源附近走时通常具有较大的曲率，还需对走时场进行因子分解，进而发展基于因子分解程函方程的走时计算方法。地震观测系统下的Kirchhoff叠前深度成像仅需考虑走时关系，在成像过程中借助长观测孔径和密集接收器的数据，通过多次叠加来消除成像噪声，但是测井观测系统不具备这一条件。因此，在考虑走时关系前提下，测井观测系统下的Kirchhoff偏移还需将接收端数据射线参数作为成像条件，从而降低成像过程中噪声影响。

逆时偏移算法通常采用有限差分求解正传和反传的声波波场，进而基于相同时间的正反传波场实施互相关成像，这是地震勘探领域里应用最广泛的波动类偏移方法，引入该方法处理测井远探测数据，并针对测井数据存储量大、数值频散严重以及井外深部反射体成像不清晰等技术难题，发展了测井观测系统下的逆时偏移理论，提出最小二乘差分系数优化、归一化互相关成像条件等方法和手段来改善成像效率和质量。

3. 应用实例

远探测声波测井技术已广泛应用于碳酸盐岩储层和致密砂岩储层，主要目的是识别上述储层中的天然裂缝或孔洞。近些年该项方法也在页岩油气储层中得到应用，目的则是评价压裂裂缝发育情况。下面介绍远探测声波测井方法的一个典型应用实例。

X井是塔里木油田的一口开发井，该区块的钻井资料表明，储层发育段主要分布在奥陶系一间房组顶面以下120m范围内，横向上呈准层状分布。在过X井的三维地震叠前深度偏移剖面（图3-4-25）中，位于一间房组顶部的设计靶点处"串珠状"地震反射清晰，呈"两峰一谷"形态，能量强，这说明X井一间房组缝洞带的规模较大。与之相邻的X-1井和X-2井同样以一间房组"串珠状"反射体为靶点，均获得工业油气流且投入试采，试采结果表明，该区块缝洞储层发育，具有较好的产油能力。

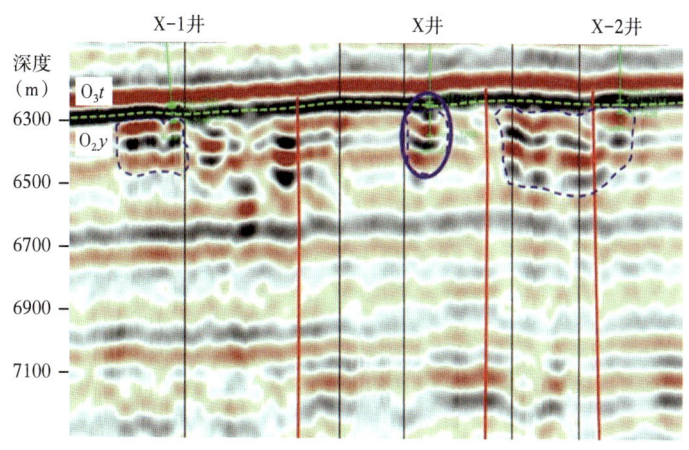

图3-4-25 过X井的地震叠前深度偏移剖面

图 3-4-26 为 X 井的测井综合解释成果。常规测井处理结果表明，该井的目的层段岩性较纯，物性较差（基质孔隙度小于 2%），测井解释为干层。对目的层段实施油嘴放喷后无油气显示。为进一步求证 X 井井旁的缝洞发育情况，目的层段处增加了偶极横波远探测。图 3-4-26 中第 8 道展示了 165°走向偶极横波反射波的偏移成像，可观察到奥陶系一间房组存在多组反射体。第 9 道展示了 75°走向的偏移成像，与第 8 道相比，其中的反射体数量明显减少，且 165°走向的偏移成像中出现的多组反射体并没有同时出现在 75°走向的偏移成像上。这些现象均说明 X 井井壁外存在有效反射体，其走向主要为 NNW 向（165°方位）。仔细观察偏移成像中的反射体（如图 3-4-26 中蓝色线段所指），可发现反射体的延伸长度有长有短，大致分布在 3~20m，这种"狭长"的反射体形态代表了裂缝特征；反射体成像的宽度有宽有窄，甚至在一组反射体中还存在宽度变化的情况，这可能代表了反射体的洞穴特征。结合 X 井所在地区的地质情况，判断这些反射体应为裂缝和洞穴集合的反射体，可简称为缝洞反射体。这些缝洞反射体并没有穿过井孔，其间的最小距离约在 6m，这也解释了利用常规测井资料（最大探测距离为 3m）开展评价时其结果显示物性较差，以及常规测试无油气显示的原因。根据远探测测井资料的处理结果，对 X 井一间房组进行酸化压裂改造，改造之后的试油结论显示折算产油量为 32.88m^3/d，产气量为 5967m^3/d。这表明酸压沟通了井外裂缝和洞穴等有效反射体。

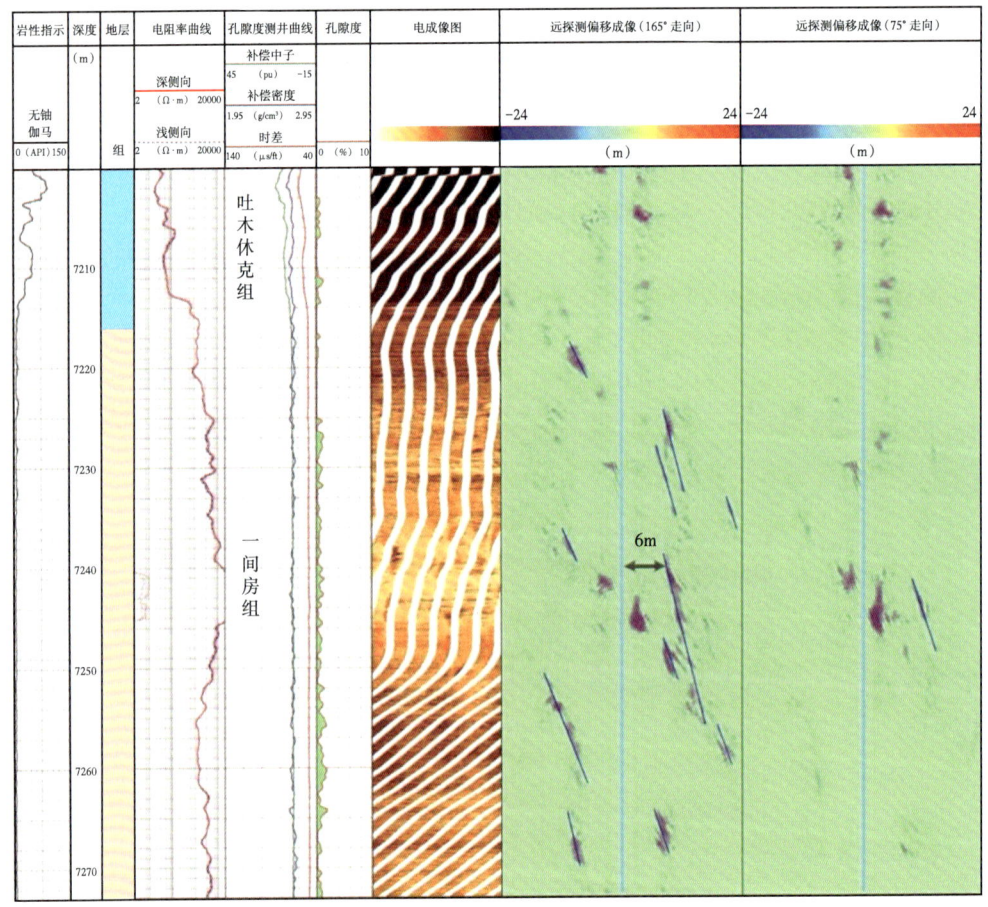

图 3-4-26　X 井常规测井与横波远探测处理结果

七、深度梯次储层有效性评价

前面介绍了几种常用的储层有效性评级技术：电成像孔隙度谱储层有效性评价、核磁共振孔隙结构储层有效性评价、横波及斯通利波储层有效性评价以及远探测声波储层有效性评价。这些评价技术使用了储层不同物理响应（电、声、核磁共振等），在径向探测深度上有很大差异。换句话说，某一种方法只能对储层特定范围的有效性进行评价。此外，在实际生产中，还有一种有效储层识别的传统方法，基本思路是：首先利用成像资料定性确定储层的储集空间类型，然后依据常规测井资料计算的有效孔隙度来划分储集空间大小，最后基于偶极声波资料提取的能量衰减及电阻率测井值来分析流体在储层中的可流动性。

上述方法在实际中取得了一定应用效果，但存在很大的不确定性，特别是对非均质性很强的储层，利用单一方法有效性评价的精度很低。根本原因在于没有重视储层有效性的整体性。实践表明，井壁储层发育并不代表井旁裂缝发育，井壁储层不发育未必井旁储层不发育，为了准确判断储层有效性，需从多个角度、多种探测深度审视储层特性。为此，李宁等（2014）提出了深度梯次储层有效性评价的新思路（图3-4-27）。

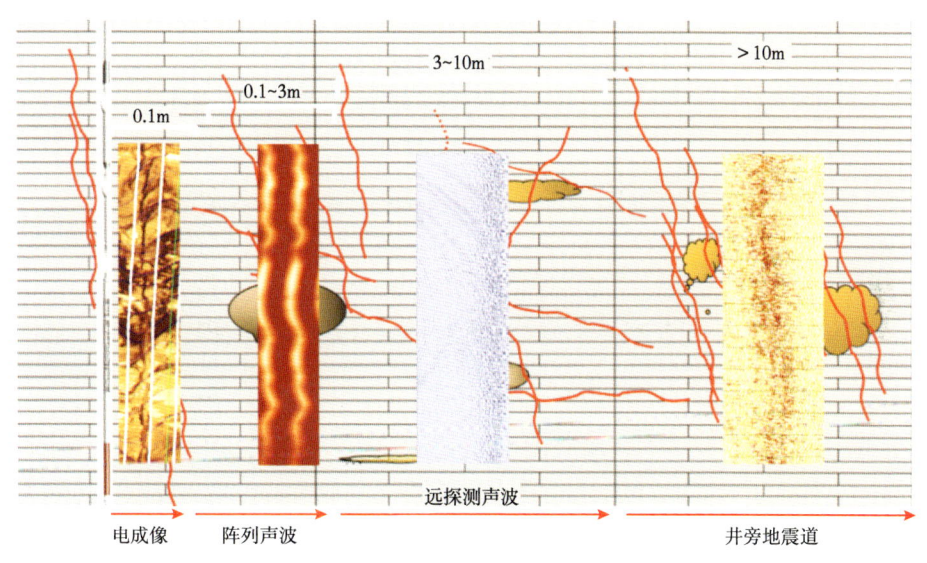

图 3-4-27 深度梯次储层有效性评价

深度梯次储层有效性评价的技术思路是：

（1）贴井壁有效储层评价：高分辨率CT是一种高精度三维孔隙结构分析技术，根据CT测量结果能够定量计算基质、次生缝洞等不同尺度孔隙的大小以分布，即孔隙分布谱。将CT谱与电成像孔隙度谱结合，能够精细评价贴井壁（0~0.1m）储层有效型。

（2）近井壁有效储层评价：声反射成像测井以辐射到井外地层中的声场能量作为入射波，探测从井旁裂缝或小尺度构造反射回来的声场。通过分析探测器接收到的纵波或横波反射波列信号，可了解井旁的构造、裂缝、溶洞等信息，解决近井壁地层有效性评价（0.1~3m）。

（3）井周有效储层评价：垂直方位反射声波测井技术采用声波相控阵技术，其发射探头能够向一定方位角范围内的某一侧井壁辐射声波脉冲。该声波脉冲透过井壁进入地层后被井旁地层界面或裂缝反射回井内并被接收探头所接收，通过对反射声波信号分析可以评价井旁地层界面的距离和方位，解决井周全方位储层有效性评价（1~10m）。

（4）基于井旁地震道信息，提取井间裂缝、溶洞地质信息，解决超远离井壁地层有效储层评价难题（＞10m）；也可采用远探测声波测井资料对超远离井壁地层缝洞发育情况进行识别，并在此基础之评价储层的有效性。

（5）在上述有效储层识识方法的基础上，对储层有效性进行综合评价。

需要说明的是，尽管通过不同探测深度测井资料分析，可以对储层有效性作出更为准确的判断，然而，实际中并非所有井都具备该技术方案所需的所有测井资料，因此，可根据储层实际情况，选用其中的一种或者几种方法。

第四章 储层参数测井计算方法

储层参数计算是测井解释的核心，如何提高不同类型储层储层参数的计算精度一直是测井解释评价研究的重要内容。孔隙度、饱和度和渗透率是油气勘探开发三个关键储层参数，是测井定量评价的核心。除此之外，针对不同类型储层，还有一些其他储层参数需通过测井资料计算，如非常规储层烃源岩参数、岩石力学参数等。本章首先介绍矿物含量、地层水电阻率的测井确定方法，然后重点阐述如何利用测井资料计算孔隙度、饱和度和渗透率三个关键储层参数，最后介绍非常规储层烃源岩参数和岩石力学参数计算、储层下限确定及缝洞型储层产气量定量计算方法。

第一节 矿物含量

地层所含矿物种类识别与含量计算是储层测井评价中一项重要的基础工作，评价结果对岩性识别、物性评价等具有重要指导作用，不同类型储层的岩石矿物种类和含量不同，表现出的测井响应特征也有明显差异。测井矿物含量计算通常有三种方法，即单一矿物岩石物理建模、多矿物优化处理和元素测井法。当矿物种类较多时，单一矿物测井建模方法求解矿物含量较为困难，且累积误差过大。元素俘获能谱测井是一种精度较高的新方法，而基于常规测井的最优化处理方法则是一种更为普遍的选择。

一、常规测井最优化多矿物定量评价

1. 多矿物解释模型

最优化原理是用正演的方法解决参数计算的问题，即在正确建立与目标解释井段相适应的解释模型和一组不同测井方法响应方程的基础上，选择合理的区域性矿物测井响应参数，通过优化方法不断调整各种矿物相对体积含量，正演不同测井方法的测井值。当正演测井值与实际测井值基本一致，且采用非线性加权最小二乘原理求解的多条曲线正演误差满足最小误差条件时（具体见第五章第五节油气层的定量解释部分），各种矿物含量就是最优解。

一般常规声波测井、密度测井和中子测井有如下测井响应方程组以及目标函数：

$$\begin{cases} \rho_b = \rho_1 V_1 + \rho_2 V_2 + \cdots + \rho_i V_i + \cdots + \rho_m V_m \\ \Delta t = \Delta t_1 V_1 + \Delta t_2 V_2 + \cdots + \Delta t_i V_i + \cdots + \Delta t_m V_m \\ \phi_{CNL} = \phi_{CNL_1} V_1 + \phi_{CNL_2} V_2 + \cdots + \phi_{CNL_i} V_i + \cdots + \phi_{CNL_m} V_m \\ 1 = V_1 + V_2 + \cdots V_i + \cdots + V_m \end{cases} \quad (4-1-1)$$

式中：i 为所选择的各种矿物，$i=1, 2, \cdots, m$；ρ_i、Δt_i、ϕ_{CNLi} 分别为各种矿物的密度、声波、

中子等测井响应值；V_i 为各种矿物的体积含量。

对于式（4-1-1），可以采用最优化的方法来计算各种矿物体积含量，并通过目标函数（4-1-2）来决定最优化解：

$$\varepsilon^2 = \left(\frac{t_m - t'_m}{U_m}\right)^2 \qquad (4\text{-}1\text{-}2)$$

式中：t_m 为经过校正的第 m 种矿物测井值；t'_m 为通过测井响应方程计算的相对应的理论值；U_m 为第 m 种矿物测井响应方程的误差。

从理论上讲，求解矿物数量不能高于独立的测井物理量的数量，式（4-1-1）在盈余的情况下才有较高的求解精度。下面以四川盆地蓬莱地区灯影组为例，介绍该方法的应用情况。沉积研究表明，蓬莱地区灯影组岩性主要为泥质云岩、泥晶云岩、粉晶云岩、藻云岩、灰质云岩和砂质云岩。针对地层岩性特征，优选白云岩、石英、方解石和伊利石四种矿物作为地层的主要矿物组成，建立岩石物理体积模型，如图 4-1-1 所示。

2. 最优化求解方法

最优化方法流程可以用图 4-1-2 来表示，其基本原理是采用非线性加权最小二乘，即通过最优化方法不断调整测井响应方程的矿物含量，当目标函数达到极小值时的解就是最优解。

将上述四种矿物及其测井响应值代入模型进行计算，每计算一次，针对输入的测井响应参数重构一条测井曲线，并将重构曲线与原始曲线进行比较，如果不能很好重合，则需要再次调整相关参数重新计算，直到二者较好地重合为止。

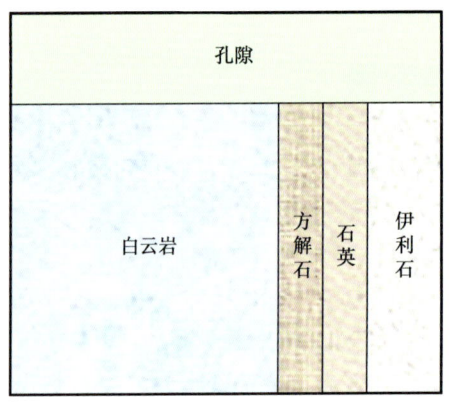

图 4-1-1　四川盆地蓬莱地区灯影组碳酸盐岩地层矿物体积模型

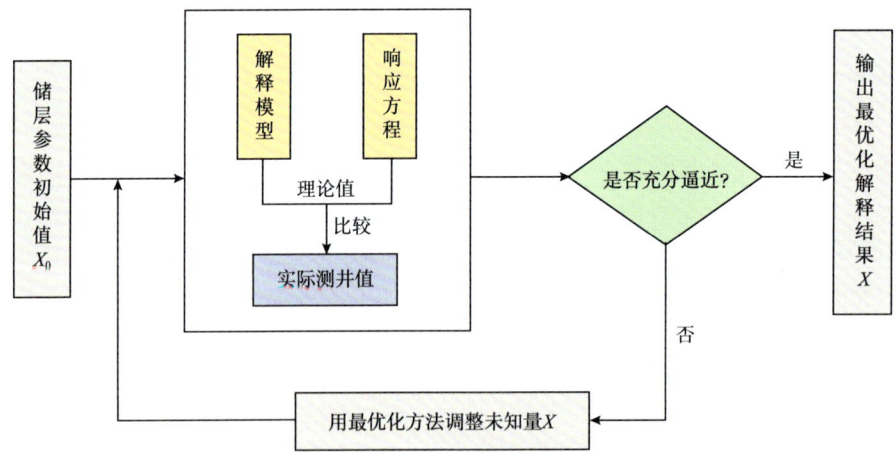

图 4-1-2　最优化方法流程图

图 4-1-3 是最优化反演曲线与实测曲线之间的对比实例，将最优化处理的无铀伽马（第 2 道）、声波时差（第 3 道）、中子（第 4 道）和密度（第 5 道）与实测曲线进行了

对比（实线为实际测得的测井数据，虚线为最优化计算曲线）。可见四条最优化曲线与实测曲线重合性好，表明模型中各矿物参数选择是合理的，从而实现矿物含量的定量评价。第 6 道为最终得到的岩性矿物剖面。

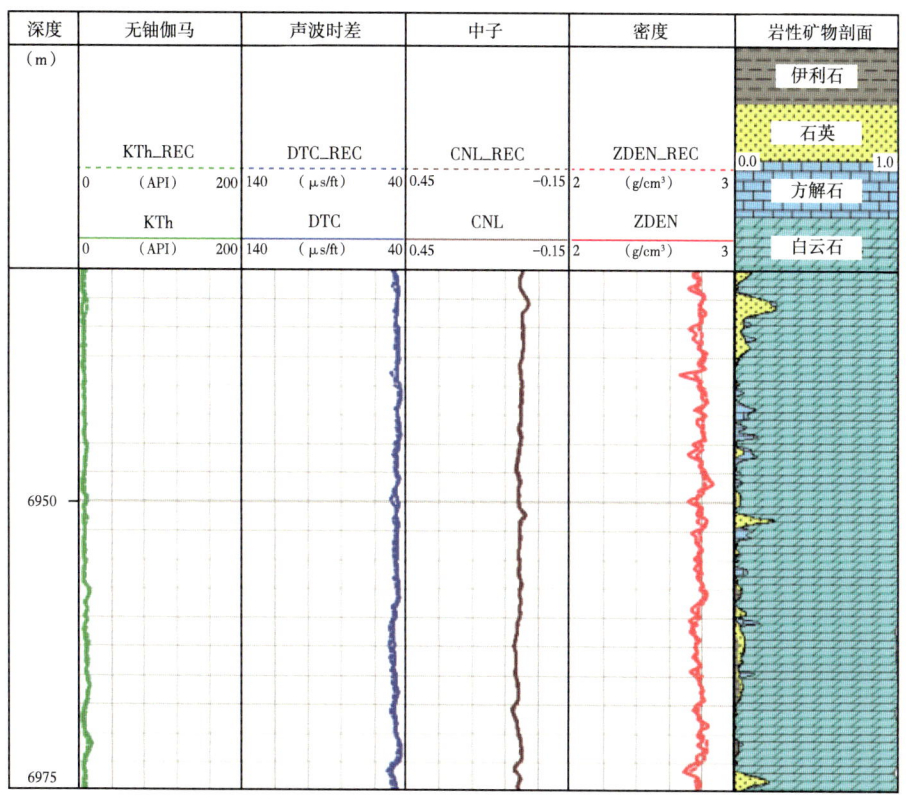

图 4-1-3　最优化方法预测曲线与实测曲线对比图

二、元素俘获能谱测井矿物含量计算

元素俘获能谱测井是利用快中子与地层中的原子核发生非弹性散射碰撞及热中子俘获的原理，通过解谱和氧化物闭合模型得到地层中主要造岩元素（Si、Ca、Fe、Al、S、Ti、Na、K、Gd 等）的相对百分含量，利用实验室建立的地层元素和岩石矿物含量转换模型，实现元素与矿物百分含量之间的转换，从而达到评价储层的目的。

1. 元素向矿物转换的基本原理

假设地层岩石骨架中有 n 种地层矿物，每种地层矿物由 m 种元素组成，不同地层矿物中某元素的总和应等于地层元素测井中测得的该元素含量，因此满足以下公式：

$$\begin{bmatrix} c_{11} & c_{12} & \cdots & c_{1n} \\ c_{21} & c_{22} & \cdots & c_{2n} \\ \vdots & \vdots & \vdots & \vdots \\ c_{m1} & c_{m2} & \cdots & c_{mn} \end{bmatrix} \begin{bmatrix} M_1 \\ M_2 \\ \vdots \\ M_n \end{bmatrix} = \begin{bmatrix} e_1 \\ e_2 \\ \vdots \\ e_m \end{bmatrix} \quad (4-1-3)$$

式中：c_{ij} 为第 i 中矿物中第 j 种元素的质量百分比；M_i 为第 i 种矿物的含量；e_j 为第 j 种元素的含量，由地层元素测井获取。

将式（4-1-3）写为矩阵形式：

$$C_{m \times n} M_{n \times 1} = E_{m \times 1} \tag{4-1-4}$$

一般情况下，地层元素测井提供的元素种类 m 要大于反演的矿物种类 n。求解式（4-1-4）可以得到矿物含量：

$$M = C^{-1} E \tag{4-1-5}$$

矿物系数矩阵作为矿物含量反演计算的输入条件，其准确度是精确反演矿物含量的前提，可以利用地层矿物标准分子式计算的元素含量构建矿物系数矩阵，但矿物的实际元素组成和含量与标准分子式有一定差异。由于不同地区矿物种类不同，因此需要利用岩心实验数据建立区域矿物系数矩阵。如果没有区域岩心数据，则只能利用通用矿物系数矩阵进行矿物含量反演。表 4-1-1 列出了基于大量岩心数据分析统计得出的常见矿物的元素组成和含量。

表 4-1-1 地层常见矿物中的各种元素百分含量组成（据斯伦贝谢公司资料）

矿物	元素含量（%）								
	硅	铝	钠	钾	钙	镁	硫	铁	钛
石英	46.74								
正长石	30.27	9.69		14.05					
钠长石	32.13	10.29	8.77						
钙长石	20.19	19.40			14.41				
方解石					39.54	0.37			
白云石					21.27	12.90			
铁白云石					10.40	12.60		14.50	
文石					40.04				
菱铁矿								48.20	
菱镁矿						28.80			
伊利石	24.00	12.00	0.40	6.90		1.20		6.50	0.80
蒙脱石	21.00	9.00	0.50	0.50	0.20	2.00		1.00	0.20
高岭石	21.00	19.26	0.24	0.10	0.10	0.10		0.80	1.18
绿泥石	17.90	9.00	0.30	5.40	1.60	2.50		16.40	2.37
海绿石	23.10	4.40	0.10	5.90	0.50	2.10		15.50	0.10
白云母	20.32	20.32		9.82					
黑云母	18.20	6.00	0.40	7.20	0.20	7.70		13.60	1.50
黄铁矿							53.45	46.55	

2. 元素向矿物转换的基本原理

为了利用最小二乘法求解式（4-1-5）所示的矩阵方程，以得到地层矿物含量最优解，则需使残差 $\gamma=\bm{E}-\bm{CM}$ 最小，即使其2范数最小：

$$\min\|\gamma\|_2^2 = \min\|\bm{E}-\bm{CM}\|_2^2 = \min(\bm{E}-\bm{CM})^{\mathrm{T}}(\bm{E}-\bm{CM}) \tag{4-1-6}$$

因此，利用最小二乘法计算的地层矿物含量最优解为：

$$\bm{M} = (\bm{C}^{\mathrm{T}}\bm{C})^{-1}(\bm{C}^{\mathrm{T}}\bm{E}) \tag{4-1-7}$$

为了增加地层矿物含量计算结果的可靠性和稳定性，在最小二乘求解过程中引入加权系数和约束因子，即：

$$\begin{aligned}\min\|\gamma\|_2^2 &= \min\frac{1}{\bm{W}}(\|\bm{E}-\bm{CM}\|_2^2+\alpha\bm{I}) \\ &= \min(\bm{E}-\bm{CM})^{\mathrm{T}}\bm{W}(\bm{E}-\bm{CM})+\alpha\bm{I}\end{aligned} \tag{4-1-8}$$

式中：$\bm{W}$ 为权重矩阵，为对角矩阵，对角矩阵系数为元素含量的倒数，$W_{ii}=1/e_i$；α 为约束因子；$\bm{I}$ 为单位矩阵。

利用加权约束最小二乘得到的地层矿物含量最优解为：

$$\bm{M} = (\bm{C}^{\mathrm{T}}\cdot\bm{W}\cdot\bm{C}+\alpha\bm{I})^{-1}\cdot(\bm{C}^{\mathrm{T}}\cdot\bm{W}\cdot\bm{E}) \tag{4-1-9}$$

3. 线性规划法求解

地层元素含量向矿物含量的转换也可以视为线性规划问题，即要求所有地层矿物含量反演结果之和尽可能接近于1：

$$\min S = \min\left(1-\sum_{i=1}^{n}M_i\right) \tag{4-1-10}$$

对该线性规划问题施加线性不等约束条件，使所有地层矿物中某一元素含量之和不能超过该元素的测井值，且每一种矿物的含量均大于0，即：

$$\begin{cases}\sum_{i=1}^{m}c_{ij}M_i < e_i \\ M_i > 0\end{cases} \tag{4-1-11}$$

可利用单纯形法求解线性规划问题。若给出问题不是标准形式，须先化成标准形式，约束条件为：

$$\begin{cases}c_{11}M_1+c_{12}M_2+\cdots+c_{1n}M_n \leqslant e_1 \\ c_{21}M_1+c_{22}M_2+\cdots+c_{2n}M_n \leqslant e_2 \\ \cdots \\ c_{m1}M_1+c_{m2}M_2+\cdots+c_{mn}M_n \leqslant e_m \\ M_1,\ M_2,\cdots,\ M_n \geqslant 0\end{cases} \tag{4-1-12}$$

此时，需要引入松弛变量，将式（4-1-12）化为标准形式。
约束条件为：

$$\begin{cases} c_{11}M_1 + c_{12}M_2 + \cdots + c_{1n}M_n + \lambda_1 \leqslant e_1 \\ c_{21}M_1 + c_{22}M_2 + \cdots + c_{2n}M_n + \lambda_2 \leqslant e_2 \\ \cdots \\ c_{m1}M_1 + c_{m2}M_2 + \cdots + c_{mn}M_n + +\lambda_m \leqslant e_m \\ M_1, M_2, \cdots, M_n \geqslant 0, \ \lambda_1, \lambda_2, \cdots, \lambda_n \geqslant 0 \end{cases} \quad （4-1-13）$$

将需要求解的线性规划问题化为标准形式以后，首先找出该问题的一个基本可行解，从该基本可行解出发寻找满足所有约束条件且使目标函数达到最小值的解，即为利用单纯形法求得的地层矿物含量结果。

4. 基于多目标规划的最优化方法

根据建立的地层矿物模型和矿物系数矩阵，计算地层元素含量曲线；将计算的地层元素含量曲线与地层元素测井实际测量结果对比，如图4-1-4所示，若其差异满足精度要求，则输出矿物模型中的矿物含量；若其差异不满足精度要求，将其差异作为约束条件，重新调整矿物模型中的矿物含量，直至元素含量计算曲线与实测矿物含量之间的差异满足精度要求，最终输出调整矿物模型中的矿物含量，具体技术路线如图4-1-5所示。

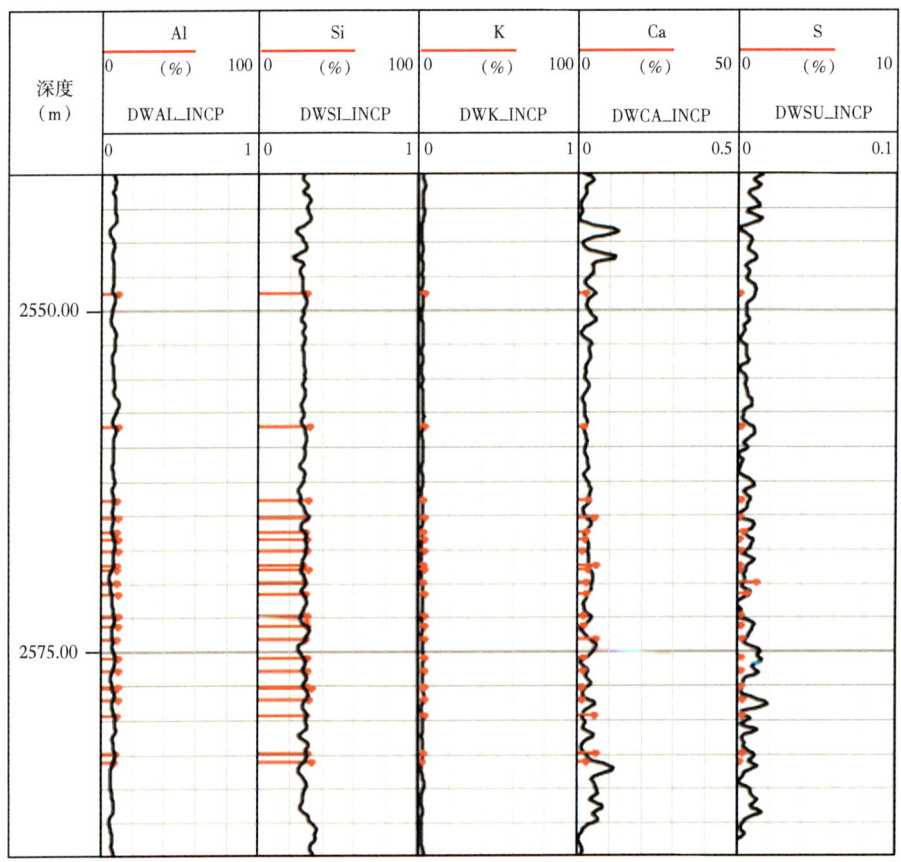

图4-1-4　元素含量计算曲线与测量曲线对比

矿物模型和矿物系数矩阵具有很强的地区性，作为矿物反演的输入条件，其准确与否对计算精度影响显著。对于给定的地层矿物模型，可根据不同地层矿物中的元素含量（即矿物系数矩阵）给出地层元素测井的响应曲线，即：

$$e_i = f_i(V) \quad (4\text{-}1\text{-}14)$$

式中：e_i 为理论元素测井响应；V 为体积含量；$f_i(V)$ 为根据假定地层矿物模型建立的测井响应方程。

在地层矿物含量反演的最优化处理中需要求解由 m 个方程构成的超定方程组，建立最优化的目标函数：

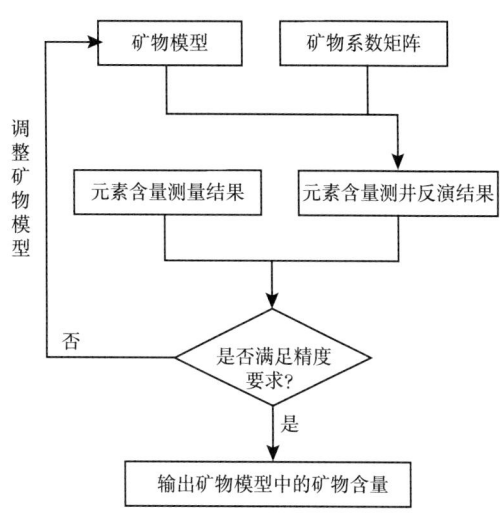

图 4-1-5 多目标规划最优化矿物反演技术流程图

$$V = \arg\min[F_i(V)] \quad (4\text{-}1\text{-}15)$$

$$F_i(V) = \frac{1}{2}\sum_{i=1}^{m}(e_i - r_i)^2 = \frac{1}{2}\sum_{i=1}^{m}\{[f_i(V) - r_i]^2\} \quad (4\text{-}1\text{-}16)$$

式中：r_i 为地层元素测井中测量得到的元素含量测井响应；m 为元素种类数。

由于各元素含量测井曲线的不确定性不同，在用于地层矿物含量反演时的"可信度"也不同，因此在反演计算时可对不同元素含量测井曲线采用不同权重：

$$F_i(V) = \frac{1}{2}\sum_{i=1}^{m}\left[(e\log_{ti} - et\log_{ri})^2 \omega_i\right] = \frac{1}{2}\sum_{i=1}^{m}\{[f_i(V) - et\log_{ri}]\omega_i\}^2 \quad (4\text{-}1\text{-}17)$$

式中：ω_i 为各元素含量测井曲线的权重系数，反演计算中一般考虑含量小于 0、总和为 1 这两个约束条件。

以松辽盆地古龙地区 GY X1 井为例。本井岩性测井仪器为斯伦贝谢公司岩性扫描测井 LithoScanner，通过元素测井资料处理得到的黏土、石英和斜长石计算结果与全岩分析结果基本一致，方解石含量与全岩分析结果稍有差异（图 4-1-6）。

三、泥质含量

在测井解释中，泥质含量的计算方法可以分成两大类：一类是把泥质分为细粉砂和湿黏土两部分，只计算湿黏土占岩石的相对体积 V_{cl}，这种计算方法常用到粉砂指数 I_{si} 和比较复杂的公式；另一类方法对泥质和黏土这两个概念不作明确区分，通常采用经验计算公式，计算结果称为黏土含量 V_{cl} 或泥质含量 V_{sh}。两类方法虽然计算思路不同，但它们所采用的测井资料基本相同。本节将按所采用的测井资料不同分别介绍，并统一用黏土含量描述这一术语。

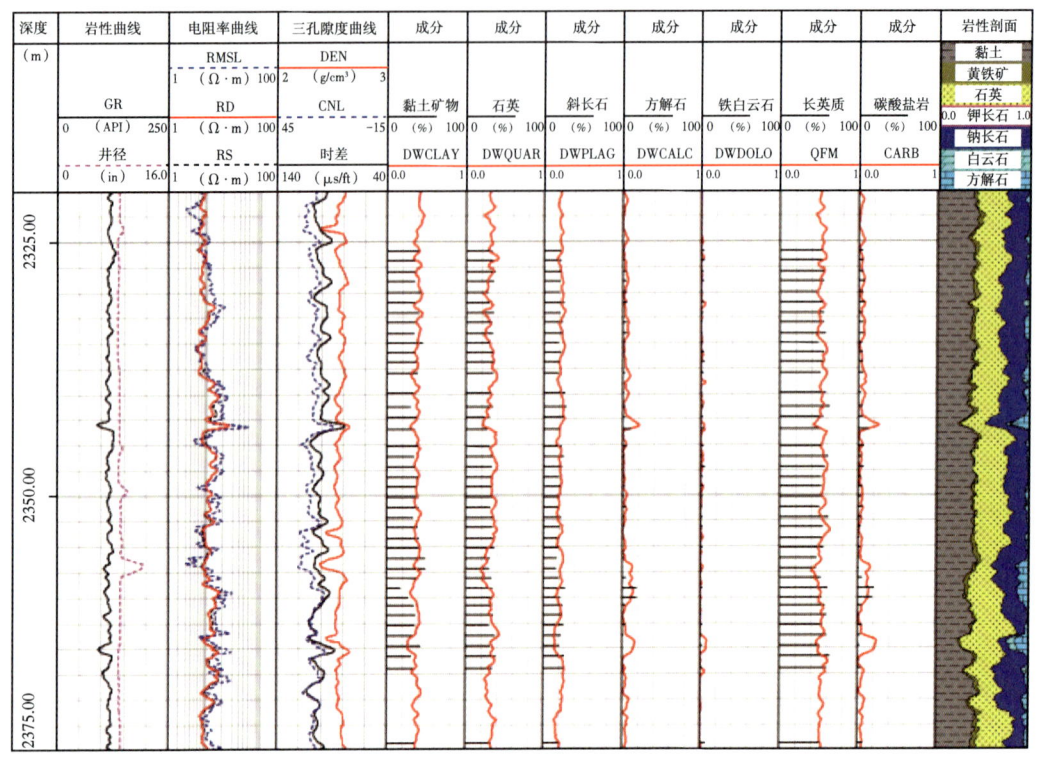

图 4-1-6　GY X1 井元素测井矿物分析与全岩分析结果对比

利用测井资料计算泥质含量的方法比较多，几乎所有测井曲线都含有泥质信息，都可以用来确定泥质含量。由于每种方法都有各自的适用条件，且多数情况只能给出泥质含量的近似值（通常是泥质含量上限值），所以在测井解释中通常采用多种方法计算泥质含量，然后选取其中最小值。下面介绍几种常用的泥质含量计算方法：自然伽马法、自然伽马能谱法、自然电位法、中子测井法、电阻率法和交会图法。

1. 自然伽马法

含泥质砂岩的放射性是由泥质中的粉砂和黏土两部分产生，考虑到岩石密度对接收伽马射线强度的影响，自然伽马测井读数 J_{GR} 和黏土含量有如下关系：

$$J_{GR}\rho_b = a + bV_{si} + cV_{cl} = a + V_{cl}\left(b\frac{I_{si}}{1-I_{si}} + c\right) \quad (4-1-18)$$

$$V_{cl} = \frac{J_{GR}\rho_b - a}{bI_{si} + (1-I_{si})c}(1-I_{si}) \quad (4-1-19)$$

式中：a、b 和 c 是与砂岩骨架、粉砂和黏土天然放射性有关的常数，可以选择泥岩和砂岩水层井段，由自然伽马测井读数 J_{GR} 和密度测井读数 ρ_b 以及中子—密度交会图得到的 V_{cl} 和 I_{si} 用最小二乘法统计确定。

实际应用中，经常采用一种自然伽马法来计算泥质含量的简单方法，该方法不考虑泥质中粉砂和黏土的区别，统称为泥质或黏土。定义地层自然伽马射线强度指数 ΔJ_{GR} 为：

$$\Delta J_{GR} = \frac{J_{GR} - J_{GRmin}}{J_{GRmax} - J_{GRmin}} \quad (4\text{-}1\text{-}20)$$

式中：J_{GR} 为含泥质地层自然伽马读数；J_{GRmin} 为不含泥质（纯地层）地层自然伽马读数；J_{GRmax} 为纯泥岩自然伽马读数。

方程（4-1-20）实际表示的是两个极限值之间的线性内插。在不同地区或不同层系地层中，ΔJ_{GR} 和黏土含量之间有不同的关系（图4-1-7）。

图4-1-7中 C 线是线性关系，此时：

$$V_{cl} = \Delta J_{GR} \quad (4\text{-}1\text{-}21)$$

A 线和 B 线可采用下列关系近似表示：

$$\begin{cases} V_{cl} = \dfrac{2^{3.7\Delta J_{GR}} - 1}{2^{3.7} - 1} & （新地层）\\ V_{cl} = \dfrac{2^{2\Delta J_{GR}} - 1}{2^{2} - 1} & （老地层）\end{cases} \quad (4\text{-}1\text{-}22)$$

式（4-1-22）是在美国海湾地区使用的，指数3.7和2是经验值。按照式（4-1-19）、式（4-1-21）或式（4-1-22）计算黏土含量时，如果岩石骨架含有放射性矿物，则计算的 V_{cl} 值比实际值偏高。实际上，地层往往含有钾长石、云母等含放射性的矿物，所以，这种方法计算的结果是黏土含量上限值。

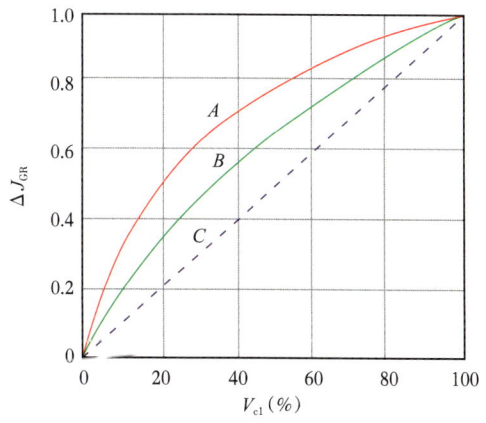

图4-1-7 伽马射线强度指数与黏土含量的经验关系曲线图

A—新地层；B—老地层

2. 自然伽马能谱法

自然伽马测井测量的是岩石总放射性强度，也就是由岩石中所含铀系、钍系和 ^{40}K 等放射性元素所产生的伽马射线的总和。自然伽马能谱测井可以分别测出岩石中钍、铀和钾的含量。因此，利用自然伽马能谱测井确定泥质含量时，可以排除和黏土无关的放射性影响，例如排除铀的影响而使求得的 V_{cl} 更准确。然而，不同类型黏土的钾和钍含量是不同的，因此单独采用钍或钾计算黏土体积可能得出错误结论。Lawrence 提出同时采用钍和钾含量曲线来计算黏土含量，它定义了一个"乘积指数"PI：

$$PI = [w(K) + a][w(Th) + b] \quad (4\text{-}1\text{-}23)$$

式中：a 和 b 为零偏移常数；$w(K)$ 为钾含量，%；$w(Th)$ 为钍含量，mg/kg。

Lawrence 根据几种主要黏土矿物典型的钾和钍浓度作钍钾交会图发现，各黏土矿物的分布趋向于双曲线形式，即岩石的乘积指数 PI 在岩石中黏土含量一定时接近于常数，而和黏土种类无关（图4-1-8）。

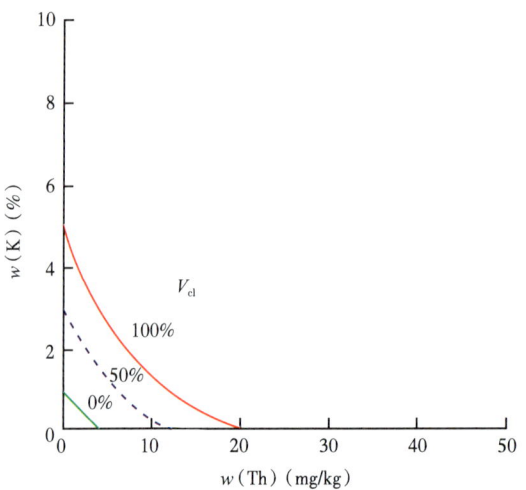

图 4-1-8　根据自然伽马能谱测井资料由乘积指数法确定黏土体积

因此，利用自然伽马能谱曲线构成的 PI 曲线将反映黏土的含量。在 PI 曲线上找出对应于泥岩最大值和对应于纯地层的最小值，则用线性内插办法就可求出各地层的泥质或黏土含量。在一些地区，如果矿物成分稳定，也可单独采用钍曲线、钾曲线或钍钾和曲线。同自然伽马测井一样，用自然伽马能谱测井求得的黏土含量也是上限值。

3. 自然电位法

根据实验，泥质砂岩地层的自然电位幅度降低和泥质含量有如下关系：

$$\frac{\Delta V_{sp} - \Delta V_{spsh}}{\Delta V_{spsd} - \Delta V_{spsh}} = \frac{\phi S_{xo}}{\phi S_{xo} + K_1 W_{cl} V_{cl}} \qquad (4-1-24)$$

式中：ΔV_{spsh}、ΔV_{spsd} 是纯泥岩和纯砂岩层的自然电位值，mV；K_1 是系数。这三个参数可利用统计的方法按已知的 ΔV_{sp}（泥质砂岩读数）、ϕ、V_{cl}、W_{cl}（湿黏土含水量）和 S_{xo} 求出。

为说明确定式（4-1-24）中参数的统计法，以不考虑油气影响的简单情况为例，这时，式（4-1-24）可变成：

$$\alpha = \frac{\phi}{\phi + K_1 W_{cl} V_{cl}} \qquad (4-1-25)$$

其中，$\alpha = \dfrac{\Delta V_{sp} - \Delta V_{spsh}}{\Delta V_{spsd} - \Delta V_{spsh}}$。从式（4-1-25）中解出 V_{cl}：

$$V_{cl} = \frac{\phi\left(\dfrac{1}{\alpha} - 1\right)}{K_1 W_{cl}} \qquad (4-1-26)$$

统计法确定 ΔV_{spsh}、ΔV_{spsd} 和 K_1 的步骤是：首先从解释井段的 ϕ_D-ϕ_N 交互图中提取分布于 C 区的点子和明显油气点。对于那些不含油气的点，中子和密度测井的响应方程可以写成：

$$\phi_D = \phi + V_{cl}\phi_{Dcl}$$
$$\phi_N = \phi + V_{cl}\phi_{Ncl}$$

根据已知的输入数据 ϕ_D、ϕ_N 和参数 ϕ_{Dcl}、ϕ_{Ncl} 可以解出每个数据点的 ϕ 和 V_{cl}。利用式（4-1-27）可以算出粉砂指数 I_{si}，从交会图中求出 W_{cl} 作为初值按下述统计法计算 ΔV_{spsh}、ΔV_{spsd} 和 K_1。为了叙述方面，令：

$$y = \Delta V_{sp}, X_1 = \phi, X_2 = W_{cl}V_{cl}$$
$$A = \Delta V_{spsh}, B = \Delta V_{spsd}, C = K_1$$

$$\phi = \phi_{sd}\left[1 - \frac{V_{cl}^2}{(1-I_{si})^2}\left(2 - \frac{V_{cl}}{1-I_{si}}\right)\right] \tag{4-1-27}$$

则式（4-1-25）可写成：

$$y = \frac{(B-A)X_1}{X_1 + CX_2} + A \tag{4-1-28}$$

对解释井段中任意一个数据点 y_i，用上述计算得到 X_{1i} 和 X_{2i}，$i=1, 2, \cdots, n$。将 X_{1i} 和 X_{2i} 代入式（4-1-28），计算出的 ΔV_{sp} 值用 Y_i 表示，则：

$$Y_i = \frac{(B-A)X_{1i}}{X_{1i} + CX_{2i}} + A$$

按最小二乘法原理，要对几个资料点找出最好的 A、B、C，就必须使之满足：

$$Q = \sum_{i=1}^{n}(y_i - Y_i)^2 = \sum_{i=1}^{n}\left[y_i - A - \frac{(B-A)X_{1i}}{X_{1i} + CX_{2i}}\right]^2$$

为最小，为此需要满足

$$\frac{\partial Q}{\partial A} = \sum_{i=1}^{n}2\left[y_i - A - \frac{(B-A)X_{1i}}{X_{1i} + CX_{2i}}\right]\left(\frac{X_{1i}}{X_{1i} + CX_{2i}} - 1\right) = 0$$

$$\frac{\partial Q}{\partial B} = \sum_{i=1}^{n}2\left[y_i - A - \frac{(B-A)X_{1i}}{X_{1i} + CX_{2i}}\right]\left(-\frac{X_{1i}}{X_{1i} + CX_{2i}}\right) = 0$$

$$\frac{\partial Q}{\partial C} = \sum_{i=1}^{n}2\left[y_i - A - \frac{(B-A)X_{1i}}{X_{1i} + CX_{2i}}\right]\frac{(B-A)X_{1i}X_{2i}}{(X_{1i} + CX_{2i})^2} = 0$$

解此联立方程，可得出 A、B、C，即 ΔV_{spsh}、ΔV_{spsd} 和 K_1，把它们代回式（4-1-26）之后，即可用于计算 V_{cl}。

通常，可以用下面的简单关系式根据自然电位计算泥质含量：

$$V_{cl} = 1 - \frac{\Delta V_{PSP}}{\Delta V_{SSP}} \tag{4-1-29}$$

式中：ΔV_{PSP} 为假静自然电位值，mV；ΔV_{SSP} 为静自然电位值，mV。

当 R_{mf} 和 R_w 差别较大时，这个关系能给出较好的近似值。当泥质呈分散状分布时，这个关系式给出的 V_{cl} 值偏高。因此这个关系式通常给出的是 V_{cl} 上限值。

4. 中子测井法

含泥质储层的中子测井响应方程为：

$$HI = \phi HI_f + V_{cl} HI_{cl} + (1-\phi-V_{cl}) HI_{ma}$$

式中：HI_f、HI_{cl}、HI_{ma} 分别为孔隙流体、黏土和岩石骨架的含氢指数。

因为黏土含有较多的结晶水和束缚水，所以 HI_f 和 HI_{cl} 要比 HI_{ma} 大得多，故上式右边第三项可以忽略。于是上式简化后，经过整理得：

$$V_{cl} + \frac{HI_f}{HI_{cl}}\phi = \frac{\phi_N}{HI_{cl}}$$

当地层孔隙度 ϕ 较小，且为含气层（即 HI_f 较小）时，上式可以进一步简化为：

$$V_{cl} \approx \frac{\phi_N}{HI_{cl}} \qquad (4-1-30)$$

显然，这个关系式给出的泥质含量为上限值，即 V_{cl} 大于或略等于实际的 V_{cl} 值。

根据关系式（4-1-30）简化的条件可以看出，中—高孔隙度的含油水地层不适宜用此关系式。

5. 电阻率法

在含泥质地层中，导电介质包括地层水和黏土两部分，粉砂和岩石骨架部分看成是不导电的。假设岩石只是由骨架和泥质混合组成，也就是说这种岩石导电性完全由黏土导电性引起，则岩石的电阻率可表示为：

$$R_t = \frac{R_{cl}}{(V_{cl})^b} \qquad (4-1-31)$$

式中：R_{cl} 是黏土的电阻率，$\Omega \cdot m$；b 是可选择的系数，取值在 1~2 之间；R_t 可以从感应测井或侧向测井得到；R_{cl} 可采用临近泥岩电阻率值。

如果 $0.5 \leq \frac{R_{cl}}{R_t} < 1.0$，取 $b=1$，则 $V_{cl} = \frac{R_{cl}}{R_t}$；如果 $\frac{R_{cl}}{R_t} < 0.5$，取 $b=2$，则 $V_{cl} = \sqrt{\frac{R_{cl}}{R_t}}$。

在式（4-1-31）基础上改进的关系式为：

$$V_{cl} = \left(\frac{R_{cl}}{R_t} \cdot \frac{R_{max}-R_t}{R_{max}-R_{cl}}\right)^{\frac{1}{b}} \qquad (4-1-32)$$

式中：R_{max} 是解释井段油气层最大电阻率，$\Omega \cdot m$。

上述电阻率法公式适用于低孔隙度地层（泥灰岩、低孔隙度碳酸盐岩）或低含水饱和度和高电阻率的地层，孔隙性好的含水地层或 R_{cl} 很高的地层不适用。此关系式给出的是泥质含量上限值。

6. 交会图法

在岩性简单且稳定的情况下，应用任何两种孔隙度测井确定孔隙度的同时，也可以计算泥质含量。这一点从图 4-1-9 可以清楚看出，任何由岩石骨架、黏土和地层水构成的岩石的数据点，必然落在以骨架、水和黏土为端点的三角形内。任何三角形内的点，都可以根据通过它的孔隙度等直线和黏土含量等值线确定出 ϕ 和 V_{cl}。

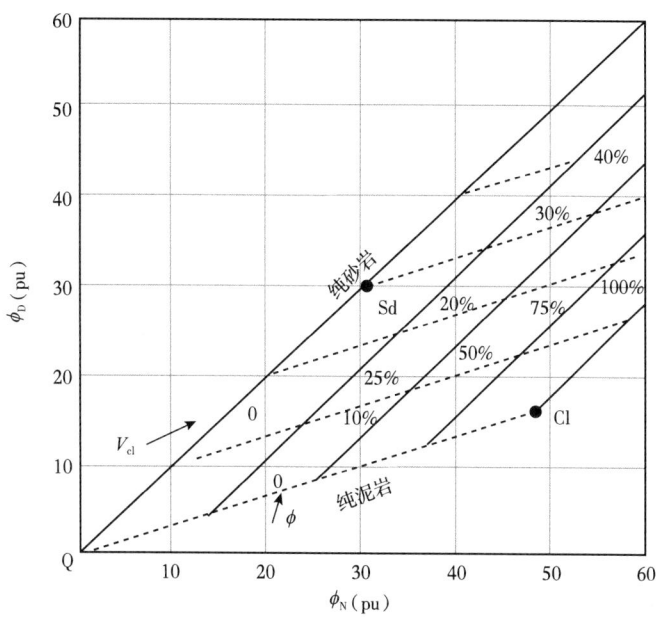

图 4-1-9　按 ϕ 和 V_{cl} 刻度的 ϕ_D-ϕ_N 交会图

为了实现用计算机确定 V_{cl} 的目的，需要根据这些点的几何关系，写出相应的数学表达式。图 4-1-10 是利用 ϕ_N-ρ_b 交会图估计 V_{cl} 的示意图。

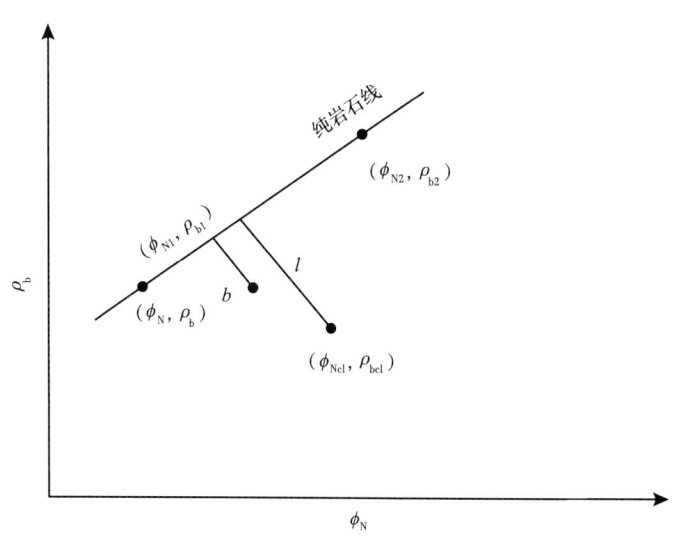

图 4-1-10　ϕ_N-ρ_b 交会图确定 V_{cl} 示意图

由图 4-1-10 可以看出，数据点的黏土含量可以根据该点到纯岩石线的垂直距离 b 与黏土到纯岩石线的距离 l 之比确定：

$$V_{\text{cl}} = \frac{b}{l} \quad (4\text{-}1\text{-}33)$$

按解析几何的知识不能写出纯岩石线的方程：

$$Ax + By + C = 0 \quad (4\text{-}1\text{-}34)$$

在图 4-1-10 上，x 为 ϕ_N，y 为 ρ_b。如果黏土点的坐标为 (x_0, y_0)，则黏土点到纯岩石线的距离 l 为：

$$l = \frac{|Ax_0 + By_0 + C|}{\sqrt{A^2 + B^2}} \quad (4\text{-}1\text{-}35)$$

如数据点的坐标为 (x, y)，则数据点到纯岩石线的距离为：

$$b = \frac{|Ax + By + C|}{\sqrt{A^2 + B^2}} \quad (4\text{-}1\text{-}36)$$

根据式（4-1-33），数据点的黏土含量为：

$$V_{\text{cl}} = \frac{|Ax + By + C|}{|Ax_0 + By_0 + C|} \quad (4\text{-}1\text{-}37)$$

利用中子—声波或声波—密度交会图求 V_{cl} 时，有类似的关系式，只是其中的 (x, y) 坐标代入不同的数据。

从前面的讨论可以看出，利用交会图法确定黏土含量时，准确确定黏土点的位置是关键。通常采用以自然伽马为第三参数的 Z 交会图确定黏土点的位置。图 4-1-11 是中

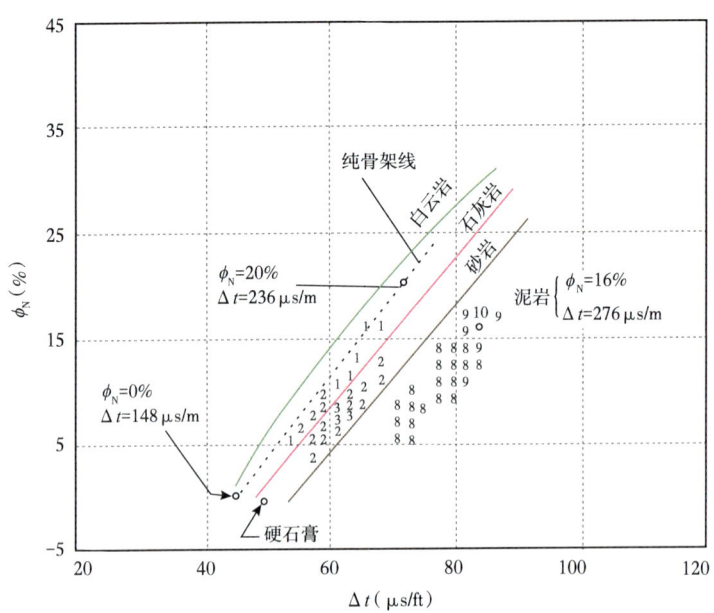

图 4-1-11　ϕ_N-Δt 自然伽马 Z 交会图

子—声波 Z 交会图。图中，以中子和声波时差为纵横坐标的数据点上，标出的不是该数据点出现的频率，而是该点上各数据的自然伽马平均值。前面已经讨论过，自然伽马值通常反映泥质或黏土的含量，因此，根据 Z 值最大的分布区可以确定出黏土点或泥岩点位置。

在原理上用 $\phi_N-\rho_b$、$\Delta t-\rho_b$ 和 $\phi_N-\Delta t$ 三种交会图求黏土含量是相同的，但是由于纯地层线和黏土点的相对位置随岩性不同而不同，所以在使用时需要进行选择。

$\phi_N-\rho_b$ 交会图法对砂岩和石灰岩或两者的过渡岩性效果较好，对白云岩为主的岩性要差些。因为白云岩纯岩石线距黏土点太近。当井眼条件很差，密度测井受影响很大时，这种方法也不适用。

$\phi_N-\Delta t$ 交会图法一般对白云岩地层以及含气地层效果较好，其他情况下效果较差。

$\Delta t-\rho_b$ 交会图对岩性分辨能力差，但几种主要岩性线距黏土点均较远，故对大多数储层确定的 V_{cl} 较好，只有当井眼条件不好或地层太疏松时效果不好。

如果解释层段上没有纯的泥岩，上述交会图法所给出的泥岩点位置并不代表纯的泥岩，由交会图估计的 V_{cl} 将比实际值偏大。因此，它给出的也是一个上限值。

从前面介绍的几种确定黏土含量或泥质含量的方法可以看出，每种方法应用时都有一定的条件限制，当条件基本满足时，给出 V_{cl} 的近似结果；当条件不满足时，求得的 V_{cl} 将大于实际数值。所以，每种方法给出的都是 V_{cl} 的上限值。在测曲线解释工作中，一般采用几种方法确定黏土含量，最后选用其中的最小值作为接近实际情况的 V_{cl} 值。

第二节 地层水电阻率

地层水有时又称原生水或孔隙水，它是饱和在岩石孔隙中未被钻井液污染的水。地层水电阻率是计算地层含水饱和度或含油气饱和度极为重要的参数。地层水电阻率取决于地层水含盐成分、矿化度和温度。随着地层水矿化度和温度增加，地层水电阻率降低。地层水矿化度表示地层水中盐溶液的浓度，常以 mg/L（毫克/升）为单位。确定地层水电阻率的方法有多种，本节介绍确定地层水电阻率的常用方法。为了准确确定解释层段地层水电阻率，利用多种方法进行给合研究十分必要。

一、水资料分析法

用本井或邻井相同层位的水分析资料是目前确定地层水电阻率 R_w 最有效的方法。在混合盐溶液中，由于各种离子的迁移率不同，因而其导电能力也不相同。一般以 18℃时 NaCl 溶液为标准（即取 Na^+、Cl^- 的加权系数为 1），确定出其他各种溶液与 NaCl 溶液具有相同电导率时各种离子的等效系数 K_i，然后按照下式计算等效 NaCl 总矿化度 P_{we}：

$$P_{we} = \sum_i K_i P_i \tag{4-2-1}$$

式中：P_i 和 K_i 分别为第 i 种离子的矿化度与等效系数。

图 4-2-1 是按混合溶液总矿化度确定各种离子等效系数 K_i 的图版，对几种稀有离子可用固定的等效系数（表 4-2-1）。

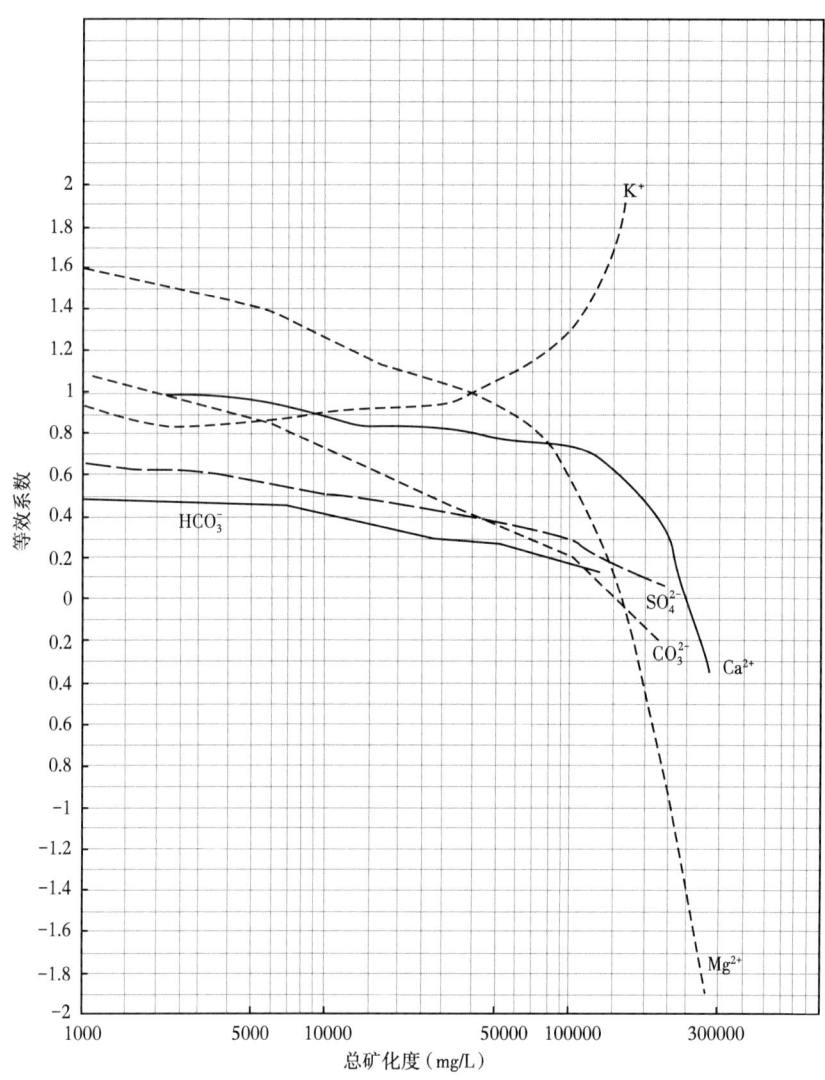

图 4-2-1 按混合溶液总矿化度确定各种离子等效系数图版

表 4-2-1 稀有离子用固定等效系数

离子	Br^-	I^-	Li^+	NO_3^-	NO_2^-	NH_4^+
K_i	0.44	0.28	2.5	0.55	0.8	1.9

根据等效 NaCl 总矿化度,即可由图版查出地层温度条件下地层水电阻率 R_w。例如,由试油试水资料知,某地层深度为 2500m,地温为 115℃,该水样化验分析如表 4-2-2 所示。

表 4-2-2 采水样分析资料

离子名称	Na^+	Ca^{2+}	Mg^{2+}	K^+	Cl^-	SO_4^{2-}	CO_3^{2-}	HCO_3^-
离子矿化度 P_i (mg/L)	32500	17500	12000	3000	40000	15000	8000	10000
等效系数 K_i	1.00	0.64	0.22	1.60	1.00	0.20	0.06	0.12

该水样的总矿化度为 138000mg/L，由图 4-2-1 按矿化度查得各种离子的等效系数 K_i（表 4-2-2），由式（4-2-1）计算出该水样的等效 NaCl 总矿化度 P_{we} 为：

P_{we}=32500×1.0+17500×0.64+12000×0.22+3000×1.6+40000×1.0+15000×0.2
　　　+8000×0.06+10000×0.12
　　　≈95820（mg/L）

根据等效 NaCl 总矿化度 95820mg/L 及地温 115℃，查图版得出地层水电阻率 R_w 为 0.0275Ω·m。

上述查图版的方法，对计算机计算很不方便。为此可采用近似计算方法。温度为 24℃ 或 75℉ 时地层水电阻率 R_{wN} 的近似式为：

$$R_{wN} \approx 0.0123 + 3647.54 / P_{wN}^{0.995} \qquad (4\text{-}2\text{-}2)$$

式中：P_{wN} 为 24℃ 或 75℉ 时地层水总矿化度（NaCl），mg/L；R_{wN} 为地层水电阻率，Ω·m。

因此，当根据地层水样资料得到地层水总矿化度 P_{wN}（NaCl，mg/L）时，可用式（4-2-2）算出 24℃ 或 75℉ 时地层水电阻率 R_{wN}，再利用式（4-2-3）或式（4-2-4）计算出任何温度 T 时的地层水电阻率 R_w（Ω·m）：

$$R_w = R_{wN} \frac{45.5}{T(\text{℃}) + 21.5} \qquad (4\text{-}2\text{-}3)$$

或

$$R_w = R_{wN} \frac{81.77}{T(\text{℉}) + 6.77} \qquad (4\text{-}2\text{-}4)$$

二、自然电位法

由自然电位理论可知，厚的纯地层处静止自然电位 SSP 可表示为：

$$\text{SSP} = -K \lg \frac{R_{mfe}}{R_{we}} \qquad (4\text{-}2\text{-}5)$$

式中：K 为自然电位系数，其值与温度成正比，$K=60+0.133T(\text{℉})$ 或 $K=70.7[273+T(\text{℉})]/298$；$R_{mfe}$ 和 R_{we} 分别为钻井液滤液等效电阻率或地层水等效电阻率。可采用专门解释图版来求 R_{mfe} 和 R_{we}，但这对计算机处理解释来说是很不方便的。为此，可采用以下的计算方法来求 R_w。

由测井图头上标出的 18℃ 地面测量的钻井液电阻率 $R_{m18℃}$，计算 24℃ 时的钻井液电阻率 R_{mN}：

$$R_{mN} = 71.4 R_{m18℃} [1.8T(\text{℃}) + 39] \qquad (4\text{-}2\text{-}6)$$

由式（4-2-3）计算 24℃ 时的钻井液滤液电阻率 R_{mfN}：

$$R_{mfN} = C R_{mN}^{1.07} \qquad (4\text{-}2\text{-}7)$$

系数 C 与钻井液密度有关，按下式计算 24℃时的钻井液等效电阻率 R_{mfeN}：

当 $R_{mfN} > 0.1\Omega \cdot m$ 时，　　　　$R_{mfeN} = 0.85R_{mfN}$ 　　　　　　　　（4-2-8）

当 $R_{mfN} \leq 0.1\Omega \cdot m$ 时，　　　　$R_{mfeN} = (146R_{mfN} - 5)/(337R_{mfN} + 77)$ 　（4-2-9）

计算 24℃时地层水电阻率 R_{wN}

当 $R_{weN} > 0.12\Omega \cdot m$ 时，　　　　$R_{wN} = -0.58 + 10^{0.69R_{weN} - 0.24}$ 　　（4-2-10）

当 $R_{weN} \leq 0.12\Omega \cdot m$ 时，　　　　$R_{wN} = (77R_{weN} + 5)/(146 - 337R_{weN})$ 　（4-2-11）

计算地层温度下的地层水电阻率 R_w：

$$R_w = 45.5R_{wN}[T(℃) + 21.5] \quad (4\text{-}2\text{-}12)$$

$$R_w = 81.77R_{wN}[T(℉) + 6.77] \quad (4\text{-}2\text{-}13)$$

图 4-2-2 给出了用自然电位计算地层水电阻率的框图。自然电位计算 R_w 的方法，适用于地层水主要含 NaCl 和从 SP 曲线能得到好的静自然电位 SSP 值的情况。如果地层是纯的、4m 以上的厚层，具有良好的孔隙性和渗透性，中等钻井液侵入，而且钻井液滤液与地层水电阻率的差别较大，则能直接从 SP 曲线上得到 SSP 值。当这些条件不满足时，则必须对 SP 幅度（用 mV 表示）进行校正，如用专门图版对 SP 曲线进行地层厚度、井径、侵入带（D_i）与电阻率比值（R_i/R_m）等校正，从而得到 SSP 值。

此外，钻井液柱与地层间的压力差较大，SP 中存在明显的过滤电位成分，用 SP 计算 R_w 可能偏低。当地层水中非 NaCl 盐类的含量很大，SP 基线偏移或 R_w 变化大的情况下，用 SP 计算 R_w 时需特别小心，在这些情况下，最好采用其他方法来计算 R_w。

三、视地层水电阻率法

根据地层因素定义，视地层水电阻率可以表示为：

$$R_{wa} = R_t / F \quad (4\text{-}2\text{-}14)$$

式中：R_t 为深探测电阻率，如 R_{ILD} 或 R_{LLD}；F 为地层因素（$=a/\phi^m$），可用孔隙度 ϕ、a 和 m 值计算。

显然，在纯水层处，$R_t = R_o = FR_w$，由式（4-2-14）算出的 R_{wa} 便等于 R_w。也可以对含有水层的多储层段用式（4-2-14）作连续计算，从 R_{wa} 曲线上选取相对稳定的下限值作为 R_w 值；还可作纯水层段的 R_{wa} 直方图，选取其均值作为 R_w 值。

对于双水法中采用的束缚水电阻率 R_{wb} 参数，可选 100% 泥岩按式（4-2-14）计算的 R_{wa} 作为 R_{wb}。

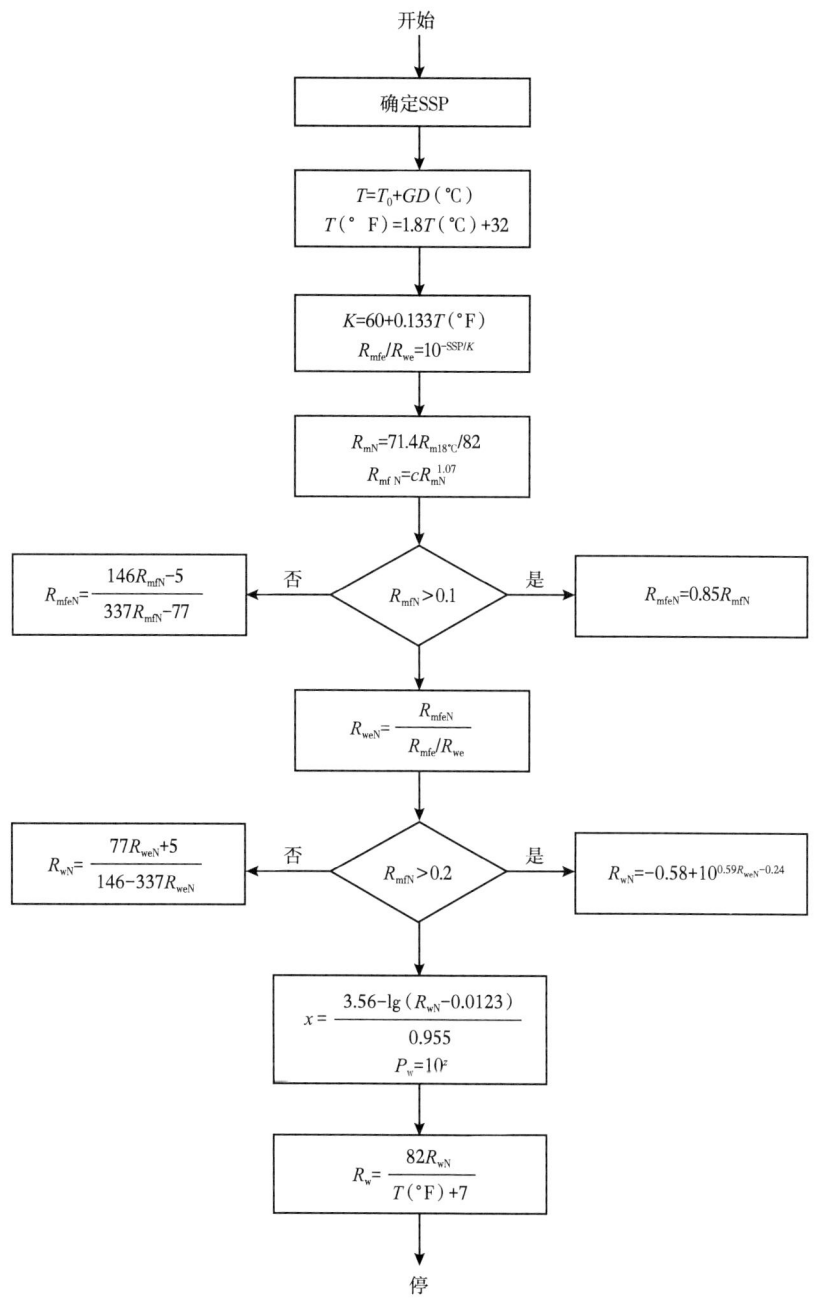

图 4-2-2 用自然电位计算 R_w 的框图

T_0—地表温度，℃；G—地温梯度，℃/100m；D—地层深度，m

用 R_{wa} 计算 R_w 的方法是解释中常用方法。一般来说，在较厚的纯水层井段和 R_w 基本稳定或 R_w 逐渐变化的层段，这种方法可取得好的效果。若同一井中各层段的 R_w 有明显变化，采用分层段计算 R_w 的方法，有时也可取得良好效果。但是，在解释井段没有水层，或者含油层地层水矿化度同邻近水层的地层水矿化度相差悬殊时，用此法计算 R_w 往往会得出十分错误的结果。

此外，还可用 R_{wa} 来检验测井资料和解释参数。在标准水层处，如 R_{wa} 不等于 R_w，则可能是测井资料有误差（如水层处发生钻井液高侵，使 R_0 偏大，应对深探测电阻率曲线作侵入校正；或孔隙度测井曲线刻度不准），或是 m、a 等参数不合理等等。

在浅层，R_w 可能变化较大，使得用 SP 曲线确定 R_w 存在困难。此时，采用对数刻度的 R_{wa} 与以线性刻度的 SP 曲线偏移值或 GR 值作交会图来估计 R_w 是有价值的。图 4-2-3 是在地层水矿化度变化很快的井段上作出的 R_{wa}-SP 交会图，图中的 R_w 是根据 SP 曲线计算的。可见，大部分点子的趋势是平行于 R_w 线，并落在它上边不远处，这表明地层水中非 NaCl 盐分的含量稍大于其平均含盐量。点 5 和点 11 远高出主趋势线，可能是含油气层。

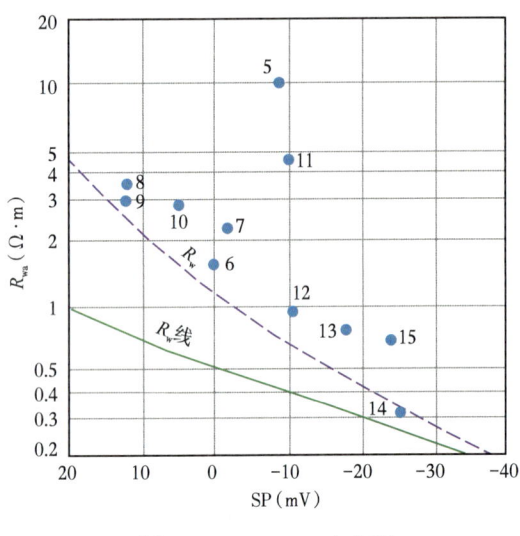

图 4-2-3 R_{wa}-SP 交会图

四、原状地层与冲洗带电阻率

具有均匀粒间孔隙的纯地层，由阿奇公式可导出为：

$$S_w^n = \frac{abR_w}{\phi^m R_t} \tag{4-2-15}$$

$$S_{xo}^n = \frac{abR_{mf}}{\phi^m R_{xo}} \tag{4-2-16}$$

将两式合并，可得：

$$\left(\frac{S_w}{S_{xo}}\right)^n = \frac{R_{xo}}{R_t} \cdot \frac{R_w}{R_{mf}} \tag{4-2-17}$$

在水层处，$S_w = S_{xo} = 1$，故 $\dfrac{R_w}{R_{mf}} = \dfrac{R_{xo}}{R_t}$，于是，在有钻井液侵入的纯含水砂岩层段，通过计算 $\dfrac{R_{xo}}{R_t}$，可以求出 $\dfrac{R_w}{R_{mf}}$，再用已知的 R_{mf}，即可求得 R_w。

显然，当作 R_t-R_{xo} 频率交会图及其 GR-Z 或 SP-Z 图时，纯水层点子均应落在图的左上方 45° 直线即纯水层线上。根据这条水线上任一点的坐标值 R_t 与 R_{xo}，可求出 $R_w = R_{mf} R_t / R_{xo}$。同时，还可利用水线斜率接近于 1 及 $R_w < R_{mf}$ 来检验所求的 R_w 值。

五、电阻率—孔隙度交会图

各种电阻率—孔隙度交会图，包括电阻率—声波时差、电阻率—密度和电阻率—中子等交会图，在测井解释与数据处理中有着广泛用途。它们可用于确定地层水电阻率

R_w、骨架参数、含水饱和度 S_w 和冲洗带含水饱和度 S_{xo}，判断油水层，估计可动油和残余油。这里主要介绍应用这些交会图确定 R_w 的方法。

1. Hingle 交会图法

对于均匀粒间孔隙的纯地层，由式（4-2-15）可得：

$$\frac{1}{\sqrt[m]{R_t}} = \left(\frac{S_w^n}{abR_w}\right)^{1/m} \phi \qquad (4\text{-}2\text{-}18)$$

对于特定地区和岩性，系数 a 和 b、指数 m 和 n 都是已知的，则在岩性和 R_w 基本不变的解释层段内，对给定的含水饱和度 S_w，令 $\left[S_w^n/(abR_w)\right]^{1/m} = A$。$A$ 为常数。如按 $\frac{1}{\sqrt[m]{R_t}}$ 刻度的坐标轴作 $y = \frac{1}{\sqrt[m]{R_t}}$ 轴，用线性刻度轴作 $x=\phi$ 轴，则在 $\frac{1}{\sqrt[m]{R_t}} - \phi$ 交会图上，式（4-2-18）就成为直线方程 $y=Ax$，而且该直线通过原点，即骨架点（$\phi=0$，$R_t=\infty$）。取不同的 S_w 值，就得到不同的直线，从而得出用 S_w 刻度的电阻率—孔隙度交会图。这种用 $y=\frac{1}{\sqrt[m]{R_t}}$，$x=\phi$ 绘制的电阻率—孔隙度交会图称为 Hingle 交会图，如图 4-2-4 所示。

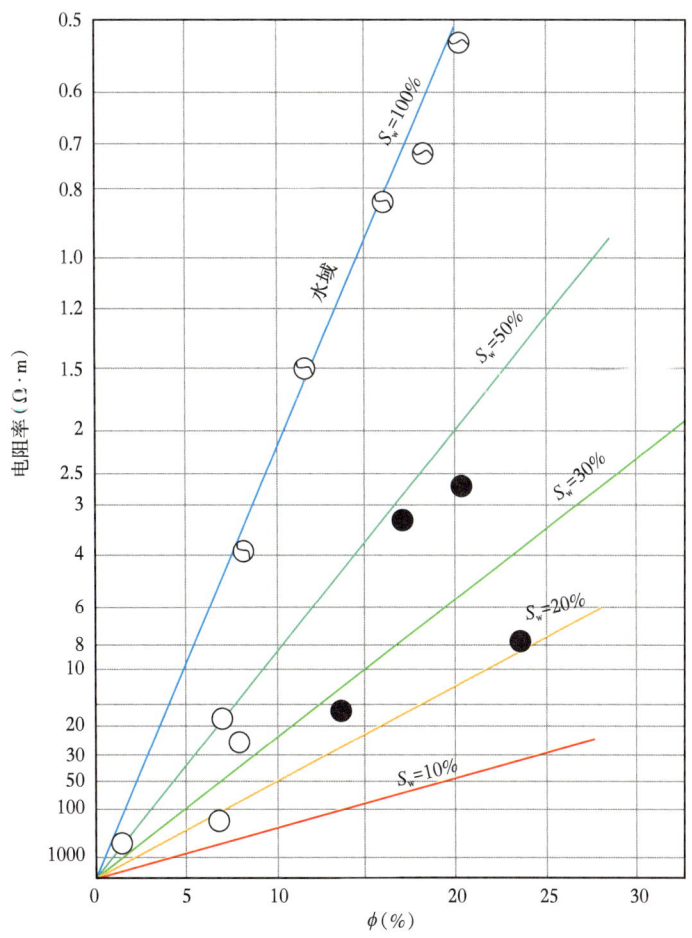

图 4-2-4 Hingle 电阻率—孔隙度交会图

可按地区经验来选取 a、b、m、n 参数。一般取 $n=2$、$b=1$。对于砂岩，取 $a=0.62$、$m=2.15$；对于碳酸盐岩，取 $a=1$、$m=2$。显然，对于 100% 含水层，$S_w=1$、$R_t=R_o$，如令 $a=1$、$m=2$，则有：

$$\frac{1}{\sqrt{R_t}}=\frac{1}{\sqrt{R_w}}\phi \quad (4\text{-}2\text{-}19)$$

因此，在 Hingle 交会图上，100% 含水层就是左上方的直线，其斜率为 $1/\sqrt{R_w}$。由此可得出确定 R_w 的方法。在解释层段上绘制 Hingle 交会图或频率交会图及 GR-Z 图，然后找出岩性纯、有足够厚度、无油气显示的纯水层，这些纯水层点同原点（骨架点）的连线即为 100% 含水线。在水线上任取一点按 $R_w=R_o/F=R_o\phi^2$ 即可求出 R_w。其他 S_w 值的线可用同样方法作出。这种按 S_w 刻度的 Hingle 交会图，可用于计算地层的含水饱和度 S_w，判断油水层、估计可动油和残余油。

Hingle 交会图的横轴可以代表孔隙度、声波时差、密度或中子测井值，且均为线性刻度。这些交会图的原点均为骨架点（$\phi=0$，$R_t=\infty$）。因此，根据 100% 含水线与 $R_t=\infty$ 线的交点，就可以求得骨架矿物参数（如 Δt_{ma}、ρ_{ma}、ϕ_{Nma}）。知道了 Δt_{ma}、ρ_{ma} 或 ϕ_{Nma}，就可以按 ϕ 或 F 的单位，对 Δt、ρ_b、ϕ_N 的刻度重新刻度。用已确定的 F 刻度，像 R_t-ϕ 交会图一样，可以计算 R_w。而且按类似方法画出 S_w 为常数的直线。应用这些电阻率—孔隙度交会图确定 R_w、S_w 与判断油水层的关键是要正确地确定水线的位置。因此，此法要求在绘图层段上，要有若干个纯含水层，且地层水电阻率稳定，岩性不变和侵入不深，要求地层孔隙度变化范围相当大，并且所测的参数（Δt、ρ_b、ϕ_N）与 ϕ 呈线性关系，所用的 a、b、m、n 等参数要符合本区地质条件。可采用 GR-Z 频率交会来排除含泥质地层的影响，采用井径截止值，来消除扩径资料点的影响。

在含气层中，由于中子测井的视孔隙度往往过低，将导致用 R_t-ϕ_N 求得的 S_w 值过大。实际上，在 R_t-ϕ_N 交会图上可能把含气层显示为接近于零孔隙度和 100% 含水层。相反，气层的 R_t-Δt 或 R_t-ρ_b 交会图，常倾向于给出稍微偏乐观的结果（即 ϕ 稍偏高，S_w 稍偏低）。

Hingle 交会图是一种极为有效的交会图技术，它可用最少时间分析大段测井资料。它的主要优点是：不用假设骨架参数，而且用这种交会图可以确定骨架参数，可计算 R_w；显示 S_w，快速直观地分析油气产层；同 R_{xo} 资料结合，可估计可动油和残余油；对淡水和盐水钻井液测井资料都有较好的适应性。

2. Pickett 交会图法

令 $b=1$，将式（4-2-15）改写为：

$$S_w^n=\frac{aR_w}{\phi^m R_t}=\frac{R_o}{R_t}$$

对它两边取对数得：

$$\lg R_t=-m\lg\phi+\lg(aR_w)-n\lg S_w \quad (4\text{-}2\text{-}20)$$

在水层处，S_w=100%，式（4-2-20）简化为：

$$\lg R_t = -m \lg \phi + \lg(aR_w) \quad (4\text{-}2\text{-}21)$$

如令 $y=\lg R_t$，$x=\lg\phi$，$c=\lg(aR_w)$，则在双对数坐标中，式（4-2-21）即为一条直线，$y=-mx+c$，其斜率为 $-m$。这种在双对数坐标中绘制的电阻率—孔隙度交会图，称为 Pickett 交会图，如图 4-2-5 所示。100% 含水线在 ϕ=100% 的纵坐标轴上的截距为 aR_w。设 $a=1$，则可求出 R_w。这种交会图的优点是不需要知道 m 值，而且由水线的斜率可确定 m 值。同样，在此交会图上可画出不同 S_w 值的直线，它们均平行于水线（图 4-2-5）。而且，其孔隙度轴（横轴）也可采用 Δt、ρ_b 或 ϕ_N。Pickett 交会图的适用条件与 Hingle 交会图类似。

Pickett 还把泥岩当作孔隙性岩层，来近似估计具有相同矿化度的储层地层水电阻率 R_w：

$$R_{sh} = R_w / \phi_{sh}^m \quad (4\text{-}2\text{-}22)$$

式中：R_{sh} 和 ϕ_{sh} 分别为泥岩的电阻率和孔隙度。

式（4-2-22）可表示为：

$$\lg R_{sh} = \lg R_w - m \lg \phi_{sh} \quad (4\text{-}2\text{-}23)$$

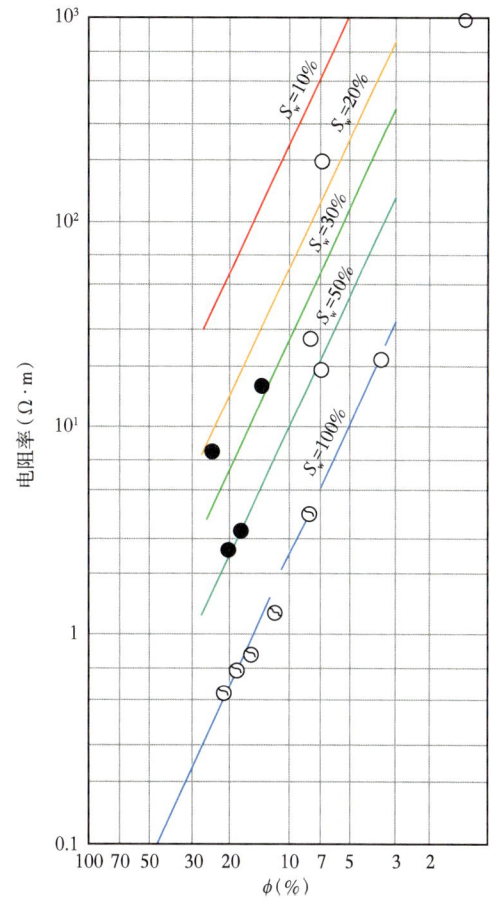

图 4-2-5　Pickett 电阻率—孔隙度交会图

根据实际资料统计，Pickett 认为，m 是 R_w 的函数，即：

$$m = 2.54 - 2.62 R_w$$

代入式（4-2-23），得：

$$\lg R_w + 2.62 R_w \lg \phi_{sh} = \lg R_{sh} + 2.54 \lg \phi_{sh} \quad (4\text{-}2\text{-}24)$$

泥岩孔隙度 ϕ_{sh} 用声波测井资料来计算。根据 R_{sh} 和 ϕ_{sh}，即可用式（4-2-24）计算出 R_w，它可以作为矿化度与邻近泥岩相近的储层地层水电阻率的近似估计。此法是带有经验性的，只适用于与储层邻近的泥岩具有相同或相近的地层水的地区。此法不能用于致密泥岩层、含油气泥岩、井壁坍塌的泥岩，因为不能把致密泥岩层当作电阻率仅取决于间隙水的孔隙性地层来处理。在含油气泥岩中，泥质中的油气会改变电阻率和声波时差，导致估计的 R_w 偏高；而在井壁坍塌处，R_{sh} 降低，Δt_{sh} 偏大。

六、地区统计规律确定 R_w

对我国许多油田实际试水资料的研究表明,同一油田的地层水电阻率 R_w 往往随地层深度增加而呈规律性变化,一般服从于下列经验统计关系:

$$\lg R_w = CD + A$$

式中:D 为地层深度,m;C、A 为与地区条件有关的经验系数。

当 R_w 采用对数刻度、地层深度 D 用线性刻度时,则它们二者之间呈线性关系。通常,多数油田的 R_w 随 D 增加而逐渐降低($C<0$)。但对某些油田,在某一深度后,有时 R_w 却随 D 增加而逐渐增高($C>0$)。在特殊情况下,$C=0$,表明该油田的 R_w 十分稳定。以下列举几个油田用实际资料统计得出的计算 R_w 的经验关系式:

孤东油田 $\quad\quad\quad\quad\quad\quad \ln R_w = 1.072 - 7.7757 \times 10^{-4} D \quad\quad\quad\quad$ (4-2-25)

东辛油田 $\quad\quad\quad\quad\quad\quad \ln R_w = 0.9203 - 9.84 \times 10^{-4} D \quad\quad\quad\quad$ (4-2-26)

商河油田 $\quad\quad\quad\quad\quad\quad \ln R_w = 0.6487 - 8.35 \times 10^{-4} D \quad\quad\quad\quad$ (4-2-27)

Schlumberger 公司的 Tixier 对泥岩的电阻率 R_{sh} 和声波时差 Δt_{sh}(μs/ft)进行统计,得出如下经验关系式:

$$R_w = R_{sh}(\Delta t_{sh} - 230)/1640 \quad\quad\quad\quad (4\text{-}2\text{-}28)$$

由此得出 R_w 可作为与泥岩邻近的储层地层水电阻率近似值,其应用条件与前述 Pickett 法相似。

选取地层水电阻率 R_w 的原则:若本井或邻井有可靠的水分析资料,则应首先采用水分析资料计算 R_w;如有分区分层位的准确的 R_w 资料,而本井的电阻率和 SP 曲线又无异常显示,则可采用分区分层位选用的 R_w 数据;否则,应采用多种方法计算,选择其中合适的值(一般是最小的)作为 R_w,使最终计算的各个储层的 S_w 和 S_h 均与地质情况及测井显示比较符合。

第三节 孔隙度

储层岩石孔隙发育程度直接影响储集油气的数量及生产能力。孔隙度是岩石孔隙发育程度的定量表征,是测井定量评价的核心参数之一。本节首先介绍孔隙度的基本概念,以及实际应用中从孔隙形成的地质背景、孔隙有效性及流动性等不同角度对孔隙度的分类,然后重点介绍基质孔隙度、裂缝孔隙度的计算方法。

一、孔隙度的定义

储层岩石除固体骨架之外,未被骨架占据的空间,称为孔隙或者空隙。储层条件下,孔隙被流体(液体或者气体)占据。不同类型的岩石,孔隙的大小、形状和发育程度不同。储层岩石孔隙的发育程度用孔隙度描述。孔隙度是标量,定义为未被岩石固体骨架颗粒占据的孔隙体积与岩石总体积的比值：

$$\phi = \frac{V_\text{P}}{V_\text{b}} = \frac{V_\text{b} - V_\text{gr}}{V_\text{b}} \quad (4\text{-}3\text{-}1)$$

式中：V_b 为储层岩石总体积，cm^3；V_p 为孔隙体积，cm^3；V_gr 为固体颗粒体积，cm^3。

上面定义的孔隙度为岩石的绝对孔隙度，即总孔隙度。从油气勘探开发的角度而言，只有那些既能储集油气，又能让油气渗流通过的连通孔隙才更具实际意义，因此，提出了有效孔隙度、可动孔隙度的概念。

有效孔隙度 ϕ_e 定义为岩石中相互连通的有效孔隙体积占岩石外表总体积的比值（通常用百分数表示）：

$$\phi_\text{e} = \frac{V_\text{e}}{V_\text{b}} \quad (4\text{-}3\text{-}2)$$

式中：V_e 为有效孔隙体积，cm^3。

可动孔隙度 ϕ_f 定义为在一定条件下流体能够在其内流动的孔隙体积占岩石外表总体积的比值（通常用百分数表示）：

$$\phi_\text{f} = \frac{V_\text{f}}{V_\text{b}} \quad (4\text{-}3\text{-}3)$$

式中：V_f 为有效孔隙体积，cm^3。

储层中并不是所有的孔隙都相互连通，除连通孔隙外，还存在大量孤立孔隙。此外，虽然有些孔隙相互连通，但由于孔隙半径小、毛管阻力大，在地层条件下流体不能从孔隙中流动。因此，上述几种孔隙度的大小关系是：总孔隙度＞有效孔隙度＞可动孔隙度。

此外，根据孔隙形成的地质成因，还可将总孔隙度划分为原生孔隙度，次生孔隙度。碳酸盐岩、火山岩是重要的油气勘探对象，尽管这些储层具有不同的地质成因、岩性组成，但大都具有裂缝、孔隙双重孔隙结构特征，甚至呈现裂缝、孔洞、基质孔隙三重介质特征。为此，缝洞储层中的孔隙度可进一步以分为基质孔隙度、孔洞孔隙度、裂缝孔隙度。

不同储层，孔隙度的大小不同。沉积岩的孔隙度，一般在5%~30%之间，随着深层、非常规等油气勘探开发的发展，大量孔隙度小于5%的储层已成为研究的重要对象，如准格尔二叠系云质粉砂岩、云质白云岩最低孔隙度为3%。组成岩石颗粒的排列方式、均一性、固结程度、压实作用等都对孔隙度大小具有影响。

Fraser 和 Graton 计算了不同方式排列的等直径球颗粒介质系统的孔隙度，如图4-3-1所示，结果表明，正方体排列的孔隙度是47.6%，菱形排列的孔隙度是25.9%。当小直径球状颗粒加入直径较大的等直径球系统时，孔隙空间所占百分比减小，孔隙度降低。

均一性或者分选性是反映颗粒等级的一个指标，均一性好的岩石孔隙度相对较高，均一性较差的岩石孔隙度相对较低。如小的粉砂或者黏土颗粒与大的砂岩颗粒混合，均一性变差，岩石孔隙度大幅度降低。胶结作用强的砂岩孔隙度低，而未固结疏松砂岩的孔隙度高。胶结过程既可发生在成岩期间，也可发生在围岩蚀变期，在胶结过程中，矿物质在孔隙中充填，导致孔隙度降低。常见的胶结物包括碳酸钙、碳酸镁、赤铁矿、褐铁矿、黏土及其混合物等。

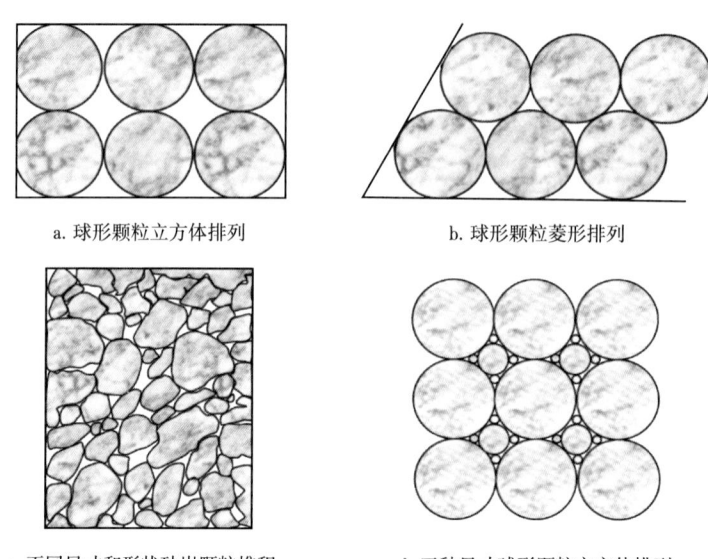

a. 球形颗粒立方体排列　　　　　b. 球形颗粒菱形排列

c. 不同尺寸和形状砂岩颗粒堆积　　　d. 三种尺寸球形颗粒立方体排列

图 4-3-1　颗粒排列方式及尺寸对孔隙度的影响

二、基质孔隙度公式

根据岩石体积模型，测井仪器的测量结果可以看成仪器探测范围内岩石某种物理量的平均值。密度测井、中子测井、声波测井的数值可以看成仪器探测范围内骨架和孔隙流体密度、中子、时差的平均值，因此可以利用密度测井、中子测井、声波测井计算孔隙度，即通常所说的三孔隙度测井。

1. 密度孔隙度

密度测井测量的是散射伽马射线的强度，反映了岩石的体积密度，其测量数值等于骨架密度与孔隙流体密度的加权平均：

$$\rho_b = \phi_D \rho_f + (1-\phi_D)\rho_{ma} \qquad (4\text{-}3\text{-}4)$$

式中：ρ_b 为测量的密度，g/cm³；ρ_{ma} 为骨架密度，g/cm³；ρ_f 为流体密度，g/cm³；ϕ_D 为密度孔隙度，小数。

将上述方程变形，有：

$$\phi_D = \frac{\rho_{ma} - \rho_b}{\rho_{ma} - \rho_f} \qquad (4\text{-}3\text{-}5)$$

2. 中子孔隙度

中子测井反映地层的含氢量，将单位体积纯淡水的含氢量规定为一个单位，单位体积岩石和纯水的含氢量之比称为含氢指数。根据体积模型，中子测井的响应方程为：

$$HI_N = \phi_N HI_f + (1-\phi_N) HI_{ma} \tag{4-3-6}$$

式中：HI_N 为中子测井测量的含氢指数；HI_{ma} 为骨架含氢指数；HI_f 为流体的含氢指数；ϕ_N 为中子孔隙度孔隙度。

将上述方程变形，有：

$$\phi_N = \frac{HI_N - HI_{ma}}{HI_f - HI_{ma}} \tag{4-3-7}$$

3. Wyllie 孔隙度公式

最早根据声波测井资料估算储层孔隙度的公式是 1956 年由 Wyllie 提出的，即 Wyllie 时间平均方程：

$$\Delta t = \phi_s \Delta t_f + (1-\phi_s) \Delta t_{ma} \tag{4-3-8}$$

式中：Δt 为声波测井测量的时差，μs/m；Δt_{ma} 为骨架声波时差，μs/m；Δt_f 为流体声波时差，μs/m；ϕ_s 为声波孔隙度。

将上述方程变形，可得声波孔隙度公式：

$$\phi_s = \frac{\Delta t - \Delta t_{ma}}{\Delta t_f - \Delta t_{ma}} \tag{4-3-9}$$

4. Musher 公式

1974 年，Musher 提出了计算碳酸盐岩孔隙度的公式：

$$\lg(\Delta t) = \phi \lg(\Delta t_f) + (1-\phi) \lg(\Delta t_{ma}) \tag{4-3-10}$$

式中：Δt_{ma} 为骨架的纵波时差，μs/m；Δt_f 为流体的纵波时差，μs/m；ϕ 为孔隙度；Δt 为储层岩石的纵波时差，μs/m。

5. Raymer 孔隙度公式

时间平均方程为实验公式，在孔隙分布均匀、大小中等、岩性较纯的地层能获得较好的效果。但当孔隙度较低（5%~15%）和当孔隙度较高（大于30%）时，Wyllie 公式计算结果不理想。1980 年，Raymer 等人提出了计算碳酸盐岩孔隙度的公式：

$$v = \phi v_f + (1-\phi)^\beta v_{ma} \tag{4-3-11}$$

式中：v_f、v_{ma} 分别为流体的纵波速度和骨架纵波速度，m/s；ϕ 为孔隙度；V 为储层岩石的纵波速度，m/s；β 为常数，碳酸盐岩中 β 取值为 2.2。

6. Raiga-Clemenceau 孔隙度公式

1986 年，Raiga-Clemenceau 等人提出了计算石灰岩和白云岩的声波孔隙度公式：

$$v = (1-\phi)^\beta v_{ma} \tag{4-3-12}$$

在石灰岩中，β 取值为 1.76；在白云岩中，β 取值为 2.0。

7. 声波实验公式

李宁等（2005）开展了全直径岩心声波实验。岩样完全饱和后，在模拟地层条件采用纵波发射、纵波接收，横波发射、横波接收，进行岩样纵、横波速度测量。实验得到的纵波时差 DTc、横波时差 DTs 和孔隙度的关系如图 4-3-2 所示。点子的规律性不是非常清晰。将 8 块样品测量结果首先进行滤波处理，点子的规律性就一目了然了，如 4-3-3 所示。

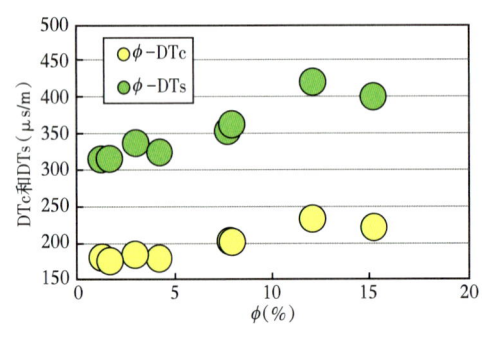
图 4-3-2 孔隙度 ϕ 与声波时差之间的关系

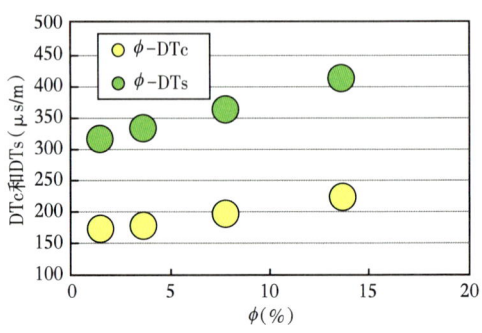
图 4-3-3 滤波处理后孔隙度 ϕ 与声波时差之间的关系

根据图 4-3-3，可以确定纵波时差、横波时差与孔隙度的最佳关系分别为：

纵波时差：
$$\mathrm{DTc} = 167 e^{0.022\phi} \tag{4-3-13}$$

横波时差：
$$\mathrm{DTs} = 304 e^{0.022\phi} \tag{4-3-14}$$

由上两式知，DTs/DTc = 常数，故纵横波速度比不随孔隙度而变化。由式（4-3-13）和式（4-3-14），可以得到利用声波时差计算孔隙度的公式：

$$\mathrm{d}t = \mathrm{d}t_{\mathrm{ma}} e^{0.0228\phi_s} \tag{4-3-15}$$

现在将式（4-3-15）用更一般的形式表达如下：

$$\Delta t = \Delta t_{\mathrm{ma}} e^{0.022\phi} \tag{4-3-16}$$

将孔隙度 ϕ 表达为时差 Δt 的函数，得到：

$$\phi = \frac{1}{0.022} \ln\left(\frac{\Delta t}{\Delta t_{\mathrm{ma}}}\right) = 45.45 \ln\left(\frac{\Delta t}{\Delta t_{\mathrm{ma}}}\right) \tag{4-3-17}$$

式中：Δt、Δt_{ma} 分别代表纵波（或横波）时差和骨架的纵波（或横波）时差。

式（4-3-17）全微分，得到：

$$\mathrm{d}\phi = 45.45 \left(\frac{\mathrm{d}\Delta t}{\Delta t} - \frac{\mathrm{d}\Delta t_{\mathrm{ma}}}{\Delta t_{\mathrm{ma}}}\right) \tag{4-3-18}$$

显然，式（4-3-18）计算孔隙度的绝对误差取决于测井时差相对误差与骨架时差相对误差的差值。因此，如果骨架时差的确定与测井时差的确定来自同一观测系统，则可最大限度减小式（4-3-18）计算孔隙度的绝对误差。

这里的孔隙度是用百分数表示的，当孔隙度用小数表示时，声波孔隙度计算公式为：

$$\phi_s = 0.4545 \lg\left(\frac{\Delta t}{\Delta t_{ma}}\right) \tag{4-3-19}$$

声波孔隙度公式（4-3-16）与 Musher 公式的对比如图 4-3-4 所示。由于 Musher 公式是针对碳酸盐岩建立的，故图 4-3-4 中只将其与式（4-3-16）关于石灰岩和白云岩进行比较。不难看出，随着基质孔隙度的增大，无论是石灰岩还是白云岩，式（4-3-16）的计算结果与 Musher 公式的差异都越来越明显。

为了进一步分析式（4-3-16）、Raymer 公式以及 Raiga-Clemenceau 公式之间的差异，给出了三个公式的理论计算结果，如图 4-3-5 所示。对比分析结果表明，当孔隙度小于 15% 时，对于石灰岩储层，式（4-3-16）的计算结果与 Raymer 和 Raiga-Clemenceau 公式有一定差异，但 Raymer 和 Raiga-Clemenceau 公式的计算结果非常接近；而对于白云岩储层，式（4-3-16）的计算结果与 Raymer 的计算结果基本重合。

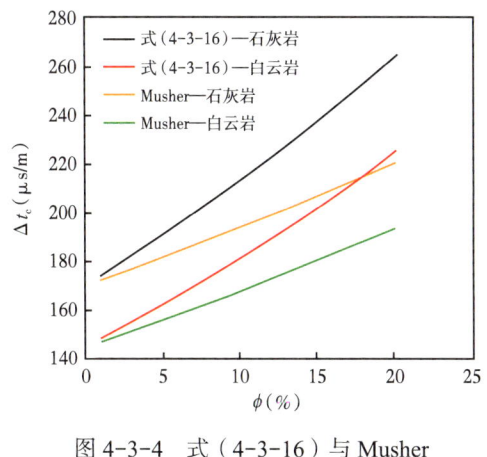

图 4-3-4　式（4-3-16）与 Musher 公式的对比

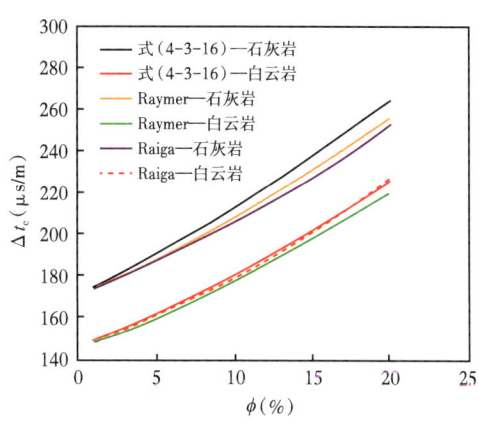

图 4-3-5　式（4-3-16）与 Raymer、Raiga-Clemenceau 公式的对比

由于得到式（4-3-16）的实验所用的岩心的孔隙度分布是 1.32% 到 15.23%，故式（4-3-16）应该在孔隙度 1.5%~15% 范围内有效。经过与已有典型声波孔隙度计算公式的深入对比分析，尤其在中国东部和西部三个油田 70 口有岩心分析孔隙度的井中进行了实际应用对比后发现，这一方法在中基性火山岩和风化壳白云岩等储层孔隙度定量计算中也有非常好的效果。也就是说，该方法普遍适用于各类火山岩和风化壳白云岩储层基质孔隙度分析评价。

与其他几个典型声波孔隙度计算公式相比，在评价中基性火山岩储层和风化壳白云岩储层孔隙度时，孔隙度计算公式（4-3-16）不仅更为简单实用，而且精度最高。与密度孔隙度或中子—密度孔隙度公式相比，在评价中基性火山岩储层和风化壳白云岩储层孔隙度时，式（4-3-16）受井径、地层蚀变的影响最小，精度最高。

孔隙度计算公式（4-3-16）还具有一个明显优点，即它用声波时差求取地层孔隙度时只需要骨架时差一个预置参数。这个优点一方面特别适合新区勘探，不需要其他更多参数即可投入使用；另一方面，这个优点还有利于进一步借助元素俘获能谱等测井方法开展连续地层深度变骨架赋值精确计算复杂储层孔隙度。

8. 变骨架孔隙度计算

在利用密度、中子、声波测井资料计算孔隙度时，准确确定骨架及流体的密度、中子及时差非常关键。不仅不同类型的岩石骨架参数不一样（表 4-3-1），即使岩石类型相同，不同地区、不同层位矿物组成、结构及不同矿物的相对含量存在差异，骨架参数也不一样。

表 4-3-1 几种常见岩石的骨架参数及孔隙流体参数（据雍世和等，2007）

岩石及流体		Δt_{ma}		ρ_{ma}（g/cm³）	$(\phi_{SNP})_{ma}$	$(\phi_{CNL})_{ma}$
		μs/m	μs/ft			
砂岩	$\phi < 10\%$	182	55.5	2.65	-0.035	-0.05
	$\phi > 10\%$	168	51.2	2.65	-0.035	-0.05
石灰岩		156	47.5	2.71	0.00	0.00
白云岩	$\phi=5.5\%\sim30\%$	143	43.5	2.87	0.035	0.085
	$\phi=1.5\%\sim5.5\%$ 或 $>30\%$	143	43.5	2.87	0.02	0.065
	$\phi=0\sim1.5\%$	143	43.5	2.87	0.05	0.04
硬石膏		164	50.0	2.98	-0.005	-0.02
石膏		171	52.0	2.35	0.49	
岩盐		220	67.0	2.03	0.04	-0.01
淡水钻井液		620	189.0	1.00	1.00	1.00
盐水钻井液		608	185.0	1.00	1.10	1.00

实际中应用中，通常采用岩心分析资料确定骨架参数。如为了确定岩石骨架的密度参数，可以根据岩心分析的孔隙度、岩石密度之间的相互关系，建立交会图。交会图的横坐标为岩心分析的孔隙度，纵坐标为岩心分析的岩石密度。当孔隙度为 0 时，对应的纵坐标就为该种岩石的骨架密度值。图 4-3-6 给出了 8 口井 88 块流纹岩类的火山岩岩心样品岩心分析的孔隙度和岩石密度之间的相关性，岩石骨架密度为 2.6295g/cm³。

利用岩心分析资料确定的骨架参数，往往是某个地区、某口井或层段的平均值，对碳酸盐岩、火山岩等非均质性较强的储层，不同深度矿物组成及含量差异较大，利用单一骨架参数计算的

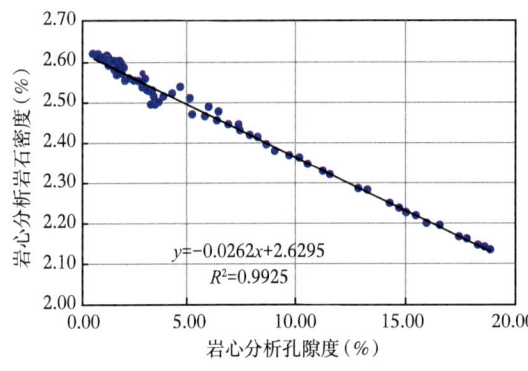

图 4-3-6 流纹岩类骨架密度参数的确定

孔隙度精度低，不能满足油气勘探开发需求。

传统孔隙度计算方法一般在给定地层采用固定的骨架参数，在地层岩性稳定时，经过岩心分析孔隙度刻度通常也能获得较好的计算效果。然而，在复杂岩性储层中，由于组成地层岩石的矿物类型和含量都变化较大，地层骨架参数不是固定值，此时采用定骨架参数进行孔隙度计算会带来较大的误差。为此，针对复杂岩性储层，建立了一套岩石变骨架参数计算方法，即首先利用元素俘获能谱测井计算得到准确的地层矿物含量，然后根据不同矿物的含量合成岩石骨架参数，从而有效提升了基质孔隙度计算精度。

岩石骨架的核物理参数由两个因素决定，一是岩石的骨架密度，二是岩石的化学成分，也就是各种元素的含量。利用实验室岩心分析可以得到岩石骨架密度和化学成分，然后应用骨架参数和元素含量之间的关系，通过 ECS 测井可以计算每一个采样点岩石的骨架密度、骨架中子、骨架俘获截面、骨架光电吸收截面等参数。结合密度和中子测井资料，可以逐点精确计算地层密度孔隙度和中子孔隙度。

基于多元回归建立了岩石骨架参数与岩石元素含量的关系式。

骨架密度计算公式：

$$\rho_{ma} = 3.1475 - 1.1003 W_{Si} - 0.9834 W_{Ca} - 2.4385 W_{Na} \\ - 2.4082 W_{K} + 1.4245 W_{Fe} - 11.31 W_{Ti} \quad (4\text{-}3\text{-}20)$$

骨架中子计算公式：

$$APSC_{ma} = 0.3517 - 0.728 W_{Si} - 0.7597 W_{Ca} - 1.5533 W_{Na} \\ - 1.0979 W_{K} - 0.2408 W_{Fe} + 9.3709 W_{Ti} \quad (4\text{-}3\text{-}21)$$

式中：ρ_{ma} 为骨架密度；$APSC_{ma}$ 为砂岩骨架中子；W_{Si} 为 ECS 得到的硅元素的重量百分比含量；W_{Ca} 为 ECS 得到的钙元素的重量百分比含量；W_{Na} 为 ECS 得到的钠元素的重量百分比含量；W_{Fe} 为 ECS 得到的铁元素的重量百分比含量；W_{K} 为 ECS 得到的钾元素的重量百分比含量；W_{Ti} 为 ECS 得到的钛元素的重量百分比含量。

由于 ECS 测井可以逐点测量上述公式中各个元素的重量百分含量，应用上述方程，通过 ECS 测井就可以计算每一个深度点岩石的骨架密度、骨架中子等参数。

基于多矿物最优化思想，地层骨架参数与矿物组成相关。对有元素俘获能谱测井的井段，利用元素俘获能谱测井计算得到的准确地层矿物含量，根据地层矿物与相应骨架的响应关系，建立地层骨架参数计算方法。常见地层矿物的骨架响应如表 4-3-2 所示。对未测量元素俘获能谱测井的井段，基于常规测井资料，通过最优化处理也可以获得相对地层矿物含量。

表 4-3-2 常见地层矿物的骨架响应参数

矿物	密度（g/cm³）	中子	声波（μs/ft）	体积光电吸收指数	铀（μg/g）	钍（μg/g）	钾（%）
石英	2.65	-0.06	55.5	5	0	0	0
正长石	2.57	-0.01	60	8.7	0.4	1.1	0.102
钠长石	2.6	-0.01	49	5.6	0	0	0.0050

续表

矿物	密度 （g/cm³）	中子	声波 （μs/ft）	体积光电 吸收指数	铀 （μg/g）	钍 （μg/g）	钾 （%）
方解石	2.71	0	47.8	14.1	1.4	0	0
白云石	2.847	0.018	43.5	9.1	0.9	0	0
黄铁矿	4.99	0.008	39	82.06	0.0	0	0
菱铁矿	3.88	0.184	44	71.6	0.5	0	0
伊利石	2.61	0.352	90	9.9	4.6085	11.8094	0.0432
蒙脱石	2.0	0.65	120	4.4	5.6328	20.627	0.0048
高岭石	2.55	0.507	80	5.1	3.1269	18.8591	0
绿泥石	2.81	0.583	80	21.7	3.4705	10.99	0.0037
海绿石	2.65	0.41	90	16.5	5.0826	2.8237	0.0555
白云母	2.85	0.24	53	11.5	0.7	0	0.078
黑云母	3.04	0.134	60	21.6	0.7	1.5	0.072

获得地层各矿物的相对含量后，地层密度、中子、声波骨架参数可根据下式进行确定：

$$p_{\text{matrix}} = \sum_{i=1}^{m} V_{M_i} \cdot R_{M_i} \qquad (4-3-22)$$

式中：R_{M_i} 表示各类组分的骨架测井响应参数；V_{M_i} 表示各类地层组分相对体积含量。

9. 中子—密度交会

密度孔隙度和中子孔隙度受孔隙流体影响，即与孔隙内的钻井液滤液、油、气体积有关。中子测井和密度测井这两种测井仪器的测量原理不同，探测的径向和纵向范围也不一样。地层含气会引起中子孔隙度减小，密度孔隙度增大，单纯使用一种方法计算孔隙度误差较大。将中子测井与密度测井交会定量解释气层孔隙度，可以有效消除含气饱和度的影响，常用的方程为：

$$\phi = \frac{\phi_n + \phi_d}{4} + \sqrt{\frac{\phi_n^2 + \phi_d^2}{8}} \qquad (4-3-23)$$

10. 核磁共振计算孔隙度

核磁共振测井确定地层孔隙度利用了观测信号强度与孔隙流体中氢核含量的对应关系。如果观测信号能够正确地反映宏观磁化强度，那么，核磁共振测井在零时刻回波的数值大小与地层孔隙中的含氢总量成正比。因此，经过恰当的标定，可把零时刻的信号强度标定为地层的孔隙度。通过刻度由 T_2 分布可直接得到孔隙度，即

$$\phi = E(0) = \sum_i p_i \qquad (4-3-24)$$

式中：p_i 为刻度后核磁共振 T_2 分布谱中第 i 组分的幅度；i 为核磁共振 T_2 分布谱的布点数。

三、裂缝孔隙度计算

裂缝参数是储层评价的重要内容,主要包括裂缝的宽度、长度、密度、平均水动力宽度和裂缝孔隙度等,其中最重要的是裂缝孔隙度。

裂缝孔隙度定义为裂缝孔隙体积与岩石总体积比值(通常用百分数表示):

$$\phi_f = \frac{V_f}{V_b} \times 100\% \qquad (4\text{-}3\text{-}25)$$

式中:ϕ_f 为裂缝孔隙度,%;V_b 为储层岩石总体积,m^3;V_f 为裂缝孔隙体积,m^3。

裂缝孔隙度的范围通常在 0.1%~0.5% 之间,具体数值取决于裂缝的发育程度,如委内瑞拉 La Paz 油田、Mara 油田裂缝孔隙度高达 7%。含裂缝地层总孔隙度等于基质孔隙度与裂缝孔隙度之和。

1. 三孔隙度资料计算裂缝孔隙度

根据测井系列测量原理,当地层中发育有裂缝等次生孔隙时,一般认为中子测井和密度测井反映的是在其探测范围内孔隙、溶洞和裂缝的总体积,即总孔隙度。而声波时差不反映次生孔隙,只反映基质孔隙,所计算的孔隙度是原生粒间孔隙度。因此,将中子(或密度)孔隙度与声波时差孔隙度组合,用总孔隙度减去基质孔隙度法,可以计算出地层的裂缝孔隙度:

$$\phi_f = \phi_t - \phi_m \qquad (4\text{-}3\text{-}26)$$

利用公式(4-3-26)计算裂缝孔隙度需要注意几点:(1)对岩石骨架参数的精度要求比较高,也就说要求利用密度(或中子)计算的总孔隙度、利用声波计算的基质孔隙度非常准确;(2)对含泥质储层需要进行泥质校正;(3)对高角度裂缝适应性差。

2. 双侧向测井计算裂缝孔隙度

裂缝不仅对储层电阻率具有显著影响,而且对深浅电阻率的影响存在差异,因此可以利用双侧向测井资料计算裂缝参数。常用的模型主要有 Sibbit 模型、Philippe A. Pezard-Anderon 模型(简称 P-A 模型)、网状裂缝模型以及李善军等(1997)提出的三维有限元模型等。这些模型的基本原理主要是根据体积模型,将实际不规则且非均匀分布的裂缝、基岩地质体简化成各种均匀分布的理想模型,然后通过一定的假设条件,确定不同情况下裂缝与基质岩石电阻率的串/并联关系,建立起裂缝孔隙度与电阻率的关系,继而求解裂缝孔隙度。各裂缝孔隙度模型参数主要考虑的影响因素有钻井液滤液电阻率、地层水电阻率以及裂缝倾角等。

设裂缝地层的地质模型为平板状模型(图4-3-7),σ_b 和 σ_f 分别为基岩和裂

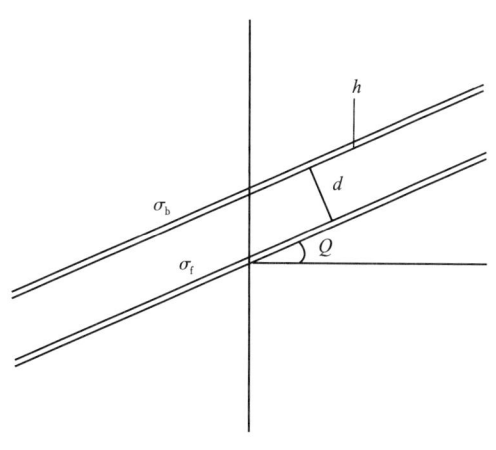

图 4-3-7 平板状裂缝模型

缝内流体的电导率，h 和 d 分别为裂缝的张开度和裂缝间的垂直距离，Ω 为裂缝的倾角，则裂缝孔隙度为：

$$\phi_\mathrm{f} = \frac{h}{h+d} \times 100\% \qquad (4\text{-}3\text{-}27)$$

在正演研究基础上，李善军等（1997）提出了估算裂缝孔隙度的模型：

$$\begin{cases} x = A_1\sigma_\mathrm{s} + A_2\sigma_\mathrm{d} + A_3 \\ \phi_\mathrm{f} = (A_1\sigma_\mathrm{s} + A_2\sigma_\mathrm{d} + A_3)R_\mathrm{mf} \end{cases} \qquad (4\text{-}3\text{-}28)$$

式中：σ_d 和 σ_s 分别为深侧向、浅侧向的电导率；R_mf 为钻井液滤液的电阻率。

通过正演分析，给出了不同裂缝倾角下式（4-3-28）中各参数的取值。

低角度裂缝状态下，$A_1=-0.992471$，$A_2=1.97247$，$A_3=3.18291\times10^{-4}$；

倾斜裂缝状态下，$A_1=-17.6332$，$A_2=20.36451$，$A_3=9.3177\times10^{-4}$；

高角度裂缝状态下，$A_1=8.522532$，$A_2=-8.242788$，$A_3=7.1236\times10^{-4}$。

上面给出了通过正演分析获得的一组参数，对不同储层上述参数可能存在差异，且该方法在实际应用中有多种变形。该方法的缺点在于待定参数多，并且因双侧向电阻率受流体性质、岩性等因素的影响，多解性强。

3. 电成像测井计算裂缝孔隙度

利用成像测井资料不仅可以进行裂缝定性识别，而且可以定量计算裂缝参数。根据成像测井资料计算裂缝孔隙度的前提是假设成像测井中所见到的裂缝在地层中为均匀连通的。如果裂缝相对井径的裂缝视倾角为 θ，可以推出单条裂缝的裂缝体积与裂缝储层单位圆柱体体积的体积比为（李宁等，2009）：

$$\frac{V_1}{V} = \frac{\sqrt{1+\tan^2\theta}\,w}{h} = \frac{cw}{h} \qquad (4\text{-}3\text{-}29)$$

式中：c 为裂缝长度系数，$c = \sqrt{1+\tan^2\theta}$；$V_1$ 为单条裂缝的裂缝体积，m³；V 为裂缝储层单位圆柱体体积，m³；θ 为裂缝视倾角，（°）；w 为裂缝宽度，m；h 为单位圆柱体高度，m。

裂缝孔隙度等于裂缝体积与岩石总体积的比值。当有多条裂缝时，用 w_i 表示裂缝宽度，c_i 表示裂缝长度系数，h 表示岩石体积的高度。由公式（4-3-29）可以进一步得到裂缝孔隙度的计算公式：

$$P_\mathrm{f} = \frac{\sum V_i}{V} = \sum \frac{c_i w_i}{h} \qquad (4\text{-}3\text{-}30)$$

为了验证裂缝参数求取的精度，在辽河油田刻度井进行两次现场实验测量，应用同一模拟井的两次测井数据进行裂缝宽度定量计算。将两次计算结果进行对比，8条裂缝中除第4条裂缝误差较大外，其余7条几乎重合（表4-3-3）。由此说明了该方法计算裂缝孔隙度的可靠性。

表 4-3-3 实验数据处理结果统计表

序号	深度（m）	第一次测井裂缝宽度（mm）	第二次测井裂缝宽度（mm）	设计缝宽（mm）	说明
1	0.54356	0.6617	0.7068		倾斜缝
2	0.80264	0.5531	0.4722		倾斜缝
3	1.4605	1.8722	1.9114	2.0	水平缝
4	1.56718	1.4942	1.7401	1.5	水平缝
5	1.78816	1.7529	1.7722	0.8	水平缝
6	1.8923	0.8124	0.9326	0.3	水平缝
7	2.13868	0.5298	0.6142		倾斜缝
8	2.44602	0.5856	0.6012		倾斜缝

第四节 饱和度

含油气饱和度是重要的储层参数，是测井评价的研究重点之一。随着测井技术的发展，尽管形成了电法测井和非电法测井两大类饱和度定量计算方法，但由于孔隙中油气与地层水在导电性上存在巨大差异，因此基于电法测井的饱和度计算在实际中被广泛应用。利用电阻率、电导率等电性参数进行饱和度定量评价的前提是明确储层岩石电性的影响规律，建立饱和度与电性之间的定量评价模型。然而，由于电性影响因素的复杂性，要建立适用于非均质复杂储层的饱和度精确计算模型面临很大挑战，这也是多年来国内外学者一直在这一方面开展深入研究的原因。本节阐述测井技术发展过程中提出的不同导电模型及饱和度定量计算公式，重点分析这些模型的物理内涵及适用条件。

一、基质饱和度

在测井评价中，通常将除裂缝、孔洞以外的孔隙称为基质孔隙，基质饱和度则指在基质孔隙中的含油气饱和度。对孔隙型储层，基质饱和度即为总饱和度；对裂缝或孔洞发育的储层，如裂缝性砂岩、碳酸盐岩、火山岩等储层，基质饱和度小于总饱和度。基质饱和度的大小直接影响储层含油气性及产能评价，是测井饱和度评价的核心。

1. 阿奇（Archie）公式

储层完全含水时的电阻率是利用电测井定量计算油气含量的基础，如果这个数值不准确，那么储层因含油气而引起的电阻率变化便难以确定，饱和度也就无法准确计算。1942 年，阿奇通过对实验室条件下各种砂岩饱含盐水电阻率测量结果分析，发现了如下关系：

$$R_0 = FR_w \quad (4-4-1)$$

式中：R_0 为饱含水岩心电阻率，$\Omega \cdot m$；R_w 为盐水电阻率，$\Omega \cdot m$；F 为地层因素。

由式（4-4-1）可知，若 F 已知，则可根据 R_w 计算 R_0。为此，Archie（1942）分析了墨西哥湾沿岸地区、美国路易斯安那州 Bellevue 地区砂岩饱含水电阻率数据，发现 F 与岩心孔隙度 ϕ 之间存在如下关系（图 4-4-1）：

$$F = \frac{1}{\phi^m} \tag{4-4-2}$$

式中：m 为 F 与 ϕ 关系在双对数坐标中直线的斜率（图 4-4-1），在后来的研究中，人们将 m 称为胶结指数。

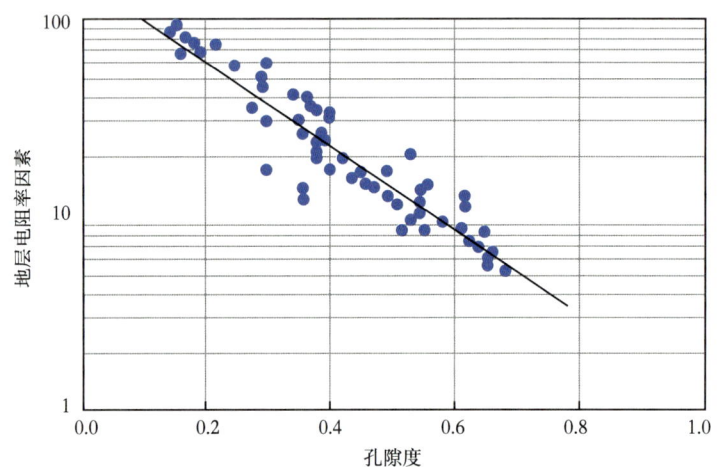

图 4-4-1 美国路易斯安那州 Bellevue 地区 Nacatoch 砂岩地层因素与孔隙度关系图（据 Archie，1942）

通过多组实验数据的研究表明，固结砂岩胶结指数 m 的变化范围为 1.8~2.0（Archie，1942）。利用式（4-4-2），可通过 ϕ 来确定 F，进而计算出 R_0，这对测井饱和度定量评价具有重要意义。

在对 Martin 等（1938）、Jakosky 等（1937）和 Wyckoff 等（1936）砂岩电阻率实验数据研究基础之上，通过在双对数坐标中作图，Archie（1942）进一步提出了含油气时岩心电阻率满足的关系：

$$\frac{R_t}{R_0} = \frac{1}{S_w^n} \tag{4-4-3}$$

式中：R_t 为含油气时的岩心电阻率，$\Omega \cdot m$；S_w 为含水饱和度；n 为双对数坐标中直线的斜率，后来的研究文献中，将 n 称为饱和度指数。

式（4-4-3）中 R_t/R_0 反映了岩心含油气后电阻率增加的幅度，该比值称为电阻增大率，用 I 表示。

由式（4-4-2）、式（4-4-3），可得到储层饱和度计算公式：

$$S_w = \sqrt[n]{\frac{R_w}{R_t} \frac{1}{\phi^m}} \tag{4-4-4}$$

式（4-4-2）至式（4-4-4）即为阿奇公式。阿奇公式把储层岩石的电阻率同孔隙度、含油气饱和度联系起来，奠定了测井解释油气层的地质基础。式（4-4-3）中，R_t和R_0取比值，能够消除一部分孔隙及流体特性变化对结果的影响，从而突出了含水饱和度这一主要的影响因素，对提高含油气饱和度计算精度具有重要意义。

后人的研究将式（4-4-2）中分子"1"用更一般的岩性系数a代替，以适用于更广泛的储层，从而式（4-4-4）进一步推广为：

$$S_w = \sqrt[n]{\frac{R_w}{R_t}\frac{a}{\phi^m}} \quad (4\text{-}4\text{-}5)$$

式中：参数a、m、n称为阿奇参数或岩电参数，可通过岩心电阻率实验确定。实际应用中，式（4-4-5）也称为阿奇公式。关于阿奇参数的意义，目前存在两种不同的观点：一种观点认为，阿奇公式是在对实验结果进行数据拟合时获得的，因此属于拟合参数，无物理意义；第二种观点认为，阿奇参数具有物理意义。由于储层岩石电性影响因素的复杂性，目前对阿奇参数物理意义的理解尚不完善，很多认识只是定性的，关于阿奇参数与储层微观孔隙结构、润湿性等之间的定量关系还未建立。

Mungan 等（1968）指出，阿奇公式包含了 3 个隐含假设：（1）饱和度与电阻率之间的关系是唯一的；（2）对给定的储层岩石，n是常数；（3）储层中所有地层水均对电传导有贡献。需要指出的是，只有当储层物性较好时，上述假设才能满足或者近似满足，而对复杂储层，如泥质砂岩、裂缝储层等，上述假设难以同时满足。这是因为：一方面，由于受到各种滞后效应的影响，饱和度与电阻率之间的关系并非是唯一的，而与饱和历史、驱替过程等有关；另一方面，对非均质较强的储层，由于捕获现象的存在，并非所有地层水均对电传导有贡献。因此，在泥质砂岩、非均质缝洞储层等复杂储层中，岩石电性往往呈现出不遵循阿奇公式的现象，即非阿奇特性。为了描述复杂储层中电性的非阿奇特性，在阿奇公式基础之上，国内外研究者提出了不同的岩石导电模型及饱和度计算公式。

2. Leendert de Witte 公式

由于泥质分布形式及本身导电性比较复杂，泥质对电性的影响是测井饱和度模型研究中一个重要内容。通过实验及理论研究，国内外学者提出了一系列泥质砂岩饱和度解释模型。Leendert de Witte（1955）认为泥质以分散状均匀地分布在岩石孔隙中，泥质可以等效地看成一部分孔隙流体，岩石的电导率是孔隙中地层水和泥质电导率的并联，据此提出了计算分散泥质砂岩含水饱和度的公式：

$$S_w = \frac{\sqrt[n]{R_0/R_t} - q}{1 - q} \quad (4\text{-}4\text{-}6)$$

式中：q为分散泥质体积与总孔隙体积的比值，即孔隙中泥质所占比例；R_t为含油气分散泥质砂岩的电阻率，$\Omega \cdot m$；R_0为分散泥质砂岩完全含水时的电阻率，$\Omega \cdot m$。

式（4-4-6）为计算泥质砂岩饱和度的 Leendert de Witte 公式，其中R_0可利用下式计算：

$$R_0 = \frac{a}{\phi^m} \frac{R_w R_{sh}}{qR_w + (1-q)R_{sh}} \quad (4\text{-}4\text{-}7)$$

式中：R_{sh} 为泥质电阻率，$\Omega \cdot m$。

3. Poupon 公式

Poupon 等（1954）提出了层状泥质砂岩导电模型，认为泥质砂岩中泥质和砂岩薄层的电导率是严格相加的。根据并联导电，有：

$$\frac{1}{R_t} = \frac{V_{sh}}{R_{sh}} + \frac{1-V_{sh}}{R_{sand}} \quad (4\text{-}4\text{-}8)$$

式中：V_{sh} 为泥质相对体积含量；R_{sand} 为纯砂岩的电阻率，$\Omega \cdot m$。

式（4-4-8）中 R_{sand} 满足阿奇公式，因此计算层状泥质砂岩饱和度的 Poupon 公式为：

$$S_w = \sqrt[n]{\frac{aR_w}{\phi^m(1-V_{sh})}\left(\frac{1}{R_t} - \frac{V_{sh}}{R_{sh}}\right)} \quad (4\text{-}4\text{-}9)$$

Leendert de Witte 公式［式（4-4-6）］和 Poupon 公式［式（4-4-9）］从宏观的角度考虑了泥质对岩石电性的影响，公式简单，计算方便。然而，实际储层中，泥质可能同时存在几种不同的分布形式，此时无论是 Leendert de Witte 公式还是 Poupon 公式都难以准确描述岩石的导电特性。

4. Waxman–Smits 模型

随着研究的深入，人们越来越多地关注泥质本身的物理、化学特性对储层电性的影响。Winsauer 等（1953）最早提出了基于双电层理论的导电模型，Hill 等（1956）对黏土矿物的阳离子交换作用进行了实验研究，并用阳离子交换浓度代替泥质含量研究了泥质砂岩的电导率和电化学电位。

Waxman 等（1968）进一步研究了黏土对泥质砂岩导电性的影响，提出了泥质砂岩 Waxman-Smits 模型（简称 W-S 模型）。W-S 模型认为：（1）泥质砂岩的导电特性可以等效为与其孔隙度、地层因素、流体含量完全相同的砂岩地层，只是由于黏土颗粒表面所发生的阳离子交换作用产生了附加导电，泥质砂岩的导电性等于自由水和黏土吸附阳离子交换导电的并联；（2）黏土或者泥质的电导率来源于它们的阳离子交换能力，而阳离子交换能力与黏土的表面积成正比，与地层水电导率呈指数关系；（3）可交换阳离子的迁移率不受地层水被油气局部取代的影响。根据 W-S 模型，泥质砂岩完全含水时电导率满足：

$$C_0 = \frac{1}{F^*}(C_w + BQ_v) \quad (4\text{-}4\text{-}10)$$

式中：C_0 为饱含地层水时岩石的电导率，S/m；B 为黏土阳离子交换的等价电导，mL/（$\Omega \cdot m \cdot meq$）；Q_v 为黏土阳离子交换浓度，meq/mL；C_w 为自由水电导率，S/m；F^* 是泥质砂岩的地层因素。

Waxman 等（1974）认为，当含水饱和度 S_w 小于 1 时，黏土表面的阳离子交换浓度

Q'_v 将增加,且满足 $Q'_v=Q_v/S_w$。因此,由式(4-4-3)、式(4-4-10)可得到泥质砂岩饱和度计算公式:

$$S_w^{-n} = \frac{R_t}{F^*}\left(C_w + \frac{BQ_v}{S_w}\right) \quad (4-4-11)$$

式(4-4-11)为利用 W-S 模型计算泥质砂岩饱和度的公式。由于 W-S 模型既有理论基础,又有实验根据,在实际中使用较为广泛。

5. 双水模型

Clavier 等(1984)在分析 W-S 模型时,发现了两个问题:一是 W-S 模型中 Q_v 的估值问题,他们对斜沸石岩样进行电导率测量,得出的 Q_v 高达 2.80meq/mL,而这个岩心不是泥质砂岩,显然阳离子交换浓度不是黏土产生的,这说明利用 Q_v 来反映黏土含量的方法值得怀疑;二是泥岩电导率的问题,按照 W-S 模型所基于的几点假设,含水砂岩邻近的泥岩应当有比水层更高的导电性,但实际上有许多与此矛盾的现象,如高矿化度水层,甚至含油气层的电导率比相邻泥岩还高。他们研究认为,W-S 模型没有考虑黏土水化的排盐作用,忽略了阳离子扩散层具有一定的厚度。为此,作为对 W-S 模型的改进,Clavier 等(1984)提出了泥质砂岩双水模型,也称 D-W 模型。D-W 模型认为由于表面吸附和极性水分子的作用,泥质砂岩中具有两种水:黏土表面的黏土水,又称为"近水",其中聚集了大量的 Na^+,但是不含 Cl^-,因而不含盐(图 4-4-2a);离黏土表面较远的自由水,又称为"远水",其导电性同普通水一样。双水模型认为,泥质砂岩的导电性是黏土水和自由水并联的结果,因此,R_0 的计算公式为:

$$\frac{1}{R_0} = \frac{1}{F^*}\left[(1-v_Q Q_v)C_w + v_Q Q_v C_{cw}\right] \quad (4-4-12)$$

式中: v_Q 为当 $Q_v=1$ 时单位孔隙体积中的黏土水体积,mL/meq;C_{cw} 为黏土水电导率,S/m。

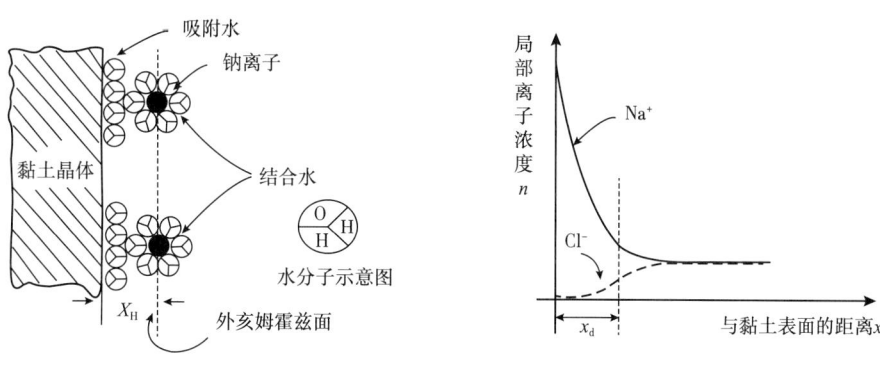

a. 黏土表面的吸附水   b. 黏土表面扩散层的厚度

图 4-4-2 黏土表面的吸附水及扩散层厚度(据 Clavier et al.,1984)

为了确定式(4-4-12)中 v_Q、C_{cw} 的数值,Clavier 等(1984)进一步研究了黏土表面扩散层的厚度 x_d(图 4-4-2b)与地层水矿化度、温度等的关系,以及 x_d 对黏土水体积及导电性的影响。研究结果认为,C_{cw} 与平衡阳离子浓度、黏土类型无关,仅与地层温度有关。

根据 D-W 模型，含油气泥质砂岩的电阻率为：

$$\frac{1}{R_t} = \frac{S_w^n}{F^*}\left[C_w + (C_{cw} - C_w)\frac{v_Q Q_v}{S_w}\right] \quad (4\text{-}4\text{-}13)$$

6. Silva-Bassiouni 模型

尽管 D-W 模型既具有理论基础又具有实验支撑，但实际使用中，D-W 模型仍存在以下缺陷：（1）式（4-4-12）、式（4-4-13）中 Q_v 是根据岩样的电导率实验测定的，利用测井资料计算该参数比较困难；（2）没有考虑泥质颗粒、砂岩颗粒及其他岩石骨架的导电性；（3）如果把泥质砂岩作为一个地质体来看待，那么 D-W 模型本身隐含的不足在于黏土水没有明确的地质意义（根据 D-W 模型，纯泥岩的有效孔隙度为 0，所有水均为黏土水，而实际情况并非如此，因此，D-W 模型没有考虑纯泥岩中的自由水）。

Silva 等（1986，1988）进一步提出了改进的泥质砂岩电导率 Silva-Bassiouni 模型，简称 S-B 模型。S-B 模型认为，泥质砂岩的导电性与具有相同孔隙度、有效电导为 C_{we} 的纯砂岩的导电性相同，而有效电导 C_{we} 是扩散双电层与自由水导电的总和，即：

$$C_{we} = \left(C_{eq}^+ n^+\right)f_{dl} + (1 - f_{dl})C_w \quad (4\text{-}4\text{-}14)$$

式中：C_{eq}^+ 为双电层平衡离子当量电导率，（S/m）/（meq/cm³）；n^+ 为双电层范围内的离子浓度，mol/L；f_{dl} 为双电层中溶液的体积分数。

S-B 模型使用了双水和可变平衡离子当量电导的概念，因而具有 W-S 模型、D-W 模型的特点。不同之处在于，S-B 模型认为平衡离子当量电导随着扩散层的延伸程度而改变，是温度和自由水电导率的函数。根据 S-B 模型，含油气泥质砂岩电阻率为：

$$\frac{1}{R_t} = \frac{S_w^{n_e}}{F_e}\left[C_{eq}^+ \frac{Q_v}{S_w} + \left(1 - \frac{V_u f_{dl} Q_v}{S_w}\right)C_w\right] \quad (4\text{-}4\text{-}15)$$

式中：V_u 为与单位体积黏土平衡离子共生的黏土水体积，mL/meq；n_e 为等效纯砂岩的饱和度指数；F_e 为等效纯砂岩的地层因素。

Silva 等（1988）给出了式（4-4-15）中 f_{dl}、Q_v、V_u、C_{eq}^+ 等参数的确定方法。

基于阳离子交换能力的饱和度公式最主要的特点是从电化学的角度来研究导电特性，并通过将泥质导电性同阳离子交换能力联系起来，可方便地考虑黏土的类型和含量，从而较分散泥质砂岩、层状泥质砂岩等体积模型对电性的描述更为准确。但是，基于阳离子交换能力的饱和度公式存在以下几点不足：（1）在实际应用中，阳离子交换能力的准确求取比较困难，到目前为止，没有一种测井资料能够计算该参数；（2）没有考虑黏土分布形式对岩石电性的影响，均以附加并联导电处理；（3）对岩石的骨架特性及孔隙的结构特性考虑得很少。

7. Hanai-Bruggeman 方程

有效介质理论是研究混合物导电特性的一个重要方法，其基本思想就是用宏观上均匀的介质来近似等效不同组分混合物的导电特性。Hanai–Bruggeman 方程是有效介质理论中一个重要的方程，最早由 Hanai（1960，1961）提出，简称 H-B 方程。H-B 方程最初用于描述胶体悬浮物的导电性，这些悬浮物由一个分散相（或非润湿相）和一个连续相（或润湿相）组成。1983 年，Bussian 较早将 H-B 方程用于研究泥质砂岩的电导率问题，并给出了基于 H-B 方程的含水及含油气泥质砂岩电导率计算公式。Berg（1996）进一步发展了 Bussian（1983）的方法，提出了基于 H-B 方程的泥质砂岩含水饱和度计算公式：

$$S_w = \frac{1}{\phi}\left(\frac{R_w}{R_t}\right)^{\frac{1}{m}}\left(\frac{R_t - R_d}{R_w - R_d}\right) \quad (4-4-16)$$

其中

$$R_d = R_r(1 - S_w\phi)/(1-\phi)$$

式中：R_d 为岩石骨架和烃的电阻率，$\Omega \cdot m$；R_r 为骨架的电阻率，$\Omega \cdot m$。

Berg（1996）还进一步讨论了利用式（4-4-16）计算分散状、层状泥质砂岩饱和度的具体步骤以及各参数的确定方法。尽管以 H-B 方程为基础的有效介质饱和度计算公式，具有理论基础，且适用的泥质类型较多，但等效近似过程将很多复杂的影响因素理想化了，因此在理论分析中应用较多。

8. Givens 公式

Givens（1987）认为，岩石的导电性可以用两个平行的导电网络来描述：含有自由水的导电网络、岩石骨架组成的导电网络，其中后者包含了导电矿物和束缚水的导电性。假设自由水导电的地层因素、电阻增大率遵循阿奇公式[式（4-4-3）、式（4-4-4）]，且忽略骨架导电的具体物理机制，则饱和度计算公式为：

$$S_w = \left[\frac{R_w}{R_t + \phi_e^m} + \left(1 - \frac{1}{b}\right)\right]^{\frac{1}{n}} \quad (4-4-17)$$

$$b = \frac{R_r}{R_r + R_{f0}} \quad (4-4-18)$$

式中：ϕ_e 相互连通的有效孔隙度；R_{f0} 为相互连通孔隙中自由水的电阻率，$\Omega \cdot m$；R_r 为导电矿物和束缚水的等效电阻率，$\Omega \cdot m$。

考虑到毛管束缚水是低电阻储层的导电主体，Givens 等（1988）进一步细分了岩石中的导电网络，认为岩石中存在三条并联的导电路径：自由水、毛管束缚水及骨架导电，其中自由水电导满足阿奇公式。因此，改进后的 Givens 饱和度计算公式为：

$$S_{wf} = \left[\frac{R_w}{R_t\phi_f^{m_f}} + \left(1 - \frac{1}{b}\right)\right]^{\frac{1}{n_f}} \quad (4-4-19)$$

$$b = \frac{R_{ir}}{R_{ir} + R_{f0}} \quad (4\text{-}4\text{-}20)$$

式中：ϕ_f 为自由流体孔隙度；m_f、n_f 分别自由流体胶结指数和饱和度指数；R_{ir} 为毛管束缚水、岩石骨架和表面电导的等效电阻率，$\Omega \cdot m$；S_{wf} 为自由流动孔隙空间的含水饱和度。

式（4-4-19）考虑了不同水形成的导电路径，并对毛管束缚水进行了定量处理，这是该公式的一个突出特点，然而认为表面电导不依赖于黏土矿物的类型和数量这一假设过于理想化。

9. 双孔隙度模型

在系统分析低阻储层形成原因和黏土作用基础之上，曾文冲（1991）提出了新的双孔隙度模型：岩石的导电性由微孔隙、有效孔隙两种渗流特性完全不同的孔隙系统共同提供，不同孔隙系统，空间迂曲度不一样，导电特性不一样；微孔隙中完全由束缚水占据，微孔隙中水的导电性、渗流特性同相邻泥岩相同，即认为泥岩的束缚水饱和度为 1。根据双孔隙度模型，等效电导率为：

$$C_{we} = \frac{\phi_i}{\phi}(C_w)_{sh} + \frac{\phi_e}{\phi}C_w \quad (4\text{-}4\text{-}21)$$

式中：C_{we} 为微孔隙、有效孔隙两种孔隙系统地层水的等效电导率，S/m；$(C_w)_{sh}$ 为微孔隙系统束缚水等效电导率，S/m；ϕ_i 为微孔隙度；ϕ_e 为有效孔隙度。

地层电导率 C_t 与 C_{we} 之间满足阿奇公式，从而有：

$$C_t = \left(S_w^n \frac{\phi^m}{a}\right) C_{we} \quad (4\text{-}4\text{-}22)$$

在双孔隙度模型中，微孔隙不一定单纯是黏土中的微孔隙，也可以是岩性变细的结果。该饱和度公式的主要优点在于模型参数是可测的，且有物理意义。

10. 三水模型

莫修文（1998）在分析现有导电模型及低电阻率储层形成机理、电性影响因素基础之上，提出了三水模型。该模型的基本思想是：（1）岩石的导电性由自由水、微孔隙水以及黏土水三部分并联产生；（2）自由水、微孔隙水、黏土水占据了不同孔隙空间，具有不同导电路径，因而它们具有不同的地层因素和胶结指数；（3）自由水和微孔隙水的导电性相同；（4）微孔隙水和黏土水不可流动，油气只能够取代自由水所在的孔隙空间。根据三水模型，完全含水地层电阻率为：

$$\frac{1}{R_0} = \frac{\phi_f^{m_f}}{R_w} + \frac{\phi_i^{m_i}}{R_w} + \frac{\phi_c^{m_c}}{R_{wc}} \quad (4\text{-}4\text{-}23)$$

式中：R_{wc} 为黏土水电阻率，$\Omega \cdot m$；ϕ_c 为黏土水所占据孔隙的孔隙度；m_i、m_c 分别为微孔隙水、黏土水的胶结指数。

当孔隙中含油气时，地层电阻率为：

$$\frac{1}{R_t} = \frac{\phi_f^{m_f} S_{wf}^n}{R_w} + \frac{\phi_i^{m_i}}{R_w} + \frac{\phi_c^{m_c}}{R_{wc}} \quad (4\text{-}4\text{-}24)$$

式中：S_{wf} 为自由水饱和度。

三水模型既保留了双水模型中黏土水的概念，考虑了黏土特殊的理化作用，又对微孔隙水的导电性进行了合理的处理，较好地描述了泥质砂岩中多种导电特征。

11. 饱和度方程一般形式

前述饱和度解释模型往往适用于特定条件下的饱和度评价，且存在两个主要问题：一是这些饱和度解释模型很多是通过实验建立的或者是基于宏观岩石等价模型建立的，把储层岩石导电这一复杂的问题过于理想化了，从而不足以揭示电阻率与含水饱和度之间的物理本质；二是这些模型的通用性比较差。根据非均匀各向异性地层网络导电理论，李宁（1989a）给出了电阻率与含水饱和度之间的一般关系式，见式（2-2-21）和式（2-2-29）。

尽管储层类型多，电性影响因素复杂，最优饱和度模型存在差异，但最优截短形式有规律可循。李宁等（2023）分析了饱和度方程一般形式的理论内涵，并提出了包含不同截短形式的测井饱和度计算模型"周期表"，即式(2-2-31)。饱和度模型"周期表"给出了影响因素从单一到复杂逐渐变化过程中饱和度模型的结构特征。饱和度模型"周期表"的理论内涵是：若某影响因素对电性影响呈现并联特征，饱和度模型最优截短形式在原饱和度模型右端某项分母上增加一项，在"周期表"中位于原饱和度模型所在位置的右侧；若某影响因素对电性影响呈现串联特征，饱和度模型最优截短形式在原饱和度模型右端增加一求和项，在"周期表"中位于原饱和度模型所在位置的下方。

常见饱和度计算模型均可在"周期表"相应位置找到对应的公式。饱和度模型"周期表"的左上角代表均匀各向同性纯地层饱和度模型，即经典的阿奇公式。例如，进一步分析表明，Poupon等提出的泥质砂岩饱和度模型与"周期表"中第一行第二列的公式对应，W-S泥质阳离子交换导电模型与"周期表"中第一行第三列的公式对应。尽管碳酸盐岩、火山岩储层孔隙结构多样，电性的串并联模式复杂，其饱和度模型在"周期表"中也具有相对应的位置。此外，李宁等（2022）给出了如式（4-4-25）所示的天然气水合物的饱和度计算方程式，该方程在"周期表"中的第一列第四行。

$$I = \frac{p_1}{S_w^{\theta_{11}}} + \frac{p_2}{S_w^{\theta_{21}}} + p_3 \quad (4\text{-}4\text{-}25)$$

式中：p_1、p_2、p_3 及 θ_{11}、θ_{21} 为待定常数。

二、束缚水饱和度

束缚水饱和度是指岩石孔隙中不可流动的束缚水体积与岩石总孔隙体积的百分比，描述了岩石孔隙中小孔隙占总孔隙体积的多少。束缚水饱和度是储层评价、流体性质判别和储量估算中一个非常重要的参数。

储层束缚水是流体—岩石之间综合特性的反映，主要取决于岩石毛管力的大小与岩石对流体的润湿性。根据这一概念，束缚水主要由毛管滞留水和薄膜滞留水两部分组成。毛管滞留水是指油气藏形成过程中，驱动压力无法克服毛管力而滞留于微小毛管孔道中的残存水。薄膜滞留水是指由于表面分子力作用而滞留在亲水岩石孔壁上的薄膜残留水。

束缚水饱和度与岩石的泥质含量、粉砂含量、喉道半径、比表面、分选系数、粒度中值、孔隙度等均有关系。实验资料表明，砂岩储层粒度中值和孔隙度是影响束缚水饱和度的主要因素（图4-4-3、图4-4-4）。这不仅是因为上述二者与束缚水饱和度之间具有良好的相关性，而且还在于上述诸多因素中有许多相互联系、互为因果，存在明显的交互影响。

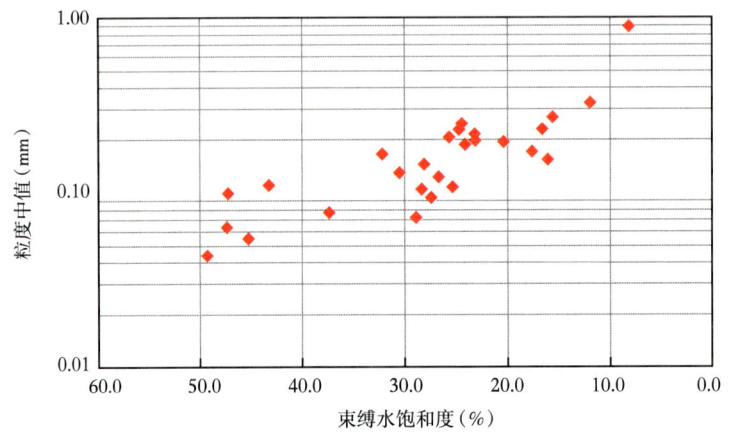

图4-4-3 束缚水饱和度与粒度中值的关系

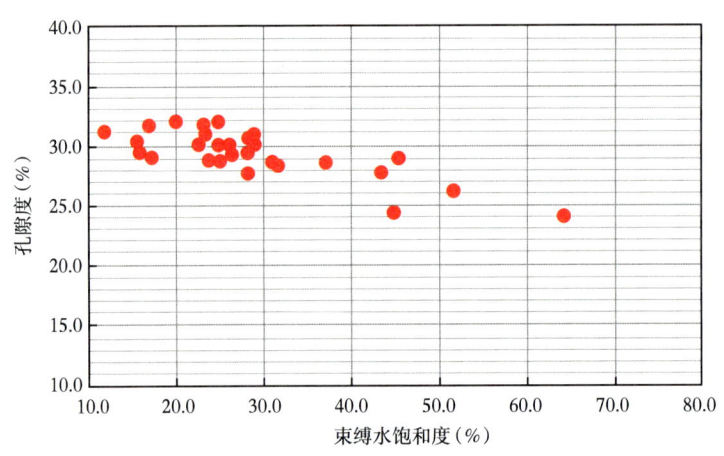

图4-4-4 束缚水饱和度与孔隙度的关系

获取束缚水饱和度的方法有岩心实验法与测井评价法。岩心实验得到的束缚水饱和度较为准确，缺点为取心价格昂贵，无法连续取样。确定束缚水饱和度的岩心实验较多，如压汞法、离心法和半渗透隔板法等。通过模拟实际地层情况的半渗透隔板实验获得的束缚水饱和度准确性相对较高，但半渗透隔板实验存在实验持续时间长的缺点，在实际应用中面临挑战。目前常用压汞实验确定束缚水饱和度（朱林奇等，2016）。为了获取整个储层段束缚水饱和度数值以及变化趋势，仅仅依靠岩心实验难以达到目的，必须利用测井资料进行储层束缚水饱和度评价，下面介绍常规和核磁共振测井新技术束缚水饱和度评价技术与方法。

1. 常规测井计算束缚水饱和度

1)根据粒度中值计算

粒度中值和孔隙度对束缚水饱和度影响显著,曾文冲(1991)根据我国东部六个油田 1774 块岩心分析数据,通过统计分析建立了计算束缚水饱和度 S_{wb} 的方法。

(1)中高孔隙度(孔隙度大于 20%)砂岩地层 S_{wb} 计算公式:

$$\lg S_{wb} = A_0 - \left(A_1 \lg M_d + A_2\right) \lg \frac{\phi}{A_3} \quad (4\text{-}4\text{-}26)$$

式中:A_0、A_1、A_2 和 A_3 为经验参数;M_d 为粒度中值。

A_1、A_2 近似为常数,一般 $A_1 \approx 1.5$,$A_2 \approx 3.6$。A_0、A_3 与地区地质特点有关,主要取决于岩石的胶结程度、孔隙度变化范围以及岩石的额润湿性。A_0 的变化范围为 0.18~0.36,随着胶结程度的变弱和孔隙度的增大而减小。A_3 的变化范围为 0.08~0.2,随着胶结程度的变弱、孔隙度的增大和水润湿性的增强而增大。A_3 是利用式(4-4-26)计算束缚水饱和度的重要参数,其数值对 S_{wb} 的计算结果影响很大。

(2)低孔隙度(孔隙度小于 20%)砂岩地层 S_{wb} 计算公式:

$$\lg(1 - S_{wb}) = B_0 + \left(B_1 \lg M_d + B_2\right) \lg \frac{1-\phi}{B_3} \quad (4\text{-}4\text{-}27)$$

式中:B_0、B_1、B_2 和 B_3 为经验参数;M_d 为粒度中值。

B_1 可视为常数($B_1 \approx 0.98$),B_0 一般趋于 0,B_2 约为 3.3。B_3 的数值为 0.7~0.8。B_3 是利用式(4-4-27)计算束缚水饱和度的重要参数,主要与砂岩的压实程度和润湿性有关,一般随地层压实程度和油润湿性的增强而增大。

无论是公式(4-4-26)还是公式(4-4-27),都涉及粒度中值 M_d。粒度中值 M_d 可以利用自然伽马曲线计算,最理想的是采用自然伽马能谱曲线。在有利的条件下,也可以采用自然电位和中子伽马曲线进行计算。根据实际取心资料分析,粒度中值 M_d 的计算方法为(曾文冲,1991):

$$\lg M_d = C_0 + C_1 \Delta GR \quad (4\text{-}4\text{-}28)$$

其中

$$\Delta GR = \frac{GR - GR_{min}}{GR_{max} - GR}$$

式中:C_0、C_1 为经验系数。

C_0 为所选取的 GR_{min} 相应层段的平均粒度中值(M_{d0})的对数,即:

$$C_0 = \lg M_{d0}$$

C_1 由两个边界点的粒度中值确定,由下面的式子给出:

$$C_1 = -1.75 - C_0$$

利用自然电位计算粒度中值，有两种方法，可根据地区地质特点选用：

$$M_d = N_0 + \frac{N_1}{1+\Delta SP} = N_0 + \frac{N_1}{2-\alpha} \quad (4\text{-}4\text{-}29)$$

或

$$\lg M_d = C_0 + C_1 \Delta SP \quad (4\text{-}4\text{-}30)$$

其中

$$\Delta SP = \frac{SP - SP_{sh}}{SP_{sd} - SP_{sh}} = 1 - \alpha$$

式中：ΔSP 为自然电位相对值，mV；α 为自然电位的缩减系数；SP_{sh}、SP_{sd} 分别为纯泥岩和纯砂岩的自然电位数值，mV。

式（4-4-29）的经验系数 N_0、N_1 可由下面的式子确定：

$$\begin{cases} N_0 + N_1 = Md_0 \\ N_0 + 0.5N_1 = 0.02 \end{cases}$$

2）根据泥质含量计算

泥质是影响束缚水饱和度的一个重要因素，斯伦贝谢 CYBERLOOK 程序先计算泥质指数 I_{sh}，然后再利用泥质指数与束缚水饱和度之间的关系计算 S_{wb}（雍世和等，2007）。

首先，分别计算地层 GR、SP、CNL 的相对值，选取其中的最小值作为泥质指数 I_{sh}。计算相对值的方法和 POR 程序一样，如利用自然电位作为泥质指数，则为：

$$I_{sh} = \frac{SP - SP_{min}}{SP_{max} - SP_{min}} \quad (4\text{-}4\text{-}31)$$

然后根据束缚水饱和度与泥质指数之间的关系曲线（即所谓的"S"曲线，如图 4-4-5 所示）计算 S_{wb}（雍世和等，2007）：

当 $I_{sh} > 0.5$ 时，

$$S_{wb} = (2I_{sh} - y)/(2 - y) \quad (4\text{-}4\text{-}32)$$

当 $I_{sh} < 0.5$ 时，

$$S_{wb} = 2I_{sh}/(2 + y) \quad (4\text{-}4\text{-}33)$$

其中 $y = 3(1 - 2I_{sh})/(5\phi_{max}^2)$

式中：ϕ_{max} 为地层最大孔隙度。

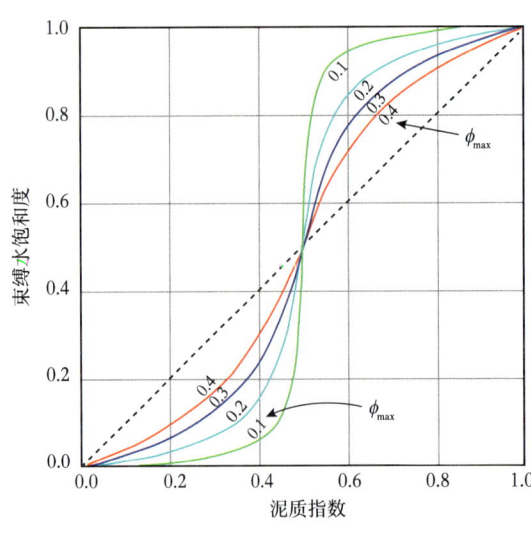

图 4-4-5 泥质指数与束缚水饱和度之间的关系

3）根据孔隙度计算

束缚水饱和度在储层演变过程中很少受外部因素影响。大量实验表明，砂岩的束缚水饱和度可以表示为粒度中值和有效孔隙度二者的函数。对于特定地区，粒度中值相对稳定。由于砂岩粒度中值与孔隙度相关性好，因此可以建立束缚水饱和度与总孔隙度的关系。

一般通过岩心实验分析资料建立束缚水饱和度定量计算模型。在岩心分析资料缺乏的情况下，可以选择测井综合分析的纯气层、试油证实只产气不产水储层含水饱和度作为束缚水饱和度，建立束缚水饱和度公式。如常俊等（2008）通过苏里格20余口井130层试油证实，产纯气的储层测井孔隙度与含水饱和度回归统计分析得到的气层束缚水饱和度与孔隙度的关系图（图4-4-6），由此建立了该地区束缚水饱和度公式：

$$S_{wi} = 99.765e^{-0.0952\phi} \tag{4-4-34}$$

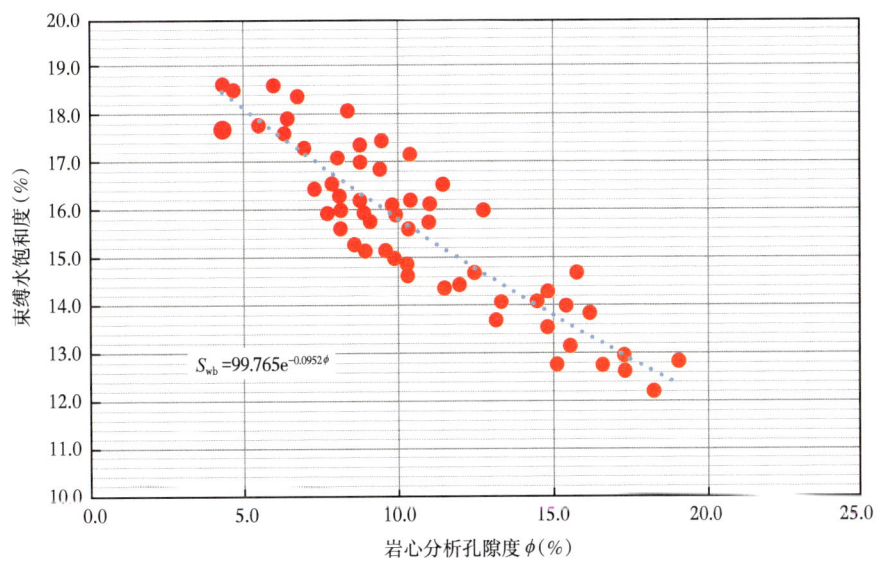

图4-4-6 束缚水饱和度与孔隙度的关系图

2. 核磁共振测井计算束缚水饱和度

核磁共振T_2谱反映了储层中孔隙的大小及分布，可计算束缚水体积及束缚水饱和度。目前利用核磁共振测井T_2谱计算束缚水饱和度主要有两种方法：一种是固定T_2截止值法；另一种是渐变权重模型，有的文献也称为谱系数法。

1）T_2截止值法

T_2截止值是T_2分布谱上可动流体孔隙与不可动流体孔隙之间的界限值，通常用$T_{2cutoff}$表示。T_2截止值是核磁共振测井处理分析中一个重要参数，利用该数值可以计算可动流体、束缚流体体积及渗透率等。根据国内外核磁共振实验研究结果，砂岩T_2截止值一般为33ms，石灰岩T_2截止值一般为92ms。然而，由于T_2截止值与岩石非均质性、物性及孔隙结构特征有关，即使是同一类型的岩石，因微观孔隙结构的差异其截止值通常也不一样，准确数值需通过岩心实验才能确定。实验室常用的T_2截止值确定方法为：

首先分别测量岩心离心前、离心后的 T_2 谱，将离心前后 T_2 谱分别累加求和；然后将离心后 T_2 谱累积曲线水平段向左延长，该延长线与离心前 T_2 谱累积曲线交点处对应的 T_2 值即为 T_2 截止值。离心法确定核磁共振 T_2 截止值的原理如图 4-4-7 所示。

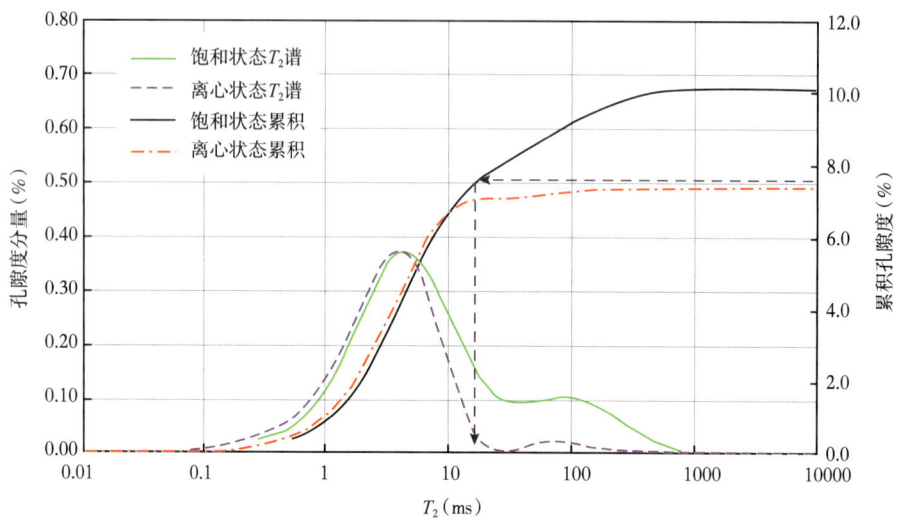

图 4-4-7　离心法确定 T_2 截止值

2）渐变权重模型

用单一的截止值将孔隙空间划分为可动和不可动两部分，对具有复杂孔隙结构的储层来说可能存在很大偏差。一个显而易见的事实是，对亲水性岩石，即便是 T_2 弛豫时间长的大孔隙，在其表面粗糙不平的微孔隙中也存在束缚水。为了弥补单一截止值计算束缚水饱和度的不足，提出了渐变权重模型，其基本假设是所有孔隙中均存在束缚水，但不同尺寸大小的孔隙束缚水所占比例不一样。

确定孔隙束缚水权重的模型有多种（Chen et al., 1998），一种常用的渐变权重束缚水体积计算模型为：

$$\begin{cases} \text{SBVI} = \sum_{i=1}^{n} W_i \phi_i \\ W_i = \dfrac{1}{mT_{2i} + b} \end{cases} \quad (4\text{-}4\text{-}35)$$

式中：n 为 T_2 分布组分数；ϕ_i 为某组分对应的孔隙度；W_i 为某种组分中束缚水的权值；T_{2i} 为第 i 种弛豫组分横向弛豫时间，ms；m 和 b 为与孔隙的几何形状以及自由水饱和度有关的常数。

Coates 等（1997）对 340 块砂岩岩样和 71 块石灰岩进行了核磁共振实验分析，结果表明 b 的数值为 1.0，砂岩 m 为 0.0618，石灰岩 m 为 0.0113。

基于式（4-4-35）的渐变权重的束缚水计算模型如图 4-4-8 所示，其中黄色区域代表可动孔隙体积，浅蓝色代表束缚孔隙体积，蓝色曲线代表不同孔隙组分的束缚水权重数值。

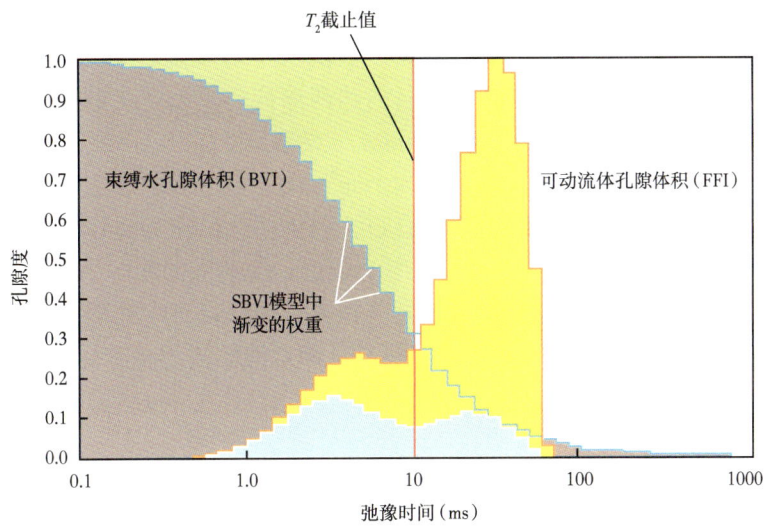

图 4-4-8　渐变权重 SBVI 计算模型示意图

第五节　渗透率

储层岩石是典型的多孔介质,孔隙性和渗透性是两个最基本的特性。孔隙性决定了岩石能够存储流体(油、气、水)的多少;渗透性则决定了流体在孔隙中流动的难易。渗透性的大小用渗透率表示,该参数是评价存储在岩石孔隙中的油气能否采出以及采出程度的重要参数。本节首先简要介绍储层渗透率的定义,分析影响储层渗透率的几个重要因素,然后重点介绍利用测井资料进行渗透率评价的主要方法。

一、渗透率的定义

除孔隙性以外,油藏岩石还具有让流体在连通孔隙中流动的能力,这种能力用渗透率来定量描述。无孔隙的岩石没有渗透率,只有具备一定的孔隙发育程度及连通性的岩石才有渗透率,因此渗透率受岩石颗粒大小、形状、粒径分布、颗粒充填以及固结和胶结程度等因素的影响。砂岩颗粒间黏土或胶结物的类型也影响渗透率,尤其在淡水环境下,某些黏土,特别是蒙脱石和高岭石,遇水会发生膨胀,则会造成孔隙部分或完全堵塞。

1856 年,法国水力工程师 Henry Darcy 提出了达西实验定律:

$$Q = K \frac{A\Delta p}{\mu L} \tag{4-5-1}$$

式中:Q 为在压差 Δp 下,通过岩心的流量,cm^2/s;K 为比例系数,称为渗透率,mD;A 为岩心的横截面积,cm^2;Δp 为流体通过岩心前后的压差,10^{-1}MPa;μ 为流体的黏度,mPa·s;L 为岩心的长度,cm。

根据式(4-5-1),储层岩石的渗透率为:

$$K = \frac{\mu L Q}{A \Delta p} \tag{4-5-2}$$

当岩心全部孔隙被不与孔隙流体发生任何化学和物理作用的单相流体充满时,且在流量与压差呈线性关系的条件下,渗透率K的数值大小与液体的性质无关,为常数,是储层岩石的固有特性。由于渗透率是由著名的达西渗流公式来定义的,因此其单位命名为达西（D）。1D的物理意义是,黏度为1mPa·s的流体,在0.1MPa的压差下,通过截面积为1cm^2、长度为1cm的岩石,当流量为1cm^2/s时,该岩石的渗透率为1D。

达西的单位比较大,岩石特别是致密岩石,如果用达西作为单位,渗透率的数值非常小,因此通常用毫达西（mD）作为渗透率的单位。渗透率的国际单位为μm^2。由于渗透率具有面积的量纲,其物理意义十分明显,它表示储层岩石中孔隙通道面积的大小和孔隙弯曲程度。储层岩石孔道面积越大,流体在孔隙空间的流动越容易,渗透率越高。

二、渗透率的影响因素

1. 孔隙度的影响

孔隙度和渗透率作为储层岩石两个最为重要的参数,它们之间具有相关性。实验表明,孔隙度大的地层,渗透率也相应较高,渗透率通常随着孔隙度的增大而升高。但也有相反的情况出现,譬如粉砂岩地层往往具有比较大的连通孔隙度,然而渗透率并不高,有时甚至更低;相反,粗砂岩组成的孔隙空间,孔隙度小,但却具有较大的渗流能力,表现出高渗透率的特点。致密碳酸盐岩地层,由于发育了延伸较远的裂缝,因而地层的渗透率明显增大。

孔隙度主要取决于储层的孔隙体积,而渗透率除了与孔隙度有关外,还与孔隙的大小及空间连通性有关。在孔隙结构简单、均质性很好的储层中,渗透率与孔隙度之间具有明确的关系;在孔隙结构复杂的储层中,渗透率与孔隙度之间的关系将变得十分复杂。这也是孔隙度评价相对容易而精确确定渗透率非常困难的原因所在。

2. 孔隙结构的影响

岩石的渗透率不仅与孔隙度有关,还取决于孔隙结构,因此,凡是影响岩石孔隙结构的因素都会影响渗透率。高才尼和卡尔曼导出如下公式:

$$K = \frac{\phi^3}{2\tau^2 S_s^2 (1-\phi)^2} \tag{4-5-3}$$

$$K = \frac{\phi r^2}{8\tau^2} \tag{4-5-4}$$

式中:τ为孔道的迂曲度;S_s为以岩石骨架为基础的比表面。

式（4-5-4）为计算渗透率的高才尼和卡尔曼方程(即Kozeny-Carman方程,简记为KC方程)。从式（4-5-3）和式（4-5-4）可以看出:渗透率与孔隙度、岩石孔隙半径r及比表面积S_s有关。

在孔隙度相同的情况下,渗透率主要受喉道半径及其迂曲度的影响。由于储层岩石孔喉半径不可能是单一数值,而是具有一定的半径分布,那么如何确定孔隙半径显得尤为重要。研究表明,毛管压力曲线上汞饱和度为35%时所对应的孔喉半径(即R_{35})对渗透率的影响最为显著。Pittman（1992）在研究粒间孔隙度、渗透率和毛管压力之间的关系时，也发现了类似的规律。图 4-5-1 给出了渗透率与 ϕR_{35}^2 的关系图，从图中可以看出，计算的渗透率与岩心分析渗透率相关系数为 0.9469（Ahmed Salah，2012）。

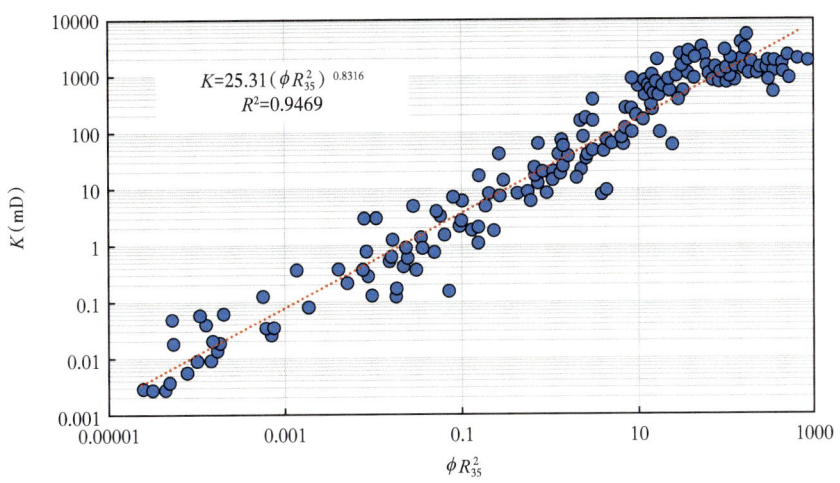

图 4-5-1　渗透率与 ϕR_{35}^2 的关系图

三、渗透率测井评价方法

岩心实验分析、测井评价和试井分析是获取储层渗透率的三种主要方法。对井下钻取的岩心进行实验分析，是获取储层渗透率最直接的方法。该方法可靠性高，但由于取心成本高，再加之取心影响钻井速度，因而取心数量非常有限，通过岩心分析只能得到部分重点层段的实验数据，在深度上不具连续性。试井资料记录了大量地层信息，利用试井资料可计算地层流动系数，而地层流动系数是渗透率的函数，地层流动系数越大，储层通过流体的能力越强，渗透率越大。因此，可以利用试井资料计算储层的渗透率。然而，由于试井测试施工周期长、成本高，资料有限，因此基于试井资料的渗透率计算在实际中应用受限。在研究储层渗透率与测井响应关系基础上，利用测井资料进行渗透率间接计算是储层渗透率评价的重要方法，其主要的优势在于资料易获取且具有纵向连续性。因此，基于测井资料的渗透率评价应用最为广泛。

1. 以孔隙度为核心的渗透率计算

以岩心分析建立的孔隙度—渗透率关系为核心，根据测井孔隙度进行渗透率计算是常用的方法。Kozeny 等较早导出了孔隙度—渗透率关系方程（即 KC 方程），若采用阿奇地层因素表征孔隙迂曲度，则 KC 方程可变形为：

$$K = \frac{r^2}{8F} \qquad (4\text{-}5\text{-}5)$$

式中：K 为渗透率，mD；F 为地层因素；r 为孔喉半径，μm。

由于式（4-5-5）中地层因素 F 与孔隙度 ϕ 之间呈指数关系，因此渗透率 K 与孔隙度 ϕ 也呈指数函数关系。

Herron（1987）通过对砂岩储层实验研究发现，当渗透率取对数后与孔隙度之间具有很好的线性关系，提出了如下渗透率计算公式：

$$K = ae^{b\phi} \qquad (4-5-6)$$

式中：a 和 b 是常数。

需要指出的是，KC 方程是基于毛管模型导出的理论模型，式（4-5-6）是在均质砂岩中得出的实验关系，因此这两个公式的适用条件均有限，仅适用于孔隙发育且分布均匀的砂岩储层，对孔隙结构复杂、非均质性强的储层不适用。

孔隙结构是影响渗透率的关键因素，在孔隙度相同的情况下，不同孔隙结构储层渗透率差异很大，如图 4-5-2 所示。为了提高渗透率计算精度，Timur（1968）提出了渗透率与孔隙度、束缚水饱和度关系式：

$$K = 0.136 \frac{\phi^{4.4}}{S_{\text{wb}}^2} \qquad (4-5-7)$$

式中：S_{wb} 为束缚水饱和度，%。

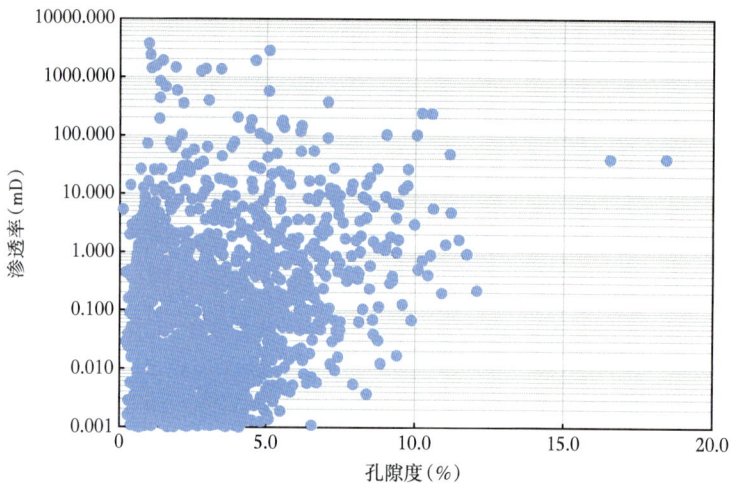

图 4-5-2 非均质碳酸盐岩储层孔隙度—渗透率关系

束缚水饱和度在某种程度上体现了孔隙结构特征，孔隙的结构越复杂，空间连通性越差，束缚水饱和度越高。因此式（4-5-7）相对于 KC 模型具有较大改进。在实验数据分析基础上，Timur（1968）进一步给出了利用自由流体指数（FFI）计算砂岩储层渗透率的公式：

$$K = 0.381 \left[\frac{\phi^{4.4}}{10^4 \left(1 - \dfrac{1.4\text{FFI} - 3.2}{\phi}\right)^2} \right]^{0.83} \qquad (4-5-8)$$

Amaefule 等（1993）研究发现：总孔隙中只有部分孔隙对渗透率有贡献，对于特定岩石类型和孔隙度，渗透率可能相差几个数量级。为了更精细地描述储层岩石的孔隙特征，提出了流动单元指数（FZI），以及基于 FZI 的渗透率计算公式：

$$K = 1014(\text{FZI})^2 \frac{\phi_e^3}{(1 - \phi_e)^2} \qquad (4-5-9)$$

式中：ϕ_e 为有效孔隙度。

Ohen 等（1995）进一步给出了利用核磁共振测井计算流动单元指数的方法。Altunbay 等（1997）提出了利用电阻率、伽马和骨架密度计算 FZI 的方法。

碳酸盐岩储层孔隙类型多、结构复杂，渗透率与孔隙度之间关系异常复杂。从图 4-5-2 中可以看出，在相同孔隙度下，渗透率相差数个数量级，当渗透率数值相同时，孔隙度也呈现很大的变化范围，渗透率与总孔隙度的关系很难用单一公式进行描述。因此，如何提高碳酸盐岩储层渗透率计算精度是国内外学者研究最多的问题（Dziuba，1996；徐鹏宇等，2022）。

Dziuba 根据实验研究，提出了用于计算碳酸盐岩渗透率的公式：

$$K = \frac{r_{90}(1 - S_{wb})}{F} \quad (4\text{-}5\text{-}10)$$

式中：r_{90} 为压汞曲线上汞饱和度 90% 对应的孔隙半径，m；S_{wb} 为束缚水饱和度，%；F 为地层因素，这些参数可通过测井和岩心测量得到。

通过对美国得克萨斯州西部二叠纪盆地 Means 油田 13 口井进行研究，Chunming Xu 等（2006）提出了利用孔洞孔隙度计算碳酸盐岩储层渗透率的方法：

$$K = a\phi^2 \times 10^{b\phi_{vug}} \quad (4\text{-}5\text{-}11)$$

式中：ϕ_{vug} 为基于成像测井计算的孔洞孔隙度；a、b 为常数；b 反映了孔洞之间的连通性；$a\phi^2$ 表示孔洞孔隙度为零时均质岩心的渗透率；参数 a 可以通过孔洞不发育层段岩心数据分析确定。当孔洞发育时，储层岩心的渗透率主要由式（4-5-11）中右边的孔洞项确定。

Arden Burrowes 等（2010）根据岩心及成像测井资料研究了碳酸盐岩孔隙结构的分析方法，并分析了孤立孔洞、连通孔洞、粒间和晶间孔隙、裂缝等不同孔隙类型碳酸盐岩的渗透率特征，如图 4-5-3 所示。

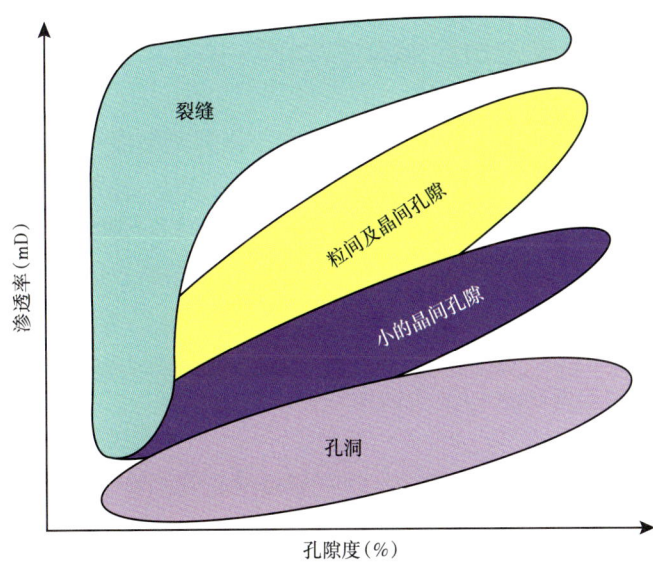

图 4-5-3　不同孔隙类型碳酸盐岩储层孔渗关系（据 Arden Bueeowes et al., 2010）

四川盆地高石梯—磨溪地区碳酸盐岩储层非均质性强，孔隙结构复杂，存在孔、洞、缝的多种耦合作用。黄宏等（2020）通过数字岩心实验及配套岩石物理实验研究发现，孔隙连通性的好坏主要由大孔与中孔、微孔的连通方式和连通效率决定。大、中喉道所占比例越高，连通孔隙比例越高；连通性越好，储层渗透率越大。储层基质孔隙渗透率与溶蚀孔洞渗透率、裂缝渗透率之间并非直接相加，而是存在耦合关系，进而提出了多重孔隙耦合作用渗透率计算模型：

$$K = K_m + (1+r_1)K_v + (1+r_1+r_2+r_3)K_f \quad (4-5-12)$$

式中：K_m、K_v、K_f 分别为基质、孔洞及裂缝渗透率；r_1、r_2、r_2 为耦合系数。

对碳酸盐岩等非均质性强的储层，不同层段储层的物性、孔隙结构存在较大差异，因而难以采用单一公式准确描述不同储层段孔隙度—渗透率关系。因此，针对此类储层，提高渗透率测井计算精度的思路是：首先对储层进行分类，然后建立不同孔隙或不同储层类型渗透率计算模型，最后分层段进行渗透率计算。分类的具体方法有多种：

（1）根据储层的孔隙类型进行分类，如司马立强等（2017）将非均质性极强的滩控岩溶型白云岩储层划分为溶洞型、溶孔型与基质孔隙型3种相对均质的储层类型，然后对每一类储层建立渗透率计算模型；

（2）根据岩性对储层进行分类，如潘军等（2018）针对玛湖地区低渗透致密砂砾岩储层，先按岩性将储层分为细砾岩、小中砾岩、大中砾岩和砂岩4种类型，然后通过多元回归分析建立了渗透率与孔隙度、黏土含量的关系；

（3）储层沉积相是储层"四性"关系研究的基础，不同沉积相下岩石类型和储集性能存在着明显差异，因此可在储层沉积相/微相分析基础上，建立不同类型储层的渗透率模型，如张鹏等（2017）针对不同沉积微相砂岩建立渗透率计算模型，提高了鄂尔多斯盆地低孔低渗储层渗透率测井评价精度。

除上述分类渗透率评价外，还可基于测井相、岩石物理相等对储层进行分类，然后再进行渗透率评价（赖锦等，2015；路萍等，2022；金武军等，2017）。

2. 核磁共振测井渗透率计算

渗透率与储层孔隙结构密切相关，而核磁共振测井是储层孔隙结评价最重要的测井方法，因此，形成了基于核磁共振测井的渗透率计算方法。几种常用的核磁共振渗透率模型中，除孔隙度外，还具有反映孔隙结构特征的参数，因此，当储层孔隙结构复杂时，核磁共振渗透率计算精度往往较常规渗透率计算模型高。下面重点介绍两类常用的核磁共振渗透率计算模型。

1）T_2 平均值模型

SDR 模型利用 T_2 分布的几何平均值来计算渗透率：

$$K = C(\phi)^m (T_{2gm})^n \quad (4-5-13)$$

式中：C、m、n 为常数；ϕ 为孔隙度；T_{2gm} 为 T_2 几何平均值，ms。

由于油气会影响核磁共振 T_2 谱的分布，进而影响几何平均值及渗透率的计算精度，因此 SDR 公式对水层有较好的预测结果，而当地层含油气时，计算的渗透率误差较大。

在 SDR 模型基础之上，Lu Chi 等（2014）将连通性系数引入到核磁共振渗透率模型中，提出了新的渗透率计算模型［式（4-5-14）］，并分析了该模型在砂岩、碳酸盐岩储层中的应用效果。

$$K = a\phi^b T_{2gm}^c \left(\frac{C_j}{\sum_j C_j} \right)^d \left(\frac{N+H}{C_j} \right)^e \quad (4\text{-}5\text{-}14)$$

式中：C_j 为 j 方向的连通数，N 为孤立孔隙组分数；H 为完全封闭洞穴数；a、b、c、d、e 为常数，与孔隙结构及测量的渗透率方向有关。

Lu Chi 等（2018）对式（4-5-14）进行了两点改进：一是利用 T_2 分布的两个峰值来计算 T_2 平均值；二是利用方向地层因素来表示孔隙之间的连通性。

白松涛等（2016）通过砂岩 T_2 谱形态分析，融合统计学中的正态分布模型和地质混合经验分布模型，提出了改进的核磁共振渗透率计算模型：

$$K = 0.01\phi \sqrt{\frac{T_{2gm} \sigma_{T_2} T_{2h} \phi_{i,\max}}{K_G}} \quad (4\text{-}5\text{-}15)$$

式中：$\phi_{i,\max}$ 为 T_2 谱中纵向幅度最大的孔隙度分量值；σ_{T_2} 为孔隙分选系数；K_G 为峰度；T_{2h} 为谱峰弛豫时间。

式（4-5-15）可在常规砂岩储层及低孔、低渗储层评价中应用，但由于页岩、碳酸盐岩、火成岩等储层核磁共振 T_2 谱表征内容及意义与砂岩有所区别，因此该方法在页岩、碳酸盐岩、火成岩中的应用有待进一步探索和分析。

姚艳斌等（2018）提出了基于饱和流体和束缚流体的双 T_2 几何平均值渗透率计算模型［式（4-5-16）］，该方法考虑了储层的复杂程度，在页岩渗透率预测方面有着较好的适用性。

$$K = a T_{2ga}^b T_{2gb}^c \quad (4\text{-}5\text{-}16)$$

式中：a、b、c 为常数；T_{2ga} 为饱和水状态下的 T_2 几何平均值；T_{2gb} 为束缚水状态下的 T_2 几何平均值。

SDR 模型利用 T_2 分布的几何平均值来估算渗透率，该模型主要适用于中高孔渗的储层，随着评价对象非均质性增强、孔隙结构复杂性增加，单一的 SDR 模型难以满足生产实际的要求。为了提高 SDR 模型渗透率计算精度，有学者对模型中的系数进行了修正，也有学者提出将表面弛豫率引入 SDR 模型中。

2）截止值渗透率模型

研究表明，碎屑岩的渗透率与束缚水饱和度有关。利用核磁共振 T_2 截止值可以将岩石中束缚流体、可动流体区分开，进而计算渗透率参数。Timur（1968）提出了如下渗透率计算公式：

$$K = 10^4 \frac{\phi^{4.5}}{S_{wb}^2} \qquad (4\text{-}5\text{-}17)$$

式中：S_{wb} 为束缚水饱和度，小数。

Coates 和 Dumanoir 在研究了束缚流体饱和度的基础上提出了一个广泛应用的公式，该公式具有多种变化形式，最常用的一种形式见式（4-5-18），该公式也称 Coates-Timur 公式或简称 Coates 公式。

$$\text{MPERM} = \left(\frac{\phi_E}{C}\right)^m \left(\frac{\text{BVM}}{\text{BVI}}\right)^n \qquad (4\text{-}5\text{-}18)$$

式中：C 为岩心刻度系数；m 与 n 为刻度指数，一般采用岩心刻度给出；在没有岩心资料的情况下，取隐含值 $C=10$，$m=4$，$n=2$。

经验表明，Coates 公式比 SDR 公式更灵活。通过适当的岩心刻度，Coates 公式已经成功应用于不同的地层。随着评价对象复杂程度的增加，应用中人们发现单一的截止值不足以准备描述复杂储层孔隙空间流体的可动性，因此提出了利用多个截止值对不同孔隙组分进行精确划分。范宜仁等（2018）引入了双 T_2 截止值的概念，将致密砂岩孔隙空间划分为三类：完全可动孔隙、完全束缚孔隙以及部分可动孔隙，并据此提出了核磁共振双截止值渗透率计算公式：

$$K = aT_{2ga}^b T_{2gb}^c \qquad (4\text{-}5\text{-}19)$$

式中：a、b、c 为常数；T_{2ga} 为饱和水状态下的 T_2 几何平均值；T_{2gb} 为束缚水状态下的 T_2 几何平均值。

核磁共振双截止值渗透率计算公式考虑了不同类型孔隙对渗透率的影响，可更好地刻画致密砂岩中流体的赋存状态和渗流规律。韩玉娇等（2018）进一步提出了一种基于核磁共振多组分孔隙分量组合的渗透率计算新方法：首先，利用核磁共振 T_2 谱进行孔径组分划分，然后根据不同组分对渗透率的贡献差异计算渗透率。

$$K = a\phi^b \frac{S_3^c S_4^d}{S_1^e S_2^f} \qquad (4\text{-}5\text{-}20)$$

式中：S_1、S_2、S_3、S_4 分别为微孔、小孔、中孔、大孔孔隙组分占比。

除多截止值之外，对 Coates 公式另一方面的改进是，在公式中引入反映储层孔隙连通性的参数。Songhua Chen 等（2008）研究了碳酸盐岩孔隙连通因子对 T_2 谱的影响，并对基于 T_2 截止值的渗透率模型进行了修正：

$$K = \left(\frac{\phi}{C}\right)^m \left[\frac{p\text{BVM}}{\text{BVI}+(1-p)\text{BVM}}\right]^n \qquad (4\text{-}5\text{-}21)$$

式中：BVM 为可动流体体积，cm^3；BVI 为束缚流体体积，cm^3；p 为连通性指数；m 和 n 为常数。

3. 斯通利波渗透率计算

当斯通利波穿过渗透性地层时，孔隙中流体的流动会导致斯通利波衰减，并同时发生频散，这种衰减、频散与地层的渗透率及裂缝发育情况密切相关（图4-5-4）。Williams 等（1984）最早提出利用斯通利波评价渗透率。李宁（1989）通过全波测量实验研究了不同模式波首波的相位关系，首次发现斯通利波首波相位与纵波首波相位相同，而与横波首波相位相反，并且其相位满足余弦函数关系，从而为斯通利波首波幅度准确提取以及进一步的斯通利波储层评价奠定了基础。Winkler 等（1989）利用实验证实斯通利波与渗透率有较好的相关性。Tang 等（1991）提出简化的 Biot-Rosenbaum 模型，并利用实际斯通利波相对于模拟信号的频移和时滞来反演渗透率。

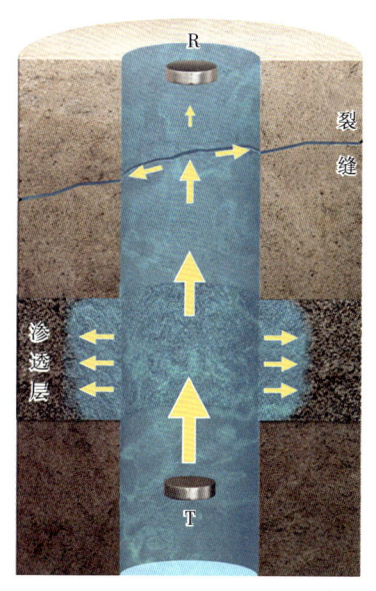

图4-5-4 渗透性地层和裂缝对斯通利波的影响

正是因为斯通利波对流体的运动很敏感，使得通过地球物理测井直接探测井壁与地层界面流体的运动，进而评价储层的渗透率成为可能。很多学者从理论与实验的角度研究了斯通利波渗透率评价的可靠性。目前，基于斯通利波的渗透率评价主要有三种方法：

1）利用斯通利波速度计算渗透率

在完全弹性地层中，斯通利波速度可以表示成：

$$\begin{cases} \dfrac{1}{v_{st}^2} = \rho_{hf}\left(\dfrac{1}{K_{bf}} + \dfrac{1}{G}\right) \\ G = \rho v_s^2 \\ \rho = \phi \rho_f + (1-\phi)\rho_s \\ K_{bf} = \rho_{bf} v_{bf}^2 \end{cases} \quad (4\text{-}5\text{-}22)$$

式中：v_{st} 为斯通利波速度，m/s；K_{bf} 为钻井液弹性模量，GPa；ρ_{bf} 为钻井液密度，g/cm³；v_s 为地层横波速度，m/s；v_{bf} 为钻井液声波速度，m/s；G 为地层切变模量，GPa；ρ 为地层密度，g/cm³；ρ_f 为流体密度，g/cm³；ρ_s 为固体颗粒密度，g/cm³。

1983年，White 通过简化井中压力波，推出低频斯通利波的频散方程：

$$\begin{cases} \dfrac{1}{v_{st}^2} = \rho_{bf}\left(\dfrac{1}{K_{bf}} + \dfrac{1}{G} - \dfrac{2}{i\omega R Z}\right) \\ \dfrac{1}{Z} = \dfrac{K_0}{\mu R} \dfrac{(1-i)\sqrt{\omega m/2} R K_1\left[(1-i)\sqrt{\omega m/2} R\right]}{K_0\left[(1-i)\sqrt{\omega m/2} R\right]} \\ m = \phi\mu / K_0 K_f \end{cases} \quad (4\text{-}5\text{-}23)$$

式中：R 为井眼半径，cm；ω 为圆频率，Hz；μ 为黏滞系数，Pa·s；K_0 为地层渗透率，mD；K_f 为地层流体体弹性模量，GPa；K_1、K_0 为第二类修正 Bessel 函数。

方程（4-5-23）中，第一个公式表示井眼流体的可压缩性，第二个公式与井壁刚性有关，第三个公式表示在渗透性固体中流体的流动。

White 公式只是给出了斯通利波的简单物理描述，没有考虑固体和流体中相对位移引起的能量损耗，也没有包括固体骨架结构的影响。为此 Chang 在 1988 年根据 Biot 理论得出了低频时更精确的公式：

$$\begin{cases} \dfrac{1}{v_{st}^2} = \rho_{bf}\left(\dfrac{1}{K_{bf}} + \dfrac{1}{G} - \dfrac{2}{i\omega RZ}\right) \\ \dfrac{1}{Z} = \dfrac{K_0}{\mu R} \dfrac{(1-i)\sqrt{\omega/2CD}R K_1\left[(1-i)\sqrt{\omega/2CD}R\right]}{K_0\left[(1-i)\sqrt{\omega/2CD}R\right]} \\ CD = \dfrac{K_0 K_f}{\mu\phi}\left\{1 + \dfrac{K_f}{\phi(K_b + 4G/3)}\left\{1 + \dfrac{1}{K_s}\left[\dfrac{4}{3}G\left(1-\dfrac{K_b}{K_s}\right)\right.\right.\right. \\ \left.\left.\left. - K_b - \phi\left(K_b + \dfrac{4}{3}G\right)\right]\right\}\right\}^{-1} \end{cases} \quad (4\text{-}5\text{-}24)$$

其中

$$\begin{cases} K_b = (1-\phi)\rho_s\left(v_{mp}^2 - 4v_{ms}^2/3\right) \\ K_f = \rho_f v_f^2 \end{cases} \quad (4\text{-}5\text{-}25)$$

式中：v_{mp} 为骨架纵波速度，m/s；v_{ms} 为骨架横波速度，m/s；K_b 为骨架体弹性模量，GPa；K_s 为岩石颗粒体弹性模量，GPa。

当 $K_b+4G/3 \gg K_f$ 时，有：

$$CD \approx \dfrac{K_0 K_f}{\mu\phi} = m^{-1} \quad (4\text{-}5\text{-}26)$$

与 White 公式一致。取式（4-5-22）的实部为斯通利波的相速度，取其实部与虚部的比值为衰减品质因子。只要已知斯通利波的速度和频率、井径及岩石骨架等参数，就可根据式（4-5-23）反求出地层渗透率。需要指出的是，利用斯通利波时差求渗透率在较坚硬的地层中可能会得到好的结果，而在疏松地层中，由于骨架的影响掩盖了斯通利波的时差变化，应用效果较差。

2）利用斯通利波幅度和相位反演渗透率

相对于弹性地层，斯通利波在渗透性地层传播时其幅度和相位要发生变化，表现在波形上就是时间延迟和频率偏移。理论研究表明，波在孔隙渗透性地层的传播引起固体质点弹性振动和流体的压缩/膨胀运动，这样可以把它假设为弹性波的传播和黏滞运动（流体在孔隙中流动）的叠加（Biot 理论模型），而后者相对前者很小，因此进一步可以假设波在渗透性地层的传播可看成波在弹性地层的传播与一个较小的扰动（流体流动）的叠加（Tang 简化的 Biot 理论模型），这样在渗透性地层且有仪器情况下的斯通利波的

波数 k 的表达式为：

$$k = \sqrt{k_e^2 + \frac{2Ri\rho_f \omega K(\omega)}{(R^2-a^2)\mu}\sqrt{-\frac{i\omega}{D}+k_e^2}\frac{K_1(R\sqrt{-i\omega/D+k_e^2})}{K_0(R\sqrt{-i\omega/D+k_e^2})}} \quad (4\text{-}5\text{-}27)$$

式中：$D=\dfrac{K(\omega)\rho_f v_f^2}{\phi\mu(1+\xi)}$ 为井眼流体的扩散率；ξ 为固体骨架弹性较正系数；ρ_f、μ、v_f 分别为流体的密度、黏度和速度；k_e 为弹性地层等效斯通利波波数；R 为井眼的半径；a 为仪器的半径。

考虑到波频率的变化，Johnson 等（1987）引入动态渗透率 $K(\omega)$，表达式如下：

$$K(\omega) = \frac{K_0}{\left(1-\dfrac{i\alpha K_0 \rho_s \omega}{2\mu\phi}\right)^{1/2} - \dfrac{i\alpha K_0 \rho_f \omega}{\mu\phi}} \quad (4\text{-}5\text{-}28)$$

式中：α 为孔隙迂曲度。

在硬地层中采用 Tang 简化的 Biot 理论计算结果与 Biot 理论计算结果非常接近，但在慢速地层中，其计算结果与 Biot 理论的计算结果有一定的差别。因此，Tang 于 1991 年对式（4-5-28）的斯通利波的波数加入了一个校正系数，这样处理之后，与 Biot 理论的计算结果更相符，从而使得用斯通利波估算渗透率可以在计算机上快速实现。这一系数为：

$$BC = f_e R \frac{I_1(f_e R)}{I_0(f_e R)} \quad (4\text{-}5\text{-}29)$$

式中：I_n 为 n 阶第一类修正 Bessel 函数；$f_e = \sqrt{k_e^2 - \omega^2/v_f^2}$ 为等效弹性地层的斯通利波的径向波数。

校正后的渗透性地层斯通利波波数表达式为：

$$k = \sqrt{k_e^2 + \frac{2Ri\rho_f \omega K(\omega)}{(1+BC^\gamma)(R^2-a^2)\mu}\sqrt{-\frac{i\omega}{D}+k_e^2}\frac{K_1(R\sqrt{-i\omega/D+k_e^2})}{K_0(R\sqrt{-i\omega/D+k_e^2})}} \quad (4\text{-}5\text{-}30)$$

式中：$\gamma = v_s/v_f$。

通过加入校正系数 BC，Tang 的这一简化模型可以在渗透性的慢速地层和快速地层中使用。

利用此模型可以模拟孔隙渗透性地层斯通利波的传播，与斯通利波在弹性地层的传播（利用常规资料模拟）进行比较，可以得到渗透率对斯通利波传播的影响结果。而斯通利波在弹性地层和实际地层传播时产生的变化也可以看成是地层渗透率的影响结果，比较两者的影响就可以反演出地层的渗透率。

在反演过程中，要确定非渗透层和渗透层两段地层及相关参数。致密的非渗透层可选择井径变化比较小、斯通利波中心频率相对其他层段较高且慢度相对其他层段较低的层段。通常选择时间延迟和中心频率偏移都比较大的层段为渗透层。相关参数的计算如下：

中心频率 $$f_c = \int fW(f)df \Big/ \int W(f)df \qquad (4\text{-}5\text{-}31)$$

中心时间 $$T_c = \int tW(t)^2 dt \Big/ \int W(t)^2 dt \qquad (4\text{-}5\text{-}32)$$

频率偏移 $$\Delta f_c = f_c^{syn} - f_c^{msd} \qquad (4\text{-}5\text{-}33)$$

时间延迟 $$\Delta T_c = T_c^{msd} - T_c^{syn} \qquad (4\text{-}5\text{-}34)$$

式中：$W(f)$ 为斯通利波的频谱；$W(t)$ 为斯通利波的时域波形；f_c^{syn} 和 T_c^{syn} 分别为理论模拟波形或频谱得到的中心频率和中心时间；f_c^{msd} 和 T_c^{msd} 分别为实际测量波形的中心频率和中心时间。

反演目标函数为：

$$E(K_0, Q^{-1}) = (\Delta f_c^{msd} - \Delta f_c^{theo})^2 / \sigma_{syn}^2 + 2\pi\sigma_{syn}^2(\Delta T_c^{msd} - \Delta T_c^{theo})^2 + \alpha(\sigma_{syn}^2 - \sigma_{theo}^2) \qquad (4\text{-}5\text{-}35)$$

计算合成数据：

$$\begin{cases} \Delta f_c^{theo} = f_c^{syn} - f_c^{theo}, f_c^{theo} = \int fA(\omega)d\omega \Big/ \int A(\omega)d\omega \\ \sigma^2 = \int (f - f_c)^2 A(\omega)d\omega \Big/ \int A(\omega)d\omega \quad (f_c = f_c^{theo} \text{或} f_c = f_c^{syn}) \\ \Delta T_c^{theo} = \int (kd/\omega - k_e d/\omega)[\omega A(\omega)]^2 d\omega \Big/ \int [\omega A(\omega)]^2 d\omega \end{cases} \qquad (4\text{-}5\text{-}36)$$

其中 $$A(\omega) = \frac{k_e}{k(K_0, Q^{-1})} S(\omega) h_{sr}(\omega, z) \left| \exp\left[ik(K_0, Q^{-1})d \right] \right| \qquad (4\text{-}5\text{-}37)$$

式中：Q 为品质因数；Q^{-1} 为波的非弹性衰减；$S(\omega)$ 为合成斯通利波源函数；$h_{sr}(\omega, z)$ 为合成斯通利波响应函数；k 为渗透地层斯通利波的波数；k_e 为完全弹性地层斯通利波的波数；K_0 为静态渗透率，mD；d 为波的传播距离，m。

3）基于斯通利波衰减幅度的渗透率计算

基于斯通利波的幅度衰减、频移或时滞进行的渗透率反演，需要在波场分离基础之上，利用简化的 Biot-Rosenbaum 模型进行反演，且需要知道比较准确的地层参数（密度、纵横波和斯通利波速度、孔隙度等）和井眼参数（主要是井眼直径），处理的过程复杂。既然斯通利波的衰减与渗透率密切相关，那么寻找斯通利波衰减幅度与渗透率之间的直接关系是近年的研究重点。

激波管是一种通过激励平面冲击波来测量管内全直径岩心声学性质的实验装置。该装置激励的冲击波频率范围宽（0.5~160kHz），测量波形中包含声波测井的主要井孔模式波，特别是低频斯通利波，为斯通利波衰减规律研究提供了一种可靠的实验手段。利用激波管装置，Smeulders 等（1997）研究了部分及完全饱和水岩样的声波特性，Fan 等（2012）研究了饱和水岩心中裂缝对斯通利波的影响，但他们使用的均为人造岩心。Li

Ning 等（2019）首先开展了井下真实碳酸盐岩岩心激波管实验及其理论分析，研究不同宽度水平裂缝对斯通利波的影响。为了进一步模拟井下真实地层情况，李宁等（2021）提出了一种改进的激波管实验装置（图 4-5-5）及复杂裂缝模型制作方法，并通过对不同裂缝条件下斯通利波激波管实验测量，研究了裂缝宽度、倾角、延伸长度及填充物对斯通利波幅度衰减的影响。

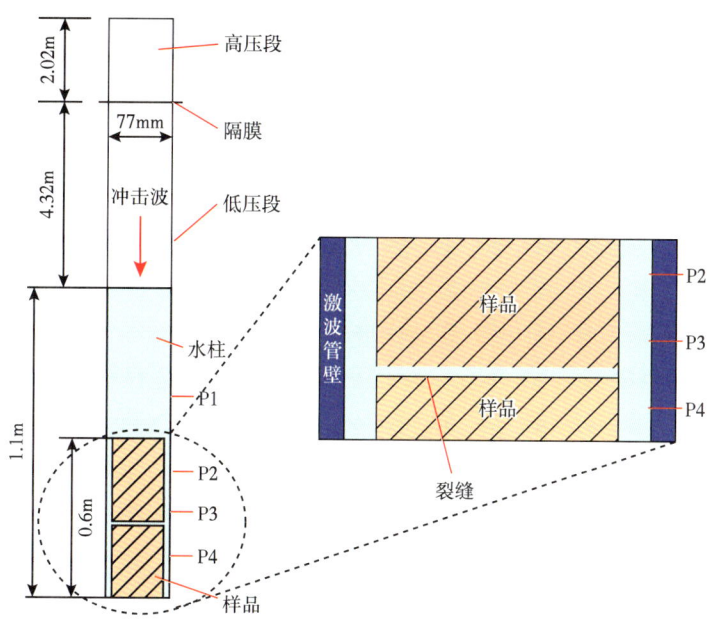

图 4-5-5 真实全直径岩心激波管实验装置示意图

不同裂缝的制作是斯通利波实验研究的基础。利用碳酸盐岩全直径岩心和点状支撑物制作了宽度分为 0mm、2mm、4mm、6mm、10mm 和 30mm 的水平裂缝模型；制作了 0°、16° 和 70° 三种不同倾角裂缝模型；利用 Bentheimer 砂岩、Felser 砂岩和 PVC（聚氯乙烯）材料制作了三种不同填充物裂缝模型；制作了裂缝宽度为 2mm，延伸长度分别为 4mm、14mm 和 24mm 的 3 个裂缝模型。图 4-5-6 为相同宽度不同倾角裂缝模型。

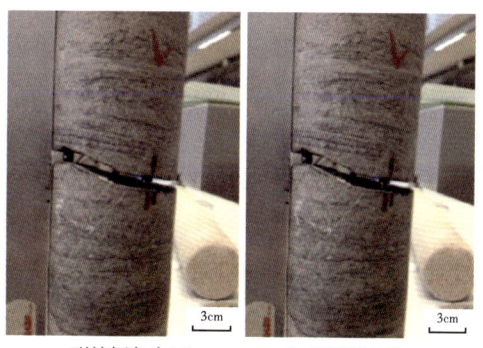

a. 裂缝倾角为16°　　b. 裂缝倾角为70°

图 4-5-6 相同宽度不同倾角裂缝模型

为了定量描述斯通利波的衰减规律，定义斯通利波相对幅度为：

$$R_{st} = \frac{A_{sta}}{A_{stb}} \qquad (4\text{-}5\text{-}38)$$

式中：A_{sta} 为斯通利波经过裂缝之后的幅度，bar；A_{stb} 为斯通利波经过裂缝之前的幅度，bar。

相对幅度 R_{st} 有效消除了岩心基质物性差异等干扰因素，能更准确地反映裂缝对斯通利波影响的强弱。R_{st} 的数值越接近 1，裂缝对斯通利波的衰减越小；R_{st} 数值越接近 0，裂缝对斯通利波的衰减越大。

图 4-5-7 展示了不同裂缝宽度下斯通利波相对幅度的变化规律，图中红色数据点代表不同裂缝宽度下斯通利波相对幅度的实验测量结果。由图 4-5-7 可见，随着裂缝宽度增大，经过裂缝后斯通利波相对幅度降低，但降低的速度逐渐减慢。例如，当裂缝宽度从零增加到 10mm 时，斯通利波相对幅度降低 0.648，即增加单位裂缝宽度（1mm）相对幅度降低 0.064；当裂缝宽度从 10mm 增加到 30mm 时，斯通利波相对幅度降低 0.266，即增加单位裂缝宽度（1 mm）相对幅度降低仅为 0.013。

实验数据分析表明，斯通利波相对幅度与裂缝宽度之间满足如下关系：

$$R_{st} = a_1 e^{b_1\left(w_f^{n_1} + w_f^{n_2}\right)} \tag{4-5-39}$$

式中：a_1、b_1、n_1 和 n_2 为常数；w_f 为裂缝宽度。

图 4-5-7 中红色实线即式（4-5-39），可以看出，实验数据点基本都落在红色曲线上，说明式（4-5-39）刻画了裂缝宽度对斯通利波幅度的影响规律。式（4-5-39）中的指数部分由 $f_1(w_f)$ 与 $f_2(w_f)$ 两项组成，它们随裂缝宽度衰减的变化规律分别如图 4-5-7 中绿色、蓝色实线所示。由图 4-5-7 可见，第 1 部分 $f_1(w_f)$ 为裂缝对斯通利波影响的主体，随着裂缝宽度的增加呈指数衰减；第 2 部分 $f_2(w_f)$ 对斯通利波的影响相对较小。

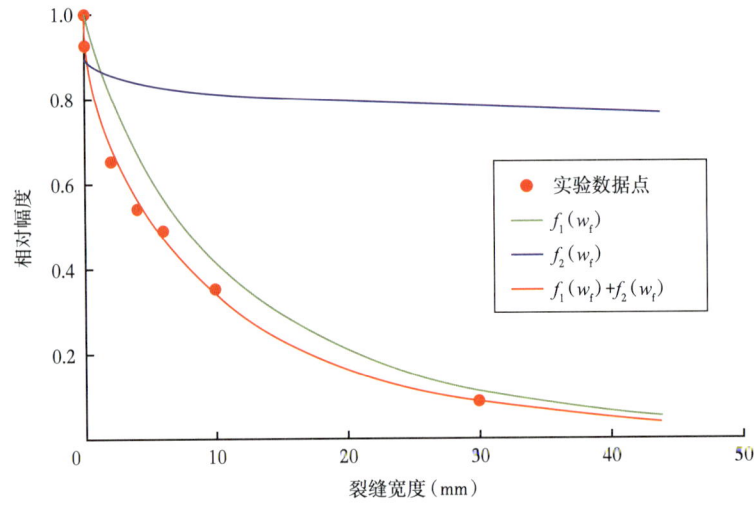

图 4-5-7　不同裂缝宽度下斯通利波相对幅度变化规律

如果利用式（4-5-39）求得裂缝宽度 w_f，则可以利用下面的式子计算裂缝渗透率：

$$K_f = \frac{w_f^2}{12b} \tag{4-5-40}$$

式中：b 为常数，其值与裂缝表面的光滑程度有关，取值范围为 1~1.3。

第六节　烃源岩参数

总有机碳含量（TOC）是国内外普遍采用的有机质丰度指标，指烃源岩中油气逸出后，岩石中残留有机质中的碳含量。TOC 是页岩油气藏评价中的一个重要指标，它是页岩生油气的物质基础，决定页岩的生烃强度。

对岩心、岩屑样品进行有机地球化学分析，可获得有机质丰度和转化率等系列烃源岩表征参数。然而，岩心样品有限，分析费用昂贵且耗时，利用测井数据估算地层 TOC，既可以克服以上缺点，又容易得到研究区外地层 TOC 数据，可为资源量估算及油气勘探决策提供地质依据。由于有机质的岩石物理性质与岩石骨架具明显差异，通常情况下，富含有机质的烃源岩在测井曲线上表现为高伽马、高声波时差、高电阻率、高中子和低密度，即"四高一低"的响应特征，基于上述岩石物理响应特征可利用测井资料开展烃源岩识别与评价。

一、单一测井曲线评价方法

常用来计算 TOC 的单一测井曲线方法主要有自然伽马测井法、自然伽马能谱测井法、密度测井法及碳氧比测井法。

1. 自然伽马测井法

由于有机质可吸附放射性物质，富含有机质地层常常具有高放射性强度。Beers 早在 1945 年就利用自然伽马放射性强度评价地层总有机碳含量；Schmoker 建立 Appalachians 地区 Devonian 页岩中自然伽马放射性强度与有机质丰度的关系。在我国，谭廷栋也详细研究了生油岩测井响应特征，并建立生油岩地层中有机质与自然伽马测井值响应关系（李长喜等，2020）。

自然伽马测井法评价地层总有机碳含量的优势在于几乎每口井中都测量自然伽马曲线且测井结果易于环境校正，不足之处在于：（1）自然伽马放射性强度响应于铀含量，而不是干酪根；（2）一般假设高放射性强度对应高总有机碳含量，但是一些富含有机质地层具有中到低的放射性强度，如中生界和新生界湖相沉积环境的页岩；（3）建立的总有机碳含量与放射性强度的经验关系需要岩心资料刻度，且关系一般不是线性；（4）黏土含量及其他放射性矿物会影响自然伽马放射性强度。导致总有机碳含量确定精度降低。

2. 自然伽马能谱测井法

如前所述，铀含量与有机质沉积有关，Swanson 认为在一定地质条件下地层高放射性强度可归结于沉物中铀含量。基于这种认识，Fertl 等建立了美国弗吉尼亚州西部泥盆纪黑色页岩中铀含量与地层总有机碳含量的关系，如图 4-6-1 所示。

另外，Gonfalini 应用自然伽马能谱测井在意大利 Streppenosa 盆地评价烃源岩总有机碳含量，并应用测井和岩心分析资料建立不同地质环境中的经验关系。铀含量及钍铀比值与总有机碳含量存在良好的相关性。

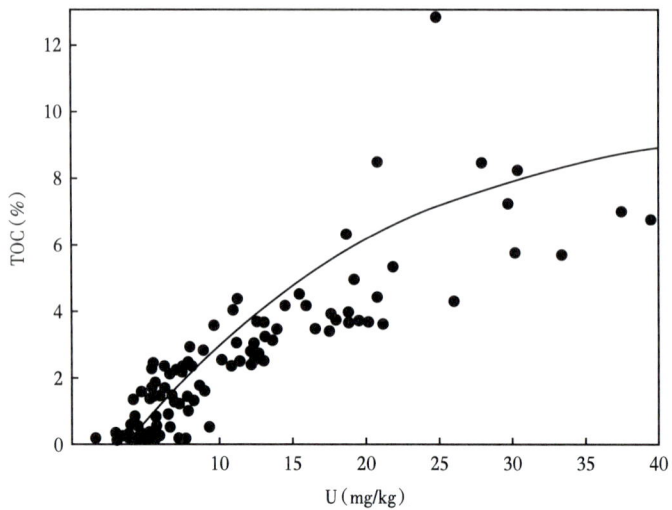

图 4-6-1 美国弗吉尼亚州西部泥盆纪黑色页岩铀含量与 TOC 关系

自然伽马能谱测井中铀含量与地层总机碳含量的一般关系式为:

$$TOC = A_u U + B_u \quad (4\text{-}6\text{-}1)$$

式中:A_u、B_u 为地区性经验系数,需要利用岩心分析资料刻度。

以鄂尔多斯盆地延长组长 7 段烃源岩为例,根据岩心实验结果标定,建立总有机碳含量与相应深度铀元素数值交会图,并通过线性拟合得到总有机碳含量与铀测井值之间的关系式。图 4-6-2 是利用 20 块岩心分析总有机碳数据建立的总有机碳含量与铀的交会图,二者呈近线性关系:

$$TOC = 0.59U + 0.3805 \quad (R^2 = 0.8523) \quad (4\text{-}6\text{-}2)$$

图 4-6-3 为 Z58 井 TOC 计算结果,最后一道黑色曲线为根据式(4-6-2)计算的 TOC,红色数据点为岩心分析总有机碳含量,两者相关性较好,能够满足评价要求。

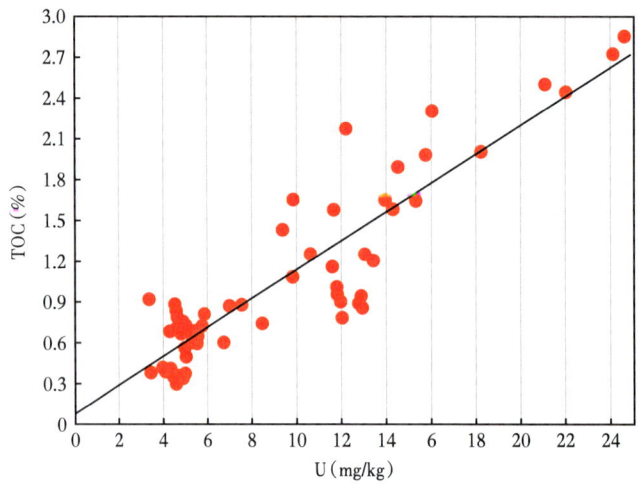

图 4-6-2 延长组长 7 段有机碳含量与铀含量关系图

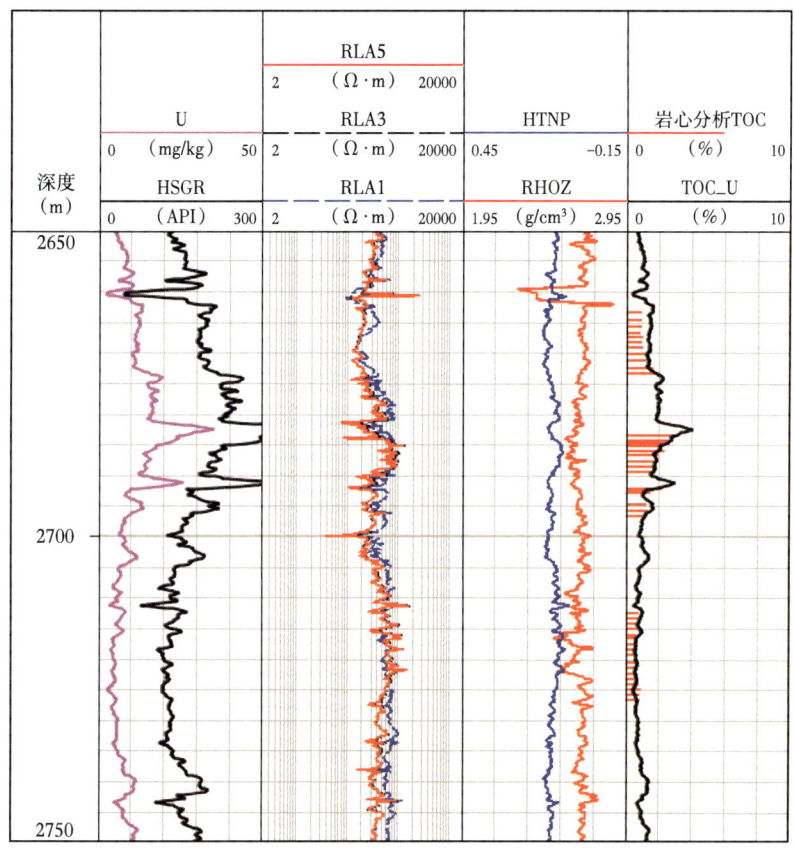

图 4-6-3 Z58 井延长组测井计算 TOC 与岩心分析结果对比

理论上，利用铀含量计算总有机碳含量的精度要高于自然伽马测井法。但该方法仍受沉积速率的影响，而且地层中如果存在其他含铀矿物（如磷酸盐）时会影响计算结果的精度。

3. 密度测井法

由于干酪根的密度比较低（一般为 1.1~1.4g/cm³），因此，富含有机质地层的密度相比常规地层偏低。Schmoker 认为富有机质储层密度变化是由于存在低密度的有机质引起的，并提出利用密度测井资料估算地层总有机碳含量。Schmoker 和 Hester 在巴肯等地区利用页岩岩心分析数据建立了地层密度值与总有机碳含量的关系，如图 4-6-4 所示。

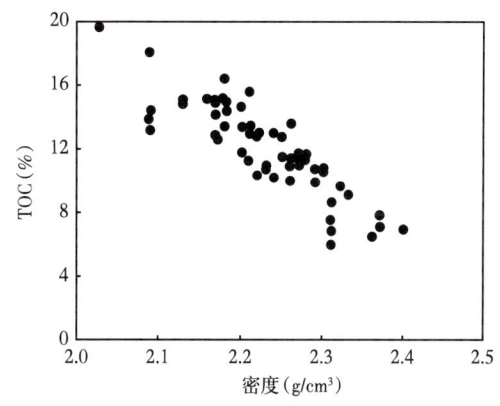

图 4-6-4 巴肯页岩地层密度与岩心分析 TOC 关系

密度测井值 ρ_b 与地层总有机碳含量 TOC 之间的一般关系式为：

$$\text{TOC} = A_\rho / \rho_b - B_\rho \tag{4-6-3}$$

式中：A_ρ 和 B_ρ 为地区性经验系数，需利用岩心分析资料刻度。斯伦贝谢公司利用密度测井资料计算总有机碳含量时，A_ρ 和 B_ρ 的默认值分别为 156.956 和 58.272。

密度测井计算 TOC 原理简单，可操作性强，为地层总有机碳含量评价提供了一种有效的方法。但是，这种方法假设干酪根变化引起地层密度变化，由于孔隙流体密度与干酪根密度相近，所以孔隙流体有可能被误认为是干酪根，而导致总有机碳含量计算结果偏高，这在源储一体的致密油中应用受到很大限制。另外，黄铁矿等重矿物会严重影响密度测井，而且扩径现象会严重影响密度曲线的质量，这些因素都会影响 TOC 计算结果的精度。

4. 碳氧比测井法

碳氧比测井通过测量快中子与地层产生的非弹伽马能谱，利用碳和氧元素产生的特征伽马射线计数比值，可获得地层碳原子和氧原子比值信息。Herron 等（1987）提出利用碳氧比确定地层总有机碳含量的方法，认为地层是由岩石骨架和孔隙两部分组成，且孔隙饱含水。利用碳氧比测井获取的碳氧比值，经环境校正后乘以地层中氧原子含量得到地层碳元素信息，扣除碳酸盐岩矿物中无机碳可获得地层总有机碳含量。

骨架和流体中氧元素含量分别为 Q_sol 和 Q_fl：

$$\begin{cases} Q_\text{sol} = \dfrac{N}{16} O_\text{sol-wt} \rho_\text{ma} (1-\phi) \\ Q_\text{fl} = \dfrac{N}{16} O_\text{fl-wt} \rho_\text{fl} \phi \end{cases} \quad (4\text{-}6\text{-}4)$$

式中：N 为阿伏伽德罗常数；ρ_fl 为流体密度；ρ_ma 为骨架密度；ϕ 为地层孔隙度；$O_\text{sol-wt}$ 和 $O_\text{fl-wt}$ 分别为骨架和流体中氧元素的质量百分比。

地层中氧元素含量为骨架和流体氧元素含量之和，所以由碳氧比值 C/O 和氧元素含量可得到地层总有机碳含量 TOC：

$$\text{TOC} = 0.75 \times \text{C/O} \times \left[O_\text{sol-wt} + O_\text{fl-wt} \dfrac{\rho_\text{fl} \phi}{\rho_\text{ma} (1-\phi)} \right] \quad (4\text{-}6\text{-}5)$$

赵彦超等建立了生油岩的碳氧比测井响应方程，以确定地层总有机碳含量的 Herron 公式为基础，利用 C/O 和 Si/Ca 资料重新推导了生油岩中计算总有机碳含量的公式，并用实际资料进行了验证。

碳氧比测井法可用于总有机碳含量较低地层 TOC 计算，但该方法受地层孔隙度测量结果及地层水矿化度等环境因素的影响。

二、不同测井曲线组合评价方法

每种测井响应都是多种地质因素的综合作用结果，利用单一测井资料评价地层总有机碳含量的方法必然会受到不同因素的影响，采用不同测井资料组合的方法可以在一定程度上降低环境因素的影响，提高 TOC 评价精度。

1. $\Delta \lg R$ 法

早在 1979 年，Flower 及 Meyer 等开始研究利用电阻率和孔隙度曲线重叠评价地层总有机碳含量技术，将电阻率和声波测井曲线重叠快速识别烃源岩，但没有得出定量评价关系。Passey 在前人研究工作基础上，于 1990 年提出利用电阻率和孔隙度曲线重叠定量计算地层总有机碳含量的 $\Delta \lg R$ 法，不同地层在 $\Delta \lg R$ 叠合图上的特征如图 4-6-5 所示。

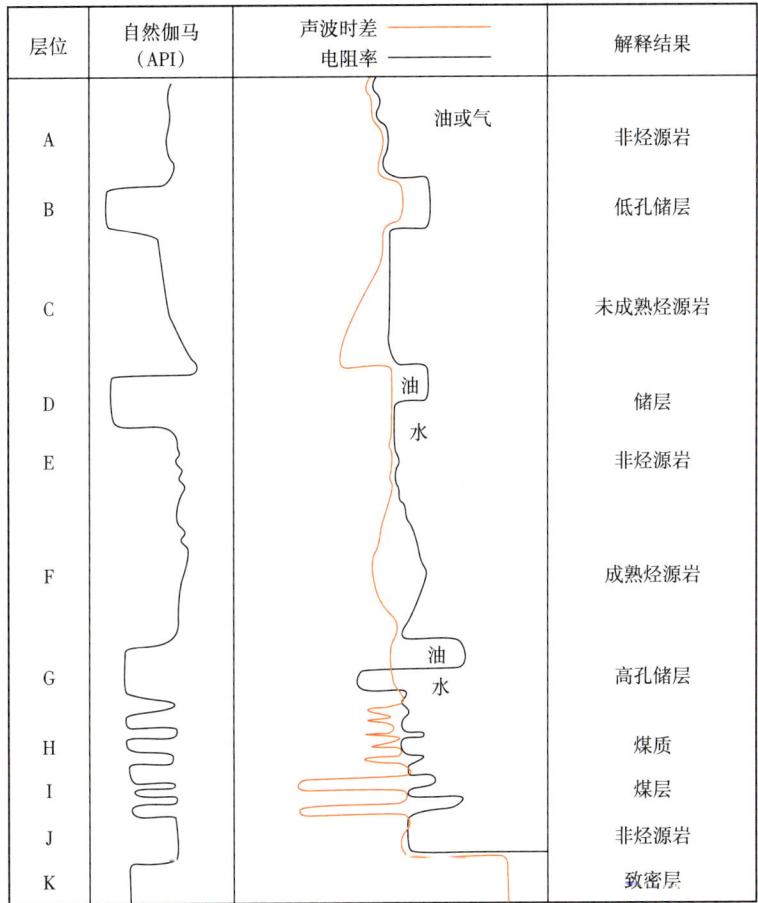

图 4-6-5　不同地层在 $\Delta \lg R$ 叠合图上的特征示意图（据 Passey，1990）

1）方法原理

根据阿奇公式有：

$$R_t = \frac{abR_w}{\phi^m S_w^n} \quad （4-6-6）$$

式中：a、b 为系数；m 为孔隙结构指数；n 为饱和度指数；R_t 为地层电阻率，$\Omega \cdot m$；R_w 为原始地层水电阻率，$\Omega \cdot m$；ϕ 为地层孔隙度；S_w 为含水饱和度。

对于纯水层，$S_w=1$，令 $a=b=1$，则有：

$$R_0 = \frac{R_w}{\phi^m} \quad （4-6-7）$$

式中：R_0 为 100% 含水地层岩石电阻率，$\Omega \cdot m$。

可利用声波时差计算孔隙度：

$$\phi = \frac{\Delta t_{\mathrm{ma}} - \Delta t}{\Delta t_{\mathrm{ma}} - \Delta t_{\mathrm{f}}} \qquad (4\text{-}6\text{-}8)$$

式中：Δt_{ma} 为岩石骨架声波时差，μs/ft；Δt 为实际测井声波时差，μs/ft；Δt_{f} 为孔隙流体声波时差，μs/ft。

将式（4-6-7）和式（4-6-8）联合求得：

$$R_0 = \frac{R_\mathrm{w}}{\left[(\Delta t_{\mathrm{ma}} - \Delta t)/(\Delta t_{\mathrm{ma}} - \Delta t_{\mathrm{f}}) \right]^m} \qquad (4\text{-}6\text{-}9)$$

两边取对数可得：

$$\lg R_0 = \lg \left\{ R_\mathrm{w} / \left[(\Delta t_{\mathrm{ma}} - \Delta t)/(\Delta t_{\mathrm{ma}} - \Delta t_{\mathrm{f}}) \right]^m \right\} \qquad (4\text{-}6\text{-}10)$$

其中 Δt_{f}=182μs/ft，而砂岩、石灰岩和白云岩的 Δt_{ma} 分别取 55.5μs/ft、47.5μs/ft、43.5μs/ft。令 m=2，地层水电阻率 R_w=0.1Ω·m，则可以得到对数电阻率与线性声波曲线（不同岩性）之间的交会图版（图 4-6-6）。

Magara 在 1978 年基于 Alberta 盆地的白垩纪泥岩提出了一个孔隙度计算公式：

$$\phi = 0.00466\Delta t - 0.317 \qquad (4\text{-}6\text{-}11)$$

尽管式（4-6-11）并不适用所有泥岩，但利用该式计算泥岩孔隙度比威利公式计算的孔隙度更加准确。故将式（4-6-11）代入式（4-6-7）中并对两边取对数得到：

$$\lg R_0 = \lg \left[R_\mathrm{w} / (0.00466\Delta t - 0.317)^m \right] \qquad (4\text{-}6\text{-}12)$$

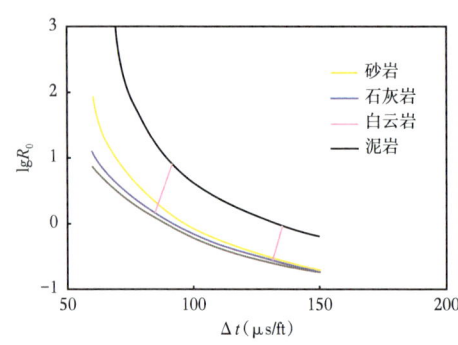

图 4-6-6　不同岩性声波时差与电阻率对数交会图版

由图 4-6-6 可以看出，在声波时差在 80~120μs/ft 时，泥岩、砂岩、石灰岩和白云岩对应的声波时差—对数电阻率近似平行，而且近似为一条直线，斜率约为 -1/50，所以对于纯泥岩有：

$$\lg R_0 = -0.002\Delta t_0 + a \qquad (4\text{-}6\text{-}13)$$

式中：Δt_0 为不含有机质纯泥岩声波时差。

当泥岩中富含有机质时：

$$\lg R = -0.002\Delta t + c \qquad (4\text{-}6\text{-}14)$$

式（4-6-14）减去式（4-6-13）可得：

$$b = \lg \frac{R}{R_0} + 0.002(\Delta t - \Delta t_0) \qquad (4\text{-}6\text{-}15)$$

常数 b 与有机质含量有关，即 $\Delta \lg R$。而总有机碳含量 TOC 与 $\Delta \lg R$ 之间的经验公式为：

$$\text{TOC} = \Delta \lg R \times 10^{2.297-0.1688\text{LOM}} \quad (4\text{-}6\text{-}16)$$

式中：LOM 为有机质成熟度指数。

2）方法步骤

按照上述方法原理，TOC 计算的具体步骤如下：将声波时差曲线叠加在电阻率曲线上。声波时差曲线的刻度从左向右逐渐减小，电阻率从左至右逐渐增大。在选择基线值时，应该保持声波曲线不变，只对电阻率曲线刻度进行变化，直到两条曲线在非烃源岩的泥岩段"一致"或完全重叠，则重叠的值为基线值。然后利用式（4-6-15）计算 $\Delta \lg R$，最后利用上述经验方程计算总有机碳含量。

图 4-6-7 为渤海湾盆地束鹿凹陷应用 $\Delta \lg R$ 法计算 TOC 的实例。从第 4 道对比结果可以看出，采用上述模型计算的有机碳含量与实验分析的有机碳含量吻合程度较高。

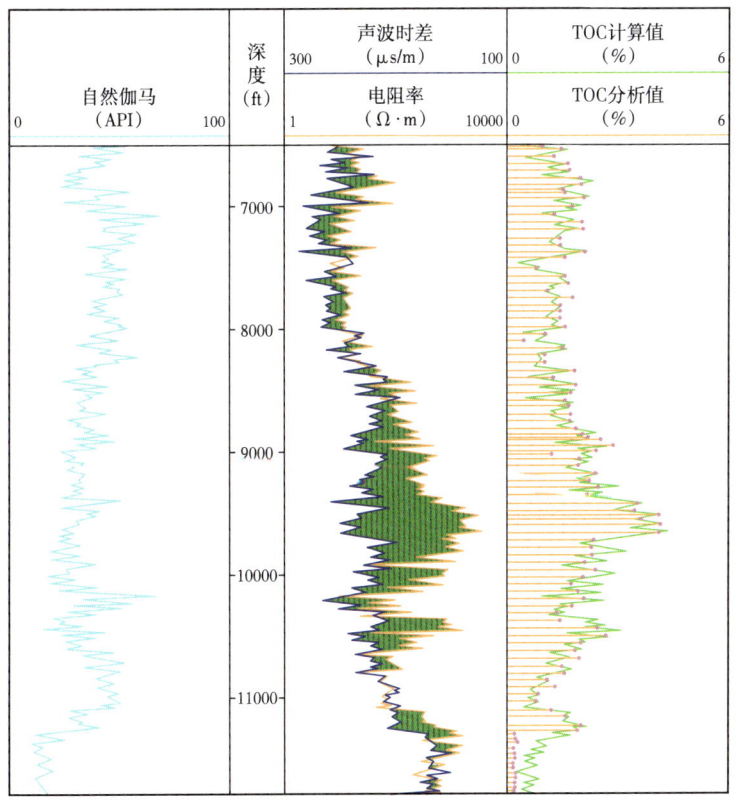

图 4-6-7 $\Delta \lg R$ 法计算 TOC 实例

对于特定的地区和层位，有机质的母质类型和成熟度通常变化不大，这为 $\Delta \lg R$ 法提供了有利的应用条件。基质岩性复杂或含有黄铁矿等导电物质时，电阻率测井值影响增大，使得应用该方法的误差增大。

3）适用条件

由上述分析可知，利用 $\Delta \lg R$ 法计算 TOC 除了需要确定电阻率和声波时差的基线值外，还需要确定有机质成熟度指数。确定 LOM 时，通常采用 $\Delta \lg R$ 与 TOC 交会图版（图 4-6-8）。

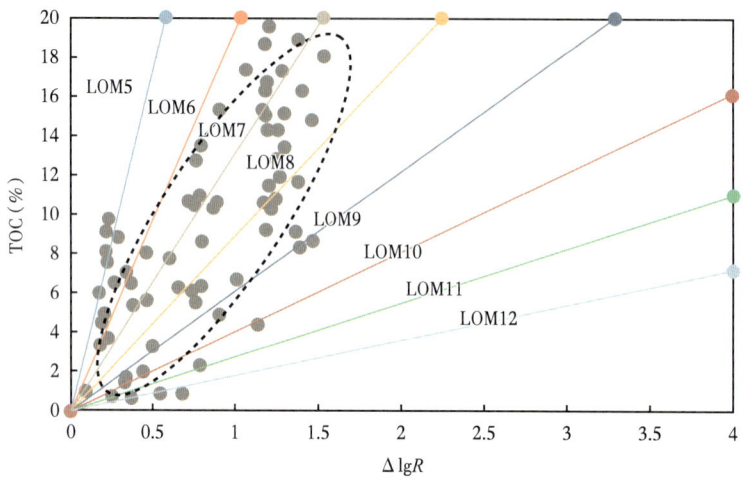

图 4-6-8 成熟度指数确定交会图

对于陇东地区高成熟度烃源岩来说，由于排烃作用，实验室测得的总有机碳含量不准确，从而导致该图版确定的 LOM 不准确，图 4-6-8 为 L57 井和 L147 井确定有机质成熟度指数的交会图，图中点子非常分散，不能准确得到有机质成熟度指数的大小，导致用该方法计算总有机碳含量不准确。

图 4-6-9 为 L57 井计算结果，最后一道蓝色曲线为用 $\Delta \lg R$ 法计算的 TOC，红色杆状图为岩心分析总有机碳含量，可以看出，两者相关性较差，在上部，由于 TOC 分析值远小于计算值，该段可能是由于排烃作用，实验室测得的总有机碳含量不准确导致，而下部实验室测得的值大于计算得到的值，电阻率出现骤降可能与黄铁矿影响有关。

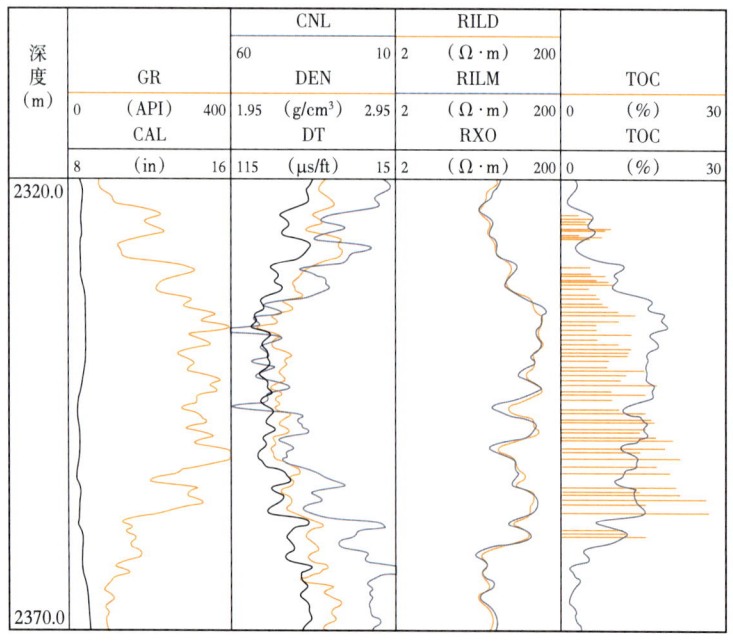

图 4-6-9 L57 井长 7 段利用 $\Delta \lg R$ 计算总有机碳含量实例

为解决 LOM 对确定总有机碳含量影响的问题，可建立 TOC 与 $\Delta\lg R$ 的线性关系，并利用实际数据得出拟合系数。根据松辽盆地南部青一段 7 口井 135 块样品岩心实验资料，应用 $\Delta\lg R$ 建立 TOC 计算模型（图 4-6-10）。

$$\text{TOC} = 2.8528 \times \Delta\lg R + \Delta\text{TOC} \quad (R^2=0.8205) \quad （4-6-17）$$

式中：ΔTOC 为背景值，研究区 $\Delta\text{TOC}=0.2864\%$。

2. 密度—核磁共振测井组合法

由于干酪根与地层流体密度相近，干酪根在密度测井上可能被识别为孔隙。但是，核磁共振测井仅响应于地层流体，干酪根在核磁共振测井上表现为骨架。因此，密度测井与核磁共振测井孔隙度的差值可反映干酪根体积（图 4-6-10），进而可将干酪根体积转换为地层总有机碳含量。

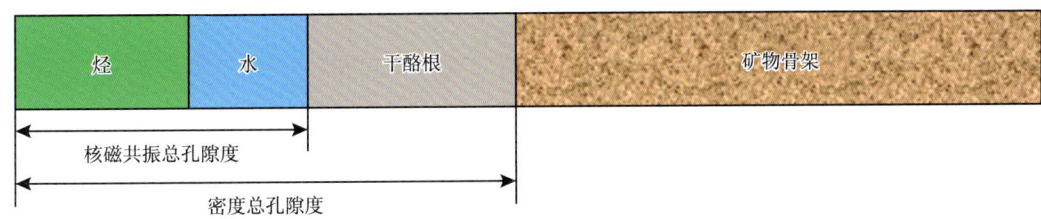

图 4-6-10　核磁共振和密度测井确定总有机碳的岩石物理模型

根据核磁共振测井和密度测井确定的孔隙度值可得到干酪根体积为：

$$V_\text{k} = \frac{\rho_\text{ma} - \rho}{\rho_\text{ma} - \rho_\text{k}} - \frac{\phi_\text{NMR}(\rho_\text{ma} - \rho_\text{f})}{\rho_\text{ma} - \rho_\text{k}} \quad （4-6-18）$$

其中

$$\rho = \rho_\text{ma}(1 - V_\text{f} - V_\text{k}) + \rho_\text{f} V_\text{f} + \rho_\text{k} V_\text{k} \quad （4-6-19）$$

$$\phi_\text{NMR} = V_\text{f} HI_\text{f} \quad （4-6-20）$$

式中：V_k 为干酪根体积，m^3；V_f 为孔隙流体体积，m^3；ρ_ma 为骨架密度值，g/cm^3；ρ_k 为干酪根密度值，g/cm^3；ρ_f 为孔隙流体密度值，g/cm^3；ϕ_NMR 为核磁共振测井确定的总孔隙度；HI_f 为流体的含氢指数。

将得到的干酪根体积转换为地层总有机碳含量：

$$\text{TOC} = \frac{V_\text{k}}{K_\text{vr}} \frac{\rho_\text{k}}{\rho_\text{b}} \quad （4-6-21）$$

式中：K_vr 为干酪根转换因子；ρ_b 为密度测井得到的体积密度值，g/cm^3。

在黏土矿物含量较高的情况下，密度测井确定的骨架密度并不准确。Quirein 等和 Murphy 等提出利用元素俘获能谱测井获取元素含量并计算骨架密度值，使总有机碳含量计算精度得到提高。当富有机质地层中含有较多的黏土束缚水或沥青时，利用核磁共振测井不能准确得到地层总孔隙度值，Hook 等利用短回波间隔测量确定黏土束缚水和

沥青的 T_2，以提高计算精度。

此外，当井眼不规则或垮塌严重时，密度测井和核磁共振测井资料受井眼影响大，测量值可能失真，利用该方法计算 TOC 误差增大。

3. 多曲线拟合法

以鄂尔多斯盆地长 7 段烃源岩为例，利用 U 曲线和多元线性拟合计算 TOC 具有较好的应用效果（拟合公式相关系数达 0.88）：

$$TOC = 0.48U + 1.78\lg R + 0.184 \quad (4\text{-}6\text{-}22)$$

图 4-6-11 为 Z58 井延长组总有机碳含量计算实例，图中第 5 道、第 6 道、第 7 道红色数据点为岩心分析总有机碳含量 TCO_O，三条黑色曲线 TOC、TOC_U、TOC_UL 分别表示采用 $\Delta\lg R$ 法、U 曲线拟合法以及 U 曲线联合 $\Delta\lg R$ 法计算的总有机碳含量。可以看出，运用 U 曲线联合 $\Delta\lg R$ 法得到的结果与岩心分析结果吻合程度最高。

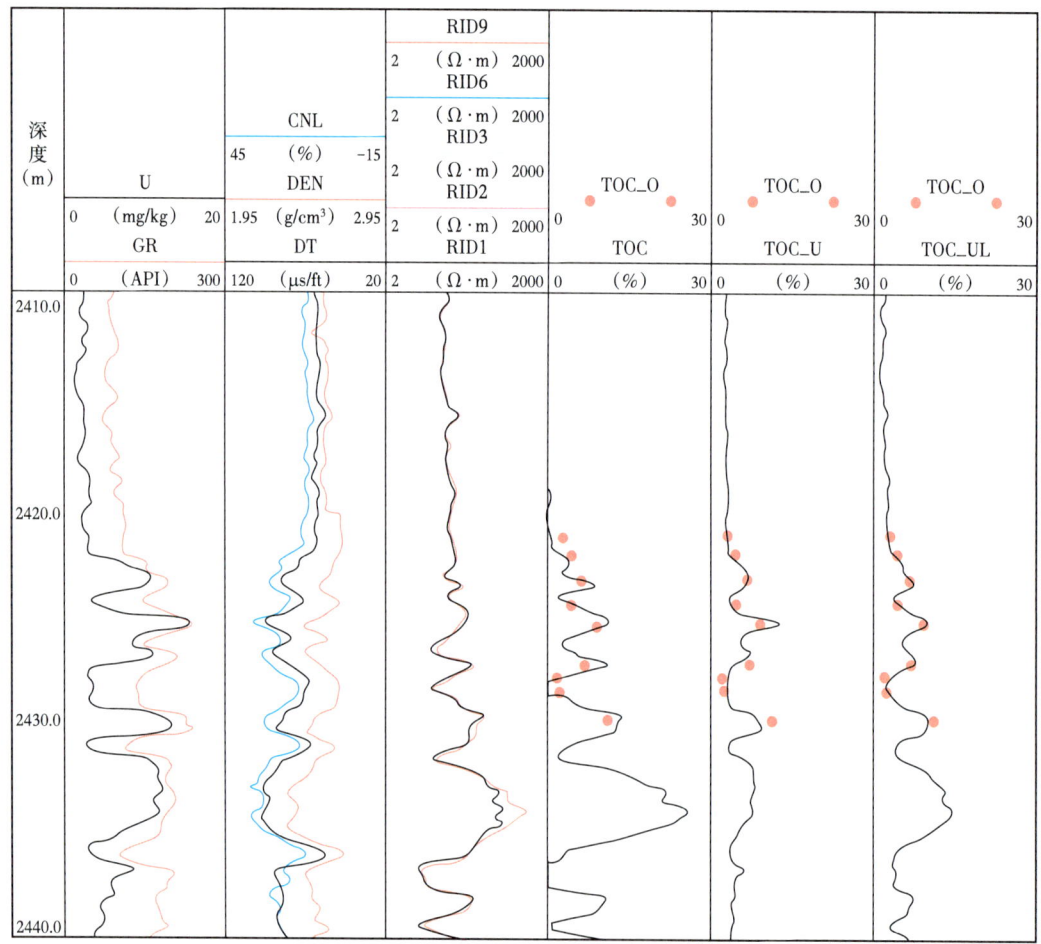

图 4-6-11 Z58 井长 7 段烃源岩 TOC 不同方法计算结果对比图

另外，应用取心资料标定，还可以建立 $\Delta\lg R$ 与常规测井甚至完全基于常规测井曲线的 TOC 计算模型。

三、岩性扫描测井 TOC 评价方法

岩性扫描测井仪器可直接测量到碳元素含量。地层中无机碳元素主要存在于方解石、白云石、菱铁矿、铁白云石和菱锰矿等矿物中，利用与无机碳元素相关的钙、镁、铁、锰等元素可计算出无机碳元素含量，从总碳含量中扣除无机碳可得到总有机碳含量。该方法的优势在于相对直观，可在无岩心标定的情况下准确获得 TOC。图 4-6-12 为松辽盆地古龙地区利用岩性扫描测井直接确定地层有机碳含量实例。

设地层中的无机碳元素仅存在于石灰石和方解石中，镁元素和钙元素含量分别为 W_{Mg} 和 W_{Ca}，则地层无机碳元素含量为：

$$\mathrm{TIC} = \frac{2Z_C}{Z_{Mg}} W_{Mg} + \left(W_{Ca} - \frac{Z_{Ca}}{Z_{Mg}} W_{Mg} \right) \frac{Z_C}{Z_{Ca}} \qquad (4\text{-}6\text{-}23)$$

式中：TIC 为地层无机碳元素含量；Z_C、Z_{Mg}、Z_{Ca} 分别为碳元素、镁元素和钙元素的相对原子质量。

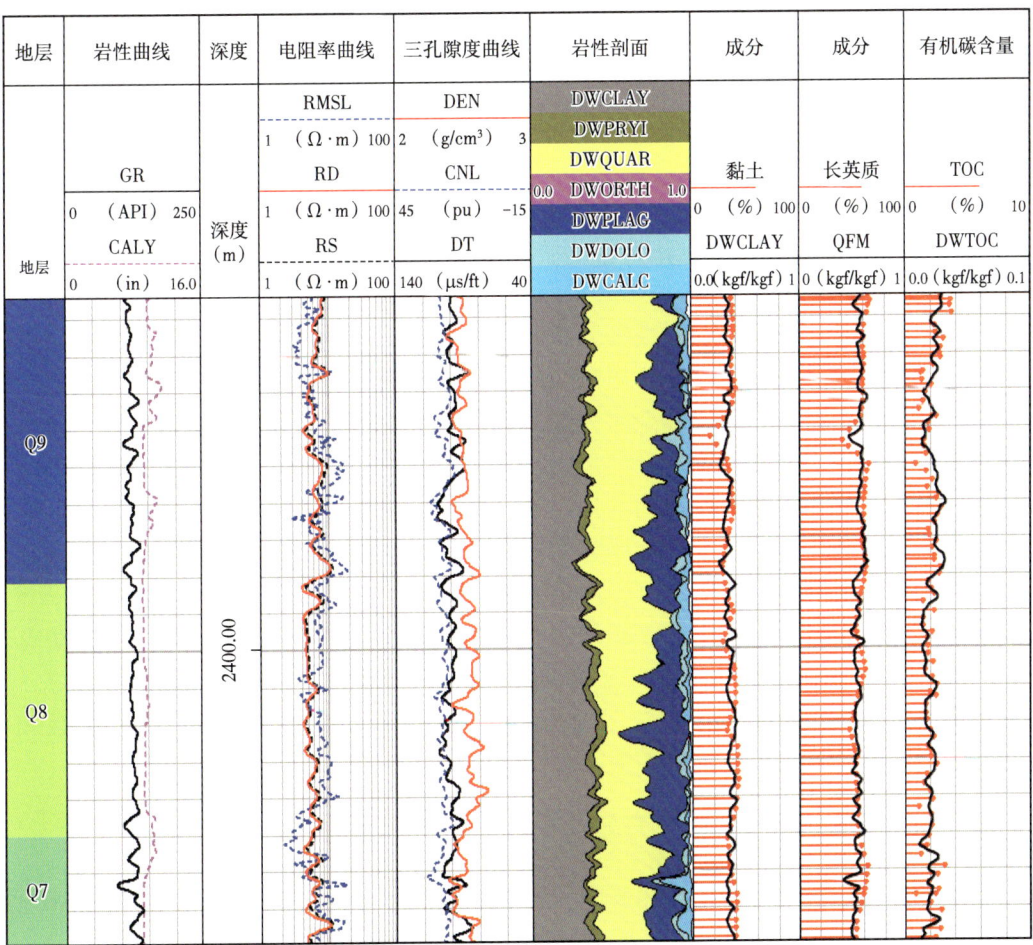

图 4-6-12　松辽盆地古龙地区页岩地层元素扫描测井确定 TOC 实例

岩性扫描测井直接测量的地层总碳元素含量 TC 扣除无机碳元素含量 TIC，可获得地层总有机碳含量：

$$TOC=TC-TIC \qquad (4-6-24)$$

这种方法不需要岩心资料刻度，测量精度高。但在非常规储层中，由于矿物组成复杂，地层中的钙、镁、铁、锰等元素不仅仅存在于碳酸盐矿物中，还存在于一些黏土矿物中，使得无机碳含量的计算过程比较复杂。

第七节　岩石力学参数

岩石力学参数测井评价主要是指基于实验规律利用测井资料对一系列与钻井、完井施工过程密切相关的地层岩石力学参数的评价，包括脆性指数、孔隙压力、最小与最大水平主应力等参数的评价。脆性指数反映地层受力后产生形变的难易程度，即可压性，可采用弹性模量法和速度径向剖面法来评价；孔隙压力反映地层孔隙流体压力的大小，即地层天然能量的大小，可采用 Eaton 法与 Bowers 法来评价；最小与最大水平主应力则反映地层所受水平主应力的大小，与上覆应力、孔隙压力及构造作用密切相关，可根据实际地层的弹性特征采用各向同性或各向异性模型来评价。岩石力学参数的测井评价对于优选压裂层段、优化试油完井方案、提高单井产量与效益、实现降本增效目标具有重要意义。

一、脆性指数测井评价方法

岩石脆性与其矿物组分、弹性参数及其所受应力环境等因素相关，常以脆性指数度量其大小。脆性指数是评价储层可压裂性的一个重要指标。除了弹性模量法评价地层脆性外，当地层岩性和应力环境复杂时，如果弹性模量法难以准确判别脆性好坏，可从阵列声波测井中提取纵、横波速度径向剖面，利用速度发生衰减的径向位置变化，判断地层的脆性特征。钻头钻遇脆性较高的地层时，由于机械破坏作用，在近井壁附近形成微裂隙，纵、横波在径向方向会产生明显的速度衰减。因此纵横波速度衰减所对应的径向位置与井筒中心线的距离越远，地层脆性越高。

图 4-7-1 为鄂尔多斯盆地长 7 页岩油井脆性指数评价实例。本实例中两种方法有较好的一致性。整个井段可以分为两段：2040m 以上，自然伽马较小，孔隙结构较好，脆性指数较高（60%）；2040m 以下，自然伽马逐渐增加，孔隙结构变差，脆性指数较小（平均值 40%）。地层自上而下逐渐从高脆性储层过渡为低脆性偏塑性。

二、孔隙压力测井评价方法

受欠压实作用或生烃增压作用影响，目的层往往存在异常超压现象，准确计算地层孔隙压力，对定量评价地层工程品质具有重要意义。

针对欠压实引起的孔隙压力异常，可利用 Eaton 方法计算地层孔隙压力：

$$p_p = \sigma_v - (\sigma_v - p_{pnorm}) \times \alpha \times \left(\frac{DT}{DT_{norm}}\right)^n \quad (4\text{-}7\text{-}1)$$

式中：p_p 为地层孔隙压力，MPa；σ_v 为地层上覆压力，MPa；p_{pnorm} 为当前深度的净水压力，MPa；DT 为当前深度的声波时差，μs/m；DT_{norm} 为当前深度正常压实条件的理论声波时差值，μs/m；α 为 Eaton 系数；n 为 Eaton 指数。

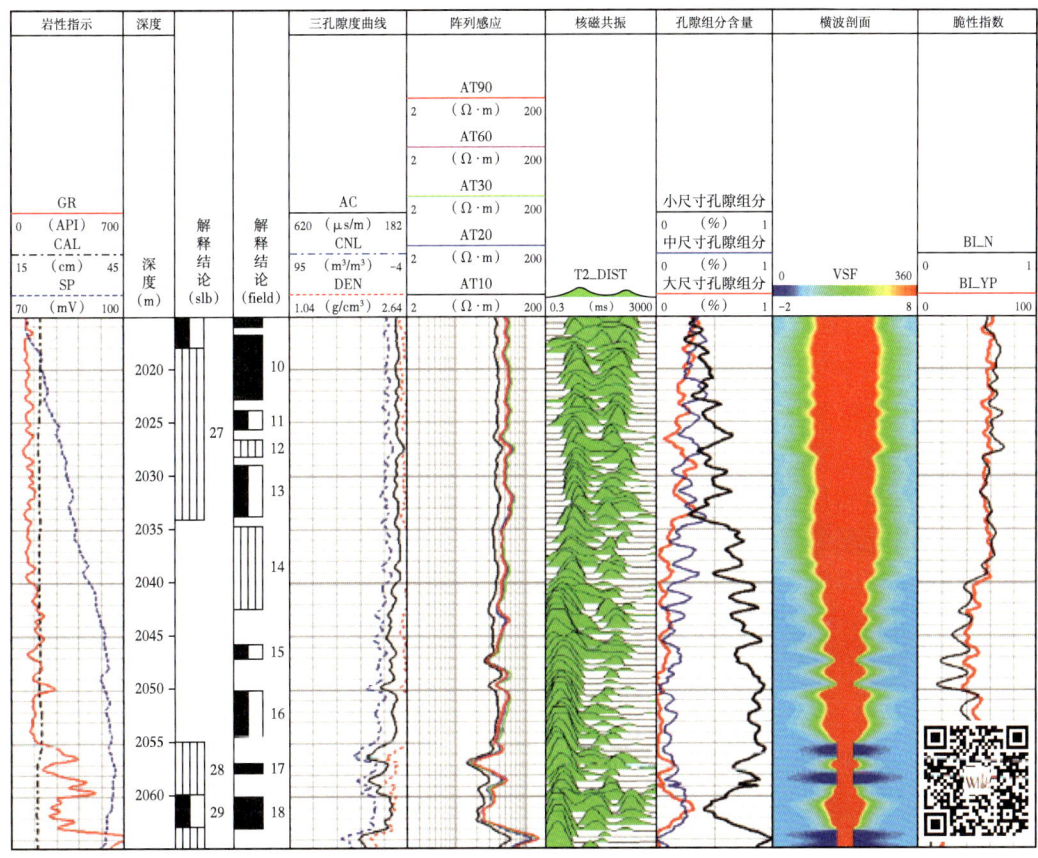

图 4-7-1　弹性模量法及速度径向剖面法评价脆性指数实例

针对生烃增压引起的孔隙压力异常，可利用 Bowers 方法计算地层孔隙压力：

$$p_p = \sigma_v - \left(\frac{v_{max} - 5000}{A}\right)^{1/B} \left(\frac{v - 5000}{v_{max} - 5000}\right)^{U/B} \quad (4\text{-}7\text{-}2)$$

式中：v_{max} 为正常压实段地层波速与有效应力关系曲线、异常压力段地层波速与有效应力关系曲线的交点所对应的地层波速，ft/s；v 为地层波速，ft/s；A、B 为正常压实段地层波速与有效应力函数关系中的经验系数，取决于实际情况；U 为卸载系数。

三、水平主应力测井评价方法

地应力是最重要的工程参数之一，其大小和方位在三维空间内的差异与变化是控制油气富集区分布、水力压裂缝网扩展、地层破裂压力和坍塌压力大小的重要因素，对油气开发方案编制及油井工程设计等具有重要意义。

1. 常规地应力评价方法

对于弹性各向异性弱的常规地层，国内外学者在地应力测井评价方面做了大量的工作，提出了一些地应力计算模型，其中具有代表性的模型有以下几种。

1）莫尔—库仑破坏模型

该模型以莫尔—库仑破裂准则为理论基础，假设地层是处于剪切破坏临界状态的基础上，给出了最大主应力、最小主应力之间的计算关系：

$$N_\varphi = \tan^2(\pi/4 + \varphi/2) \tag{4-7-3}$$

$$\sigma_1 - p_p = \sigma_c + N_\varphi(\sigma_3 - p_p) \tag{4-7-4}$$

式中：φ 为内摩擦角，（°）；N_φ 为三轴压力系数；σ_1、σ_3 分别为最大、最小水平主应力，MPa；σ_c 为抗压强度，MPa。

该模型在松软的泥页岩地层比较适合，但此模型假设地层处于剪切破坏的临界状态，对于其他地层不具有普遍适用性。

2）单轴应变模型

此模型假设地层在沉积过程中水平方向的变形受到限制，即 $\varepsilon_x=\varepsilon_y=0$，则水平方向的地应力是由上覆压力产生，存在线弹性本构关系。

（1）金尼克模型（金尼克，1958）：

$$\sigma_H = \sigma_h = \frac{\mu}{1-\mu}\sigma_v \tag{4-7-5}$$

式中：σ_H、σ_h 分别为最大、最小水平主应力，MPa；μ 为地层泊松比。

该模型假设地层均匀各向同性、无孔隙，且没有考虑地层孔隙压力对地应力的影响。

（2）Matthews-Kelly 模型（Matthews，Kelly，1967）：

$$\sigma_H = K_i(\sigma_v - p_p) + p_p \tag{4-7-6}$$

式中：K_i 为骨架应力系数。

虽然该模式没有忽视孔隙压力对地应力的影响，但假设 K_i 为常数，而不是一个随深度变化的变量，因此实用性较差。

（3）Terzaghi 模型（Terzaghi，Richart，1952）：

$$\sigma_H - p_p = \sigma_h - p_p = \frac{\mu}{1-\mu}(\sigma_v - p_p) \tag{4-7-7}$$

此模型基于井壁处应力分布特征并考虑到了骨架应力系数随深度变化的性质。

（4）Anderson 模型（Anderson，1973）：

$$\sigma_H = \frac{\mu}{1-\mu}(\sigma_v - ap_p) + ap_p \qquad (4\text{-}7\text{-}8)$$

式中：a 为 Biot 系数。此模型基于 Biot 多孔介质弹性变形理论。

（5）Newberry 模型：

$$\sigma_H = \sigma_h = \frac{\mu}{1-\mu}(\sigma_v - ap_p) + p_p \qquad (4\text{-}7\text{-}9)$$

此模型是对 Anderson 模型的修正，主要适用于低渗且有微裂缝的地层。单轴应变模式假设两个水平方向地应力值相等，且小于垂直方向的地应力。该模式没有考虑构造应力影响，实用性较差。

3）各向同性模型

（1）黄氏模型（黄荣樽，庄锦江，1986）：

$$\begin{cases} \sigma_h = \left(\dfrac{\mu}{1-\mu} + \xi_1\right)(\sigma_v - ap_p) + ap_p \\ \sigma_H = \left(\dfrac{\mu}{1-\mu} + \xi_2\right)(\sigma_v - ap_p) + ap_p \end{cases} \qquad (4\text{-}7\text{-}10)$$

式中：ξ_1、ξ_2 分别为构造应力系数，是地区经验参数。

此模型由黄荣樽提出，假设地下岩层中的地应力主要由上覆岩层压力和水平方向的构造应力产生，且上覆压力与水平方向的构造应力成正比。此模型考虑了构造应力的影响，但没有加入岩性和刚性地层对计算地应力的影响。

（2）组合弹簧模型：

$$\begin{cases} \sigma_h = \dfrac{1}{2}\left[\dfrac{\xi_1 E}{1-\mu} + \dfrac{2\mu(\sigma_v - ap_p)}{1-\mu} - \dfrac{\xi_2 E}{1+\mu}\right] + ap_p \\ \sigma_H = \dfrac{1}{2}\left[\dfrac{\xi_1 E}{1-\mu} + \dfrac{2\mu(\sigma_v - ap_p)}{1-\mu} + \dfrac{\xi_2 E}{1+\mu}\right] + ap_p \end{cases} \qquad (4\text{-}7\text{-}11)$$

式中：E 为杨氏模量。

在黄氏模型的基础上加以改进，提出了此模型。该模型假设地层为均质各向同性的线弹性体，同时在沉积后期地质构造运动中地层之间不发生相对位移，地层两水平方向的应变均为常数。

（3）分层模型（李志明，张金珠，1997）：此模型考虑了上覆岩层重力、地层孔隙压力、地层岩石泊松比、杨氏模量、地层温度、构造应力对水平地应力的影响，对水力压裂垂直缝和水平缝提出了不同的地应力计算模型。

水力压裂产生的裂缝为垂直裂缝的模型：

$$\begin{cases} \sigma_h = \dfrac{\mu}{1-\mu}(\sigma_v - ap_p) + \dfrac{K_h EH}{1+\mu} + \dfrac{a^T E \Delta T}{1-\mu} + ap_p \\ \sigma_H = \dfrac{\mu}{1-\mu}(\sigma_v - ap_p) + \dfrac{K_H EH}{1+\mu} + \dfrac{a^T E \Delta T}{1-\mu} + ap_p \end{cases} \quad (4\text{-}7\text{-}12)$$

水力压裂产生的裂缝为水平裂缝的模型：

$$\begin{cases} \sigma_h = \dfrac{\mu}{1-\mu}(\sigma_v - ap_p) + \dfrac{K_h EH}{1+\mu} + \dfrac{a^T E \Delta T}{1-\mu} + ap_p + \Delta\sigma_h \\ \sigma_H = \dfrac{\mu}{1-\mu}(\sigma_v - ap_p) + \dfrac{K_H EH}{1+\mu} + \dfrac{a^T E \Delta T}{1-\mu} + ap_p + \Delta\sigma_H \end{cases} \quad (4\text{-}7\text{-}13)$$

式中：K_H、K_h 分别为最小和最大构造系数，是地区经验参数；$\Delta\sigma_H$、$\Delta\sigma_h$ 分别为地层剥蚀最大和最小水平应力附加量；a^T 为岩石的线性膨胀系数；ΔT 为地层温度变化量；H 为深度。

2. 基于各向异性模型的地应力评价

对于薄互层发育且具明显弹性各向异性特征的地层，需要采用基于各向异性模型的方法来评价最小水平主应力分布，公式如下：

$$\sigma_h = \dfrac{E_h}{E_v}\dfrac{\mu_v}{1-\mu_h}(\sigma_v - \alpha p_p) + \dfrac{E_h}{1-\mu_h^2}\varepsilon_h + \dfrac{E_h \mu_h}{1-\mu_h^2}\varepsilon_H + \alpha p_p \quad (4\text{-}7\text{-}14)$$

式中：σ_h 为最小水平主应力，MPa；ε_h、ε_v 为最小和最大水平主应变；E_h、E_v 为水平和垂直方向上的杨氏模量，GPa；μ_h、μ_v 为水平和垂直方向上的泊松比。

垂直方向杨氏模量 E_v 的计算公式为：

$$E_v = C_{33} - \dfrac{2C_{13}^2}{C_{11}+C_{12}} \quad (4\text{-}7\text{-}15)$$

水平方向杨氏模量 E_h 的计算公式为：

$$E_h = \dfrac{(C_{11}-C_{12})(C_{11}C_{33} - 2C_{13}^2 + C_{12}C_{33})}{C_{11}C_{33} - C_{13}^2} \quad (4\text{-}7\text{-}16)$$

垂直方向泊松比 μ_v 的计算公式为：

$$\mu_v = \dfrac{C_{13}}{C_{11}+C_{12}} \quad (4\text{-}7\text{-}17)$$

水平方向的泊松比 μ_h 的计算公式为：

$$\mu_h = \dfrac{C_{12}C_{33} - C_{13}^2}{C_{11}C_{33} - C_{13}^2} \quad (4\text{-}7\text{-}18)$$

式中：C_{11}、C_{33}、C_{12} 和 C_{13} 是表征应力与应变关系的刚性系数，其中 C_{12} 可由刚性系数 C_{11} 和 C_{66} 得到：

$$C_{12} = C_{11} - 2C_{66} \qquad (4\text{-}7\text{-}19)$$

上述一系列刚性系数由纵横波时差、密度曲线及刚性系数转换规律确定。其中 C_{66} 较为关键，国外一般通过斯通利波反演水平横波速度来求取，该方法一般只适用于慢地层。我国致密储层压裂层段绝大部分都集中在快地层中，通过配套声各向异性实验及规律分析，快地层中，C_{66} 可通过纵横波各向异性系数与黏土含量关系来求得。因此在计算最小主应力过程中需要注意地层的快慢属性。

图 4-7-2 为鄂尔多斯长 7 页岩油井的综合成果图。图中 x08~x24m 井段，VSF 显示为快地层，近井壁地层的横波速度小于远端地层的横波速度，脆性指数 BI 为 58%。黏土含量 VCL 为 24%（由元素俘获测井得到），由斯通利波反演得到的水平横波速度接近垂直横波速度，由此计算的横波各向异性系数接近于 0。采用基于水平横波速度的方法计算刚性系数 C_{66} 并由此最终计算得到的最小水平主应力（25.99MPa）与基于各向同性

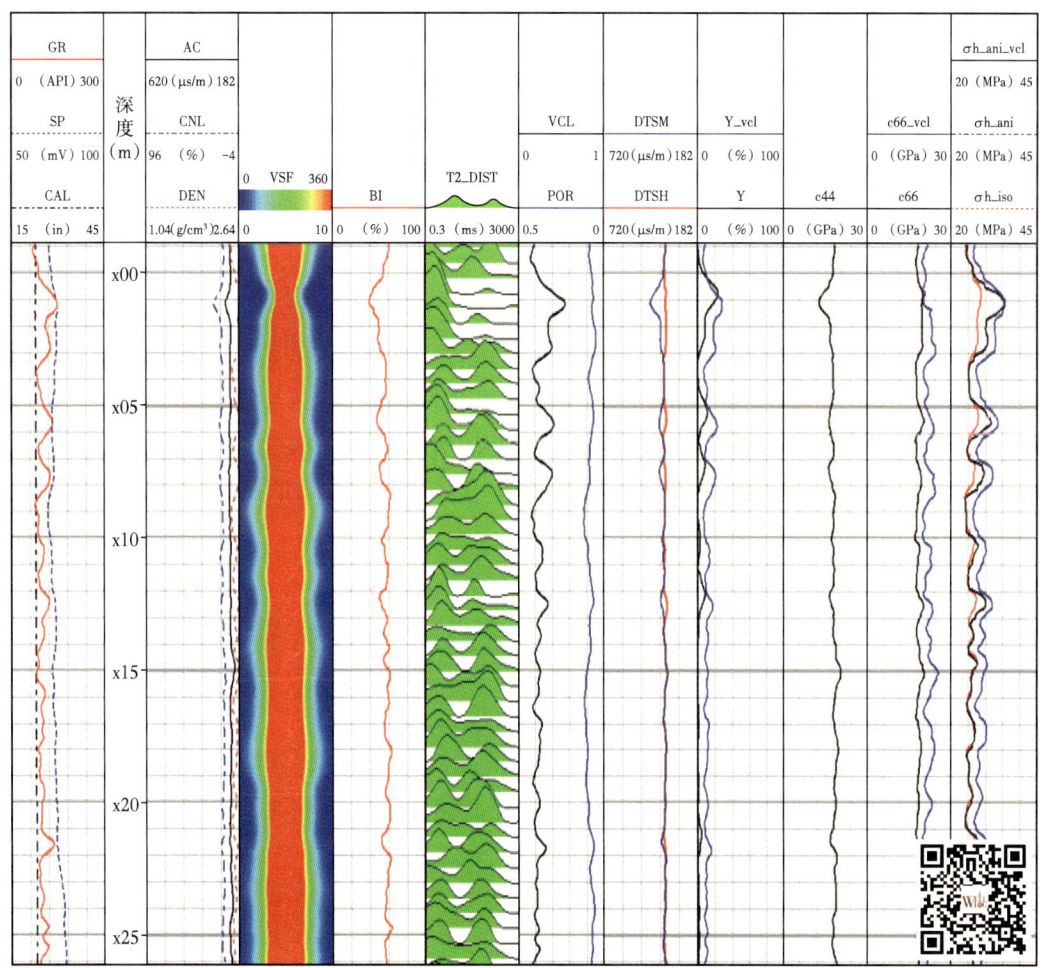

图 4-7-2　长庆页岩油井水平主应力测井综合评价

模型的计算结果（25.2MPa）十分相近，与实际测试资料得到的结果（30.33MPa）差距较大，相对误差达 14.3%；而采用基于黏土含量的方法计算得到刚性系数 C_{66} 并由此最终计算得到的最小水平主应力（28.73MPa）与实际测试资料得到的结果较接近，相对误差仅 5.3%。

图 4-7-3 为同一口井在 x10~x12m 处的电成像成果图。从该图可以清晰地看出，在 1m 深度间隔内，黏土含量呈交替变化，显示明显的互层状特点，属于典型的各向异性地层。

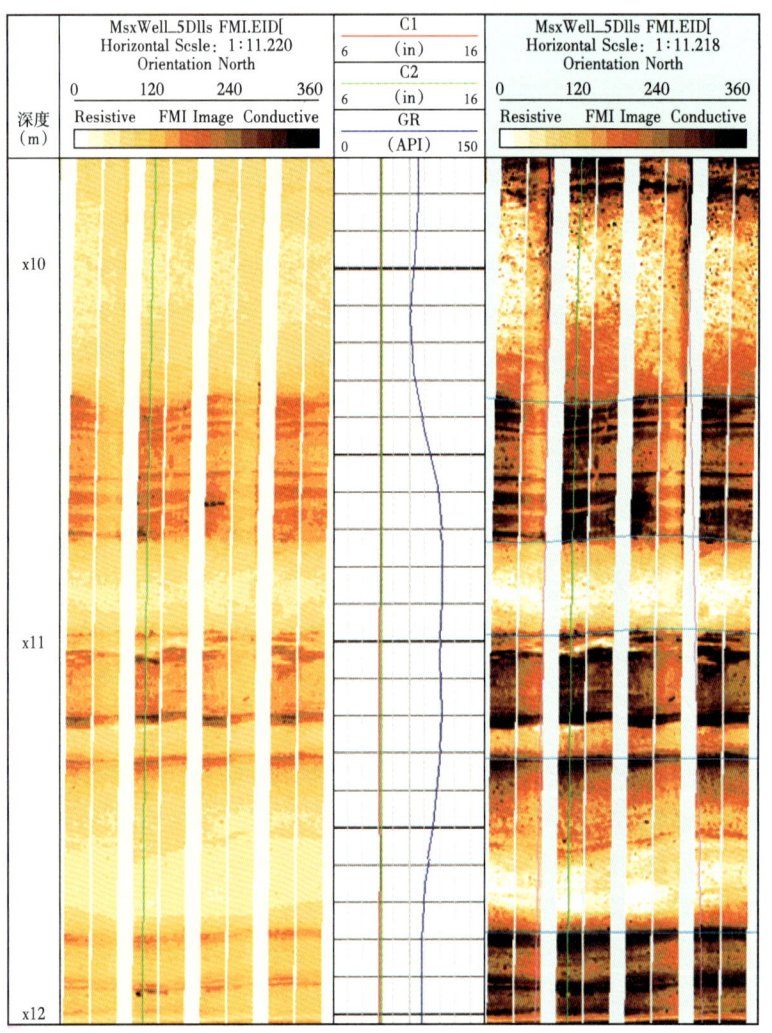

图 4-7-3 鄂尔多斯盆地长 7 页岩油井电成像典型实例

图 4-7-4 为吉木萨尔芦草沟页岩油某压裂试油井段的水平主应力测井评价成果图。该井最终射孔层段位于 3498~3502m，计算的最小水平主应力平均值为 74.2MPa，相对误差为 8.6%；该段下部隔挡层最小水平主应力平均值比其上部地层高 3~5MPa，压裂缝更容易向上延伸。压裂井段裸眼和压裂后各向异性大小、速度径向剖面的综合分析结果表明，本井段压裂后，压裂缝向上延伸 31m，向下延伸 8m，压裂缝向上延伸更显著，与地应力评价结果吻合。

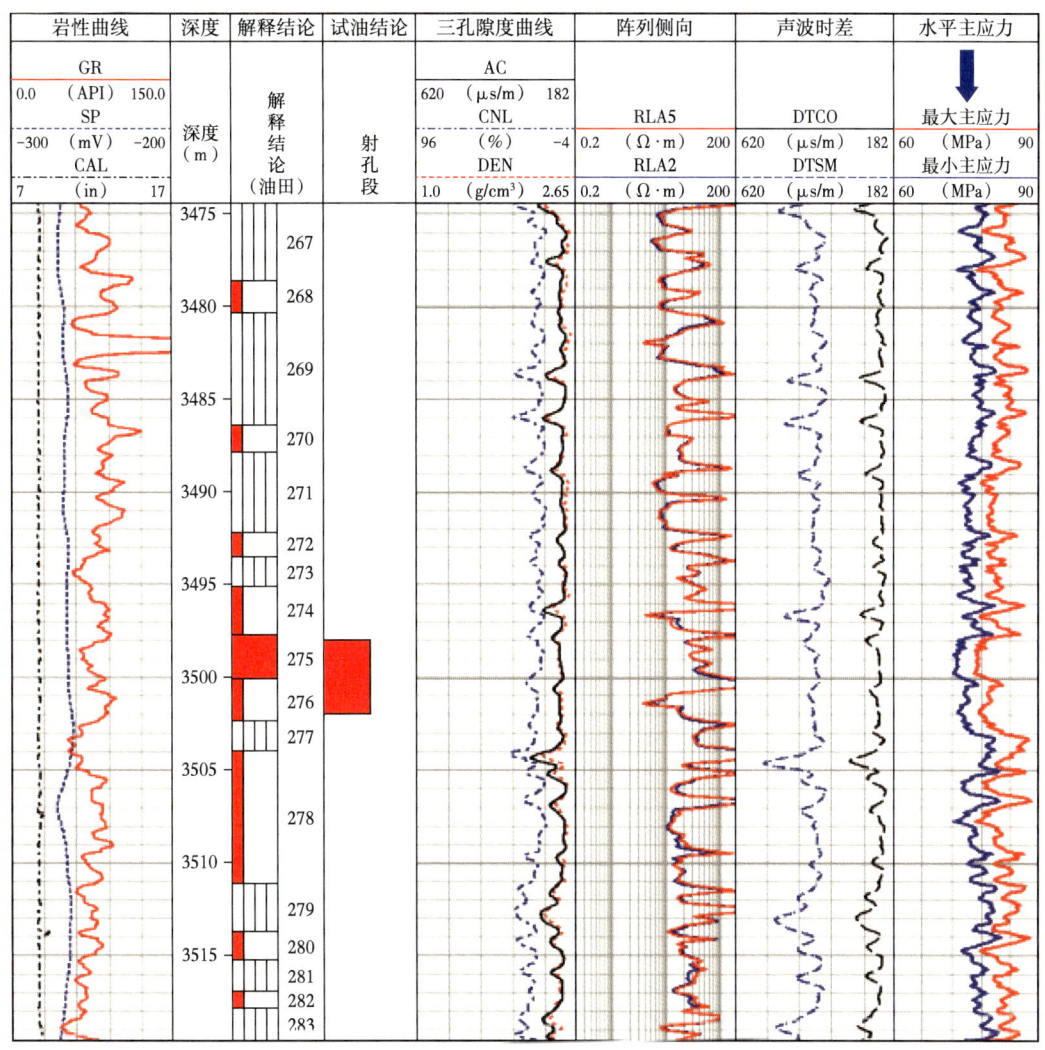

图 4-7-4 吉木萨尔凹陷芦草沟组典型油井水平主应力测井评价成果图

第八节 储层下限

油气勘探以获得有可采价值的石油和天然气为最终目的，其中油气层的识别技术是关键，发现的油气层有没有可采价值以及可获得多少产量则是最终要回答的问题。储层下限是指储层储集油气的物性（孔隙度或渗透率）最低起始值。为了划分有效储层及其厚度，以提供储量计算依据，必须研究确定储层下限，因此，储层下限的确定是测井评价的重要任务之一。

一、储层下限分级标准

为适应各级资源量估算和开发评价需要，以储量规范和产油（气）产量分级为标准，相应把储层下限分为有效厚度下限、商业下限和潜力下限。

1. 有效厚度下限

作为对地质有效厚度下限值的研究，应重点考虑现有工艺技术条件下储层是否具有油气产出能力，但下限参数值并不是具有产油气生产能力的极限层参数，具体下限参数值的确定还应充分考虑下限附近层误入干层与误出油气层的平衡，这样对资源量计算才具有保真性、可靠性。至于依此确定的厚度是否为有效厚度，则属于试油气和单井产油气量经济评价问题。有效厚度下限值随着技术工艺提高而下降，并趋向于地层状况下石油天然气流动的绝对下限，即地质—物理界限。

2. 商业下限和潜力下限

商业下限和潜力下限是从盆地油气开发评价角度，以产油气量分级为标准建立的储层评价指标。

（1）商业下限主要用于开发评价。商业下限以上储层不仅有可动油气，而且要达到工业油气流。

（2）潜力下限以上储层通过油气层保护、工艺技术提高或油气价格、政策变化，能使油气层具有商业开采价值。

二、储层下限值的确定方法

物性下限标准研究主要使用岩心、试油和测井资料。岩心分析是认识储集空间的直接资料，但无法说明油气产出与否；试油资料可了解地层的产出能力，但当储层非均质性较强时，仅靠试油资料难以确定出油气产出的具体部位；测井资料较前两种丰富得多，可间接反映诸层的储渗性能，为了用好测井资料，首先要深入研究岩心和试油气资料。因此，要将三种资料紧密结合研究准确的下限标准。

1. 商业下限

以长庆油田为例，某气田上古生界已试气井中产量超过 $10×10^4 m^3/d$ 的井有 37 口，其渗透率最大为 26.3067mD，最小为 0.5466mD，总有效厚度最大为 24.7m，最小为 5.6m。这表明，渗透率在 2.0mD 以上、有效厚度大于 5m 的气层就有望获得无阻流量超过 $10×10^4 m^3/d$ 的产能。由此确定上古生界储层的商业物性下限为 1.0mD。再根据孔渗关系，确定储层的孔隙度下限值。

钻井液侵入法确定自然产能储层下限比较有效。在储层渗透率与原始含水饱和度相关性较好时，将水基钻井液取心井分析的储层平均原始含水饱和度分别与对应层孔隙度、渗透率作交会图，进而确定物性下限。这是由于在物性较差的储层中，钻井液基本未侵入储层内，为较差的储层。相反，在物性中等及较好的储层中，将有钻井液侵入。因此，含水饱和度与空气渗透率关系曲线上出现的拐点就是钻井液侵入与不侵入的界限，对应的渗透率即为渗透率下限。

2. 潜力下限

在现有工艺技术条件下，利用试油和测井资料，绘制已知油气产能井孔隙度—渗透率交会图，以具有商业开采价值的产能下限为界，可得到储层孔隙度和渗透率的潜力下限值。

3. 有效厚度下限

有效厚度下限是石油天然气储量计算中的重要参数，可以用相渗透率法、统计学方法、测试法等多种方法计算。

1）相渗透率法

在油（气）水相对渗透率曲线上，将油（气）渗透率为零的点（一般取油水相对渗透率相交的点）对应的含水饱和度作为该储层能否具有油气产能的界限。

以长庆油田为例，根据上古生界 6 口井 9 个样品点相渗透率资料的分析，储层含气饱和度低于 40% 时（图 4-8-1 中 K_{rg}、K_{rw} 分别为相对含气渗透率、相对含水渗透率），天然气相渗透率接近于零。利用上古生界含水饱和度—渗透率关系图，取对应含水饱和度为 60% 时的渗透率即为储层含可动气的绝对下限。

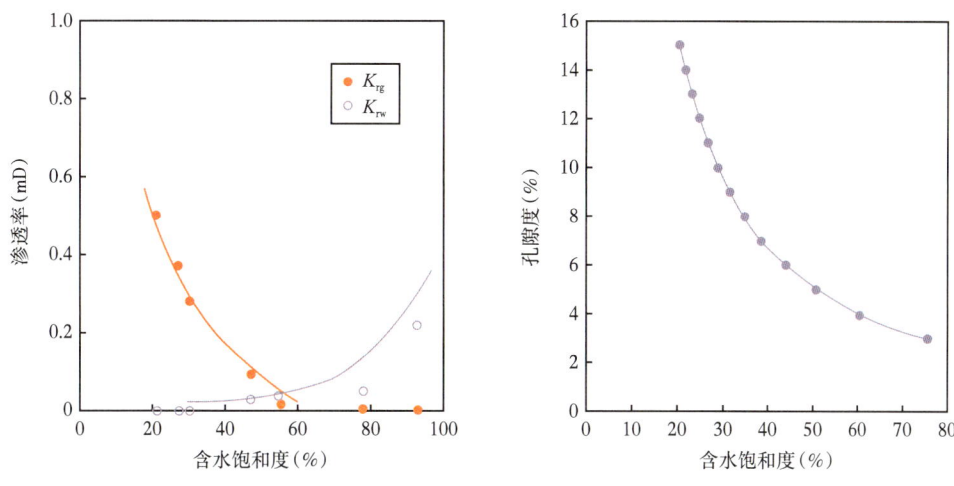

图 4-8-1　长庆气田上古生界相对渗透率曲线

2）统计学方法

（1）正逆累积法。正逆累积法的原理是指将有效样品和非有效样品对于选择的参数各自按照相反的方法作块数的累积曲线。有效样本以正向累积，非有效样本以逆向累积，每个区间的累积块数为这一区间与该区间前同类样品块数的总和。正、逆累积曲线的交点即为有效样品和非有效样品的界限。

（2）经验统计法。经验统计法是美国石油岩心公司常用的方法，现已在国内广泛采用。以岩心分析孔隙度、渗透率资料为基础，建立孔隙度、渗透率分布直方图。对于低孔渗段，累计储渗能力丢失占总累计的 5% 左右为界限；对于中低渗透性储层，将全油藏平均渗透率的 5% 作为该油藏的渗透率下限；对于高渗透性油藏或远离油水界面的含油层段，取比平均渗透率的 5% 更低的数值作为渗透率下限，一般来讲，被丢失的下限以下的产油能力很小，可以忽略。

3）测试法

测试资料是确定物性下限最直接和最可靠的资料。常用的方法包括比采油指数与物性关系法和试油法。

（1）比采油指数与物性关系法。若原油性质变化不大，建立每米采油指数与空气渗透率的统计关系，平均关系曲线与渗透率坐标轴的交点值为渗透率下限；若原油性质变化较大，可建立每米采油指数与流度的统计关系，平均关系曲线与流度坐标轴的交点值为原油流动与不流动的界限，该交点值乘以原油地下黏度为渗透率下限。

（2）试油法。将试油结果中的非有效储层（干层）和有效储层[油（气）层、低产油（气）层、油（气）水同层、含油水层等]对应的孔隙度、渗透率绘制在同一坐标系内，二者的分界处对应的孔隙度、渗透率值为有效储层物性下限值。

4）最小有效孔喉半径法

岩石的宏观孔渗特征是岩石微观孔隙结构及喉道大小的反映。岩石的孔隙及喉道是油气储集和流动的空间或通道，油气能否在一定压差下从岩石中流出取决于喉道的粗细，即孔喉半径的大小。既能储集油气又能使油气渗流的最小孔隙通道称为最小流动孔喉半径。确定产层的最小流动孔喉半径后，再根据孔喉半径与常规物性参数的关系，确定产层的物性下限。最小有效喉道半径也可用储层平均毛管压力曲线由沃尔法或帕塞尔法求渗流能力分布曲线得出（图4-8-2）。根据喉道中值半径与渗透率的关系可以求出储层的渗透率下限。

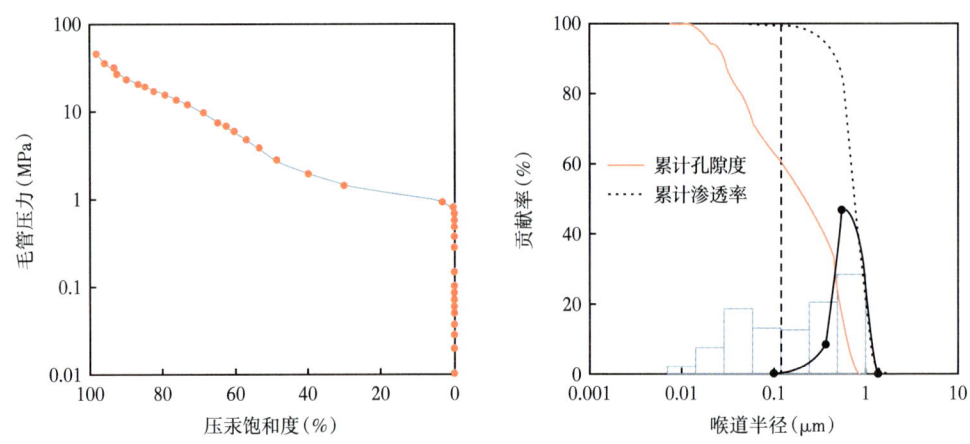

图4-8-2 典型压汞曲线及对应孔喉频率、渗透率贡献值分布图

第九节 产气量

储层孔隙类型及特征等是影响油气产出能力的重要因素。由于碳酸盐岩缝洞储层存在基质、次生缝洞等不同类型的孔隙空间，孔隙结构异常复杂，使得储层产能预测面临巨大挑战。岩石微观孔隙结构特征影响油气在储层中的分布及流动，进而影响储层的渗透性及有效性，因此，储层孔隙特征特别是孔隙空间连通性的研究对缝洞储层测井评价具有重要作用。目前，能够直接获取岩石孔隙结构的实验手段主要包括薄片、电镜及CT。薄片分析是制作岩样薄片，通过偏光、荧光显微镜或电子扫描显微镜进行观察鉴定。采用图像处理技术，通过显微成像获得岩石的薄片图像，计算孔隙和颗粒的等级分布、几何形态、平均孔喉比等参数，实现孔隙和颗粒的定量化分析。根据二维岩石薄片包含的信息，依据体视学的原理，可以推断其三维结构。铸体薄片主要反映连通孔隙的二维特征，难以反映孤立孔隙的空间分布及发育情况。电镜的分辨率高，可以获得岩心精细的孔喉特征，但其缺点在于只能获得二维孔隙结构特征，无法获得孔隙的空间连通特性等三维特征。此外，电镜分析的样品体积很小，难以获得裂缝、溶洞等较大尺度次

生孔隙的特征。高分辨率CT是一种岩心三维孔隙结构分析技术，其优点在于可以直接获得岩心真实的三维孔隙结构，且属于无损测量，方便，耗时短。

储层本身的孔渗特性是控制产能的最重要因素，因而建立一种以客观评价储层孔渗特性为核心的产能预测方法，对碳酸盐岩储层评价具有重要意义。对我国中西部深层碳酸盐岩储层而言，目前产能预测的重点是产气量预测，它直接决定储层的工业开采价值。针对该问题，研究提出了一种应用CT分析及核磁共振测井资料预测碳酸盐岩储层产气量的方法，并在西南油气田震旦系灯影组和寒武系龙王庙组碳酸盐岩储层测井评价中获得了很好的验证。

一、岩心CT基本原理

CT成像利用X射线穿透检测目标后的衰减特性作为理论依据，在物理学特性上，CT与普通X射线检测原理一致，都符合X射线强度衰减规律，其数学公式为：

$$I = I_0 e^{-\mu d} \tag{4-9-1}$$

式中：I为X射线透射衰减后的强度，eV；I_0为入射X射线强度，eV；μ为物质的吸收系数，1/m，与物质密度有关；d为穿过物体的厚度，m。

当射线穿过一组衰减系数各不相同的待测目标时，可用以下公式描述：

$$I = I_0 e^{-\mu_1 d_1} e^{-\mu_2 d_2} \cdots e^{-\mu_n d_n} \tag{4-9-2}$$

即等效于

$$I = I_0 e^{-\sum \mu_i d_i} \tag{4-9-3}$$

μ的总和相当于衰减系数在射线路径上的积分，而μ的数值与物体的密度、相对原子质量和射线波长有直接关系。因此，CT技术的基本原理是建立在被扫描目标具有不同密度之上的。运用CT技术研究岩石和流体特性时，测量的是线性衰减系数。

在进行CT扫描时，X射线透照处于旋转台上的岩心，探测器将记录穿透过物体的X射线的强度。当岩心旋转一周之后，探测器就能获得射线从不同角度穿透某一横剖面的μ值，有了这些X射线的投射信息之后，通过计算机层析成像数据重建可获得岩心的内部孔隙特征，如图4-9-1所示。

二、CT70孔隙度及其理论内涵

CT测量分辨率除了与仪器性能、扫描方式等有关外，还与被测岩样的直径密切相关。岩样直径越小，测量结果的分辨率越高，但保留的非均质储层孔隙结构特征越少；反之，岩样直径越大，测量结果的分辨率越低，但保留的非均质储层孔隙结构特征越多。综合考虑分辨率和保留尽量多的孔隙结构特征，研究中对碳酸盐岩进行CT测量时采用的是全直径岩心（直径7.5cm）。由于目前全直径岩心CT的分辨率约为70μm，故定义CT70孔隙度为70μm以上的孔隙占整个岩样体积的百分比，用以客观描述非均质碳酸盐岩的孔隙特性（图4-9-2）。需要指出的是，CT70孔隙度仅反映储层孔隙大小，并不反映孔隙的成因。换言之，就特定岩心而言，CT70 孔隙度表征的孔隙可能是次生的，也可能是原生的。

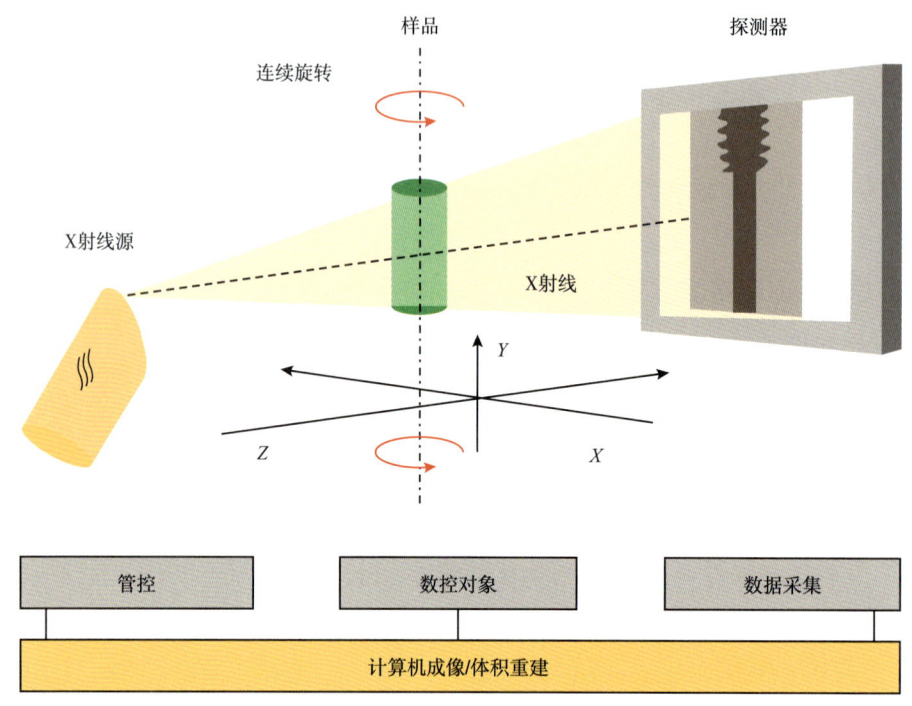

图 4-9-1　CT 基本原理

碳酸盐岩储层具有粒间孔和晶间孔、溶蚀孔洞和裂缝等不同类型的孔隙，结构十分复杂，并且尺寸相对较大的溶蚀孔洞和裂缝对储层孔渗特性影响显著。这就是为什么在研究中采用全直径岩心 CT 扫描分析孔隙结构的原因。

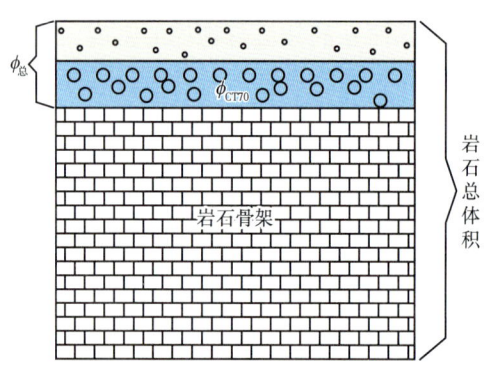

图 4-9-2　CT70 孔隙度示意图

图 4-9-3a、图 4-9-3b 和图 4-9-3c 分别是四川盆地某区块 A1、A2 和 A3 等三口井中三个不同气层段全直径岩心的 CT 扫描切片。对比分析可以看出：三个层段的 CT70 孔隙主要反映的是溶蚀孔洞，其中 A3 井岩心的孔洞最发育，A2 井次之，A1 井较差。同时，A3 井岩心 CT70 孔隙的空间延展分布也明显优于 A2 井和 A1 井。进一步的定量计算表明，A1 井、A2 井和 A3 井的 CT70 孔隙度分别为 0.73%、2.66% 和 4.6%。这三个层段解释的有效厚度上的每米试气量分别为 $0.12×10^4 m^3/d$、$0.29×10^4 m^3/d$ 和 $1.25×10^4 m^3/d$。显然，有效厚度每米试气量与 CT70 孔隙度有很好的相关性，即随着 CT70 孔隙的增大，有效厚度每米试气量显著增加。基于上述认识，提出了 CT70 孔隙度预测产气量的如下模型：

$$Q = a e^{b\phi_{CT70}} \tag{4-9-4}$$

式中：Q 为有效厚度每米试气量，$10^4 m^3/d$；ϕ_{CT70} 为 CT70 孔隙度；a、b 为常数。

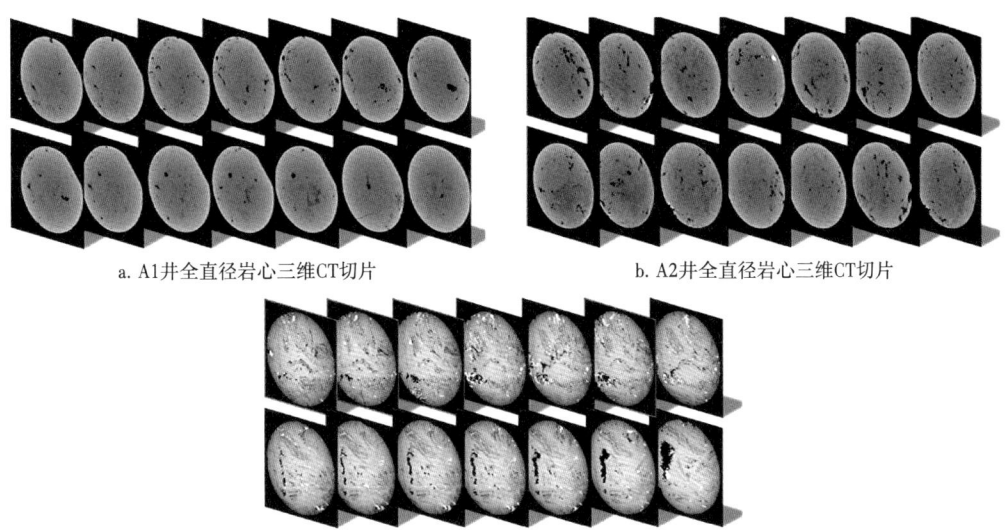

图 4-9-3　某层位 3 口井的典型 CT 切片

根据式（4-9-4），A1—A3 井 CT70 孔隙度与产气量关系如图 4-9-4 所示。图中的实心圆为实际资料点，黑色实线为建立的产气量定量预测模型。

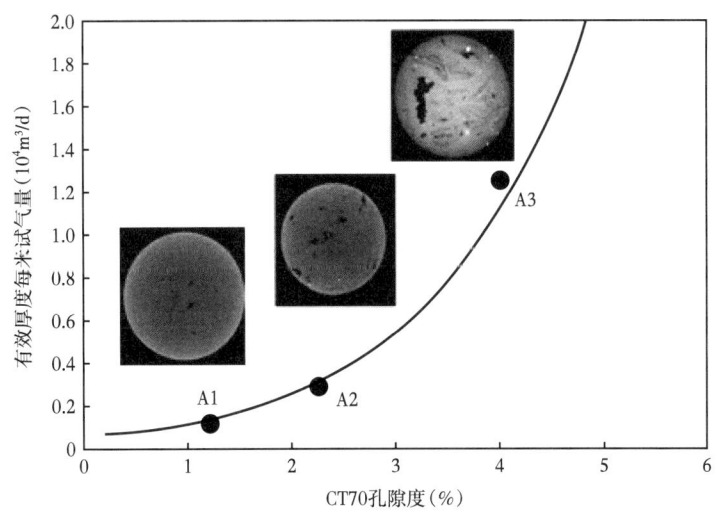

图 4-9-4　CT70 孔隙度与有效厚度每米产气量关系

下面通过理论分析及数值计算，进一步讨论上述关系式的准确性及参数意义。图 4-9-5 是四川盆地某区块碳酸盐岩岩心的铸体薄片。从薄片可以看出该层段发育溶蚀孔洞并具连通性，呈现出明显的双重孔隙介质特性，即：上述储层的渗流特征可以用基质孔隙组成的低渗透率体系（渗透率为 K_1）和孔洞组成的高渗透率体系（渗透率为 K_2）两部分来等效描述（图 4-9-6）。双重介质有效特性计算的经典理论为有效介质近似（EMA）。

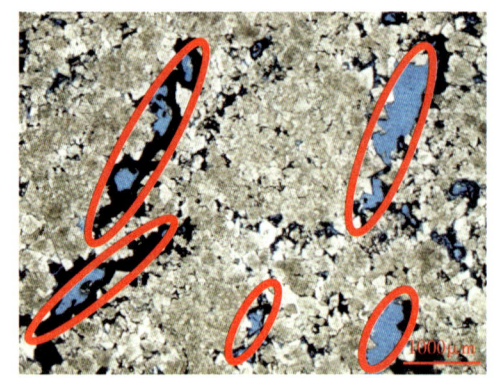
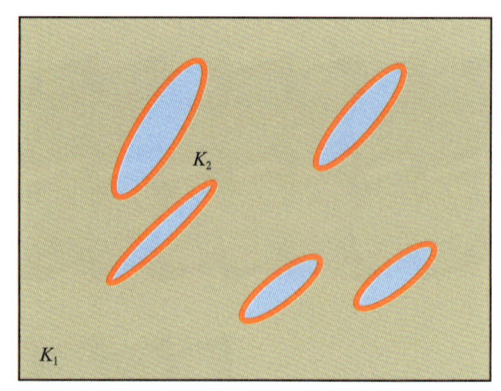

图 4-9-5　CT 扫描岩心的铸体薄片　　　　图 4-9-6　双重孔隙介质模型

根据有效介质近似理论（EMA），当嵌入物具有一定方向性和空间连通性时，双重介质有效渗透率 K_{eff} 满足如下关系（Looyenga H，1965）：

$$K_{\text{eff}}^m = f_1 K_1^m + f_2 K_2^m \tag{4-9-5}$$

对于孔洞型碳酸盐岩储层，K_1、K_2 分别为基质与孔洞体系的渗透率，f_1、f_2 分别为基质与孔洞体系体积含量。由于 $f_1+f_2=1$，因此式（4-9-5）可改写为：

$$K_{\text{eff}}^m = (1-f_2) K_1^m + f_2 K_2^m \tag{4-9-6}$$

由于 m 是小于 1 的常数，可用 $1/n$（n 为大于 1 的整数）表示，则式（4-9-6）可变形为：

$$K_{\text{eff}}^{\frac{1}{n}} = (1-f_2) K_1^{\frac{1}{n}} + f_2 K_2^{\frac{1}{n}} \tag{4-9-7}$$

即：

$$K_{\text{eff}} = \left[(1-f_2) K_1^{\frac{1}{n}} + f_2 K_2^{\frac{1}{n}} \right]^n \tag{4-9-8}$$

若将 K_1、K_2 看作常数，将式（4-9-8）进行二项式展开为：

$$K_{\text{eff}} = c_0 + c_1 f_2 + c_2 f_2^2 + \cdots + c_{n-1} f_2^{n-1} + c_n f_2^n \tag{4-9-9}$$

对比 e^x 的多项式展开式，有效渗透率 K_{eff} 可用下式近似：

$$K_{\text{eff}} \approx p_1 e^{p_2 f_2} \tag{4-9-10}$$

式中：p_1、p_2 是用指数函数拟合有效渗透率 K_{eff} 产生的待定常数；f_2 为孔洞体系的体积百分含量，%。

为了考察式（4-9-10）描述有效渗透率 K_{eff} 的准确性，首先，利用有效介质理论计算不同孔洞孔隙度 f_2 下的有效渗透率 K_{eff}（计算中 m 取 0.3，K_1 取 0.01mD，K_2 取 100mD），然后利用式（4-9-10）拟合，结果如图 4-9-7 所示。从图中可以看出，式（4-9-10）能够很好地拟合有效渗透率 K_{eff} 与孔洞孔隙度 f_2 之间的定量关系。

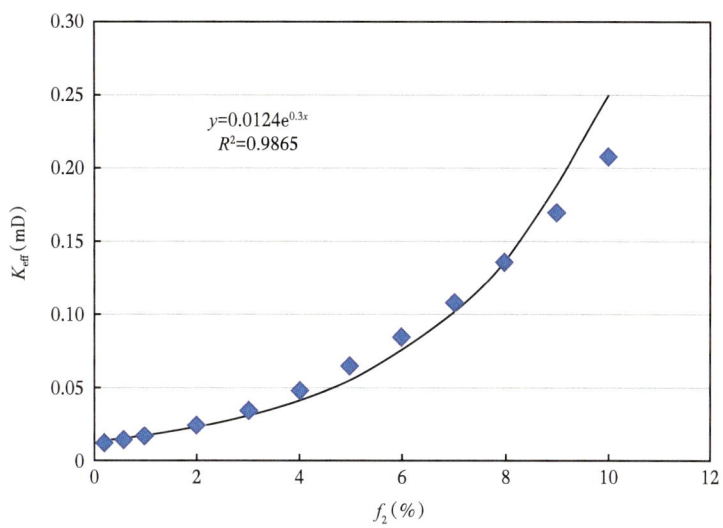

图 4-9-7　双重介质有效渗透率的理论近似

当地层压力、流体及井眼参数基本稳定时，利用式（4-9-10）及产能计算中的平面径向渗流公式可以推导出产气量为：

$$q_f = p_3 p_1 e^{p_2 f_2} \qquad (4\text{-}9\text{-}11)$$

式中：p_3 是同压差、储层厚度、流体体积系数、流体黏度、供给半径、井筒半径等有关的常数。

若令式（4-9-11）中 $p_3 p_1$ 为 a，p_2 为 b，f_2 为 ϕ_{CT70}，则式（4-9-11）与式（4-9-4）在形式上完全一致，这就证明了孔洞储层产气量与 CT70 孔隙度的确存在 e 指数关系。

进一步的数值分析表明，产气量预测模型式（4-9-4）中参数 a 主要反映均匀的基质特性，其数值大小主要受基质渗透率 K_1 的影响；参数 b 主要反映高渗透孔洞体系对有效渗透率提高的幅度，其大小取决于孔洞渗透率 K_2 与基质渗透率 K_1 的比值。

三、CT70 孔隙度产气量预测方法及参数确定

利用 CT70 孔隙度预测储层产气量需对目的层的取心进行 CT 扫描分析，然而实际生产中所有层段都进行全直径取心是不现实的。因此，如何利用测井资料计算 CT70 孔隙度是上述方法现场应用必须考虑的问题。

岩心 CT、核磁共振 T_2 谱均能反映储层的孔隙结构特征。由于测量原理及影响因素的不同，CT、T_2 谱对特定孔隙的表征结果可能会存在差异，但 CT、T_2 谱表征的孔隙分布总体规律应该一致，即 CT 测量的大孔隙对应核磁共振 T_2 谱的右端（孔隙半径较大），CT 测量的小孔隙对应核磁共振 T_2 谱的左端（孔隙半径较小）。由于这一现象总是客观存在的，所以以下转换关系成立：

$$\frac{\text{CT70孔隙度}}{\text{岩心总孔隙度}} = \frac{\text{与CT70对应的核磁共振孔隙度}}{\text{核磁共振总孔隙度}}$$

上式称为"CT- 核磁共振同比例转换"关系式。根据这一转换关系，可以首先计算

出与CT70孔隙度对应的核磁共振孔隙度，进而确定与CT70孔隙度对应的核磁共振T_2特征值，原理如图4-9-8所示。表4-9-1给出了同时具有CT、核磁共振资料的4块碳酸盐岩岩心CT70孔隙度及核磁共振T_2特征值计算结果。

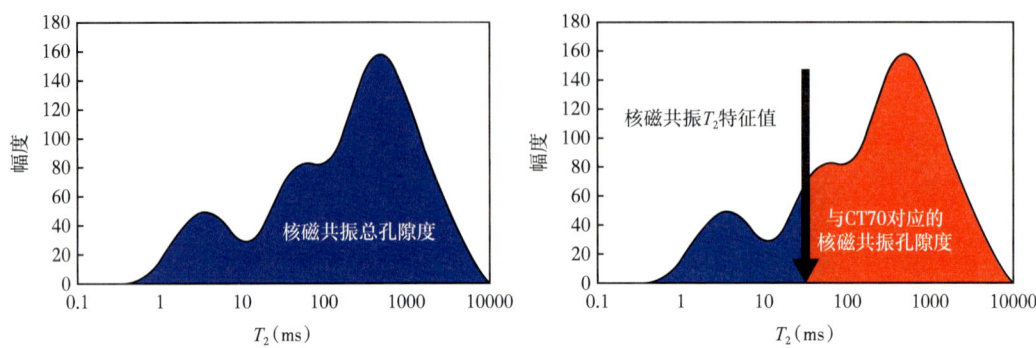

图4-9-8　与CT70孔隙度对应的核磁共振特征值的确定

表4-9-1表明，4块岩心的核磁共振T_2特征值在18~30ms之间，变化范围很小。进一步考察了核磁共振T_2特征值在18~30ms之间变化时，上述4块岩心CT70孔隙度的差异，结果表明：6-10号岩心CT70孔隙度计算结果的差异最大（图4-9-9两条虚线之间的部分），相对变化幅度为4.4%，其他岩心的变化幅度均比其小。因此可以认为，T_2特征值在18~30ms之间变化时对岩心CT70孔隙度的计算结果影响较小，一般取20ms作为与CT70孔隙度对应的核磁共振特征值即可。

表4-9-1　4块岩心核磁共振T_2特征值计算结果

岩心编号	总孔隙度（%）	CT70孔隙度（%）	核磁共振T_2特征值（ms）
5-14	5.48	4.56	20.02
5-29	7.55	5.66	30
5-36	5.35	4.41	25
6-10	9.66	8.06	18

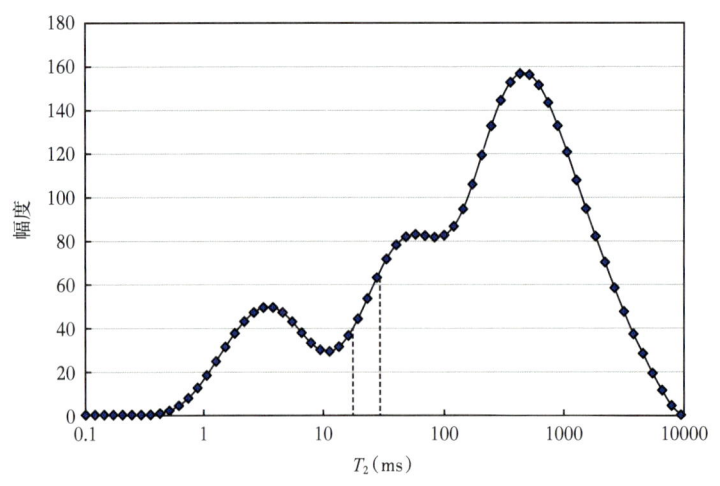

图4-9-9　岩心不同T_2特征值下CT70孔隙度的差异

在岩心核磁共振T_2特征值分析基础上，进一步考察了现场测井常用的CMR、MRIL-P两种核磁共振仪器T_2特征值的取值规律。表4-9-2给出了W1井和W2井5个层段的分析结果。可以看出，CMR型核磁共振仪器CT70孔隙度核磁共振特征值与岩心核磁共振分析结果一致，为20ms；而P型核磁共振仪器CT70孔隙度核磁共振特征值较大，为54ms。分析两种核磁共振仪器的采集模式可以发现，P型仪器的等待时间较CMR型核磁共振仪器长，即在测量一个回波串序列后P型仪器比CMR仪器有更多的时间完成极化。小孔隙极化时间很短，两种仪器测量结果的差异较小，而大孔隙极化所需时间较长，等待时间越长，大孔隙中有更多的氢核完成极化，信号幅度越大，因此P型核磁共振仪器大孔隙段T_2谱幅度比CMR型核磁共振仪器大，从而使P型核磁共振仪器CT70孔隙度对应的T_2特征值大于CMR型仪器。

表4-9-2　CMR型与P型核磁共振测井T_2特征值对比

井号	起始深度（m）	终止深度（m）	核磁共振测井类型	CT70孔隙度比例	核磁共振特征值（ms）
W1	4610	4618	CMR	73%	20.9
W1	4628	4645	CMR	78%	20.8
W1	4651	4672	CMR	84%	21.7
W2	4602	4610	MRIL-P	68%	53.7
W2	4641	4655	MRIL-P	62%	54.0

利用核磁共振测井资料进行产气量预测的步骤为：（1）根据核磁共振仪器的类型确定与CT70对应的核磁共振T_2特征值；（2）利用核磁共振测井资料计算各试油层段的CT70孔隙度；（3）利用预测模型［式（4-9-4）］进行产气量预测。

四、现场应用及效果分析

对四川盆地某区块4口井7个层段的40块岩心进行了CT分析，计算了各层段的CT70孔隙度，并利用式（4-9-4）进行产气量预测，结果如表4-9-3所示。该表同时给出了上述4口井的测试产量，可以看到预测结果与实际试气结果非常接近，预测精度满足测井评价要求。

表4-9-3　4口井岩心CT70产气量预测及试气资料

井号	深度范围（m）	CT70孔隙度（%）	预测产量（$10^4 m^3/d$）	测试产量（$10^4 m^3/d$）
C1	4603~4637	5.37	100	116
	4639~4660	5.42	70	
C2	4569~4664	4.6	120	128
C3	4601~4620	5.12	40	53
	4628~4677	3.8	55	
C4	4601~4611	2.63	5.5	7.27
	4641~4655	2.29	<3	

另外，选择没有岩心 CT 资料但有核磁共振测井的 D1、D2、D3、D4、D5 和 D6 等 6 口井进行产气量预测，结果如表 4-9-4 所示。通过对比、分析可以看出：CMR 和 P 型两种核磁共振测井产气量预测结果均与试气结果吻合，预测精度均能满足勘探阶段测井评价的要求；相对而言，P 型仪器的预测结果与试气结果更接近，预测精度更高。

表 4-9-4 核磁共振测井资料 CT70 孔隙度计算及产气量预测结果

井号	仪器类型	深度范围（m）	CT70 孔隙度（%）	预测产量（$10^4 m^3/d$）	测试产量（$10^4 m^3/d$）
D1	MRIL-P	4634~4685	3.12	29.4	30.3
		4688~4692	2.16	1.1	
		4700~4711	0.96	1.0	
				31.5	
D1	CMR	4634~4685	3.79	49	30.3
		4688~4692	3.05	2.2	
		4700~4711	1.16	1.2	
				52.9	
D2	CMR	4597~4615	3.51	13.4	116.87
		4617~4632	5.55	57	
		4636~4654	2.09	4	
				74.4	
D3	MRIL-P	4660~4685	5.29	121	115
D4	MRIL-P	4705~4720	1.72	2.89	1.53
D5	MRIL-P	4761~4786	1.84	5.23	10.45
		4786~4903	2.23	4.64	
				9.87	
D6	MRIL-P	4680~4694	4.0	16.29	38.00
		4696~4701	4.4	7.08	
				23.37	

图 4-9-10 总结了现有 16 个层段的产气量预测情况，其中，实线是产气量预测曲线，实心圆圈是实际资料点：CT70 孔隙度根据岩心 CT 或核磁共振资料确定，有效厚度每米产气量根据现场试气结果确定。图中，A1、A2 和 A3 为最初发现规律的三个层段；B1、B2 和 B3 为用已有试气结果验证规律的三个层段；C1、C2、C3 和 C4 为根据岩心 CT 资料进行产气量预测的四个层段（图中紫色实心圆）；D1、D2、D3、D4、D5 和 D6 则为利用核磁共振测井资料进行产气量预测的 6 个层段（图中红色实心圆）。由图 4-9-10 可以看出，现有 16 个层段的实际资料点均分布在理论预测曲线的两侧，预测结果与试气结果的一致性非常好，证实了该方法的可靠性。

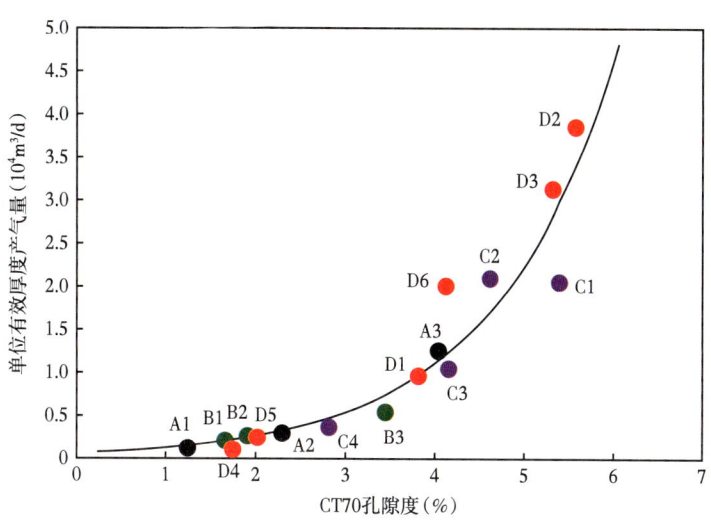

图 4-9-10　CT70 孔隙度与有效厚度每米产气量的关系

进一步对图 4-9-10 进行详细分析，16 个资料点均分布在理论预测曲线两侧，但仍有个别井的数据点偏离预测曲线，这主要是大孔隙和溶蚀孔洞渗透率的影响。这部分渗透率变大，将使预测曲线向左上角偏移，否则向右下角偏移。当孔洞渗透率较高时，若采用图 4-9-11 左上角的预测曲线（参数 b 的数值为 0.85），当存在孤立孔洞、渗透率较低时，若采用图 4-9-11 右下角的预测曲线（参数 b 的数值为 0.65），可使产能级别大于 $10\times10^4 m^3/d$ 预测结果的平均相对误差由原来的 29% 降为 8%，从而获得更高的预测精度。

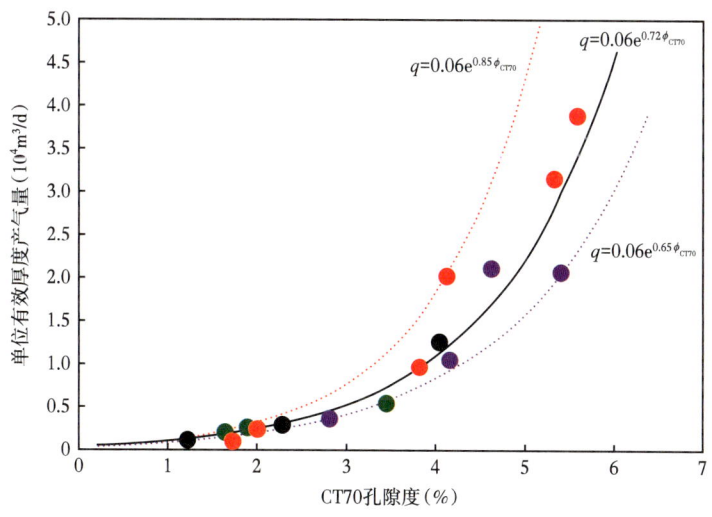

图 4-9-11　考虑孔洞体系渗透率差异的产气量预测模型

实际上，在产气量预测时还需考虑储层的含气饱和度，因为即使储层孔洞发育程度、渗透率相近，含气饱和度不同，产气量也将存在显著差异。研究提出的产气量预测方法应用的前提条件是目的层段含气饱和度高且相对稳定，如果含气饱和度变化很大，单纯利用 CT70 孔隙度难以对产气量进行准确预测。图 4-9-12 是研究层段 16 口井的产气量预测结果及对应的含气饱和度,由图中可以看出,研究层段含气饱和度主要分布在75%~85%之间,含气饱和度高且相对稳定。

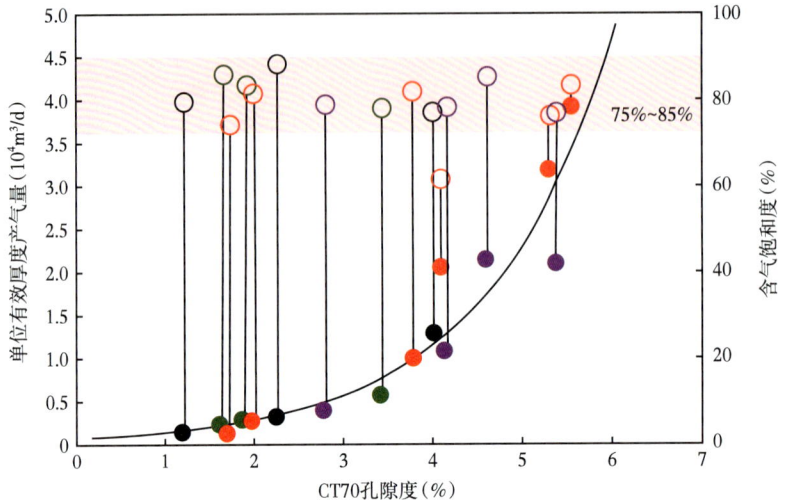

图 4-9-12 研究层段的含气饱和度及分布

第五章　直井测井解释

单井测井解释是对单口井的分析和评价，既是储层测井评价的主要内容，也是多井测井解释的基础。总体而言，单井测井解释的主要内容包括：在测井曲线深度校正、环境影响校正等预处理基础之上，对储层岩性、物性、含油气性等的定性解释与定量评价。随着油气勘探开发对象的转变及测井技术的不断发展，单井测井解释的具体内涵也在不断丰富。譬如，致密油气、页岩油气等非常规储层测井解释评价的核心已从传统的"四性"关系评价转变为"七性"与"三品质"评价。本章首先概述测井数据预处理的基本方法以及作为测井解释重要工具的交会图分析技术，然后重点介绍单井测井油气层定性解释、快速直观解释及油气定量解释的基本原理和方法。

第一节　测井曲线预处理

测井曲线深度与幅度的准确性是保证测井解释结果可靠的前提。无论是基于测井资料的油气定性识别，还是储层参数精确定量计算，不同测井曲线之间深度的一致性都非常重要，因此，对测井曲线深度和幅度的准确性要求十分严格。然而，由于在现场测井采集作业中存在许多随机的影响因素，即使采用严格的测井技术措施，同一口井各测井曲线之间深度的一致性往往难以实现，各测井曲线幅度本身不可避免地要受到许多非地层环境与测量因素的影响。因此，在利用测井资料开展定性评价与定量计算之前，必须对原始测井数据进行预处理。通过各种校正，尽可能消除各种随机干扰和非地层因素的影响，使校正后同一口井的测井曲线均有准确的深度值与深度对应关系，从而尽可能真实地反映地层性质。测井数据预处理是测井数据处理与解释一项基础工作，是保证测井解释精度的重要前提。测井数据预处理主要包括深度校正、环境影响校正和数字滤波处理等。下面概述曲线预处理的主要内容和基本方法，详细介绍见《地球物理测井学》之《测井软件（上册）》。

一、深度校正

在测井过程中，由于井眼情况、各种下井仪器的重量及几何形状、仪器与井壁的接触情况（如仪器贴井壁、带扶正器或推靠器）、电缆性能、测井速度以及操作方法等原因，使下井仪器在井内的运行状况不同，引起各次测量时电缆受到的张力也不同，加上井口置零、井底摩擦力校正不当等原因，都会导致测井深度发生偏差，特别是使同一口井各条曲线之间产生不同程度的深度错动。实测曲线在深度上的偏差主要是在某些井段上发生深度扩展、压缩或线性移动。如果直接应用这些深度有偏差的曲线进行数据处理，不仅使解释井段变厚、变薄或错位，而且计算的地质参数也不准确，甚至可能得出错误的结论。因此，对测井曲线进行深度校正，使同一口井所有井次测井曲线之间有完全一致的深度对应关系，这是测井数据预处理中极为重要的环节。

测井曲线深度校正主要包括同一口井各条测井曲线的深度校正与对齐以及斜井的垂直深度校正。在简单情况下，可以直接利用深度控制曲线（通常为自然伽马曲线）进行深度校正。为此，每个测量井次都需测量一条自然伽马曲线，数据处理时以某次测量的自然伽马曲线深度为基准，将其他各井次测量的曲线深度对齐。除此之外，还可利用相关对比法、曲线压缩与伸展等方法进行深度校正（《测井学》编写组，1998）。

1. 相关对比法

同一口井不同测井曲线间普遍存在着一定的相关性。可选择某一纵向分辨率高、特征标志明显、质量好的曲线作为基准曲线，通过相关对比分析，按解释井段分别确定其他测井曲线相对于基准曲线的移动量，再进行深度偏移，从而将同一口井各条曲线深度对齐。手工确定深度偏移量的效率很低，常采用标准化相关函数，通过计算机自动确定各条曲线相对于标准曲线的深度移动量。

标准化相关函数 $C(t)$ 为：

$$C(t)=\frac{\sum_{i=k+1}^{k+n}(x_i-\bar{x})(y_{i+t}-\bar{y})}{\sqrt{\sum_{i=k+1}^{k+n}(x_i-\bar{x})^2\sum_{i=k+1}^{k+n}(y_{i+t}-\bar{y})^2}} \quad (5-1-1)$$

式中：x_i 为基准曲线 x 在对比长度上的第 i 个采样点值；$\bar{x}$ 为在相关对比井段上基准曲线 x 的平均值，$\bar{x}=\frac{1}{n}\sum_{i=k+1}^{k+n}x_i$；$y_{i+t}$ 为对比曲线 y 上第 $i+t$ 个采样点值，$i=(k+1)\sim(k+n)$；$\bar{y}$ 为相关对比井段内对比曲线 y 的平均值，$\bar{y}=\frac{1}{n}\sum_{i=k+1}^{k+n}y_i$；$n$ 为对比长度（窗长）内基准曲线的采样点数；k 为探索长度的一半所对应的采样点数；t 为对比曲线 y 相对于基准曲线 x 左移或右移的采样点数，$t=0, \pm 1, \pm 2, \cdots, \pm k$。

探索长度是指两条曲线对比时，对比曲线 y 相对于基准曲线 x 移动的最大距离。一般，它按略大于曲线间最大深度错动距离的两倍来选定。对比长度（窗长）是用于进行对比的曲线段长度，它等于处理井段的长度减去探索长度。

在进行相关对比时，将基准曲线 x 的一个深度段固定，移动对比曲线 y，求出与对比曲线 y 各个位置的相关函数值，并找出相关函数的最大点，该点位置即可认为是两条曲线对比最好的位置。这两条曲线在此位置上的深度差，即为对比曲线 y 相对于基准曲线 x 所需的线性深度移动距离。

2. 曲线压缩与伸展

对测井曲线某些层段的深度进行压缩或扩展，即所谓的深度平差。例如，对比曲线某一组段的顶、底深度间隔 $d_{22}-d_{21}$ 大于基本曲线同一组段间的深度间隔 $d_{12}-d_{11}$，这时就应将 $d_{22}-d_{21}$ 间的测井数据压缩到与 $d_{12}-d_{11}$ 相同的深度间隔内；反之，就应将对比曲线某一组段内的测井数据，通过增大采样间隔的办法，将曲线进行扩展。

如图 5-1-1 所示，下面以深度压缩为例说明如何进行曲线对准。图中曲线 C_1 为基准曲线，曲线 C_2 为对比曲线。经对比，曲线 C_2 深度为 $d_{21}\sim d_{22}$ 层段的曲线部分与曲线 C_1 深度为 $d_{11}\sim d_{12}$ 层段相当，深度之间有 $|d_{22}-d_{21}|>|d_{12}-d_{11}|$，应对 $d_{21}\sim d_{22}$ 层段的 C_2 曲线进行压缩处理，进行这种深度平差的基本步骤如下。

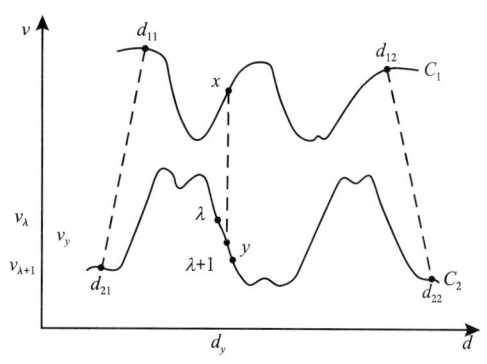

图 5-1-1　测井曲线压缩示意图

（1）首先在曲线 C_2 上找出与曲线 C_1 采样深度 d_x 相对应的深度 d_y，因为

$$\frac{d_x-d_{11}}{d_{12}-d_{11}}=\frac{d_y-d_{21}}{d_{22}-d_{21}}$$

故

$$d_y=d_{21}-\frac{d_{22}-d_{21}}{d_{12}-d_{11}}(d_x-d_{11})=d_{21}-K(d_x-d_{11}) \quad (5\text{-}1\text{-}2)$$
$$K=(d_{22}-d_{21})/(d_{12}-d_{11})$$

式中：d_{11}、d_{12}、d_{21}、d_{22} 通过曲线对比来确定；d_x 由 C_1 上选定；K 为转换系数，显然 $K>1$。

（2）根据 d_y 从曲线 C_2 的测井数据中找出点 y 前后相邻的采样点（i, $i+1$）的测井值 v_i、v_{i+1}，利用线性插值方法算出点 y 的测井值 v_y：

$$v_y=v_i+\frac{v_{i+1}-v_i}{d_{i+1}-d_i}(d_y-d_i) \quad (5\text{-}1\text{-}3)$$

（3）用逐点计算方式逐次移动 d_x，并由式（5-1-2）、式（5-1-3）分别求出相应的 d_y 及 v_y，以便得到经压缩处理后的正常曲线。

曲线的深度扩展是深度压缩的逆过程。此时，转换系数 $K<1$。

3. 斜深校正为垂深

对于斜井，为了获得真实垂深和地层真实厚度，需将斜井深度校正为直井深度。校正方法是把斜井按井斜角的变化情况分为若干段，每个井段上井斜角的变化率视为常数，并且假设最上部的井段是垂直的（雍世和等，2007）。下面结合图 5-1-2 说明校正的具体步骤：

（1）如图 5-1-2 所示，在点 A 之上选一参考点，设其垂直深度为 H_0，斜井深度为 h_0，井斜角为 δ_0，参考点之上有 $H_0=h_0$。

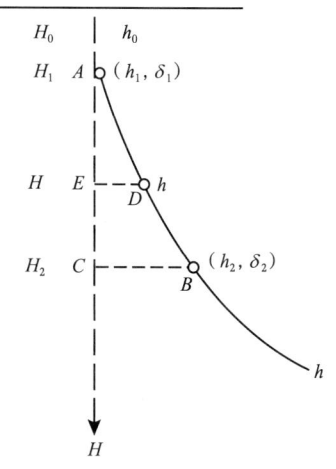

图 5-1-2　斜井曲线校正示意图

（2）计算点 A 的垂直深度 H_1：若视点 A 的斜井深度 h_1 与参考点的 h_0 之差近似等于垂直深度，则 $H_1=H_0+h_1-h_0$。

（3）计算点 B 的垂直深度 H；设井段 AB 的井斜角 δ 的变化率为一常数，即 $\mathrm{d}\delta/\mathrm{d}h=$ 常数，有：

$$\frac{\mathrm{d}\delta}{\mathrm{d}h} = \frac{\delta_2 - \delta_1}{h_2 - h_1}$$

$$\mathrm{d}h = \frac{h_2 - h_1}{\delta_2 - \delta_1} \mathrm{d}\delta$$

在 AB 井段上取一小段 $\mathrm{d}h$，并视其为直线，相应的垂直距离 $\mathrm{d}H$ 为：

$$\mathrm{d}H = \mathrm{d}h \cos\delta$$

因此，AB 间的垂直井段为：

$$H_2 - H_1 = \int_{h_1}^{h_2} \mathrm{d}H = \int_{h_1}^{h_2} \cos\delta \mathrm{d}h = \frac{h_2 - h_1}{\delta_2 - \delta_1} \int_{\delta_1}^{\delta_2} \cos\delta \mathrm{d}h = \frac{h_2 - h_1}{\delta_2 - \delta_1} (\sin\delta_2 - \sin\delta_1)$$

二、环境影响校正

每种测井曲线都不可避免地要受到井眼、钻井液等各种环境因素影响，这些非地层因素会对地层真实信息产生干扰和歪曲。钻井液的影响主要指井内钻井液的密度、电阻率、矿化度、添加剂（重晶石、氯化钾等）差异以及滤饼和钻井液侵入等，同时包括由于钻井液浸泡引起近井壁地层物理性质发生变化。井眼影响主要指井径（扩径）、井眼几何形状，如井眼不规则、螺旋形井眼、椭圆形井眼以及井壁坍塌等。钻井液和井眼的影响往往是交织在一起的。此外，仪器居中与偏心、仪器与井壁间的间隙、仪器贴井壁装置与井壁接触情况对某些仪器的测井响应也有重要的影响。对许多测井仪器来说，围岩对目的层测井响应的影响也很明显，特别是，深探测仪器在探测薄层的时候更是如此。因此，对任何一种测井方法而言，都存在着环境影响，只不过是由于探测机制与传感器不同，所受的影响在性质和程度上也不相同。例如，浅探测仪器受井眼条件的影响明显大于深探测仪器，围岩对浅探测仪器的影响又明显小于深探测仪器；非贴井壁的测井仪器受井内钻井液的影响远大于带推靠器的测井仪器。

上述这些非地层因素的环境影响，往往是随机而复杂的，其直接结果是使原始测井数据畸变与失真，给测井解释与地层评价带来许多困难，直接影响到测井数据的处理解释、产层评价、地层分析的效果与精度。因此，对测井信息进行环境影响校正非常重要。

目前，对测井曲线进行环境影响校正的方法主要有解释图版法和计算机自动校正法。解释图版是根据理论计算或实验结果做出的，人们先用解释图版对测井曲线进行各种环境影响校正，求出尽可能少受环境影响、更真实反映地层及其流体性质的测井值，再进行测井解释。显然，这种人工用解释图版进行校正的方法，只能对少数储层的某些测井曲线进行个别环境影响因素的校正，它既不适合于计算机数据处理，也不能对井段所有地层都进行比较全面的环境影响校正。用计算机对测井曲线环境影响进行自动校正的方法，主要是根据理论研究或解释图版得出的校正公式，编制专门的测井曲线环境影响校正程序来实现的。这种方法的优点是对全井段所有地层的测井曲线进行各种影响因素的校正，方法简单、迅速、有效。需要注意的是，用于环境影响校正的图版及校正公式，往往是针对特定测井仪器与特定环境条件研制的，都有一定的适用范围。因此，在用解释图版和校正公式时，应根据所用仪器的类型及具体条件来选择相应的解释图版和校正公式以及合理的参数，才能获得最佳的校正效果。应当指出，由于地质与井眼情况复杂，以及各种环境影响的随机性和复杂性，利用已有图版进行环境影响校正有时难以取得良好的效果，还需针对具体情况开展深入研究。

三、数字滤波处理

测井曲线预处理另一重要内容是对具有统计涨落和随机干扰曲线进行滤波处理。核测井是一种重要的测井方法，在复杂地层岩性、孔隙度等评价中具有重要作用。然而作为核测井物理基础的核衰变、中子与原子核的作用、伽马光子与核外电子的作用等均具有随机性质，从而导致核（放射性）测井曲线出现许多与地层性质无关的统计起伏变化。有时候，由于某种原因使某些测井曲线会出现许多与地层性质无关的毛刺干扰。显然，用这些具有统计起伏或毛刺干扰的测井曲线进行数据处理，会给计算的地质参数带来很大的误差。因此，在测井数据预处理中，必须设法把这些与地层性质无关的统计起伏和毛刺干扰滤掉，只保留曲线反映地层特性的有用成分。

显然，带有统计起伏与毛刺干扰的测井曲线具有两种成分：一是短周期的干扰信号，它具有随机性质，与地层性质无关；二是较长周期的有用信息，它是反映地层性质的趋势成分。预处理的目标是要有效地抑制或消除这些毛刺干扰，同时又能很好地保持和分离出代表地层性质的有用信息。为此，可采用滑动平均数字滤波来实现这个要求。这种方法就是在当前采样点前、后分别连续地取 m 个采样点数据，选用适当的滑动平均法，用 $2m+1$ 个采样点值（包括当前采样点值在内）依次计算出全部采样点的滑动平均值，便可消除毛刺干扰，获得一条只反映地层性质的光滑曲线。这种平滑滤波法，实质上就是对有干扰的曲线进行低通滤波。根据测井曲线上的毛刺干扰情况，可采用最小二乘滑动平均法和加权滑动平均法（雍世和等，2007）。

1. 最小二乘滑动平均法

该方法是根据最小二乘法原理对当前采样点附近几个点作拟合曲线，算出拟合曲线在当前采样点处的滑动平均值作为该点的采样值。用此方法进行逐点计算，便得到一条平滑的曲线。根据拟合曲线的数学形式，又有如下计算滑动平均值公式。

1）线性函数平滑公式

设对测井曲线进行等距采样，得到一系列的采样值 T_1，T_2，…，T_n。当取任意相邻的三个采样点，并设采样值从 T_{i-1} 到 T_{i+1} 之间有线性关系时，则可用一条拟合直线 Z_t（图 5-1-3）来表示：

$$Z_t = a_0 + a_1 t \tag{5-1-4}$$

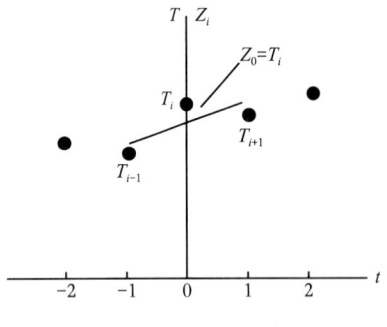

图 5-1-3 三点线性拟合平滑法

式中：t 为从当前点算起的采样点序号。当 $t=0$ 时，则 $Z_0=a_0$。显然，Z_0 就是假定采样值为线性变化时，当前采样点 i 所对应的理论值，即所求的滑动平均值 $\overline{T}=a_0$。

用最小二乘法来确定 a_0 与 a_1，即应使残差的平方和 Q：

$$Q = \sum_{t=-1}^{+1}(T_{i+t}-a_0-a_1 t)^2 \quad （5-1-5）$$

达到最小。a_0 与 a_1 可由偏微商 $\dfrac{\partial Q}{\partial a_0}=0$ 与 $\dfrac{\partial Q}{\partial a_1}=0$ 两个方程解出：

$$\frac{\partial Q}{\partial a_0} = \sum_{t=-1}^{+1} 2(T_{i+t}-a_0-a_1 t)=0$$

$$\frac{\partial Q}{\partial a_1} = \sum_{t=-1}^{+1} 2(T_{i+t}-a_0-a_1 t)=0$$

将上两式展开后，立即得到假设任意相邻三个采样值间为线性函数时的滑动平均值：

$$\overline{T}_i = a_0 = \frac{1}{3}(T_{i-1}+T_i+T_{i+1}) \quad （5-1-6）$$

式中：采样点序号 i 可从 2 至 $n-1$。

按式（5-1-6）顺序地算出 2 至 $n-1$ 个滑动平均值，构成新的测井采样数据序列。在 $i=1$ 与 $i=n$，用式（5-1-6）得不到起点值 T_1 与终点值 T_n，这在数据处理中称为边沿损失，但可导出：

$$\overline{T}_1 = \frac{1}{6}(5T_1+2T_2-T_3)$$

$$\overline{T}_n = \frac{1}{6}(-5T_{n-2}+2T_{n-1}+5T_n)$$

在对数据进行平滑滤波处理时，若数据系列较短，可用上述公式求出端点的数值。但在测井数据处理中，对处理几十米、几百米乃至上千米的测井曲线来说，这些边沿损失没有重要意义，可不计算这些端点值。

同理，$2m+1$ 个相邻点的线性滑动平均值为：

$$\begin{aligned}\overline{T}_i &= \frac{1}{2m+1}(T_{i-m}+T_{i-m+1}+\cdots+T_i+\cdots+T_{i+m-1}+T_{i+m})\\ &= \frac{1}{2m+1}\sum_{k=-m}^{m} T_{i+k}\end{aligned} \quad （5-1-7）$$

显然，线性函数滑动平均法是一种等权平均法。此法的一个重要特点就是当取 K 个相邻数据进行滑动平均时，可将原始采样数据序列中周期小于等于 K 个采样间距的随机干扰有效地抑制或消除。因此，应根据测井曲线上统计起伏或毛刺干扰的周期来选取计算滑动平均值的采样点数 K。一般，选的点越多，短周期的随机干扰被抑制得越多，长周期的地层信号表现得越明显，处理后的曲线越光滑。然而，应特别注意，当选点过多时会把周期不长的薄层有用信号抑制乃至平滑掉。

2）二次函数平滑公式

设相邻采样值间呈二次函数变化时，则可用一条二次函数曲线（图 5-1-4）：

$$Z_t = a_0 + a_1 t + a_2 t^2$$

对采样值进行拟合。常用相邻五点进行平滑计算。

同样，采用最小二乘法来导出计算滑动平均值 $\bar{T}_i = Z_0 = a_0$ 的公式，即令：

$$Q = \sum_{t=-2}^{+2} \left(T_{i+t} - a_0 - a_1 t - a_2 t^2 \right)^2$$

达到最小。参数 a_0、a_1 与 a_2 可从 $\frac{\partial Q}{\partial a_0} = 0$、$\frac{\partial Q}{\partial a_1} = 0$ 与 $\frac{\partial Q}{\partial a_2} = 0$ 三个方程解出：

$$\bar{T}_i = a_0 = \frac{1}{35}\left[-3(T_{i-2} + T_{i+2}) + 12(T_{i-1} + T_{i+1}) + 17 T_i \right] \quad (5\text{-}1\text{-}8)$$

同样，可取相邻七点或其他点数来进行二次曲线拟合，也可以用三次或更高次函数来拟合。可以证明，任何偶次方函数的平滑公式与该偶数加一次方的函数的平滑公式相同，而它们的端点平滑公式则完全不同。一般，对同一种平滑法，参加平滑的采样点数越多，短周期的毛刺干扰越受抑制，曲线越光滑；对取同样多的点数来说，较高次方函数的平滑曲线要比较低次方函数的平滑曲线更接近于采样点的真实分布，平滑的效果也更精确。

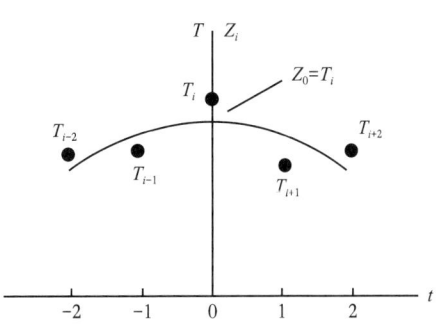

图 5-1-4　五点二次曲线拟合平滑法

2. 加权滑动平均法

前述线性函数平滑公式（5-1-6）中，相邻采样点值对计算滑动平均值的贡献都一样。在某些情况下，用这种等权平滑公式不太合理。当计算 $\bar{T}_i$ 时，应该让 T_i 在计算 T 时贡献较大，即应给它较大的加权系数，而该点前后的点应有较小的加权系数。对此，还可采用加权滑动平均法。

当取相邻的 $2m+1$ 个点来计算当前采样点的滑动平均值 $\bar{T}_i$ 时，对各采样点分别配上不同的加权系数 $g(r)$，按下式计算 $\bar{T}_i$：

$$\bar{T}_i = \sum_{r=-m}^{m} g(r) T_{i+r}$$

这种方法的关键是要根据曲线的干扰情况适当选取加权系数 $g(r)$。在数字滤波中，$g(r)$ 又叫滤波因子。一般要求 $\sum_{r=-m}^{m} g(r)=1$，当前采样点处的加权系数 $g(0)$ 应稍大些，并且 $g(r)=g(-r)$。可用加权函数 $W(r)$ 来计算 $g(r)$：

$$g(r) = \frac{W(r)}{\sum_{r=-m}^{m} W(r)}$$

根据测井曲线上的统计起伏或毛刺干扰情况，可选用钟形函数和汉明函数等作 $W(r)$ 来计算 $g(r)$，得出相应的平滑公式。

1）钟形函数的平滑公式

钟形函数为：

$$W(r) = e^{-a\left(\frac{r}{m}\right)^2}; \quad |r| \leq m$$

参数 a 大于 0，常取 1。当取相邻三点来算 T 时，$M=1$。此时有：

$$\sum_{r=-1}^{1} W(r) = 1 + 2e^{-1} = 1.7358$$

$$g(-1) = g(1) = \frac{e^{-1}}{1 + 2e^{-1}} = 0.212$$

$$g(0) = \frac{1}{1 + 2e^{-1}} = 0.576$$

故三点法的平滑公式为：

$$\begin{aligned}\overline{T}_i &= g(-1)T_{i-1} + g(0)T_i + g(1)T_{i+1} \\ &= 0.212T_{i-1} + 0.576T_i + 0.212T_{i+1}\end{aligned} \quad (5-1-9)$$

同理，可得五点法的平滑公式：

$$\overline{T}_i = 0.11(T_{i-2} + T_{i+2}) + 0.24(T_{i-1} + T_{i+1}) + 0.3T_i \quad (5-1-10)$$

2）汉明函数的平滑公式

汉明函数为：

$$W(r) = 0.54 + 0.46\cos\frac{r\pi}{m}; \quad |r| \leq m$$

不难导出三点法的平滑公式为：

$$\bar{T}_i = 0.07T_{i-1} + 0.86T_i + 0.07T_{i+1} \tag{5-1-11}$$

五点法的平滑公式为：

$$\bar{T}_i = 0.04(T_{i-2} + T_{i+2}) + 0.24(T_{i-1} + T_{i+1}) + 0.44T_i \tag{5-1-12}$$

根据上述公式设计的平滑滤波程序处理实际测井曲线的结果表明，五点法比三点法的滤波效果好，而五点钟形函数与二次函数平滑法的效果更好。

第二节　交会图技术

交会图是用于表示测井数值之间或者测井数值与地层参数之间关系的图形。在测井解释中，常用的交会图有交会图版、频率交会图与 Z 值图、直方图等。测井分析工作者常用它们来检查测井曲线质量、进行曲线校正、鉴别地层矿物成分、确定地层的岩性组合、分析孔隙流体性质、选择解释模型和解释参数、计算地层的地质参数、检验解释成果及评价地层等，用途十分广泛，是测井解释与数据处理强有力的工具。

一、交会图版

交会图版是用来表示给定岩性的两种测井参数关系的解释图版。它们都是根据纯岩石的测井响应关系建立的理论图版，是测井解释与数据处理的依据。交会图版主要有岩性—孔隙度测井交会图版、用于识别地层岩性的 $M\text{-}N$ 和 MID 等交会图版、用于鉴别地层中黏土矿物及其他矿物的交会图版等（雍世和等，2007）。

岩性—孔隙度测井交会图版是测井解释中广泛用来研究岩性和确定地层孔隙度的交会图版。这类交会图版主要有中子-密度、中子—声波、声波—密度、密度—岩石光电吸收截面指数等交会图版，它们都是对饱含水的纯地层制作的。图3-1-3、图3-1-4、图3-1-5 分别为补偿中子—声波、声波—密度和密度—岩石光电吸收截面指数交会图版。

当用岩性—孔隙度测井交会图版进行解释时，首先要对测井值进行环境影响校正；然后再用图版解释。如果岩石骨架是由一种单矿物组成的，则由交会点位置便可以直接确定岩石性质和孔隙度值。如果岩石骨架是两种矿物组成的，则根据交会点的位置，用线性比例算法，即可求出地层孔隙度和这两种矿物的相对含量（百分比）。这种解释方法称为双矿物法。相对来说，用中子—密度交会图版确定常见岩石的岩性和孔隙度最好，它对各种常见岩性都有较高的分辨力（各纯岩性线之间的距离较大），还可用作油气校正；其次是中子—声波交会图版，对常见岩性的分辨力也较强，特别是对砂岩—石灰岩的分辨力还略优于中子—密度交会图版，但因声波测井要受地层压实程度的影响，又不能用作油气校正，声波—中子交会图的应用不及中子—密度交会图广泛；声波—密度交会图版中常见岩性线间的距离均较近，对常见岩性的分辨力最差，但对盐岩、石膏和硬石膏等蒸发岩类的分辨力较强，用在膏盐剖面判断岩性较好。

在使用上述交会图版时，常常发现由于地层中泥质、天然气、次生孔隙以及井眼扩大影响使交会点发生有规律的偏离。因此，在用上述岩性—孔隙度测井交会图版确定地层岩性和孔隙度时，应先对测井值进行井眼、泥质、油气等影响校正。当然，也可以利用交会点有规律的偏离现象，来识别天然气层。

密度—光电吸收截面指数（ρ_b-P_e）交会图版对于常见岩性及岩盐、硬石膏等均有良好的分辨能力，能很好地确定岩性和孔隙度。由于P_e值受井内重晶石钻井液的影响很大，它只能用于不含重晶石的普通钻井液井。

二、频率交会图与Z值图

频率交会图是在X-Y平面坐标上，统计绘图井段上各个采样点的数值落在每个单位网格中的采样点数目（即频率数）的一种直观的数字图形，简称为频率图。Z值图是在频率交会图基础上引入第三条曲线Z（称Z曲线）作成的数据图形。Z值图的数字表示同一井段频率图上，每个单位网格中相应采样点第三条线Z的平均级别。采用Z值图的主要目的是识别岩性、含泥地层和检验井壁垮塌或凹凸不平的井段。通常，选用自然伽马、自然电位、电阻率或井径作为Z值（《测井学》编写组，1998）。

图5-2-1与图5-2-2分别是中子—密度频率交会图及其GR-Z值图。两者在形式上是类似的，只是前者中的数字代表在该点出现采样点的次数（频率）。例如，在坐标点（11.0，2.7）上显示的数字7表示在该解释井段上，满足条件ϕ_N=11.0%（x轴）、ρ_b=2.7g/cm³（y轴）的采样点共有7个。图5-2-2中的数字代表满足该条件的采样点的第三条（Z）曲线（如自然伽马、井径等）的平均级别。例如，图5-2-2中的坐标（11.0，2.7）上显示数字3，就表示在该井段上满足条件ϕ_N=11.0%、ρ_b=2.7g/cm³对应的7个采样点的自然伽马GR的平均级别为3。

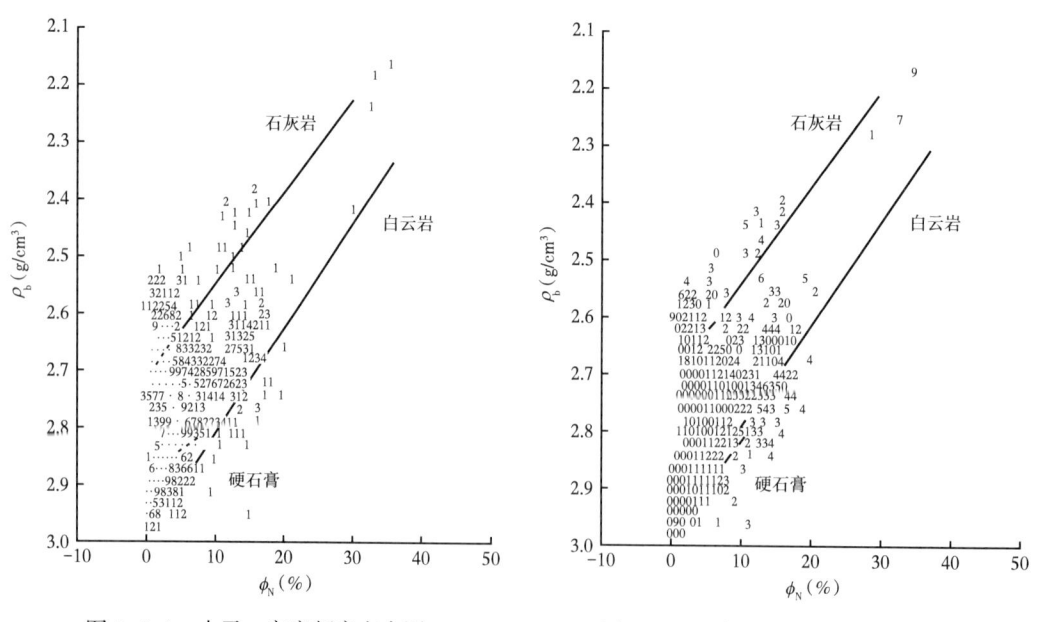

图5-2-1 中子—密度频率交会图　　　图5-2-2 中子—密度的GR-Z值图

这两种交会图都是由计算机自动绘制，两者配合使用。采用Z值图的主要目的是识别岩性、含泥地层和检验井壁垮塌或凹凸不平的井段。

三、直方图

直方图是表示某井段某测井值或地层参数的频数或频率分布的图形。频数直方图与频率直方图的形状相同，只是纵轴的标度不同：前者的纵轴表示各个区间的采样点个数；后者的纵轴表示各个区间采样点的相对频率。直方图具有简便、直观等优点，根据直方图可以很方便地研究给定井段内测井值或地层参数的统计分布特征，估计出测井或地层参数的平均值。因而，在测井解释中，常用直方图来检查测井曲线质量、进行曲线标准化、确定地层岩性、选择解释参数等，其用途十分广泛。

第三节 油气层解释基本原理

测井解释油气层是对来自测井与非测井信息的综合分析过程，具有明显的多学科融合特征，且具有很强的实践性与经验性。随着油气勘探开发的发展，研究领域逐渐由陆地向深水、由中浅层向深层/超深层、由常规油气向非常规转变，勘探对象的复杂性不断增强。地球物理测井面向不同领域油气勘探的重大技术需求，研发形成了针对特定储层类型的测井采集系列和解释评价技术，测井解释评价的内容日益丰富。然而，即便如此，精准发现油气、精确计算储层参数等依然是测井解释评价的核心，掌握油气层测井解释的基本原理，对不同方法的融会贯通、因地制宜始终具有重要意义。

一、地层非均质性与仪器探测深度

目前，碳酸盐岩、火山岩及页岩储层已成为重要的勘探目标。与传统均质碎屑岩油气藏相比，这些储层具有岩性较复杂、孔隙类型多、各向异性强的特点，表现出很强的非均质性。非均质性带来的最直接问题就是探测的尺度效应，即在不同尺度范围内，即使是同一地球物理特性测量数值也会呈现显著差异。另一方面，所有测井仪器均是对特定探测范围地层的综合响应，且不同仪器探测径向深度不一样。例如，电成像测井探测的是井壁附近几厘米范围内的地层信息，电阻率测井的探测深度通常在 0.5~1.5m，常规声波测井的探测深度通常为 1~2m，而远探测声波径向探测范围可达井外数十米（图 5-3-1）。

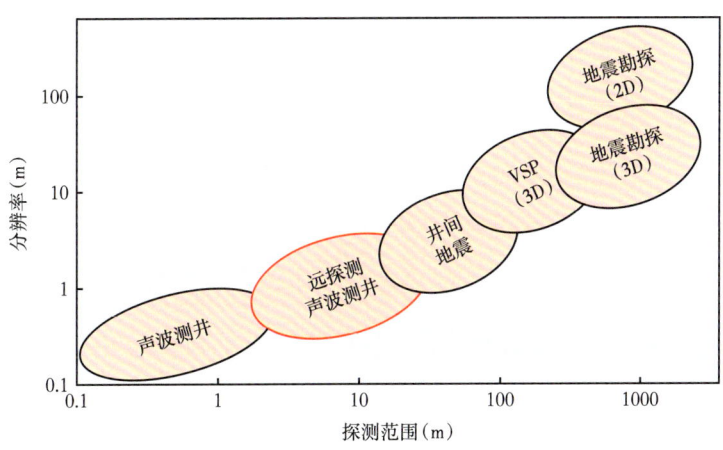

图 5-3-1 不同声波探测技术的探测范围及分辨率

鉴于测井评价中始终存在对象非均质性和有限探测区域这一对矛盾，在对测井资料进行解释评价时须注意以下几点：

（1）深刻理解不同测井仪器的有效探测范围及井眼条件、围岩等对测量结果的影响。譬如，要从有效探测范围差异的角度，分析不同探测深度电阻率/电导率差异、不同孔隙度（如密度、中子、声波及核磁共振）的差异、电成像裂缝特征与斯通利波等其他裂缝信息的差异等，从地质特征、物理规律与工程条件等多个方面形成分析的合理逻辑闭环，只有这样才能对储层作出准确评价。

（2）充分意识到基于特定探测区域测井信息的解释结论所具有的局限性。譬如，对非均质性很强的缝洞型储层，在评价地层的缝洞特征时，必须认识到井壁缝洞不发育并不意味着远井位置缝洞不发育，近井储层致密并不意味着地层整体没有有效性。因此，当研究区域没有多尺度探测信息或者研究者不掌握的时候，尽管得到的解释结论对所用资料本身来说是合理的，但对地层整体认识具有很大片面性。

图 5-3-2 是塔里木油田 Z 井远探测声波反射波处理成果图。该井在奥陶系良里塔格组 6720~6728m 井段发育一套石灰岩储层，岩性致密，基于常规测井解释储层很差，孔隙度小于 1.8%，电阻率大于 1000Ω·m，综合评价为Ⅲ类储层。但从远探测声波反射波成像测井资料分析，发现该井段在井旁 8~22m 处有连续、串珠状强反射信息，且基本构成一个高 3~4m、长 14m 的溶洞体轮廓，因此综合解释 6720~6728m 为井旁储层发育层段，厚度 8m，距井壁距离 8~22m，建议对该层段进行试油。该井在井深 6720~6728m 进行了裸眼常规测试，关井压力恢复缓慢，压力曲线反映测试层为特低渗透性储层。考虑到远探测声波反射波测井成像反映井旁储层较发育，对该井进行了大型酸化压裂测试，获得工业油气流。测试用 6mm 油嘴求产，日产气 $22×10^4 m^3$，产油 $12m^3$。该实例说明了基于近井探测深度的常规测井资料所获得解释结论的片面性，体现了利用远探测测井资料在更大范围内进行储层评价的重要性。

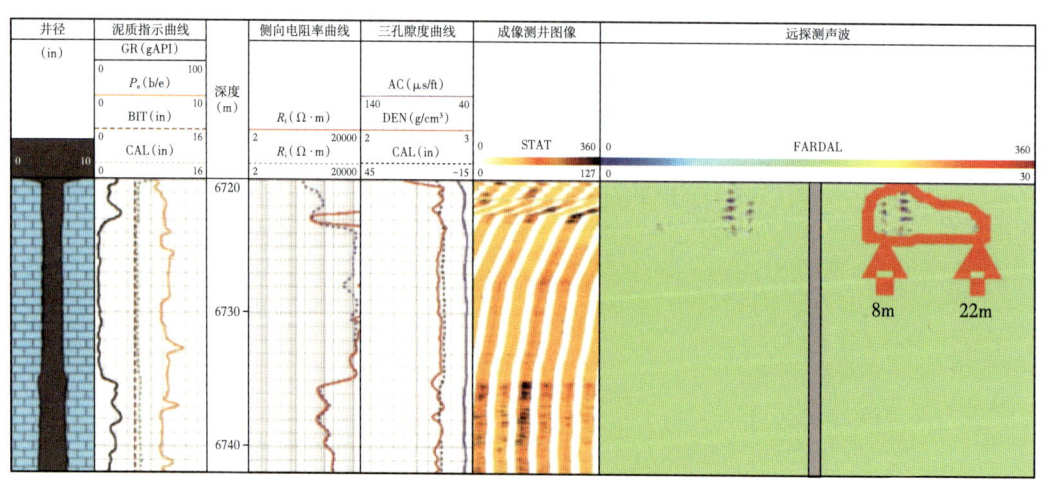

图 5-3-2　塔里木油田 Z 井远探测声波反射波处理成果图

（3）尽可能掌握地层不同尺度、不同深度、不同时间的信息，将微观与宏观、近井与远井、静态与动态结合全面分析。因此，测井解释人员在解释评价时，除了各种测井数据以外，通常需要收集研究地区目的层段的岩心分析资料、地质资料、地震资料、测试资料以及钻井工程数据等。这些资料有的反映储层不同岩石物理属性，有的则反映不同尺度的特征，综合这些资料，进行多角度分析，可以有效避免得出"盲人摸象"的结论。

二、束缚水含量与油气层

从广义上说，测井解释油气层主要包括两方面的内容：一是确定储层所产流体的性质；二是评价油气层的质量，包括产层的储集性、渗透性能及产层的生产能力。如何判断复杂油气层所产流体的性质，是测井解释首先面临的难题。当通过测井数据处理，把各种测井信息综合还原为反映地层特性的地质参数之后，应从地层的哪些特性入手，以哪些概念和原理为地质依据，识别、描述乃至确定地层所产流体的性质，才能达到有效划分油、气、水层的目的。这一问题，无论从理论或实践的角度来看，对于测井解释都有十分重要的意义。

不言而喻，人们首先考虑的是地层的含油性，因为它确实是判断储层能否产油气的基本特性与重要前提。因此，长期以来，含油（气）饱和度的大小常常被认为是识别和判断油气层的主要尺度，甚至是唯一的标准。人们往往从对油气层的直观与感性认识出发，认为在油气层的储集空间中，油气饱和度大于含水饱和度是地层产油气的必要和充分条件。这种基于含量对比的概念有一定的道理，因为有一半以上甚至更多油气层的油（气）饱和度都大于50%。然而，这种概念不能完全概括油气层自身固有的特点，因为正如实际资料所表明的那样，有相当一部分油气层的含油（气）饱和度小于50%，这一现象在致密储层、非常规储层中更加普遍。

事实上，油气层在生产过程中之所以生产油气、不产水，并非产层的储集空间不含水。大量的实际资料表明，任何油气层总有一定的含水饱和度，即使是最好的油气层也是如此。更耐人寻味的是，不少油气层的含水饱和度大于50%，甚至高达60%~70%，竟然只产油气，不产水。总之，含油性只是产层静态特性的反映，只是描述和判别油气层的必要条件，并非充分条件。

图5-3-3展示的是胜坨油田主力含油层系沙二段油层一个完整剖面的岩心实测数据。纵坐标为粒度中值，横坐标为油层束缚水饱和度（含油饱和度与其互补）。整个含油段的纵向剖面由各种类型的沉积砂体构成，其中以河流砂体、前缘砂体为主，还有浊流砂体、冲积扇砂体等。由于砂体沉积类型不同，油层的岩石物理特性与储集特征也各异。例如，河流相的辫状河道砂体具有粒度粗、孔隙结构好、孔隙半径大、连通性好以及产能高的特点。平均孔喉半径在各个时间单元下部最大达47~70μm，一般为20~40μm。因此，油层束缚水含量小，普遍在25%以下，油层原始含油饱和度大于75%。三角洲前缘亚相的河口坝砂体具有岩性细、渗透率较低的特点。一般砂体顶部为细砂，中下部为粉砂，顶部平均孔喉半径为3~18μm，渗透率相应为2~3D，油层的原始含油饱和度在70%左右。韵律下部平均孔喉半径小于0.3μm，渗透率低，束缚水含量高，油层原始含油饱和度小于50%（《测井学》编写组，1998）。

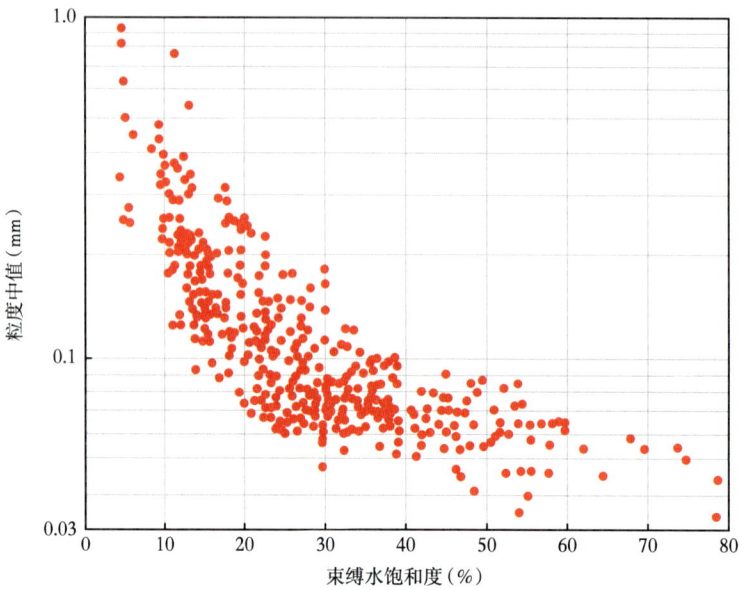

图 5-3-3　粒度中值与束缚水饱和度关系图

图 5-3-3 说明，对于不同类型的沉积砂体，由于颗粒的粗细不同及平均孔喉半径和渗透率的差异，油层的束缚水含量有很大的不同。因此，即使属于同一层段的油层，它们各自的原始含油饱和度也有很大的差别。这一具有普遍意义的典型实例，足以证明油气层普遍存在的规律：

（1）油气层含油（气）饱和度的大小主要取决于自身的束缚水含量，随着产层孔隙结构的不同，其数值变化范围很大。

（2）油气层没有统一的含油（气）饱和度的界限。

（3）含油（气）饱和度的大小，并不是生产测试过程中能否出水的唯一标志。对于高束缚水含量的产层，即使油气饱和度小于 50%，仍然可产无水的油气。

三、微观孔隙中流体的分布与渗流

在油（气）层内部，束缚水主要分布于流体不易在其中流动的微小毛管孔隙内或被亲水岩石吸附在颗粒表面。油（气）主要占据较大的孔喉或孔喉内流动阻力较小的部位，形成只有油（气）流动而水不能流动的状态。这种分布特点，在很大程度上决定着地下流体的流动特性和储层的产液性质。

当多相流体（油、气、水）并存时，储层的产液性质可用多相共渗的分流量方程描述。若储层呈水平状，油、气、水各相的分流量可表示为：

$$Q_\mathrm{o} = -\frac{K_\mathrm{o} A}{\mu_\mathrm{o}} \frac{\partial p}{\partial L} \tag{5-3-1}$$

$$Q_\mathrm{g} = -\frac{K_\mathrm{g} A}{\mu_\mathrm{g}} \frac{\partial p}{\partial L} \tag{5-3-2}$$

$$Q_w = -\frac{K_w A}{\mu_w}\frac{\partial p}{\partial L} \qquad (5\text{-}3\text{-}3)$$

式中：Q_o、Q_g、Q_w 分别表示油、气、水的分流量，t/d；K_o、K_g、K_w 分别为油、气、水的有效渗透率，μm^2；μ_o、μ_g、μ_w 分别表示油、气、水的黏度，$mPa \cdot s$；$\frac{\partial p}{\partial L}$ 为压力梯度，MPa/cm；A 为渗流截面积，cm^2。

由此可见，在一定压差条件下，储层的产液性质及各相流体的产量，主要取决于各自的相渗透率、渗流截面积和流体性质。在使用上，为了了解各相流体的流动能力，以便更好地描述多相流动的过程，往往采用相对渗透率表示相渗透率的大小，它等于有效渗透率与绝对渗透率的比值：

$$K_{rw} = \frac{K_w}{K}, K_{ro} = \frac{K_o}{K}$$

式中：K_{rw}、K_{ro} 分别表示水、油的相对渗透率，其数值为 0~1。

根据分流方程，可进一步求出多相共渗体系各相流体的相对流量，它们相当于分流量与总流量之比。对于油水共渗体系，储层的产水率可近似表示为：

$$F_w = \frac{Q_w}{Q_o + Q_w} = \frac{1}{1+\dfrac{K_{ro}}{K_{rw}}\dfrac{\mu_m}{\mu_o}} \qquad (5\text{-}3\text{-}4)$$

分析上述各式看出，储层的产液性质主要取决于各相渗透率。以油水两相共渗体系为例，根据储层相渗透率的变化情况，相应有三种不同的产液性质：

（1）储层水的相对渗透率 K_{rw} 或 K_w 趋于 0，而油的相对渗透率达到最大（$K_{ro} \to 1$，$K_o \to K$），根据方程（5-3-1）、方程（5-3-3）和方程（5-3-4），则得 $Q_w \to 0$，$F_w \to 0$，$F_o = 1 - F_w \to 1$，表明储层只产油而不产水，属于油层。

（2）若储层油的相对渗透率 K_{ro} 或 K_o 趋于 0，而水的相对渗透率达到最大（$K_{rw} \to 1$，$K_w \to K$），根据方程（5-3-1）、方程（5-3-3）和方程（5-3-4），则得 $Q_o \to 0$，$F_w \to 1$，表明储层为水层。

（3）若 $0 < (K_{ro}, K_{rw}) < 1$ 或 $0 < (K_o, K_w) < 1$，同理可以导出 $Q_w > 0$，$Q_o > 0$，表明储层为油水同层。

图 5-3-4 的相对渗透率曲线是对这一物理过程的解释。由图可以看出，当油气向储层运移之前，储层为充满水的多孔介质，属于单相流动状态。因此，$S_w = 1$，$K_{rw} = 1$。随着油气的运移，在油驱水的过程中，油首先占据孔隙空间内流体流动阻力最小的部位。由于主要的流动通道被油占据，增加了水流动的阻力，导致 K_{rw} 迅速下降。然而，这时储层的含油饱和度 S_o 还很小，油在孔道内呈孤立状态，因而不能流动，$K_{ro} = 0$，相当于所谓"含油水层"的情形。与此相对应的含油饱和度相当于残余油饱和度（S_{or}）。随着 S_o 进一步增加，K_{ro} 也相应增大，油开始流动，K_{rw} 继续下降，相当于油水同层的情形。当 S_o 达到某一临界值时，储层的含水饱和度相当于不动水饱和度 S_{wc}（或称临界含水饱和度），K_{ro} 达到最大（$K_{ro} \to 1$），$K_{rw} = 0$，储层不产水只产油。显然，这就是通常所指的油层含油

饱和度界限，即 $S_w=S_{wc}$ 时的含油饱和度数值。S_{wc} 一般指束缚水饱和度 S_{wb}。所以，油层的含油饱和度界限并非固定不变，而是随产层束缚水含量的变化而变化。

对于气水共渗或三相共渗体系，同样可以得到类似的结论。这意味着，产层的相渗透率是评价油气层必要而充分的条件。

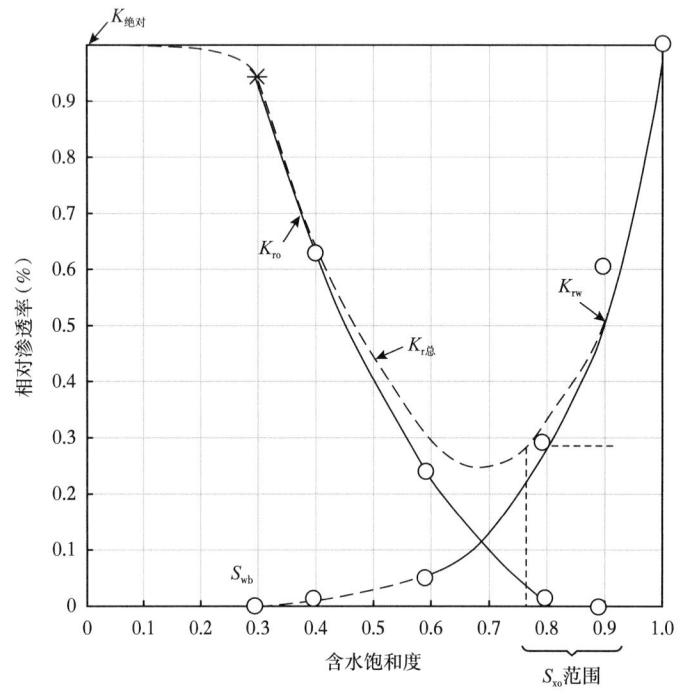

图 5-3-4　相对渗透率与含水饱和度关系图

四、储层的饱和度界限

在地下，油、气、水层的动态规律可由多相流体渗流理论来描述。油、气、水在储层微观孔隙中的流动，主要取决于它们的相渗透率。这就是说，一个储层到底是产油气，还是产水，或是油水同出，归根结底取决于油（气）水相对渗透率的大小。下式是分析相对渗透率规律的基础：

$$K_{rw} = \frac{S_w - S_{wb}}{1 - S_{wb}} \frac{\int_0^{S_w} \frac{dS_w}{p_c^2}}{\int_0^1 \frac{dS_w}{p_c^2}} \quad (5\text{-}3\text{-}5)$$

$$K_{ro} = \frac{S_o - S_{or}}{1 - S_{wb} - S_{or}} \frac{\int_{S_w}^1 \frac{dS_w}{p_c^2}}{\int_0^1 \frac{dS_w}{p_c^2}} \quad (5\text{-}3\text{-}6)$$

分析上面的相对渗透率表达式还可以得出，当饱和度（S_o 或 S_w）数值一定时，随着 S_{wb} 增大，储层的 K_{ro} 增加，而 K_{rw} 相应减小。对于一定的 S_o 或 S_w 数值，如式（5-3-4）

所指出，高束缚水含量的产层比低束缚水含量的产层出水率小。油气层的含油饱和度界限并非固定不变，而是随产层的束缚水含量而变化。低束缚水含量产层的含油饱和度界限往往比较高，高束缚水含量的油气层其数值明显偏小。

图 5-3-5 是不同渗透率岩样在相同条件下测量的相对渗透率曲线，图 5-3-6 是理论曲线，图 5-3-7 为毛管压力曲线示意图。它们清楚地反映了渗透率变化对 S_{wb}、K_{ro}、K_{rw} 以及油气层含油饱和度界限的影响：随储层渗透率变小，S_{wb} 增大，K_{rw} 减小，而 K_{ro} 相对增大（对同一饱和度数值而言），油层的含油饱和度界限（与 $K_{ro}=0$ 时的含油饱和度）也相应变小。通过以上分析不难理解，为什么低含油饱和度油气层（通称低电阻率油气层）经常出现在黏度小、泥质含量高、渗透率较低的地层。

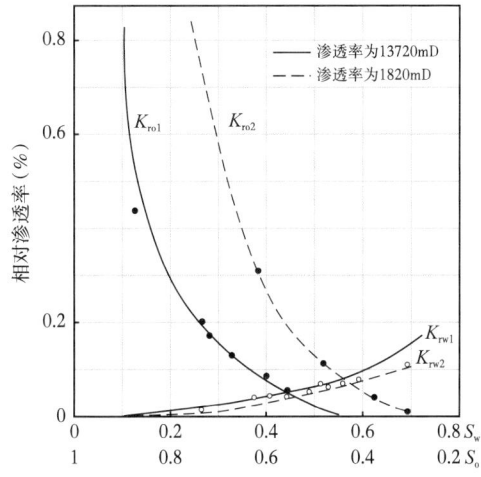

图 5-3-5 应用不同渗透率岩样实际测定相对渗透率曲线图

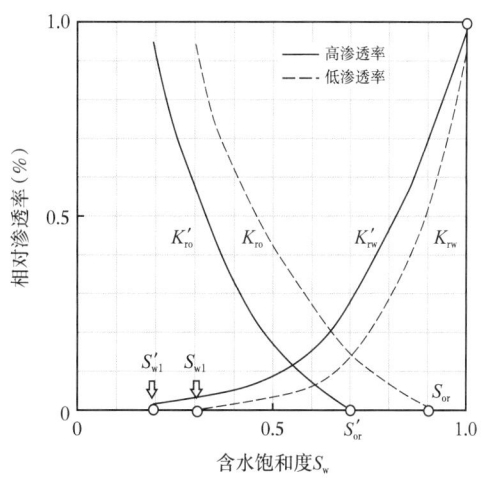

图 5-3-6 不同渗透率岩石相对渗透率曲线图

原油黏度也是影响油层饱和度界限的重要因素。由相对渗透率的表达式和方程（5-3-4）可以得出，原油黏度增大将使 S_{or} 增大，K_o 及 K_{ro} 减小，以及储层产水率增大，即相当于 K_{rw} 增大。这就是说，在油水共渗体系中，油质变稠将使油的流动性变差，水显得更为活跃。所以，稠油层的含油饱和度界限普遍比稀油层高，只有当含油饱和度数值高时，稠油层才有可能出纯油。这一过程也十分清楚地反映在相对渗透率曲线中（图 5-3-8）。图 5-3-8 是同一块岩样在不同黏度下实际测定的相对渗透率，图 5-3-9 是该情况下的理论曲线。图示表明，随油水黏度比增大，K_{ro} 明显下降，而 K_{rw} 相应增大，说明稠油层的含油饱和度界限相应增高。在解释稠油层时，对于这一点应给予特别的关注。

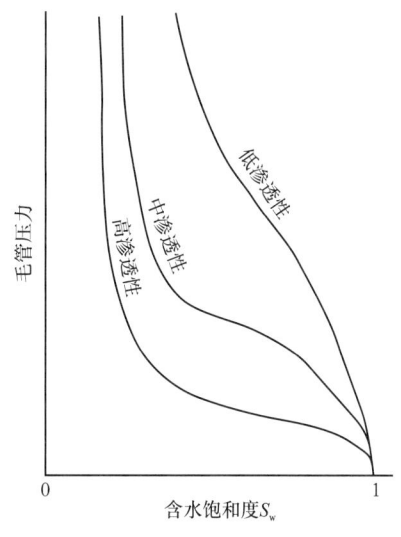

图 5-3-7 毛管压力曲线示意图

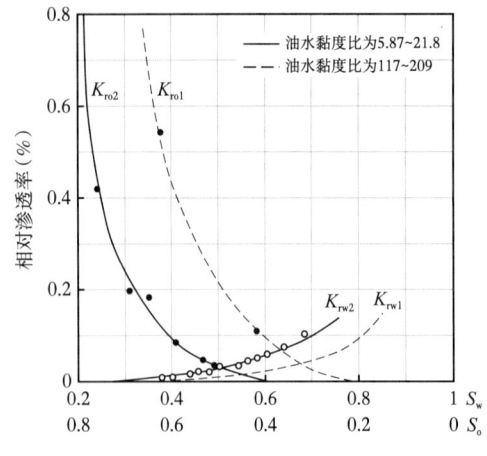
图 5-3-8 不同油水黏度与实际测定相对渗透率曲线图

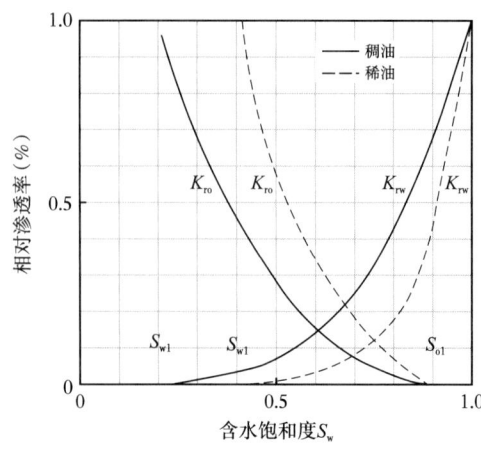
图 5-3-9 稠油、稀油层的相对渗透率曲线

在分析油气层的饱和度界限时,还应注意岩石润湿性的影响,这是因为亲水地层比亲油地层具有更高的束缚水饱和度。

总之,油气水层中遇到的许多实际问题,特别是影响油气层界限的因素,都能根据相对渗透率的概念给予圆满的解释。之所以出现岩性细、泥质含量高的低渗透率油气层或稀油层容易解释偏低、高渗透率的产层或稠油层解释偏高这样两种倾向,其原因在于对上述规律缺乏应有的分析和认识。

五、油气层流体性质评价方法

既然储层产流体的性质主要取决于油、气、水在地层孔隙内部的相对流动能力,油气层的最终评价取决于对产层相对渗透率的分析。因此,从这一原理出发,通过测井分析达到这一目的的基本途径主要有两种:一是分析产层 S_w 与 S_{wb} 的关系;二是计算产层的相对渗透率与产水率,定量描述地层的产液性质。

1. 分析产层 S_w 与 S_{wb} 的关系

这是一条比较容易实现的途径,已由过去的定性分析发展到"可动水分析法"等定量解释方法。其原理是通过分析 S_w 与 S_{wb} 的关系,达到揭示储层相对渗透率变化和最终评价油气层的目的。

1)解释模型

根据上述原理,可建立相应的解释模型(图 5-3-10)。它不仅具有简明、逻辑严密的特点,而且与产层的实际情况十分逼近。由此可建立油气层评价的方程。

(1)油层:

$$\begin{cases} S_o + S_{wb} = S_o + S_w = 1 \\ S_w = S_{wb}, \quad S_{wm} = 0 \end{cases}$$

表明产层只含束缚水(不动水),不含可动水,其孔隙空间为油(气)和束缚水所饱和。在这种情况下,指示产层的 $K_{rw}=0$,$K_{ro}\to 1$。

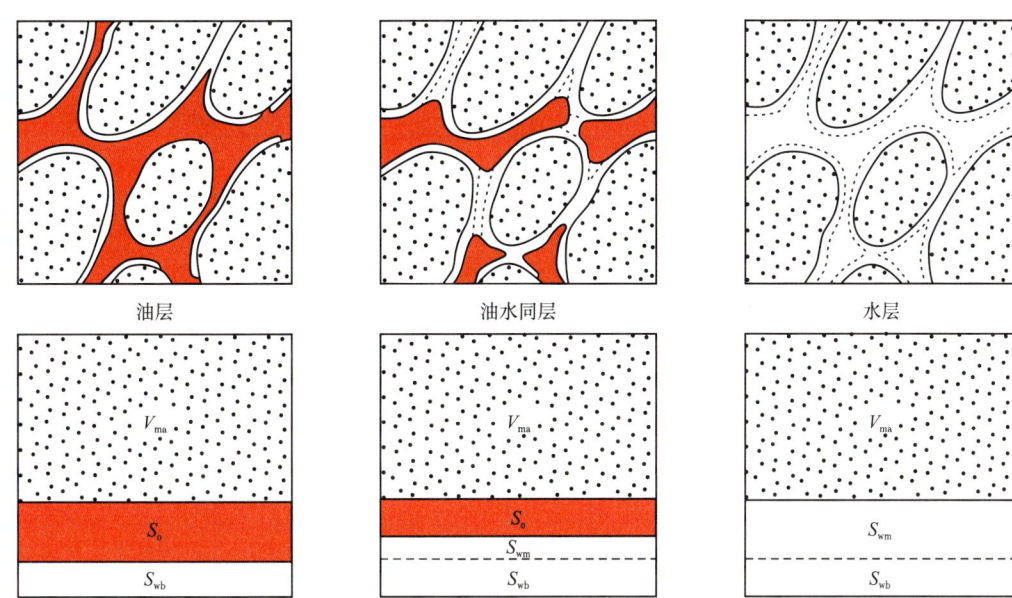

图 5-3-10 测井解释模型图

（2）油水同层：

$$\begin{cases} S_o + S_{wm} + S_{wb} = S_o + S_w = 1 \\ S_w > S_{wb}, \quad S_{wm} > 0 \end{cases}$$

式中：S_{wm} 为可动水饱和度。

孔隙空间为油（气）、可动水和束缚水三部分所饱和，指示产层的 $0 < K_{ro} < 1$，$0 < K_{rw} < 1$。

（3）水层：

$$\begin{cases} S_w = S_{wm} + S_{wb} = 1 \\ S_w > S_{wb}, \quad S_{wm} > 0 \end{cases} \text{或} \begin{cases} S_w + S_{or} = S_{wm} + S_{wb} + S_{or} = 1 \\ S_o = S_{or}, \quad S_{wm} > 0 \end{cases}$$

储层孔隙空间不含油或只含残余油（气），主要被水（包括束缚水和可动水两部分）所饱和，指示地层的 $K_{ro}=0$，$K_{rw} \to 1$。

2）分析方法

常用的"可动水分析法"是建立在产层 S_w 与 S_{wb} 关系基础上的一种解释评价方法。通常，采用两种形式进行分析，即交会法与重叠法。

交会法是由 S_{wb}（纵坐标）与 S_w（横坐标）组成的交会图（图 5-3-11），可直观指示产层的含油性和可动水。对于落在图上 45°线附近的点，由于基本满足 $S_w = S_{wb}$，因而 $S_{wm} = 0$，生产过程中不会出水。随着产层含水饱和度的增加，发生油层—低产油层—干层（当 $S_{wb} > 75\%$）过渡，最后趋于泥岩点，如图中箭头所示。对于落在 45°线右下方的点，始终满足 $S_w > S_{wb}$，因而 $S_{wm} > 0$，产水特征明显，含水率（F_w）随 S_{wb}/S_w 比值的减少而增大，如箭头方向所示，为油层—油水同层—水层。引起油层含油饱和度降低有两个原因：一是束缚水饱和度增加，因为它始终满足 $S_w = S_{wb}$，不出水，是油层—低产油层—干层变化过程的反映;二是可动水饱和度增加,这是产水率增大的反映,属于油层—油水同层—水层的变化过程。

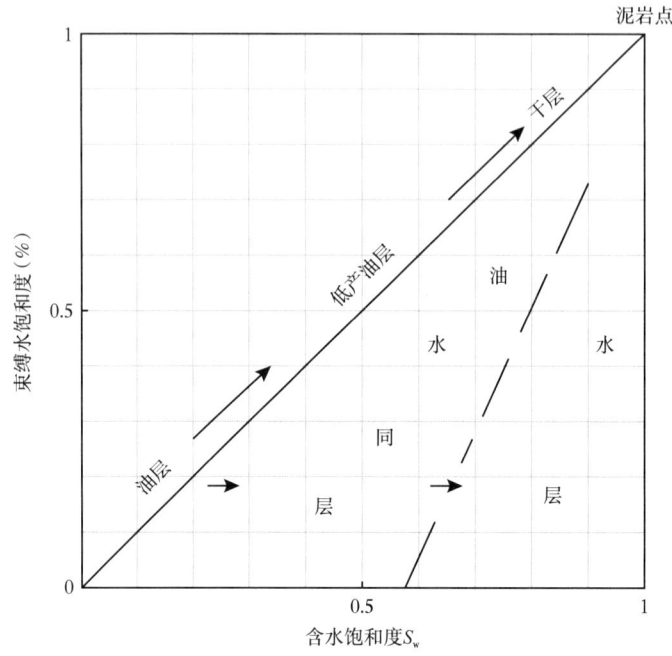

图 5-3-11　S_w-S_{wb} 交会示意图

重叠法是把 S_w 与 S_{wb} 以曲线形式表示,以统一的刻度和基线显示在成果图上(图 5-3-12)。如果 S_{wb} 与 S_w 基本重叠,即 $S_w=S_{wb}$,表明产层不含可动水,是油气层的显示。若 S_{wb} 很大,则趋于干层。如果出现 $S_w > S_{wb}$ 的幅度差,表明产层含有可动水,其含水率随着幅度差增加而增大,是油水同层或水层的显示标志。出现 $S_w < S_{wb}$ 的幅度差,是由于计算的 S_w 与 S_{wb} 参数不够匹配引起的。重叠曲线可作为成果质量控制和指示典型油层的标志。

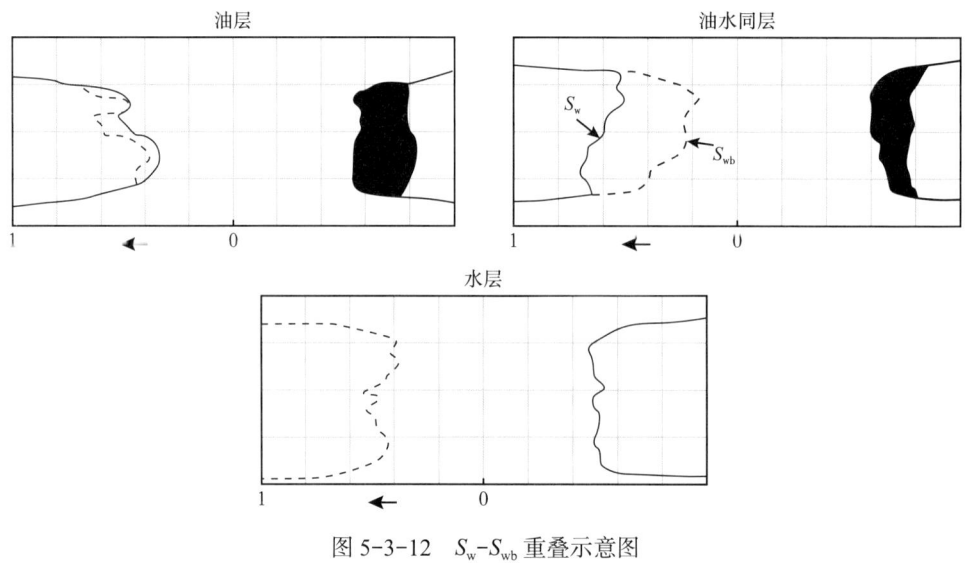

图 5-3-12　S_w-S_{wb} 重叠示意图

2. 定量描述地层的产液性质

利用测井信息直接计算产层的油（气）、水相对渗透率与产水率，目的在于实现对地层不同性质产液由定性描述向定量描述转变。其解释过程为：通过测井信息的还原，求解出反映储层油、水相对流动能力的相对渗透率（K_{ro} 与 K_{rw}），并进一步求出产层的含水率（F_w），最终以含水率（或含油率）这一动态参数实现对地层产液性质、层间与层内油水分布的定量描述。由此可见，这一方法的技术关键在于，如何利用测井信息直接求解出地层的束缚水饱和度、相对渗透率、含水率等参数。

产水率（F_w）采用式（5-3-4）计算，产油率则为：

$$F_o = 1 - F_w$$

最终根据 F_w 或 F_o 对地层的产液性质进行定量描述，并确定油水层的分布规律。

第四节　油气层的定性解释

在长期的油气层评价实践中，积累了一系列行之有效的经验，形成了定性与定量解释两个紧密相连的环节和相关分析方法。其中，测井定性解释以直观的推理演绎过程为基础，以分析测井曲线的响应特征及其组合关系为基本内容。尽管该技术形成于测井手工解释阶段，但即使在计算机处理广泛普及大数据、人工智能处理技术飞速发展的今天，测井定性解释的作用依然十分重要，特别是在油气层快速识别、地质特征评价等中有着重要实用价值（《测井学》编写组，1998）。

一、一般原理

测井解释始终是一种带有不确定性的活动。一方面，这是由于表征测井信息的曲线、数据是间接性的，与地下实际地质体之间有很大的差距，需要有一个相当复杂的"破译"或解释过程；另一方面，还在于地质体本身的复杂性，使任何解释人员都没有完全的把握，能够获得与地下实际几乎一致的答案。但是，人们可以通过提高获取信息的种类、精度，采用有效的分析技术，获得最逼近的解释结果。

1. 提高解释评价精度的三个基本要素

无论是单井解释还是多井解释，要取得最佳的解释效果，往往面临着三个重要问题，同时也是提高测井解释精度的三个基本要素。

1）占有信息量

经验表明，解释工作的成败，首先取决于占有的信息量，因此首先要解决好信息的采集与处理。在选择测井系列时，要求所采集的测井信息从类型到结构相互匹配，尽量符合合理的技术—经济界限，达到能够深刻揭示地层特性的目的。同时，要充分发挥测井解释人员、处理评价软件系统的作用，提取有用信息，剔除可能存在的假象，特别是对阵列、成像测井探测系统所采集大量信息的处理分析。例如，对碳酸盐岩、火山岩、含裂缝致密砂岩等非均质储层，要注重对反映不同探测范围孔洞缝信息资料的获取；对页岩油、页岩气等非常规储层需要注重能够提供矿物、孔隙特征、流体信息等实验资料及测井数据收集。

2）测井信息还原于地质参数

测井解释的任务在于把所采集的诸多原始信息通过分析，还原为反映地层特性的地质参数，以便对地下的地质情况、产层特性、油气层分布以及油藏特点等作出比较全面的评价和尽可能接近实际的解释。测井解释方法、软件系统是实现这一还原过程的桥梁。因此，要特别重视解释技术的研发、提高解释软件的功能及复杂问题的求解能力。

近年来，通过创新实验及理论研究，已在元素最优化岩石矿物组分定量计算、电成像测井储层孔洞缝精细评价、非线性声波孔隙度计算、非均质储层导电机理研究及饱和度模型确定、远探测反射波成像理论及方法、复杂孔洞储层产气量评价理论、斯通利波渗透率测井评价等方面取得重要突破，为复杂储层测井评价提供了有力支撑。

3）分析信息之间的关系

这里蕴含着两个方面的含义：一是注意排除测井信息本身的多解性；二是要尽可能提高利用测井信息综合求解地层特性的能力。

2. 分析刻度技术

刻度的目的是明确储层地质特性与测井物理量之间的关系，建立与研究区地质特点相适应的解释模式。测井评价所关注的储层地质特性与其类型密切相关，对常规储层，一般可从下列三个方面描述储层的地质特性：

（1）岩性，指组成岩石骨架的矿物成分及含量、杂基与胶结物成分的类型与含量，以及它们之间的组合关系与压实性，岩石颗粒的几何形状、尺寸与分布关系等等。

（2）物性，指岩石的储渗特性，包括岩石的孔隙类型及分布状态、孔隙结构、渗流特性及它们的度量参数，如孔隙度、渗透率、孔隙喉道半径、相对渗透率等，以及岩石的力学刚度等有关特性。

（3）含油性，指油气在储层内部的物理分布与饱和状态、油气性质以及度量这些特性的有关参数，如油（气）饱和度、含水饱和度、束缚水饱和度、原油黏度等。

非常规储层油气整体资源品位低，储层致密，岩性较复杂，多为薄互层，且非均质性和各向异性强。因此，对非常规储层地质特性的描述，除了岩性、物性、含油性外，还需考虑其脆性、生烃特性和地应力各向异性等。

测井解释的主要任务是，通过分析电阻率、自然电位、自然伽马、声波时差、体积密度、含氢量（中子测井值、核磁共振测井）等多种测井物理量与储层岩性、物性、含油性等之间的相关关系，构建通过测井资料还原地质信息的桥梁（如公式、方法等），形成地质参数的求解与评价能力。显然，在这一过程中，利用可靠的岩心、测试数据对测井资料、评价方法等进行有效刻度，是测井分析工作者获得地区经验、提高测井解释可靠性的重要环节。

采用岩心数据对测井数据进行分析刻度，一般可选择系统取心井进行，而尤以油基钻井液或密闭取心井的效果最佳。在一个油田或构造上，可根据地层的均质程度和横向变化情况来确定取心井的数量和密度。对于地质条件简单的地层，可均匀地部署少量的取心井。反之，对地质条件复杂、非均质强的地层，应增加取心井的数量。总之，应以取心井作为地质特性分析的"窗口"和测井解释的"标尺"。

分析刻度可以通过交会图、直方图、群分析或统计回归分析等技术进行。如上所述，首先在于搞清测井响应与地质特性之间的基本关系，获取地区性的经验知识；其次是确定测井物理量与地质参数之间的定量转换关系。例如，对于砂岩储层，一般有如下特点：（1）砂岩岩性的粗细直接控制着储层渗透性的变化，也就是说，砂岩岩性变细的过程就是产层物性变差的过程，如图5-4-1的交会图所示；（2）砂岩粒度的粗细控制着储层孔隙结构的变化，并直接引起束缚水饱和度和油层含油饱和度的变化；（3）产层岩性逐渐变细反映在测井响应上是电阻率降低的过程。

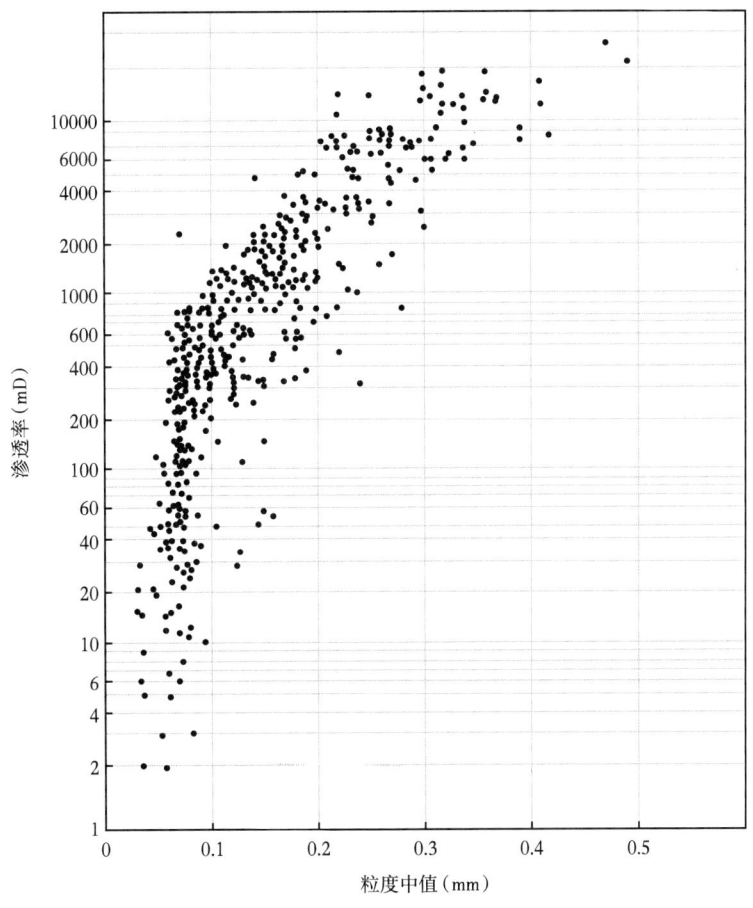

图 5-4-1 粒度中值与渗透率关系图

二、测井响应特征与油、气、水层综合分析模式

许多测井方法都是为探测油气层而设计，且它们的探测能力都是建立在这些信息对油气水物理、化学性质响应差异基础之上。即使如此，任何一种测井方法都难以单独对油气层作出精确解释，综合分析是油气层评价的必由之路，因此，对各种测井信息及其处理成果的综合分析成为测井评价的重要内容。

1. 测井曲线形态及变化规律

测井资料特征及规律分析的内容主要包括：地质剖面上主要岩石矿物的测井响应特征，孔隙性或（和）裂缝性储层的测井响应特征，油、气、水层的响应特征，储层粒度、泥质含量、孔隙性与渗透性变化的测井响应特征，裂缝发育带及溶洞的响应特征，特殊地质现象的响应特征，不同沉积及裂缝的电成像图像特征，不同类型流体在二维核磁共振图谱上的特征，不同尺度缝洞体在远探测声波成像上的特征，等等。

显然，这些响应特征既有属于原理性的，又有属于经验性的。由于测井资料本身的局限性，有时一个地区经验性的显示特征可能比原理性的特征更富有价值。

实践表明，采用曲线组合或重叠分析技术或交会图、直方图等有利于测井异常响应特征的分析。例如，中子、密度、声波三孔隙度测井曲线重叠显示可用于识别岩性和气层、划分油气界面等方面；对于均质孔隙性地层，或缝洞发育呈网络状分布的趋于各向同性的裂缝性储层，利用深、浅侧向测井电阻率曲线的重叠技术，可评价地层的产液性质、确定油水界面；对于基质孔隙度小、裂缝呈明显单向性发育的裂缝性储层，深浅双侧向测井电阻率曲线重叠能够比较有效地识别地层裂缝，并可用于分析裂缝的角度、张开度等，如图 5-4-2 所示。需要指出的是，响应特征分析的具体内容与研究对象有关，而且随着探测技术的发展和解释评价理论的进步而处于不断丰富、发展之中。

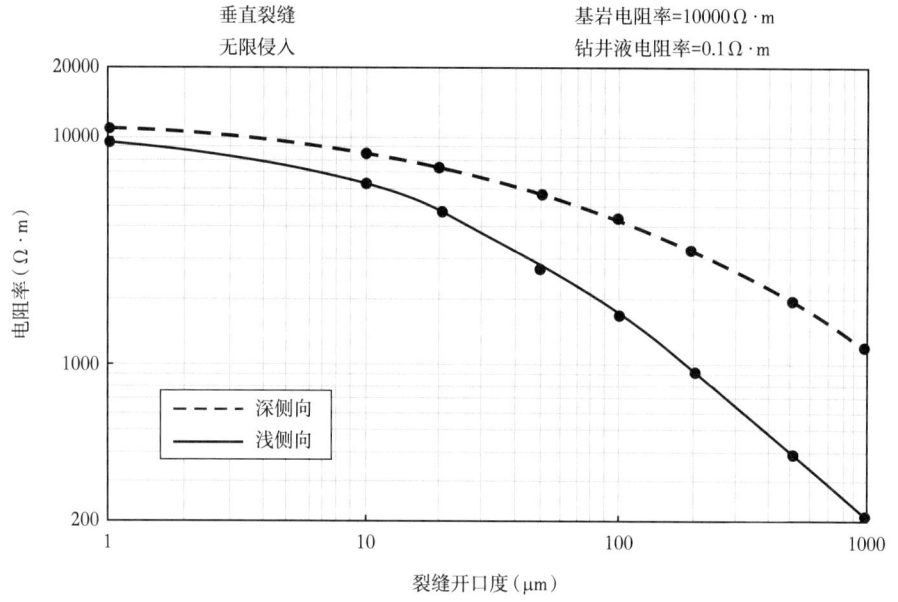

图 5-4-2　在垂直裂缝中双侧向电阻率的幅度差（据 Sibbit et al.，1985）

2. 排除测井信息的多解性

测井数据处理的目的和作用是从各种测井信息中剔除与地下地质特性无关的信息，排除多解性，尽可能提供与实际地质特征一致的评价结论。主要的分析思路有两条：一是在排除多解性的基础上，通过优化组合与简化的解释模型，获取直接指示地下地质特性的演绎信息；二是应用先进的处理技术、优化的解释模型，实现测井信息的还原，求解描述地质特性的各种参数。

3. 建立地区性的油气层分析模式

建立油、气、水层的分析模式，对于成功评价油气层有十分重要的意义。经验表明，形成如实描述实际油气层特点的分析模式，可以促使理论知识的深化，激发专家经验与技能的发挥，形成解决实际问题的突破力。

我国地质条件复杂，储层岩性与类型多样，各种不同类型的油藏并存于同一盆地，断层十分发育。这一系列复杂的地质因素导致测井油气层评价的复杂性，往往具有以下几个方面的难度：

（1）储层类型复杂、岩性变化很大，既有沉积岩又有火成岩、变质岩，往往表现为孔隙型与裂缝型并存。

（2）构造复杂、断层发育、油水关系极其复杂。在同一构造、同一层系中，多套油水系统并存，而且在纵、横向上都有很大的变化。

（3）地层水矿化度变化很大。以东营凹陷为例，仅在古近系的不同含油（气）层系中，地层水矿化度由几百毫克每升变化到几十万毫克每升，在纵、横向上都有较大的变化率。

（4）原油性质变化大。在同一构造的不同断块与不同层系，原油密度由小于 $0.85g/cm^3$ 的轻质油，变化至大于 $1.0g/cm^3$ 的重质油。

上述一系列特点，必然引起特征各异的测井响应。认识、总结这些特征，形成典型的分析、判断模式，具有重要意义。下面具体分析几种主要的模式。

1）孔隙性与裂缝性产层的分析与判断模式

在测井曲线与计算机数据处理成果图上，孔隙性与裂缝性储层的油、气、水层特点有较大的不同，这是由于它们的地质特性与测井响应之间具有不同的相关关系。

对于孔隙性储层，特别是高—中孔隙性地层，有如下相关性：

（1）油气层：随着岩性变粗、泥质含量变低，产层渗透率增大，束缚水含量减小，含油饱和度增大，因而导致电阻率升高。

（2）水层：随着岩性变粗、泥质含量变低，渗透率增大，束缚水含量减小。在中—高矿化度条件下，将导致水层电阻率降低，而在低矿化度条件下，有可能引起水层电阻率升高。

对于裂缝性地层，油气层的测井响应模式与以上不同。由于低孔隙度特点，往往使裂缝发育段的油气层电阻率反而低于非裂缝段地层，表现为高电阻率层段中的低电阻率显示。同时，也与一系列综合特征相联系。例如，视中子孔隙度增大，出现低密度数值，微电阻率测井出现低电导率异常，全波列测井出现干涉图形及幅度衰减等。特别是成像测井信息，对于识别各种类型的裂缝、洞孔，分析其产状与组合关系，以及评价缝洞的有效性、连通性，都有独特的效果。

2）气层的分析模式

与油层相比，气层有两个特点：一是天然气具有极强的渗滤能力，对储集条件要求较低，有较强的运移能力，无论是浅部欠压实的高—中孔隙度地层，还是深部压实、固结的低孔隙度地层，以及复杂岩性地层，都可能聚集成天然气藏，因此，分析储气层的物性下限时应考虑这一特点；二是出现多种异常测井响应特征，例如，声波时差数值增大或出现明显的周波跳跃，中子孔隙度测井读数减小，密度测井数值降低，井温曲线出现低温异常等。

上述特点决定了气层有自己的测井响应特征及相应的分析模式。尤其是深部天然气层，一般测井显示不甚明显，容易受岩性、物性及泥质含量的影响，不易与水层、低产油层区分。因此，注意总结深部气层的分析模式，对于提高气层的识别能力有极其重要的意义。

3）气、油、水层的分析模式

最简单的模式是气—油—水重力分异的模式，人们根据地区性的气油、油水界面，对钻探新井进行解释。对于构造简单，储层沉积稳定，气、油、水界面具有良好对比性的油气田，这是一种有效的分析方法。但在构造复杂、断层十分发育、储层变化大的地区，呈现在人们面前的却是另一种气、油、水关系，且交互变化的模式，甚至出现隔层很薄（1m左右或小于1m）的情况下，水层在上油层在下的倒置状态。应该指出，在我国渤海湾地区的复式油气藏中，这种复杂油水关系并非是一种罕见的地质现象。这种上水下油的倒置状况，在一些重质油藏中（原油相对密度大于1）也能见到。

通常在未搞清地区地质特点之前，这种复杂的油水关系模式，一般令人难以理解与接受，甚至不敢突破固有的概念，做出正确的判断。但这种状况在不少地区确实客观存在。

4）不同层系和不同岩性油、气、水层的分析模式

不同层系的油、气、水层，由于具有不同的岩性、物性、地层水矿化度以及原油性质等地质特性，测井响应特征往往有很大的差异，特别对于复杂的地质条件更是如此。因此，在这种情况下，按构造区块、层系和岩性建立地区性的多层次分析与判断模式，有重要的实际意义。这是测井分析工作者在解释过程中，运用一般解释原理去研究特定地质对象的重要途径。

图5-4-3是利用东营凹陷北坡的实际资料，统计得出的不同地层水矿化度条件下油层电阻率的变化趋势。这种统计关系具有强烈的地区性特点，而且采用含水饱和度的概念有助于克服由于矿化度变化大所引起的油气层识别的困难。实践证明，建立这种具有地层特色的统计关系，对于认识油气层的测井响应特征，形成地区性的综合分析模式有较大的实用价值。

三、综合应用测井与非测井资料

在长期实践中，人们深刻认识到综合应用非测井资料的重要性。一方面，这是因为测井分析是一种反向还原地质特征的过程，只有在岩心、测试资料以及油田地质研究成果的支撑下，应用分析刻度技术，才有可能具备对地下地质特性的准确求解能力；另一方面，在复杂的地质条件下，测井资料及其解释原理与方法的有效性将发生明显的变化。因此，综合应用来自测井与非测井的资料是排除这种技术困难的有效途径。

测井与非测井资料的综合分析主要包括以下几个方面的内容：

1. 资料的编辑与处理

资料的编辑与处理，其实质是做好资料与数据的集总与管理，以便消除与地层特性无关的资料，校正因环境因素影响的"假"信息，组成能够揭示地层特性的数据体。这一数据群应具有如下的特点：（1）层位、深度的一致性与对应性；（2）分析地质事件的层次性与多维性；（3）描述地质特性的清晰度与直观性；（4）有利于进行多层次与全方位的综合分析。

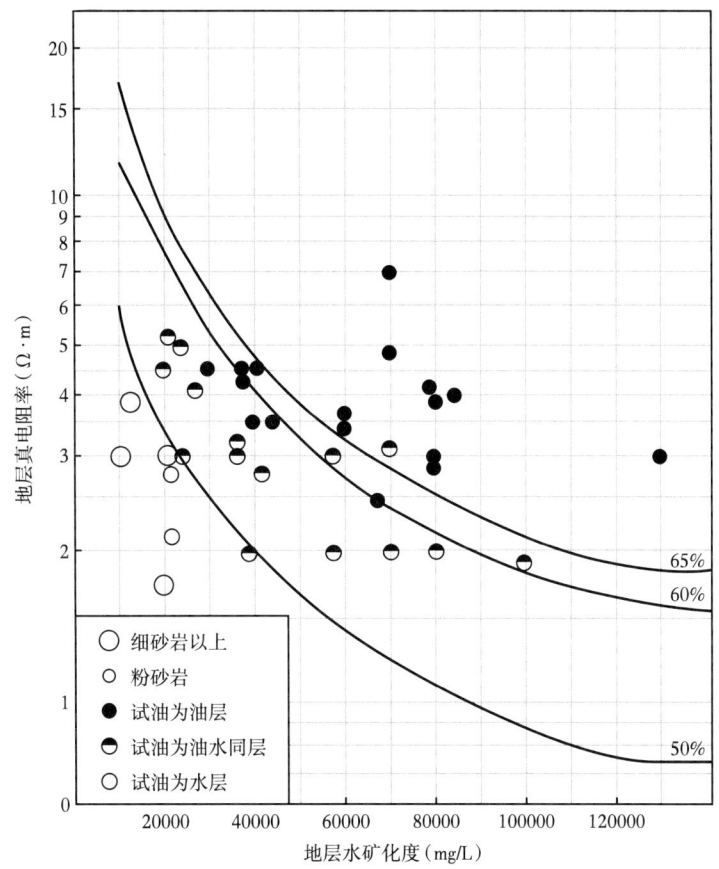

图 5-4-3 东营凹陷地层水矿化度与电阻率关系图

2. 单项资料的精细分析

对单项资料进行精细分析的目的是尽可能有效发挥各专业领域专家经验与技能，在消化和吸收各种单项资料的基础上，为综合分析提供有利或有意义的信息，保证以最佳思维路线达到综合解释的目标。

3. 综合分析过程中的推理与判断

推理与判断是综合解释的核心环节以及决策的基础。所谓推理与判断，并不是对各项资料等量齐观，也不是孤立地对某一单项资料的肯定与否定，而是把资料群作为一个整体，通过综合分析资料的一致性与相异处，辩证地分析各项资料之间的相关关系，揭示地层特性，深化对地层性质的认识，提供与地层原貌尽量逼近的答案，排除多解性。重要的是，必须明确各项资料在不同条件下的特点。譬如，气层与轻质油层的岩心、岩屑和井壁取心，一般难以见到比较明显的油气显示，如果不注意对测井与气测资料分析，就容易漏掉这部分很有意义的产层。反之，在含稠油的地区，一些含油水层的岩心、岩屑和井壁取心，常常给人以含油情况颇好的假象，这时应侧重于测井与气测资料的分析，否则容易把它们解释为油层或油水同层。

总之，由于测井资料的多解性与模糊性，有时单纯依赖测井资料很难对地层的产液性质作出比较准确的评价。如果地层含有天然气或轻质油，而岩心或岩屑无法清楚地传递地下的油气信息,就会造成推理与判断上的错误。因此,在这种情况下,就应加强气测资料分析,充分利用中途测试等手段。

同时,应注意各种环境因素影响导致综合资料的失真。例如,钻井液密度过大,将会影响气测、岩屑录井和井壁取心油气显示。这些都要在综合分析过程中正确地加以分析与排除。

此外,在推理与判断过程中,还要注意储集特性与油水分布的一般规律与特殊性。一些复式油气藏,由于沉积条件与岩性变化大、断层发育、油水分布十分复杂,甚至造成同一口井不同层段或同一层段的测井响应特征相差甚大。如果不注意这些特点,仅仅采用一般规律进行分析,容易出现判断失误。

第五节 油气层的定量解释

测井定量解释以基于实验分析、理论推导获得的定量表征模型为基础,以矿物含量、孔洞缝特征、孔隙度、饱和度、渗透率等储层参数定量计算为核心。随着勘探开发领域的不断拓展,测井评价的对象发生了巨大变化。为了满足实际生产对测井的技术需求,近年来,在测井资料采集、数据处理与分析等方面研发形成了一系列新方法、新技术,促使测井定量解释技术不断发展。

油气层定量解释的基础是各种理论模型及响应方程,如纯岩石的均质模型、泥质砂岩的分层各向同性模型、碳酸盐岩的非均质各向异性模型等,这些内容在本书第二章已有详细描述。油气层定量解释的核心是不同类型储层参数的定量计算,相应方法在本书第四章已有详细描述。

随着油气勘探开发对象及复杂程度的变化,在生产实践中研究并提出了不同的定量解释方法。早期,针对泥质砂岩提出了POR程序定量解释方法。该方法按照统一的经验公式计算地层泥质含量,简单实用,输入测井曲线数目少,在地质情况比较简单的情况下,可得到较好的定量解释结果。之后,在POR程序基础之上提出了CLASS程序定量解释方法。该方法对泥质和黏土含量计算作了进一步改进和优化,并且将黏土阳离子交换能力(CEC)计算及W-S饱和度模型融入处理程序之中,提高了泥质砂岩的定量解释精度。后来,碳酸盐岩逐渐成为重要的勘探对象,骨架矿物复杂、次生孔隙发育是其显著的特征。为此,国外阿特拉斯公司提出了复杂岩性CRA程序定量解释方法。POR、CLASS、CRA等程序是依据固定的解释模型,采用有限的测井方法分步计算地层储集参数,其优点是程序结构简单,在岩性和油水关系不太复杂的情况下,一般能够取得较好的应用效果。

随着勘探对象复杂程度的进一步增强,基于单一模型的解析求解变得异常困难。实际上,任何测井响应方程都是基于实际地层简化后建立的,只能近似地反映理论测井值与储层参数向量之间的关系。此外,响应方程中解释参数的选择也存在误差。因此,可将储层参数的定量求解转化为在一定初始值下的最优化问题,最优化程序定量解释方法逐渐形成。

20世纪80年代,斯伦贝谢公司提出了GLOBAL测井资料最优化解释程序,之后改进形成了地层组分分析 ELAN 程序。后来阿特拉斯公司 OPTIMA、哈里伯顿公司的 ULTRA 以及国内 Forward 多矿物模型分析程序等相继推出。上述最优化处理方法与程序中，响应方程主要采用常规测井曲线，依据均匀层状地层模型建立。这些最优化模型在常规均质储层中应用效果较好，但在岩石组成类型多样、矿物成分复杂的地层中识别能力不足。同时，受岩性变化及孔隙分布影响，地层测井响应特别是电阻率响应特征更为复杂，以均质地层模型建立的响应方程进行最优化处理得到的地层组分含量会存在较大的偏差。因此，近年来，针对复杂岩性及非常规勘探目标、最新的测井采集新技术，对最优化定量解释方法作了进一步改进（冯周等，2014）。

下面首先介绍经典的 POR 程序、CLASS 程序和 CRA 程序定量解释方法，然后介绍最新的最优化定量解释方法。

一、POR 程序定量解释方法

POR 程序是单孔隙度测井泥质砂岩油气层分析程序，其主要特点是简单、实用，要求输入的测井曲线数目少，在地质情况比较简单的情况下可以得到较好的定量解释结果。POR 程序的计算框图如图 5-5-1 所示（《测井学》编写组，1998），该框图反映了油气层的定量解释过程。

1. 计算泥质含量

砂岩泥质含量是影响油气层定量解释的关键因素之一。因此，在进行测井定量解释时，首先要计算出地层泥质含量。从各种测井方法的原理可知，几乎所有测井方法都要受到泥质含量的影响，因而可用来求泥质含量的测井方法很多，每种方法都有其有利条件和不利因素。例如，自然伽马测井是求泥质含量最有效的方法之一，它假定地层的自然伽马放射性是由泥质造成的，当地层含放射性矿物和有机质时，用自然伽马求出的泥质含量偏高；又如，自然电位对含分散泥质的水层适用，但对油气层求出的泥质就偏高。总之，实际遇到的地层情况是复杂的，很难有一种方法对各种情况均适用。因此，求泥质含量的基本思路是：先用尽可能多的方法单独计算泥质含量，然后取其中最小值作为泥质含量参数。这是因为各种方法计算出的泥质含量反映的是泥质含量上限值。POR 程序中最多可以采用五种最常用的方法计算泥质含量，即自然伽马（GR）、自然电位（SP）、补偿中子（CNL）、地层电阻率（RT）、中子寿命（NLL）。

POR 程序中，各种测井方法统一按下面的经验公式计算地层泥质含量：

$$V_{shi} = \frac{\text{SHLG}_i - \text{GMIN}_i}{\text{GMAX}_i - \text{GMIN}_i}, \quad i=1,2,\cdots,5 \qquad (5\text{-}5\text{-}1)$$

$$V_{shi} = \frac{2^{\text{GCUR} \times \text{SH}_i} - 1}{2^{\text{GCUR}} - 1} \qquad (5\text{-}5\text{-}2)$$

式中：SHLG_i 为解释层段内第 i 条曲线测井值；GMIN_i 为第 i 条曲线在纯砂岩处的测井值；GMAX_i 为第 i 条曲线在纯泥岩处的测井值；SH_i 为第 i 条曲线测井相对值；GCUR 为地区经验系数（对古近—新近纪地层为 3.7，对老地层为 2.0，也可以由本地区的实际资料统计获得）；V_{shi} 为由第 i 条曲线求出的泥质含量。

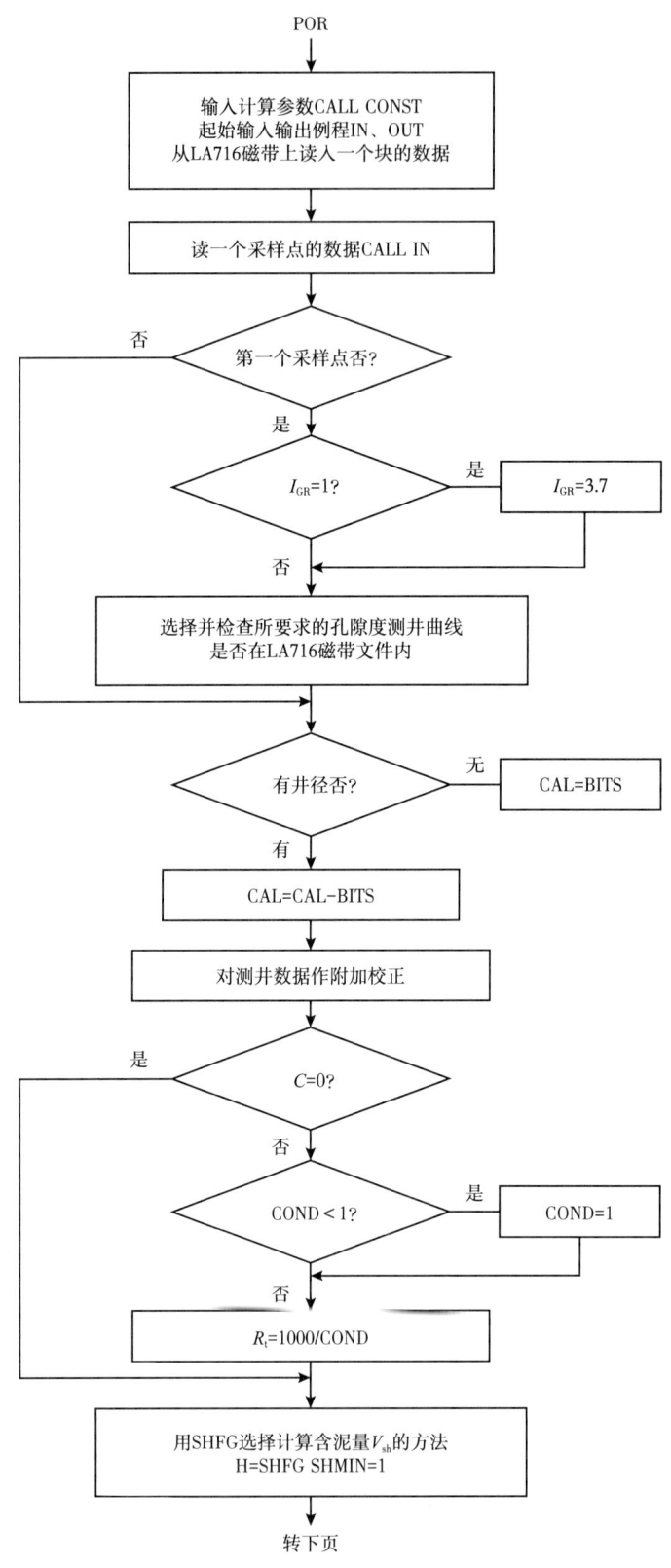

图 5-5-1 POR 程序计算框图

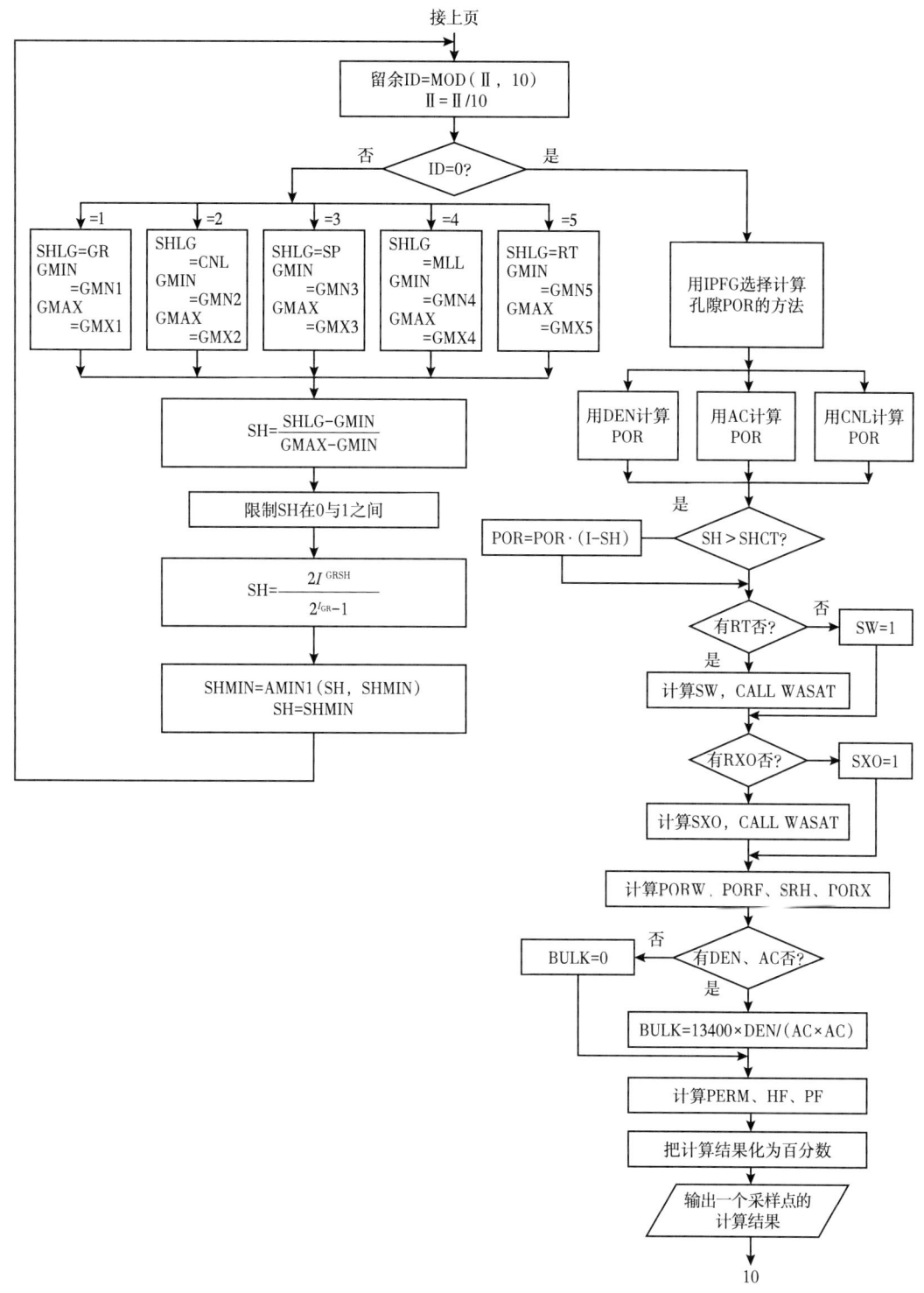

图 5-5-1 POR 程序计算框图（续）

在进行具体计算时，可通过标识符 SHFG 的值来选用计算泥质含量的测井方法。例如，当只采用 GR 计算 V_{sh} 时，则令 SHFG=1；当采用 GR、SP、RT 三种方法时，则令

SHFG=135；或令 SHFG=351 等任意排序法；当选用五种方法时，SHFG 代表的数字不得超过双字节所表示的十进制数，即 $2^{15}-1=32767$。最终程序将通过取整留余法选择所采用各种方法求出的最小值作为最终泥质含量，即 $V_{\text{sh}}=\min(V_{\text{sh}i})$，$i=1,2,\cdots,5$。

需要指出，经验公式（5-5-2）是阿特拉斯公司在美国海湾地区用自然伽马相对值确定泥质含量的经验关系，后来又推广应用于其他测井方法。

2. 计算孔隙度

POR 程序采用单矿物含水泥质岩石模型来计算地层孔隙度。用户可以通过程序控制标识符 PFG 来选用三种孔隙度测井中的任一种方法计算孔隙度。在实际计算时，只进行泥质校正，而未作油气影响校正。

（1）密度测井（PFG=1）。

$$\phi=\frac{\rho_{\text{b}}-\rho_{\text{ma}}}{\rho_{\text{f}}-\rho_{\text{ma}}}-\frac{V_{\text{sh}}(\rho_{\text{sh}}-\rho_{\text{ma}})}{\rho_{\text{f}}-\rho_{\text{ma}}} \quad (5-5-3)$$

式中：ρ_{b} 为地层密度，g/cm³；ρ_{f}、ρ_{ma} 分别为孔隙流体和岩石骨架的密度，g/cm³。

（2）声波测井（PFG=2）。

$$\phi=\frac{\Delta t-\Delta t_{\text{ma}}}{(\Delta t_{\text{f}}-\Delta t_{\text{ma}})C_{\text{p}}}-\frac{V_{\text{sh}}(\Delta t_{\text{sh}}-\Delta t_{\text{ma}})}{\Delta t_{\text{f}}-\Delta t_{\text{ma}}} \quad (5-5-4)$$

式中：Δt 为地层声波时差，μs/ft；Δt_{f}、Δt_{ma} 分别为孔隙流体与岩石骨架的声波时差，μs/ft；C_{p} 为地层压实校正系数。

（3）补偿中子测井（PFG=3）。

一般采用忽略骨架含氢指数的计算方法，即：

$$\phi=\phi_{\text{N}}-V_{\text{sh}}\phi_{\text{Nsh}} \quad (5-5-5)$$

式中：ϕ_{N} 为地层补偿中子孔隙度；ϕ_{Nsh} 为泥质的中子孔隙度。

当 V_{sh} 大于泥质截止值（SHCT）时，认为地层为泥岩，此时程序将计算的孔隙度 ϕ 再乘以系数 $1-V_{\text{sh}}$，即 $\phi(1-V_{\text{sh}})$ 作为孔隙度值，以便把泥岩与砂岩区别开来。

3. 计算含水饱和度

用户可通过选择含水饱和度标识符 SWOP，用下列三个公式之一计算地层含水饱和度。

当 SWOP=1 时，采用 Simandoux 公式的简化形式：

$$S_{\text{w}}=\frac{1}{\phi}\left(\sqrt{\frac{0.81R_{\text{w}}}{R_{\text{t}}}}-V_{\text{sh}}\frac{R_{\text{w}}}{0.4R_{\text{sh}}}\right) \quad (5-5-6a)$$

式中：R_{w}、R_{t} 和 R_{sh} 分别为地层水电阻率、地层真电阻率和泥岩电阻率，Ω·m。

当 SWOP=2 时，采用阿奇公式：

$$S_{\text{w}}=\frac{(aR_{\text{w}})^{\frac{1}{n}}}{\phi^{m}R_{\text{t}}} \quad (5-5-6b)$$

式中：a、m 分别为 F-ϕ 关系式中的系数和指数；n 为饱和度指数。通常取 $a=1$，$n=2$，按 $m=1.87+0.019/\phi$。当 $\phi > 0.1$ 时，令 $m=2.1$；当 $m > 4$ 时，令 $m=4$。

当 SWOP=3 时，仍用阿奇公式，但规定 $a=0.62$，$m=2.15$，$n=2$。

4. 计算渗透率

POR 程序中采用 Timur 公式计算地层绝对渗透率：

$$K = \frac{0.136\phi^{4.4}}{S_{wb}^2} \tag{5-5-7}$$

式中：S_{wb} 为束缚水饱和度，小数；ϕ 为孔隙度，小数；K 为绝对渗透率，mD。

5. 计算其他辅助地质参数

（1）计算地层含水孔隙度 ϕ_w 与冲洗带含水孔隙度 ϕ_{xo}：

$$\phi_w = \phi S_w \tag{5-5-8}$$

$$\phi_{xo} = \phi S_{xo} \tag{5-5-9}$$

显然，两者之差即 $\phi_{xo} - \phi_w = \phi(S_{xo} - S_w)$ 表示地层中可动油气孔隙度，而 $\phi - \phi_w$ 则表示地层中含油气孔隙度。

（2）经验法估计冲洗带残余油气饱和度 S_h：

$$S_h = \text{SRHM}(1 - S_w) \tag{5-5-10}$$

式中：SRHM 为残余油气饱和度与含油气饱和度相关的地区经验系数（隐含值 0.5）。

（3）冲洗带残余油气相对体积（V_{hr}）及残余油气质量（m_{hr}）：

$$V_{hr} = \phi S_{hr} \tag{5-5-11}$$

$$m_{hr} = V_{hr} \rho_h \tag{5-5-12}$$

式中：ρ_h 为油气密度，g/cm^3。

计算这两个参数的作用在于，当油气密度可靠时，可用 V_{hr} 和 m_{hr} 划分油气界面。显然，对油层来说，$V_{hr} = m_{hr}$；对气层而言，V_{hr} 远大于 m_{hr}。

（4）计算累计孔隙厚度（PF）和累计油气厚度（HF）。

累计孔隙厚度为

$$\text{PF} = \sum_{i=1}^{m} \phi_i \Delta h \tag{5-5-13}$$

式中：Δh 为测井曲线采样间隔（通常为 0.125m 或 0.1m）；ϕ_i 为第 i 个采样点的孔隙度。

累计油气厚度为

$$\text{HF} = \sum_{i=1}^{m} \phi_i (1 - S_{wi}) \Delta h \tag{5-5-14}$$

式中：S_{wi} 为第 i 个采样点用测井信息计算的含水饱和度。

PF 和 HF 表示从某一深度开始累计得到的纯孔隙厚度和纯油气厚度。在测井定量解释成果图上，通常在某些深度位置上用短线表示，每相邻短线之间累计孔隙厚度或累计油气厚度为 1m 或 1ft。处理井段的短线越多，说明地层孔隙越发育或油气越多。如处理井段共有 N 个，该井控制面积为 S，则处理井段油气体积 $V_h=NS$。

（5）出砂指数（BULK）。这是用来表示砂岩强度和稳定性的参数，其计算方法由下式给出：

$$\mathrm{BULK} = 13400 \frac{\rho_b}{\Delta t^2} \qquad (5\text{-}5\text{-}15)$$

式中：ρ_b 为体积密度，g/cm³；Δt 为声波时差，μs/ft；BULK 为出砂指数，10^6lb/in²（≈7.04×10^8kg/m²），数值一般在 1~10 之间。

该参数用于指导采油作业。经验表明，当 BULK ≥ 3×10^6lb/in² 时，正常求产方式下采油不出砂；否则就会出砂，这时应减小油嘴生产，可不出砂或少出砂。

6. 估计油气密度

经理论推导和实验研究，砂岩油层和气层中油的密度和气的密度可分别由下式估算：

（1）油的密度。

$$\rho_o = \frac{0.7\left(1+\frac{\phi_N}{\phi_D}\right)S_{hr} - \left(1-\frac{\phi_N}{\phi_D}\right)}{\left(1+0.72\frac{\phi_N}{\phi_D}\right)S_{hr}} \qquad (5\text{-}5\text{-}16a)$$

（2）气的密度。

$$\rho_g = \frac{\left(1+0.72\frac{\phi_N}{\phi_D}\right)S_{hr} - \left(1-\frac{\phi_N}{\phi_D}\right)}{\left(2.2+0.8\frac{\phi_N}{\phi_D}\right)S_{hr}} \qquad (5\text{-}5\text{-}16b)$$

式中：ϕ_N、ϕ_D 分别为油层和气层的密度孔隙度及中子孔隙度；S_{hr} 为残余油气饱和度。

注：初始值迭代时，令 $S_{hr}=0.5$，$\phi_{hr}=0$，取 $\rho_h=\max(\rho_o, \rho_g)$。

7. 中子—密度交会法求解 ϕ_{xo} 和 V_{sh}

泥质砂岩油气层模型，联立中子、密度测井响应方程，有：

$$\begin{cases} 1 = V_{ma} + V_{sh} + \phi_{xo} + \phi_{hr} \\ \rho_b = V_{ma} + V_{sh}\rho_{sh} + \phi_{xo}\rho_f + \phi_{hr}\rho_h \\ \phi_N = V_{ma}\phi_{Nma} + V_{sh}\phi_{Nsh} + \phi_{xo}\phi_{Nf} + \phi_{hr}\phi_{Nh} \end{cases} \qquad (5\text{-}5\text{-}17)$$

三个方程能解三个未知数。

假定 ϕ_{hr} 已知，原方程组变为：

$$\begin{cases} 1 - \phi_{hr} = V_{ma} + V_{sh} + \phi_{xo} \\ \rho_b - \phi_{hr}\rho_h = V_{ma}\rho_{ma} + V_{sh}\rho_{sh} + \phi_{xo}\rho_f \\ \phi_N - \phi_{hr}\phi_{Nh} = V_{ma}\phi_{Nma} + V_{sh}\phi_{Nsh} + \phi_{xo}\phi_{Nf} \end{cases}$$

解之得：

$$\begin{cases} \phi_{xo} = A_1 X + B_1 Y + C_1(1-\phi_{hr}) \\ V_{sh} = A_2 X + B_2 Y + C_2(1-\phi_{hr}) \end{cases} \quad (5\text{-}5\text{-}18)$$

其中

$$X = \rho_b - \phi_{hr}\rho_h, Y = \phi_N - \phi_{hr}\phi_{Nb} \approx \phi_N - \phi_{hr}\rho_h$$
$$A_1 = (\phi_{Nsh} - \phi_{Nma})/(-D), A_2 = (\phi_{Nf} - \phi_{Nma})/(-D)$$
$$B_1 = (\rho_{sh} - \rho_{ma})/D, B_2 = (\rho_f - \rho_{ma})/(-D)$$
$$C_1 = (\rho_{ma}\phi_{Nsh} - \phi_{Nma}\rho_{sh})/D, C_2 = (\rho_{ma}\phi_{Nf} - \phi_{Nma}\rho_f)/(-D)$$
$$D = (\phi_{Nf} - \phi_{Nma})(\rho_{sh} - \rho_{ma}) - (\rho_f - \rho_{ma})(\phi_{Nsh} - \phi_{Nma})$$

8. 迭代、判断

（1）取 $\phi = \phi_{xo} + \phi_{hr}$。
（2）由 POR 程序中的方法计算 S_w。
（3）当 $S_w > 0.7$ 时，无须迭代（说明地层无油气或油气较少）。
（4）当 $S_w \leq 0.7$ 时，作油气校正。
①重新计算 $S_{hr} = \text{SRHM}(1-S_w)$；
②重新计算 $\phi_{hr} = \phi S_{hr}$；
③对中子、密度作油气校正：

$$\begin{cases} \rho_b = \rho_b - \phi_{hr}\rho_h \\ \phi_N = \phi_N - \phi_{hr}\rho_h \end{cases}$$

④当相邻两次迭代的 $|\Delta\phi_{hr}| < 0.005$ 时，终止迭代；否则重新计算 ρ_h，重复上述各步迭代运算，直到获得令人满意的测井定量解释结果为止。

图 5-5-2 是胜利油田的一口探井成果图。该井储层岩性以粉砂为主，泥质含量较高，孔隙度为 20%~30%。这些特点说明，油气层具有较高束缚水饱和度和较低的含油气饱和度。例如，2292.9~2299.6m 处（解释层号 02290~02300 之间），含水饱和度为 30%~45%，含油气饱和度为 55%~70%，泥质含量约为 10%，渗透率为 30mD，孔隙度约为 25%，测试结果日产油 76t，无水；2306.8~2313.5m（解释层号 02310 附近）显示与上层很相似，但岩性较粗，泥质含量增加，含油气饱和度有所下降，但仍为油层；2321.6~2326.6m（解释层号 02320~02330 之间）泥质含量较低，而含水饱和度却进一步增大，表明此层虽然含油，但又明显含可动水，故可解释为油水同层。

二、CLASS 程序定量解释方法

CLASS 程序是应用测井资料分析地层中黏土矿物和用 W-S 模型定量解释泥质砂岩地层的分析程序。主要思路及特点在于：（1）把地层中油、气、水视为混合流体，以求准混合流体密度为基本出发点之一，先设法求准混合流体密度，再求准黏土含量和孔隙度，而不是采用中子—密度交会；（2）全面分析黏土性质；（3）将 W-S 模型和双水模型结合计算总含水饱和度。它应用中子、密度、能谱等测井信息计算泥质砂岩地层的黏土含量、黏土中束缚水含量、干黏土含氢指数、黏土阳离子交换能力（CEC）及容量（Q_v）、地层总孔隙度和有效孔隙度，分析地层中黏土矿物分布形式，用双水模型和W-S模型结合计算地层水电阻率及含水饱和度，用经验法分别计算储层中油气、水的相对渗透率，从而更全面地评价泥质砂岩储层，加深对油田地质情况和油气层产能的认识（《测井学》编写组，1998）。

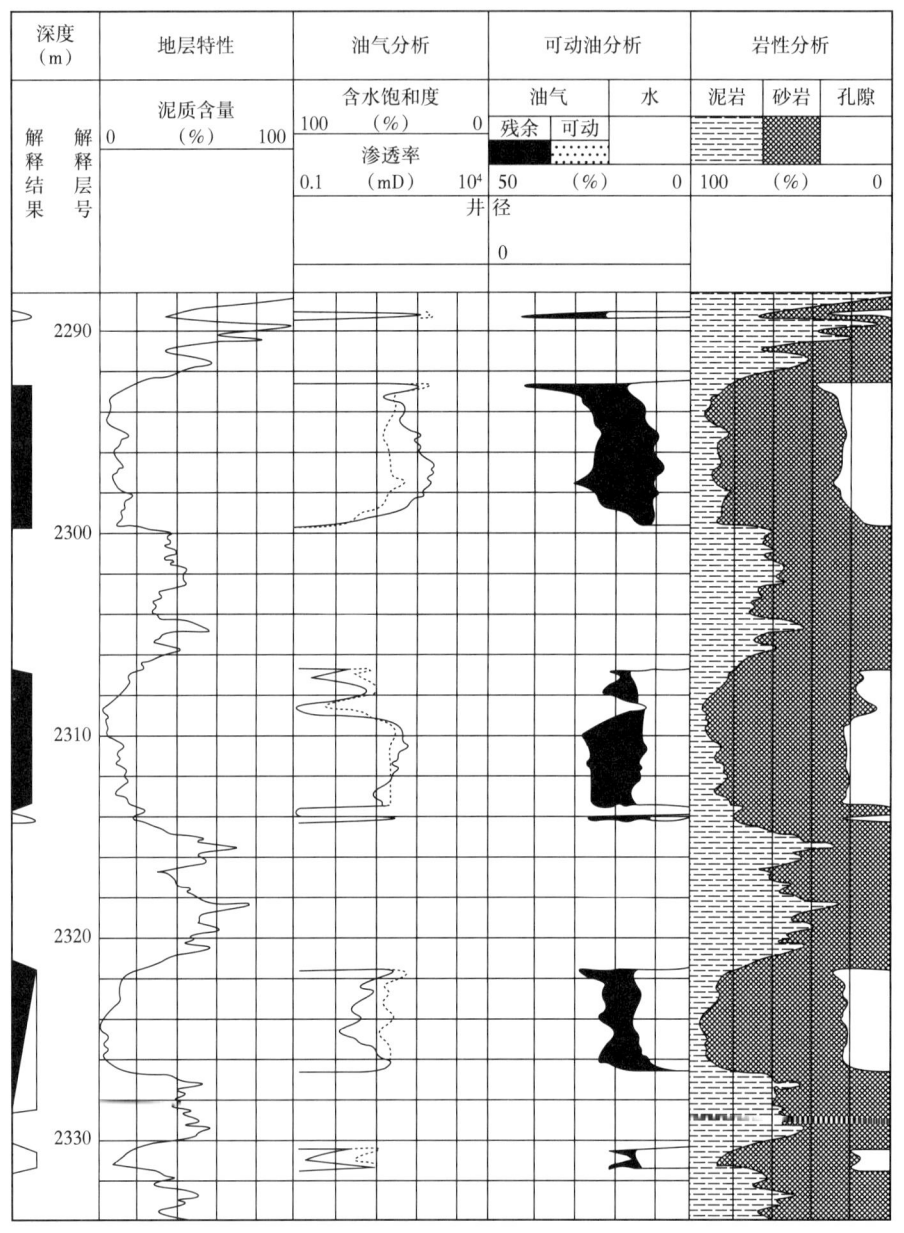

图 5-5-2　POR 程序测井定量解释成果图实例

1. 确定泥质含量和黏土含量

CLASS 程序采用九种方法计算泥质含量，分别是自然伽马（GR）、自然电位（SP）、中子寿命（NLL）、真电阻率（RT）、钾（K）、钍（Th）、中子伽马计数率（CTS）和钾钍乘积指数（TPI），计算原理与前述 POR 程序类似。其中钾钍乘积指数（TPI）是指钾和钍含量的乘积：

$$\text{TPI} = (K+a)(Th+b) = 0.01(K+3.1)(Th+12.4) \quad （5-5-19）$$

确定黏土含量的基本思路是以中子—密度交会法为基础，把地层中油、气、水看成是混合流体（即所谓视流体），并假定 $\phi_{\text{Nma}}=0$，$\rho_{\text{fa}}=\phi_{\text{Nfa}}$，然后通过求准 ρ_{fa} 和黏土点参数（ϕ_{Ncl}，ρ_{cl}）的方法来求准黏土含量。在上述假设条件下，中子—密度交会法计算黏土含量的公式可简化为：

$$V_{\text{cl}} = \frac{\rho_{\text{ma}}\phi_{\text{N}} + (\rho_{\text{b}} - \rho_{\text{ma}} - \phi_{\text{N}})\rho_{\text{fa}}}{(\rho_{\text{ma}} - \rho_{\text{fa}})\phi_{\text{Ncl}} - (\rho_{\text{ma}} - \rho_{\text{cl}})\rho_{\text{fa}}} \quad （5-5-20）$$

由式（5-5-20）可知，除测井值 ρ_{b}、ϕ_{N} 外，ρ_{fa}、ϕ_{Ncl}、ρ_{cl} 的准确与否直接影响所求 V_{cl} 的准确性，程序中首先设法算准 ρ_{fa} 及 ϕ_{Ncl}、ρ_{cl} 等参数。

1）计算视流体密度 ρ_{fa}

按纯岩石模型求 ρ_{fa}。理想条件下，由含水纯岩石模型的中子和密度响应方程，并假定 $\phi \approx \frac{\phi_{\text{N}}}{\phi_{\text{Nf}}} = \frac{\phi_{\text{N}}}{\rho_{\text{fa}}}$，得：

$$\rho'_{\text{fa}} = \frac{\rho_{\text{ma}}\phi_{\text{N}}}{\phi_{\text{N}} + \rho_{\text{ma}} - \rho_{\text{b}}} \quad （5-5-21）$$

对于泥质砂岩地层，先对中子、密度作泥质校正，然后获得相当于含水纯岩石模型的 ρ_{fa}，记为 ρ''_{fa}，有：

$$\rho''_{\text{fa}} = \frac{\rho_{\text{ma}}(\phi_{\text{N}} - V_{\text{sh}}\phi_{\text{Nsh}})}{(\phi_{\text{N}} - V_{\text{sh}}\phi_{\text{Nsh}}) + \rho_{\text{ma}} - [\rho_{\text{b}} + V_{\text{sh}}(\rho_{\text{ma}} - \rho_{\text{sh}})]} \quad （5-5-22）$$

利用 ρ''_{fa} 和 ρ'_{fa} 及初步估计的 V_{cl}，按下述方法选取 ρ_{fa}：

由中子—密度交会法估计黏土含量 V_{cl} 的初值，用户提供 ρ_{cl} 和 ϕ_{Ncl} 估计值，并令 $\rho_{\text{f}}=1$，$\phi_{\text{Nf}}=1$，$\phi_{\text{Nma}}=0$，得：

$$V_{\text{cl}} = \frac{(\rho_{\text{ma}} - 1)\phi_{\text{N}} + (\rho_{\text{b}} - \rho_{\text{ma}})}{(\rho_{\text{ma}} - 1)\phi_{\text{Ncl}} + (\rho_{\text{cl}} - \rho_{\text{ma}})} \quad （5-5-23）$$

经验性估算视流体密度最小值 ρ_{fmin}，有：

$$\rho_{\text{fmin}} = \rho'_{\text{fa}} - \text{FDC}(\rho'_{\text{fa}} - \rho''_{\text{fa}})\frac{V_{\text{cl}} + 0.1}{V_{\text{sh}} + 0.1} \quad （5-5-24）$$

式中：FDC 为用户提供的经验性流体密度调整因子（0~1）。

由用户提供的黏土含量上限（V_{clmax}）调整 ρ_{fmin}。如果 $V_{\text{cl}} > V_{\text{clmax}}$，令 $\rho_{\text{fmin}}=1$；如果 $0.05 \leqslant V_{\text{cl}} \leqslant V_{\text{clmax}}$，对 ρ_{fmin} 作如下调整：

$$\rho_{\text{fmin}} = \rho_{\text{fmin}} + \frac{(V_{\text{cl}} - 0.05)(1 - \rho_{\text{fmin}})}{V_{\text{clmax}} - 0.05} \quad (5-5-25)$$

由用户提供流体密度最小值，进一步调整 ρ_{fmin}，并选取 ρ_{fa}。如果 $\rho_{\text{fmin}} < \rho_{\text{famin}}$，令 $\rho_{\text{fmin}} = \rho_{\text{famin}}$；如果 $\rho''_{\text{fa}} < \rho_{\text{fmin}}$，令 $\rho''_{\text{fa}} = \rho_{\text{fmin}}$；最后令 $\rho_{\text{fa}} = \rho''_{\text{fa}}$。这样做的目的在于防止泥质校正过大，使 ρ''_{fa} 太小。同时，经验性确定 ρ_{fa} 下限截止值 ρ_{fmin}，保证 ρ_{fa} 取值不会太小。

2）计算黏土点参数 ϕ_{Ncl} 和 ρ_{cl}

黏土点参数是求准黏土含量 V_{cl} 和确定黏土类型的基础。对于常见的蒙脱石、伊利石、高岭石三种黏土矿物，由于它们的 ϕ_{Ncl} 和 ρ_{cl} 有较大差别，在中子—密度交会图上构成如图 5-5-3 所示的黏土矿物三角形。对于含两种黏土矿物的混合黏土点，应落在三角形对应边上；对于含三种黏土矿物的混合黏土点，应落在三角形内。如果黏土含量已知，可作出一条直线 EL 满足下列条件：

① 平行于纯砂岩线；

② 直线上任意一点所对应的 $(\phi_{\text{Ncl}}, \rho_{\text{cl}})$ 值，如果用于计算 V_{cl} 的话，那么它们计算的黏土含量应与其他方法求出的黏土含量结果一样；

③ 直线 EL 应与前述三角形的蒙脱石—高岭石连线和伊利石—高岭石连线相交。

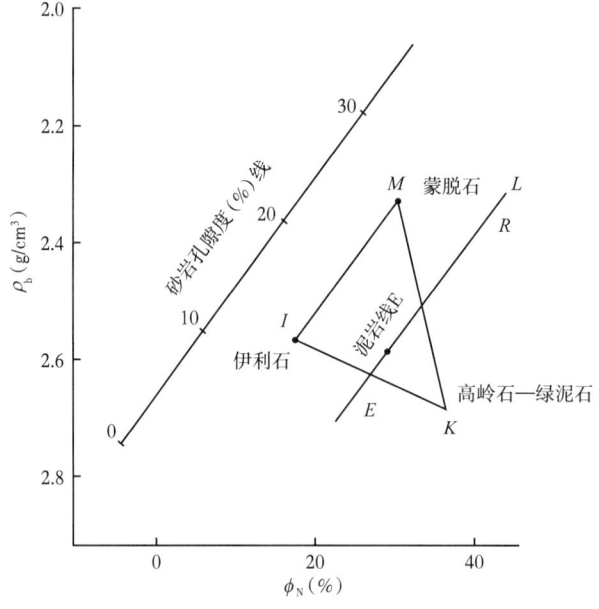

图 5-5-3 黏土矿物三角形分布示意图

因此，代表混合黏土矿物的数据点 $P(\phi_{\text{Ncl}}, \rho_{\text{cl}})$ 应落在三角形内这一平行直线段 EL 上。这一平行直线段在 CLASS 程序中是利用用户提供的解释层段内黏土点参数 ρ_{cl} 和 ϕ_{Ncl} 的上、下限及初始估计的 V_{cl} 求出的。混合黏土矿物点 P 的具体确定原则是利用钾指数曲线或黏土束缚水含量估计值等参数按线性比例关系推出的。

初始估计黏土含量 V_{cl} 及其下限 V_{clmin}、上限 V_{clmax} 程序中，按控制参数 PP 取值不同，而采用不同的黏土点参数来估计 V_{cl}。

当 $PP \neq 0$ 时，直接采用用户输入 ϕ_{Ncl}、ρ_{cl}，它们在解释井段内不变。

当 $PP=0$ 时，采用前一点推算出的 ρ_{cl} 和 ϕ_{Ncl}，这时 ρ_{cl} 和 ϕ_{Ncl} 随深度逐点变化。此时，第一点仍须由用户提供 ϕ_{Ncl} 和 ρ_{cl} 值。

用下列公式估计当前点的 V_{cl}：

$$V_{cl} = \frac{\rho_{ma}\phi_N + (\rho_b - \rho_{ma} - \phi_N)\rho_{fa}}{(\rho_{ma} - \rho_{fa})\phi_{Ncl} - (\rho_{ma} - \rho_{cl})\rho_{fa}} \quad (5-5-26)$$

另外，由用户提供的 ϕ_{Nclmax} 和 ρ_{clmax} 估计 V_{clmin}；用 ϕ_{Nclmin} 和 ρ_{clmin} 估计 V_{clmax} 并把 V_{clmax} 与 V_{clmin} 作为调整泥质体积的上、下限截止值：

$$V_{clmin} = \frac{\rho_{ma}\phi_N + (\rho_b - \rho_{ma} - \phi_N)\rho_{fa}}{(\rho_{ma} - \rho_{fa})\phi_{Nclmax} - (\rho_{ma} - \rho_{clmax})\rho_{fa}} \quad (5-5-27)$$

$$V_{clmax} = \frac{\rho_{ma}\phi_N + (\rho_b - \rho_{ma} - \phi_N)\rho_{fa}}{(\rho_{ma} - \rho_{fa})\phi_{Nclmin} - (\rho_{ma} - \rho_{clmin})\rho_{fa}} \quad (5-5-28)$$

计算当前点总孔隙度、黏土束缚水含量。在无能谱测井曲线时，需用此法求当前点的 (ϕ_{Ncl}、ρ_{cl})。当 $PP \neq 0$ 时，认为泥质体积不可靠，需进行调整，使其接近于中子—密度交会求出的黏土体积。当 $PP=0$ 时，无须调整 V_{sh}：

$$V_{sh} = \frac{V_{sh} + PP \cdot V_{cl}}{1+PP} \quad (5-5-29)$$

当 $V_{cl} < V_{clmin}$ 时：

$$V_{sh} = \frac{V_{sh} + PP \cdot V_{clmin}}{1+PP} \quad (5-5-30)$$

当 $V_{sh} > V_{clmax}$ 时：

$$V_{sh} = \frac{V_{sh} + PP \cdot V_{clmax}}{1+PP} \quad (5-5-31)$$

求混合骨架密度 ρ_{gc} 和混合流体密度 ρ_{fc}：

$$\rho_{gc} = \rho_g + V_{sh}(\rho_{gcl} - \rho_g) = V_{sh}\rho_{gcl} + (1-V_{sh})\rho_g \quad (5-5-32)$$

$$\rho_{fc} = V_{sh}\rho_f + (1-V_{sh})\rho_{fa} \quad (5-5-33)$$

求总孔隙度 ϕ_t 和黏土束缚水含量 ϕ_{wb}。按混合流体纯岩石模型可知：

$$\phi_t = \frac{\rho_{gc} - \rho_b}{\rho_{gc} - \rho_{fc}} \quad (5-5-34)$$

这意味着，地层被看作混合骨架，即由纯石英和泥质两部分组成。因此，总孔隙度 ϕ_t 也可看作砂岩中最大孔隙度（ϕ_{max}）与泥质中黏土束缚水相对体积 ϕ_{wb} 各自贡献的和，即：

$$\phi_t = \phi_{wb}V_{sh} + (1-V_{sh})\phi_{max} \qquad (5-5-35)$$

所以

$$\phi_{wb} = \frac{\phi_t - \phi_{max}(1-V_{sh})}{V_{sh}} \qquad (5-5-36)$$

最后，根据用户提供的下列参数，CLASS 程序利用 ϕ_{wb} 或钾指数（K/V_{cl}）来确定 ϕ_{Ncl} 和 ρ_{cl}。这些参数是：混合黏土点密度的最大值 ρ_{clmax}、最小值 ρ_{clmin}，混合黏土点中子测井孔隙度的最大值 ϕ_{Nclmax}、最小值 ϕ_{Nclmin}，黏土束缚水含量的最大值 ϕ_{wbmax}、最小值 ϕ_{wbmin}。具体步骤为：

（1）求出平行线方程。在中子—密度交会图上，平行线 EL 的坐标可利用蒙脱石和伊利石点求得两点 E 和 R。

已知蒙脱石点 M（ϕ_{Nclmin}、ρ_{clmin}）、伊利石点 I（ϕ_{Nclmax}、ρ_{clmax}）、高岭石点 K（ϕ_{Nclmax}、ρ_{clmax}），平行线 EL 与伊利石—高岭石线的交点为 E（ϕ_{Ncl}^E、ρ_{clmax}），平行线 EL 与蒙脱石点向右延伸线的交点为 R（ϕ_{Ncl}^R、ρ_{clmin}），则蒙脱石—高岭石连线 MK 斜率为：

$$SL_1 = \frac{\rho_{clmax} - \rho_{clmin}}{\phi_{Nclmax} - \phi_{Nclmin}} \qquad (5-5-37)$$

MK 直线方程为：

$$y = SL_1(x - \phi_{Nclmin}) + \rho_{clmin} \qquad (5-5-38)$$

由平行线性质可知点 R 求出的黏土含量为 V_{cl}，因而有：

$$\phi = \phi_N - \phi_{Ncl}^R V_{cl}$$

$$\phi = \frac{\rho_{ma} - \rho_b}{\rho_{ma} - \rho_{fa}} - V_{cl}\frac{\rho_{ma} - \rho_{cl}^R}{\rho_{ma} - \rho_{fa}} \qquad (5-5-39)$$

由 $\rho_{cl}^R = \rho_{clmin}$，可解出 ϕ_{Ncl}^R：

$$\phi_{Ncl}^R = \frac{\phi_N - \frac{\rho_{fa}[\rho_{ma} - \rho_b - V_{cl}(\rho_{ma} - \rho_{clmin})]}{\rho_{ma} - \rho_{fa}}}{V_{cl}} \qquad (5-5-40)$$

同理，由平行线性质和点 $E\rho_{cl}^E = \rho_{clmax}$，得出：

$$\phi_{Ncl}^E = \frac{\phi_N - \frac{\rho_{fa}[\rho_{ma} - \rho_b - V_{cl}(\rho_{ma} - \rho_{clmax})]}{\rho_{ma} - \rho_{fa}}}{V_{cl}} \qquad (5-5-41)$$

平行线的斜率由 E、R 两点坐标知

$$SL_2 = \frac{\rho_{\text{clmin}} - \rho_{\text{clmax}}}{\phi_{\text{Ncl}}^R - \phi_{\text{Ncl}}^E} \tag{5-5-42}$$

平行线 EL 的方程为：

$$y = SL_2 \left(x - \phi_{\text{Ncl}}^E \right) + \rho_{\text{clmax}} \tag{5-5-43}$$

即：

$$\rho_{\text{cl}} = SL_2 \left(\phi_{\text{Ncl}}^R - \phi_{\text{Ncl}}^E \right) + \rho_{\text{clmax}} \tag{5-5-44}$$

（2）由钾指数曲线求当前点（ϕ_{Ncl}、ρ_{cl}）。根据伊利石中钾含量（4.5%）约是蒙脱石的 30 倍，可推知蒙脱石点对应钾指数最小值 $\text{KI}_{\min}$，伊利石点对应钾指数最大值 $\text{KI}_{\max}$。这样，由当前点钾指数 KI 与 ρ_{cl} 有下列比例关系：

$$\frac{\text{KI} - \text{KI}_{\max}}{\text{KI}_{\min} - \text{KI}_{\max}} = \frac{\rho_{\text{cl}} - \rho_{\text{clmax}}}{\rho_{\text{clmin}} - \rho_{\text{clmax}}} \tag{5-5-45}$$

得黏土点：

$$\begin{cases} \rho_{\text{cl}} = \rho_{\text{clmax}} + (\text{KI} - \text{KI}_{\max})(\rho_{\text{clmin}} - \rho_{\text{clmax}})/(\text{KI}_{\min} - \text{KI}_{\max}) \\ \phi_{\text{Ncl}} = (\rho_{\text{cl}} - \rho_{\text{clmax}})/SL_2 + \phi_{\text{Ncl}}^E \end{cases} \tag{5-5-46}$$

（3）由黏土束缚水 ϕ_{wb} 计算 ϕ_{Ncl}、ρ_{cl}。无能谱曲线时，采用此方法。伊利石、蒙脱石黏土矿物束缚水含量最高，设为黏土束缚水含量最大值 ϕ_{wbmax}，而高岭石点束缚水含量最低，设为黏土束缚水含量最小值 ϕ_{wbmin}。当前点 ϕ_{Ncl} 与 ϕ_{wb} 之间线性比例关系如下：

$$\frac{\phi_{\text{wb}} - \phi_{\text{wbmin}}}{\phi_{\text{wbmax}} - \phi_{\text{wbmin}}} = \frac{\phi_{\text{Ncl}} - \phi_{\text{Nclmax}}}{\phi_{\text{Nclmin}} - \phi_{\text{Nclmax}}} \tag{5-5-47}$$

所以黏土点：

$$\begin{cases} \phi_{\text{Ncl}} = \phi_{\text{Nclmax}} + \dfrac{(\phi_{\text{wb}} - \phi_{\text{wbmin}})(\phi_{\text{Nclmin}} - \phi_{\text{Nclmax}})}{\phi_{\text{wbmax}} - \phi_{\text{wbmin}}} \\ \rho_{\text{cl}} = SL_2 \left(\phi_{\text{Ncl}} - \phi_{\text{Ncl}}^E \right) + \rho_{\text{clmax}} \end{cases} \tag{5-5-48}$$

由前面计算出的 ρ_{fa} 和重新计算得到的黏土点参数（ϕ_{Ncl}、ρ_{cl}），应用中子—密度交会，可求出 V_{cl}。上述求解过程表明，湿黏土点随黏土含量和黏土类型在一定区域内变化，是由于黏土矿物类型不同，能谱、中子、密度测井响应也不同。这也是能用上述曲线确定黏土矿物类型的原理所在。

2. 计算地层总孔隙度 ϕ_{t} 与有效孔隙度 ϕ_{e}

程序首先按混合流体泥质岩石模型，由新计算出的 V_{cl}、ϕ_{Ncl} 和 ρ_{cl} 再计算一次 ρ_{fa}：

$$\rho_{\text{fa}} = \frac{\rho_{\text{ma}}(\phi_{\text{N}} - V_{\text{cl}}\phi_{\text{Ncl}})}{(\phi_{\text{N}} - V_{\text{cl}}\phi_{\text{Ncl}}) + \rho_{\text{ma}} - [\rho_{\text{b}} + V_{\text{cl}}(\rho_{\text{ma}} - \rho_{\text{cl}})]} \tag{5-5-49}$$

如果 $\rho_{fa}=1$，认为地层不含油气，这时由密度测井计算有效孔隙度 ϕ_e：

$$\phi_e = \frac{\rho_{ma} - \rho_b}{\rho_{ma} - \rho_{fa}} - V_{cl}\frac{\rho_{ma} - \rho_{cl}}{\rho_{ma} - \rho_{fa}} \quad (5\text{-}5\text{-}50)$$

当 $\rho_{fa} < 1$ 时，认为地层含油气，需对 ρ_b、ϕ_N 作油气校正，方法是先求准 ρ_{fa}，再求 ϕ_e，即把 ρ_b、ϕ_N 受油气影响都归结为所用混合流体密度未求准造成的，其校正对象是 ρ_{fa}，而不是 ρ_b 和 ϕ_N 测井值。

（1）估算冲洗带残余气饱和度 S_{gr}。取 $\rho_g=0.25\text{g/cm}^3$，$\rho_w=1\text{g/cm}^3$，并假定 $\rho_{fa}=S_{gr}\rho_g+(1-S_{gr})\rho_w$，有：

$$S_{gr} = (1-\rho_{fa})/0.75 \quad (5\text{-}5\text{-}51)$$

（2）理论计算中子—密度的油气校正因子 ρ_N、ρ_D。计算流体中子视孔隙度值 ϕ_{Nf} 和流体密度值 ρ_f：

$$\phi_{Nf} = HI_g S_{gr} + (1-S_{gr})HI_w \quad (5\text{-}5\text{-}52)$$

$$\rho_f = C_g \rho_g S_{gr} + C_w (1-S_{gr})\rho_w \quad (5\text{-}5\text{-}53)$$

式中：HI_g 为天然气含氢指数，对于甲烷气取 $HI_g=2.2\rho_g$；HI_w 为地层水含氢指数；ρ_w 为地层水密度；C_g 为天然气电子密度与体积密度的比值（1.247）；C_w 为地层水电子密度与体积密度比值。

取 $\rho_g=0.25\text{g/cm}^3$，$\rho_w=1\text{g/cm}^3$，则有：

$$\phi_{Nf} = 2.2 \times 0.25 S_{gr} + 1 \times (1-S_{gr}) = 1 - 0.45 S_{gr}$$
$$\rho_f = 1.247 \times 0.25 S_{gr} + 1 \times (1-S_{gr}) = 1 - 0.69 S_{gr}$$
$$\rho_{fa} = 1 - 0.75 S_{gr}$$

令中子校正因子 $\rho_N=\phi_{Nf}/\rho_{fa}$，密度校正因子 $\rho_D=\rho_f/\rho_{fa}$。两者大小意味着油气校正量的大小。由上述推导知，假定地层只含气和水，可利用 ρ_f、ϕ_{Nf} 与 ρ_{fa} 值来推算油气校正量的大小：

$$\rho_N = (1-0.45 S_{gr})/(1-0.75 S_{gr}) \quad (5\text{-}5\text{-}54)$$

$$\rho_D = (1-0.69 S_{gr})/(1-0.75 S_{gr}) \quad (5\text{-}5\text{-}55)$$

（3）重新计算 ρ_{fa}：

$$\rho_{fa} = \frac{\rho_{ma}(\phi_N - V_{cl}\phi_{Ncl})}{\rho_N[(\rho_{ma}-\rho_b)-V_{cl}(\rho_{ma}-\rho_{cl})]+\rho_D(\phi_N - V_{cl}\phi_{Ncl})} \quad (5\text{-}5\text{-}56)$$

通过上述（1）（2）（3）三步迭代，不断修正 S_{gr} 和 ρ_{fa}，直到相邻两次迭代求得的 ρ_{fa} 之差绝对值小于 0.05 或迭代 10 次为止。

（4）由中子测井求 ϕ_e：

$$\phi_e = \frac{\phi_N - V_{cl}\phi_{Ncl}}{\phi_N \rho_{fa}} \tag{5-5-57}$$

当 $\phi_e \geqslant 15\%$ 时，可直接采用此 ϕ_e 值；当 $\phi_e < 15\%$ 时，考虑油气影响，需再次修正 ρ_{fa}，并改由 ρ_b 计算 ϕ_e（因 ρ_b 受油气影响小些）。

经验法修正 ρ_{fa}：

$$\rho_{fa} = \rho_{fa} + (0.15 - \phi_e)(1 - \rho_{fa})/0.08 \tag{5-5-58}$$

计算 S_{gr}：

$$S_{gr} = (1 - \rho_{fa})/0.75 \tag{5-5-59}$$

计算 ρ_D：

$$\rho_D = (1 - 0.69 S_{gr})/(1 - 0.75 S_{gr}) \tag{5-5-60}$$

由 ρ_b 计算 ϕ_e：

$$\phi_e = \frac{(\rho_{ma} - \rho_b) - V_{cl}(\rho_{ma} - \rho_{cl})}{\rho_{ma} - \rho_D \rho_{fa}} \tag{5-5-61}$$

（5）求黏土孔隙度（黏土束缚水含量）ϕ_{wb} 和总孔隙度 ϕ_t。黏土孔隙度 ϕ_{wb} 可由线性比例求出：

$$\phi_{wb} = V_{cl}\frac{\rho_{drcl} - \rho_{cl}}{\rho_{drcl} - \rho_{wb}} \tag{5-5-62}$$

式中：ρ_{drcl} 为干黏土密度；ρ_{wb} 为束缚水密度（一般取 $\rho_{wb}=1\text{g/cm}^3$）；ρ_{cl} 为当前的湿黏土点密度（随深度逐点变化）。

显然，总孔隙度 ϕ_t 为：

$$\phi_t = \phi_e + \phi_{wb} \tag{5-5-63}$$

干黏土含氢指数 HI_{cl} 为：

$$HI_{cl} = \phi_{Ncl} - \phi_{wb} \tag{5-5-64}$$

式中：ϕ_{Ncl} 为当前点湿黏土点中子值；ϕ_{wb} 为黏土束缚水孔隙度。

3. 计算黏土的阳离子交换能力 CEC 及容量 Q_V，识别黏土类型

1）计算 CEC 及 Q_V

实验表明，当地层水含盐量稳定时，CEC 与黏土水化水质量和含盐量 C 之间存在如

下关系：

$$\text{CEC} = \frac{B_\text{w}}{0.084C^{-0.5} + 0.22} \quad (5\text{-}5\text{-}65)$$

式中：C 为黏土水化水含盐量；B_w 为黏土水化水质量；CEC 为阳离子交换能力。

按下列方法计算黏土水化水含盐量 C：

在某一深度 RDEP 处，根据 R_w 和黏土水电阻率 R_wcl，得到地层水等效电阻率 R_we：

$$R_\text{we} = \frac{\phi_\text{t} R_\text{w} R_\text{wcl}}{R_\text{wcl}\phi_\text{e} + R_\text{w}\phi_\text{wb}} \quad (5\text{-}5\text{-}66)$$

由井底温度和地温梯度，可计算 RDEP 对应的温度 RTEMP：

$$\text{RTEMP} = \text{BHT} - \text{GRAD}(\text{ENDEP} - \text{RDEP})/100 \quad (5\text{-}5\text{-}67)$$

进一步由温度与电阻率的反比关系，可求得 75°F 下的电阻率 $R_{75°\text{F}}$：

$$R_{75°\text{F}} = R_\text{we}(\text{RTEMP} + 7)/82 \quad (5\text{-}5\text{-}68)$$

最后，再由 $R_{75°\text{F}}$ 换算出 75°F 下等效地层水含盐量 C：

$$C = \frac{10^{\frac{3.526 - \lg(R_{75°\text{F}} - 0.012)}{0.955}}}{1000 \times 58.453} \quad (5\text{-}5\text{-}69)$$

按下式计算 B_w：

$$B_\text{w} = \frac{\phi_\text{wb}\rho_\text{wb}}{\rho_\text{g}(1 - \phi_\text{t})} \quad (5\text{-}5\text{-}70)$$

其中：

$$\rho_\text{g} = \rho_\text{drcl}V_\text{cl} + (1 - V_\text{cl})\rho_\text{ma}$$

阳离子交换容量 Q_v 为：

$$Q_\text{v} = \frac{\text{CEC}\rho_\text{g}(1 - \phi_\text{t})}{\phi_\text{t}} = \frac{\phi_\text{wb}\rho_\text{wb}}{\phi_\text{t}(0.084C^{-0.5} + 0.22)} \quad (5\text{-}5\text{-}71)$$

2）识别黏土类型

大量实验表明，黏土矿物的 CEC 与它们的吸附水能力有关。蒙脱石 CEC 最高（80~150mmol/100g），吸附水能力也最强，其干黏土含氢指数为 0.13，这相当于结晶水。高岭石与绿泥石 CEC 最低（8~15mmol/100g），其干黏土含氢指数最高约 0.36。伊利石 CEC 为（10~40mmol/100g），其干黏土含氢指数为 0.12。可见，如果采用 CEC 与 HI 的比值更有利于识别黏土矿物。表 5-5-1 是四种常见矿物 CEC/HI 对照表，从表中可以看出，不同黏土矿物的比值差别很大。实际使用时，为消除黏土中可能存在的非黏土矿物影响，常采用干黏土含氢指数 HI 与黏土含量 V_cl 乘积作为实际采用值，即有 $HI_\text{dss} = HIV_\text{cl}$。

表 5-5-1 常见黏土矿物的 CEC/HI

黏土类型	CEC/HI 范围	CEC/HI 平均值
高岭石	0.08~0.4	0.25
绿泥石	0.3~1.1	0.7
伊利石	0.8~3.3	2.1
蒙脱石	6.1~10.1	8.8

3）计算不同黏土矿物的相对含量

CLASS 程序中未设计这部分计算内容，这个计算是在 CLAY 程序中实现的，这也是 CLAY 与 CLASS 程序的区别。根据中子—密度交会图上各类黏土矿物的分布知，蒙脱石点对应 CEC_{max}（80~150mmol/100g），伊利石、高岭石连线对应 CEC_{min}（8~40mmol/100g）；高岭石、绿泥石点对应 ϕ_{max}（0.34~0.36），伊利石、蒙脱石对应 ϕ_{min}（0.12~0.13）。按线性比例，假定三大类黏土矿物之和为 100%，那么伊利石—蒙脱石百分含量为：

$$TMI = \frac{\phi_{max} - \phi}{\phi_{max} - \phi_{min}} \tag{5-5-72}$$

蒙脱石相对百分比为：

$$TMON' = \frac{CEC - CEC_{min}}{CEC_{max} - CEC_{min}} \tag{5-5-73}$$

蒙脱石百分含量为：

$$TMON = \frac{CEC - CEC_{min}}{CEC_{max} - CEC_{min}} TMI \tag{5-5-74}$$

伊利石百分含量为：

$$TILL = TMI - TMON \tag{5-5-75}$$

高岭石、绿泥石百分含量为：

$$TCHK = 1 - TMI \tag{5-5-76}$$

4. 确定黏土分布形式

地层中的黏土常呈分散状、层状和结构状分布。黏土分布形式在相当大的程度上决定了泥质砂岩的有效孔隙度、渗透率和产能。CLASS 程序利用不同分布形式的黏土对地层孔隙度的影响来确定黏土分布形式。

对于层状黏土，它呈条带状分布占据了部分砂岩颗粒和粒间孔隙。当砂岩只含层状黏土时，层状黏土含量与有效孔隙度的关系为：

$$\phi_e = \phi_{max}(1 - V_{cl}) \tag{5-5-77}$$

式中：ϕ_{max} 为纯砂岩最大孔隙度。

对于分散状黏土，它只占据孔隙空间。当砂岩只含分散黏土时，黏土含量与有效孔隙度的关系为：

$$\phi_e = \phi_{max} - V_{cl} \quad (5-5-78)$$

对于结构状黏土（呈结构状分布），它取代砂岩颗粒而不影响粒间孔隙。当砂岩只含结构状黏土时，黏土含量与有效孔隙度无关：

$$\phi_e = \phi_{max} \quad (5-5-79)$$

实际计算时，先假定地层只含层状黏土，由有效孔隙度 ϕ_e 和纯砂岩最大孔隙度 ϕ_{max} 得到层状黏土含量 V_{clL}：

$$V_{clL} = \frac{\phi_{max} - \phi_e}{\phi_{max}} \quad (5-5-80)$$

将 V_{clL} 与中子—密度交会法获得的 V_{cl} 作比较，有三种情况：

（1）当 $V_{clL} = V_{cl}$ 时，说明地层只含层状黏土，结构状黏土 $V_{cla}=0$，分散状黏土 $V_{cld}=0$。

（2）当 $V_{clL} < V_{cl}$ 时，说明地层只含层状和结构状黏土，不含分散状黏土（因结构状黏土不影响 ϕ_e，所以 $V_{clL} < V_{cl}$）。结构状黏土 $V_{cla}=V_{cl}-V_{clL}$，分散状黏土 $V_{cld}=0$。

（3）当 $V_{clL} > V_{cl}$ 时，说明地层只含分散状黏土或分散状黏土与层状黏土共存。此时，结构状黏土 $V_{cla}=0$，分散状黏土不占骨架体积，骨架中那部分黏土应是层状黏土体积，记为：

$$V_{clm} = V_{cl} - (\phi_{max} - \phi_e)$$

相应地，占据孔隙体积的层状黏土可按体积比算出，记为 V_{clp}：

$$V_{clp} = V_{clm}\phi_{max} / (1 - \phi_{max})$$

则总层状黏土体积 V_{clL} 为：

$$V_{clL} = \frac{V_{cl} - (\phi_{ma} - \phi_e)}{1 - V_{max}}$$

分散状黏土为：

$$V_{cld} = V_{cl} - V_{clL} \quad (5-5-81)$$

需要说明的是，上述判断时忽略了三种黏土在同一深度点同时存在的情况。严格地说，应该考虑三种共存的情况。

5. 计算总含水饱和度 S_{wt}

W-S 模型的电阻率响应方程为：

$$\frac{1}{R_t} = \frac{1}{F^* S_{wt}^{-m^*}} \left(\frac{1}{R_w} + \frac{BQ_v}{S_{wt}} \right) \quad (5-5-82)$$

式中：B 为黏土表面交换阳离子的当量电导率，如 Na^+ 在 25°C 时 $B=3.83\left(1-0.83e^{-0.5/R_w}\right)$；$R_w$ 为地层水电阻率，用双水模型的 R_{we} 代替；F^* 为地层因素，随 Q_v 而变，且 $F^*=\dfrac{a}{\phi_t^{m^*}}(1+BQ_vR_{we})$。

CLASS 程序将 W-S 模型同双水模型结合，采用双水模型中计算的地层水等效电阻率 R_{we} 作为 R_w 代入上式得：

$$S_{wt}^{n^*}=\frac{aR_{we}\left(1+R_{we}BQ_v\right)}{R_t\left(1+R_{we}BQ_v/S_{wt}\right)\phi_t^{m^*}} \tag{5-5-83}$$

实际计算时，采用迭代法，先设 $S_{wt}=1$，然后迭代下去，直到相邻两次迭代 S_{wt} 绝对误差小于 0.001 为止。

6. 计算渗透率

CLASS 程序为用户提供了三种计算绝对渗透率的方法，与 POR 等分析程序相同。下面重点介绍如何利用 S_w 和 S_{wb} 来计算油、水的相对渗透率和有效渗透率。

由 $\rho_{fa}=\rho_h S_{hr}+(1-S_{hr})\rho_w$，计算烃密度 ρ_{hc}：

$$\rho_{hc}=\frac{\rho_{fa}-\rho_w+\rho_w S_{hr}}{S_{hr}}=\frac{\rho_{fa}-\rho_w(1-S_{hr})}{S_{hr}} \tag{5-5-84}$$

当 $\rho_{hc}\geqslant\rho_o$（油的密度）时，则认为油、水共存，油与水的相对渗透率 K_{ro} 与 K_{rw} 为：

$$K_{ro}=(1-\sigma)\left(1-\sigma^{0.25}S_w^{0.5}\right)^2 \tag{5-5-85}$$

$$K_{rw}=\sigma^{0.5}S_w^3 \tag{5-5-86}$$

其中

$$\sigma=\frac{S_w-S_{wb}}{1-S_{wb}}$$

式中：S_{wb} 为总残余水（残余水＋黏土水）饱和度。

$$S_w=\frac{S_{wt}-S_{wb}}{1-S_{wb}} \tag{5-5-87}$$

当 $\rho_{hc}\leqslant\rho_g$（气的密度）时，则认为储层气、水共存，有：

$$K_{rg}=(1-\sigma)\left(1-\sigma^{0.25}S_w^{0.5}\right)^{0.5} \tag{5-5-88}$$

$$K_{rw}=\sigma^{1.5}S_w^3 \tag{5-5-89}$$

当 $\rho_g\leqslant\rho_{hc}\leqslant\rho_o$ 时，则油、气、水三相共存（油气作为混相，水作为一相）有：

$$K_{rhc}=(1-\sigma)\left(1-\sigma^{0.25}S_w^{0.5}\right)^2\rho_{hc} \tag{5-5-90}$$

$$K_{rw} = \sigma^{1.83-1.33\rho_{hc}} S_w^3 \qquad (5\text{-}5\text{-}91)$$

图 5-5-4 是 CLASS 程序定量解释成果图实例，主要包括以下几部分。第一部分，岩石特性分析，它又由两部分组成，一是油气和水的有效渗透率曲线；二是指示黏土类型的 CEC、HI 及 CEC/HI_{dss} 值。第二部分流体分析和第三部分孔隙体积与常规分析程序相同。第四部分，地层体积分析，黏土部分指示出三种黏土分布形式（层状、分散状和结构状）的相对体积含量及砂岩体积孔隙度等。很显然，该程序的突出特征是使泥质砂岩地层评价更加完善。黏土矿物类别及不同分布形式将会使用户在了解储层特征方面发挥作用。

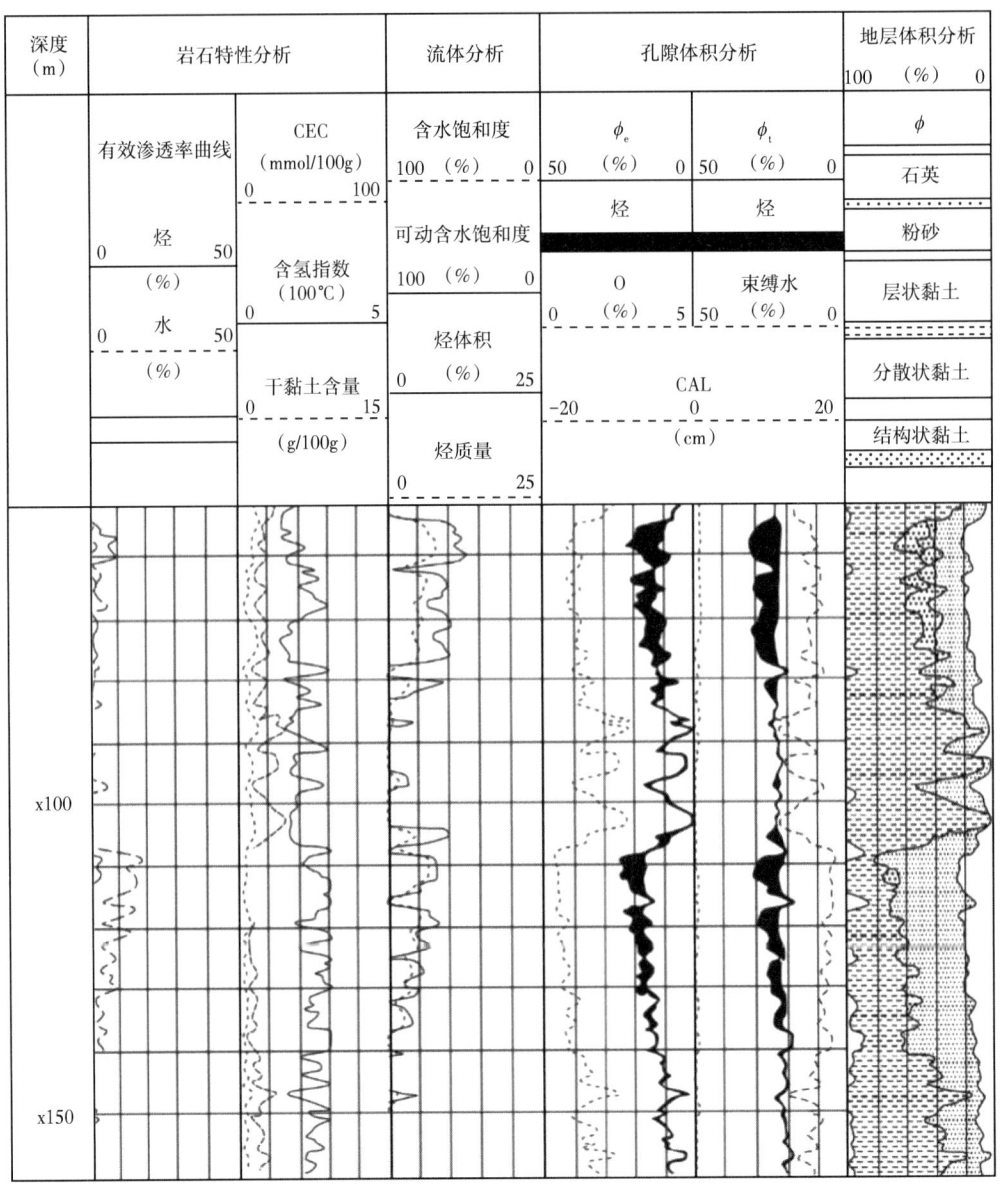

图 5-5-4 CLASS 程序定量解释成果图实例

三、CRA 程序定量解释方法

CRA 是 Atlas 公司的复杂岩性分析程序，其主要功能是：（1）用六种方法计算泥质含量；（2）利用交会图技术求孔隙度及两种岩石成分；（3）计算次生孔隙度、含水饱和度、渗透率、视颗粒密度等参数。NCRA 是 CRA 的新版本，两者在求孔隙度和骨架含量的方法上有较大差别。

CRA 程序至少要有两种孔隙度测井曲线、深探测电阻率测井和一种泥质指示测井资料，若有其他孔隙度系列测井、自然电位、浅电阻率、自然伽马能谱等测井资料，效果更好。通过处理，可以得到：

（1）地层特性参数：次生孔隙度 POR2、视颗粒密度 DGA、铀钍比值 TUR。

（2）油气分析参数：含水饱和度 S_w、渗透率 PERM。

（3）地层孔隙分析参数：有效孔隙度 POR、含水孔隙度 PORW、冲洗带含水孔隙度 PORF。

（4）岩性分析参数：泥质含量 V_{sh}、总孔隙度 PORT、岩石骨架矿物相对体积（V_1、V_2、V_3、V_4 等）。

（5）其他参数：累计孔隙 PF、累计油气厚度 HF、井径差等。

下面介绍 CRA 处理方法及 NCRA 求孔隙度和骨架体积的方法。

1. 计算地层的泥质含量 SH

CRA 程序最多可用六种方法计算泥质的相对体积 SH，通过标志符 SHFG 来选择（类似于 POR 程序）。其中前五种是用自然伽马 GR、补偿中子 CNL、自然电位 SP、中子寿命 NLL 和电阻率 RT；第六种是 Q 参数，主要反映分散泥质。选择泥质指示法标识符 SHFG 的填写也与 POR 程序相同，如 SHFG=12345 表示用五种方法，此处数字的顺序可以调整，当用多种方法计算时，取其最小值作为采用值。

2. 计算孔隙度和岩性成分

CRA 程序设有 C_1、C_2、C_3 和 C_4 四种矿物成分，按其在交会图上的位置（图 5-5-5），可与水点构成三个三角形，由上往下顺序称为第一、第二、第三个三角形。资料点落入某三角形内，就认为它是那两个矿物组成的岩石。矿物对可能是石英、方解石、白云石和硬石膏中的两种，即是采用标准的四矿物选择法。解释人员可根据地质情况指定矿物成分的个数和属性，但最多不超过四个矿物；除了常用的 DEN-CNL 交会图，也可根据测井资料选择 DEN-AC 或 AC-CNL 交会图进行解释。

下面以第一个三角形为例，说明计算孔隙度和岩性成分的原理。设岩石孔隙度为 ϕ，矿物 C_1 和 C_2 的相对体

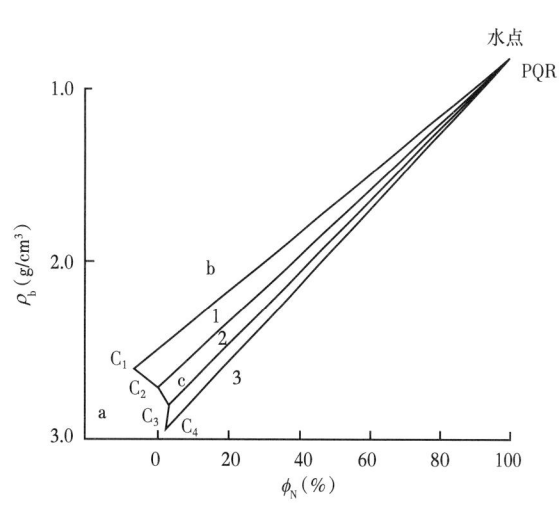

图 5-5-5 ρ_b-ϕ_N 交会三角形示意图

积 V_{C_1} 和 V_{C_2}，其骨架参数为 ρ_{C_1} 和 ρ_{C_2}、ϕ_{N_1} 和 ϕ_{N_2}，则按含水纯岩石模型可以写出：

$$\begin{cases} 1 = \phi + V_{C_1} + V_{C_2} \\ \phi_b = \phi\rho_f + V_{C_1}\rho_{C_1} + V_{C_2}\rho_{C_2} \\ \phi_N = \phi\phi_{Nf} + V_{C_1}\phi_{N_1} + V_{C_2}\phi_{N_2} \end{cases} \quad (5\text{-}5\text{-}92)$$

为了把式（5-5-92）写成数学上的规格化形式，令：

$$\begin{cases} V_1 = \phi, \ V_2 = V_{C_1}, \ V_3 = V_{C_2} \\ y = \rho_b, \ y_1 = \rho_f, \ y_2 = \rho_{C_1}, \ y_3 = \rho_{C_2} \\ x = \phi_N, \ x_1 = \phi_{Nf}, \ x_2 = \phi_{N_1}, \ x_3 = \phi_{N_2} \end{cases} \quad (5\text{-}5\text{-}93)$$

则方程（5-5-92）变成：

$$\begin{cases} y = V_1 y_1 + V_2 y_2 + V_3 y_3 \\ x = V_1 x_1 + V_2 x_2 + V_3 x_3 \\ 1 = V_1 + V_2 + V_3 \end{cases} \quad (5\text{-}5\text{-}94)$$

其解为：

$$\begin{cases} V_1 = A_1 x + B_1 y + C_1 \\ V_2 = A_2 x + B_2 y + C_2 \\ V_3 = 1 - V_1 - V_2 \end{cases} \quad (5\text{-}5\text{-}95)$$

其中

$$B_1 = \frac{x_2 - x_3}{D_1}, A_1 = B_1 \frac{y_3 - y_2}{x_2 - x_3}, C_1 = -(A_1 x_2 + B_1 y_2)$$

$$D_1 = (x_2 - x_3)(y_1 - y_2) - (y_2 - y_3)(x_1 - x_2)$$

$$B_2 = \frac{x_1 - x_3}{D_2'}, A_2 = B_2 \frac{y_3 - y_1}{x_1 - x_3}, C_2 = -(A_2 x_1 + B_2 y_1)$$

$$D_2' = (x_1 - x_3)(y_2 - y_3) - (y_1 - y_3)(x_2 - x_3)$$

当 $x_2 = x_3$ 时，$\quad D_1 = -(y_2 - y_3)(x_1 - x_2)$

$$B_1 = 0, A_1 = \frac{1}{x_1 - x_2}, C_1 = -A_1 x_2$$

当 $x_1 = x_3$ 时，$\quad D_2' = -(y_1 - y_3)(x_2 - x_3)$

$$B_2 = 0, A_2 = \frac{1}{x_2 - x_3}, C_2 = -A_2 x_1$$

式（5-5-95）中的系数 A_1、B_1、C_1 和 A_2、B_2、C_2 称为交会图三角形系数，可根据已知的流体参数 ρ_f 和 ϕ_{Nf} 以及两个矿物的参数 ρ_{C_1}、ϕ_{N_1} 和 ρ_{C_2}、ϕ_{N_2}，按以上各式计算。在 CRA 程序中，通过调用子例程 LITH 来求 V_1、V_2 和 V_3，而 LITH 又通过调用子例程 COEF 来计算三角形系数。为了使 V_1、V_2 和 V_3 用大于 1 的实数在成果图或成果表中显示出来，这些三角形系数都是按乘以 100 计算的。

CRA 程序计算孔隙度和岩性成分的步骤如下：

（1）计算三角形系数。设给出四个矿物，它们与水点构成三个三角形（图 5-5-5）。CRA 程序先后三次调用 LITH 和 COEF 子例程计算这三个三角形的系数，为计算孔隙度和岩性成分作好准备。

（2）对孔隙度测井资料作泥质校正。因为式（5-5-92）是根据纯岩石模型写出的，故要用式（5-5-95）计算孔隙度和岩性成分，就必须把孔隙度测井资料校正到纯岩石的情况。如图 5-5-6 所示（图中 A 为泥质校正系数），对泥质岩石体积模型，可写出岩石的体积密度为：

$$\rho_b = V_{C_1}\rho_{C_1} + V_{C_2}\rho_{C_2} + V_{sh}\rho_{sh} + \phi\rho_f$$

要使上式满足式（5-5-92），即图 5-5-6b 的模型，必须有：

$$(\rho_b - V_{sh}\rho_{sh})/(1-V_{sh}) = (V_{C_1}\rho_{C_1} + V_{C_2}\rho_{C_2} + \phi\rho_f)/(1-V_{sh})$$

因为上式右端 $(\phi + V_{C_1} + V_{C_2})/(1-V_{sh}) = 1$，这说明该式左端的数值满足式（5-5-92）要求的含水纯岩石体积密度。但 CRA 程序并没有按此式对密度测井进行泥质校正，而是根据美国得克萨斯油田统计的经验关系略有修改。CRA 程序对密度、中子、声波测井读数进行泥质校正的关系式为（其中系数 0.8 也可根据地区经验调整）：

$$\begin{cases} \rho_{bc} = (\rho_b - 0.8V_{sh}\rho_{sh})/(1-0.8V_{sh}) \\ \phi_{Nc} = (\phi_N - 0.8V_{sh}\phi_{Nsh})/(1-0.8V_{sh}) \\ \Delta t_c = (\Delta t - 0.8V_{sh}\Delta t_{sh})/(1-0.8V_{sh}) \end{cases} \quad (5\text{-}5\text{-}96)$$

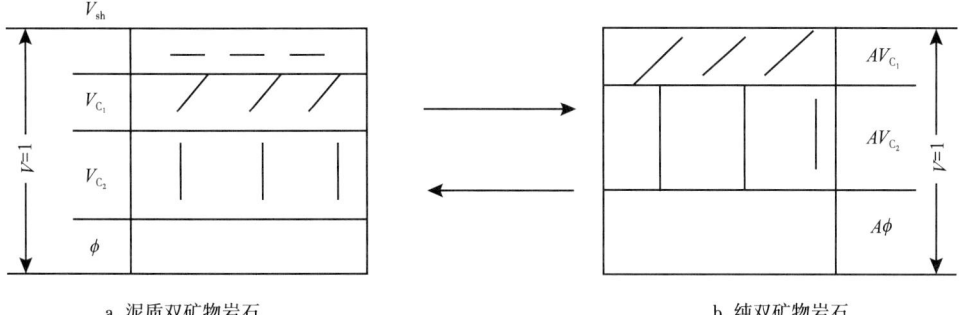

a. 泥质双矿物岩石　　　　　　　　　　　　b. 纯双矿物岩石

图 5-5-6　把泥质双矿物岩石变成纯双矿物岩石示意图

（3）对每个资料点都用三个交会三角形求解。把式（5-5-95）用程序采用的符号表示如下：

$$\begin{cases} VM_1(1) = TA_1(I)X + TB_1(I)Y + TC_1(I) \\ VM_2(1) = TA_2(I)X + TB_2(I)Y + TC_2(I) \\ VM_3(1) = 100 - VM_1(I) - VM_2(I) \end{cases} \quad (5-5-97)$$

式中：I 为交会三角形标识符，$I=1,2,3$ 依次代表第一、第二和第三个三角形。

CRA 程序采用循环的方法，依次用每个三角形对资料点求解。

（4）选择解释结果。刚才用三个三角形对每个资料点解出的结果，不可能都是合理的；作为解释结果，只能是其中某一个三角形的解。因此，程序要从第一个三角形作起，自动挑选合理的解释结果。例如，对第一个三角形，将根据以下判断选择或调整解释结果，或转到别的三角形判断。

① $VM_1(1)>0$，$VM_2(1)>0$，$VM_3(1)>0$，说明资料点落在第一个三角形内，以此作为解释结果。

② $VM_1(1)<0$（即 $\phi<0$），说明资料点落在图 5-5-5 第一个三角形左下方的 a 区，此时也用这个三角形求解，但要调整解释结果：令 $VM_1(1)=0$，而把 $VM_2(1)$ 和 $VM_3(1)$ 缩小为 $VM_2(1)/[0.01(100-VM_1(1))]$、$VM_3(1)/[0.01(100-VM_1(1))]$，其中 $VM_1(1)$ 是原来计算的数值。

③ $VM_1(1)>0$，而 $VM_3(1)<0$，说明资料点落在图 5-5-5 第一个三角形上方的 b 区，此时仍由第一个三角形求解，但要调整解释结果：$VM_1(1)$ 不变，$VM_2(1)=100-VM_1(1)$，$VM_3(1)=0$。

④ $VM_2(1)<0$，说明资料点落在图 5-5-5 第一个三角形下方的 c 区，即可能在第二个三角形之内，表明该点在第一个三角形无解，应转去判断在第二个三角形是否有解。

对第二、第三个三角形的检查与第一个三角形完全相似，只是在检查第三个三角形时，如果 $VM_2(3)<0$，仍由第三个三角形求解，但需要调整解释结果：$VM_3(3)=100-VM_1(3)$，$VM_2(3)=0$。

⑤ 求出资料点所在地层的矿物成分的相对体积。按程序中采用的符号表示为：

当用第一个三角形求解时，则 $C_0=VM_1(1)$，$C_1=VM_2(1)$，$C_2=VM_3(1)$，$C_3=0$，$C_4=0$；

当用第二个三角形求解时，则 $C_0=VM_1(2)$，$C_1=0$，$C_2=VM_2(1)$，$C_3=VM_2(2)$，$C_4=0$；

当用第三个三角形求解时，则 $C_0=VM_1(3)$，$C_1=0$，$C_2=0$，$C_3=VM_2(3)$，$C_4=VM_3(3)$。

无论用哪个三角形来求解，其 C_0 均为地层总孔隙度 $PORT=C_0$。若 $PORT<0.1\%$，则取 $PORT=0.1\%$；若 $PORT>1-SH$，则取 $PORT=1-SH$，故

$$POR=PORT(1-SH)$$

$$C_1=C_1(1-SH), \quad C_2=C_2(1-SH)$$

$$C_3=C_3(1-SH), \quad C_4=C_4(1-SH)$$

如果 $SH>SHCT$，则取 $POR=PORT(1-SH)$，进一步减小 POR 的数值，以便把泥

岩区分开，这是一种经验处理方法。

3. 计算其他地质参数

（1）计算地层含水饱和度 S_w 和冲洗带含水饱和度 S_{xo}。计算方法与 POR 程序完全相同。为了显示含油性和可动油，还像 POR 程序那样计算地层含水孔隙度和冲洗带含水孔隙度。

（2）计算缝洞孔隙度。CRA 程序用经过泥质校正的声波时差 Δt_c 计算声波孔隙度，按下式计算缝洞孔隙度：

$$\phi_2 = \phi - \frac{\Delta t_c - \Delta t_{ma}}{\Delta t_f - \Delta t_{ma}} \frac{1}{C_p} \tag{5-5-98}$$

式中：骨架时差 Δt_{ma} 和压实系数 C_p 都是输入的区域参数。若 $\phi_2 < 0$，取 $\phi_2 = 0$；若 $\phi_2 > 0.8\phi$，取 $\phi_2 = 0.8\phi$。

（3）计算视颗粒密度或视颗粒时差。忽略油气影响，可把岩石的视颗粒密度写成 $\rho_{Ga} = (\rho_b - \phi\rho_f)/(1-\phi)$。但 CRA 程序采用经过泥质校正的体积密度 ρ_{bc} 计算 ρ_{Ga}，根据式（5-5-96）表示的 ρ_b 与 ρ_{bc} 的关系，视颗粒密度的计算公式为：

$$\rho_{Ga} = \frac{\rho_{bc} - \phi\rho_f}{1-\phi} + \frac{0.8V_{sh}(\rho_{sh} - \rho_{bc})}{1-\phi} \tag{5-5-99}$$

CRA 采用的算式为：

$$\rho_{Ga} = \frac{\rho_{bc} - \phi\rho_f}{1-\phi} + 0.15V_{sh} \tag{5-5-100}$$

比较两式可以看出，只有采用足够大的 ρ_{sh}，才能将式（5-5-99）近似写成式（5-5-100）。同理，如果没有密度资料，可用经过泥质校正的声波时差 Δt_c 计算岩石的视颗粒时差：

$$\Delta t_{Ga} = \frac{\Delta t_c - \phi\Delta t_f}{1-\phi} + 0.15V_{sh} \tag{5-5-101}$$

对于计算的 ρ_{Ga}，如果 $V_{sh} \leqslant 0.5$ 或 $\rho_{Ga} > 2.65 \text{g/cm}^3$，除 $\rho_{Ga} > 3 \text{g/cm}^3$ 时，取 $\rho_{Ga} = 3 \text{g/cm}^3$ 外，其他都作为解释结果；如果 $V_{sh} > 0.5$ 或 $\rho_{Ga} \leqslant 2.65 \text{g/cm}^3$，按 $\rho_{Ga} \leqslant 2.65 + 0.3$（$\text{g/cm}^3$）重新计算 V_{sh}。当重新计算的 $\rho_{Ga} > 3 \text{g/cm}^3$ 或 $V_{sh} \geqslant 0.98$ 时，则取 $\rho_{Ga} = 3 \text{g/cm}^3$，其他作为计算结果。当计算的 $\Delta t_{Ga} > 140 \mu s/ft$ 或 $V_{sh} > 0.98$ 时，则取 $\Delta t_{Ga} = 140 \mu s/ft$；当 $\Delta t_{Ga} < 40 \mu s/ft$ 时，则取 $\Delta t_{Ga} = 40 \mu s/ft$。此处把 $\rho_{Ga} = 3 \text{g/cm}^3$ 或 $\Delta t_{Ga} = 40 \mu s/ft$ 作为致密岩石的显示，故把 $V_{sh} \leqslant 0.98$ 的泥岩也作为致密层显示。

（4）采用 TIMUR 公式计算渗透率。

（5）计算累计孔隙厚度和累计油气厚度，方法与 POR 程序相同。

4. NCRA 求地层孔隙度与两种成分的方法

NCRA 利用 ϕ_N-ρ_b 交会图或 ϕ_N-Δt 交会图求孔隙度和两种矿物成分。下面以中子—密度交会图为例说明其方法。

（1）求 ϕ。先由 ϕ_N、ϕ_D 求出 RPOR：

$$RPOR=(\phi_N+\phi_D)/2$$

由点 R(RPOR) 与资料点 $P(\phi_{Ncc},\rho_{bcc})$ 的连线在 IM_1 上找出交点 IPOR（图 5-5-7），若 |RPOR-IPOR| > 0.0005，则重新计算 RPOR：

$$(RPOR)_n=(RPOR+IPOR)/2$$

再由图 5-5-7 中 IM_2 线上的新点 $(RPOR)_n$ 与资料点 $P(\phi_{Ncc},\rho_{bcc})$ 的连线在 IM_1 上找到 $(IPOR)_n$。

若 $|(RPOR)_n-(IPOR)_n| \leq 0.0005$，停止迭代，输出 $(IPOR)_n$；

若 $|(RPOR)_n-(IPOR)_n| > 0.0005$，继续迭代直到满足要求为止。

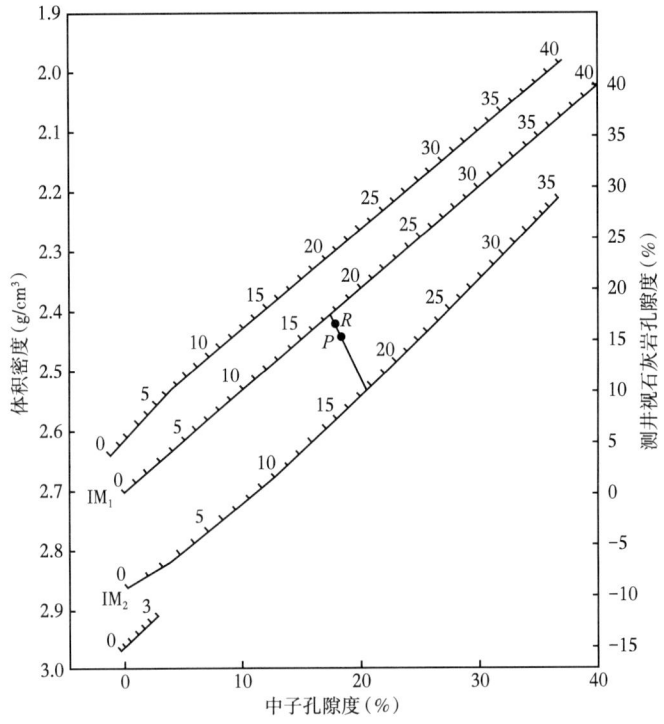

图 5-5-7　利用密度—中子交会图版求孔隙度和骨架成分

（2）计算岩石矿物体积 V_1、V_2。利用图 5-5-7 资料点 (ϕ_{Ncc},ρ_{bcc}) 在直线 RPOR-IPOR 上与 IM_1、IM_2 的相对距离求 V_1、V_2：

V_1=RPOR 到资料点的距离 /RPOR 到 IPOR 间的距离

V_2=IPOR 到资料点的距离 /RPOR 到 IPOR 间的距离

（3）调整 V_1、V_2，使其满足：

$$V_1+V_2+\phi=100\%$$
$$V_1=V_1/(1-\phi)$$
$$V_2=V_2/(1-\phi)$$

(4)计算含泥质情况下的有效孔隙度及两种矿物体积:

$$\phi_e = \phi(1-V_{sh})$$
$$V_1 = V_1(1-V_{sh})$$
$$V_2 = V_2(1-V_{sh})$$

四、最优化程序定量解释方法

在测井解释中,可利用的数据包括测井资料、地质资料以及各种分析化验资料等。测井解释的过程就是利用这些信息计算地层储集参数,如地层矿物含量、孔隙度、饱和度等,进而对油气藏作出正确的地质评价。在以往的测井解释方法中,处理程序基本上都是采用有限的几种测井资料,利用固定的解释模型,分别计算各储层参数。另外,处理过程中参数的选择往往与解释人员的经验相关,参数选择的标准不统一。此外,这些方法对测井资料利用程度有限,适用的矿物组分较少,难以满足复杂储层测井评价需要。20世纪80年代初,斯伦贝谢公司首先提出了基于常规测井资料的最优化处理方法,为储层评价提供了新的技术手段。

测井最优化处理方法就是以经过井眼环境影响校正后的地层测井曲线为基础,针对待求解地层实际情况,建立合适的解释模型与响应方程,并选择合理的地层响应参数及模型参数,计算出在给定地层参数值下的理论测井响应,然后将理论测井响应与实际测井测量值对比,建立误差极小化问题数学模型,通过最优化技术不断调整地层参数值,直到理论测井响应与实际测井测量值充分逼近,此时计算的地层参数为最优解。

1. 岩石物理模型

含油气地层可简化为由岩石骨架矿物、孔隙度流体、黏土等成分构成。骨架矿物是地层岩石的主要组成部分,不同类型岩石所含矿物成分类型不同,矿物类型及含量决定了地层岩石物理主要特性。地层流体主要由地层水(包含冲洗带地层中的钻井液滤液)、油和气组成。黏土中通常包含有一定量的束缚水,对地层的特性参数具有较大的影响,在建立地层模型及响应方程时,应对黏土成分的影响加以特殊考虑。

1)黏土矿物

黏土矿物是各类地层中常见的一类矿物成分,常见的黏土矿物包括伊利石、蒙脱石、高岭石、绿泥石、海绿石等。黏土矿物由极细小的、层状构造的硅酸盐组成,具有不饱和电荷、比表面积大的特点,能够在黏土矿物表面吸附形成一层水化膜,即黏土束缚水。黏土束缚水的存在,会对地层岩石物理特征造成非常大的影响,特别是岩石的电性特征(在测井饱和度解释模型研究中,很多研究都是针对泥质附加导电影响展开的)。在最优化处理解释时,通常将干黏土矿物和黏土束缚水作为一个整体(即湿黏土成分)来建立地层模型,这样处理明显的好处是在后续建立地层组分与测井响应之间的关系时,可以减少关系式中未知变量(不同的地层组分)的个数,简化方程的形式。

根据双水模型理论,黏土束缚水的含量与具体的黏土矿物类型有关。对特定类型的黏土矿物来说,束缚水与干泥质的比值是固定的,即某特定泥质所含束缚水的体积是不变的。对湿黏土中束缚水含量,可用参数WCLP(湿泥质孔隙度)表示,干黏土与湿黏土之间的转换关系如下:

湿黏土体积： $$V_{\text{WCLAY}} = V_{\text{DCLAY}} + V_{\text{BWAT}} \tag{5-5-102}$$

束缚水体积： $$V_{\text{BWAT}} = V_{\text{WCLAY}} \times \text{WCLP} \tag{5-5-103}$$

干黏土矿物密度： $$\text{DEN}_{\text{DCLAY}} = \frac{\text{DEN}_{\text{WCLAY}} - \text{WCLP}}{1.0 - \text{WCLP}} \tag{5-5-104}$$

式中：V_{WCLAY}、V_{DCLAY} 分别表示湿黏土与干黏土矿物体积含量；WCLP 代表黏土矿物的孔隙度，即黏土矿物中包含的束缚水含量；$\text{DEN}_{\text{WCLAY}}$、$\text{DEN}_{\text{DCLAY}}$ 分别表示湿黏土与干黏土矿物的体积密度。

需要说明的是，在测井解释中通常使用黏土分析数据，如取心分析结果都是干黏土含量，这样使得取心分析结果低于测井资料解释结果。因此在利用岩心分析结果标定测井资料处理结果时，应将湿黏土与干黏土进行转换。

2）地层组分

在最优化处理中，通常使用地层组分的相对体积来建立地层解释模型。由于测井曲线数目是有限的，用有限的测井信息求解所有的地层组分含量是不可能的，因此，在建立地层模型时，应针对地层主要矿物、流体成分，而对其他微量矿物进行适当的简化、归并后求解，待求解地层组分数量不应超过选用的测井曲线数量。

值得注意的是，在建立最优化解释模型时，使用的是地层组分的体积含量，而没有采用测井解释中通常使用的泥质含量、孔隙度、饱和度等概念。在通过最优化方法完成地层组分计算后，这些地层参数可采用以下公式进行计算：

泥质含量： $$V_{\text{sh}} = \sum_{i=1}^{n_{\text{clay}}} V_{\text{clay}_i} (1 - \text{WCLP}_i) \tag{5-5-105}$$

总孔隙度： $$\phi_{\text{t}} = V_{\text{w}} + V_{\text{hyd}} + \sum_{i=1}^{n_{\text{clay}}} V_{\text{clay}_i} \text{WCLP}_i \tag{5-5-106}$$

有效孔隙度： $$\phi_{\text{e}} = V_{\text{w}} + V_{\text{hyd}} \tag{5-5-107}$$

含水饱和度： $$S_{\text{w}} = \frac{V_{\text{w}} + \sum_{i=1}^{n_{\text{clay}}} V_{\text{clay}_i} \text{WCLP}_i}{V_{\text{w}} + V_{\text{hyd}} + \sum_{i=1}^{n_{\text{clay}}} V_{\text{clay}_i} \text{WCLP}_i} \tag{5-5-108}$$

式中：V_{clay} 表示地层黏土矿物的体积含量；WCLP 代表黏土矿物的孔隙度，即黏土矿物中包含的束缚水含量；V_{w}、V_{hyd} 表示地层水、油气的体积。

此外，通过最优化处理得到的是地层各组分的体积含量，在利用岩心分析结果标定测井资料处理结果时，应注意分析数据是各矿物成分的体积含量还是质量含量，需将两者统一后再进行对比。

3）模型假设条件

在利用最优化方法进行地层参数计算时，对建立的地层解释模型包含了以下假设条件：

（1）黏土组分由干黏土矿物和黏土束缚水组成，对不同类型黏土矿物，其所包含的束缚水比例是一定的；

（2）在冲洗带地层与原状地层中，包含的骨架矿物与黏土矿物类型以及含量相同，也就是钻井液侵入只改变冲洗带地层流体成分以及含量；

（3）冲洗带地层与原状地层总孔隙度相同，即流体总量相等，但对流体具体成分不予约定，例如原状地层中有油气成分不意味着在冲洗带中也含油气成分；

（4）在最优化处理中，所有输入的测井曲线信息是真实可靠的，也就是说，对曲线的环境校正等预处理操作应已完成。

2. 测井最优化问题数学模型

测井响应方程是测井最优化处理的基础，它表征了测井响应与地层参数之间的定量关系，响应方程的形式和精度决定了最优化处理结果与实际地层的符合程度。对给定的地层组分模型，可由各测井方法原理给出理论测井响应与地层组分含量之间的定量关系，即测井响应方程。理论测井响应的一般形式可表示为：

$$t_{ci} = f_i(v) \tag{5-5-109}$$

测井最优化处理实际上就是求解由上述 n 个响应方程构成的线性或非线性超定方程组，该方程组的最优解可由最小二乘理论建立最优化目标函数：

$$v^* = \arg\min\{F(v)\} \tag{5-5-110}$$

$$F(v) = \frac{1}{2}\sum_{i=1}^{n}(t_{ci} - t_{mi})^2 = \frac{1}{2}\sum_{i=1}^{n}[f_i(v) - t_{mi}]^2 \tag{5-5-111}$$

式中：t_{ci} 为地层理论测井响应值；t_{mi} 为实际测量响应值；$f_i(v)$ 为根据地层解释模型建立的测井响应方程。

由于响应方程各测井曲线量纲不同，测量值大小也存在较大的差异，因此在最优化求解前，应对各测井响应方程进行标准化处理。此外，由于不同测井方法测量时受井眼环境影响程度不同，测井曲线在处理中的"可信程度"也不一样，对"可信"的测井曲线，应赋予较高的权重系数，反之，则应降低其权重系数。据此，目标函数可记为：

$$F(v) = \frac{1}{2}\sum_{i=1}^{n}[(t_{ci} - t_{mi})w_i]^2 = \frac{1}{2}\sum_{i=1}^{n}\{[f_i(v) - t_{mi}]w_i\}^2 \tag{5-5-112}$$

式中：w_i 为各测井响应方程的权重系数。

权重系数 w 由权重因子 WF 与标准化因子 NF 两部分组成，其形式可记为

$$w = \frac{\text{WF}}{\text{NF}} \tag{5-5-113}$$

权重因子 WF 的取值在处理过程中根据测井曲线质量进行调节，取值在 [0~1] 之间，权重因子取值越高，代表该测井方法对目标函数影响越大。例如，在良好的井眼环境中，密度、中子测井资料对地层孔隙信息反映良好，处理时其权重因子可设置为 1，

而电阻率测井曲线权重因子可设置为 0.5，则电阻率测井曲线对地层孔隙大小计算的影响小于密度、中子曲线的影响程度。而在井眼环境较差的井段，密度、中子测井曲线受井眼影响较大，处理时应降低其权重因子，采用受井眼环境影响较小的测井曲线（如声波测井曲线）进行计算。

标准化因子 NF 的取值与测井数据的统计分布相关，若各测井曲线误差范围以不确定性值 Eq_UNC 来衡量，则权重系数 w 可通过下式确定：

$$w = \frac{\text{WF}}{\text{Eq\_UNC}} \quad (5\text{-}5\text{-}114)$$

通过不确定性值，可将各测井响应转化为量纲为 1 的数，并将测量值大小调整到相同的幅值变化范围内，这样，不同测井曲线对目标函数具有相同的贡献程度。

同时，目标函数式（5-5-112）中地层组分还应满足一定的岩石物理以及地质约束条件，即对程序计算地层组分取值范围的限制。约束条件类型可分为两类，一类是程序内部约束，即地层组分含量固有的取值限定；另一类是用户自定义约束，一般在资料处理中由解释人员根据地区经验情况或分析资料确定。

内部约束条件通常包括以下几种：

（1）地层组分含量非负性约束，即 $V_i \geqslant 0$；

（2）地层组分总量约束，即 $\sum\limits_{i=1}^{m} V_i = 1$；

（3）冲洗带与原状地层流体总量相等，即 $\sum\limits_{i=1}^{n_{\text{xf}}} V_i = \sum\limits_{i=1}^{n_{\text{uf}}} V_i$。

外部约束条件与内部约束在表达形式及程序处理方式上是一样的。假设用户在建立的地层模型中设置地层泥质含量不大于 20%，则可设置约束条件为

$$\sum_{i=1}^{n_{\text{clay}}} V_i \leqslant 0.2 \quad (5\text{-}5\text{-}115)$$

内部约束与外部约束条件一般形式可记为：

$$h_k(v) = C_{kj} v_j - b_k \leqslant 0 \quad (5\text{-}5\text{-}116)$$

式中：k 表示约束条件的个数；C_{kj} 代表约束条件系数矩阵；b_k 代表约束条件边界。

综上所述，测井最优化问题的数学模型可记为：

$$v^* = \arg\min \left\{ \frac{1}{2} \sum_{i=1}^{n} \left[(f_i(v) - t_{mi}) w_i \right]^2 \right\} \quad (5\text{-}5\text{-}117)$$

$$\text{s.t.} \quad h_k(v) = C_{kj} v_j - b_k \leqslant 0 \quad (5\text{-}5\text{-}118)$$

当测井响应方程数目 n 不小于待求地层组分数目 m 时，上述约束极小化问题的解是唯一的，可通过数学最优化算法进行求解。

3. 最优化求解算法

在最优化方法原理中，已对测井最优化问题的数学模型进行了讨论，建立的最优化

目标函数是一个典型的带约束条件的非线性最小二乘问题。该问题的求解包括对约束条件的处理以及无约束问题求解算法。

1）对约束条件的处理

对约束最优化问题的处理方法大致可分为两类，一类是直接使用原最优化目标函数，在约束条件限定的可行域中进行搜索确定最优解，即可行方向法；另一类方法是将约束问题转化为无约束问题后求解，即惩罚函数法。相比而言，可行方向法收敛速度较慢，会直接影响目标问题的求解效率，因此在测井最优化问题求解中，更适合使用惩罚函数法进行转换。

惩罚函数法的思想是在目标函数中增加惩罚项，当求解过程中迭代点不满足约束条件时，则给予很大的目标函数值，迫使无约束问题解向可行域逼近，或者保持在可行域内移动，直到满足或近似满足约束条件。利用惩罚函数法对上述目标函数添加惩罚项，转化的无约束问题为：

$$\min \Phi(v,M) = F(v) + MP(v) \tag{5-5-119}$$

式中：$P(v)$ 为惩罚函数；M 为惩罚因子。

惩罚项可设为约束条件的平方和形式，即

$$P(v) = \sum_{k=1}^{cn} \{\max[0, h_k(v)]\}^2 \tag{5-5-120}$$

当求解的地层组分 v 满足约束条件 $h_k(v) \leqslant 0$ 时，惩罚项 $MP(v)=0$；当 v 不满足约束条件时，惩罚项 $MP(v)>0$，且惩罚项随 M 的增大而增大，当 M 趋于无穷大时，无约束问题的最优解 v^* 将充分趋于约束区域的边界，此时即可以认为 v^* 是满足约束条件的最优解。

根据式（5-5-120），则无约束问题目标函数可表示为：

$$\begin{aligned} \Phi(v,M) &= F(v) + M\sum_{k=1}^{cn}\{\max[0,h_k(v)]\}^2 \\ &= \frac{1}{2}\sum_{i=1}^{n}\{[f_i(v)-t_{mi}]\cdot w_i\}^2 + \frac{1}{2}\sum_{k=1}^{cn}[(C_{kj}v_j - b_k)\alpha_k]^2 \\ &= \frac{1}{2}\boldsymbol{R}^\mathrm{T}\boldsymbol{R} \end{aligned} \tag{5-5-121}$$

其中：$\alpha_k = \sqrt{2M^*\omega}$；当 $h_k(v) \leqslant 0$ 时，$\omega=0$；当 $h_k(v) > 0$ 时，$\omega=1$。

$$\boldsymbol{R} = \begin{bmatrix} (f_i(v)-t_{mi})w_i \\ (g_k(v)-b_k)\alpha_k \end{bmatrix}, g_k(v) = C_{kj}v_j$$

2）无约束问题求解算法

目前对无约束问题的求解有两类方法，一类是使用导数的方法，即根据目标函数的梯度，有时还需要根据高阶导数来进行处理计算；另一类方法不需要使用导数，只需要目标函数值进行直接计算，但这类方法收敛速度较慢。对于测井最优化问题，对目标函数导数计算相对容易，同时为了尽可能地提升计算效率，在实际应用中一般考虑使用前者进行求解。目前对无约束非线性问题常用的算法包括最速下降法、牛顿法、共轭梯度法、变尺度法、高斯—牛顿法和Levenberg-Marquardt法等。

4. 最优化求解流程

通过对众多最优化算法的对比，非线性问题通用算法中，变尺度法相对来说具有较快的收敛速度和稳定性，在以往的测井资料最优化处理方法研究中多采用该方法进行求解。但针对测井最优化目标函数最小二乘形式的特点，采用Levenberg-Marquardt法进行求解具有更小的程序计算量，该算法在迭代过程中只需要计算目标问题子函数的一阶偏导，方便对测井响应方程中复杂非线性方程的处理。综合考虑，采用惩罚函数结合Levenberg-Marquardt法对目标函数进行求解，具体求解流程如下：

第一步，取初始值$V^{(0)}$，确定允许误差范围ε、最大迭代次数，参数$v=2$。

第二步，设置惩罚因子$M=1$，惩罚因子增大系数$C=5$。

第三步，计算矩阵$A=J^TJ$，确定μ_0初始值，并计算$g=-J^TR$。

第四步，检验是否满足迭代终止条件（满足误差允许值或达到最大迭代次数）。若满足则迭代终止，转到第八步；若不满足，则转到第五步。

第五步，求解方程$(A+\mu \cdot I) \cdot h=-g$，确定迭代增量。

第六步，检查迭代增量是否满足迭代终止条件。若满足则转到第八步；否则转到第七步。

第七步，令$V^{(k+1)}=V^{(k)}+h_{gn}$，同时计算阻尼因子μ，转至第四步。

第八步，检查无约束问题最优化$V^{(k)}$是否满足约束条件设置。若满足，则目标问题最优解为$V^*=V^{(k)}$；若不满足，则令$M=C \cdot M$，转至第二步。

利用上述步骤进行求解的算法流程如图5-5-8所示。

在上述复杂储层解释模型、测井响应方程以及最优化求解算法基础上，实现测井资料的最优化处理。

完整的测井资料最优化处理可大致分为四个步骤：处理参数设置、地层解释模型建立与计算、多模型组合处理以及地层参数计算，各步骤之间关系如图5-5-9所示。

图5-5-10为A井最优化处理结果。该井是长宁背斜构造中奥陶统顶上罗场鼻突东翼部位钻探的一口评价井。该井在2350.0~2405.0m井段进行连续取心，并在实验室进行X射线衍射沉积岩全岩定量分析。岩心实验分析结果显示，该井段上部岩性为黑色页岩，下部逐渐过渡到石灰岩，地层主要矿物类型为黏土、石英、方解石、白云石，含有微量的长石与黄铁矿。据此建立的最优化地层组分模型包括黏土、石英、方解石、白云石和黄铁矿，地层流体为水和天然气。

该井测井测量系列较全，除常规测井资料外，同时还进行了元素俘获能谱测井。针对地层矿物组成特征，选取常规电阻率、去铀伽马、三孔隙度曲线以及元素含量曲线（Al、Ca、Fe、S、Si）进行综合处理，地层各组分含量计算结果如图5-5-10所示。图中第一道是常规自然伽马、去铀伽马、井径曲线；第二道是深度道；第三道是阵列侧向电阻率曲线；第四道是三孔隙曲线；第五道至第九道是地层Al、Ca、Fe、S、Si元素质量分数曲线；第十道至第十三道是最优化处理方法计算的地层黏土、石英、方解石、白云石以及黄铁矿含量与实验室分析结果对比（两者均为质量分数）；第十四道是最优化方法计算得到的地层组分含量剖面。各道中，横线+圆点符号表示相应矿物百分含量的全岩分析结果。通过对比发现，最优化程序计算黏土、石英、方解石等主要矿物组分含量和实验室全岩定量分析结果具有很好的可比性，其整体的变化趋势及规律是一致的。

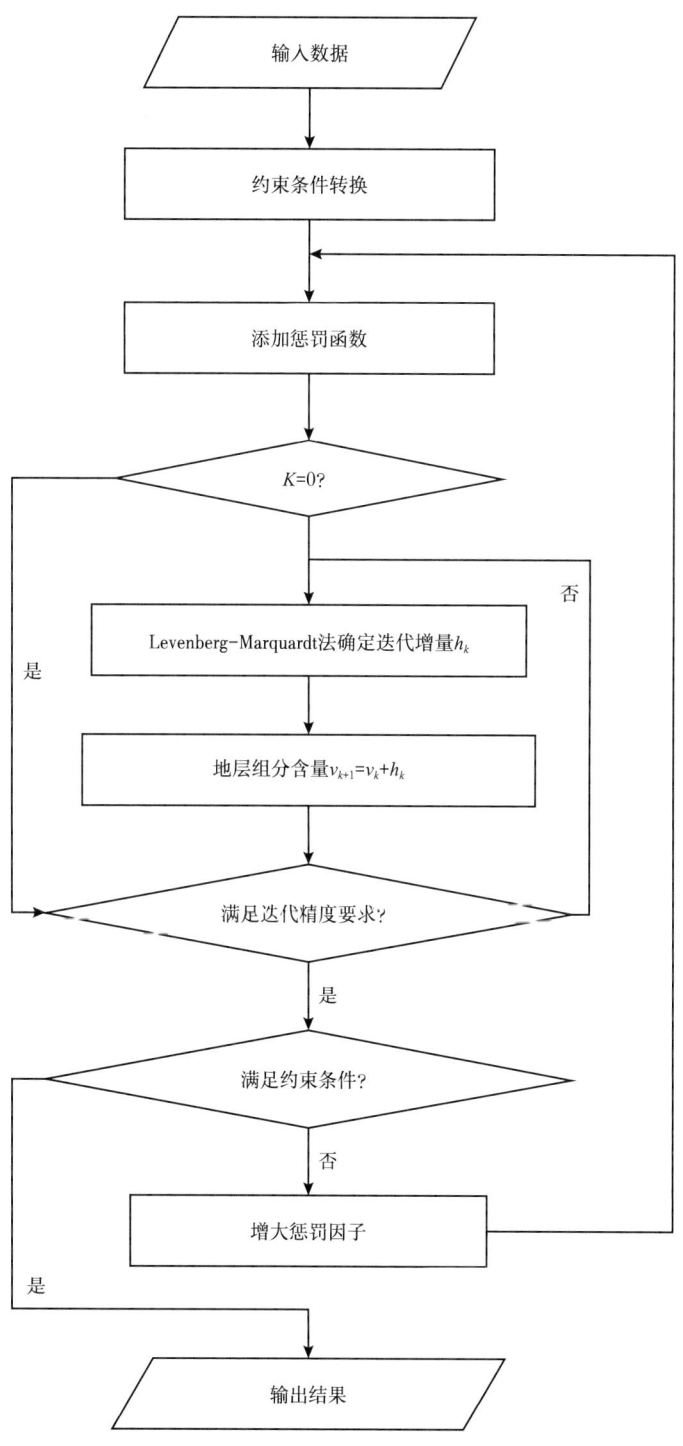

图 5-5-8　利用惩罚函数结合 Levenberg-Marquardt 法最优化求解流程

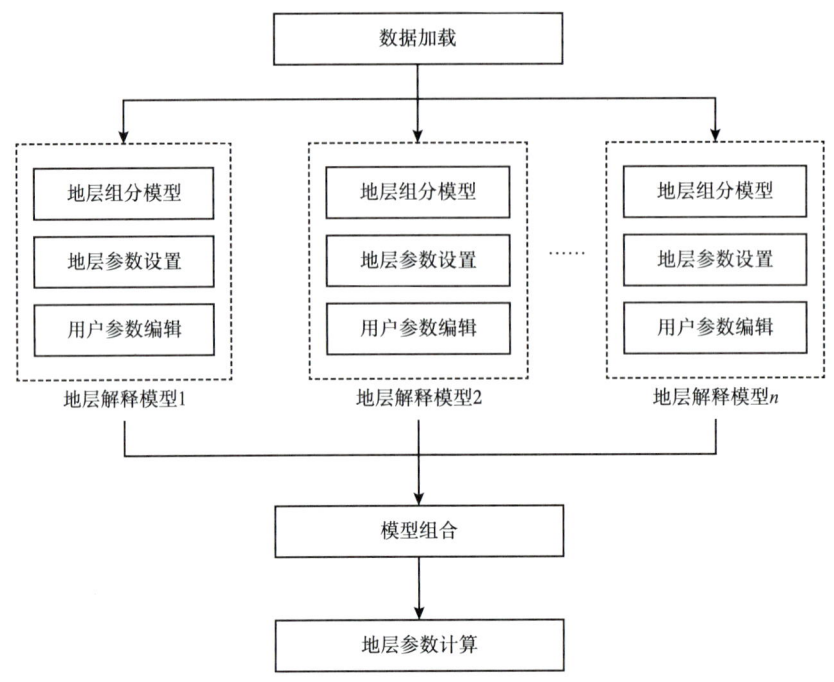

图 5-5-9　测井资料最优化处理操作流程

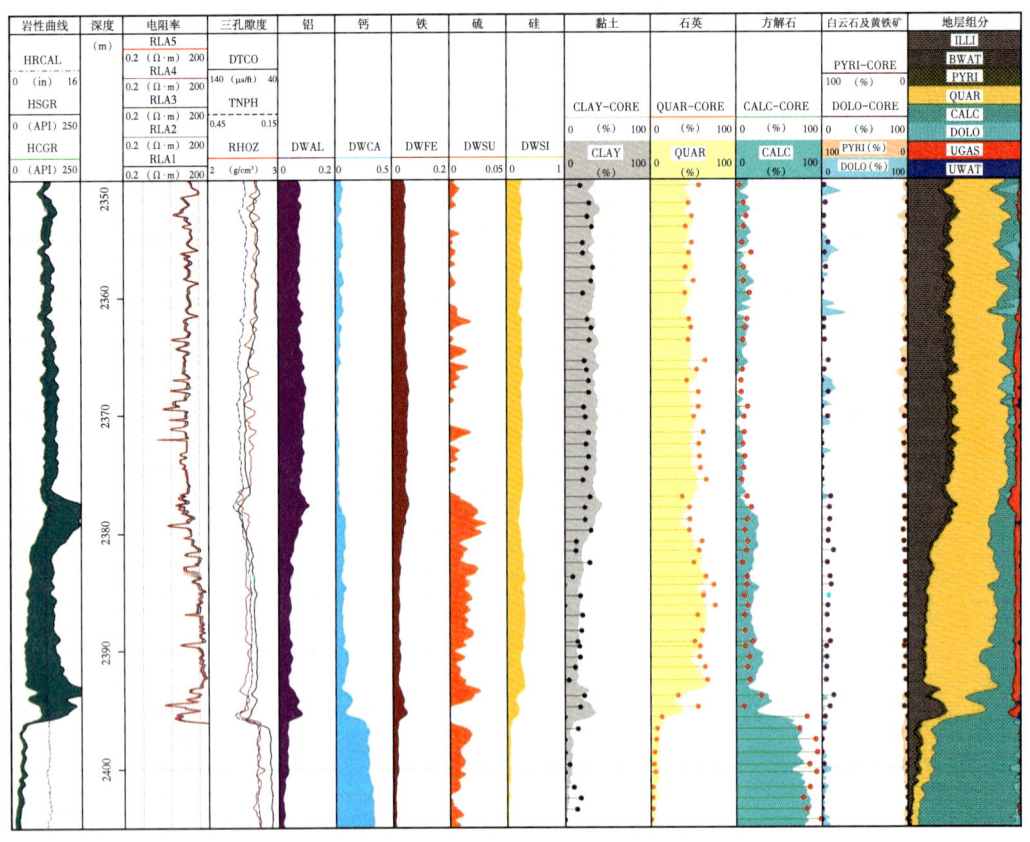

图 5-5-10　A 井最优化方法处理结果与岩心分析结果对比图

第六章 水平井测井解释

在非常规油气勘探开发过程中，水平井发挥着越来越重要的作用。早期，水平井主要用于碳酸盐岩裂缝油藏、带气顶或底水的油藏、薄层油藏、低渗透油藏、稠油油藏和高含水人工注水油藏等的开发。目前，水平井广泛应用于致密油、致密气、页岩油和页岩气等非常规油气勘探开发。水平井应用需求主要体现在四个方面：一是通过贯穿天然裂缝带，大幅度提高裂缝性地层油气产量；二是根据油水分布控制钻井走向，减少水锥进，从而提高单井油气采收率；三是通过增加井眼与地层的接触面积，穿过渗透性较好的地带，提高低渗透储层产能；四是通过降低钻井密度，提高勘探开发效率。

水平井测井解释的任务主要包括：在钻井进靶之前，基于随钻测井资料准确预测目的层位置及地层走向，指导钻井中靶—入靶以及之后的地质导向；完钻后详细描述井眼与地层空间位置关系、优化完井方案，进而评价水平井段有效储层钻遇率等；在多井综合解释阶段，根据直井和水平井单井测井解释结果和相互关系对油藏进行精细描述，为进一步研究剩余油分布、设计调整井提供基础数据。本章在介绍随钻电磁波测井响应模拟方法的基础上，重点讨论以电阻率各向异性分析为核心的水平井油气层测井解释方法原理。

第一节 水平井井筒环境与测井响应

在水平井中，测井仪器与地层的相对位置关系与直井截然不同，而且井筒环境的影响也不一样，这使得水平井中的测井响应特征与垂直井有很大差异。了解这些差异的形成机理，对于正确分析和评价水平井测井资料至关重要。

一、水平井井筒环境

水平井井筒环境不同于直井，主要表现在空间位置、钻井液侵入、地层的非均质性以及各向异性等方面，如图6-1-1所示。垂直井和水平井测井环境上的差异可归结为三类：（1）井眼环境，主要是钻井液分布状态不同；（2）地层环境，主要是钻井液侵入形状的差异以及地层的各向异性影响大小；（3）仪器与井眼、地层相对位置关系。

1. 井眼环境

垂直井中，钻井液是环井轴均匀分布。而在水平井中，井眼底部的弯曲低部位比较容易滞留岩屑等固相物质，形成相对较厚的岩屑床，它对径向深探测测井仪器影响不大，但对定向聚焦测井仪器（例如补偿密度测井仪）的影响较大，使得该类仪器沿井眼下侧读数时，不能准确有效地反映地层的真实物理性质。

图6-1-1a显示的是直井井眼与地层的平面俯视图，钻井液滤液进入有孔隙的近井

眼区域并形成滤液圆环，通常假设在环井眼方向滤液分布以井眼为对称轴。

水平井中的钻井液滤液侵入特征在形态上很不一样，其侵入带的形成与分布受钻井液特性、钻井液与地层压差、滤液与地层流体的密度差、滤液类型、储层渗透率等因素的控制。此外，重力作用引起井筒附近流体差异分布也是重要影响因素。与垂直井不同的是，由于重力影响，水平井中的钻井液滤液侵入集中在井眼的低部位，侵入过程不是发生在绕井眼径向方向上或是居中对称性侵入（图6-1-1b）。在这种情况下，测井仪器与井眼接触位置的不同会影响其测量响应，这种侵入无论是对深探测仪器还是对浅探测仪器响应都有影响，但影响幅度不同。

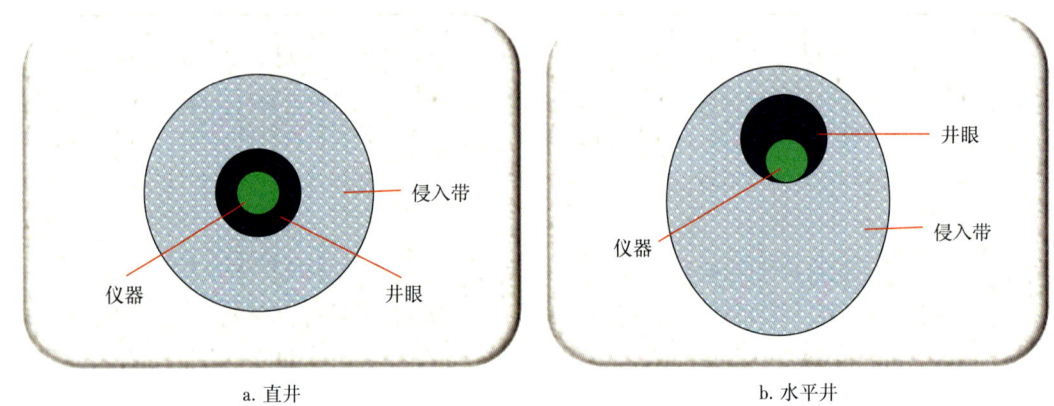

图 6-1-1　直井与水平井钻井液侵入对比示意图

2. 地层环境

直井中，由于假定井眼轴与地层是正交关系，无论是直流电测井仪还是交流电测井仪，其测井响应主要取决于地层水平方向的电阻率（或电导率），几乎不需要考虑垂直方向（一般指的是与岩石沉积层理垂直的方向）电阻率的影响。但在水平井中，电阻率测井仪的测井响应是地层水平方向电阻率和垂直方向电阻率的综合贡献，当二者不相等，即地层存在电各向异性时，必须考虑垂直于沉积层理方向的电阻率影响。

3. 仪器与井眼、地层相对位置关系

在垂直井中，测井仪器在井眼中一般是居中测量（少数仪器贴井壁测量）。井眼与地层界面的几何关系为正交或近似正交，当目的层厚度大于测井仪器的纵向分辨率时，仪器响应一般不考虑邻层及界面的影响，只需考虑径向上如钻井液侵入的影响。

在水平井中，测井仪器横躺在井眼底侧，一般处于偏心状态，而水平井眼与地层界面的相互关系则有以下几种可能：

（1）井眼接近层界面：层界面离井眼较近并在仪器探测范围内，此时测量结果受界面或邻层影响严重。

（2）层界面与井眼相交：层界面以不同角度与井眼相交，测井仪器响应是上下围岩的综合贡献，此时很难根据测井资料判断地层与流体界面，测井曲线反映的地层界面也不再是一个点，而是延滞为一个"区间"。利用测井资料分层时，应先找出这个"区间"，再找出界面点分层。

（3）井眼远离层界面：当层界面远离仪器并且不在仪器探测范围之内时，测井仪器的响应基本不受邻层及层界面的影响。

二、测井响应特征

1. 电阻率测井

无论直井还是水平井，影响电阻率测井响应的主要环境因素包括围岩、井径、钻井液类型、钻井液侵入状况、油气水及其与钻井液滤液混合特征等，对中到高频的感应类测井还必须考虑趋肤效应的影响。在大斜度井和水平井中，地层的电各向异性特征及井眼与地层的相对夹角对电阻率测井的影响程度可能超过其他因素。

图 6-1-2 是用数值方法模拟阵列感应测井在直井和 60° 斜井中的响应（假设地层为电各向同性，无钻井液侵入），第 2 道为直井模拟结果，井斜角为 0°，阵列感应不同探测深度的电阻率曲线与理论地层模型基本重合；第 3 道模拟井斜角为 60°，尽管理论模型没有钻井液侵入，但图中第 1 个高阻层（40~45m）不同探测深度的电阻率曲线明显分离，这主要是因为在斜井中阵列感应仪器各子阵列的响应受围岩影响显著，且不同源距影响程度不同。当井斜角变大时，测井曲线视厚度也变大；当目的层与围岩的电阻率差异增大时，在界面附近将出现"犄角"，其幅度随界面两侧电阻率对比度增加而增加，也随地层倾角的增加而增加。这种"犄角"是由层界面处的极化而产生的，可用于层界面识别。

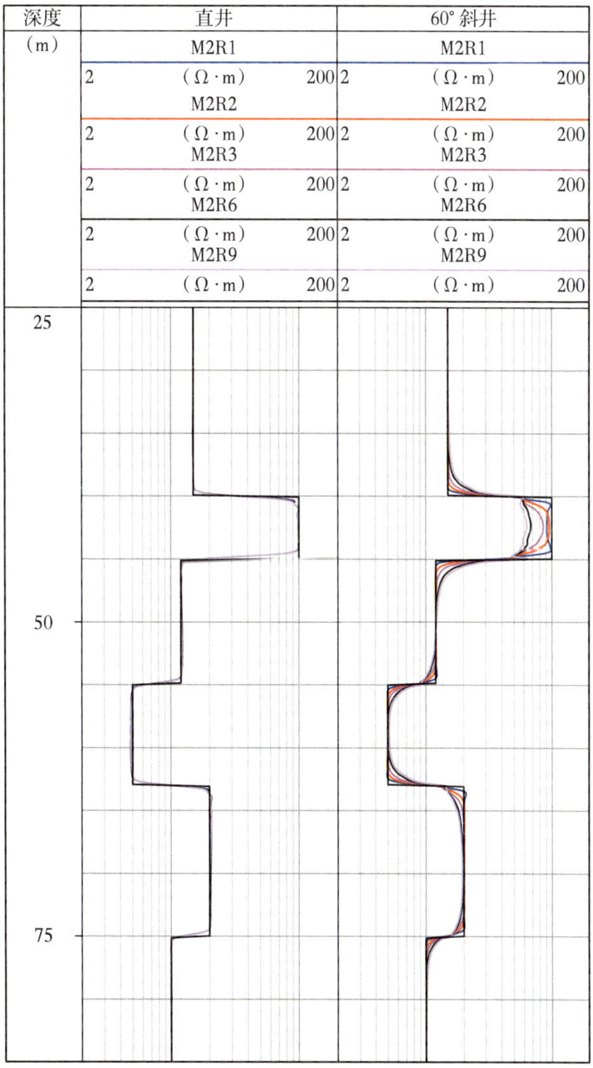

模拟水平井中常用的双侧向电阻率和随钻电磁波电阻率测井测井响应如图 6-1-3 所示。图中，层状地层模型的颜色代表自然伽马曲线数值高低，暗褐色表示高自然伽马泥岩，浅黄色代表低自然伽马砂岩，深蓝色实线为模拟的水平井井眼轨迹。图中上部的两个电阻率曲线道分别为模拟斯伦贝谢公司的随钻电磁波测井仪器 ARC5 系列的 16in、34in 源距高频相位电阻率和幅值电阻率，以及深浅双侧向电阻率曲线。模拟过程未考虑钻井液侵入影响，并假设目的层砂岩电阻率

图 6-1-2 不同井斜角阵列感应测井响应模拟曲线

为 30Ω·m，底部泥岩电阻率为 2Ω·m（不考虑电各向异性）。

从图 6-1-3 可以看出，当水平井在具有一定厚度的目的层中部时（图中水平井轨迹横向位移≤380m），双侧向和随钻电磁波电阻率仪器测量值都接近地层理论值，基本不受围岩的影响，不同探测深度的曲线重合；当井眼轨迹或仪器逐渐靠近底部的低阻围岩时（横向位移超过 380m），各条曲线数值逐渐降低，受围岩影响逐渐增加，且探测深度大的深侧向电阻率 LLD 曲线变化更为明显；当井眼轨迹或仪器贴近层界面位置时（横向位移 430m 附近），随钻电磁波测井的相位和幅值电阻率曲线数值都开始增大，在层界面位置出现"犄角"现象，ARC5 随钻电磁波仪器的高频幅值电阻率曲线 A34H 的数值最高达 2000Ω·m，远远超出目的层的理论值，这种现象也是由电磁波测井受地层垂向各向异性影响所致，也可用于层界面识别。

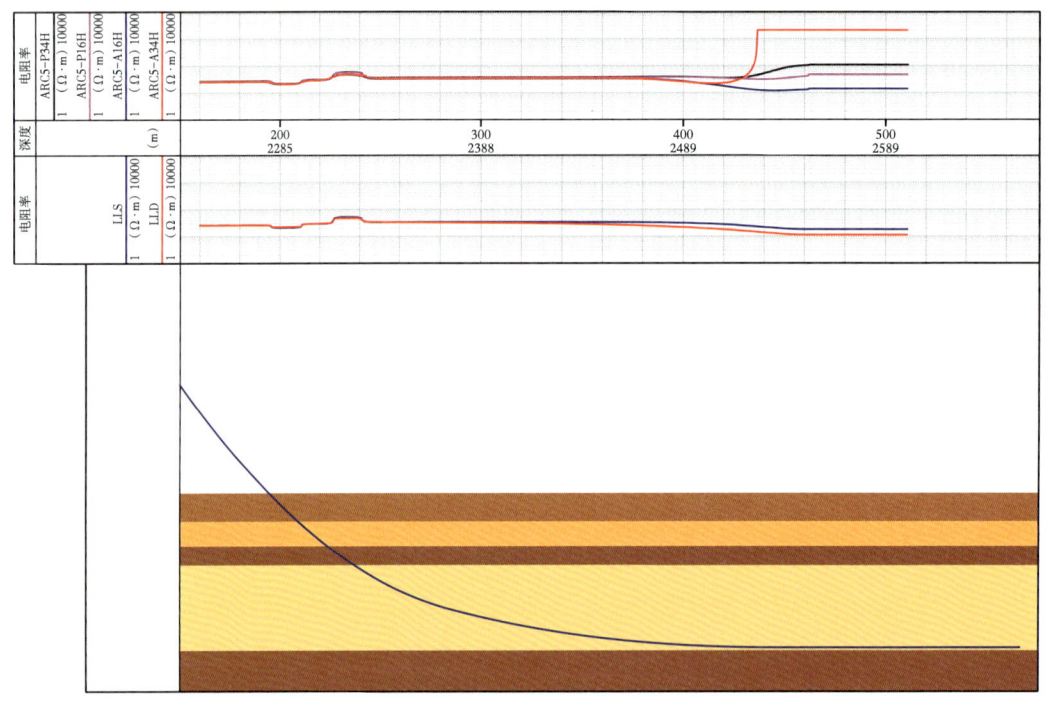

图 6-1-3 水平井中双侧向测井及随钻电磁波测井模拟响应曲线

进一步分析常用的双感应测井在直井和水平井中的响应特征。大量文献研究表明，在直井水平地层中，深、中感应电阻率曲线的幅度差主要反映目的层的钻井液侵入情况，具体取决于侵入深度及钻井液滤液与地层流体的电阻率对比度差异，而在水平井中其差值的主要影响因素包括目的层厚度、与围岩电阻率对比度及钻井液侵入情况。

图 6-1-4 是三层层状介质水平井模型及模拟的深、中感应电阻率曲线幅度差随目的层厚度的变化（未考虑侵入，假设仪器位于目的层中部）。可以看出，在水平井中，假设目的层电阻率 RT=20Ω·m，如果是低阻围岩（RS=2Ω·m），探测深度大的深感应电阻率 ILD 数值低于中感应 ILM，幅度差为负，随着目的层厚度 H 的增大，深、中感应电阻率受围岩的影响均减小，当目的层厚度超过 16m 时，二者数值相等（均等于目的层电阻率），幅度差为零；而对于高阻围岩（RS=50Ω·m），探测深度大的深感应电阻率 ILD 数值高于中感应 ILM，幅度差为正，随着厚度 H 增加其变化特征类似于低阻围岩。

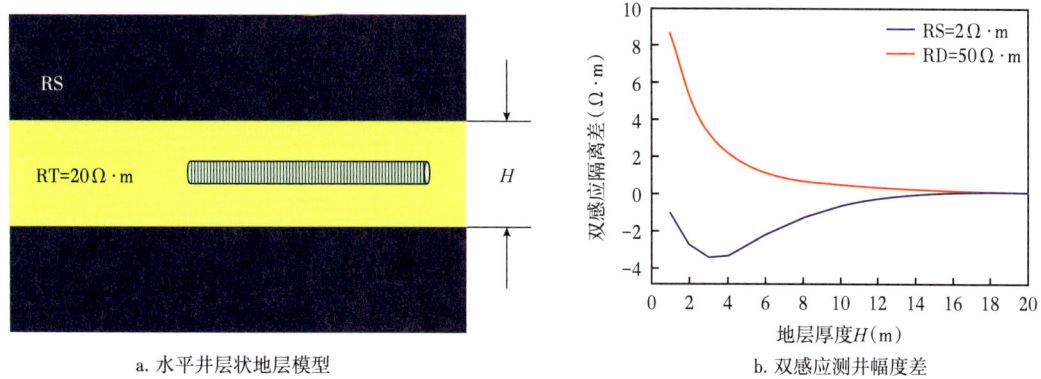

a. 水平井层状地层模型　　　　　　　　b. 双感应测井幅度差

图 6-1-4　模拟不同层厚的水平井中双感应电阻率测井幅度差变化

2. 声波测井

目前生产中广泛应用的阵列声波仪器，一般采用多个发射、多组接收探头阵列设计，通过记录主要包括滑行纵波、横波及斯通利波在内的多条波形曲线，进行相关性分析和叠加处理，可以获取地层纵波、横波和斯通利波时差等信息。对于层状介质而言（碎屑岩地层剖面通常更接近层状介质模型），评价声波测井曲线质量的关键包括纵波/横波速度的准确性以及垂直分辨率（对薄层的分辨能力）。

在直井水平地层中，声波测井的垂直分辨率是由声波仪器的接收阵列长度控制的，当地层厚度大于源距时，通常可以从波速曲线的变化进行识别，而对于厚度在源距以下的薄层，阵列声波测井通常只能提供一个空间平均的属性估计值。而对于大斜度井或水平井而言，由于滑行波沿着沉积岩的层理面或层界面传播，其分辨率与仪器几何尺寸之间的关系变得复杂。

以具有 13 个间隔为 0.15m、阵列跨度为 1.8m 的仪器为例，模拟硬地层中直井和井斜角 60°、80° 的斜井中单极纵波和单极横波时差曲线，图 6-1-5 是三种井型中单极纵波的模拟结果，图 6-1-6 是相应的单极横波模拟结果。

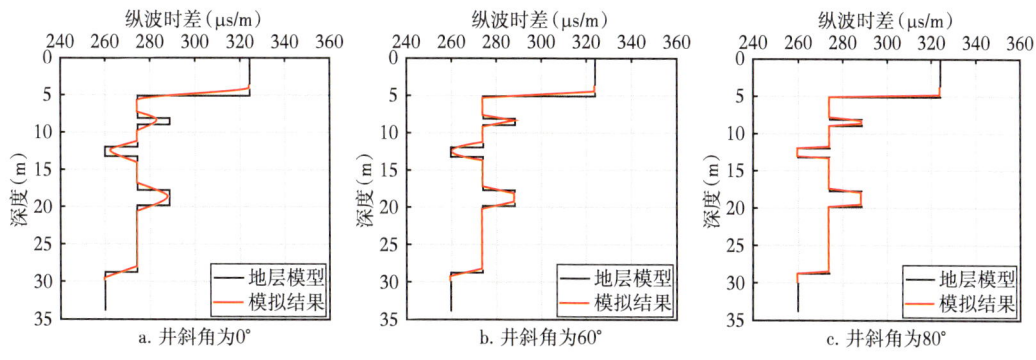

图 6-1-5　硬地层中模拟不同井斜角阵列声波测井单极纵波时差曲线

由图 6-1-5 和图 6-1-6 可以看出，在直井或仪器垂直于地层界面的情况下，当层厚小于接收器阵列跨度时（例如图中 5~10m 和 15~20m 深度区间内的薄层），纵、横波时差均无法准确测量，而随着井斜角的增大，仪器在同一层中测量距离加大，更有利于对薄层声速的测量。当井斜角超过 60° 时，对于图中垂直厚度仅为 1m 的薄层，也可能准确测量其纵、横波速度。

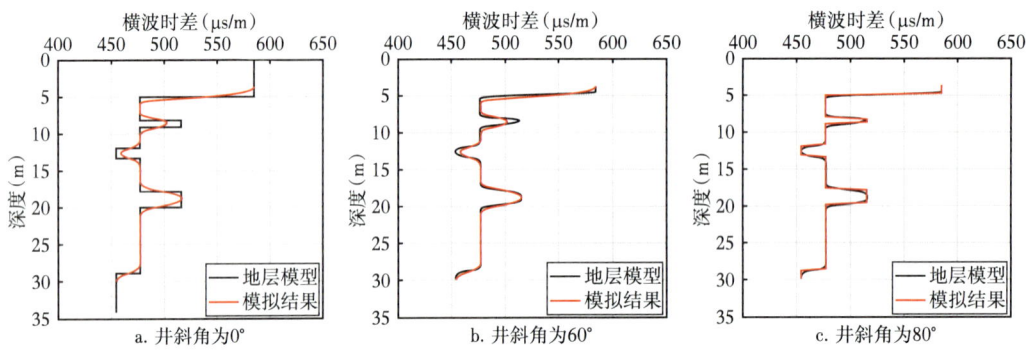

图 6-1-6 硬地层中模拟不同井型阵列声波测井单极横波时差曲线

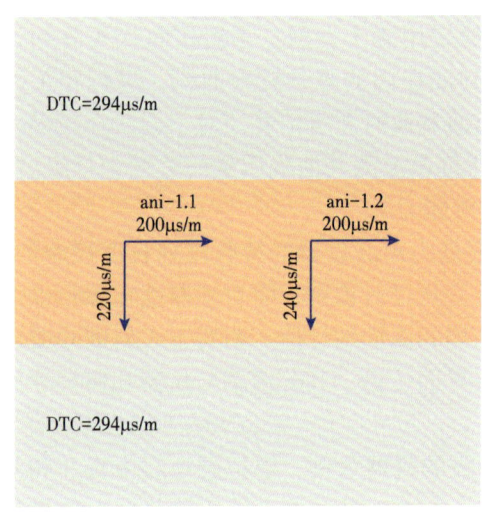

图 6-1-7 考虑声波各向异性的三层水平层状地层模型示意图（三层厚度均为 10m）

应该强调指出的是，以上模拟没有考虑地层岩石的声各向异性影响。事实上，沉积岩中平行于其层理方向的纵波、横波速度通常大于垂直方向；而在水平井中，阵列声波仪器的滑行波一般沿着层理的方向传播，测量的纵、横波速度接近地层的水平方向声波速度（具体取决于仪器与地层的相对夹角），因此声各向异性也是影响直井和水平井声波测井响应特征差异的另一个重要因素。

设计如图 6-1-7 所示的三层模型，分别假设地层岩石的垂直方向纵波时差是水平方向纵波时差的 1.1 倍和 1.2 倍，即二者的比值 ani 分别取值 1.1 和 1.2；围岩各向同性，纵波时差为 294μs/m；仪器位于中间目的层的中部，直井和井斜角为 60° 的大斜度井纵波时差模拟结果如图 6-1-8 所示。

从图 6-1-8 可以看出，在直井水平地层情况下，阵列声波测井的纵波时差主要反映地层的垂向声速，在 ani 分别取值 1.1 和 1.2 的两个模型中，模拟值均接近理论模型的垂向纵波时差；而当井斜角达到 60° 时，模拟值则靠近地层的水平方向声速。更多的模拟结果表明，对于声各向异性地层，随井斜角从 0° 逐渐增大，阵列声波测井的测量时差值从接近地层垂向时差值逐渐变化到地层水平方向的时差值。

另外，钻井时，应力作用在井壁产生的裂缝、井壁的钻井液侵入、仪器的偏心以及井底部沉积的滤饼岩屑均会使声波测井产生异常，在实际解释中必须考虑这些影响因素。

3. 随钻方位成像测井

水平井设计的一个重要目标就是确保井眼轨迹沿着目的层或"甜点"体穿行，获取最大的钻遇率，随钻测井为实现这一目标提供了所需的地层岩石物理参数。在水平井钻井过程中，当需要判断井眼轨迹是进入目的层还是出目的层时，单纯依靠随钻测井常规测井曲线是难以实现的。此时，要想确定出入地层位置，必须借助方位成像测井。

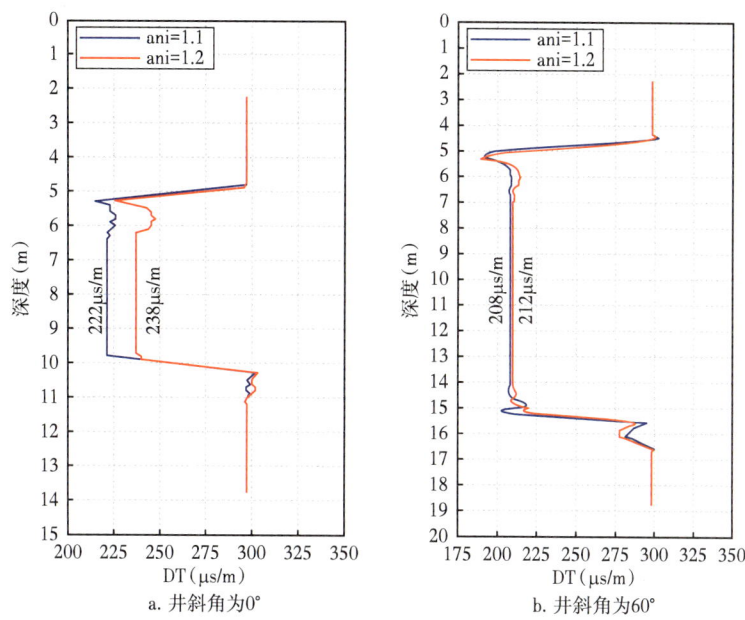

图 6-1-8　三层水平介质模型直井和 60° 斜井纵波时差响应模拟结果

成像测井一般采用阵列传感器测量环井壁的岩石物理参数，同时记录各传感器的空间方位信息，最终形成带有方位信息的井壁图像。在电缆测井中，常用的微电阻率扫描成像测井通过在仪器的多个极板上安装最多 192 个纽扣电极，配合 1 号极板方位信息获取井眼电阻率图像，为储层评价和地质研究提供了非常有用的信息。在水平井中，随钻测井的传感器都安装在钻铤上，为了保证钻铤的机械强度，不能安装过多的传感器，因此一般采用单个传感器随钻铤旋转，定时采集井壁不同位置的岩石物理参数，最终也可以提供带方位的图像，为随钻地质导向提供重要的参考，常用的有随钻方位伽马成像测井、随钻密度成像测井和随钻电阻率成像测井。

随钻伽马测量仪是在随钻测量工具内安装自然伽马传感器，通过伽马传感器探测其周围岩层的平均伽马值。由于没有方向性，当测量参数反映出轨迹已经不在目标层时，不能确定钻头从上面出层还是从下面出层，因此也无法落实重返目标层的措施。随钻多扇区方位伽马测量技术是近年来发展起来的一种新型随钻测量技术，可实现多扇区的方位伽马测量和成像。随钻方位伽马测量仪通常将一个或多个伽马传感器对称安装于钻铤表面，钻具旋转过程中利用井下扇区方位测量系统分时、分区累计来自各扇区对应地层的自然伽马值。图 6-1-9 是其工作原理示意图，水平井与直井的区别在于，水平井随钻方位图像的方位信息是相对于井筒顶部而言的，顶部标记为上"U"，按顺时针方向依次为右"R"、下"D"、左"L"，最后回到上"U"（图 6-1-9a）。图 6-1-9b 是随钻方位伽马图像。

图 6-1-10 是模拟的水平井分别从目的层砂岩底部和顶部穿出进入泥岩的测井响应特征。图中自上而下分别为深度道、自然伽马 GR 和随钻电磁波电阻率 P40H 曲线道和随钻方位伽马图像道以及水平井钻遇地层模型（中间的亮色为低伽马、高电阻率的砂岩，暗色为高伽马、低电阻率的泥岩）。可以看出，在图中所示的测深 142m 和 173m 附

近，水平井井眼轨迹分别从砂岩的底部和顶部穿出进入泥岩，对应的自然伽马曲线和随钻电磁波电阻率曲线变化特征完全相同，均表现为伽马值增大、电阻率值降低，据此无法区分两种不同的出层方式。但随钻方位伽马图像在两种不同的仪器穿层界面时对应的余弦线指向不同，其中测深 142m 附近是水平井从目的层底部钻出进泥岩，余弦线与钻进方向或深度方向相反；而测深 173m 附近水平井从目的层砂岩顶部钻出进泥岩，对应的余弦线与钻进方向或深度方向相同。此例表明，随钻方位图像可以清晰并准确地刻画水平井井眼轨迹与目的层的几何关系，是水平井测井解释时描述井眼轨迹与围岩空间组合关系必备的测井信息。

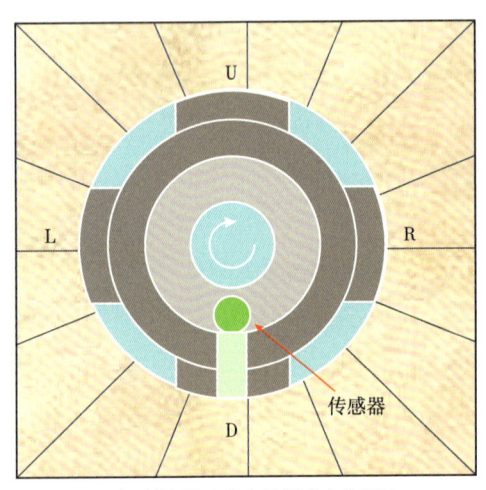
a. 水平井随钻方位伽马测井方位标记

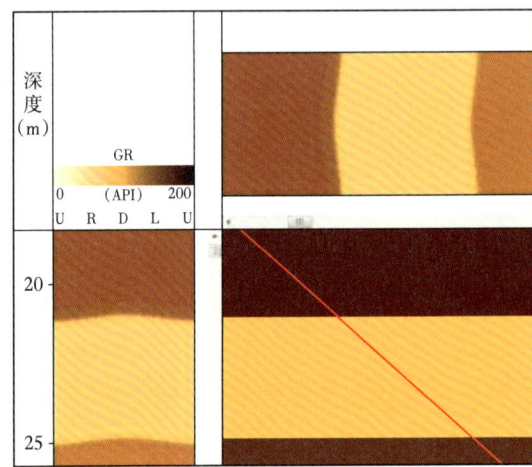
b. 随钻方位伽马图像

图 6-1-9　随钻方位伽马成像测井原理示意图

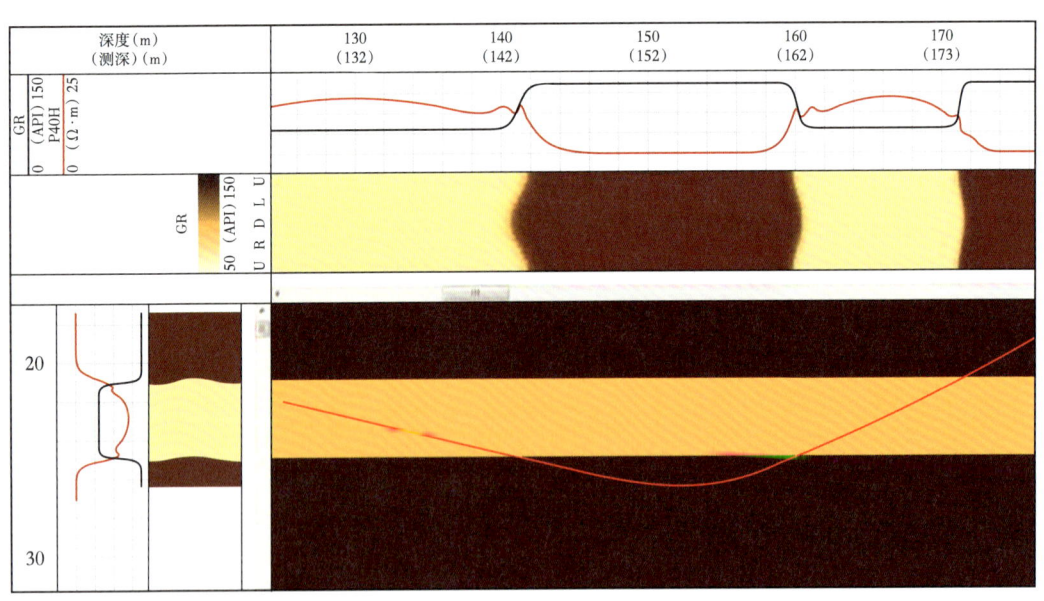

图 6-1-10　水平井井眼出入地层对应的常规测井及随钻方位伽马曲线特征

4. 放射性测井

对自然伽马、密度和中子等放射性测井来说，这些测井方法的响应是其探测范围内岩石核物理特征的平均值，相应的物理量属于标量，不具有各向异性特征，与井型关系不大。另一方面，这些放射性测井仪器的探测深度一般在 10~20cm 范围内，因此即使在水平井中其测量响应受围岩的影响也不大，通常不用考虑围岩校正。

在水平井中，如果使用随钻方位伽马或密度测井，如前所述，这类仪器的探头随钻杆旋转，采集的是相对于井眼顶部不同方位的岩石特征信息，一般提供 4 条不同方位的曲线。由于仪器在水平井段受重力影响而贴近井眼底部，故底部地层对测量值的贡献要大于上覆地层。密度测井同样受仪器测量位置的影响，井眼大小、井壁微裂缝、钻井液密度、泥质含量、岩性、孔隙流体、下部的滤饼岩屑以及侵入物均对测量值产生影响。

另外，利用随钻密度测井不同方位密度曲线的响应差异还可以判断井眼轨迹走向。图 6-1-11 是利用随钻密度—中子曲线的响应变化判断含气砂岩中井眼与地层几何关系的实例。图中，$\rho_{顶部}$、$\rho_{底部}$、$\rho_{左侧}$、$\rho_{右侧}$ 分别代表随钻方位密度的上部、下部、左侧和右侧象限的密度曲线。可以看出，在 A 井段，井眼完全处于含气砂岩中，四条密度曲线与中子曲线均有挖掘效应，指示地层含气；在 B 井段的末端，井眼逐渐钻出含气砂岩，顶部象限的密度值与中子曲线的挖掘效应逐渐减弱；而在 C 井段，井眼完全钻出目的层，四条密度曲线均不存在挖掘效应。因此，利用随钻方位放射性测井可以较好地描述井眼与地层的相互位置关系，实现准确的地质导向。

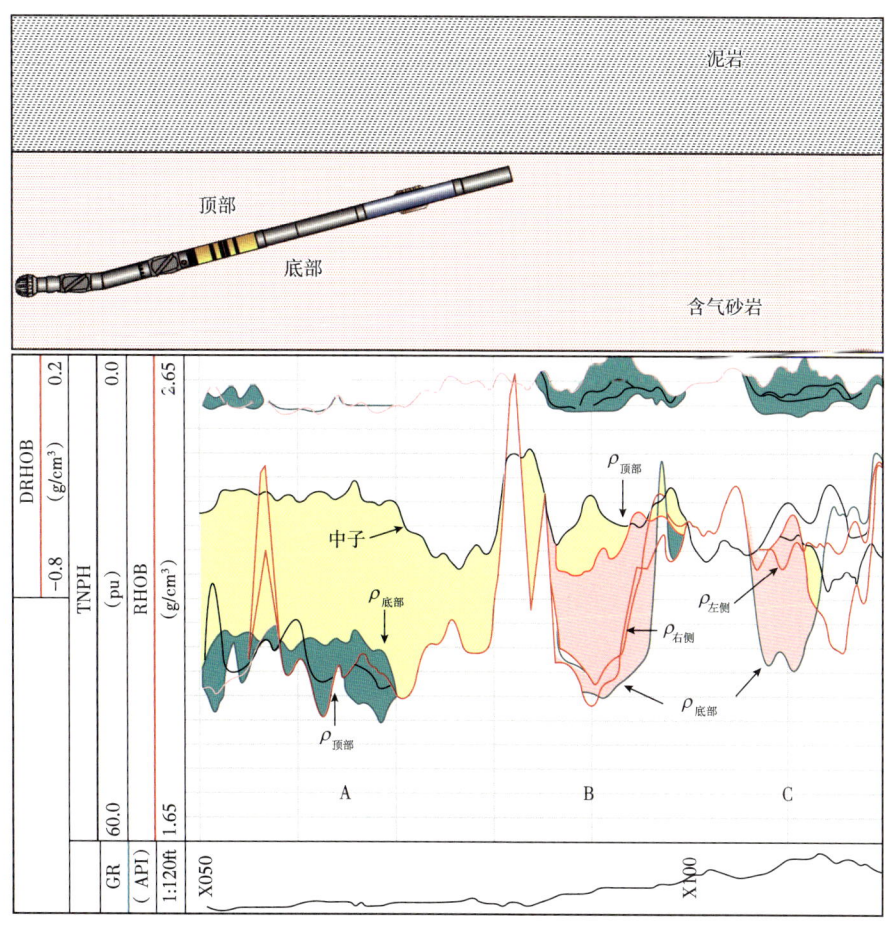

图 6-1-11　水平井方位密度—中子测井穿过含气砂岩测井实例（据斯伦贝谢公司）

综上所述，与直井相比，水平井测井响应的差异主要体现在电阻率、声波等具有方向特性的物理量，根本原因在于沉积岩本身固有的电、声各向异性特征，以及不同井型中电磁场、声场在层界面位置的折射、反射特征。理论上讲，探测深度越深的仪器，在大斜度井/水平井中受围岩和各向异性的影响就越大，资料处理时就需要更多地考虑目的层邻近的围岩特征；反之，探测深度浅的测井仪器，或者放射性测井，一般无须考虑围岩影响。从目前常用测井仪器的探测性能来看，电阻率测井仪器常常具有较大的探测深度，因此，电阻率测井响应特征定量分析与处理方法也就成为水平井测井处理解释的重要内容。

第二节　随钻电磁波正演

相对电缆电阻率测井来说，随钻电磁波测井电阻率是刚钻开地层时测得的，最接近地层的原始状态，几乎不受钻井液侵入影响，因此对地层含油气评价更有优势。本节重点分析随钻电磁波测井响应正演模拟方法及其响应特征，为后面的水平井测井处理解释奠定基础。

一、测量基本原理

如图 6-2-1 所示，随钻电磁波电阻率测井仪的基本结构是在绝缘棒上放置一个发射线圈 T 和两个接收线圈 R_1、R_2，构成单发双收的三线圈系基本单元。T 与 R_1、R_2 之间的距离分别为 L_1、L_2，两接收线圈间距 $\Delta L = L_2 - L_1$。其工作原理是由发射线圈发射一定频率的交变电流，在地层中激发交变电磁场，并最终在接收线圈中形成感应涡流，仪器记录两个接收线圈中的感应电动势 V_{R_1} 和 V_{R_2}。由于电磁波传播效应，发射线圈产生的电磁波在传播过程中会发生幅度衰减和相位变化。

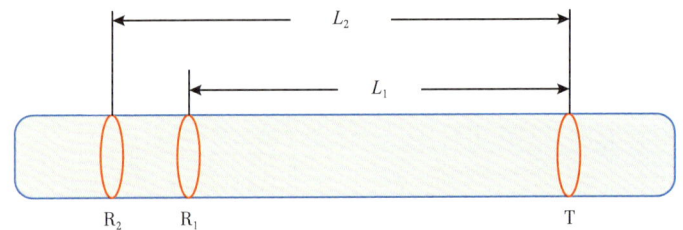

图 6-2-1　随钻电磁波电阻率测井仪基本结构示意图

图 6-2-2 为发射线圈的电磁波在初始时刻其感应电动势沿轴线分布示意图，发射线圈中心位于坐标原点，线圈系沿横坐标方向排列，其中实线为感应电动势沿轴线的分布，虚线为线圈系相应位置感应电动势的幅值。从实线的分布可以看到，感应电动势的相位在两个接收线圈所在位置是不同的；从虚线的分布可以看到，感应电动势幅值随着距离的增加而逐渐衰减。通过测量两个接收线圈 R_1、R_2 中产生的感应电动势的幅度比（EATT）和相位差（$\Delta\varphi$），可转换得到地层电阻率。同时通过改变电磁波的发射频率，可以测量到不同线圈距的感应电动势的相位差以及幅度衰减。目前，最常用的线圈系结构为双发双收，工作频率通常采用 400kHz 与 2MHz 的频率组合。这种组合方式，不仅

可以同时测量到不同探测深度的四条电阻率曲线，而且该工作频率可以忽略井眼、围岩以及介电常数对测量结果的影响。

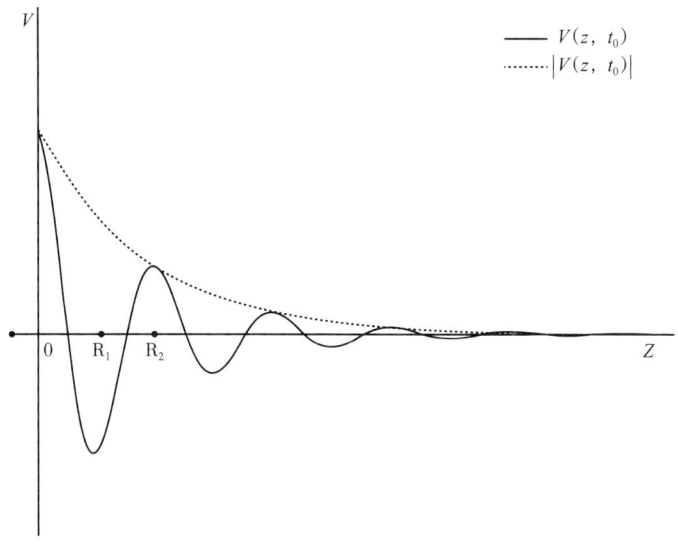

图 6-2-2　发射线圈的感应电动势在初始时刻沿仪器轴分布示意图

仪器测得的幅度比（EATT）和相位差（$\Delta\varphi$）须经过转换，得到衰减比电阻率（R_{ad}）和相位差电阻率（R_{ps}）才能在实际中应用。由于实际地层的岩石微观结构非常复杂，通常是假设在均匀介质条件下进行电阻率转换，因此涉及均匀介质下电磁波电阻率测井幅度比和相位差的求解。在实际工程中，发射线圈产生的时变电磁场为时谐电磁场，时间因子可表示为 $e^{i\omega t}$，所以复数形式的 Maxwell 方程组为：

$$\nabla \times \boldsymbol{E} = -i\omega\mu\boldsymbol{H} \tag{6-2-1}$$

$$\nabla \times \boldsymbol{H} = \sigma\boldsymbol{E} + i\omega\varepsilon\boldsymbol{E} + \boldsymbol{J}_\mathrm{T} \tag{6-2-2}$$

$$\nabla \cdot \boldsymbol{D} = \rho \tag{6-2-3}$$

$$\nabla \cdot \boldsymbol{B} = 0 \tag{6-2-4}$$

$$\nabla \cdot \boldsymbol{J} = -i\omega\rho \tag{6-2-5}$$

式中：$\boldsymbol{E}$ 为电场强度，V/m；$\boldsymbol{H}$ 为磁场强度，A/m；$\boldsymbol{D}$ 为电位移矢量，C/m^2；$\boldsymbol{B}$ 为磁感应强度，T；$\boldsymbol{J}_\mathrm{T}$ 为发射电流密度，A/m^2；ρ 为电荷密度，C/m^3。

引入矢量磁位 $\boldsymbol{A}$ 与 $\boldsymbol{B}=\nabla\times\boldsymbol{A}$，满足库伦规范 $\nabla \cdot \boldsymbol{A}=0$，由此可得到波动方程：

$$\nabla^2 \boldsymbol{A} + k^2 \boldsymbol{A} = -\mu\boldsymbol{J} \tag{6-2-6}$$

式中：k 为传播常数，满足 $k^2=-i\omega\mu(\sigma+i\omega\varepsilon)$。

令

$$k=\alpha-i\beta \tag{6-2-7}$$

其中 $$\alpha = \omega\sqrt{\frac{1}{2}\mu\left(\sqrt{\varepsilon^2 + \frac{\sigma^2}{\omega^2}} + \varepsilon\right)}, \quad \beta = \omega\sqrt{\frac{1}{2}\mu\left(\sqrt{\varepsilon^2 + \frac{\sigma^2}{\omega^2}} - \varepsilon\right)}$$

在均匀介质中求解波动方程（6-2-6），可得到接收线圈中感应电动势 V_j 和相位 φ_j，进一步计算得到两个接收线圈中的感应电动势幅度比 EATT 和相位差 $\Delta\varphi$，最终可由幅度比 EATT 和相位差 $\Delta\varphi$ 转换得到衰减比电阻率 R_{ad} 和相位差电阻率 R_{ps}。通过幅度比 EATT 和相位差 $\Delta\varphi$ 的测量，可以降低井眼和线圈尺寸的影响，而无须消除线圈间的直耦信号，同时还可简化仪器结构，降低仪器设计的复杂程度。

二、横向各向同性介质随钻电磁波电阻率测井响应

在水平层状地层中，采用数值计算方法考察测井仪器工作频率、线圈距离、井斜、围岩、层厚、各向异性等对随钻电磁波测井响应的影响。

1. 不同频率条件下的响应特征

假设随钻电磁波仪器两接收线圈的源距分别为 25in 和 31in，线圈半径为 3.25in，工作频率分别为 250kHz、400kHz、500kHz、1MHz、2MHz、4MHz，地层无限厚。图 6-2-3 为不同工作频率两个接收线圈信号的幅度比（EATT）和相位差（$\Delta\varphi$）随地层电阻率（R_t）变化的关系。

从图 6-2-3 可以看出，幅度比和相位差均随着地层电阻率的增大而减小，表现出与地层电阻率呈单调递减的函数关系。幅度比与地层电阻率的关系只是在地层电阻率较低时（<1Ω·m）才表现为近似线性关系（图 6-2-3a），而相位差与地层电阻率在 0.01~1000Ω·m 范围内整体上呈近似线性关系（图 6-2-3b）。同一频率下，随着电阻率增大，测量的幅度比、相位差及其变化量均在变小。当地层电阻率增达到 20Ω·m 时，幅度比对电阻率变化不敏感，信号检测的难度较大。相位差对地层电阻率的敏感程度明显优于幅度比，说明利用相位差响应探测地层电阻率的适用范围更大。随着频率增大，幅度比和相位差均增大，即测得信号幅度增大，但频率越高，探测深度越小。目前各公司随钻电磁波电阻率测井仪器的主要工作频率为 2MHz。

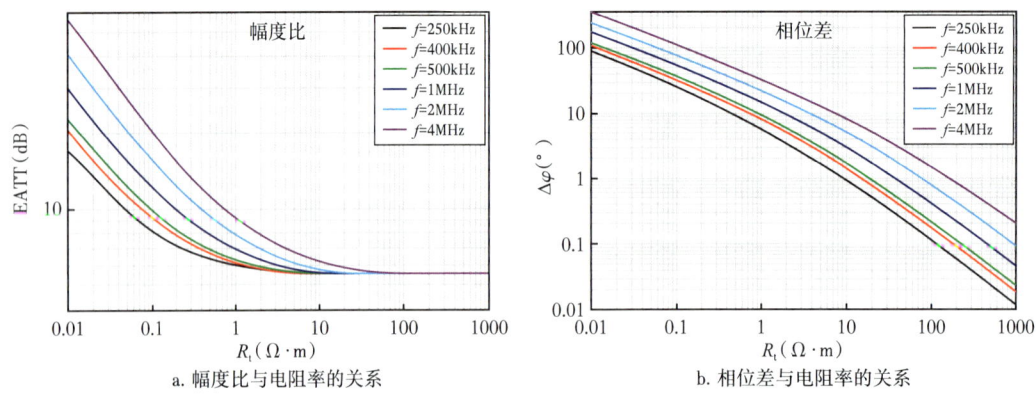

图 6-2-3　不同频率条件下幅度比和相位差与电阻率关系曲线

2. 不同井斜条件下的响应特征

以常用的 Baker Hughes 公司随钻电阻率测井 INTEQ 系列的 DPR 仪器为例，该仪器

采用单发双收三线圈系，测量点在两个接收线圈中间，相对于测量点该仪器的两个发射和一个接收线圈位置分别为 −3.5in、+3.5in 和 +31in（负号代表线圈位于测量点的下部，正号表示在上部），单一工作频率为 2MHz。地层模型设为三层介质，目的层电阻率为 $10.0\Omega \cdot m$、厚度为 3m（参见图 6-2-4，仪器中心轴与目的层界面的法线夹角为 θ，也称为井斜角），假设围岩无限厚，电阻率为 $1.0\Omega \cdot m$。图 6-2-5 是该线圈系在 θ 角分别取值 0°、30°、45°、60°、70°、80° 时模拟的衰减电阻率 R_{ad} 和相位差电阻率 R_{ps}，图中黑色方波实线为模型电阻率。

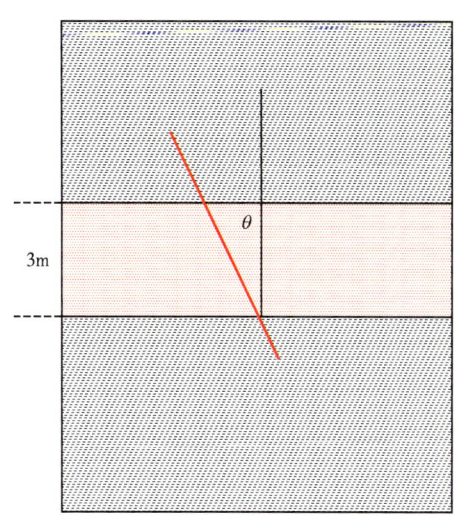

图 6-2-4 三层介质模型

图 6-2-5 表明，衰减电阻率和相位差电阻率响应曲线均受井斜影响。当 θ 角为 0° 时，仪器垂直于目的层界面，衰减电阻率 R_{ad} 和相位差电阻率 R_{ps} 曲线围绕目的层对称分布且其半幅点对应层界面位置，在目的层中部，测量值等于模型理论值；随着井斜角 θ 增大，衰减电阻率 R_{ad} 和相位差电阻率 R_{ps} 曲线的视厚度增加，但仍围绕目的层对称分布，在中部测量值接近模型的理论值；当井斜角 θ 达 60° 时，两条随钻电阻率曲线均出现"犄角"，且相位差电阻率曲线的"犄角"更加明显，随 θ 角增大，"犄角"幅度也增加；井斜角相同时，相位差电阻率更接近理论模型真实值，且 $R_{ps} > R_{ad}$。

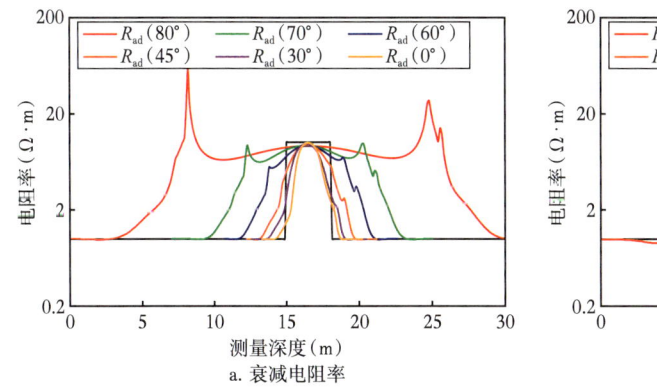
a. 衰减电阻率

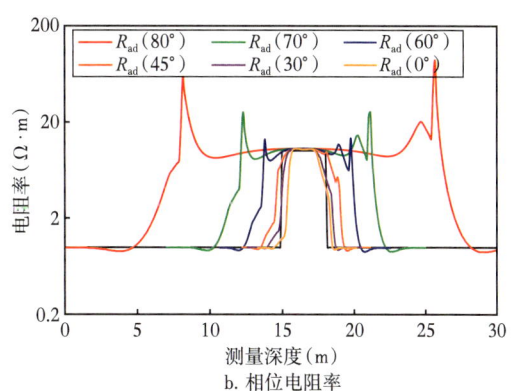
b. 相位电阻率

图 6-2-5 不同井斜角三线圈系随钻电磁波电阻率模拟结果（低阻围岩）

从上面的模拟结果可以看出，当井斜角 θ 在 30° 以下时，随钻电磁波电阻率曲线关于目的层对称分布，半幅点对应层界面；随着 θ 角进一步增大，随钻电磁波电阻率曲线整体围绕目的层呈对称分布，视厚度变大，而且两侧出现非对称的"犄角"现象（与仪器线圈系的非对称设计有关）。

3. 不同层厚的响应特征

围岩的影响与目的层的厚度、目的层电阻率与围岩电阻率对比度有关。设置包括三个厚度分别为 1m、2m、4m 目的层组成的七层模型，围岩与目的层电阻率对比度分别为 1∶5（围岩电阻率 $R_s=1.0\Omega \cdot m$，目的层电阻率 $R_t=5.0\Omega \cdot m$）和 5∶1（围岩电阻率

$R_s=5.0\Omega\cdot m$，目的层电阻率 $R_t=1.0\Omega\cdot m$）。仍以 INTEQ-DPR 仪器为例，工作频率为 2MHz，$\theta=0°$，图 6-2-6a 和图 6-2-6b 分别对应低阻围岩和高阻围岩下衰减电阻率 R_{ad} 与相位差电阻率 R_{ps} 的模拟结果。可以看出，相对于低阻围岩而言，高阻围岩地层模型中围岩对目的层电阻率测量的影响较小，不同层厚下模拟的电阻率接近目的层真实值；相同围岩条件下，相位差电阻率 R_{ps} 比衰减电阻率 R_{ad} 更接近目的层真电阻率，即相位差电阻率受目的层厚度的影响更小，分辨率更高；目的层段越厚，测量的衰减电阻率、相位差电阻率越接近地层真电阻率，薄层受围岩的影响相对较大。

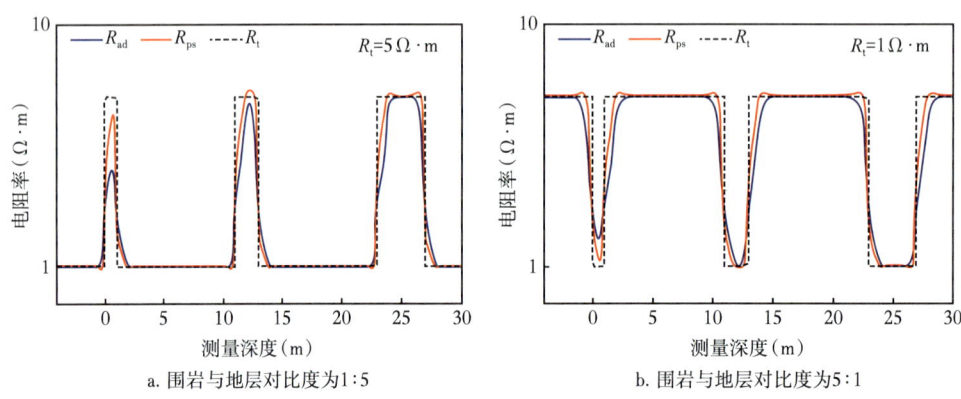

a. 围岩与地层对比度为 1:5　　b. 围岩与地层对比度为 5:1

图 6-2-6　不同层厚三线圈系随钻电磁波电阻率模拟结果

4. 各向异性地层的响应特征

如前所述，垂直井条件下（井斜角 θ 为 0°），常规电缆测井测得的主要是地层水平电阻率 R_h 的贡献。斜井时，测量的电阻率往往是水平电阻率 R_h 和垂直电阻率 R_v 的综合贡献，从而使测井值偏离地层的水平电阻率。

假设地层为无限厚，井斜角从 0° 变化至 90°，设 R_h 为 $1\Omega\cdot m$，各向异性系数 λ（$\lambda=\sqrt{R_v/R_h}$）取 2 和 4，对应的垂直电阻率 R_v 为 $4\Omega\cdot m$ 和 $16\Omega\cdot m$。以斯伦贝谢公司的随钻电磁波 MCR 仪器为例，该仪器采用双发双收的对称结构设计，同时采集 400kHz 和 2MHz 两种频率的信号，如图 6-2-7 所示，相对于测量点，各线圈系的位置分别为 -33.0in、-11.0in、+11.0in 和 +33.0in。

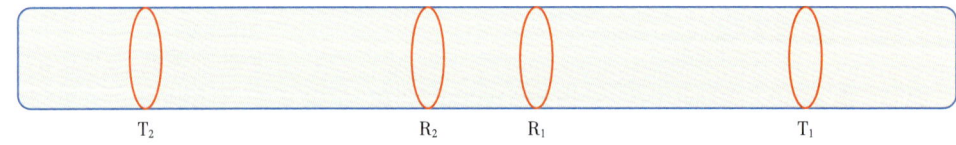

图 6-2-7　斯伦贝谢随钻电磁波电阻率 MCR 仪器结构示意图

针对上述无限厚各向异性地层，模拟了不同井斜角下视电阻率的变化，如图 6-2-8 所示，其中图 6-2-8a 各向异性系数为 2，图 6-2-8b 各向异性系数为 4。图中实线表示幅度衰减电阻率，虚线表示相位差电阻率，A 表示幅度衰减电阻率，P 表示相位差电阻率，H 表示高频（2MHz），L 表示低频（400kHz），字母后的数字表示源距，单位为英寸，如 A33H 代表源距为 33in 的 2MHz 幅度衰减电阻率。以下的曲线代码中，如未特别说明都采用这种方式。

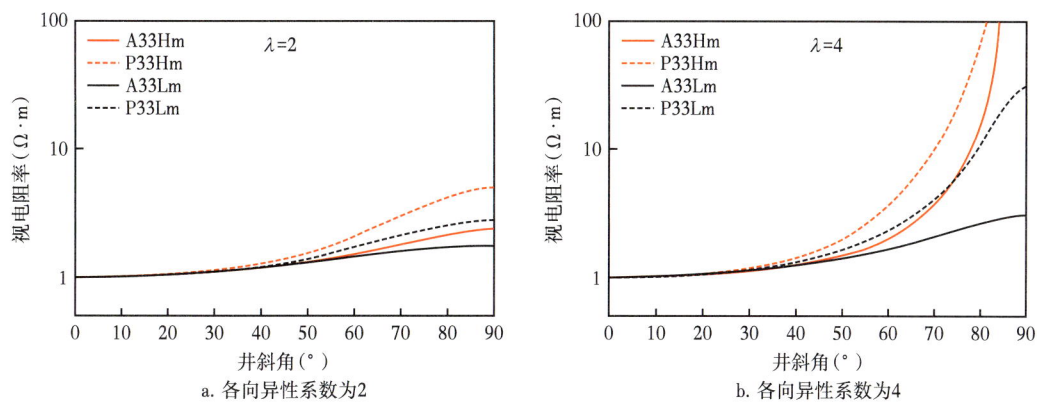

图 6-2-8　各向异性地层中 MCR 仪器响应随井斜角的变化

从图 6-2-8 可以看出，视电阻率值随着井斜角 θ 增大而增大；在 θ 角相同时，频率越高，相位（或幅度）电阻率受各向异性影响越大；在相同工作频率下，各向异性对相位电阻率的影响要大于幅度电阻率；井斜角 θ 小于 30° 时，各种测量视电阻率值受地层各向异性影响很小。随着井斜角 θ 变大，各向异性的影响逐渐增强，不同源距曲线发生分离，且分离程度随着各向异性的增加而增加。据此特征可以判断地层中各向异性存在，即当地层中存在各向异性时，高频相位所受影响最大，值最高，低频幅度所受影响小，值最小。这与围岩影响刚好相反。

图 6-2-8 为不同井斜角 θ 下模拟 MCR 仪器的测量电阻率与模型电阻率的绝对误差。井斜角 θ 小于 30° 时，各种模型中相位差和幅度比电阻率的绝对误差均小于 $0.2\Omega \cdot m$；井斜角 θ 大于 70° 时，各向异性影响程度急剧增大；井斜角 θ 为 80°、各向异性系数为 4 时，2MHz 幅度电阻率误差为 $15.2\Omega \cdot m$，400KHz 相位电阻率误差高达 $65.1\Omega \cdot m$。因此，在实际水平井测井资料处理分析时，必须要同时考虑井斜角 θ 及各向异性对随钻电阻率测量结果的影响。

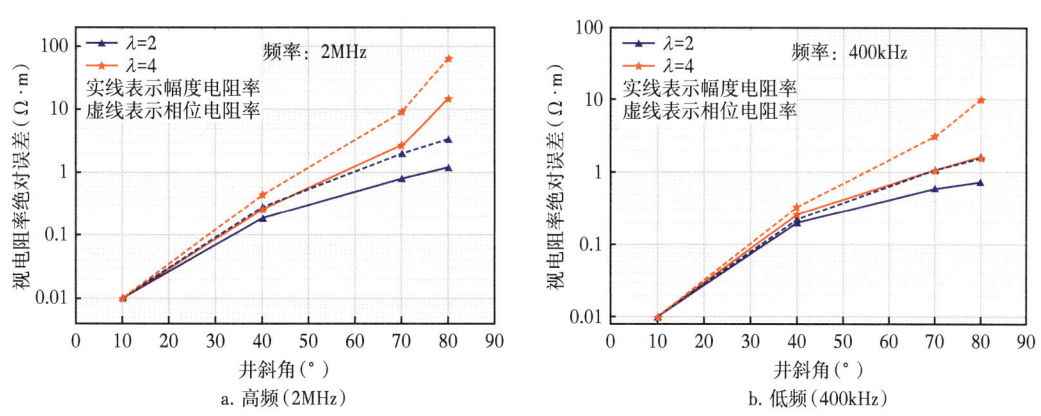

图 6-2-9　MCR 随钻电磁波电阻率测量误差与各向异性和井斜角关系

5. 地层界面附近的响应特征

本节前面已经分析了水平井中仪器与层界面不同组合关系时常规及随钻电磁波电阻率曲线的响应特征，总体规律是井轨迹或仪器距离层界面越近，围岩对视电阻率影响越大;在层界面处,感应类和电磁波类电阻率曲线还会产生极化角(也称"犄角"),频率越高,极化现象越明显,相位差的极化要大于幅度衰减。

6. 不同线圈距的测井响应特征

为了考察源距和间距的变化对幅度比和相位差的影响,设计4组线圈系(表6-2-1)进行数值模拟,结果如图6-2-10所示。

表 6-2-1 模拟单发双收线圈系不同源距的结构参数

线圈系序号	线圈系结构参数(in)	发射频率(MHz)
1	R 6 R 12 T	2
2	R 6 R 24 T	2
3	R 12 R 12 T	2
4	R 12 R 24 T	2

从图6-2-10可以看出,间距相同时,增大源距,幅度比EATT减小,但曲线斜率即幅度比变化量增大;相位差$\Delta\varphi$增大,曲线斜率基本不变。所以增大源距可以增大仪器的动态电阻率测量范围,但仪器长度也相应地增加,且幅度比信号减弱,不利于信号检测识别。

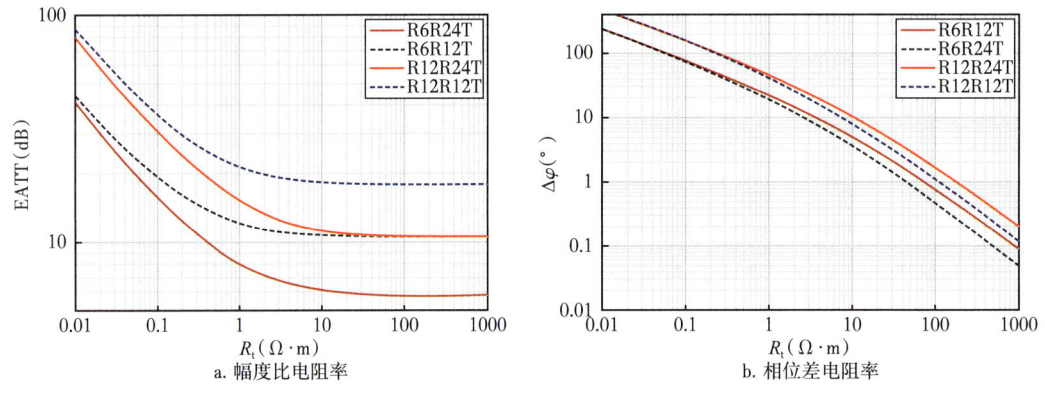

图 6-2-10 三线圈系随钻电磁波电阻率随源距变化的模拟结果

第三节 交互式地层建模

根据前两节关于水平井测井响应特征的定性和定量分析,在水平井和直井中响应差异最大的主要是电阻率测井,其次是声波测井。导致这种差异的根本原因在于沉积岩的电阻率、声速等物理量本身具有矢量特征,控制这种响应差异大小的关键因素就是井眼轨迹,或者说仪器轴与目的层、围岩的空间位置关系。因此水平井测井解释的首要任务就是要确定井眼轨迹与地层的几何关系,即必须清楚井眼轨迹位于目的层哪个部位、距离上下层界面有多远、与层界面法线的角度多大。本节重点讨论基于井眼与地层几何关系交互式正演测井响应的方法原理。

一、交互式正演建模的基本思路

在水平井中，要确定井眼轨迹和目的层之间的精细关系，需要求解的未知数很多。如图6-3-1所示，对于一个简单的三层介质模型，目的层电阻率为 R_t，上下围岩电阻率分别为 R_1 和 R_2，在建立井眼轨迹与地层关系时（不考虑井眼大小和钻井液侵入），首先要确定进出地层的关键点，井眼轨迹是从上进入地层还是从下进入地层，当前点 P 距离上层界面距离 D_1 和下地层界面距离 D_2，以及与地层相对倾角 α，同时还需要确定上围岩电阻率、下围岩电阻率以及地层真实电阻率。

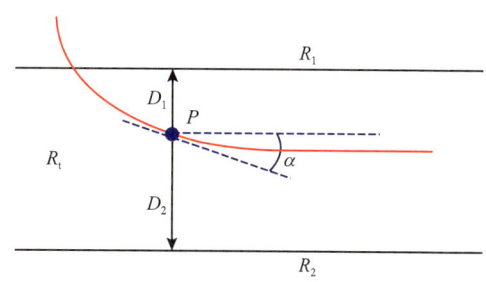

图6-3-1　确定井眼轨迹与地层空间关系示意图

由于实际采集的资料有限，需要确定的参数较多，用有限的资料反演大量未知参数得到的解并不唯一，采用纯数学的误差极小约束反演结果也不一定符合地质及油藏背景。

这里指的交互式并不是单纯的人机软件界面交互，更重要的是指充分发挥解释工程师对区域油藏特征的经验认识，将更多的地区地质沉积特征和区域油藏背景等融入处理过程。其核心思想是基于导眼井或邻井的测井资料建立初始地层模型，将该模型加入区域构造背景信息约束然后代入水平井，通过水平井测井资料正演—模型局部调整—正演循环迭代，直至最终正演的水平井测井资料与水平井实测资料吻合为止。

我国大型含油气盆地的主要油气富集层系以陆相沉积为主，地层的规模、沉积物岩性及沉积结构等属性在平面上变化较大。这种通过交互式正演确定的水平井地层模型，或称井眼—地层空间几何关系，从目前所掌握的水平井测井资料而言是合理的，但并不一定与地下真实情况完全一致。或者说，这种交互式循环正演得到的水平井地层模型并非地下真实情况的唯一解。

交互式正演建模主要强调两点：

（1）精细分层干预。这是最关键的一步，需要充分考虑邻井或导眼井的井况、岩性以及薄夹层等因素以弥补计算机单条曲线自动分层的不足。在分层过程中，需要将井眼垮塌、有复杂岩性成分以及薄夹层等层段单独分开，以利于下一步的正演计算。

（2）约束条件干预。传统的反演处理方法之所以效果不佳，其原因在于它们都是纯数学方法，只要满足模拟曲线与实测曲线误差小于给定值即可，而不考虑岩石物理、地质环境及工程条件等方面是否合理。交互式正演的约束条件干预就是要充分考虑地质背景、油藏条件、工程环境等因素，主动修改地层模型，充分利用软件提供的强大工具添加局部断层、透镜体等各类沉积单元，最终以模拟曲线与实测曲线是否吻合作为约束，从而使得处理结果更为合理。实际上，这样的交互式修改地层模型的过程如果能够得到油藏工程师的指导，充分加入油藏地质背景约束，结果的合理性往往高于单纯数学反演。

二、交互式建模的实现过程

根据上面讨论，交互式反演的流程是：先在自动分层的基础上充分考虑井况、岩性以及薄夹层等因素，进行人工修改和细分；然后使用邻井或者导眼井的测井曲线作为各小层的理论值，得到初始地层模型；再考虑在地质背景、油藏条件、工程环境等因素基础上修改地层模型，并开展实时正演计算，比较正演模拟计算的测井响应与水平井实测测井资料是否吻合，如果不吻合，根据它们间的差异大小，考虑邻层的情况继续修改地层模型使得模拟出的测井响应与实测响应逐渐吻合，从而得到井轨迹—地层空间合理组合关系。

1. 建立初始地层模型

地层模型的建立主要是根据相邻直井的测井资料或目标井导眼井测井资料进行地层对比、对目标井全井段进行地层划分，并确定各地层电阻率初始值。

（1）地层对比。进行地层对比的主要目的是根据特征地层准确确定所钻的目的层位，以了解本区域目的层位的电性特征、物性好坏、围岩情况以及油气水性质等，为后续地层划分及地层评价做好准备。

（2）地层划分。地层划分是利用导眼井或邻井直井测井资料根据所选择的测井曲线（如自然伽马、电阻率曲线）依据特征变化趋势确定层界面。

（3）模型初始值设定。根据前述划分好的地层以及导眼井测井曲线得到模型初始值。

2. 精细确定井眼与地层的几何关系

准确描述井眼轨迹与地层的空间关系是水平井测井评价的前提，这里的主要难点是计算井眼轨迹上任一点距上下界面的距离。

1）确定进出地层关键点

根据前面的分析，随钻电磁波电阻率曲线在进地层和出地层附近往往会产生对称尖峰，据此特征可确定井眼进地层和出地层的关键点。

如图6-3-2所示，H49井在1640m处，自然伽马曲线读值降低到50API，4条电阻率曲线读值逐渐增加，判断井眼开始入靶进入目的层；在1786.13m和1875.9m以及2056.7m

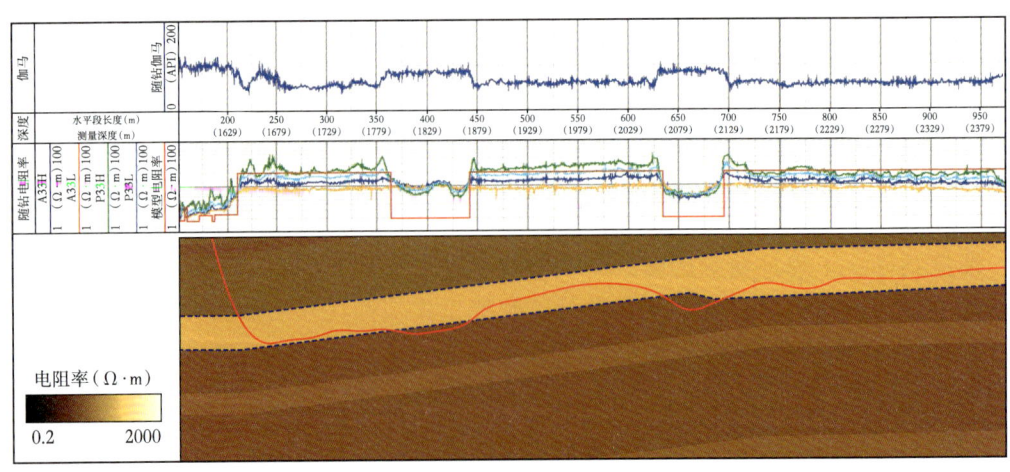

图6-3-2 H49井交互式反演初始地层模型

和2127.9m处(图中红色实线转折处),电阻率曲线表现为对称尖峰,据此可以判断在这两段井眼轨迹先钻出目的层后又返回到目的层。

2)精细分析井眼与地层几何关系

通过不断调整地层界面与轨迹的距离、计算模拟曲线,再与实际测量曲线对比,当误差足够小时,可认为井眼轨迹与地层关系接近合理;否则继续调整、循环上述过程。这就是交互式正反演的过程。图6-3-3为H49井最终输出的地层模型。图中从上到下第4~7道分别为MCR实测曲线与模拟结果对比,其中实线为实际测量曲线,虚线为模拟曲线。可以看到,模拟曲线与实际测量曲线基本吻合,可认为该轨迹与地层模型是合理的(但并不一定是真实情况)。

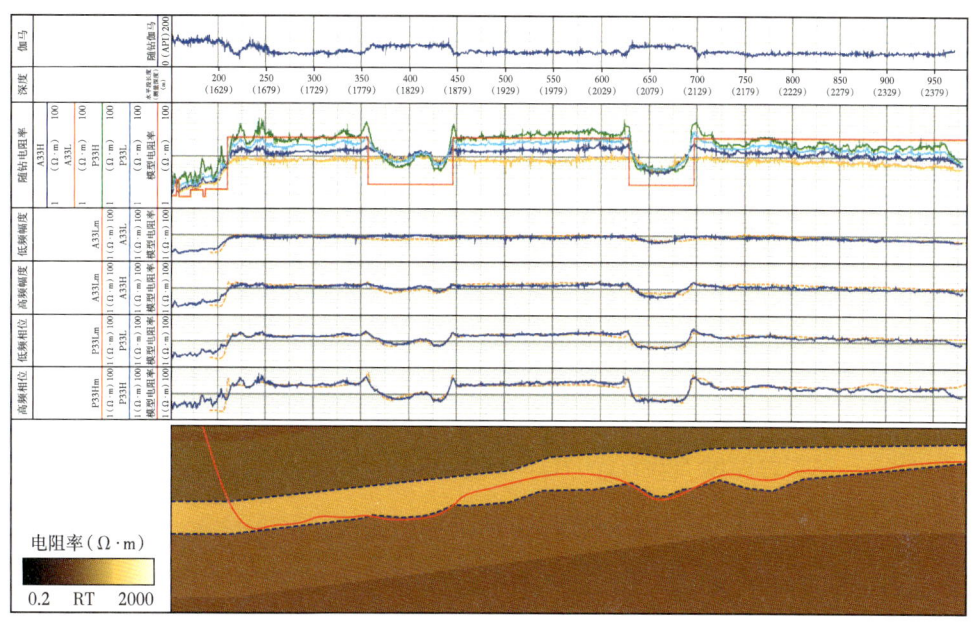

图6-3-3 H49井交互式反演确定的地层模型

第四节 油气层测井解释

实际生产数据表明,很多水平井产能并不高,有些井出水过早。这说明,水平井并不是入靶就行,还需要进行水平井段的精细评价,以寻找有利含油气层段。对于水平井,不仅需要知道哪些井段在目的层中,还需要知道位于目的层水平井段含油气饱和度的分布规律。只有这样,才能在射孔试油或投产时优化射孔方案,避开可能高含水井段,最大限度延长水平井的寿命。因此,进行水平井段油层分级评价,一方面可以尽可能提高水平井产能,另一方面还可以优选压裂射孔段而降低成本。进行水平井段油层分级评价的核心是准确确定砂岩电阻率。

一、砂岩真电阻率提取

1. 各向异性理论

如果把地层看成水平状,垂直井中测量的电阻率实际是地层的水平电阻率,经钻井液侵入校正后可以直接用于含油饱和度评价。而在水平井中，电阻率曲线反映的是地层水平电阻率和垂直电阻率的综合贡献，如果考虑地层客观存在的电各向异性，就不能直接利用测量电阻率进行含油性判识和饱和度计算。

一般假设地层沉积时是水平成层的，所谓水平电阻率是指在平行于沉积层理面测得的电阻率（图6-4-1a）；垂向电阻率是指在垂直于沉积层理面测得的电阻率（图6-4-1b）。

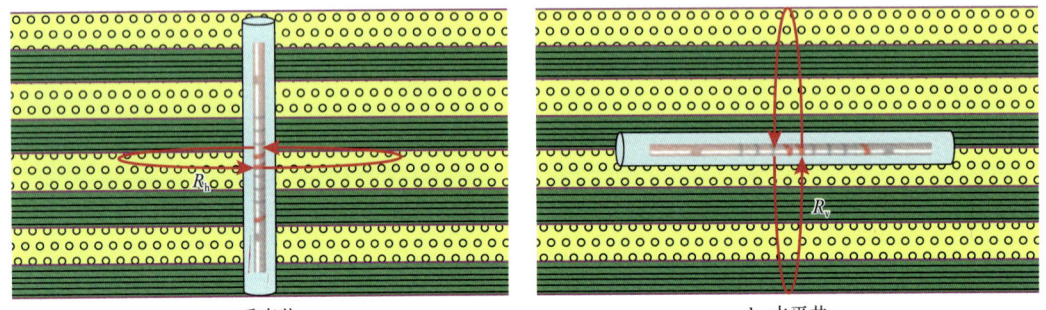

a. 垂直井　　　　　　　　　　　　　　　　b. 水平井

图6-4-1　水平电阻率和垂直电阻率示意图

对于砂泥岩薄互层，采用如图6-4-2所示的模型。如果薄层的厚度小于仪器分辨率范围，认为存在宏观各向异性。图6-4-2a为地层模型，在仪器分辨率范围内有3个砂岩层和3个泥岩层，砂层所占厚度分别设为H_{sd1}、H_{sd2}和H_{sd3}，泥层所占厚度分别设为H_{sh1}、H_{sh2}和H_{sh3}。将模型简化为图6-4-2b中的两层模型，便有砂岩总厚度为$H_{sd}=H_{sd1}+H_{sd2}+H_{sd3}$，泥岩总厚度$H_{sh}=H_{sh1}+H_{sh2}+H_{sh3}$。

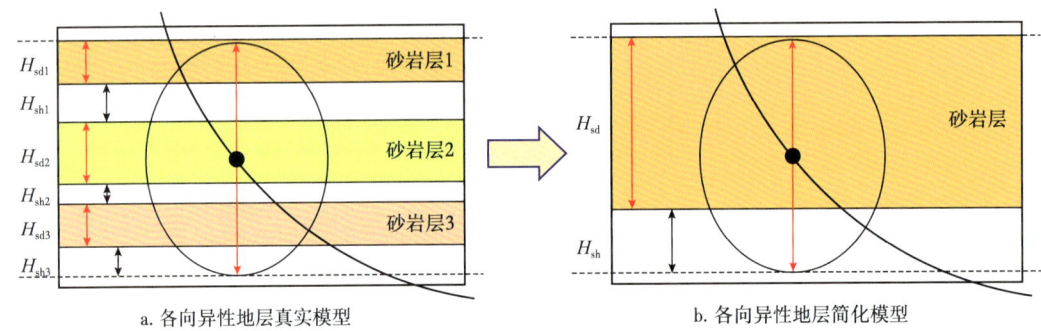

a. 各向异性地层真实模型　　　　　　　　b. 各向异性地层简化模型

图6-4-2　砂泥岩薄互层及简化模型示意图

1）泥岩各向同性

假定地层是水平的，在砂泥岩薄互的地层模型中，设砂岩电阻率为R_{sd}，泥岩电阻率为R_{sh}，砂岩累计厚度为h_{sd}，泥岩累计厚度为h_{sh}。由于测井仪器纵向分辨能力有限，当其不能区分单一的砂岩和泥岩时，视电阻率的测量结果是地层水平电阻率和垂直电阻率的综合效应，则地层的水平电阻率R_h可以表示为：

$$R_h = \left[\frac{H_{sd}}{R_{sd}(H_{sd}+H_{sh})} + \frac{H_{sh}}{R_{sh}(H_{sd}+H_{sh})} \right]^{-1} \quad (6-4-1)$$

垂直电阻率 R_v 可以表示为：

$$R_v = \frac{H_{sd}}{H_{sd}+H_{sh}}R_{sd} + \frac{H_{sh}}{H_{sd}+H_{sh}}R_{sh} \qquad (6-4-2)$$

由式（6-4-1）、式（6-4-2）可知，在砂泥岩薄互层中，水平视电阻率主要受低值的泥岩电阻率影响，从而表现为泥岩特性，而垂直电阻率则相对较高，表现为砂岩特性。由此可得到砂岩电阻率计算公式：

$$R_{sd} = R_v + (R_v - R_{sh})\frac{H_{sh}}{H_{sd}} \qquad (6-4-3)$$

可以采用式（6-4-3）计算砂岩真电阻率，但前提是必须已知水平电阻率、垂直电阻率以及泥岩电阻率。也可用如图 6-4-3 所示的图版法计算砂岩电阻率，图中 V_{sh} 为泥质体积含量。已知 R_h、R_v 及 V_{sh}，即可查图版得到砂岩电阻率 R_{sd}。

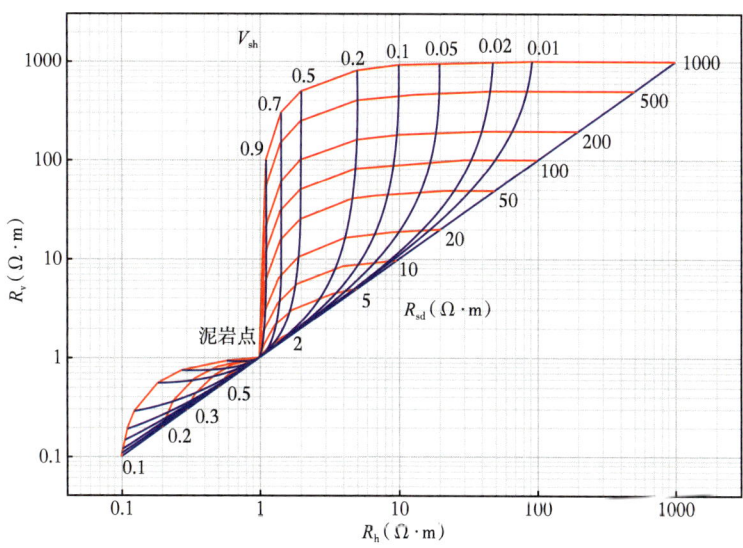

图 6-4-3　水平和垂直电阻率计算图版

2）泥岩各向异性

当泥岩存在各向异性时，即泥岩水平电阻率 R_{sh-h} 与垂直电阻率 R_{sh-v} 不相等，则有：

$$R_h = \left(\frac{V_{sd}}{R_{sd}} + \frac{V_{sh}}{R_{sh-h}}\right)^{-1} \qquad (6-4-4)$$

$$R_v = R_{sd}V_{sd} + R_{sh-v}V_{sh} \qquad (6-4-5)$$

根据式（6-4-4）和式（6-4-5），求解出薄互层中砂岩电阻率：

$$R_{sd} = R_{sd}^0\left\{1 + \frac{1}{2}\left[\frac{R_{sd}^0}{R_{sh-h}} - 1 - \sqrt{\left(\frac{R_{sd}^0}{R_{sh-h}} - 1\right)^2 + \frac{4R_{sd}^0}{R_{sh-h}}\left(\frac{R_{sh-h}}{R_{sh-v}} - 1\right)}\right]\right\}^{-1} \qquad (6-4-6)$$

其中
$$R_{sd}^0 = R_h \frac{R_v - R_{sh-v}}{R_h - R_{sh-h}} \quad (6\text{-}4\text{-}7)$$

薄互层中砂岩体积含量可通过泥质含量 V_{sh} 由下式给出：

$$V_{sd} = 1 - V_{sh} \quad (6\text{-}4\text{-}8)$$

进而可以得到砂岩真电阻率计算图版，如图 6-4-4 所示。

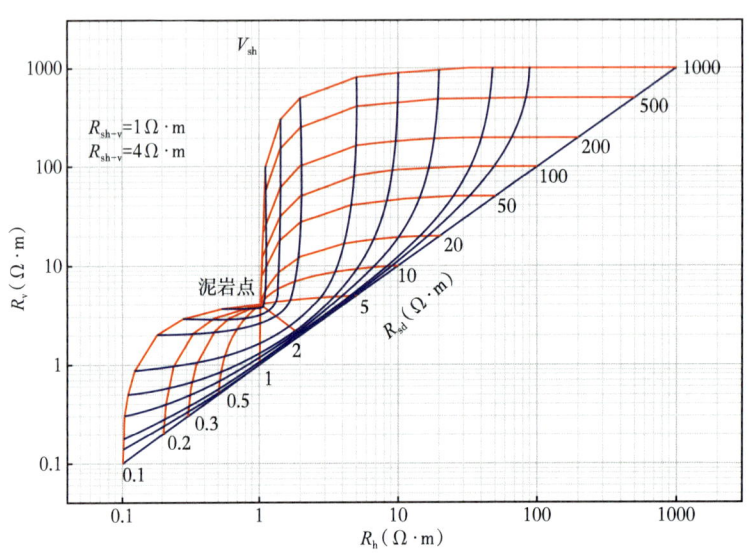

图 6-4-4　泥岩各向异性时水平和垂直电阻率解释图版（据 Hagiwara）

对于低频感应类（双感应）和直流类测井（电极或者侧向），还可以采用如下的迭代法得到砂岩真电阻率：

第一步，根据自然伽马曲线计算地层泥质含量 V_{sh}。

第二步，根据实验或其他途径确定电各向异性系数 λ，并假设泥岩的电各向异性系数也等于 λ：

$$\lambda = \sqrt{\frac{R_v}{R_h}} \quad (6\text{-}4\text{-}9)$$

第三步，将视电阻率 R_{log} 校正到水平电阻率：

$$R_h = A R_{log} \quad (6\text{-}4\text{-}10)$$

其中
$$A = \sqrt{1 + (1-\lambda^2)\sin^2\theta / \lambda^2} \quad (6\text{-}4\text{-}11)$$

并根据式（6-4-9）计算 R_v。

第四步，给定一个泥岩水平电阻率初值 R_{sh-h}^0，同样就得到其垂直电阻率初始值 R_{sh-v}^0，利用式（6-4-5）可以计算 R_{sd}，再利用式（6-4-4）重新计算 R_{sh-h}：

$$R'_{sh-h} = \frac{V_{sh}}{\dfrac{1}{R_h} - \dfrac{1-V_{sh}}{R_{sd}}}$$ （6-4-12）

如果 $|R'_{sh-h} - R^0_{sh-h}| < \varepsilon$（足够小），则迭代结束，否则 $R_{sh-h} = R'_{sh-h}$，然后重新迭代计算。直到满足误差要求时迭代结束，最后利用式（6-4-4）确定最终的砂岩电阻率 R_{sd}。

2. 阵列感应测井反演聚焦确定地层水平电阻率

阵列感应测井在国内多家油田广泛应用于大斜度井和水平井电阻率测井。为节约随钻测井的成本，水平井钻后多采用钻杆传输的方式将常规电缆测井系列输送至井底，实现水平井段的测井资料采集。

阵列感应仪器采用多线圈系多频率组合的模式，可采集丰富的电阻率信息，为包括电各向异性储层在内的复杂油气层测井评价提供了有效手段。以我国大量引进和应用的贝克休斯公司高分辨率阵列感应（High Definition Array Induction Log，HDIL）为例，它采用 7 个子阵列线圈系组合设计，同时采集 8 种频率的实部和虚部共 112 个信号，经一系列数据处理输出结果。软件聚焦处理是其中的关键流程，其思想是将经过各种预处理校正后的多个子阵列线圈系数据采用内置数据库（或称为滤波器矩阵）进行快速转换合成，得到具有固定纵向分辨率和给定径向探测深度的电阻率曲线。

阵列感应测井的软件聚焦处理思路是基于直井水平地层提出的，其数据库的设计没有考虑倾角和电各向异性影响。如前所述，在大斜度井、水平井和砂泥岩薄交互层等电各向异性地层中其结果出现异常，主要表现在测量结果是水平和垂直电阻率的综合贡献。软件聚焦算法的基础是直井中感应测井仪器响应可由 Doll-Born 几何因子理论近似获得，采用滤波器矩阵，目的是提高井场阵列感应信号处理速度，由原始子阵列响应快速合成得到具有多种分辨率和多种径向探测深度的曲线。针对 HDIL 仪器，图 6-4-5 为信号处理流程框图，图中 MUR_j（$j=0,\cdots,6$）代表 7 个子阵列的未经过软件聚焦处理的电阻率。可以看出，软件聚焦及分辨率匹配处理环节是获取人们所熟悉的 3 种分辨率、6 种探测深度阵列感应曲线的关键步骤。软件聚焦算法原理可用下式来表达：

$$\sigma(r_k, z) = \sum_{j=1}^{N} \sum_{z'=z-h}^{z+h} \omega_j^k(z', \sigma) \times \sigma_j(z')$$ （6-4-13）

式中：$\sigma(r_k, z)$ 表示在深度 z 处通过软件聚焦输出探测深度为 r_k 的电导率，S/m；r_k 为第 k 种探测深度，cm；$k=1, 2, \cdots, K$；K 代表输出总的探测深度个数；z 为深度位置，m；z' 为深度索引变量，$z'=z-h \sim z+h$，m；$j=1, 2, \cdots, N$，N 为子阵列个数；$\omega_j^k(z', \sigma)$ 表示聚焦合成到探测深度为 r_k 时第 j 个子阵列的滤波器矩阵；h 为软聚焦处理的深度窗长，它说明软件聚焦合成滤波器是地层电导率的函数，m；$\sigma_j(z')$ 为第 j 个子阵列在深度 z' 位置的电导率测量值，S/m。

式（6-4-13）表明，要实现类似 HDIL 仪器多线圈多频丰富测量信号的快速处理，设计合适的滤波算子矩阵 ω_j^k 非常重要，在地层表现为电各向异性且与仪器呈一定夹角的情况下，此时 Doll-Born 几何因子近似理论不再适用，各子阵列线圈的信号不同程度地受目的层垂直电阻率的影响，在层界面位置还要受围岩的影响，此时软件聚焦算法的处理结果就会出现异常，如不同探测深度的曲线在非渗透层（钻井液无侵入状态）分离、界面处出现"犄角"等异常。

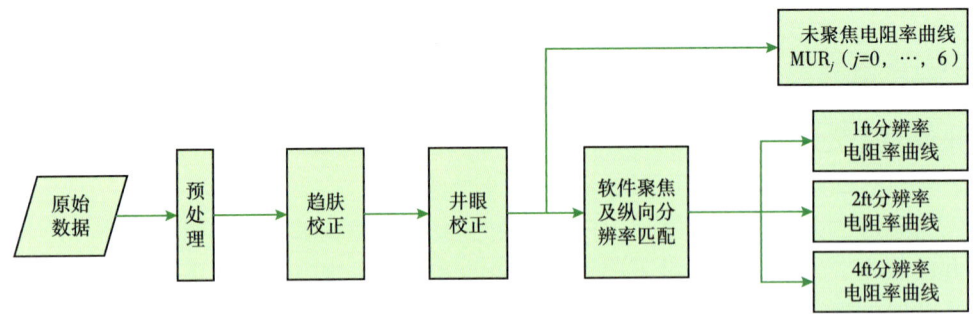

图 6-4-5 HDIL 阵列感应测井处理流程图

图 6-4-5 表明，未经过软件聚焦处理的原始曲线 MUR_j（$j=0$，…，6）在水平井等复杂情况下仍然是受储层岩性、物性、流体性质、θ、λ 等因素综合影响的真实电阻率反映。基于阵列曲线 MUR_j，假设仪器轴与层界面法线夹角 θ 及电各向异性系数 λ 均已知，给定水平和垂直电阻率初始值，模拟计算理论响应并通过修改初始模型参数反复迭代循环，可得到消除倾斜角影响、分别代表水平和垂直方向等效阵列电阻率曲线，然后对其再开展分辨率匹配处理，就成为一个必然的技术思路。

为此，建立如图 6-4-6 所示的模型，在处理窗长内假设地层由纵向上 L 个平行小层组成，包括 $L-1$ 个地层界面。对每一个小层，给定其水平和垂直方向电导率初始值（二者数值关系受给定的电各向异性系数 λ 控制），分别为 σ_{hi}、σ_{vi}（$i=1$，…，L）。图中 x、y、z 与 x'、y'、z' 分别为井眼坐标系和大地坐标系。

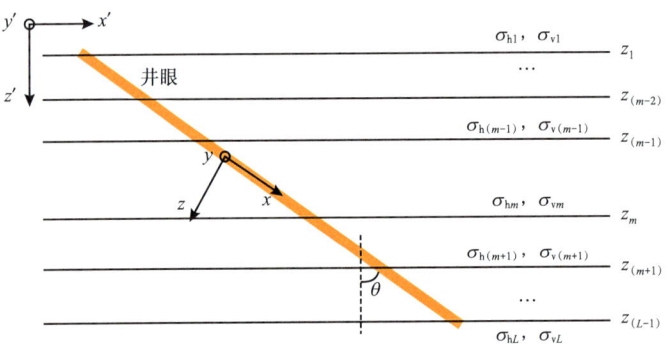

图 6-4-6 倾斜电各向异性地层阵列感应反演聚焦原理示意图

基于上述模型，对于 HDIL 仪器任一子阵列线圈，计算其理论响应的本质就是求解线圈中心的磁场强度 H，这通常可采用伪解析算法求解。具体来说，接收线圈处的测量磁场可视为图中 x' 方向和 z' 方向磁偶极子源产生磁场的叠加，即

$$H = \frac{1}{4\pi} \int_0^\infty \left[\sin^2\theta \tilde{H}_{x'x'} + \cos^2\theta \tilde{H}_{z'z'} + \sin\theta\cos\theta \left(\tilde{H}_{x'z'} + \tilde{H}_{z'x'} \right) \right] dk_\rho \quad (6\text{-}4\text{-}14)$$

式中：$\tilde{H}_{i'j'}$ 代表 i' 方向的磁偶极子源在 j' 方向激发的磁场分量，是关于积分变量 k_ρ 的函数。四个分量可通过传播矩阵或广义反射系数等算法递推获得。

对每一个接收线圈按照上述思路计算不同频率理论响应曲线、经趋肤校正后得到相应的子阵列理论曲线 IR_j（$j=0$，…，6），将其与实测曲线 MUR_j（$j=0$，…，6）进行误差比较，通过循环迭代直至获得误差最小时所对应的地层模型即为最优模型。以第 j 个子阵列线圈为例，基于最小误差对应的地层模型就能得到与该子阵列 j 等效的水平电阻率曲线 IR_{hj} 和垂直电阻率曲线 IR_{vj}。这一迭代反演过程的误差 ε 可表示为：

$$\varepsilon = \min\left[MUR_j - S_j\left(\theta, Z_1, \cdots, Z_{L-1}, \sigma_{h1}, \sigma_{v1}, \cdots, \sigma_{hL}, \sigma_{vL}\right) \right] \quad (6-4-15)$$

式中：S_j 代表针对如图6-4-6所示的层状模型正演计算第 j 个子阵列线圈经趋肤校正后的电阻率，$\Omega \cdot m$；θ 为仪器与地层法线方向夹角，(°)；Z_1，…，Z_{L-1} 为模型中 L 个小层的界面相对位置，m；σ_{hi}、σ_{vi}（$i=1$，…，L）分别为 L 个小层的水平和垂直电导率，S/m。

对7个子阵列曲线全部开展上述迭代循环计算，就得到了7条等效的水平电阻率曲线 IRH_j 和垂直电阻率曲线 IRV_j（$j=0$，…，6），再开展类似图6-4-5中的纵向分辨率匹配处理，最终就能得到具有指定分辨率和不同探测深度的阵列感应水平和垂直电阻率曲线。为区别于传统的软件聚焦算法，将这种新方法称为阵列感应反演聚焦处理算法。

需要指出的是，由于HDIL仪器最短线圈距仅6in（0.152m），对应曲线 MUR_0 主要反映井眼流体性质，因此在上述迭代循环处理流程中可以选择 MUR_0 不参与计算，只采用其他6条曲线作为输入，在井眼不规则时可有效避免 MUR_0 曲线的误差波动影响最终输出结果，最大限度地确保处理结果对地层内钻井液侵入特征的准确反映。

下面利用理论模型数据验证上述方法的合理性。设计与图6-2-4类似的三层介质模型，中间的砂岩层各向异性 $\lambda=2$。为简化问题，将上下的泥岩看成各向同性，在大斜度井中假设 $\theta=70°$，采用反演聚焦的处理结果见图6-4-7。图中第2道蓝色和黑色方波曲线分别表示理论模型的水平和垂直电阻率；第3道为正演计算的7个子阵列电阻率曲线（各子阵列曲线已经过趋肤校正），由于仪器结构的非对称性且测量曲线受围岩影响程度不同，7个子阵列在中间的目的层段存在数值差异，但取值都介于 R_h 和 R_v 理论值之间，且短线圈距曲线（SUB1）受围岩影响小，长线圈距曲线（SUB7）受围岩影响更大；第4道M2R1~M2R9为软件聚焦输出的2ft纵向分辨率、10~90in探测深度的电阻率曲线，在三层模型的中间目的层段出现明显分离（假侵入）且曲线乱序的现象，在下界面位置高阻"犄角"现象较原始子阵列曲线更加明显；第5道为采用反演聚焦方法得到的2ft分辨率水平电阻率曲线组，在目的层中上部重合（符合理论模型的无侵入特征），曲线值与理论模型的水平电阻率重合，在底部靠近层界面位置受围岩电阻率对比度大的影响有微弱的"犄角"；第6道为反演聚焦理得到的2ft分辨率垂直电阻率曲线组，在目的层中上部重合（也符合理论模型的无侵入特征），曲线值与理论模型的垂直电阻率重合，在底部靠近层界面位置也有微弱的"犄角"现象。

图6-4-7的理论模型表明，在倾斜电各向异性地层中，传统的软件聚焦算法处理结果既不反映目的层的水平电阻率，也不反映垂直电阻率，且不同探测深度曲线存在"假侵入"现象；而反演聚焦处理算法一方面可以准确提取地层的水平和垂直电阻率，另一方面也能够反映地层的真实侵入特征，其合理性得到验证。

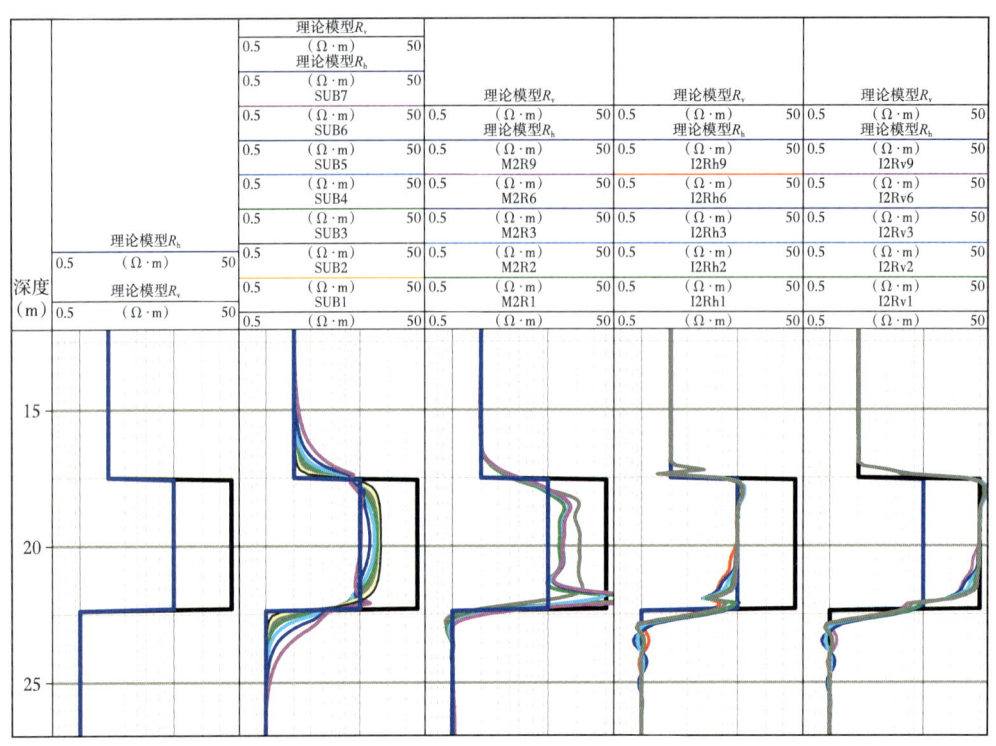

图 6-4-7 三层各向异性模型 HDIL 仪器软件聚焦与反演聚焦处理效果对比

图 6-4-8 是塔里木盆地库车地区 KS-A 井阵列感应测井反演聚焦方法处理实例。本井采集了斯伦贝谢公司微电阻率扫描成像测井 FMI 和扫描电阻率测井 RtScanner 以及贝克休斯公司的 HDIL 测井。扫描电阻率测井又称为三分量感应测井，该仪器基于感应测井理论但采用了三轴发射和接收线圈的设计，在倾斜电各向异性地层中通过求解张量电压矩阵能够直接给出地层的水平和垂直电阻率，在本例中可以据此对两种聚焦处理算法的精度进行对比。

图 6-4-8 中，第 1、第 2 道为自然伽马、井径和三孔隙度测井；第 4 道是微电阻率扫描成像测井，可提供井眼与地层的相对夹角；第 5 道为 HDIL 仪器软件聚焦 2ft 分辨率电阻率曲线；第 6 道为反演聚焦处理得到的 2ft 分辨率水平电阻率曲线；第 7、第 8 道分别为电阻率扫描测井提供的水平电阻率 RH54 和两种聚焦算法的结果对比，考虑到纵向分辨率的一致性，对比过程均选择 2ft 分辨率、探测深度约 60in 的曲线；第 9 道为两种算法相对于 RH54 曲线的相对误差对比，其中黑色曲线 ERR1 为软件聚焦结果 M2R6 与 RH54 的相对误差，蓝色曲线 ERR2 为考虑各向异性的反演聚焦 I2Rh6 与 RH54 的相对误差。

由图 6-4-8 可以看出，测量井段井径规则，基于微扫成像测井得到本井段井眼与地层相对夹角平均为 50°。由于钻井液浸泡时间长，再加上局部裂缝发育，测量井段侵入较为严重，不同测深的电阻率曲线明显分离。以扫描电阻率测井的 RH54 为标准。第 7 道显示软件聚焦的 M2R6 曲线数值整体大于 RH54，平均相对误差 14.2%。第 8 道反演聚焦的 I2Rh6 电阻率与 RH54 基本重合，平均相对误差下降到 8.1%，精度提高近 1 倍。

再来分析垂直电阻率，以扫描电阻率测井的 RV54 为标准，第 9 道显示反演聚焦的垂直电阻率 I2Rv6（黑色虚线）与 RV54 曲线变化趋势和数值分布范围基本一致（局部误差较大可能由输入的 λ 数值不合适引起），而 M2R6 曲线数值整体低于 RV54，原因在于软件聚焦的结果受水平、垂直电阻率综合影响。本例说明反演聚焦算法能够准确地提取地层的水平和垂直电阻率。

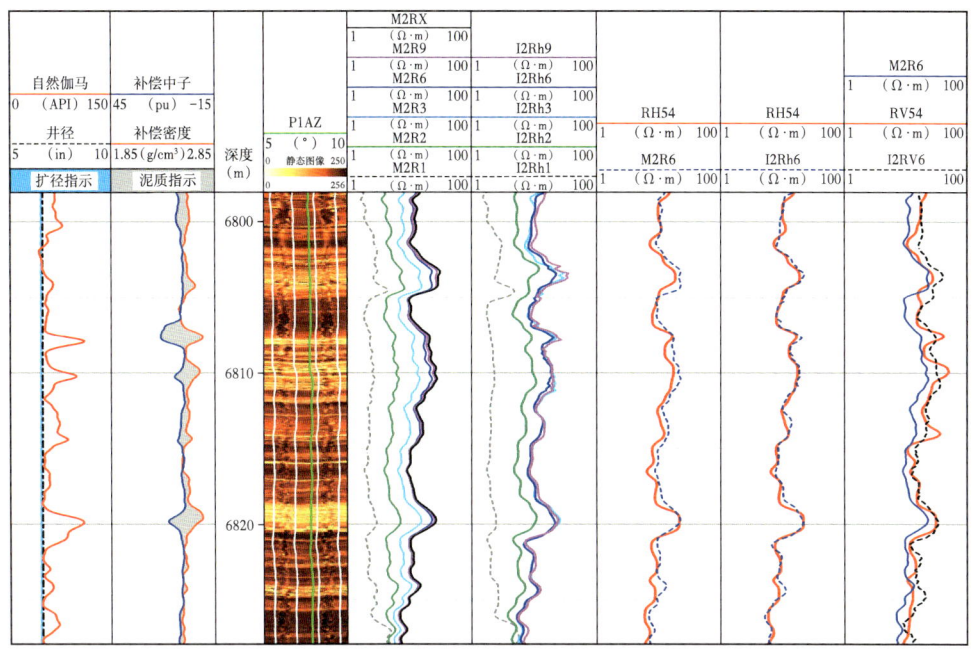

图 6-4-8　KS-A 井 HDIL 测井不同聚焦算法与电阻率扫描测井结果对比实例

二、油气层分级评价方法

油气层分级评价的目的是针对含油饱和度不同的水平段进行射孔层段优选，以提高油气采收率。

1. 蝴蝶图分级评价

根据前面的理论分析可以得到各向异性地层水平电阻率和垂直电阻率解释图版，如图 6-4-9 和图 6-4-10 所示。图中 V_{sh} 为薄互层中泥岩的体积含量，泥岩体积含量从 0.01、0.02 依次增大到 0.9，此时泥质含量为 100%。图中 45°线上，$R_h=R_v$，$V_{sh}=0\%$；蓝绿色点为水点，随着泥质含量的增加，水点沿着红色轨迹向上移动到泥岩点，构成了水线（蓝绿色）；图中红色细线为砂岩线，它起始于泥岩点，交于 45°线，为双曲线状；泥岩点与纯砂岩点（公式 $R_h=R_v=\sqrt{R_{sh-v}R_{sh-h}}$）构成了储层线，数据一般落在水线、100% 泥岩线、45°线以及最大砂岩线所构成的区域中（图 6-4-9）。当数据在储层线上方时，即 $R_{sd}>\sqrt{R_{sh-v}R_{sh-h}}$，储层各向异性较强，含油饱和度较高；当数据在储层线下方时，即 $R_{sd}<\sqrt{R_{sh-v}R_{sh-h}}$，储层各向异性较弱，含水饱和度较高。

考虑到不同的泥岩电阻率各向异性比 R_{sh-v}/R_{sh-h}，当 R_{sh-v}/R_{sh-h} 的值由 1 逐渐变大到 1000，蝴蝶图中的泥岩点依次往各向同性泥岩点（即图 6-4-10 中的 $R_{sh-v}/R_{sh-h}=1$ 点）的正上方向分布，且图中的泥岩各向异性增大线的刻度 $R_{sh-v}/R_{sh-h}=1$、2、5、10、20、50、100、500 和 1000 分别平行对应图版上纵坐标 R_v 的刻度。在分析区域泥岩各向异性特征时，首先选择泥岩点，然后作纵轴 R_v 以及横轴 R_h 的垂线，交点即为 R_{sh-v}/R_{sh-h} 值。

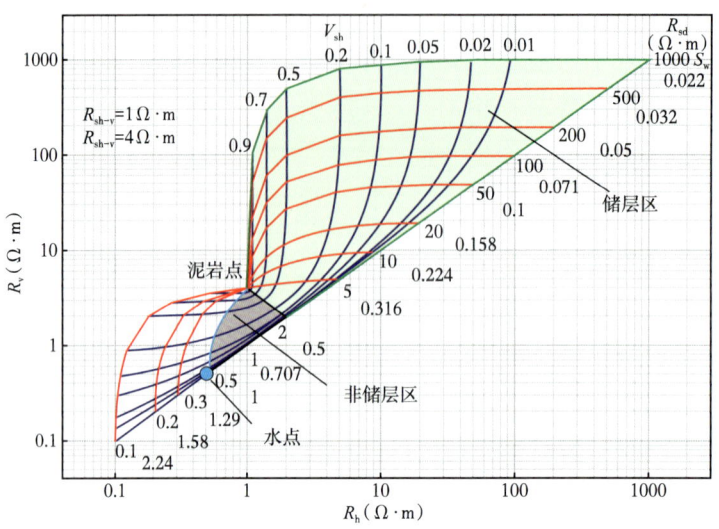

图 6-4-9 水平井油层分级解释图版

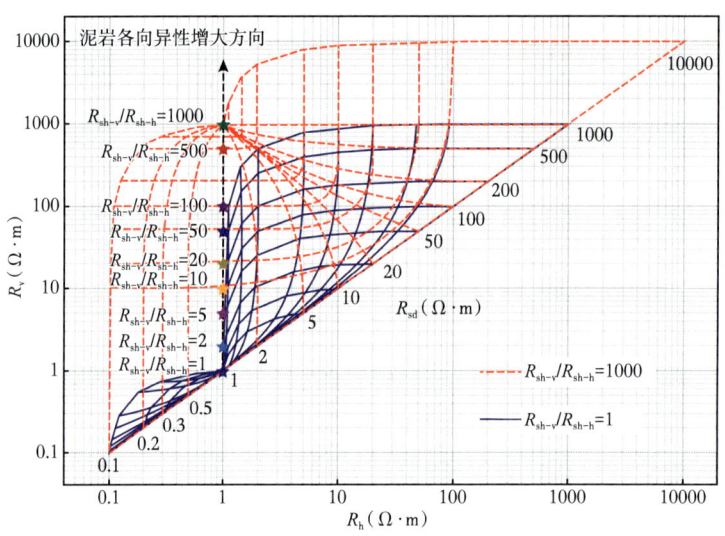

图 6-4-10 蝴蝶图中泥岩各向异性确定图版

利用蝴蝶图进行油层分级评价步骤如下：

第一步，计算储层水平和垂直电阻率，并将数据绘制在图 6-4-9 中。

第二步，根据数据分布，按照图 6-4-10 的原理确定泥岩点，进而确定泥岩各向异性；根据泥岩点，重新绘制蝴蝶图。

第三步，在 45°线上，找到水点（一般为电阻率最小点）电阻率值，根据公式 $S_w=\sqrt{R_0/R_{sd}}$，将 45°线上的砂岩点数据用水饱和度代替（图 6-4-9 中砂岩电阻率下方的黑色数据即为水饱和度，根据水点为 0.5Ω·m 计算）。

第四步，根据数据点的分布，即可确定水平井段分级级别。

利用蝴蝶图进行油层分级，没有考虑到储层物性对油层级别的影响，仅仅将含油性归结于电阻率的变化。尽管图中含有泥质部分，但是在图中并没有反映储层物性变化的影响，如孔隙度、渗透率的大小。因此，应用蝴蝶图的前提是水平井区平面上储层物性变化不大。

2. 交会图分级评价

交会图是研究区域参数和评价油气水的重要工具，利用交会图可以将测井资料转换为地质参数。在垂直井评价中开展岩心分析、流体识别、储层分类、解释参数选取等工作时，交会图常常发挥着至关重要的作用。与流体识别和分类相关的交会图主要有孔隙度—电阻率图版、电阻率—声波（密度或中子）Pickett 图、深浅电阻率差值—电阻率交会等。对于水平井，需要考虑的应该是井眼轨迹所穿过目的层含油饱和度的变化。因此，可以借鉴直井流体识别和分类的方法，在水平井段进行油层分级评价。

这种方法首先利用试油资料建立区块油水层识别图版，然后利用水平井校正电阻率判断油水层，继而建立水平井油层分级解释图版，最后给出水平井不同井段含油级别的精细解释结论。

以吉林油田某井区为例。根据该地区的生产资料分析，该井区产油与产水很大程度上与储层物性有关，因此建立水平井测井油层分级解释图版首先从储层分级开始。利用该区块多口水平井测井数据建立了交会图版，图 6-4-11、图 6-4-12 分别是 A 区块和 B 区块水平井测井油层分级解释图版。图 6-4-13 是利用水平井测井油层分级解释图版

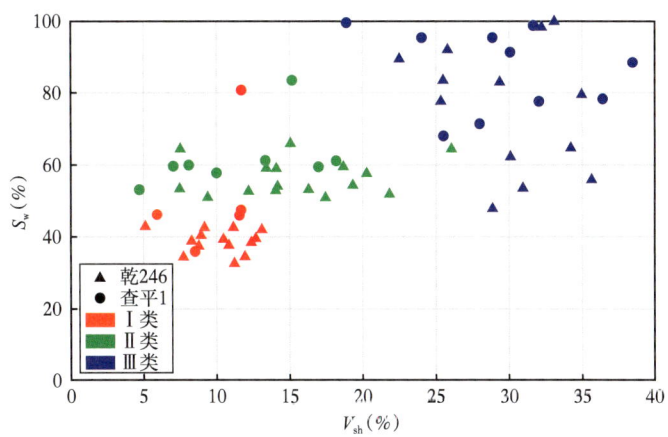

图 6-4-11　A 区块水平井测井分级解释图版（泥质含量与含水饱和度交会）

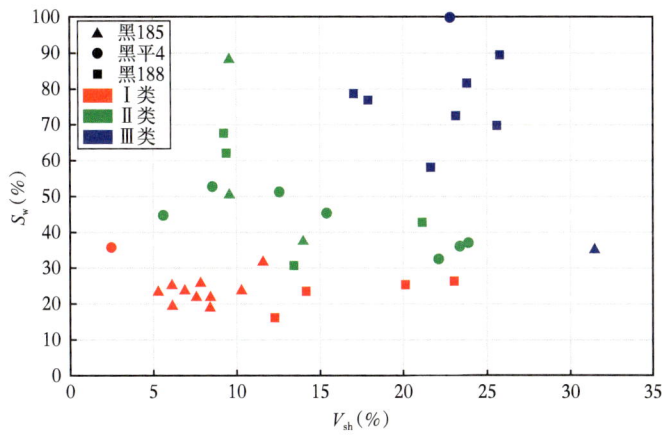

图 6-4-12　B 区块水平井测井分级解释图版（泥质含量与含水饱和度交会）

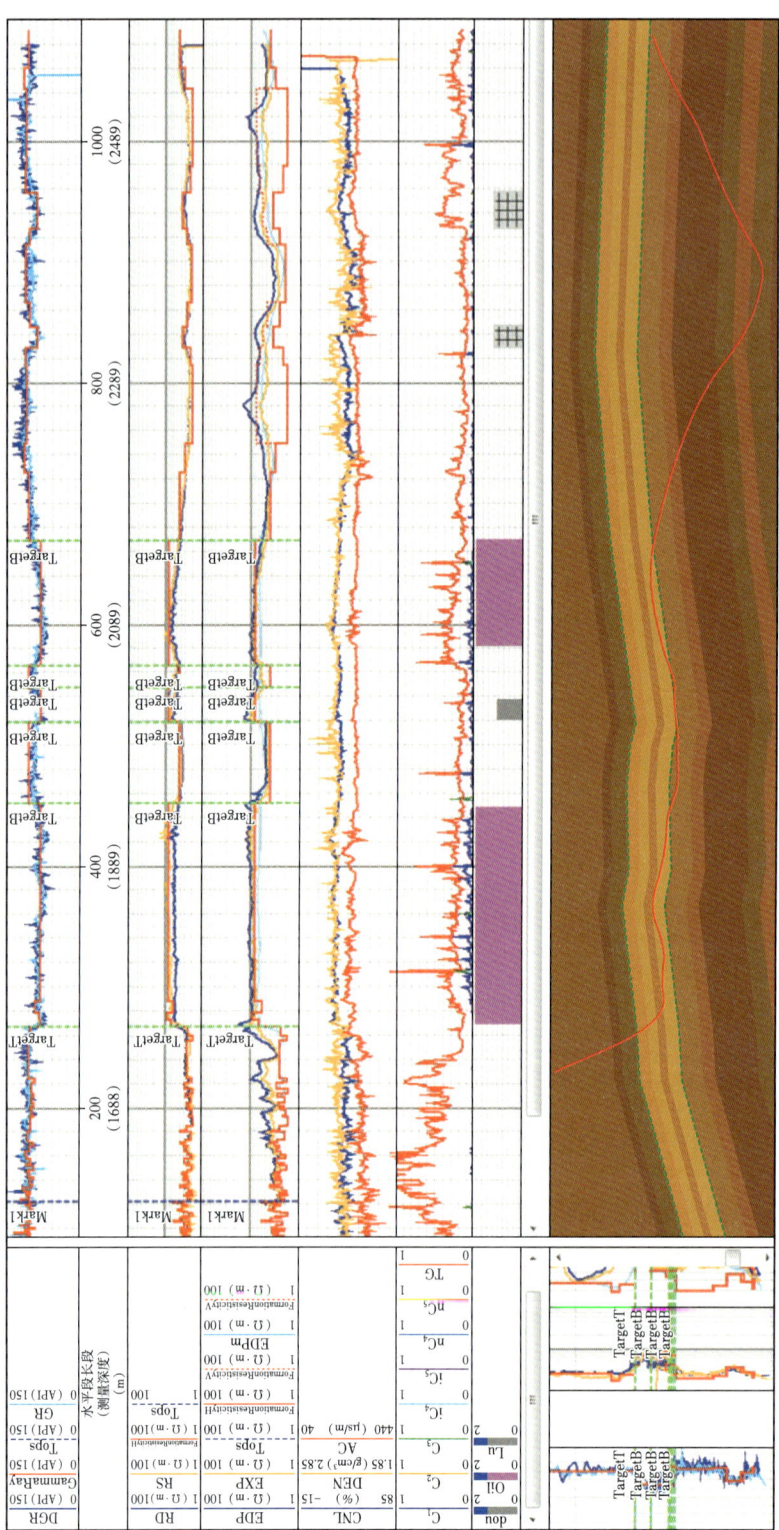

图 6-4-13 吉林油田B区块B-2井油层分级解释实例

对 B 区块 B-2 井处理解释的结果。图中解释的油水同层对应的砂岩电阻率在 10Ω·m 以下，计算的含油饱和度不高，属于Ⅲ类储层。

三、水平井测井处理解释典型实例

HXX1 井是吉林油田的一口水平井，目的层为嫩四段Ⅵ砂组，岩性以粉砂岩或细砂岩为主。图 6-4-14 为 HXX1 井邻近直井 HX1 一段测井曲线，油层在 1496.6~1501.8m，电阻率为 15Ω·m 左右，上下围岩（泥岩）电阻率 2Ω·m 左右，目的层内夹薄泥岩层。根据此特征建立初始地质模型。地质模型从 1490m 到 1520m，模型颜色深浅代表自然伽马的高低。颜色越深，表示伽马值越高，含泥量越高；颜色越浅，伽马值越低，含泥量越少。第六道折线为模型初始值，红色为电阻率，蓝色为自然伽马。

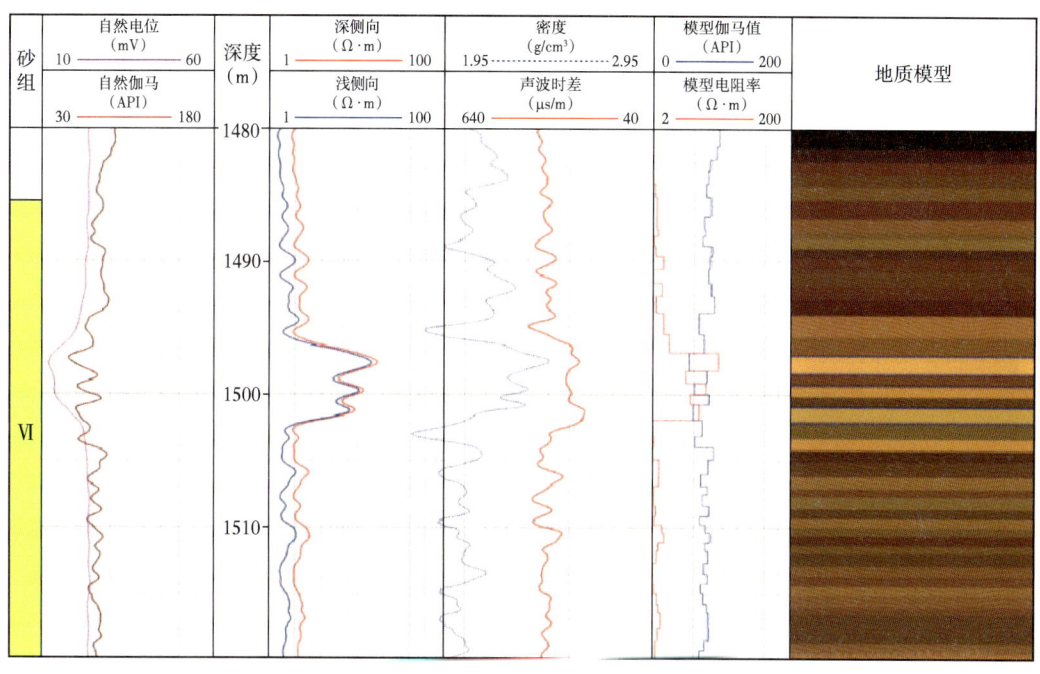

图 6-4-14　HXX1 井测井成果图

将该地质模型应用到 HXX1 井建模，图 6-4-15 为 HXX1 井解释成果图。图中横向比例为 1:2400，纵向比例为 1:200，因此显得地层起伏较大。该井利用斯伦贝谢 MCR 仪器进行随钻测量，从上到下，第一道蓝色曲线为随钻自然伽马；第二道为 MCR 仪器测量得到的相位电阻率（P33H、P33L）以及模拟得到的相位电阻率（P33Hm、P33Lm）；第三道为深度道，括号中的深度为测量深度；第四道为 MCR 仪器测量得到的幅度电阻率（A33H、A33L）以及模拟得到的幅度电阻率（A33Hm、A33Lm），曲线从 1570m 开始，随钻伽马值从 110API 逐渐降低，而随钻电阻率从 3Ω·m 左右逐渐增大到 20Ω·m 左右，因此可以判断井从 1570m 开始逐渐进入目的层，即 1570m 为入靶点。进入目的层后，直到 1823m（图 6-4-15 中 C 点），电阻率曲线变化不大，自然伽马在局部有起伏变化，从 1823m 开始逐渐增加，电阻率逐渐降低；到 1926m（图 6-4-15 中 D 点）附近，自然伽马值回落到 51API 左右，电阻率重新增加到 20Ω·m 左右。在没有其他资料的情况下，很难判断该处井眼是否钻遇泥岩，若井眼距离界面非常近，仪器无论是在砂岩中还是在泥岩中，曲线所表现出来的结果基本一致。因而，在水平井测井评价过程中，如果没有准确确定井眼轨迹在该处的变化，就有可能多解释储层或者漏掉储层，不论哪种结果都会影响后期的开发部署。本井结合该井 T_2 分布（图 6-4-16）可以判断 CD 段出层进入泥岩。

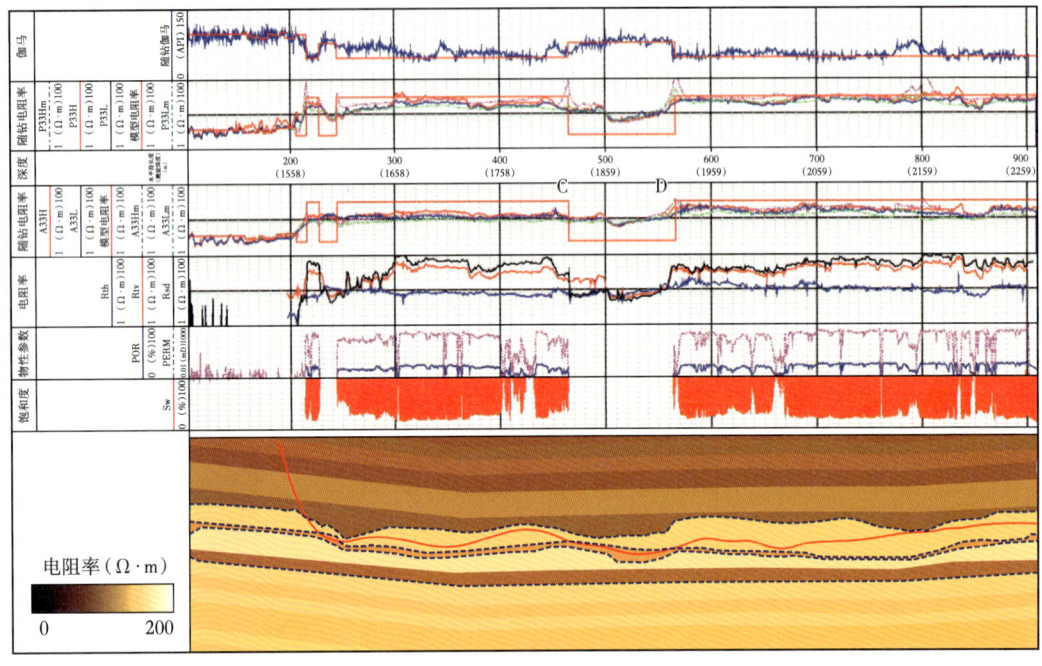

图 6-4-15　HXX1 井综合解释成果图

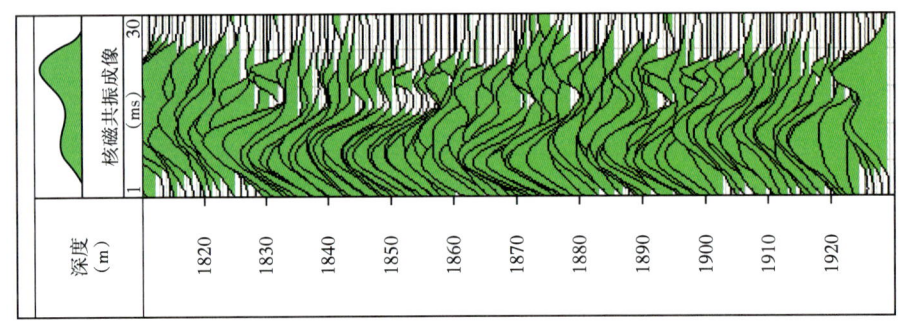

图 6-4-16　CD 段核磁共振 T_2 谱分布

井眼轨迹与地层关系确定后，利用随钻高频相位和高频幅度电阻率计算水平电阻率和垂直电阻率，进而得到砂岩电阻率值，如图 6-4-15 所示；根据交互式所确定的模型，井眼所经过的地层厚度在 0.6m 到 2.5m 之间变化，因此整体上计算的砂岩电阻率比实际测量的随钻电阻率要高。

通过分析，本井储层钻遇率很高，校正后的砂岩电阻率达到 80Ω·m 左右。该井全井段压裂，放喷初期日产油 86.5m³，为纯油层。选取该区其他几口试油井按照同样的处理方式，得到井眼与地层几何关系，并对电阻率进行环境校正。

由于该区水平井都是整段压裂，没办法确认产量究竟来自水平井段的哪一部分，不利于水平井段好坏检验。现将水平井段在储层内部的砂岩电阻率值按照公式（6-4-16）进行加权处理，得到水平井段的平均砂岩电阻率 R_{sdP}，孔隙度按照同样的办法处理：

$$R_{\mathrm{sdP}} = \frac{\sum_{0}^{n} R_{\mathrm{sd}i} i}{\sum_{0}^{n} i} \quad （6-4-16）$$

式中：i 为采样点；R_{sdP} 为砂岩电阻率平均值，$\Omega \cdot \mathrm{m}$；$R_{\mathrm{sd}i}$ 为第 i 个采样点的砂岩电阻率值，$\Omega \cdot \mathrm{m}$。

根据处理后的水平井段砂岩平均电阻率与平均孔隙度制作交会图，如图 6-4-17 所示。

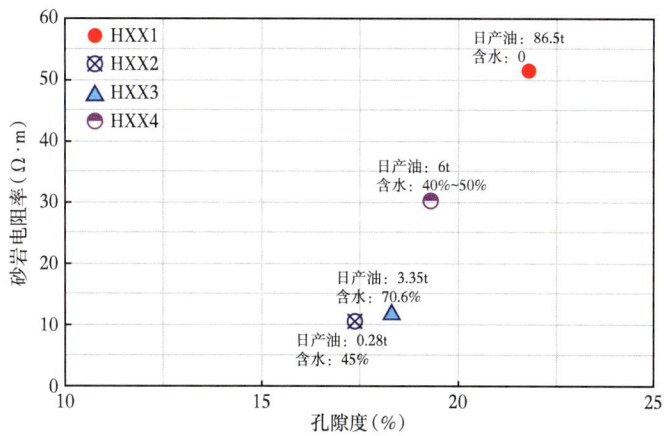

图 6-4-17　黑帝庙油层孔隙度与电阻率交会图

由图 6-4-17 可知，电阻率越高，孔隙度越大，其产量也越大，这与直井的规律一致。选取以上四口井在目的层内的不同井段相应特征值，将其绘制在图 6-4-18 中，每口井不同井段在图版上分布不同，但同一口井的多数点都集中在某一区域。据此，可以将黑帝庙水平井段油层分为三个级别：第一级别，孔隙度 > 14%，R_{sd} > 35$\Omega \cdot \mathrm{m}$；第二级别，孔隙度 > 10%，R_{sd} > 20$\Omega \cdot \mathrm{m}$；第三级别，孔隙度 > 5%，R_{sd} > 5$\Omega \cdot \mathrm{m}$。其中最好的为第一级别，最差的为第三级别。

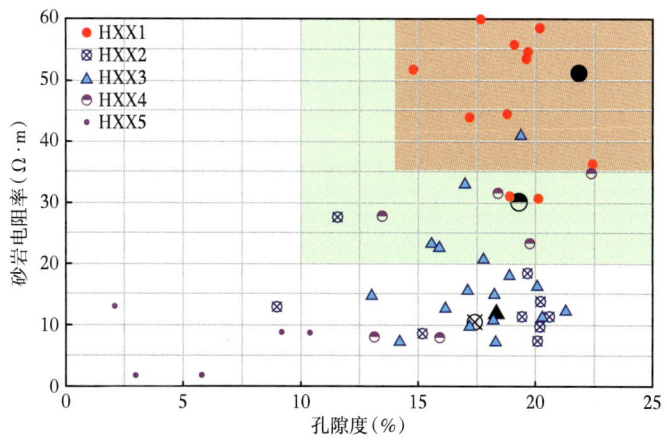

图 6-4-18　黑帝庙油层不同井段孔隙度与电阻率交会图

同理可以根据水平电阻率和垂直电阻率制作蝴蝶图版来分级，图 6-4-19 为黑帝庙蝴蝶图分级图版。据此图版，结合试油产量，将黑帝庙油层分为三个级别。第一级别：$R_v > 20\Omega \cdot m$，$V_{sh} < 20\%$。第二级别：$10\Omega \cdot m < R_v < 20\Omega \cdot m$，$10\Omega \cdot m < R_h < 20\Omega \cdot m$，$V_{sh} > 20\%$。第三级别：$5\Omega \cdot m < R_v < 10\Omega \cdot m$，$5\Omega \cdot m < R_h < 10\Omega \cdot m$，$V_{sh} > 40\%$。其中最好的为第一级别。

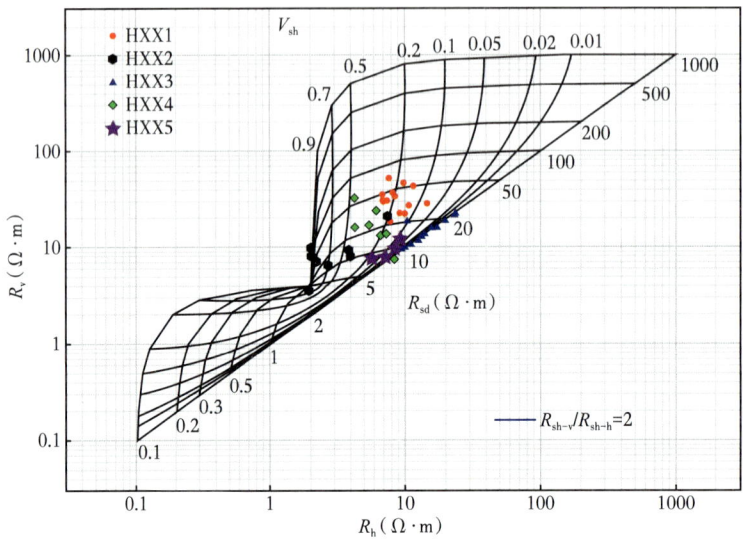

图 6-4-19 黑帝庙油层分级蝴蝶图

第七章　多井解释方法原理

油气藏评价是石油地质综合研究的重要组成部分，其核心作用是为油田开发提供科学依据，而测井资料是油气藏评价的核心基础。测井可为油气藏评价提供孔隙度、渗透率等关键参数。随着勘探工作的深入，测井技术也得到迅速发展，其不仅仅局限于油气水检测，还能够提供更多关于地质现象和地质目标评价的信息。目前，测井数据在岩石学、沉积学、地层学、油气储层评价、烃源岩以及盖层评价等领域广泛应用。从测井评价角度来看，多井评价是将单井的地层评价进一步发展成为面向区域的综合评价，主要研究储层的纵横向分布规律以及油气水的分布关系。这种方法对于加快油气勘探进程、提高油气田勘探开发效果和总体经济效益具有重要意义。

第一节　工区关键井研究

关键井研究是多井评价的"窗口"，目的是确定井剖面地层的矿物成分和岩相；确定适合于全油田的测井解释模型、解释方法与解释参数；建立全油田统一的测井刻度标准和测井数据标准化方法以及全油田的测井信息与地质参数间的转换关系；指导全油田测井地层评价与地质研究等。因此，这是多井评价中极为重要的部分。

一、关键井选择条件

一般在油田选取关键井时，需要满足以下条件：

第一，关键井通常位于构造的重要部位，选择这些位置有助于捕捉地质构造对油气分布和储层性质的影响。此外，这些井通常是近于垂直的。

第二，关键井通常是取心井，具有系统的岩心分析和录井资料。岩心分析提供了沉积环境、岩性描述以及孔隙结构等关键信息，有助于深入理解地层特征。

第三，关键井的井眼和钻井液条件良好，具备最有利的测井条件和测井深度。这些条件直接影响测井工具的准确性和可靠性，从而保证测井数据的高质量和有效性。

第四，关键井应当拥有项目齐全的裸眼井测井信息，包括最新的测井方法和技术的应用。这些信息提供了多层次的地质数据，有助于建立完整的地质模型和储层描述。

第五，关键井应当有详尽的生产测试、生产测井以及重复式地层测试器信息。这些数据提供了油气水产量、压力以及渗透率等关键参数，是评估油气田勘探开发效果和总体经济效益的重要依据。

综上所述，关键井实际上是标准井，通过其详尽的岩心分析和全面的测井数据，确定地层模型、测井解释模型以及各种地质参数（如 a、b、m、n 等）的转换关系，为油田的测井数据处理与综合解释提供坚实的基础和依据。

二、关键井研究内容

在多井测井数据处理与综合解释过程中,需要执行多项关键步骤以确保数据的准确性和应用的有效性。

第一,岩心深度归位。岩心资料的整理与测井资料的深度匹配是石油勘探开发中至关重要的步骤,通常称为岩心深度归位。这一过程确保从岩心获取的详细地质信息与测井数据的深度对应关系准确无误,为后续地质解释和储层评价提供了可靠的基础。

常用的岩心深度归位方法包括:

(1)自然伽马曲线对比法。首先,连续测量取心段的自然伽马值,获得岩心段自然伽马曲线,并将其与测井中的自然伽马测井曲线进行对比分析。通过比较曲线的形态和特征相似性,确定岩心的深度位置,并将其校正到测井数据的深度轴上。

(2)孔隙度曲线对比法。将岩心分析得到的孔隙度数据与测井曲线计算得到的孔隙度进行对比。可以通过比较岩心的孔隙度测量值与测井曲线(如中子测井或密度测井)计算的孔隙度数据来实现。根据孔隙度的匹配程度,确定岩心样本在测井深度轴上的位置(图7-1-1)。

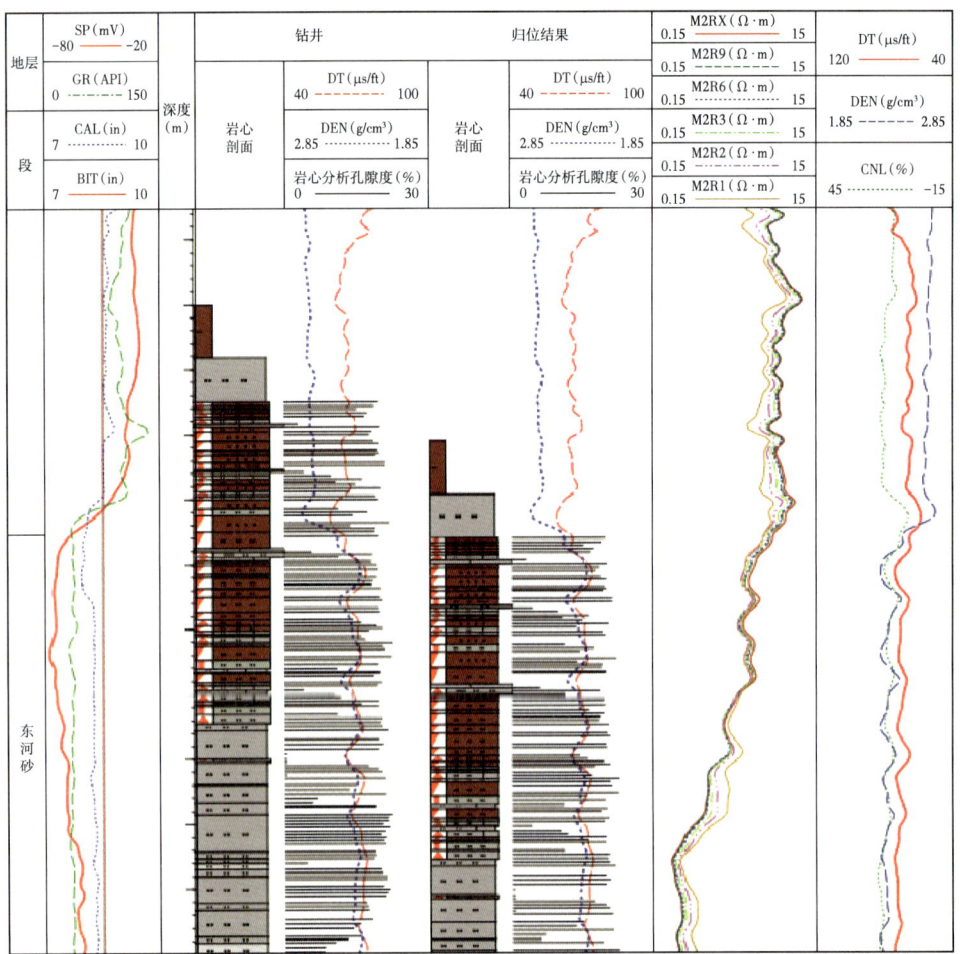

图7-1-1 岩心分析数据归位示意图

第二，测井环境影响校正与标准化。对测井环境的影响进行校正和标准化是不可或缺的步骤。在测井过程中，由于各井使用不同类型的仪器、不同的标准刻度器和测量方法，因而测井数据之间存在仪器性能和刻度不一致的误差。因此，在多井评价中，必须对测井曲线进行标准化处理。常用的测井曲线标准化方法包括直方图、交会图和趋势面分析。

第三，测井相分析。确定井剖面地层的岩相，研究测井相与地质相的关系。主要的方法有直接相关对比分析、模式识别等。

第四，确定适合于全油田的测井解释模型、解释方法和解释参数，包括岩性模型（骨架成分及其测井参数）、反映测井值与储层参数关系的测井响应方程、解释参数（胶结指数 m、饱和度指数 n、地层水电阻率 R_w 等），以及对计算的储层参数的地质约束（如孔隙度和骨架成分相对含量的上限值）等。

第五，建立测井参数与孔隙度、渗透率等储层参数之间油田转换关系。油田参数的转换目的是寻找测井数据对地下地质特性的实际直接求解能力，并进一步扩大测井资料的应用潜力，同时也有利于对测井项目不齐全井的测井评价。对于同一沉积环境下的、横向上相对稳定的储层，不同井中的同一种测井数据，或由测井数据求出的储层物性参数之间会有相似的统计规律。采用适当的方法，根据关键井的资料，可以在多维转换空间找出测井数据与岩心分析得到的储层物性参数间的关系。

传统的油田参数方法是以"四性"（电性、岩性、物性、含油性）关系研究为基础的。按现代测井技术的概念，传统的"四性"关系已扩展为测井与非测井两大信息系统多层次、多方位的相关分析，包括测井响应自身的内在联系和定性、定量分析模式；测井数据与岩石的岩性、结构、储层物理特性、渗流特性，以及油气含量等之间的定性、定量相关性；测井相、地震相和沉积相之间多层次的关系。这种广义的转换关系（测井地质解释）在油藏描述中至关重要，也只有开展有效的油田参数转换关系的研究，测井信息才具有实际的求解能力，并在新的基础上，运用地质参数间内在的规律，获取更复杂的、利用测井资料无法直接得到的地质参数。

第六，用测井分析程序处理关键井测井数据，包括常见最优化测井解释、神经网络／支持向量机（SVM）、随机森林、深度学习等机器学习处理方法。

第七，用岩心和其他地质信息，检验前面计算的储层参数（黏土含量 V_{cl}、孔隙度 ϕ、含水饱和度 S_w、骨架成分相对含量 V_{mai} 等），并根据实验结果修正测井解释模型与解释方法。

第二节 多井数据标准化

对于一个油田，在长期的勘探与开发过程中，所有井的测井曲线很难保证是用同一类型的仪器、相同的标准刻度器以及相同的操作方式进行仪器刻度和测量的，各井测井数据间必然存在仪器性能和刻度不一致引起的误差。因此，除对多井评价中所用的测井数据进行必要的环境影响校正外，还必须对测井曲线进行标准化处理，以提高测井信息在全油田范围内解决问题的能力。

测井曲线标准化就是在全油田范围内采用统一的外部刻度标准来刻度各井的同类测井曲线，消除仪器性能和刻度不一致所造成的影响，实现测井数据标准化（图 7-2-1）。

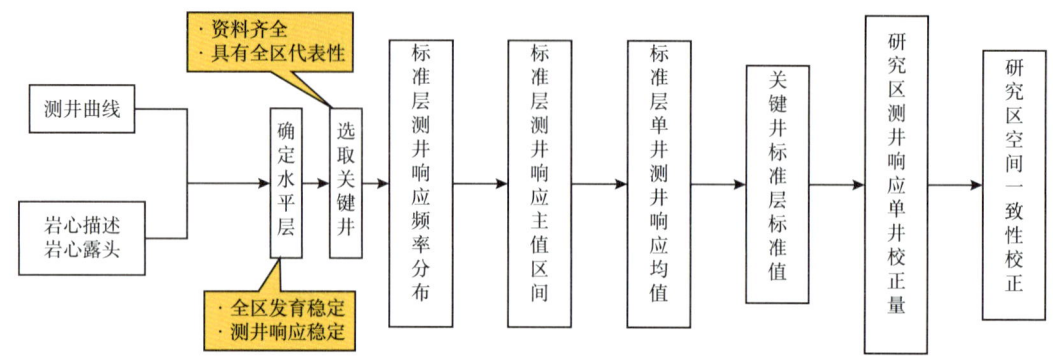

图 7-2-1　测井曲线标准化流程图

由于一个油田的同一标准层一般都具有相同的沉积环境和岩石物理特性，因而各井同一标准层的测井数据都具有相似的分布规律。因此，一般选择标准层作为全油田的统一外部刻度标准。当由关键井的标准层建立起各类测井数据的油田（或地区）标准分布模式后，便可采用相关分析技术等，对各井的测井数据进行综合分析，消除仪器性能和刻度不一致等非地质因素对测井数据的影响。

一般在油田范围内选取 1~2 个沉积稳定、厚度适中（且变化小）、分布范围广、岩性与测井响应特征明显、易于识别的地层（如油页岩、钙质胶结的致密砂岩、盐岩、硬石膏、稳定的泥岩等）作为标准层。常用的测井曲线标准化的方法有直方图、交会图和趋势面分析。

一、直方图和交会图

将关键井中标准层段的直方图、频率交会图或多维直方图作为油田统一标准，来检验和校正其余井的测井曲线，使其余井标准层段的测井特征与关键井一致。依据是在相同沉积环境下同一油田的不同井中，用同类测井曲线对同样标准层所作的上述直方图和频率交会图，其测井数据应显示出相似的频率分布和均值。

标准化前，应对测井曲线进行环境影响校正，然后作标准层段的直方图或频率交会图，并与关键井的相应图形作对比。如两者有明显差异，且标准层的岩性又无明显变化。说明该井的测井曲线有误差，此时可用求相关系数最大值方法求出测井校正值。或更简单些，将该井与关键井标准直方图的测井均值之差 Δx 作为校正值，用均值平移法对测井曲线进行标准化。显然，设标准化前、后测井均值为 x 和 x_c，则：

$$x_c = x + \Delta x \quad (7\text{-}2\text{-}1)$$

式中：Δx 为关键井标准层测井均值 $\bar{x}_0$ 与本井标准层测井均值 $\bar{x}$ 之差，$\Delta x = \bar{x}_0 - \bar{x}$。

图 7-2-2 是 A 井（紫红色）和标准井（绿色）标准层自然伽马直方图。可以发现与标准井相比，A 井标准层的自然伽马值整体高于标准井，两者相差约 7.5API，通过对 A 井直方图整体向左平移，确保其分布形态。

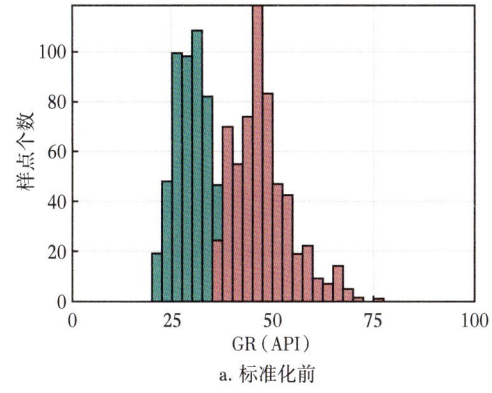 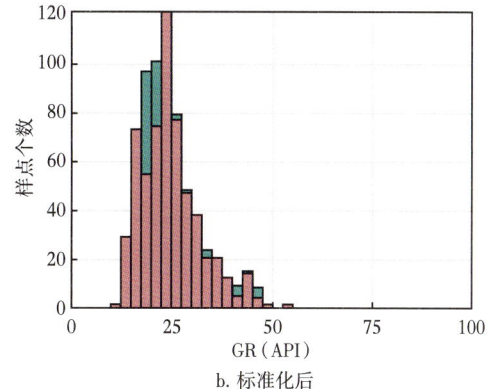

a. 标准化前　　　　　　　　　　b. 标准化后

图 7-2-2　A 井标准化前后的直方图分布特征

二、趋势面分析

用趋势面分析进行测井曲线标准化的原理是根据各井测井数据，用一个拟合的数学曲面来逼近油田的标准层，把测井值看成是由反映标准层的有用信息（即趋势成分）和仪器刻度有关的局部变化（即偏差）两部分组成的。当标准层测井特征明显，且在全油田稳定时，如果利用充分逼近标准层的最佳数学曲面，根据各井地理坐标计算出标准层的测井趋势值，可认为标准层测井趋势值与实际测井值之差（即偏差），就是仪器刻度等引起的偏差，即标准化时所需要的校正值。最好是选择两个岩性均匀、分布广而稳定的地层作为测井刻度的高、低两点的标准层。

设充分逼近标准层的最佳拟合多项式为：

$$\hat{z} = b_1 + b_2 x + b_3 y + b_4 x^2 + b_5 xy + b_6 y^2 + \cdots \quad (7\text{-}2\text{-}2)$$

式中：x、y 为观测点（井点）的地理坐标值；$\hat{z}$ 为标准层的趋势值。

根据若干井的实测数据点 (x, y, z)，应用最小二乘法确定方程中的 b_1、b_2、b_3、$\cdots$，便可获得充分逼近标准层的最佳趋势面方程（7-2-2）。此时，就可根据井点的地理坐标 (x, y)，计算该井标准层的测井值 $\hat{z}$，求得它与标准层实测值 z 的偏差 $\Delta z = \hat{z} - z$，即曲线标准化时的校正量。再利用下式逐点或逐层计算，便可获得该井标准化后的测井值 z_c：

$$z_c = z + \Delta z \quad (7\text{-}2\text{-}3)$$

应该说明的一点是，不论采用哪种方法对测井数据进行标准化处理，都必须在油田范围内选取标准层。标准化时，代表标准层的特征数据可采用按层取的平均值，也可通过作标准层测井数据的频率（或直方）图的方法选取其特有频率分布与特征尖峰值，作为标准层的特征值。

三、标准化效果的检验

对标准化效果的检验也是人们很关心的问题。标准化工作不到位说明系统性误差没有完全消除，导致下一步多井评价工作仍然会存在由于系统误差造成的不准确；而过度标准化工作则会造成一部分真实信号的丢失，这两种情况都是人们所不希望看到的。

对于标准化效果的检验方法，可分为两种：

一是，利用取心井资料检验标准化效果。将标准化前后取心井取心段利用同种方法得到的测井解释结果（如孔隙度、渗透率、TOC 等）与所取岩心的实验室分析化验结果相比较，标准化效果好坏一目了然。

二是，对标准化后数据进行偏差分析来检验标准化效果。假设标准化后的数据是区域上测井响应的最佳估计，那么标准层标准化后数据平面或趋势面应该是与地质模型能够建立起联系的。相应的，原始数据与标准化后数据的偏差可以看成是由系统误差造成的，从统计学上讲，近似服从众数在零点的正态分布规律。

第三节　多井地层对比

地层对比，也称为储层对比、测井对比。图 7-3-1 展示了地层对比综合柱状图。多井地层对比是石油勘探和资源开采中的一项重要任务。在油藏描述中，应用多井测井评价进行油田研究的最终成果的质量，在很大程度上取决于井与井间的地层对比工作。通过地层对比可以了解地层的层序、岩相及地层厚度变化，弄清断层与不整合接触关系，研究储层在整个油田上的纵向、横向变化规律，查明油层的分布及其连通情况，为寻找有利含油气区块与合理开发油田提供依据。同时，通过地层对比还可以详细了解储层的岩性、岩相特征，客观地选择测井解释模型、解释方法和确定解释中的基本参数，进行最佳测井评价。因此，在多井评价中，地层对比是能否获得油田研究可靠成果的关键之一。当前，测井曲线的井间对比是在地层组段（或油层组）对比的基础上的小层（或油层）对比。

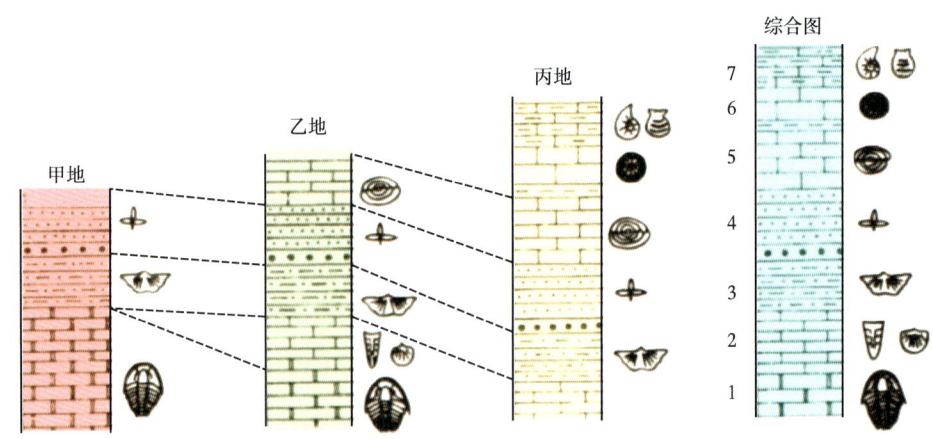

图 7-3-1　地层对比综合柱状图

传统的地层或储层对比主要以油砂体为基本单元进行岩性或电性对比。但此种对比方法存在一定的局限性，常出现不等时性对比，即穿时现象。利用地震资料进行地层对比是等时的，而利用测井资料进行地层对比存在穿时现象，不同时间域的沉积体成岩后在测井响应上无异常，缺乏合理的对比理论。20 世纪 90 年代以来，层序地层学获得了突飞猛进的发展，从根本上改变了地层对比的观念和原则。层序地层学发展并建立了一整套概念体系与技术支撑体系，而测井层序地层学对比是以准层序为基本单元，按照层序地层学原理进行储集体的对比和划分，通常可获得与传统岩性地层学对比方法大为不同的对比结果。在此基础上，再与地震、生物地层和同位素测井资料等结合，建立高分辨率的年代层序地层框架。

一、地层对比的基本原则与方法

1. 基本概念

层序地层学是根据地震、钻井和露头资料以及有关的沉积环境和岩相，对地层作出综合解释。层序地层学解释过程将是建立以地层不连续面（不整合面）为界的成因上有联系的旋回岩性地层的年代地层学体制。层序地层学提供了一种更精确的地质时代对比、古地理再造和钻井前预测生储盖层的方法。

层序是以不整合面或与不整合相对应的整合面为界面的一套成因上有联系的、相对整一的、连续的地层序列。

准层序是以海（湖）泛面或与其相对应的界面的一组有内在联系的相对整合的岩层或岩层组序列，在层序中有特定的位置。准层序可以以层序边界为顶界面或底界面。绝大多数硅质碎屑岩准层序是进积序列；有些硅质碎屑岩及大多数碳酸盐岩准层序是加积序列，并且向上变浅。

准层序组是具有清晰叠加模式的一组有成因联系的准层序序列，一般以明显的海水洪泛面或与其可对比的界面形成的。在一定的沉积条件下，准层序、准层序组、层序三者的边界可以是一致的。

2. 地层划分的基本原则

近年来，地层划分的概念和理论有很大的发展，归纳起来主要有以下分层原理：

（1）地层单位要有一定规模的时间、空间分布。

（2）地层的划分应使所分出的地层单元内部具有相当程度的统一性（或均一性）。

（3）地层单位的上、下界限必须稳定，且易于识别。

除上述地层划分的基本概念和理论外，还应特别注意的是：不同的沉积环境，地层单元的划分方法亦有所不同。例如，对于湖相沉积，可按垂向加积的沉积理论，采用地层岩性单元和地层时间单元进行划分；若为三角洲沉积，则应根据侧向加积理论，采用地层时间单元进行划分。

通常，人们根据工作需要与所占有的资料等情况，采用不同的地层划分方法，按地层岩性单元划分地层主要是根据岩性组合、岩层的电性特征（实际上应是岩层的地球物理特征）及古生物等资料进行。这种划分方法实际上是将一个层段在垂向上分为若干个不同时代的次级单元；按地层时间单元划分地层的方法主要是依据三角洲侧向加积沉积理论，结合地震反射结构特征，认为分层层段属于同一个沉积体系，整个地层层段是由若干个地层时间单元侧向加积的结果。这种划分方案有利于油田开发层位的划分及沉积相研究。

总之，地层的划分除依据地层划分的基本概念和理论外，应根据沉积环境与岩相的不同采用不同的地层划分原则，否则，可能出现将不同沉积时期的相同岩性地层划分在一起。

3.地层对比的基本原则

地层对比具有以下原则：

（1）采用地震、测井、岩性、古生物等资料综合划分与对比地层。

（2）在充分研究地震反射波结构特征及沉积相的基础上，确定各层段的沉积环境，针对不同的沉积环境，具体确定地层划分与对比的不同方法。

（3）严格遵从地层层序约束，即地层对比过程中不能出现交叉对比。

（4）先识别标准层，采用逐井对比的原则。

图7-3-2为四川盆地川东北地区茅口组一段地层连井对比图。通过多井对比分析，可以了解地层在横向上的变化规律，从而对研究区的整体认识提供依据。

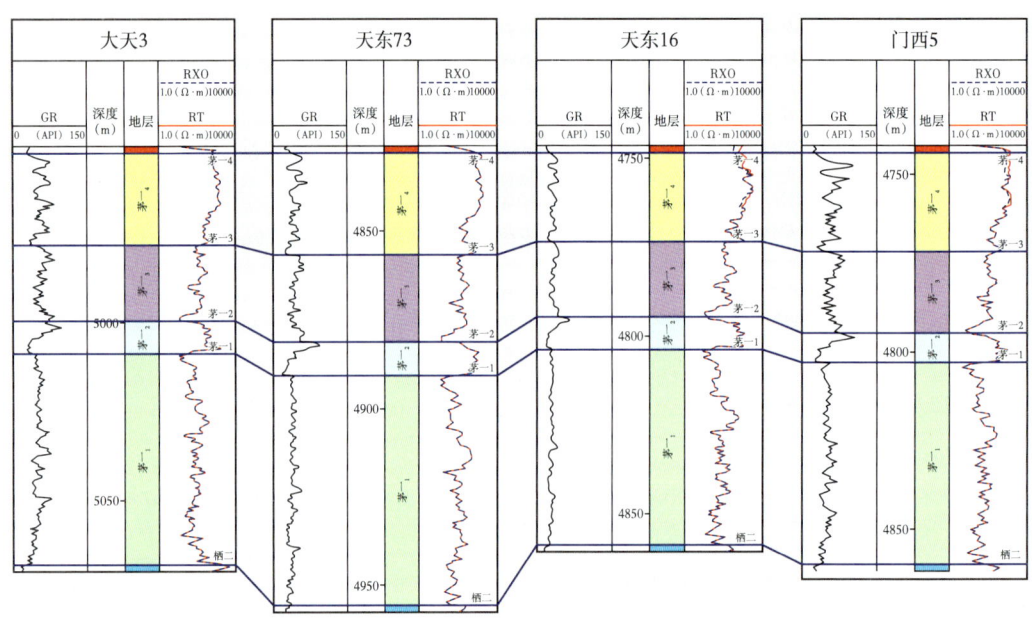

图7-3-2 多井连井地层对比图

茅口组沉积期构造—沉积格局向非稳定背景的台—槽分异转换，该时期沉积发生明显分异，主要受控于区域张裂背景及同沉积正断层的活动，盆地基底处于拉张构造背景下，早期形成的断裂产生差异沉降，形成了开江—梁平海槽雏形。如从海槽西侧已钻井SS1井—LH2井茅口组连井对比剖面来看（图7-3-3），在茅口组一段沉积时期，SS1井和LH2井均以泥晶灰岩为主，反映低能的沉积环境，地层厚度大，表明川北地区茅口组一段沉积时期处于古地貌低部位；在茅二段沉积时期，SS1井和LH2井均发育薄层的白云岩，反映水体变浅，发育短期的局限沉积环境（谭万仓等，2024）。

据川中地区已钻井GS18井—HS3井—GS112井—GS16井—HS4井—NC7井茅口组连井对比剖面（图7-3-4），在隆起区局限沉积环境下，茅二段地层发育白云岩，而对应的凹陷区发育大套的厚层石灰岩；茅二段顶—茅三段底在凹陷区发育硅质灰岩，反映水体进一步加深，为裂陷区。已钻井茅口组岩性组合特征表明，茅口组沉积中晚期隆凹相间的古地貌已具雏形。

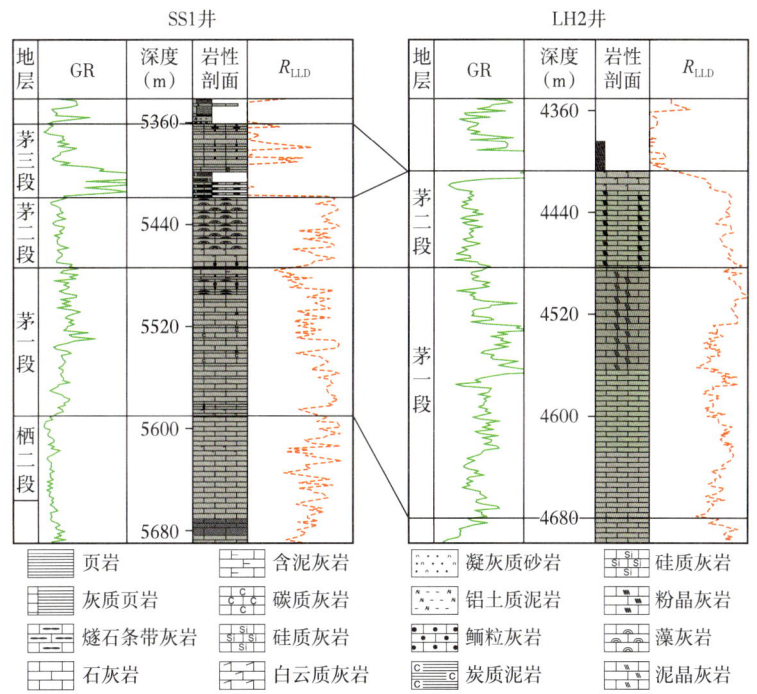

图 7-3-3　川北地区海槽西侧 SS1 井—LH2 井茅口组地层连井剖面对比（据谭万仓等，2024）

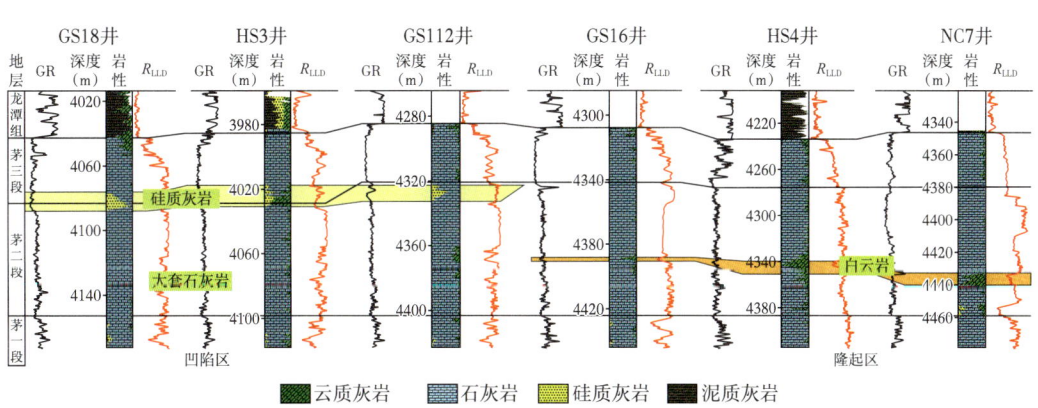

图 7-3-4　川中地区 GS18 井—HS3 井—GS112 井—GS16 井—HS4 井—NC7 井茅口组地层连井剖面对比（据谭万仓等，2024）

二、地层对比信息提取

1. 地层信息概述

测井曲线是地下各种地质信息的综合反映，从测井曲线中提取单层对比信息是获得地层对比可靠结果的重要保证。测井曲线种类繁多，要求对比人员合理选择测井曲线，保证能将单层对比信息反映出来。例如，中原油田某断块选用的地层对比曲线为 GR 曲线、感应电导率测井（COND）曲线；而海上某油田则选用 SP 曲线、GR 曲线和 R_{LLD} 曲线以及 Δt 曲线进行地层对比。合理地选用地层对比曲线是获得正确对比结论的关键。

地层对比可用岩性特征、厚度特征、位置特征、曲线形态特征和邻层特征（或围岩特征）来描述。位置特征、邻层特征是反映岩层在油层组中的纵向特征，它是地层对比的重要依据；岩性特征定义较灵活，可以是详细的岩性描述，也可以是较粗糙的岩性分类；曲线形态特征则是多方面的，其描述较为复杂。

2. 地层信息提取方法

地层对比的信息主要用位置、岩性、厚度、曲线形态和邻层这五种特征来描述。

1）位置特征

单层位置是相对于油层组来说的，一个油层组可以划分为一个或多个小层。小层主要根据油层组内的次级标准层来确定，划分小层的主要目的是缩小对比窗口，提高对比精度。描述位置的特征参量可以视油层组的厚度而定。若厚度较大，则可将位置特征描述得更详细一些；反之，则可以适当减小位置特征的描述量。

定义位置特征有以下几种方法：（1）采用小层平均深度定义位置特征；（2）采用小层起止深度定义位置特征。若小层对比采用的是从油层组的顶、底逐步向中间进行（即通常说的压挤法），则可以对位于油层组上部的小层，采用起始深度；而对油层组的底部小层，则采用终止深度。

位置是一个相对的概念，应用这一特征进行小层对比时，应充分考虑储层在横向上的多变性以及井间地层的缺失或重复。

2）岩性特征

在小层对比中，用到的岩性是一个相对的概念，它有利于研究岩石的结构和成分。岩性特征可以由下面两条途径获得。

（1）由地质分析资料获得岩性特征，可按深度直接引用岩心或岩屑录井中的岩性资料作为岩性特征。

（2）由测井曲线获得岩性特征。根据地区经验以及测井曲线与岩性的对应关系，建立相应的数据库，进而根据测井曲线判别各层的岩性。

3）厚度特征

这里的厚度定义与单井解释中的厚度定义基本一致。对于水平层垂直井，厚度定义为小层下界面深度 d_e 与上界面深度 d_s 之差。厚度特征直接反映了层厚在井间的横向变化，对不同的沉积相来说，其厚度在横向上的变化是不同的，因此，厚度特征是沉积相和砂体横向分布的直接反映。

4）曲线形态特征

测井曲线形态的变化反映了小范围的沉积旋回性。在小层对比时，曲线形态特征是最重要的特征之一，但它又是小层诸特征中最难描述的特征。根据小层对比实践经验，曲线形态可用峰型特征和主峰相对位置来描述。

（1）峰型特征的描述。峰型特征包含峰的数量、峰的平均幅度值、主峰幅度值和峰的宽度。峰型主要依据峰的宽度（即小层的厚度）以及小层内测井曲线的平均幅度值来定义。将峰值的宽度和平均幅度值分为若干级别，再将这两个特征进行组合，便可得到峰型特征。

关于峰宽级别的定义，具体标准要根据油田而定，对平均幅度值的定义也是如此。一般先根据经验定出两个约定值，再根据相应的特征（峰宽或平均幅度值）与约定值之间的相对大小判断其级别。

（2）主峰相对位置的描述。在测井曲线上不同的沉积旋回性表示为不同的主峰相对位置信息，这是在小层对比中用到的重要曲线信息。曲线中主峰的相对位置可分为三类，即上、中、下，分别记为 K_1、K_2、K_3。具体定义分以下两种情况。

① 对于单峰型测井曲线（图 7-3-5），先确定极值点 P，其对应深度为 D_P。若小层上、下界面深度分别为 d_s、d_e，则曲线主峰的相对位置表示为：

$$P_k = \frac{D_P - d_s}{d_e - d_s}$$

$$P_k = \begin{cases} K_1 & \left(P_k < \frac{1}{3}\right) \\ K_2 & \left(\frac{1}{3} < P_k < \frac{2}{3}\right) \\ K_3 & \left(P_k > \frac{2}{3}\right) \end{cases}$$

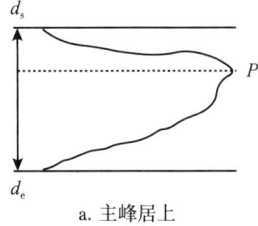
a. 主峰居上

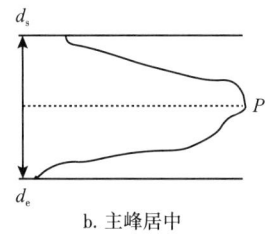
b. 主峰居中

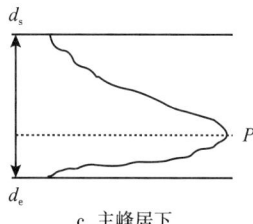
c. 主峰居下

图 7-3-5　单峰型测井曲线

② 对于多峰型测井曲线（图 7-3-6），若主峰明显，直接取主峰的对应深度；若主峰不明显，则根据相近主峰的平均深度确定主峰的相对位置。

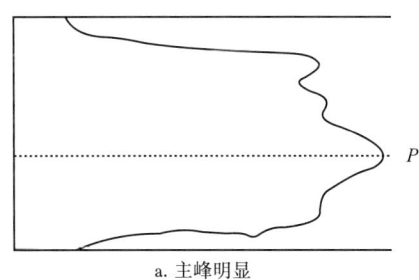
a. 主峰明显

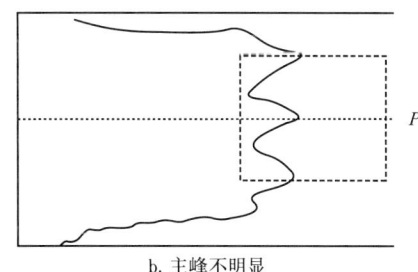
b. 主峰不明显

图 7-3-6　多峰型测井曲线

综上所述，曲线形态主要由主峰的相对位置、层厚（峰宽）、曲线峰数、峰值、峰的平均幅度值等多个因素来描述。地层对比时，可以根据实际地质特点以及所选用的对比方法，合理地选择恰当地描述曲线的形态特征。

5）邻层特征

邻层往往是较好的标准层和次级标准层，是油层的隔层。例如，邻层是较厚的泥岩或油页岩、致密层以及其他特殊岩性，则可以作为对比的重要标准层，作为相邻渗透层的对比标准。与渗透层一样，邻层也具有岩性、厚度、曲线形态、位置特征等。对一个具体的小层而言,有上邻层、下邻层,而且上一小层的下邻层就是下一小层的上邻层,依次类推。

一般来说,对小层对比起重要作用的是岩性、厚度、位置以及曲线形态。邻层相当于若干参考点,邻层岩性、厚度、位置和曲线形态的定义及特征提取方法与小层相同。

当采用多条曲线对比时,可根据曲线的性质先将它们进行主成分分析,再运用第一主成分(或第二、第三主成分)曲线,按上述原则提取对比信息。

测井曲线的井间对比是在地层组段(或油层组)对比基础上的小层(或油层)对比。除了人工对比外,还广泛研究应用计算机进行自动辅助地层对比。例如,应用相关分析、功率谱分析、灰色关联度、岩相序列对比、动态规划、模式识别和人工智能等技术进行地层对比。

三、机器学习方法在地层对比中的应用

随着测井技术不断更新、油田勘探开发不断推进,测井资料数据量逐步增大,地层划分与对比的困难也一直在增加,尤其是当涉及大量的井数据时,传统地质学的测井资料解析方法对于复杂的测井曲线资料的地层划分与对比有一定的困难。而机器学习具有自动化提取大量数据特征的特点,能够有效地解决这个问题(图7-3-7)。

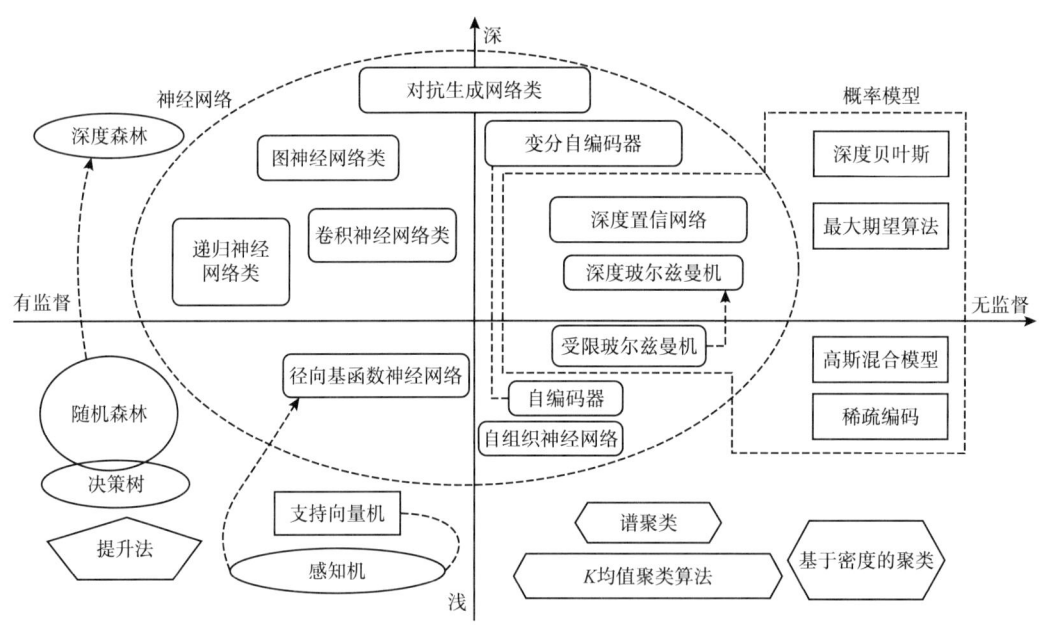

图7-3-7 常见机器学习算法分类

机器学习进行地层对比的一般流程如下:

(1)数据采集与准备。地质数据包括测井数据(如自然伽马、声波速度、电阻率等)、岩心描述、地震数据等多种地质信息。数据清洗与预处理指对采集的数据进行清洗、去噪,处理缺失值和异常值,并进行标准化或归一化处理,以便后续机器学习模型能够有效处理。

(2)特征提取与选择。地层特征提取指根据地质学家的专业知识和经验,选择合适

的地层特征，如岩性、厚度、曲线形态等。特征工程对提取的地层特征进行进一步处理和转换，可能包括特征缩放、降维（如主成分分析）、特征选择等步骤，以提高模型的性能和效率。

（3）模型选择与训练。

①选择合适的机器学习模型，如支持向量机（SVM）、决策树、随机森林、神经网络等，根据任务的特点和数据的性质选择最适合的模型。

②模型训练与调优：使用标记好的地层数据集进行模型训练，并通过交叉验证等方法调整模型的超参数，以提高预测精度和泛化能力。

（4）模型评估与验证。

①评估模型性能：使用评价指标如准确率、召回率、F1分数等来评估模型在地层对比任务上的表现。

②验证模型泛化能力：在独立的测试数据集上，验证模型的泛化能力，确保模型能够在新数据上表现良好。

（5）模型应用与结果解释。

①应用模型进行地层对比：将训练好的模型应用于实际地质数据中，进行地层对比和地质特征解释。

②结果解释和可视化：解释模型的预测结果，分析模型对地层特征的重要性，可视化地层对比的结果。

第四节　储层参数空间分布预测

对储层的几何形态进行详细研究是多井对比的关键问题，也是有效进行油气田勘探的首要问题。它是绘制储层各种等值图、描述储层参数分布趋势的基础。通常采用常规测井资料、成像测井资料和地震资料，并结合地质资料来确定地层构造，描述储层几何形态。常规测井和成像测井资料的优点是纵向分辨率高，可以精确确定井剖面地层的岩性、深度、倾角、方位角等，缺点是测井的探测范围小，只能研究井眼附近的地质情况；地面地震是宏观方法，其优点是地面地震（特别是三维地震）能记录很丰富的信息，能研究大范围的构造，但其纵向分辨率低。因而将两者加以结合，发挥两者的优势，点面结合，便可得到较精确的地质构造与储层的几何形态。

一、储层参数的截止值

确定储层参数截止值的目的是把无生产价值的低孔隙度、低渗透率、低含油气饱和度部分地层去掉，以便计算有效的油气地质储量并提供单井模拟中的有效参数。

截止值一般通过分析油气累计体积与孔隙度、含水饱和度、渗透率及黏土含量交会图的方法来确定。例如，通过对图 7-4-1 各交会图的分析看出，$\phi < 9.5\%$ 和 $S_w > 45\%$ 的地层，对总油气储量无任何贡献，因此可将它们分别确定为相应参数的截止值。用同样方法可确定黏土（泥质）含量和渗透率的截止值。

应用黏土含量 V_{cl}、孔隙度 ϕ、渗透率 K、含油（气）饱和度 S_o 的截止值，便可确定油气层的有效厚度，提供计算油气地质储量的参数。

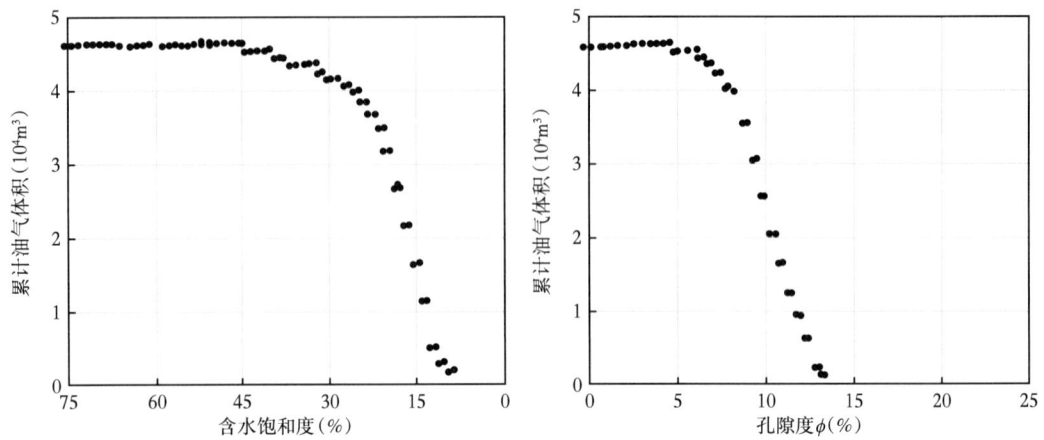

图 7-4-1 采用累计油气体积交会图确定截止值

（1）储层参数的确定一般是根据黏土含量截止值 $V_{cl切}$ 来划分，即凡 $V_{cl} < V_{cl切}$ 的渗透性地层都可视为储层。由这种方法划分出的储层的厚度一般称为总厚度（h_t）。储层的有效厚度（h_e）是从总厚度中由孔隙度截止值限制后的厚度。储层的总孔隙度 ϕ_t 是总厚度内孔隙度的平均值。有效孔隙度 ϕ_e 是储层有效厚度内孔隙度的平均值。储层的总孔隙体积为 $h_t\phi_t$，有效孔隙体积为 $h_e\phi_e$。

（2）油气层参数的确定。油气层的确定与划分是在储层划分的基础上进行的，即根据已确定的含油气饱和度截止值 $S_{h切}$ 从储层中再划分出油气层。有关油气层参数（总厚度、有效厚度、总孔隙度、有效孔隙度、总含油气饱和度、有效含油气饱和度、总油气体积、有效油气体积等）的确定方法与储层参数的确定方法相同。

二、油藏参数集总

油藏描述中的单井测井评价是逐点进行的，解释成果参数的数据非常庞大，同时有些参数也不能按层反映储层的特性。为了以后计算与作图，需要作某种简化处理，提供每口井储层的简化描述，以适量的有代表性的参数值来描述储层。为此，需要计算储层参数（ϕ、S_w、K 等）的平均值和累计值（如油层累计厚度、累计孔隙度、累计油气体积等）。进行这样简化和计算的过程叫集总。

（1）根据倾斜地层与井斜的关系计算储层的真垂直深度 TVD、真垂直厚度 TVT，以便消除井斜的影响。

（2）进行井与井间的地层对比，这种对比主要依据测井相分析结果与单井评价结果进行，以便研究储层的性质及参数在纵横向上的变化。

（3）对储层按区块进行分层，使每个小层在纵向、横向上性质都比较稳定，以便采用小层的平均储层参数来代表该层的性质。

（4）采用截止值的办法把无生产能力的储层扣除，以便计算有效的油气地质储量并提供单井模拟所需的参数。

（5）以小层或油层组为单位，对储层参数（逐点解释的参数）进行累加，然后取其按层数的加权平均值，并将其加权平均值作为小层（或油层组）的参数值。

图 7-4-2 是采用截止值（$\phi=5\%$，$S_w=50\%$）后得到的净储层和净产层示意图。

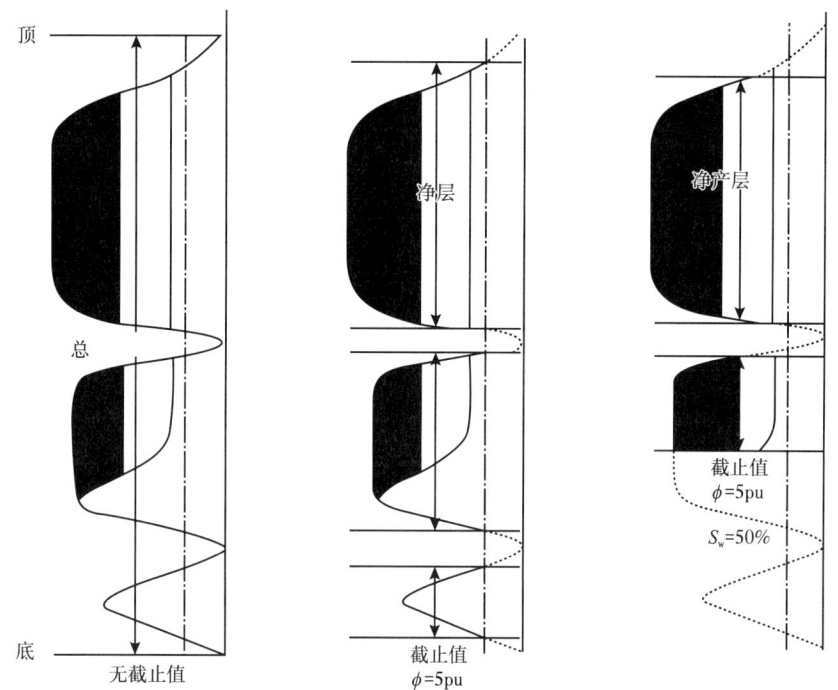

图 7-4-2 采用截止值进行参数集总处理

通常，对每个储层计算的集总参数有真垂直厚度、平均和累计孔隙度、平均和累计渗透率、平均油气饱和度、累计油气体积等。

三、油藏描述

油藏描述又称油田研究，它是综合地质、测井、地震勘探、开发及计算机技术进一步发展起来的油气田综合研究与评价技术。它是以近代沉积学、构造地质学、石油地质、地球物理学、地质学及计算机科学为基础，以测井信息为主，并最大限度地运用地质、油藏、钻井和开发等资料，综合研究油气田构造、储集体几何形态、储集参数空间分布、计算油气储量、研究油气田在开发过程中储层基本参数的变化，进而达到对油气藏进行静态和动态描述的目的。

油藏描述技术是 20 世纪 70 年代末期兴起的。它的出现，使测井、物探等信息得到更加充分的运用，使石油地质学等方面的资料能更加有机地配合，充分发挥综合解决问题的能力。这对提高油气田勘探、开发效果与经济效益是非常重要的，特别对指导滚动勘探、进行二次采油、三次采油更具有特殊意义。

油藏描述中测井的工作主要包括关键井研究、油田渗透率研究、全油田测井资料的标准化、储层参数的计算与集总、油田参数空间分布规律等研究及相应图件的绘制等，其核心是关键井研究、储层参数的计算及其空间分布的研究。因而，它是以单井测井解释、测井相分析、地层对比、地层倾角测井资料的解释成果、渗透率估计、生产测井解释、单井动态模拟为基础的，但同时必须辅以开发地质、采油工程、油藏工程等方面的资料。

测井数据的处理技术发展到今天，以其复杂性和质量要求的不同，分为两个层次：

一是井场的快速直观解释、质量控制、油气层与水层的初步划分；二是测井解释中心的单井解释、基本参数计算和地层评价。

从测井评价的角度看，油藏描述是将单井（点上的）地层评价进一步发展成为面上的多井评价。从其发展过程及所能解决的问题看，油藏描述可分为对油气田的静态描述和动态描述两个阶段。静态描述是油藏描述的基础，动态描述则是静态描述的进一步发展。

静态描述主要包括对油田地质构造与储集体几何形态的研究、岩相与沉积环境的研究、储层参数的空间分布与油气地质储量计算等。

动态描述主要研究油气田开发过程中油气藏基本动态参数的变化规律，确定产液剖面和注入剖面，进一步修正与完善对油气藏的静态描述。

1. 常见的几种图件及作用

对构造与储层几何形态的描述，可通过绘制与综合分析以下图件来实现。

1）井间对比图

作井间对比图之前，应根据描述区的具体情况，选择标准层并确定井间对比模式（如原始测井曲线对比模式、单井处理结果对比、测井相分析结果对比、合成地震或合成测井与地震信息综合显示等），有目的地研究油砂体的分布与尖灭情况，油、气、水的分布与变化等。

2）栅状图

根据需要，在描述区选定由相邻的多边形所连接的井，作栅状图，用以了解油砂体的变化及油层和水层的连通性。

3）地震、测井综合图

为追踪地层的空间分布，了解构造及构造内部的断层，可选定某些地震测线，作合成地震与地震记录的综合显示剖面，用于构造与储集体形态研究。

4）地层倾角杆状图

单井构造用一口井的地层倾角测井资料研究井周围的构造情况，是以地层的沉积规律、倾角测井的特殊性及构造预测的近似程度为基本出发点进行的。

（1）地层最初形成时，大都是水平或近于水平沉积的。下面是地质年代古老的岩层，依次在其上沉积地质年代较新的地层。构造运动如褶皱运动的作用，使水平成层的地层形成褶皱，但各岩层的褶曲是按同一轴面（还有脊面、转折面）叠套的。以后再沉积新的沉积岩层，在新的褶皱运动下又会形成新的褶皱，它又按新的轴面叠套。如果地壳运动为断裂运动，形成的新断层构造上下盘各岩层是按断层面叠套的。

（2）地层倾角测井的每个矢量，是代表该深度点地层在井眼面积范围内测量到的产状。井内不同深度点的矢量，从全构造各岩层按轴面（或断面）叠套而论，是相当于构造不同部位的矢量。将各部位的矢量通过叠套关系集中到一个岩层构造面上，就能将该岩层的构造形态恢复出来。

（3）用一口井的资料所确定的轴面（或断面）只能是平面，它的产状只有局部正确，因此预测的构造空间曲面是近似的、小范围的。井越多，确定的构造空间曲面就越精确，范围就越大。

利用倾角测井的矢量图绘制构造图，首先要有各种地下构造形态在矢量图上响应的正演模型。不同的地下构造形态反映在矢量图上矢量的变化规律不同。例如，随着深度增加，地层倾角和倾斜方位角相对稳定的"绿"模式；方位角大体一致，倾角随深度增加而增加的"红"模式；方位角大体一致，倾角随深度增加而减小的"蓝"模式；倾角、倾向随深度增加而乱变化的"乱"模式；倾角随深度增加而断开的"断"模式；组合矢量模式，如"绿—蓝—红（反）—蓝—绿"反向牵引断层的组合矢量模式。

图 7-4-3 是用倾角测井矢量图及有关测井曲线研究逆断层的测井分析模式。

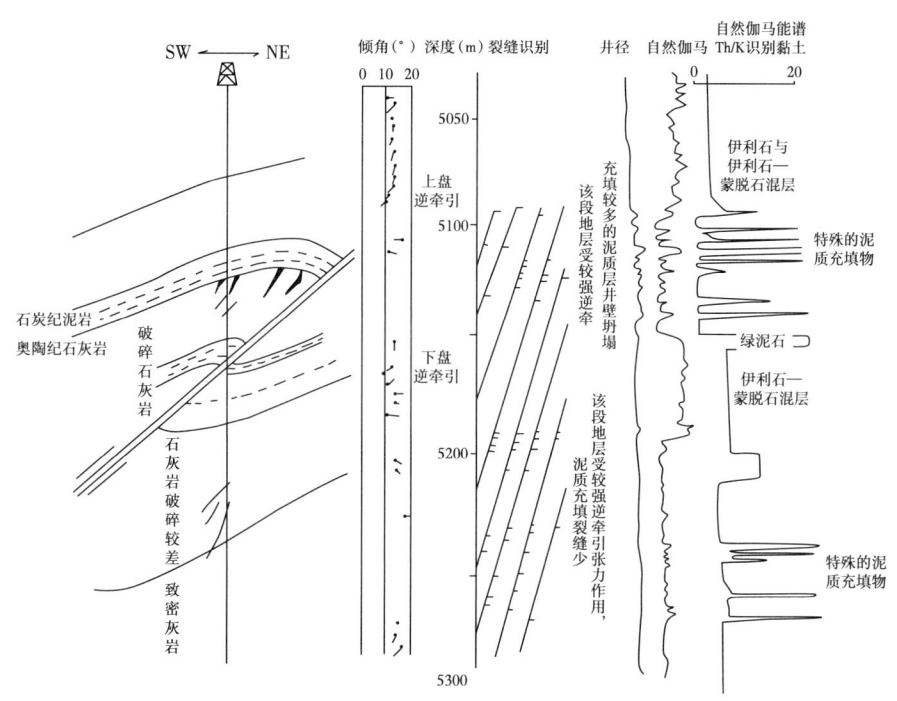

图 7-4-3　地质断层测井分析模式

地层倾角测井资料的处理结果除直接用于研究断层、不整合及构造形态外，还可根据一井中储层顶界面（或底界面）的构造倾角和方位角，很快地计算出在给定方向上距该井一定距离处储层顶界面的深度。例如，在一口井的周围，可以计算出四口虚拟井的储层顶界面深度。图 7-4-4 中，虚拟井 1 在沿地层倾斜方向的下方，距实际井为 D，其储层顶界面 $H_2=H_1+D\tan\alpha$；虚拟井 2 在地层倾斜方向的上方，距实际井的距离为 D，其储层顶界面深度 $H_3=H_1-D\tan\alpha$；虚拟井 3 在沿地层走向右边 D 处，储层顶界面深度 $H_4=H_1$；虚拟井 4 在地层走向左边的 D 处，储层顶界面深度 $H_5=H_0$。其中 H_1 为实际井中储层顶界面的深度，$\alpha=90°-\beta$，β 为储层的倾角，D 一般取 50m。

用这种方法可根据质量较好的倾角测井资料的井所在的绘图网格，计算出网格节点处集层的深度值，以利于绘制出可靠的构造图。

5）各种地质参数的等值图及立体图

通过对这些图件的分析，可了解储层参数在描述区的平面分布规律，从而确定含油气有利区块。

6）油藏剖面图

作通过油藏中部的剖面图（图 7-4-5），有利于了解油气富集区及该油藏特征。

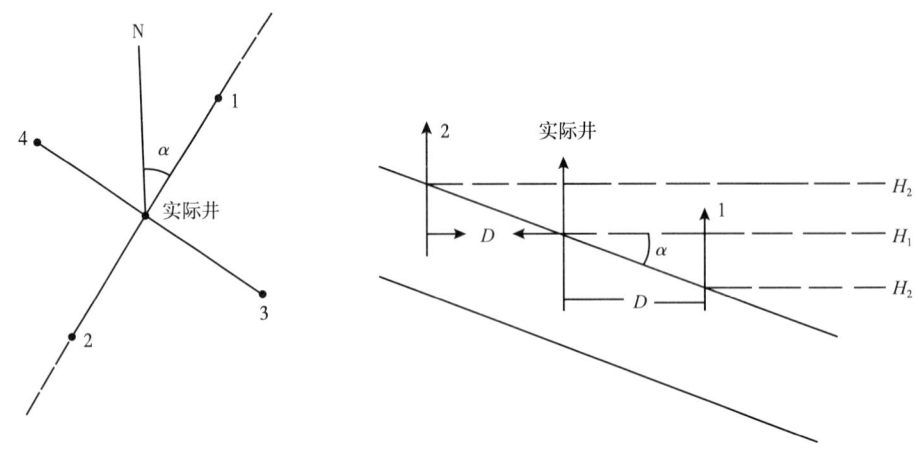

图 7-4-4　用地层倾角资料计算假井的储层深度

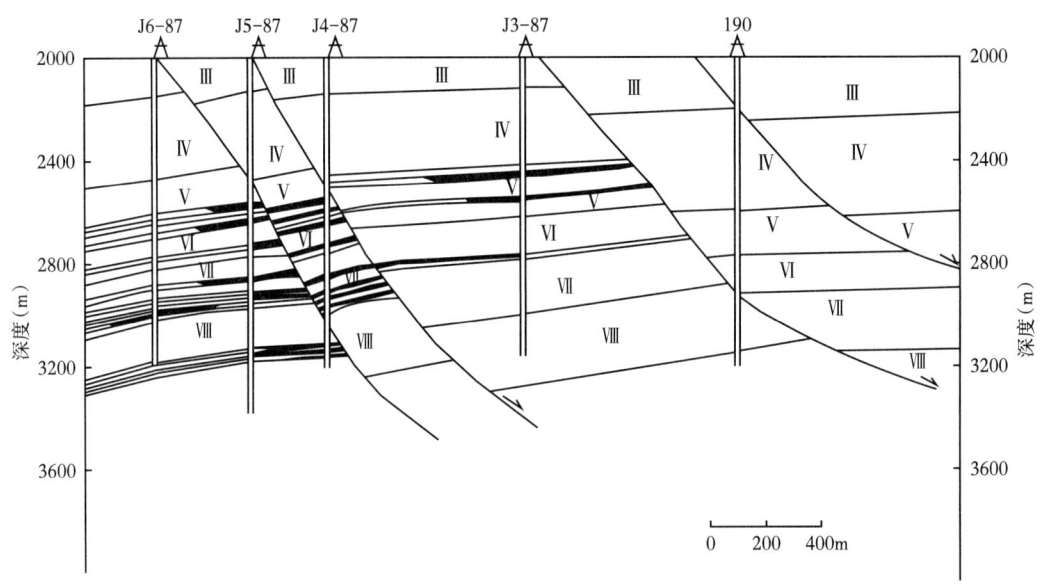

图 7-4-5　油藏剖面图

7）油气富集区及高产区分布图

这种图件是根据油气丰度和油层的产量分别作成的平面图或立体图，可更直观地研究它们的规律性。

2. 区域地质规律研究

对描述区域地质规律的研究是在地质参数计算、岩性划分、油水层判断及深入分析各种有关的图件与数据等资料的基础上，对目的层段按层位细分并进行标定之后进行的，这是油藏描述的主要目的，大致有如下研究内容。

1）沉积特征研究

这一工作主要根据测井相分析结果、关键井解释结论及有关地质资料等，研究描述区目的层段的成岩作用、岩性及地层组合、储层厚度变化和沉积微相等；结合有关参数的平面分布图，研究其区域变化（方向），便可了解描述区的沉积特征。

2）构造特征描述

对构造形态进行描述，是将地震、测井、地层倾角测井资料、钻井资料等综合起来，相互核查标定后，通过作出的构造平面图、构造立体图，并结合油藏剖面图进行研究。

3）油藏形成条件及类型研究

（1）油藏形成的地质条件。

（2）油藏类型。通过对储层、构造及油砂体的研究，可以了解描述区的油气特征，分布规律。

（3）油藏分布特点。

（4）储层地质参数变化规律。为了更深入地研究储层主要地质参数的变化规律，可分别作孔隙度、饱和度、储层厚度、渗透率、产量、单储系数、油水平面分布、油气富集区（丰度）构造等值图、立体图等。

（5）油藏综合研究。对油藏的综合描述，在于进一步落实储层油砂体的几何形态及空间展布，揭示油藏的地质条件、油藏类型及特征，总结油藏的分布特点，并对各类油藏的储量、产能、级别及经济效益进行综合评估，达到指导油田进行科学生产的目的。

参考文献

白东华,陶辅周,李小平,等,1992. 双侧向测井的数学反演 [J]. 四川大学学报,29(3):352-359.

白松涛,程道解,万金彬,等,2016. 砂岩岩石核磁共振T_2谱定量表征 [J]. 石油学报,37(3):382-391,414.

《测井学》编写组,1998. 测井学 [M]. 北京:石油工业出版社.

G E Archie,1991. 用电阻率测井曲线确定若干储层特征参数 [J]. 李宁,译. 地球物理测井,15(5):297-304.

常俊,罗利,胡振平,等,2008. 束缚水饱和度在苏里格气田气水识别中的应用 [J]. 测井技术,32(6):549-552.

陈星,黄卡玛,赵翔,2002. 电法测井中基于遗传算法的非线性数据拟合研究 [J]. 四川大学学报(自然科学版),39(6):1145-1148.

成大伟,袁选俊,周川闽,等,2016. 测井岩性识别方法及应用:以鄂尔多斯盆地中西部长7油层组为例 [J]. 中国石油勘探,21(5):117-126.

楚泽涵,高杰,黄隆基,等,2007. 地球物理测井方法与原理(上册)[M]. 北京:石油工业出版社.

邓小波,聂在平,赵延文,等,2006. 用相位感应测井数据反演地层电阻率和介电常数 [J]. 地球物理学报,49(2):604-608.

范宜仁,刘建宇,葛新民,等,2018. 基于核磁共振双截止值的致密砂岩渗透率评价新方法 [J]. 地球物理学报,61(4):1628-1638.

冯增昭,2020. 沉积相的一些术语定义的评论 [J]. 古地理学报,22(2):207-220.

冯周,李宁,武宏亮,等,2014. 缝洞储层测井最优化处理 [J]. 石油勘探与开发,41(2):176-181.

高杰,2006. 阵列感应测井特点与应用分析 [C]// CNPC科技发展部. 中国石油天然气集团公司第二届测井新技术交流会论文集. 北京:石油工业出版社:18-29.

国庆忠,2003. 利用阵列感应测井资料反演地层径向电导率 [J]. 测井技术,27(3):207-211.

韩波,匡正,刘家琦,1991. 反演地层电阻率的单调同伦法 [J]. 地球物理学报,34:517-522.

韩波,刘家琦,李莹,等,1998. 多层电磁波测井反演 [J]. 地球物理学报,41(3):416-423.

韩玉娇,周灿灿,范宜仁,等,2018. 基于孔径组分的核磁共振测井渗透率计算新方法:以中东A油田生物碎屑灰岩储集层为例 [J]. 石油勘探与开发,45(1):170-178.

何雨丹,毛志强,肖立志,等,2005. 核磁共振T_2分布评价岩石孔径分布的改进方法 [J]. 地球物理学报,48(2):373-378.

胡小强,丁娱娇,千之深,等,2016. 低孔隙度低渗透率复杂断块油气田储层有效性评价方法 [J]. 测井技术,40(5):549-555.

黄宏,闫伟超,刘航,等,2020. 四川盆地高石梯—磨溪地区深层碳酸盐岩储层渗透率评价 [J]. 测井技术,44(5):462-467.

黄凯,徐群洲,杨晓海,等,1998. 用岩芯模拟测试参数做模型正演预测储层油、气、水边界 [J]. 地球物理学报,41(S1):414-421.

黄荣樽,庄锦江,1986. 一种新的地层破裂压力预测方法 [J]. 石油钻采工艺,3:1-14.

焦方正,邹才能,杨智,2020. 陆相源内石油聚集地质理论认识及勘探开发实践 [J]. 石油勘探与开发,47

（6）：1067-1078.

金尼克，1958. 拱的稳定性 [M]. 吕子华，译. 北京：建筑工业出版社.

金武军，李军，武清钊，等，2017. 页岩气储层渗透率测井评价方法研究 [J]. 地球物理学进展，32（1）：177-182.

金之钧，王冠平，刘光祥，等，2021. 中国陆相页岩油研究进展与关键科学问题 [J]. 石油学报，42（7）：821-835.

敬荣中，鲍光淑，陈绍裘，2003. 地球物理联合反演研究综述 [J]. 地球物理学进展，18（3）：535-540.

康俊佐，邢光龙，杨善德，2006. 电磁传播电阻率测井的二维全参数反演方法研究 [J]. 地球物理学报，49（1）：275-283.

匡正，杨韡，刘家琦，1992. 反演地层电阻率及侵入深度的迭代—搜索方法 [J]. 地球物理学报，35：650-654.

赖锦，王贵文，罗官幸，等，2014. 基于岩石物理相约束的致密砂岩气储层渗透率解释建模 [J]. 地球物理学进展，29（3）：1173-1182.

赖锦，王贵文，孟辰卿，等，2015. 致密砂岩气储层孔隙结构特征及其成因机理分析. 地球物理学进展，30（1）：0217-0227.

李长喜，李潮流，胡法龙，等，2020. 致密砂岩油气测井评价理论与方法 [M]. 北京：石油工业出版社.

李大潜，2002. 有限元素法在电法测井中的应用 [M]. 北京：石油工业出版社.

李国欣，刘国强，侯雨庭，等，2021a. 陆相页岩油有利岩相优选与压裂参数优化方法 [J]. 石油学报，42（11）：1405-1416.

李国欣，吴志宇，李桢，等，2021b. 陆相源内非常规石油甜点优选与水平井立体开发技术实践：以鄂尔多斯盆地延长组 7 段为例 [J]. 石油学报，42（6）：736-750.

李宁，1989a. 电阻率—孔隙度、电阻率—含油（气）饱和度关系的一般形式及其最佳逼近函数类型的确定（I）[J]. 地球物理学报，32（5）：580-591.

李宁，1989b. 一类测井响应方程存在的必要条件 [J]. 地球物理学报，32（3）：329-338.

李宁，1989c. 纵、横波首波相位关系实验现象的解释及其对全波测井的意义 [J]. 地球物理测井，13（4）：14-20, 77.

李宁，1993. 电阻率—孔隙度、电阻率—含油（气）饱和度关系的一般形式及其最佳逼近函数类型的确定（II）[C]. 北京：勘探地球物理学家协会、中国石油学会：239-242.

李宁，付有升，杨晓玲，等，2005. 大庆深层流纹岩全直径岩心实验数据分析 [J]. 测井技术（6）：480-483, 571.

李宁，陶宏根，刘传平，2009. 酸性火山岩测井解释理论、方法与应用 [M]. 北京：石油工业出版社.

李宁，等，2013. 中国海相碳酸盐岩测井解释概论 [M]. 北京：科学出版社.

李宁，肖承文，伍丽红，等，2014. 复杂碳酸盐岩储层测井评价：中国的创新与发展 [J]. 测井技术，38（1）：1-10.

李宁，闫伟林，武宏亮，等，2020. 松辽盆地古龙页岩油测井评价技术现状、问题及对策 [J]. 大庆石油地质与开发，39（3）：117-128.

李宁，王克文，刘鹏，等，2021. 不同裂缝条件下斯通利波幅度衰减实验 [J]. 石油勘探与开发，48（2）：258-265.

李宁，孙文杰，李心童，等，2022. 天然气水合物饱和度测井解释模型及方程 [J]. 石油勘探与开发，49

（6）：1073-1079.

李宁，冯周，武宏亮，等，2023a. 中国陆相页岩油测井评价技术方法新进展 [J]. 石油学报，44（1）：28-44.

李宁，王克文，武宏亮，等，2023b. 渗透率测井评价：现状及发展方向 [J]. 石油科学通报，8（4）：432-444.

李宁，王克文，武宏亮，等，2023c. 饱和度方程一般形式的理论内涵及应用实践 [J]. 中国石油大学学报（自然科学版），47（5）：38-44.

李宁，刘鹏，范华军，等，2024a. 基于阵列声波测井的井下多尺度压裂效果评价方法 [J]. 石油钻探技术，52（1）：1-7.

李宁，刘鹏，武宏亮，等，2024b. 远探测声波测井处理解释方法发展与展望 [J]. 石油勘探与开发，51（4）：731-742.

李善军，汪涵明，肖承文，等，1997. 碳酸盐岩地层中裂缝孔隙度的定量解释 [J]. 测井技术（3）：51-60, 66.

李长喜，李潮流，胡法龙，等，2020. 致密砂岩尤其测井评价理论与方法 [M]. 北京：石油工业出版社.

李振苓，刘晓虹，张庆德，等，2003. 阵列感应电阻率测井在华北油田冀中坳陷的应用 [J]. 测井技术，27（5）：406-409.

李志明，张金珠，1997. 地应力与油气勘探开发 [M]. 北京：石油工业出版社.

梁巧峰，等，2003. 高分辨率阵列感应测井在储集层解释评价中的应用 [J]. 测井技术，27（3）：228-232.

刘焯，欧阳传湘，王长权，等，2019. 基于T_2截止值的幂函数构建毛管压力曲线 [J]. 波谱学杂志，36（1）：45-54.

刘国强，肖承文，武宏亮，等，2019. 缝洞型碳酸盐岩储层测井刻画与评价新方法 [M]. 北京：石油工业出版社.

刘国强，杨鞞，冯启宁，等，2000. 高频电磁波测井同时求解视电导率和视介电常数 [J]. 地球物理学报，43（3）：428-432.

刘国强，2021. 非常规油气勘探测井评价技术的挑战与对策 [J]. 石油勘探与开发，48（5）：891-902.

刘振华，张霞，2005. 阵列侧向测井响应的多参数反演 [J]. 西安石油大学学报，20（1）：30-33.

路萍，王浩辰，高春云，等，2022. 致密砂岩储层渗透率预测技术研究进展 [J]. 地球物理学进展，37（6）：2428-2438.

罗兴平，庞旭，苏东旭，等，2018. 电成像测井在复杂砂砾岩储集层岩性识别中的应用：以准噶尔盆地玛湖凹陷西斜坡百口泉组为例 [J]. 新疆石油地质，39（3）：345-351.

马浩星，2023. 苏里格地区苏59区块盒8段致密砂岩储层测井评价研究 [D]. 成都：成都理工大学.

马永生，何登发，蔡勋育，等，2017. 中国海相碳酸盐岩的分布及油气地质基础问题 [J]. 岩石学报，33（4）：1007-1020.

马永生，蔡勋育，赵培荣，等，2022. 中国陆相页岩油地质特征及勘探实践 [J]. 地质学报，96（1）：155-171.

莫修文，1998. 低阻储层导电模型的建立和测井方法研究 [D]. 长春：长春科技大学.

聂在平，Chew W C，Liu Q H，1992. 电磁波对轴对称二维层状介质的散射 [J]. 地球物理学报，35（4）：479-489.

潘军，杨国栋，2018. 玛湖地区低渗透致密砂砾岩储层渗透率模型研究及应用 [J]. 测井技术，42（3）：

321-324.

司马立强，陈志强，王亮，等，2017. 基于滩控岩溶型白云岩储层分类的渗透率建模方法研究：以川中磨溪—高石梯地区龙王庙组为例 [J]. 岩性油气藏，29（3）：92-102.

宋子齐，谭成仟，1999. 灰色系统与神经网络技术在水淹层测井评价中的应用 [J]. 石油勘探与开发，26（3）：90-92.

孙建孟，谭末一，2001. 应用测井和 BP 神经网络算法预测储层敏感性 [J]. 石油钻探技术，29（2）：37-40.

孙龙德，崔宝文，朱如凯，等，2023. 古龙页岩油富集因素评价与生产规律研究 [J]. 石油勘探与开发，50（3）：441-454.

谭茂金，2015. 有机页岩测井岩石物理 [M]. 北京：石油工业出版社．

谭廷栋，1987. 裂缝性油藏测井资料定量解释 [J]. 石油与天然气地质，8（2）：171-176.

谭廷栋，1994. 测井的回顾与展望 [J]. 地球物理学报，37（S1）：425-428.

谭廷栋，1996. 国内外测井技术水平对比 [J]. 国外油气勘探，8（6）：754-761.

谭万仓，王显东，李强，等，2024. 四川盆地中—北部中二叠统构造—沉积分异作用与油气勘探方向 [J]. 大庆石油地质与开发：1-10.

唐晓明，郑传汉，2004. 定量测井声学 [M]. 北京：石油工业出版社．

腾格尔，卢龙飞，俞凌杰，等，2021. 页岩有机质孔隙形成、保持及其连通性的控制作用 [J]. 石油勘探与开发，48（4）：687-699.

田子立，孙以睿，周书藻，1984. 感应测井理论及应用 [M]. 北京：石油工业出版社．

汪爱云，张美玲，张军龙，2006.HDIL 自适应井眼校正的变误差反演技术 [J]. 测井技术，30（2）：129-131.

汪宏年，杨善德，常明澈，1998. 水平层状介质中侧向电阻率测井快速迭代反演与应用 [J]. 地球物理学进展，13（4）：97-107

汪宏年，其木苏荣，2002a. 阵列感应测井资料的快速迭代反演 [J]. 石油地球物理勘探，37（6）：644-652.

汪宏年，陶宏根，其木苏容，等，2002b. 水平层状介质中双侧向资料的全参数正则化迭代反演与应用 [J]. 地球物理学报，45（增刊）：387-399.

汪宏年，陶宏根，姚敬金，等，2008. 用模式匹配算法研究层状各向异性倾斜地层中多分量感应测井响应 [J]. 地球物理学报，51（5）：1591-1599.

王文祥，1982. 岩性密度测井 [J]. 测井技术（1）：67-69.

王新建，龚志红，1991. 川东石炭系碳酸盐岩人工裂缝宽度与渗透率关系图版的建立及储集岩分类 [J]. 天然气工业（5）：7-12，6-7.

王彦飞，2007. 反演问题的计算方法及其应用 [M]. 北京：高等教育出版社．

王跃祥，谢冰，赖强，等，2023. 基于核磁共振测井的致密气储层孔隙结构评价与分类 [J]. 地球物理学进展，38（2）：759-767.

吴铭德，2004. 石油科技发展启示录系列报道之七：国内外测井科技发展历程回顾、启示与对策建议 [J]. 石油科技论坛，8（4）：18-25.

仵杰，庞巨丰，徐景硕，2001. 感应测井几何因子理论及其应用研究 [J]. 测井技术，25（6）：417-422.

仵杰，等，2005. 阵列感应测井信号处理技术与应用研究 [C]// 陆大卫，施振飞. 中国石油学会第十四届测井年会论文集.北京：石油工业出版社.

仵杰，谢蔚尉，解茜草，等，2008.阵列侧向测井仪器的正演响应分析[J].西安石油大学学报（自然科学版），23（1）：73-76.

向阳，向丹，2002.碳酸盐岩的渗透率特征研究[J].成都理工学院学报（1）：17-20.

肖庭延，于慎根，王彦飞，2006.反问题的数值解法[M].北京：科学出版社.

邢光龙，刘曼芬，杨善德，2002a.高频电磁波测井同时求取介电常数和视电导率的迭代方法[J].地球物理学报，45（S）：418-423.

邢光龙，张美玲，刘曼芬，等，2002b.利用高频电磁波测井反演地层介电常数和电阻率[J].地球物理学报，45（3）：435-443.

徐鹏宇，周怀来，官俊洁，等，2022.碳酸盐岩储层自适应模型常规测井渗透率预测[J].石油地球物理勘探，57（5）：1192-1203，1007-1008.

阎桂京，潘葆芝，2001.遗传算法在估计测井解释参数方面的应用[J].物探化探计算技术，23（1）：43-46.

姚艳斌，刘大锰，2018.基于核磁共振弛豫谱技术的页岩储层物性与流体特征研究[J].煤炭学报，43（1）：181-189.

叶涛，韦阿娟，黄志，等，2019.基于主成分分析法与Bayes判别法组合应用的火山岩岩性定量识别：以渤海海域中生界为例[J].吉林大学学报（地球科学版），49（3）：873-880.

雍世和，张超谟，2002.测井数据处理与综合解释[M].东营：石油大学出版社.

运华云，赵文杰，周灿灿，等，2002.利用T_2分布进行岩石孔隙结构研究[J].测井技术，26（1）：18-21.

运华云，何长春，1999.薄层评价技术在胜利油田的应用[J].测井技术，23（6）：441-445.

曾文冲，1991.油气藏储集层测井评价技术[M].北京：石油工业出版社.

张宸嘉，曹剑，王俞策，等，2022.准噶尔盆地吉木萨尔凹陷芦草沟组页岩油富集规律[J].石油学报，43（9）：1253-1268.

张春晖，高永德，2008.孔洞型碳酸盐岩储层有效性的判断[J].油气井测试（5）：20-21，76.

张庚骥，1986.电法测井（下册）[M].北京：石油工业出版社.

张建华，刘振华，仵杰，2002.电法测井原理与应用[M].西安：西北大学出版社.

张美玲，孙宏智，杨善德，1999.地球物理测井反演问题的发展[J].国外测井技术，14（5）：8-12.

张美玲，王宏建，汪爱云，2006.高分辨率阵列感应井眼校正技术[J].测井技术，30（5）：404-407.

张鹏，樊云峰，2017.鄂尔多斯盆地低孔低渗储层渗透率测井建模研究[J].科学技术与工程，17（17）：172-177.

张友生，魏斌，杨慧珠，2003.低阻油层双侧向测井的反演研究[J].地球物理学进展，18（1）：85-89.

赵良孝，1991.测井在四川碳酸盐岩储层研究中的应用（上）[J].天然气工业，11（4）：43-46，12.

赵明，高杰，孙友国，2003.常规电测井联合反演研究与实际应用[J].测井技术，27（1）：16-19.

赵延文，聂在平，1998.双侧向电阻率测井反演算法研究[J].地球物理学报，41（3）：424-431.

赵健，高福红，2003.测井资料交会图法在火山岩岩性识别中的应用[J].世界地质，22（2）：136-140.

中国石油勘探与生产分公司，2009a.低孔低渗油气藏测井评价技术及应用[M].北京：石油工业出版社.

中国石油勘探与生产分公司，2009b.火山岩油气藏测井评价技术及应用[M].北京：石油工业出版社.

中国石油勘探与生产分公司，2009c.碳酸盐岩油气藏测井评价技术及应用[M].北京：石油工业出版社.

钟广法，马在田，2001.利用高分辨率成像测井技术识别沉积构造[J].同济大学学报，29（5）：576-580.

朱军，张庚骥，1992. 最大熵在感应测井反演中的应用 [J]. 测井技术，18（3）：441-450.

朱林奇，张冲，石文睿，等，2016. 结合压汞实验与核磁共振测井预测束缚水饱和度方法研究 [J]. 科学技术与工程，16（15）：22-29.

邹长春，尉中良，柴细元，等，1999. 利用遗传算法实现最优化测井解释 [J]. 测井技术，23（5）：361-365.

Aguilera M S, Aguilera R, 2003. Improved models for petrophysical analysis of dual porosity reservoirs[J]. Petrophysics, 44（1）：21-35

Aguilera R, 1976. Analysis of naturally fractured reservoir from conventional well logs[J]. Journal of Petroleum technology, 28（7）：764-772.

Ahmed Salah, 2012. The impact of pore geometry aspects on porosity-permeability relationship: a critical review to evaluate NMR estimated permeability[C]. The North Africa Technical Conference and Exhibition, February 20-22, SPE-150887-MS.

Altunbay M, Georgi D, Takezaki H M, 1997. Permeability prediction for carbonates: still a challenge?[C]. SPE, SPE-37753-MS.

Amaefule J O, Altunbay M, Tiab D, et al., 1993. Enhanced reservoir description: using core and log data to identify hydraulic (flow) units and predict permeability in uncored intervals/wells[C]. SPE, SPE-26436-MS.

Anderson R A, 1973. Determining fracture pressure gradient from well logs[J]. Journal of Petroleum technolog, 25（11）：1259-1268.

Archie G E, 1942. The electrical resistivity log as an aid in determining some reservoir characteristics[J]. Petroleum Transactions, AIME, 146（1）：54-61.

Berg C R, 1996. Effective-medium resistivity models for calculation water saturation in porous rock[J]. The Log Analyst, 37（3）：16-28.

Burke J A, Campbell R L, Schmidt A W, 1969. The litho porosity cross plot: a new concept for determining porosity and lithology from logging methods[C]. The SPWLA 10th Annual Logging Symposium, May 25-28, SPLWLA-1969-Y.

Burke J A, Campbell R L, Schmidt A W, 1969. The litho-porosity cross plot a method of determining rock characteristics for computation of log data[C]. SPE-2771-MS.

Burrowes A, Moss A, Sirju C, et al., 2010. Improved permeability prediction in heterogeneous carbonate formations[C]. SPE, SPE-131606-MS.

Bussian A E, 1983. Electrical conductance in a porous medium[J]. Geophysics, 48（9）：1165-1300.

Chang S K, Liu H L, Johnson D L, 1988. Low-frequency tube waves in permeable rocks[J]. Geophysics, 53（4）：519-527.

Chen S, Arro R, Minetto C, et al., 1998. Methods for computing SWI and BVI from NMR logs[C]. SPWLA, SPWLA-1998-HH.

Chi L, Heidari Z, 2014. Directional permeability assessment in formations with complex pore geometry using a new NMR-based permeability model[C]. SPWLA, SPWLA-2014-E.

Chi L, Heidari Z, 2016. Directional-permeability assessment in formations with complex pore geometry with a new nuclear-magnetic-resonance-based permeability model[J]. SPE Journal, 21（4）：1436-1449.

Chi L, Roth S, 2018. A new directional permeability model combining NMR and directional resistivity measurements for complex formations[C]//The SPWLA 59th Annual Logging Symposium held in London.

Chunming Xu, Pete Richter, Duffy Russell, et al., 2006. Porosity partitioning and permeability quantification in vuggy carbonates using wireline logs, Permian basin, west Texas[J].Petrophysics, 47(1): 13-22.

Clavier C, Coates G, Dumanoir J, 1984. Theory and experimental bases for the dual-water model for interpretation of shaly sands[J]. Society of Petroleum Engineers Journal, 24 (2): 153-168.

Coates G R, Galford J, Mardon D, et al., 1998. A new characterization of bulk-volume irreducible using magnetic resonance[J]. The Log Analyst, 39 (1): 51-63.

Dziuba T T, 1996. Improved permeability prediction in carbonates[C]. SPWLA, SPWLA-1996-H.

Faivre O, Barber T, Jammes L, et al., 2002.Using array induction and array laterolog data to characterize resistivity anisotropy in vertical wells[C]. SPWLA 43rd Annual Logging Symposium Transaction: Society of Professional Well Log Analysts, SPWLA-2002-M.

Fan H, Smeulders D M J, 2012. Shock-induced borehole waves and fracture effects[J]. Transport in porous media, 93: 263-270.

Fleury M, Efnik M, Kalam M, 2004. Evaluation of water saturation from resistivity in a carbonate field. From laboratory to logs[C]. In Proceedings of International Symposium of the Society of Core Analysts, Abu Dhabi, UAE.

Gaymard R, Poupon A, 1968. Response of neutron and formation density logs in hydrocarbon bearing formations[J]. The Log Analyst, 9 (5): 3-12.

Givens W W, 1987. A conductive rock matric model (CRMM) for the analysis of low-contrast resistivity formations[J]. The Log Analyst, 28 (2): 138-151.

Givens W W, 1988. A generic electrical conduction model for low-contrast resistivity sandstones [C]. SPWLA 29th Annual Logging Symposium, Texas: 1-25.

Hanai T, 1960. Theory of the dielectric dispersion due to the interfacial polarization and its application to emulsions[J]. Kolloid-Zeitschrift, 171: 23-31.

Hanai T, 1961. A remark on "Theory of the dielectric dispersion due to the interfacial polarization" [J]. Kolloid-Zeitschrift, 175: 61-62.

Herron M M, Rd O Q, 1987. Estimating the intrinsic permeability of clastic sediments from geochemical data[C]. SPWLA 28th Annual Logging symposium, SPWLA-1987-HH.

Hill H J, Milburn J D, 1956. Effect of clay and water salinity on electrochemical behaviour of reservoir rock[J]. Petroleum Transactions, AIME, 207: 65-72.

Jakosky J J, Hopper R H, 1937. The effect of moisture on the direct current resistivities of oil sands and rocks[J]. Geophysics, 2 (1): 1-62.

Johnson D L, Koplik J, Dashen R, 1987. Theory of dynamic permeability and tortuosity in fluid-saturated porous media[J]. Journal of Fluid Mechanics, 176:379-400.

Kewen Wang, Hongliang Wu, Zhou Feng, et al., 2020. Effects of pore types on electrical properties of carbonate rocks and determination of electrical parameters from NMR logging data[C]. SPWLA 61st Annual Logging Symposium, SPWLA-5094.

Kewen Wang, Jianmeng Sun, Jiteng Guan, et al., 2007. A percolation study of electrical properties of reservoir rocks[J]. Physica A(380): 19-26.

Kowalchuk H, Coates G R, Wells L, 1974. The evaluation of very shaly formations in canada using a systematic approach[C]. SPWLA 15th Annual Logging Symposium, McAllen, Texas, June, SPWLA-1974-H.

Leendert de Witte, 1955. A study of electric log interpretation methods in shaly formation[J]. Petroleum Transactions, AIME, 204: 103-110.

Li N, Wang K W, Wu H, et al., 2019.Shock-induced Stoneley waves in carbonate rock samples[J]. Geophysics, 84(5): 1-38.

Looyenga H, 1965. Dielectric constants of heterogeneous mixtures[J]. Physica, 31(3): 401-406.

Liu R L, Li N, Feng Q, et al., 2009. Application of the triple porosity model in well-log effectiveness estimation of the carbonate reservoir in Tarim oilfield[J]. Journal of Petroleum Science & Engineering, 68(1-2): 40-46.

Martin M, Murray G H, Gillingham W J, 1938. Determination of the potential productivity of oil-bearing formations by resistivity measurements[J]. Geophysics, 3(3): 177-291.

Matthews W, Kelly J, 1967. How to predict formation pressure and fracture gradient[J]. Oil and Gas J, 65(7): 92-106.

Mungan N, Moore E J, 1968. Certain wettability effects on electrical resistivity in porous media[J]. The Journal of Canadian Petroleum Technology, 7(1): 20-25.

Ohen H A, Ajufo A, Curby F M, 1995. A hydraulic (flow) unit based model for the determination of petrophysical properties from NMR relaxation measurements[C]. SPE, SPE-30626-MS.

Passey Q R, Creaney S, Kulla J B, et al., 1990. A practical model for organic richness from porosity and resistivity logs[J]. AAPG Bulletin, 74: 1777-1794.

Pickett G R, 1963, Acoustic character logs and their applications in formation evaluation[J].Journal of Petroleum Technologies, 15(6): 659-667.

Pittman E D, 1992.Relationship of porosity and permeability derived from mercury injection- capillary pressure curves for sandstone[J]. AAPG Bulletin, 72(2): 191-198.

Poupon A, Loy M E, Tixier M P, 1954. A contribution to electric log interpretation in shaly sands[J]. Petroleum Transactions, AIME, 201: 138-145.

Quirein J, Kimminau S, LaVigne J, et al., 1986, A coherent framework for developing and applying multiple formation evaluation models[C]. SPWLA 27th Annual Logging Symposium, SPWLA-1986.

Raiga-Clemenceau J, Martin J P, Nicoletis S, 1986. The concept of acoustic formation factor for more accurate determination from sonic transit time data[J]. The Log Analyst, 29: 54-60.

Raymer L L, Hunt, E R, Gardner, J S, 1980. An improved sonic transit time-to-porosity transform: Trans[C]. SPWLA 21st Ann Log Symp: 1-13.

Rider M, Kennedy M, 2011. The geological interpretation of well logs [M]. 3rd ed. Scotland: Rider-French Consulting Ltd.

Schlumberger C, Schlumberger M, Leonardon E G, 1934. A new contribution to subsurface studies by means of electrical measurements in drill holes[J]. Transactions of the AIME, 110(1): SPE 934273G.

Sibbit A M, Faivre O, 1985. The dual laterolog response in fractured rocks[C]. SPWLA 26th Annual Logging Symposium.Dallas, Texas: 17-20.

Silva P L, Bassiouni Z, 1986. Statistical evaluation of the S-B conductivity model for water-bearing shaly formation[J]. The Log Analyst, 27 (3): 9-19.

Silva P L, Bassiouni Z, 1988. Hydrocarbon saturation equation in shaly sands according to the S-B conductivity model[J]. SPE Formation Evaluation, 3 (3): 503-509.

Simandoux P, 1963. Dielectric measurements of porous media: application to measurement of water saturations, study of the behavior of argillaceous formations[J]. Revue de L'Institut Français du Petrole, 18 (S1): 193-215.

Smeulders D M J, van Dongen M E H, 1997. Wave propagation in porous media containing a dilute gas-liquid mixture: theory and experiments[J]. Journal of Fluid mechanics, 343: 351-373.

Songhua Chen, David Jacobi, Hyung Kwak, et al., 2008. Pore-connectivity based permeability model for complex carbonate formations[C]. SPWLA 49th Annual Logging Symposium, SPWLA-2008E.

Tang X M, Cheng C H, 1996. Fast inversion of formation permeability from Stoneley wave logs using a simplified Biot-Rosenbaum model[J]. Geophysics, 61 (3): 639-645.

Tang X M, Cheng C H, Toksöz M N, 1991. Dynamic permeability and borehole Stoneley waves: A simplified Biot-Rosenbaum model[J]. The Journal of the Acoustical Society of America, 90 (3): 1632-1646.

Terzaghi K, Richart F E, 1952. Stress in rock about cavities[J]. Geotechnique, 3: 57-90.

Timur A, 1968a. An investigation of permeability, porosity, and residual water saturation relationships[C]. SPWLA, SPWLA-1968-J.

Timur A, 1968b. Effective porosity and permeability of sandstones investigated through nuclear magnetic resonance principles[C]. SPWLA, SPWLA-1968-K.

Waxman M H, Smits L J M, 1968. Electrical conductivities in oil-bearing shaly sands[J]. Society of Petroleum Engineers Journal, 8 (2): 107-122.

Waxman M H, Thomas E C, 1974. Electrical conductivities in shaly sands I: the relation between hydrocarbon saturation and resistivity index II: the temperature coefficient of electrical conductivity[J]. Journal of Petroleum Technology, 26 (3): 213-225.

Williams D M, Zemanek J, Arigona F A, et al., 1984. The long spaced acoustic logging tool[C]. SPWLA, SPWLA-1984-T.

Winkler K W, Liu H L, Johnson D L, 1989. Permeability and borehole Stoneley waves: Comparison between experiment and theory[J]. Geophysics, 54 (1): 66-75.

Winsauer W O, McCardell W M, 1953. Ionic double-layer conductivity in reservoir rock[J]. Journal of Petroleum Technology, 5 (5): 129-134.

Wyckoff R D, Botset H G, 1936. The flow of gas-liquid mixtures through unconsolidated sands[J]. Physics, 7 (9): 325-345.

Wyllie M R J, Gregory A R, Gardner G H F, 1956. Elastic wave velocities in heterogeneous and porous media[J]. Geophysics, 21 (1): 41-70.

Wyllie M R J, Gregory A R, Gardner G H F, 1958. An experimental investigation of factors affecting elastic wave velocities in porous media[J].Geophysics, 23 (3), 459-493.

《地球物理测井学》

编辑出版组

总 策 划：雷　平　　庞奇伟
组　　长：庞奇伟
副 组 长：李　中　　金平阳　　潘玉全
责任编辑：葛智军　　林庆咸　　沈瞳瞳　　刘俊妍　　钟思源
　　　　　张　贺　　王长会　　王鹤楠　　王　瑞　　陈子丹
　　　　　孙　宇　　邹杨格　　王金凤　　何丽萍　　冉毅凤
　　　　　常泽军　　张旭东　　吴英敏　　马晓萱　　张　瑞
　　　　　崔　悦　　白云雪　　饶　远　　陈　荟